La Villa de Tolegassos

Una explotación agrícola de época romana en el territorio de Ampurias

Josep Casas Genover
Victoria Soler Fusté

BAR International Series 1101
2003

Published in 2019 by
BAR Publishing, Oxford

BAR International Series 1101

La Villa de Tolegassos

ISBN 9781841713212 paperback
ISBN 9781407324982 e-book

DOI https://doi.org/10.30861/9781841713212

A catalogue record for this book is available from the British Library

This book is available at www.barpublishing.com

BAR Publishing is the trading name of British Archaeological Reports (Oxford) Ltd. British Archaeological Reports was first incorporated in 1974 to publish the BAR Series, International and British. In 1992 Hadrian Books Ltd became part of the BAR group. This volume was originally published by John and Erica Hedges in conjunction with British Archaeological Reports (Oxford) Ltd / Hadrian Books Ltd, the Series principal publisher, in 2003. This present volume is published by BAR Publishing, 2019.

BAR
PUBLISHING

BAR titles are available from:

BAR Publishing
122 Banbury Rd, Oxford, OX2 7BP, UK
EMAIL info@barpublishing.com
PHONE +44 (0)1865 310431
FAX +44 (0)1865 316916
www.barpublishing.com

INDICE

PARTE I

La villa y el territorio.

Introducción.

Sin duda, el estudio de un yacimiento arqueológico en el que se ha recogido información a lo largo de quince campañas de trabajo de campo es una tarea compleja y difícil y presenta el peligro de no poder gestionar de manera adecuada todos los datos que proporciona la excavación. Por otro lado, esta información podría tener un tratamiento diferenciado en función de los grupos de materiales o aspectos diversos del yacimiento, desde el estudio particularizado y detallado de las diferentes producciones cerámicas, o el análisis de las estructuras, fauna, numismática, etc. Y todos ellos podrían dar lugar a la elaboración de diferentes monografías.

Consideramos, no obstante, que el yacimiento de Tolegassos nos ofrece una ocasión única para estudiar una villa romana de este territorio en su conjunto, sin necesidad de entrar en investigaciones parciales y muy detalladas de los diferentes grupos de material, siempre muy interesantes y de indudable utilidad, pero que ofrecerían tan solo un conjunto de datos sin su debida interpretación. Hemos considerado más conveniente no insistir en demasía en el estudio detallado del material (solo al nivel imprescindible para su cronología), y abarcar un abanico más amplio a fin de tener una idea de conjunto y una perspectiva global que podríamos perder en caso contrario. En definitiva, el material arqueológico nos sirve para fechar un estrato; este, para datar unas estructuras constructivas y niveles de ocupación, y estos para reconstruir los diferentes aspectos del yacimiento y su actividad dentro de un contexto histórico, que ha de ser, creemos, el objetivo último de la arqueología. De esta forma, los diferentes objetos aparecidos en la excavación forman una unidad estrechamente interrelacionada que ayuda a comprender el yacimiento, la explotación rural objeto de este estudio y, afortunadamente y por extensión, el proceso de romanización e implantación rural en una zona lo suficientemente importante del nordeste de Cataluña.

Evidentemente no podrá generalizarse a partir de los datos obtenidos en un solo yacimiento y las conclusiones serán válidas, en principio, para esta villa en concreto. Pero los rasgos principales, las grandes líneas evolutivas de la ocupación del territorio y explotación rural en la zona de Ampurias que se constatan a partir de lo que observamos en la villa de Tolegassos se confirman a partir de los resultados de excavaciones en otros yacimientos, ya sean más pequeños, excavados o explorados solo parcialmente o, en ocasiones, con mayor intensidad. En cualquier caso, todos ellos responden a un mismo modelo que se repite constantemente en este territorio. Nuevas excavaciones y posteriores hallazgos en otras *villae* de la región ayudarán a matizar las primeras conclusiones, las podrán ampliar y, por lo que conocemos hasta el momento, parece que las podrán confirmar en su mayoría.

Estas conclusiones, el modelo de implantación rural que ha ido conociéndose poco a poco a lo largo de los años, responde, en general y de manera muy resumida, a las siguientes pautas y períodos que podemos hacer extensible a todo el nordeste de Cataluña y de manera especial a las comarcas orientales de Gerona: Fundación o construcción de pequeños asentamientos de tipo itálico a partir de la transición entre los siglos II y I a.C., la mayor parte sobre antiguas estaciones indígenas de reducidas dimensiones (Olivet d'en Pujol, Camp del Bosquet, Mas Gusó, etc.). Un cambio importante, con abandono o remodelación de aquellos asentamientos, en época augústea y primer cuarto del s. I d.C. Fundación de las primeras *villae* de tipo medio a partir del primer tercio o a mediados del s. I, las cuales perduran sin cambios substanciales hasta finales del s. II. Remodelación de las mismas villas en los últimos años del s. II o primeros del s. III, comportando a veces un crecimiento de los conjuntos edificados y ampliaciones lujosas (a esta época pertenecen buena parte de los pavimentos de mosaico de las villas de este territorio) o, en otras ocasiones, el inicio de un declive que acabará con el abandono de muchas de ellas hacia el último tercio del s. III, mientras que otras se modifican y perdurarán durante decenios, algunas hasta el s. VI.

El presente trabajo se estructura en cuatro grandes apartados diferentes. En el primero, a modo de introducción, se analizan brevemente los yacimientos de la zona ampuritana, tanto los indígenas de los siglos III y II a.C. como los de época romana, en un intento de ver los sectores ocupados durante los dos períodos y la densidad de esta ocupación, a pesar de la falta de exploraciones en algunas zonas concretas y el desconocimiento real de todos los yacimientos que aún no han sido localizados o de los que tan solo poseemos informaciones muy parciales. Somos conscientes de que para cada yacimiento identificado hay otros aún desconocidos. La falta de exploraciones y excavaciones realizadas a partir de un programa coherente y general que abarcara todo el territorio podría ser la causa principal, ya que la actual carta arqueológica muestra más el área de actuación de los investigadores, aficionados locales y clandestinos destructores del patrimonio que la intensidad de ocupación de la región en la Antigüedad. Incluso las excavaciones programadas se realizan no en función de criterios científicos o de interés del yacimiento, sino por comodidad o interés particular del investigador, ya sea un particular o una institución. En este aspecto, todos somos víctimas y al mismo tiempo culpables de esta situación.

Por lo tanto, la carta arqueológica del territorio ampuritano se verá afectada por todas estas circunstancias. Vemos, de esta forma, como al lado de un municipio intensamente explorado, como es Viladamat, con unos quince yacimientos arqueológicos localizados, en los municipios de Ventalló y Albons (situados al norte y al sur, respectivamente), casi no se conocen asentamientos antiguos, a pesar de que su situación y características sean las mismas que en el primero. Aún así, los datos de que disponemos deben ser tenidos en cuenta. Aunque incompletos, son indicativos de un tipo de población y nos ayudan a entender su densidad.

En el segundo bloque se estudian y exponen con detalle todos los ámbitos y estructuras que corresponden a los precedentes republicanos y augústeos del yacimiento. Desde los silos ibéricos abandonados a finales del s. II a.C., las evidencias de una primera *villa* republicana con los depósitos que quedaron fuera de uso hacia el cambio de Era o la villa construida a finales del principado de Augusto y que sería el núcleo inicial a partir del cual se construyó hacia mediados del s. I la gran villa cuyos restos han llegado hasta nuestros días. Se trata de un apartado en el que hemos insistido más que en otros. Por un lado, debido al hecho de que hasta la fecha era casi inédita la villa tardo-republicana construida sobre un primer asentamiento indígena, así como una segunda villa de época augústea, a pesar de que sospechábamos su existencia. Por otro, debido a las importantes estratigrafías y al excepcional repertorio de materiales arqueológicos de aquel período.

En el tercer apartado se exponen los resultados obtenidos en las excavaciones de la villa de época altoimperial y su reocupación en el s. IV, analizando las diferentes fases del yacimiento, los estratos que señalan su inicio, el período de actividad y el abandono o transformación de cada una de ellas, así como las conclusiones parciales y las respectivas interpretaciones funcionales y reconstrucciones al final de cada bloque. En estos momentos, cuando el yacimiento ha sido excavado casi en su totalidad, los resultados obtenidos han de considerarse definitivos, aunque las conclusiones generales a las que lleguemos puedan ser erróneas en algunos aspectos a causa de la deficiente información que hayan proporcionado algunos puntos de la excavación.

Finalmente, en el cuarto apartado se recoge y analiza todo el material no cerámico, fauna, herramientas agrícolas y diversos objetos que permiten acercarnos a la vida cotidiana de la antigua explotación rural y a la reconstrucción de su actividad principal y secundaria. En este sentido, la numismática nos ayuda a ver las grandes líneas evolutivas del yacimiento y confirma, a grandes rasgos, los períodos de máxima actividad y los grandes cambios, mostrando un paralelismo lógico con los de la ciudad romana de Ampurias. El hallazgo de herramientas y restos de semillas carbonizadas en diferentes ámbitos cerrados y estratos fechados con precisión correspondientes a diferentes épocas ayuda a conocer el tipo de cultivo predominante en cada momento y permite observar la evolución y los cambios en dichos cultivos. Los restos de fauna, con predominio de animales domésticos, confirman el peso de la ganadería como parte importante de la economía de la villa a lo largo de casi cinco siglos, la cual se ve complementada por productos de caza y pesca. Finalmente, una cantidad notable de pequeños objetos de hierro, bronce y hueso permiten un acercamiento a otras actividades complementarias y a la vida cotidiana de los habitantes de la explotación.

Capítulo 1. Población antigua en el *ager* ampuritano.

Los yacimientos de Viladamat y la villa de Tolegassos en concreto, no constituyen una isla en un territorio rodeado por la nada, sino que se circunscriben en un país, en una comarca densamente poblada desde la antigüedad. Tampoco la antigua colonia focense de Ampurias quedaba aislada del resto de la zona, como demasiado a menudo se tiene la impresión cuando se observa el conjunto desde el exterior. La dualidad campo/ciudad se halla siempre presente y no seria posible entender uno sin el otro. Es más, creemos que no se puede estudiar la ciudad de Ampurias sin tener en cuenta los numerosos yacimientos y pequeñas estaciones que la rodean y que con sus recursos y su producción hacían posible la vida en la ciudad. Por otro lado, y para compensar, la ciudad era el centro alrededor del cual se agrupaban estas villas rurales, el mercado en el que podían venderse los excedentes y el centro administrativo de su territorio, unidos ambos en una simbiosis ventajosa para las dos partes.

El territorio que formaba parte de la ciudad, el *ager* del núcleo de Ampurias, es difícilmente delimitable. Ignoramos su extensión y la influencia que podía tener la ciudad sobre las estaciones más alejadas. En su parte más occidental, es difícil separar los yacimientos más influenciados o dependientes de Ampurias de los que se hallaban bajo la influencia de la otra ciudad situada en esta región: Gerunda. A manera de hipótesis, ya que nada ha sido demostrado hasta la fecha, podemos suponer que el *ager* ampuritano llegaba, por el norte, hasta la sierra de la Albera; al oeste, hasta el límite señalado por la Via Augusta o quizás un poco más hacia el interior (se ha insinuado que podía llegar hasta la comarca de la Garrotxa); por el sur, hasta el río Daró y posiblemente hasta las primeras estribaciones orientales de la sierra de las Gavarres. Este es el territorio que geográficamente habría quedado bajo la influencia directa de Ampurias.

Pero si centramos nuestro estudio en el territorio inmediato, aquel que sin duda recibía la influencia directa de la ciudad costera, deberemos abarcar poco más que los actuales municipios de Sant Pere Pescador, l'Armentera, Vilamacolum, Torroella de Fluviá, Sant Miquel de Fluviá, Ventalló, Sant Mori, Saus, Vilopriu, Viladamat, l'Escala, Albons, Bellcaire, la Tallada, Ullà y Torroella de Montgrí, con posibilidades de extender este territorio hacia el norte hasta Figueres y al sur hasta las cercanías de Ullastret. Tal como muestra la carta arqueológica de este sector, la ocupación del territorio tanto en época ibérica como posteriormente en época romana estuvo condicionada, sobretodo, por las características geográficas y geológicas del país, con un vacio cercano a Ampurias y al noroeste de dicha ciudad atribuible a las lagunas y marismas documentadas por lo menos desde la Edad Media y que, con toda probabilidad, también existían en época romana (quizás los últimos vestigios del Campo Iuncario citado por los autores clásicos), aunque hemos de admitir la posibilidad de una desecación y drenaje en la antigüedad. En todo caso, las estaciones y asentamientos humanos aparecen justo al inicio de la tierra firme cultivable situada fuera de los límites de dicha zona baja.

Para documentar la posible desecación de la zona inmediata a Ampurias en época romana, y quizás antes, es especialmente interesante la situación de la villa de Mas Gusó (Bellcaire d'Empordà). Este establecimiento, con niveles de fundación fechados a finales del s. II a.C., fue construida sobre un asentamiento indígena que estuvo habitado en una primera fase durante el Neolítico final o inicios del Calcolítico, y en una segunda fase desde el s. VIII-VII a.C. sin interrupción. Se halla sobre una pequeña elevación que sobresale del llano que actualmente se inunda en época de lluvia intensa. Tanto los niveles indígenas como los cimientos de época romana y parte de los niveles de circulación antiguos aparecen al mismo nivel o por debajo de la capa freática. Teniendo en cuenta que a pesar de la regulación actual del caudal del Ter el yacimiento aún se inunda durante los meses de primavera y otoño, habrá que suponer que en la antigüedad existía un sistema de drenaje y canalización que permitía mantener en terreno seco no solo la villa y sus dependencias, sino también los campos de alrededor.

Si esto es aplicable al llano de Albons y Bellcaire, también lo es para Viladamat, situado en alturas sobre el nivel del mar que oscilan entre los 5 y 7 m. Tolegassos, situada donde finaliza la llanura costera y a una cota ligeramente superior, apenas se halla 5 m. más alta que los terrenos que la rodean.

No obstante, el modelo poblacional indígena y romano del llano ampuritano tiene unos rasgos comunes que se repiten en todas y cada una de las estaciones ibéricas y romanas de la comarca. Aquellos que se localizan en los sitios más bajos respecto al nivel del mar se construyeron sobre pequeñas elevaciones de poca altura, con frecuencia en afloramientos de roca calcárea, como en el caso de Más Gusó -que fue ampliado mediante la construcción de una plataforma artificial-, o el Torell (Tor, La Tallada), de características similares al anterior y con una cronología parecida, aunque mal explorado, o la Verneda (Viladamat) y las villas de la zona de Torroella de Montgrí. En otras ocasiones se edificaron en las zonas más altas que rodeaban la llanura. Serian los casos de Tolegassos y l'Olivet d'en Pujol (Viladamat), la pequeña villa inédita del camino de Les Olives (Ventalló), o los yacimientos situados al otro extremo oriental del antiguo lago de Bellcaire.

Hacia el interior, al otro lado de la sierra de Ventalló-Garrigoles-Viladamat, aparecen otras villas de tipo mediano o pequeño, situadas en zonas planas, pequeños valles y suaves elevaciones del terreno orientadas hacia el sur. En este grupo podemos incluir las villas y establecimientos de Mas

Vicenç (Verges), Mas Notari (Viladamat), Lluena (Camallera), diversas villas de Torroella y Estartit, al pie del Montgrí, la gran villa situada en la vertiente sudeste de la colina de Bellcaire, a 500 m. de Mas Gusó, etc.

Los asentamientos indígenas no tienen una distribución y una localización tan clara. Aparecen dispersos por todos sitios, sin un patrón lógico que hayamos podido identificar. Habitualmente se trata de pequeños yacimientos que han podido ser documentados, por regla general, solo por el hallazgo de silos aislados y dispersos por todo el territorio (quizás debido al hecho de que al aparecer un silo solo se excava su interior y no suele comprobarse su relación con posibles estructuras cercanas), y se concentran especialmente en el Bajo Ampurdán y en menor número en el Alto Ampurdán, aunque una investigación exhaustiva ha mostrado su presencia notable en toda la zona (Burch, 1996).

Sin embargo, debemos tener en cuenta que el número relativamente bajo de yacimientos, tanto ibéricos como de época romana de esta última comarca, se debe en buena medida al hecho de que ha sido menos explorada que su vecina. No obstante, durante los últimos años han aparecido nuevas estaciones en el Alto Ampurdán y se han documentado por lo menos dos *oppida*, en Perelada y en Sant Mori, llenando el vacio existente hasta hace poco en esta región en lo que se refiere al tipo de hábitat indígena en núcleos urbanos o poblados. También han sido localizadas nuevas estaciones rurales, aún no bien exploradas, en Siurana. A pesar de todo, el número de estaciones indígenas y yacimientos de época romana identificados hasta la fecha en la zona incluida en la relación de municipios citados en párrafos anteriores supera los ochenta; todo ello sin contar el conjunto de Ampurias, sus necrópolis y los pequeños yacimientos de su entorno inmediato.

En época romana, y especialmente a partir de mediados del s. I de nuestra Era, aumenta el número de yacimientos dispersos por el territorio. La mayor parte se conocen de forma insuficiente; solo han sido documentados a partir de hallazgos de cerámica en superficie y en contadas ocasiones han sido excavados de forma adecuada o suficiente para obtener mayor información. A pesar de ello, nos ayudan a dibujar una carta arqueológica de la zona ampuritana lo suficientemente completa y nos permiten intuir una ocupación de la región del nordeste de Gerona mayor y más intensa de lo que inicialmente podría pensarse. Observando la distribución de yacimientos (Fig. 1), constatamos una vez más el vacio existente entorno Ampurias. Se trata de un vacio natural, lógico, que quizás puede ser explicado a partir de la concentración de la población en las ciudades de Ampurias y al hecho de que el llano, a pesar de haber podido ser desecado, era más apto para el cultivo que para la ubicación de villas si no podían edificarse sobre las pequeñas elevaciones naturales del terreno, como la de Mas Gusó, tal como habíamos comentado anteriormente. También podemos observar la importancia del papel que jugaron las antiguas vías de comunicación en lo que se refiere a la implantación rural en el territorio.

Seguramente toda la zona en época romana estaba parcelada e incluida en un catastro; quizás en una centuriación establecida por los equipos de agrónomos y topógrafos enviados por la administración de la República. En este aspecto, en los últimos años se han llevado a cabo trabajos muy interesantes que han intentado restituir los antiguos catastros (Plana, 1990). No obstante, a nadie se le escapa la dificultad que supone localizar los restos de esta centuriación, de la cual no ha quedado prácticamente nada, casi ningún límite, ningún rastro en el llano ampuritano que pueda ser atribuido sin asombro de duda a época romana. Si, por un lado, las antiguas marismas fueron desecadas en la antigüedad, por otro, también es cierto que los antiguos drenajes fueron abandonados en época medieval y los límites de la fincas borrados, desplazados y restituidos con paciencia a lo largo de los años, de manera que aún no han transcurrido cincuenta años desde que se desecaron completamente las últimas zonas húmedas situadas cerca de la costa, entre los ríos Ter al sur y Muga al norte. El aspecto que ofrece actualmente el parcelario no se asemeja, en líneas generales, al de época romana. Sin embargo, los esfuerzos realizados últimamente para restituir la antigua centuriación, a pesar de las dificultades que ha habido que superar inicialmente, parece que han de conducir al conocimiento e identificación del antiguo catastro, aunque lentamente. El camino abierto y la línea de investigación seguida ofrecen muchas posibilidades.

Con los datos de que disponemos actualmente, alrededor de Ampurias, en un radio de poco más de quince kilómetros al oeste de la ciudad aparecen unos veinte yacimientos de época romana de cierta envergadura. Gran parte de ellos han sido identificados como villas rurales de tipo pequeño o mediano. El resto, mal explorados o conocidos tan solo por el hallazgo casual de cerámica en la superficie de los campos de cultivo, no pueden ser clasificados como tales. Quizás son estaciones para el trabajo del campo, cabañas, pequeñas casas agrícolas, ocupaciones temporales o estacionales, etc.

Entre las villas hay que destacar, a parte de Tolegassos, las que hemos citado en párrafos anteriores: Las situadas en el llano de Torroella de Montgrí i l'Estartit; las de Mas Gusó o Puig Moragues y la colina de Bellcaire, muy próximas entre ellas; la del Mas Notari y el almacén de l'Olivet d'en Pujol, en Viladamat; Mas Vicenç, el Palau, etc. Hacia en norte, dos yacimientos de Siurana d'Empordà parecen corresponder a pequeñas villas muy degradadas.

La situación de estas *villae* y su distribución alrededor de Ampurias no aportan demasiada información sobre el hábitat rural en época romana. Solo nos permiten constatar que la ocupación de territorio era muy intensa y que, en general, la distancia media entre los principales yacimientos era de unos 3.000 m. excepto en algún caso especial, como en la zona de Bellcaire d'Empordà. Pero sin excavar un número más elevado de estaciones, aunque se tratara solamente de sondeos puntuales y limitados, no podrá tenerse una visión de conjunto lo suficientemente amplia sobre este aspecto.

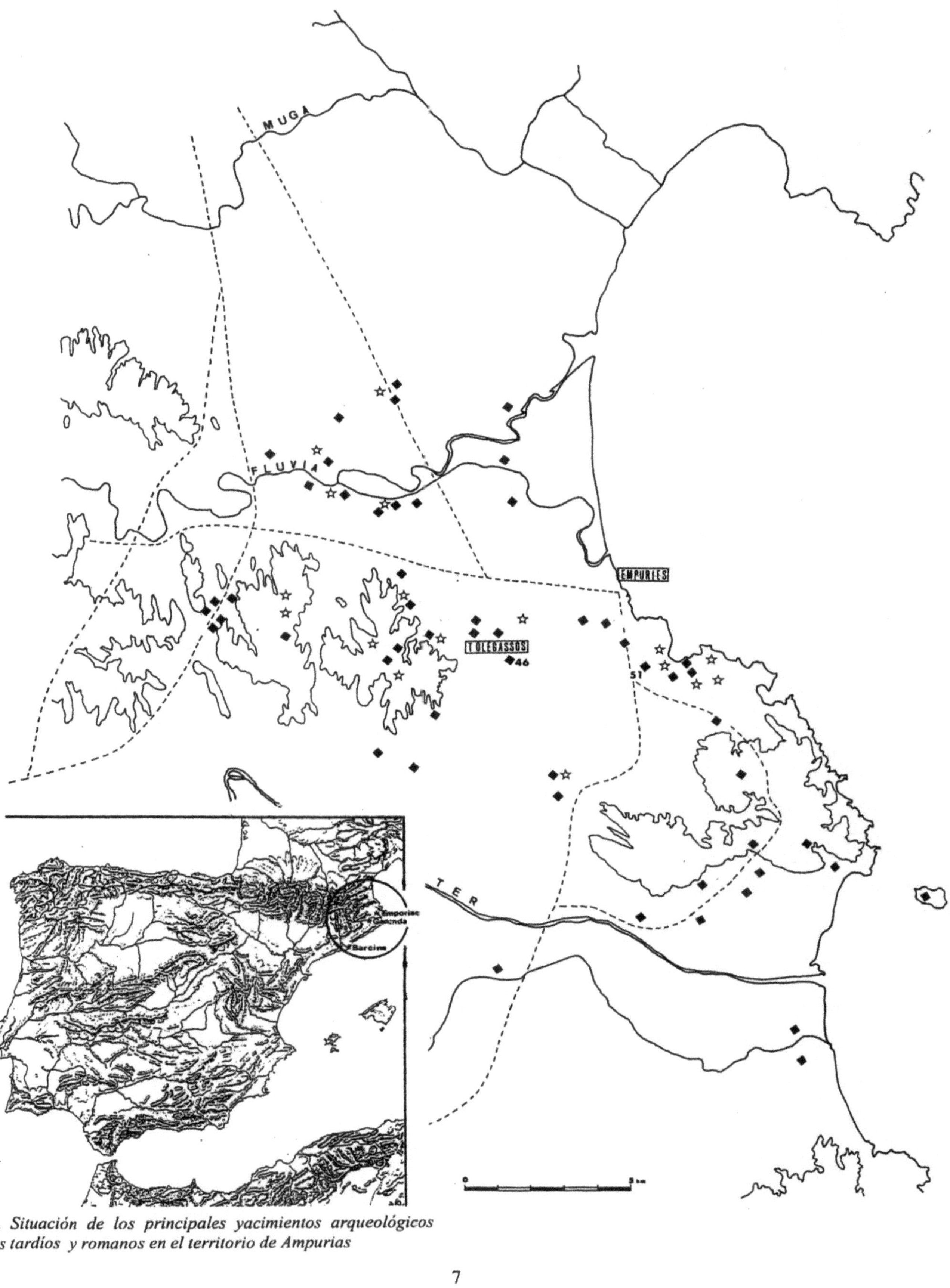

Fig. 1. Situación de los principales yacimientos arqueológicos ibéricos tardíos y romanos en el territorio de Ampurias

Capítulo 2. La villa. Períodos y resumen cronológico de las fases.

Las páginas siguientes constituyen el estudio de la villa de época romana de Tolegassos, núcleo de nuestra investigación. A nadie se le escapa la dificultad que supone exponer los resultados obtenidos a lo largo de quince campañas de excavaciones arqueológicas siguiendo un hilo conductor único y lo suficientemente claro, intentando no caer en la anécdota y el pequeño detalle que a menudo hacen perder la visión del conjunto. A veces, a pesar de todo, quizás nos veamos obligados a ello.

Aunque el estudio del yacimiento se lleva a cabo a partir de períodos cronológicos, dejando para apartados o capítulos posteriores los estratos y sectores más tardíos localizados en la misma habitación o estructura e intentando incluir cada uno de ellos en el contexto cronológico que les corresponde y al lado de los demás con los que esté relacionado, a menudo nos veremos obligados a referirnos a fases y a citar habitaciones o espacios cuyo estudio no se llevará a cabo hasta llegar a capítulos posteriores. Por un lado, la mayor parte de las estructuras de la villa y sus fases fueron incluidas en una anterior publicación. Por lo tanto, no será necesario repetir lo que ya está publicado, a pesar de que a veces nos veremos obligados a referirnos a ello (Casas, 1989). Creemos, pues, imprescindible adelantar o recordar las diferentes fases del yacimiento, a modo de resumen, a fin de podernos situar dentro del marco cronológico general del yacimiento y tener una visión de conjunto previa al análisis detallado de cada habitación y cada fase (Fig. 2).

Precedentes

Con este nombre, más convencional que otros, designamos la fase tardo-republicana (indígena o romana) y augústea de la villa. A ella pertenecen los ámbitos y hallazgos fechados desde la segunda mitad del s. II a.C. hasta el cambio de Era y, en todo caso, anteriores a la mayor parte de los primeros muros y edificios visibles actualmente. Todos los indicios indican la existencia de una estación indígena abandonada hacia la segunda mitad del s. II a.C. y la construcción de una pequeña villa o edificio de estilo romano en la misma época. Básicamente se trata de depósitos y silos excavados en la roca natural y, en algunos casos, diversos muros pertenecientes a una segunda villa de inicios del s. I, muy degradada y difícilmente identificable en toda su extensión, que fue remodelada cuando se llevaron a cabo las grandes reformas y la fundación que hemos identificado como la fase 1 altoimperial.

Para facilitar la investigación y exposición de los materiales, hemos dividido esta fase en tres subfases: "Precedentes 1", "Precedentes 2" y "villa augústea". En la primera se inscriben los estrados más antiguos del relleno de un depósito y un silo situados en la parte oriental del yacimiento y que han sido fechados en la segunda mitad avanzada o último cuarto del s. II a.C., así como un pequeño vertedero de ánforas que recuerda el del Camp del Bosquet en Camallera. La segunda se refiere a dos depósitos revestidos de *opus signinum*, algunos silos y estratos situados en la parte alta del yacimiento, en el centro y norte de la villa que se construyó posteriormente. Todos estos depósitos y silos se rellenaron en época augústea, posiblemente hacia el primer decenio de nuestra Era y, según todos los indicios, con motivo de la construcción de la pequeña villa tardoaugústea, unos treinta años antes de la construcción de la villa altoimperial. El edificio de época augústea, muy deteriorado, ocupaba la mitad norte del yacimiento. Disponía, además, de dos pozos excavados en la roca natural para el abastecimiento de agua a la casa.

Fase 1

La fase 1 del yacimiento corresponde a la gran villa construida *ex novo* hacia mediados del s. I. Hasta la fecha han sido excavados dos edificios que ocupan la mitad sur del yacimiento rodeando un patio central, así como un segundo patio utilizado como almacén de *dolia* desprovisto de tejado. Parece ser que la construcción de los edificios de esta fase se inició hacia los años 40/50, con el abandono y relleno de uno de los pozos de la villa augústea y la construcción de un pórtico adosado a la fachada este, aprovechando la casa existente.

Todos los muros de este fase se levantaron con piedra caliza de origen local unida con argamasa, utilizándose el sistema de encofrado en los cimientos. La parte superior de los muros era de adobe recubierto con una capa de argamasa que en el caso de algunas columnas estaba pintada de color blando y negro. Los edificios de la fase 1 se mantuvieron en pie hasta el abandono de la villa, y no sufrieron cambios significativos hasta la remodelación del conjunto a finales del s. II o inicios del s. III, coincidiendo con el inicio de la fase 3. Convencionalmente, las habitaciones de la fase 1 se designa con la letra A (A-1, A-2, etc.).

Fase 2

Constituye una ampliación de los edificios de la fase anterior realizada al cabo de pocos años. Puede fecharse con cierta dificultad hacia finales del s. I o primeros años del s. II. La ampliación por el extremo sur de los primeros edificios no supuso, aparentemente, ningún cambio en la estructura interna de la villa; únicamente una mejora y un aumento del espacio útil, aunque una de las últimas estructuras localizadas (los cimientos de un nuevo muro), indican la posibilidad de la existencia de un nuevo acceso a una planta superior que habría afectado el ala sur del edificio.

Las paredes se construyeron con piedra unida con barro, sin argamasa, y sobre estos cimientos que levantó la parte aérea del muro mediante la técnica ya observada antes de adobe, en algunas ocasiones, directamente sobre los cimientos, en otros puntos, sobre una fina capa de argamasa que sirvió para nivelar la cimentación. Las habitaciones se designan con la letra B en la planta general (B-1, B-2, etc.).

Fase 3

Constituye el gran cambio; la gran reestructuración de la villa, quizás como producto de transformaciones internas en su base económica como consecuencia, probablemente, de las variaciones registradas en el territorio, en Ampurias y en el mundo romano en general a partir del último cuarto del s. II, o como máximo a inicios del s. III.

La fase 3 se inicia en este momento y lleva aparejado el abandono y relleno del pozo de la villa que aún se encontraba en uso, la construcción de nuevas habitaciones en el extremo sudeste del conjunto, diferentes a las anteriores y rompiendo la estructura simétrica del conjunto, y la degradación, transformación y parcial destrucción del principal edificio de la fase 1. Posiblemente fue durante esta fase cuando se abandonó el patio con el almacén de *dolia* que constituía una parte importante de la estructura de la villa inicial, substituyéndose por otro de poca entidad y menor capacidad de almacenamiento. El final de la fase 3 y el abandono de la villa debe situarse entorno la segunda mitad del s. III. Los diferentes estratos y estructuras se identifican con el prefijo C (C-1, C-2, etc.).

Sin embargo, a este período habría que añadir una fase 3-b, que corresponde a una pequeña ampliación situada en el ángulo sudeste del conjunto. Se trata tan solo de dos muros paralelos -uno de ellos de contención y nivelación del terreno- que podían constituir la base de alguna especie de cobertizo o pórtico situado ante una de las puertas de acceso al edificio. Su cronología es prácticamente la misma que la del resto de las estructuras de la tercera fase. Quizás su construcción tuvo lugar pocos años después, pero la diferencia cronológica parece ser mínima y es imperceptible a partir del estudio de los materiales arqueológicos de los estratos de fundación.

Reocupación

No hemos hallado ningún modo más adecuado para designar este período que no tiene nada que ver con los anteriores, puesto que existe un corte evidente y palpable entre el abandono de la villa en la segunda mitad avanzada del s. III y una reocupación parcial y puntual, muy corta, a mediados del s. IV, en una época en que los edificios anteriores estaban derruidos. Ignoramos de manera exacta el alcance de esta reocupación y su significado, así como la incidencia que tuvo en la destrucción de los viejos restos aún visibles del antiguo conjunto. Es probable que el derribo, destrucción y vaciado de algunos cimientos de los muros de la fase 1 para utilizar la piedra como material de construcción tuviera lugar en este momento (a pesar de que hay indicios de una expoliación durante la Edad Media para la construcción de la casa fuerte de la Pabordia en el núcleo de Viladamat). También pertenecen a esta fase de reocupación dos sencillos muros situados al sudeste de la villa, construidos sobre los cimientos correspondientes a los edificios de la fase 3, prueba del estado de destrucción en que se hallaba la villa altoimperial.

En cualquier caso, el núcleo de actividad principal de la reocupación del s. IV se hallaba en la parte alta del yacimiento, formando un estrato muy delgado que cubre los de épocas anteriores, así como en la parte superior de los rellenos de uno de los pozos y de un silo, sin conexión con los estratos principales de los respectivos rellenos más antiguos. Las tierras de relleno de un tercer pozo situado fuera de los límites del recinto original también contienen abundantes restos de esta época. Todo parece indicar que la reocupación estaba relacionada con una pequeña cabaña y un corral para el ganado.

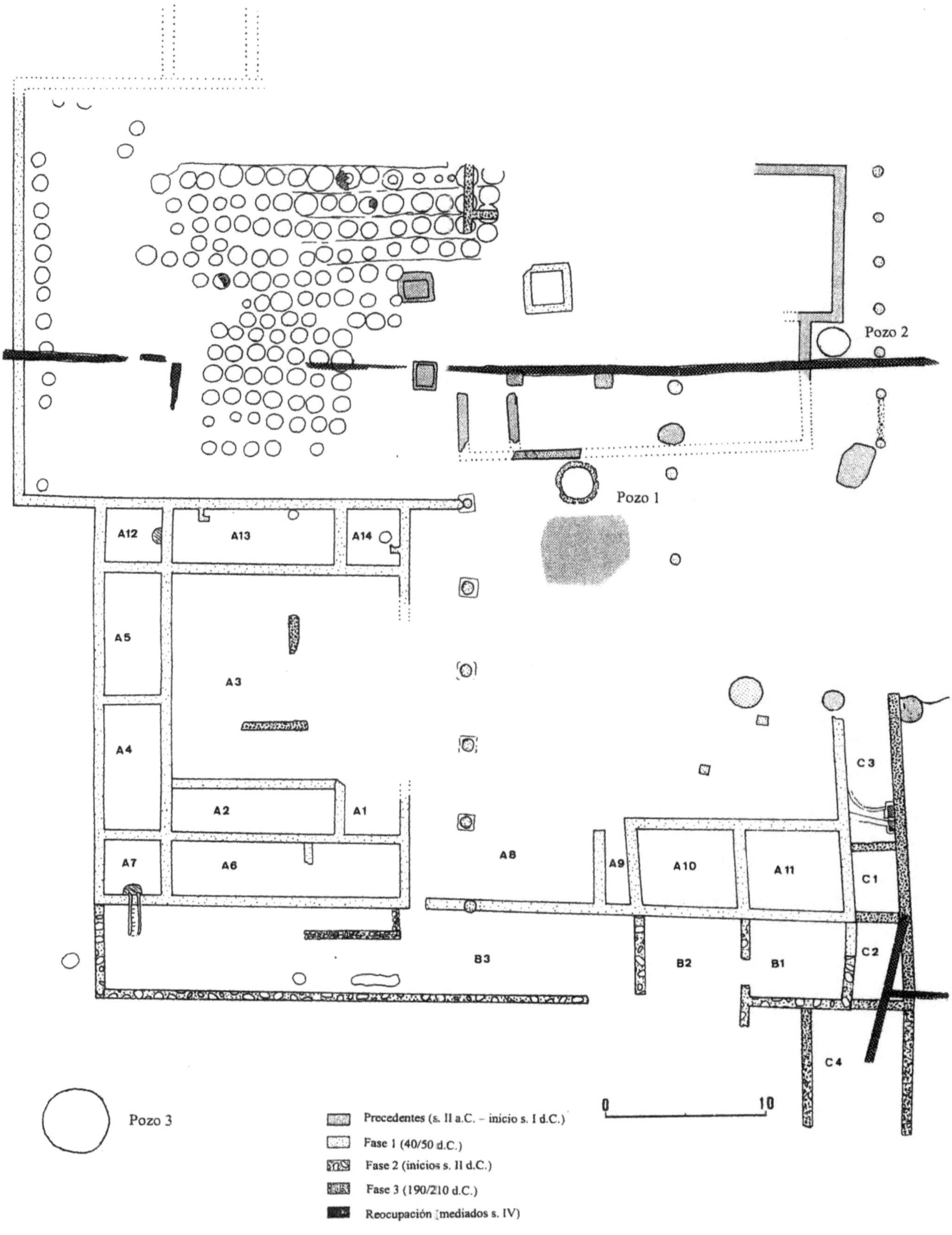

Fig. 2. Planta general de la villa, con indicación de las diferentes fases constructivas.

PARTE II

Precedentes de época republicana y augústea

Capítulo 3. Primera ocupación. Precedentes.

En general, las estructuras y habitaciones más antiguas excavadas hasta la fecha no parecen anteriores a la primera mitad o mediados del s. I de nuestra Era. Pero existen indicios, elementos y restos constructivos, así como mucho material arqueológico que ponen en evidencia la ocupación del yacimiento por lo menos desde mediados del s. II a.C. quizás incluso antes. Los fragmentos de cerámica que desde la primera campaña suelen aparecer en cualquier punto del yacimiento como material residual del conjunto de cada estrato confirman esta presencia en época tardo-republicana; presencia que se ve confirmada por el hallazgo de silos y depósitos rellenados durante la segunda mitad del s. I a.C. y, sobretodo, en época augústea (mucho antes de la construcción de los edificios de la primera fase), y que contenían elementos de construcción de un edificio situado en el mismo lugar (Casas, Soler, Turon 1996, p. 67-97). Una docena de fragmentos de cerámica ática dan testimonio de la ocupación del sector en un momento impreciso durante los siglos V-IV a.C.

Pero, como decíamos, a parte de estos contextos cerrados y que proporcionan interesantes datos sobre el pasado bajo-republicano de la villa, en cualquier zona del yacimiento aparecen indicios que confirman que la actividad no se desarrollaba en pequeños puntos concretos, sino que abarcaba un espacio más amplio, casi tanto como el que a partir del s. I ocupó la villa rústica.

Dicho material arqueológico está formado básicamente por fragmentos de ánforas itálicas Dressel 1, algunas con arcilla tipo DB típica y procedentes de la Campania; cerámicas grises y oxidadas ampuritanas clásicas, cerámicas de engobe blanco y cerámica de barniz negro, tanto de origen itálico como de producción local. Se trata de un conjunto de material que suele aparecer en los estratos más profundos, casi a nivel del suelo geológico original, y de manera especial en la zona más alta del yacimiento, coincidiendo con el área del patio central y de los silos.

Algunas de las monedas que se han recuperado corresponden a la primera mitad del s. II a.C., como es el caso de un as partido ibérico de **Sekaisa**, otro *semis* ampuritano, o una moneda acuñada en Roma que presenta la cabeza de Heracles, la proa de una nave y la leyenda Q.M.E.ROMA. Lo mismo podemos decir de diversos ases con la leyenda ibérica **Untikesken** i **Kese**, casi tan antiguas como las primeras.

Sin duda el lote más importante de los materiales más antiguos y anteriores a les estructuras de la primera fase son los de época augústea. El conjunto está formado básicamente por cerámicas ampuritanas tardías, sigillatas aretinas, cerámica de barniz rojo pompeyano, cerámicas itálicas de arcilla micácea, cerámicas micáceas con barniz negro o rojo (también conocido como rojo coral), ánforas Pascual 1 y Ases de Ampurias, algunos de los cuales se relacionan con la construcción de la villa altoimperial.

Si estos materiales dispersos no fueran suficientes para identificar una fase a la que llamaremos "precedentes", nos confirma su existencia el contenido de diversos silos y algunos depósitos con materiales antiguos. Algunos de estos ámbitos fueron amortizados y rellenados en el s. II a.C. y otros hacia en cambio de Era. El contenido de todos ellos y su misma estructura nos permiten confirmar la existencia de un primer establecimiento agrícola tardo-republicano, precisamente porqué en su interior se hallaron los suficientes elementos de construcción que nos permiten tener la seguridad de la existencia de un edificio. En todos los rellenos aparecieron *tegulae*, elemento muy común y siempre presente y, además, restos de pavimentos de *opus signinum* con decoración de teselas blancas, fragmentos de revestimiento de muro con decoración pintada, elementos de columnas y bloques de mortero y argamasa de distintos tipos.

En el estrato que nivelaba el fondo de una de las habitaciones del edificio de época augústea también se halló un elevado número de teselas blancas, negras, rojas y verdes. Son materiales que fueron tirados expresamente para rellenar los depósitos y silos junto con el resto de fragmentos cerámicos en una época en la que aún no se había construido ninguno de los edificios de la fase 1. Debemos suponer que estos materiales no fueron transportados de otro yacimiento más o menos cercano, sino que proceden de construcciones situadas en el mismo lugar de su hallazgo.

Para acabar, hemos de citar dos depósitos revestidos de *opus signinum* que quedaron fuera de uso y fueron amortizados a inicios del s. I con motivo de la construcción de una segunda villa (es decir, la villa augústea o "Precedentes 2"). En esta ocasión se trata de las primeras estructuras evidentes anteriores a los edificios augústeo y altoimperial que ahora conocemos. Además, cerca del pozo del patio central se conservaban otros estratos intactos de la misma época; en esta ocasión quizás relacionados con las estructuras y muros de inicios del s. I.

Ámbitos y estructuras de los siglos II-I a.C.

En un estudio reciente se llevó a cabo un análisis detallado de los materiales que en el curso de las diferentes campañas de excavación se hallaron en los silos abiertos en el subsuelo de Tolegassos. Parece superfluo, por lo tanto, insistir en su descripción y repetir los datos ya expuestos en una investigación anterior. No obstante, es casi obligado facilitar los datos básicos que nos permitan dibujar el perfil del contexto tardo-republicano del yacimiento y completar este apartado con un breve comentario sobre las características, material y cronología de cada uno de aquellos espacios. En caso contrario el estudio monográfico del yacimiento quedaría incompleto y uno de sus aspectos más interesantes se vería diluido en trabajos y publicaciones dispersas (Casas 1991, p. 55-111; Casas, Soler, Turon 1996; Burch 1996). De todas formas, a fin de no repetir aquello ya publicado, nos centraremos tan solo en aquellos aspectos básicos y más interesantes de cada depósito o silo, o en aquellos que puedan completar, matizar o modificar las conclusiones obtenidas en su momento.

Ya en los primeros momentos, cuando se habían excavado solamente unos pocos metros de yacimiento, durante los trabajos de la tercera o cuarta campaña, el crecimiento desigual del cereal durante el mes de abril nos mostró la existencia de diversas anomalías en la finca que podían ser debidas a la presencia de depresiones en el subsuelo de la parte más elevada del yacimiento. Su aspecto, a menudo claramente circular y en otras ocasiones con peor definición, nos hicieron suponer precisamente la existencia de silos y depósitos en distintos puntos. A medida que avanzó la excavación pudimos comprobar que, efectivamente, en unos casos se trataba de silos, en otro caso de un pozo y finalmente de dos depósitos situados cerca de un almacén de *dolia* que también se intuía des de el primer día.

La excavación de los diferentes sectores en el curso de sucesivas campañas y el posterior análisis del conjunto permitió observar que a pesar de su limitado número había dos conjuntos cronológicamente diferenciados. Por un lado, los silos y/o depósitos que se habían abandonado hacia finales del s. II a.C. o inicios del siglo posterior. Por otro, aquellos que habían quedado fuera de uso y que por lo tanto se habían rellenado con escombros hacia finales del gobierno de Augusto, probablemente durante la primera década de nuestra Era, por motivos que inicialmente desconocíamos o que no acabábamos de dilucidar. Por fin, gracias a la localización de un edificio de inicios del s. I en posteriores campañas de excavación pudimos obtener la explicación de unos cambios y hallazgos que inicialmente no se entendían fácilmente.

Por lo tanto, independientemente del orden de aparición o excavación de los diferentes depósitos -factor absolutamente circunstancial- expondremos los resultados de la investigación agrupando los diferentes ámbitos cronológicamente idénticos o próximos entre si. En primer lugar, los que fueron abandonados o destruidos a finales del s. II a.C. y después los que desaparecieron en época augústea o inicios de nuestra Era, comentando únicamente sus aspectos más significativos o relevantes.

El silo 2088

Sus dimensiones son regulares: dos metros de profundidad y dos metros de diámetro máximo; proporciones que la sitúan dentro del estándar dentro del conjunto de los silos de Tolegassos. Únicamente el silo 2060, inmensa, se aparte de las medidas habituales.

La que ahora analizamos se excavó en el suelo natural, formado por un conglomerado de gravas bastante blando,

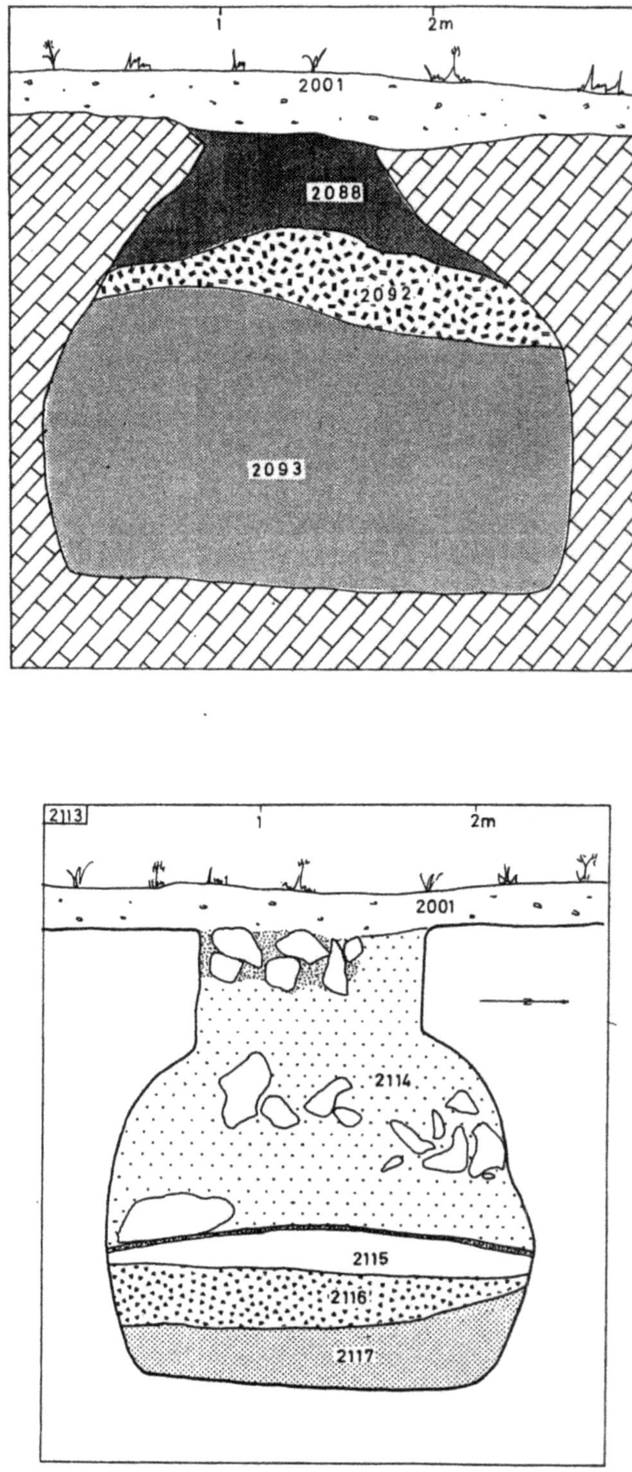

Fig. 3. Sección de los silos 2088 y 2113, amortizados en el s. II a.C.

fácil de desmenuzar y erosionable, hasta tal punto que el silo se deformó en la antigüedad debido a desprendimientos. Al igual que los otros silos que analizaremos posteriormente, se rellenó de escombros en dos épocas diferentes. En un primer momento se rellenó totalmente con tierra y escombros; pero con los años su contenido se fue compactando y probablemente cedió la parte superior, abriéndose un agujero de poca profundidad que dificultaba o estorbaba la circulación en aquel punto. Por dicho motivo, casi quinientos años después de la primera amortización se depositó una nueva capa de tierras en su interior a fin de nivelar el terreno (Fig. 3).

La excavación permitió documentar tres estratos perfectamente diferenciados: el más moderno y los dos iniciales más antiguos; todos ellos de gran interés, puesto que permiten documentar épocas oscuras del yacimiento. Los dos inferiores son de época tardo-republicana, mientras que el superior se relaciona con la reocupación de la villa durante el Bajo Imperio. El estudio del material arqueológico de dichos estratos nos permite fechar los respectivos rellenos con poco margen de error. De momento solo comentaremos el de los estratos más antiguos. En el capítulo correspondiente analizaremos el conjunto relacionado con el asentamiento del s. IV.

Los dos estratos más antiguos (U.E. 2092 y 2093) son contemporáneos, pero fueron separados y excavados de manera diferenciada únicamente por cuestiones metodológicas. No obstante, es estudio del material arqueológico de su interior no puede hacerse por separado.

El superior de los dos estratos (U.E. 2092), está formado por tierras comunes procedentes de los alrededores, de color oscuro, poco compactas, con algunos bloques de piedra de grandes dimensiones y escaso material arqueológico. Las del estrato más profundo tienen similares características, con mezcla de limos amarillos, bastantes cantos rodados caídos de las paredes del silo y sin demasiados fragmentos cerámicos.

En lo que al primero se refiere, al ser el estrato que se hallaba en contacto directo con el suelo del patio y a causa del relleno y nivelación de época tardía, en él aparecen algunos fragmentos de cerámica que no corresponden al momento de la primera amortización, sino a intrusiones posteriores. Se trata de cuatro fragmentos de cerámica africana y uno de cerámica de paredes finas que podemos fechar *grosso modo* entre finales del s. I y el s. II de nuestra Era. Estas intrusiones ya no aparecen en el estrato inferior. El resto de material es el típico de los siglos II y I a.C. Es decir, cerámicas grises ampuritanas, de engobe blanco, campaniense A y B, ánforas itálicas y cerámicas indígenas. El análisis del conjunto nos permite dilucidar la fecha del relleno.

Refiriéndonos a la cerámica de barniz negro, presente en poca cantidad, hallamos una base de la forma Lamb. 1, especie Morel 2320 (con un grafito ibérico Z U), que puede fecharse entre finales del s. II a.C. hasta mediados del siglo posterior (Morel 1981, p. 164-165). también aparece un fragmento de base de la forma Lamb 5/7 con decoración a ruedecilla en el fondo interno, así como la mitad inferior de un vaso de la forma Lamb 3, especie Morel 7553, con la misma cronología (Fig. 4: 7 a 9). Además fueron hallados otros veinte fragmentos de campaniense A y B sin forma.

Los fragmentos de ánfora constituyen el conjunto más números en ambos estratos. Se trata de ánforas itálicas de la forma Dressel 1A-B y algunas bases características atribuibles a las ánforas greco-itálicas ligeramente anteriores a la Dressel 1 (Fig. 5: 1 a 11, 15 y 17), que según parece dejaron de utilizarse durante el tercer cuarto del s. II a.C. (Aquilué et alii 1984, p. 33).

En el mismo grupo de materiales de importación debemos incluir algunos fragmentos pertenecientes a un recipiente de forma circular o troncocónica, con decoración aplicada en forma de cabezas de león y rosetas alternadas con palmetas estampadas (Fig. 4: 6). Es una pieza excepcional, poco corriente. Parece ser que se trata del soporte de un quemador o fogón doméstico parecido a un tipo documentado en Ampurias y en otros lugares de Cataluña en contextos cronológicos de los alrededores del año 100 a.C. o, de forma más amplia, entre los siglos II y I a.C. (Dupré 1985, p. 138).

En cuanto a las cerámicas locales, aparecen los tipos más corrientes de los siglos II y I a.C.; desde cerámica ibérica pintada a grises y oxidadas ampuritanas y cerámicas de engobe blanco. Del primer grupo hemos identificado una treintena de fragmentos, entre los que solo hallamos tres fragmentos con forma. Se trata de *kalathoi* pintados con franjas y círculos rojos, productos típicos de la segunda mitad del s. II a.C. y primera mitad del siglo siguiente, probablemente fabricados en Ampurias o en su área de influencia (Aquilué et alii 1984, p. 374).

Otro grupo bastante numeroso es el de las cerámicas de engobe blanco (Fig. 4: 2 y fig. 3: 14 y 15). Su cronología se ha situado entre mediados del s. II hasta mediados del s. I a.C. (Nolla 1981, p. 51-62), y aparece en Ampurias en el relleno del silo del "Decumanus B" (Kardo B), en el contexto de finales del s. II a.C. (Aquilué et alii 1984, p. 375).

Finalmente citaremos algunos fragmentos de cerámica ampuritana, vasos bicónicos y páteras, ya sean grises o oxidados (Fig. 4: 1 y 11 a 18). Es el grupo de cerámica de producción local que más abunda en esta zona; tiene un origen en los vasos ibéricos del s. IV a.C. y perdura hasta las primeras décadas del s. I a.C. en su facies clásica, prolongándose su fabricación hasta los primeros años del s. I de nuestra Era en una producción tardía muy característica.

Después de examinar el conjunto de material hallado en los dos estratos más antiguos del interior del silo y en base a su homogeneidad, no parece existir elementos que pongan en duda su datación. En lo que se refiere a la cronología de ambos estratos, disponemos de dos excelentes paralelos para este conjunto, más ricos en material que el relleno del silo, pero totalmente idénticos en cuanto a las producciones cerámicas y tipología detectadas. El primero de ellos es el de los silos del "Decumanus B" (Kardo B) de Ampurias, fechado con bastante precisión hacia finales del s. II a.C. (Aquilué et alii, 1984, p. 367). El otro, más modesto, es el depósito de ánforas del Camp del Bosquet (Camallera), que en un estudio previo situábamos dentro de la segunda mitad del s. II a.C. (140-120 a.C.), fecha que ahora consideramos que debe ser rebajada algunos años. Hasta el último cuarto de aquel siglo (Casas 1981, p. 275-281). Curiosamente, esta cronología coincide no solo con la fecha de fundación de la ciudad romana de Ampurias (Aquilué et alii 1984, en general), sino también con la época de construcción del almacén del Olivet d'en Pujol en Viladamat (Casas 1989, p. 21-63).

Silo 2404.

Fue excavado durante la campaña del verano de 1991 y se halla situado en el extremo norte del muro perimetral este perteneciente a la fase 1 del período altoimperial de la villa. Sus estratos superiores quedaron afectados por los trabajos que se efectuaron sobre él en época de Claudio. Esta afectación consistió en el relleno con argamasa de la boca del silo a fin de mejorar la consolidación del cimiento del muro en aquel punto concreto. Es por ello que diversos materiales cerámicos, ajenos al relleno original, se introdujeron en el primero de los dos estratos en los que se divide dicho relleno. La intrusión se detecta no solo por tratarse de materiales extraños para la época, sino también por representar un porcentaje ínfimo comparado con el resto de fragmentos cerámicos del estrato. Concretamente, siete fragmentos de cerámicas africanas de pátina cenicienta y dos de sigillata sudgálica ante los más de 500 fragmentos de materiales tardoaugústeos.

Una vez más, a parte de los numerosos fragmentos de cerámica, tanto en el primer estrato (U.E. 2405), como en el segundo y más profundo (U.E. 2406), aparecieron bastantes restos de fauna, algunas herramientas e instrumentos de hierro y, especialmente, restos de pavimento de *opus signinum* destruido con motivo de la remodelación de un edificio más antiguo. Hay que señalar que entre los pequeños fragmentos de cerámica que formaban parte del pavimento aparecen restos de Campaniana B y ánfora itálica de la forma Dressel 1, lo cual constituye un nuevo indicio para fechar la tan evidente y aún no hallada villa a hacia finales del s. II a.C. o inicios del s. I a.C.

El conjunto cerámico, si bien bastante elevado en lo que se refiere al número de fragmentos, no es lo suficientemente significativo para poder dilucidar con seguridad la fecha de la primera amortización y relleno del silo, sobretodo debido a la diversidad de las producciones identificadas, con una cronología que abarca prácticamente todo el s. I a.C., aunque los de época augústea, siempre presentes, son francamente minoritarios.

El estrato superior (U.E. 2405), contiene intrusiones más modernas en sus primeros centímetros, en la zona que se confunde con el muro y el suelo de circulación de la habitación más moderna. Como intrusiones hemos de considerar cinco o seis fragmentos de cerámica africana bastante tardíos y que fechamos a inicios o primera mitad del s. III (Fig. 6: 8 y 9). Corresponden a una época próxima al abandono de la villa.

Como materiales pertenecientes al momento de construcción del muro de la villa altoimperial, que quizás no podamos considerar como intrusiones, sino como la evidencia del relleno de la parte superior del silo para preparar la cimentación del muro, hay que citar el conjunto de sigillatas sudgálicas, aretinas, cerámicas de paredes finas y grises de boca trilobulada, así como fragmentos de gris ampuritana con una cronología muy próxima o idéntica a la de las producciones anteriores. Todo parece indicar que el conjunto debe ser fechado hacia el segundo tercio del s. I.

La sigillata itálica de este nivel (Fig. 7: 1 y 4), corresponden a época de Tiberio-Claudio. Al mismo período parecen pertenecer los fragmentos de cerámica de paredes finas (Fig. 7: 9 a 11), que también se hallan presentes en el estrato más antiguo del vertedero del sector 2 de la villa en estratos de Tiberio-Claudio (Casas & Nolla 1993, p. 19-26). Uno de ellos pertenece a la producción de cerámica gris ampuritana tardía (Fig. 7: 11). Finalmente, un disco de una lucerna de volutas con la figura de Zeus-Amón vista de frente (Fig. 8), que tiene su paralelo en ejemplares de la primera mitad del s. I d.C. (Bailey 1988, nº 1907, p. 235).

En el conjunto de ánforas identificamos claramente un cuello y boca de la forma Dressel 2/4 y otro de la forma Pascual 1 (Fig. 6: 13 y 14), así como una base que puede corresponder también a una Dressel 2/4. La presencia de esta forma señala claramente una cronología del s. I d.C.

Entre en conjunto de cerámica de uso común o de cocina, el grupo más numeroso es el de la cerámica ampuritana moderna o tardía, con una cronología muy precisa dentro del s. I a.C. hasta inicios del siguiente siglo, y un repertorio de formas conocido ampliamente (Casas et alii 1990, p. 41-42). A la producción pertenecen diversos vasos que hallamos en todos los estratos de época augústea y de la primera mitad del s. I en este yacimiento (Fig. 7: 2, 3, 5 a 8 y 11).

Como material no cerámico citaremos algunos fragmentos de hierro, un conjunto de restos de fauna (animales domésticos con predominio de los ovicápridos), y restos malacológicos. Además, poco más de cincuenta restos de pavimento triturado y vertido en el relleno, con presencia, en alguno de los fragmentos, de restos de cerámica Campaniense B y ánfora Dressel 1 como componentes del *opus signinum*.

A pesar de la diversidad de material, creemos que todo el conjunto debe situarse en el segundo tercio del s. I, alrededor de los años 40-50. Tal como habíamos señalado al inicio, el único material que consideramos una intrusión más moderna son los fragmentos de cerámicas africanas localizados en la parte superior del estrato.

En el último nivel (U.E. 2406), el material arqueológico recuperado tiene un aspecto totalmente diferente. Debe señalarse en primer lugar -y a fin de no tener que insistir en ello más adelante- la presencia de un *dolium* roto en el fondo del silo. En cuanto al repertorio cerámico, la composición del conjunto difiere notablemente del que hemos visto en el estrato superior. Un solo fragmento de sigillata aretina (quizás procedente del estrato más moderno) y, en cambio, un número importante de cerámica de barniz negro, engobe blanco, gris ampuritana tardía, ánfora itálica (Dressel 1) y cerámica itálica de arcilla micácea. Finalmente, tan solo dos fragmentos de cerámica ibérica oxidada y pintada, sin forma.

En Campaniense A tardía aparecen los fragmentos de tres páteras altas o platos asimilables a la especie Morel 2824-a (Fig. 9: 1 y 2), que deben fecharse en la primera mitad del s. I a.C. (Morel 1981, p. 229). En campaniense b-oide o quizás como producto local, aparece un conjunto con arcillas de color beige anaranjado, finas al tacto y bien depuradas, pero

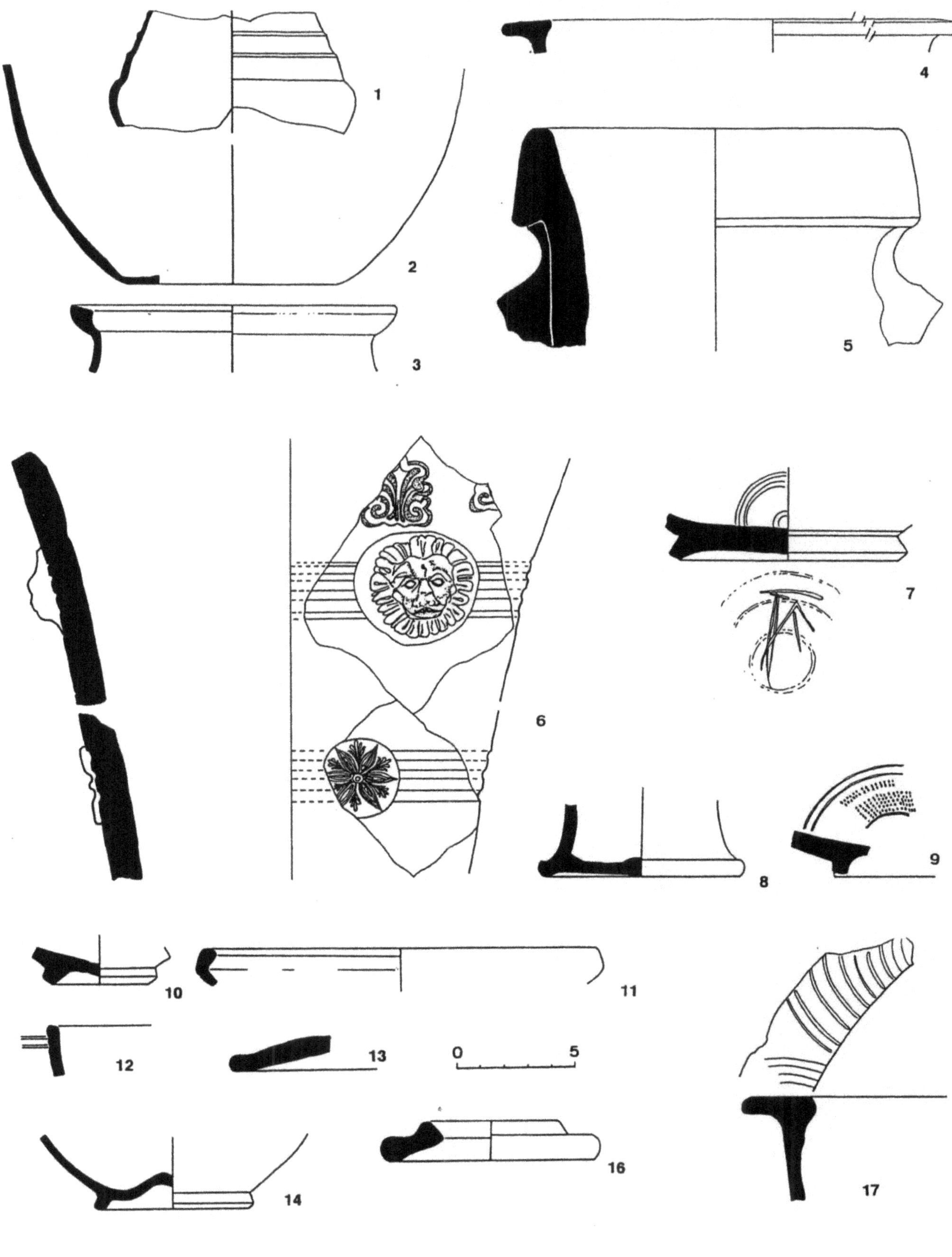

Fig. 4. Silo 2088. U.E. 2092 y 2093. 1, 10 a 12 y 18: Cerámica gris ampuritana. 2, 3, 14 y 15: Cerámica de engobe blanco. 5: Ánfora. 7a 9: Cerámica campaniense. 4 y 17: Kalathoi *ibéricos. 6: Cerámica itálica decorada. 13: Cerámica itálica de pasta micácea. 16: Disco de cerámica común reducida.*

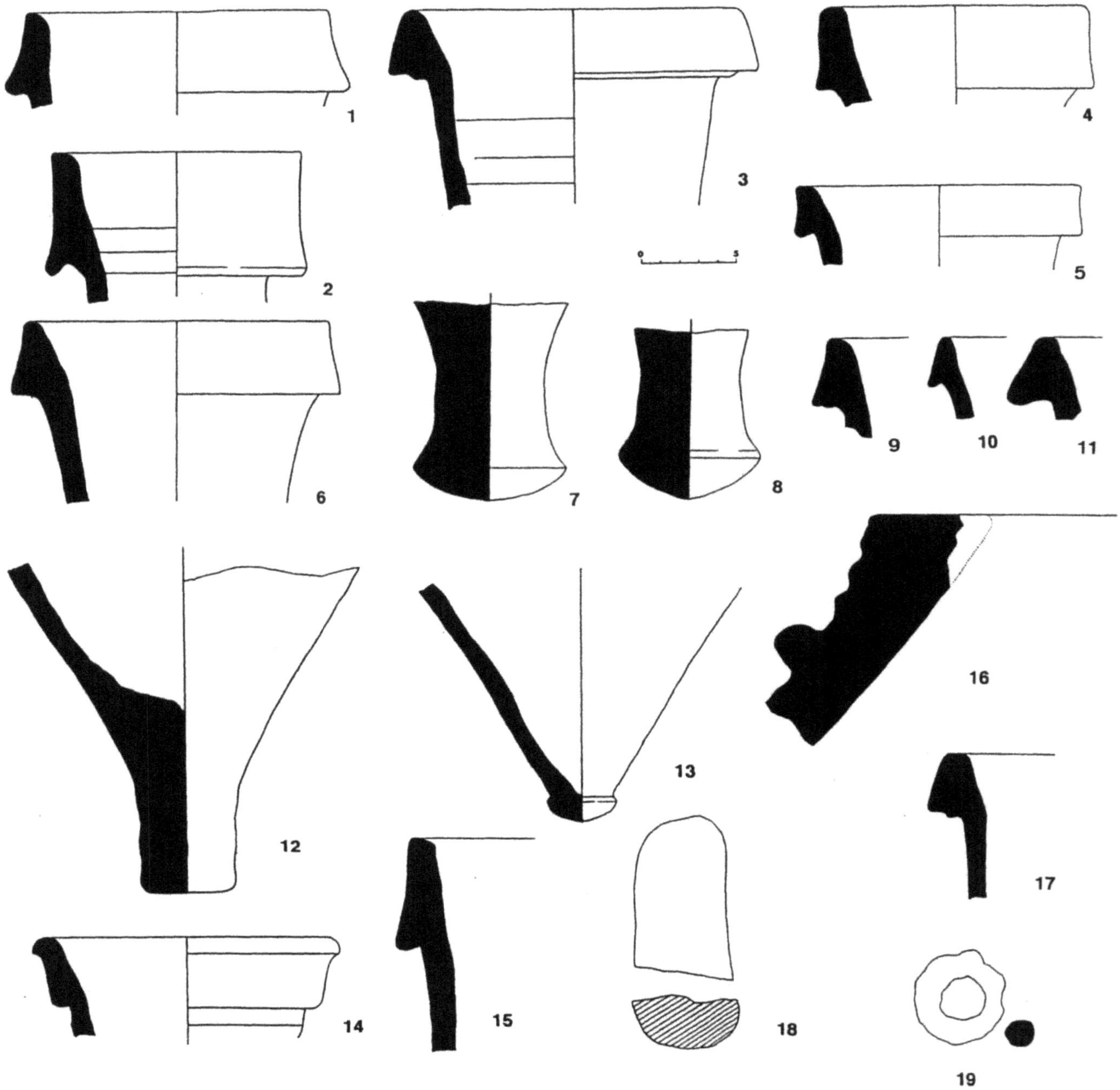

***Fig.** 5.Silo 2088, U.E. 2093. 1 a 15 y 17: Bordes de ánfora itálica y grecoitálica. 16: Labio de* dolium. *18: Piedra pulida. 19: Anilla de hierro.*

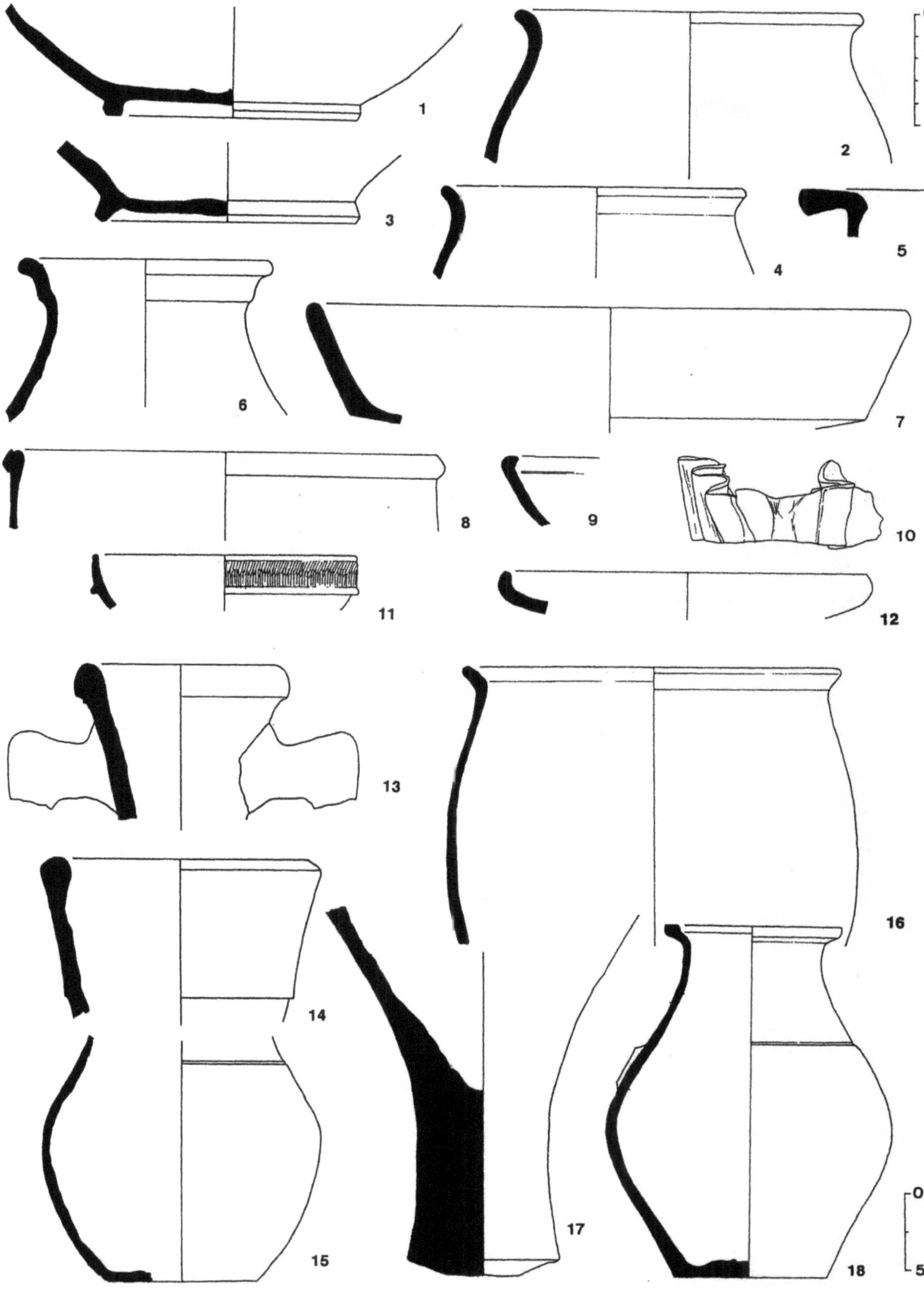

Fig. 6. Silo 2404. U.E. 2405. 1 a 7, 15 a 18: Cerámica común oxidada y reducida. 8 y 9: Cerámica africana. 10: Lámina de plomo. 11: Sigillata aretina. 12: Gris ampuritana. 13, 14 y 17: Ánfora Dressel 2/4 y Pascual 1.

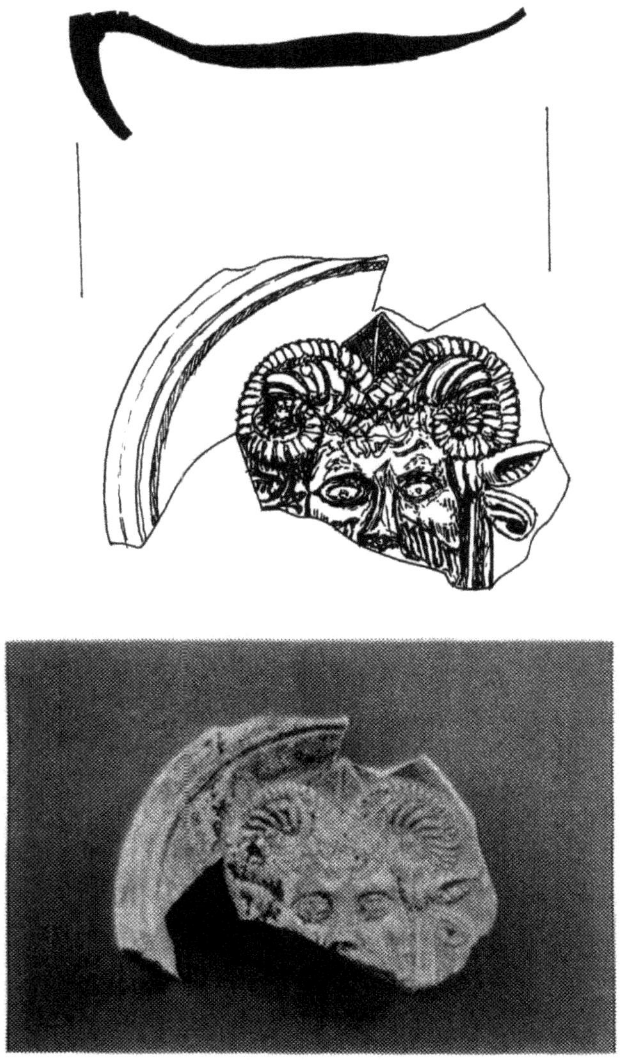

Fig. 8. Silo 2404. Lucerna itálica de volutas con representación de Zeus-Amon.

muy blandas y con minúsculos puntos de mica. El barniz es de color marrón claro, repartido de manera desigual y con manchas aún más claras, casi anaranjadas. En este conjunto hallamos piezas asimilables a la forma Lamboglia 5 y 36 de la Campaniense A y otras más dudosas (Fig. 9: 3 a 8). Su datación, difícil, parece que puede situarse entorno el último tercio del s. II a.C., aunque no podemos excluir la posibilidad de que se trate de una producción local más reciente.

Otra producción presente, más minoritaria, es la cerámica de engobe blanco, de la que aparecen pocos fragmentos, algunos de ellos correspondientes al borde de dos jarras (Fig. 9: 9 y 10). Aún más abundante es la cerámica gris ampuritana tardía, producción que aparece a inicios del s. I a.C. (Fig. 9: 13 y 14). En el estrato que estudiamos no ha aparecido un solo fragmento de las formas típicamente augústeas y del cambio de Era. Finalmente, en este conjunto hallamos algún fragmento de *kalathos* pintado y otros fragmentos de ánfora itálica de la forma Dressel 1, que no pueden ser reproducidos gráficamente debido a su escaso tamaño.

En lo que se refiere al material no cerámico, citaremos algunas herramientas de hierro, entre las cuales cabe destacar un cuchillo casi entero; restos de revestimiento de muro con pintura, casi cincuenta restos de pavimento de *opus signinum* con pequeños trozos de cerámica de barniz negro y ánfora itálica en su composición, así como una cantidad importante de fauna.

Es difícil establecer una cronología segura. La cantidad de material es demasiado baja y aún faltan elementos que serian importantes para ayudarnos a establecer de forma lo suficientemente aproximada la fecha de formación del estrato más antiguo del silo. Teniendo en cuenta la presencia de cerámica de barniz negro, con formas relativamente tardías, la aparición de fragmentos de ánfora itálica de la forma Dressel 1A, la cerámica de engobe blanco y las formas más antiguas de la cerámica gris ampuritana tardía, junto con algunos fragmentos de la producción clásica, así como otros restos de cerámica ibérica pintada, podemos suponer que el estrato corresponde a finales del s. II a.C. o más probablemente a inicios del s. I a.C.

El silo 2416.

Este último silo se vio afectado por construcciones posteriores de forma muy parecida a la que acabamos de estudiar. Situado dentro del vertedero del sector oriental del yacimiento, su parte superior recibió la cimentación del muro perimetral de la fase 3 de la villa altoimperial (U.E. 2003). Por lo tanto, todo parece indicar que el primero de los tres estratos que rellenaban el silo podía haber sufrido alguna intrusión de materiales posteriores a la época de su primera amortización. también se debió ver afectado por la actividad del vertedero, que comenzó a utilizarse en época muy temprana, por lo menos desde finales del principado de Augusto o inicios de Tiberio, tal como se señaló en el estudio de la estratigrafía del vertedero (Casas & Nolla, 1993). En cualquier caso, debemos recordar que el muro 2003 se construyó durante la segunda mitad avanzada o finales del s. II.

La estratigrafía, aunque más compleja, es similar a la del silo 2404, del que dista unos cinco metros. Incluso el escaso material de su interior señala una cronología prácticamente idéntica. Analizaremos con más detalle el contenido de cada estrato del interior del silo, comentando brevemente su contenido.

El estrato 2416 es el primero de los que aparecieron al iniciarse la excavación y también el único que pudo verse afectado por intrusiones más recientes. A pesar de ello, el único material ajeno al conjunto es un fragmento sin forma de sigillata aretina (Fig. 11: 5), seguramente de época augústea, y quizás dos fragmentos de cerámica de paredes finas que difícilmente podremos atribuir a una producción

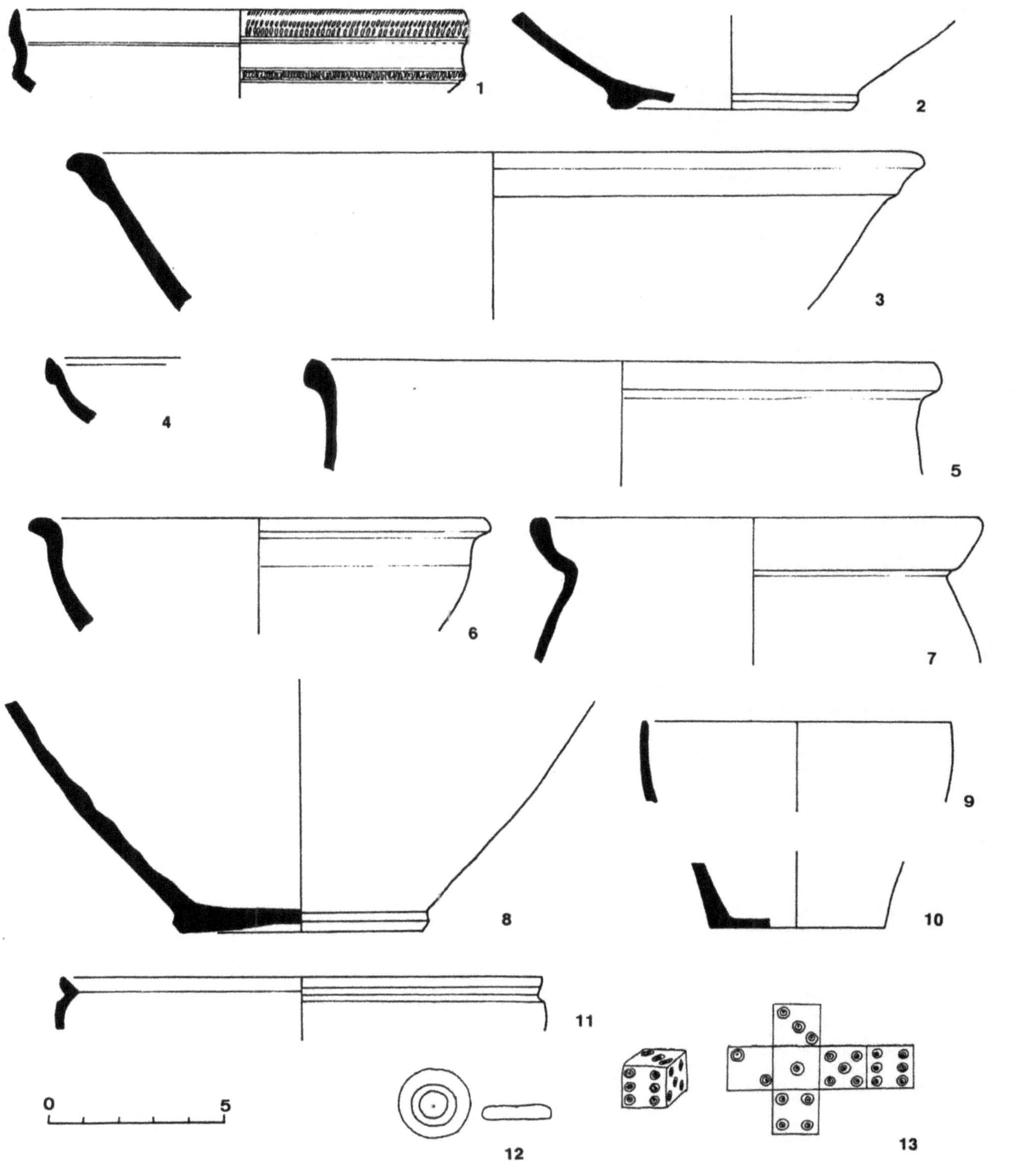

Fig. 7. Silo 2404. U.E. 2405. 1 y 4: Sigillata itálica. 2, 3, 5-8 y 11: Gris ampuritana tardía. 9 y 10: Cerámica de paredes finas. 12 y 13: Ficha de hueso y dado de marfil.

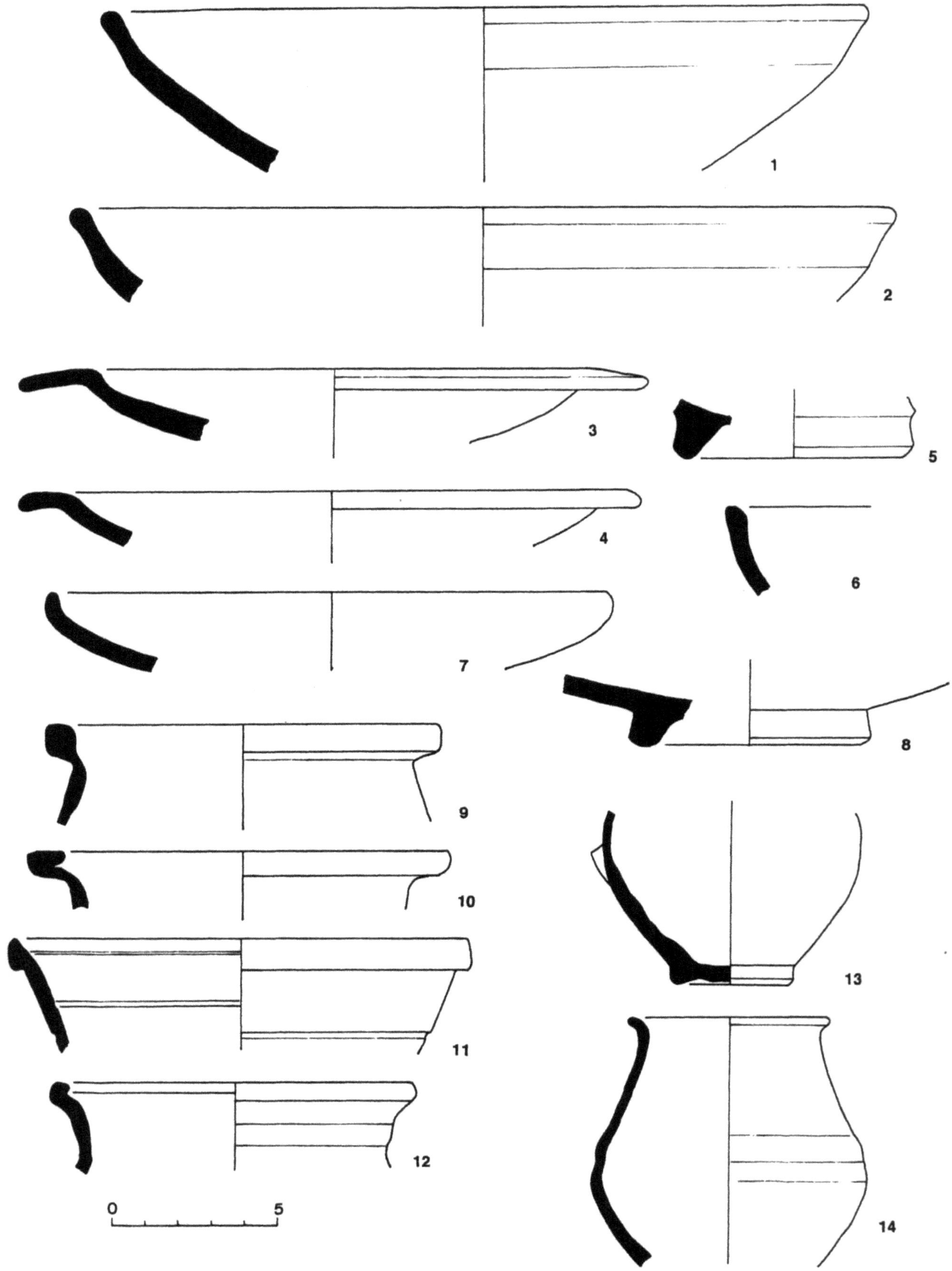

Fig. 9. Silo 2404, U.E. 2406. 1 a 8: Cerámica de barniz negro. 9-10: Cerámica de engobe blanco. 11: Sigillata itálica. 12: Cerámica común oxidada local. 13 y 14: Gris ampuritana tardia.

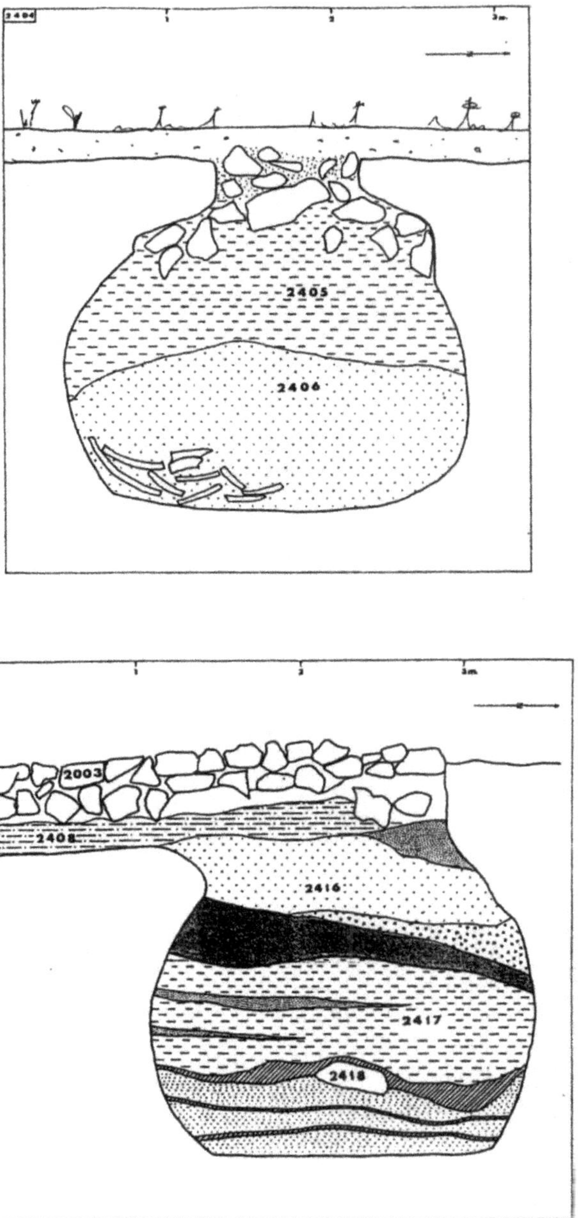

Fig. 10. Secciones estratigráficas de los silos 2404 y 2416.

concreta. Es posible que estos tres fragmentos pertenezcan al momento en que se empezó a utilizar el vertedero al interior del cual se localiza el silo, en el primer tercio del s. I. Pero nunca podremos tener la absoluta seguridad de que así fuera.

En el mismo estrato hallamos un pequeño fragmento de lucerna, sin forma, y dos fragmentos de cerámica gris ampuritana tardía, cerámica de engobe blanco y ánfora tardo-republicana; casi todos sin forma, excepto dos de ellos. Se trata mayoritariamente de ánfora itálica Dressel 1. También aparecen bastantes fragmentos de cerámica común, los cuales representan un porcentaje elevado en relación con el total de restos cerámicos del estrato. El material no cerámico está formado por un conjunto de restos de fauna y restos de elementos de construcción. Si no fuera por los pocos fragmentos de época augústea podríamos fechar la formación del estrato hacia la primera mitad del s. I a.C. Quizás esta sea la cronología correcta, pero es indudable que se vio afectado en un momento indeterminado de las primeras décadas del primer siglo de nuestra Era.

El material del estrato 2417, tan escaso como el del anterior estrato comentado, es mucho más homogéneo y aún menos variado. Fragmentos de gris ampuritana tardía (Fig. 11: 3 y 4. Fig. 12: 13 a 16), cerámica itálica micácea, cerámica de engobe blanco, ocho fragmentos de cerámica de barniz negro (básicamente Campaniense B y b-oide), ánfora republicana (Fig. 12: 3 a 6) y poco más de cincuenta fragmentos de cerámica común, a parte de un fragmento de *kalathos* pintado y de ánfora de boca plana (Fig. 12: 7). El porcentaje de restos de fauna es aún más elevado que en el caso del otro estrato y también aumenta el número de restos de pavimento de *opus signinum*.

La gris ampuritana tardía presenta formas típicas de la producción, como los vasos bicónicos citados en el apartado anterior, con formas que aún los unen a los de la producción clásica, así como el cuenco, en este caso con la superficie interior oxidada (Fig. 11: 10). Pero aparecen formas poco frecuentes, imitando la cerámica campaniense incluso en su barniz y decoración. Sin duda, la base de pátera de la Fig. 11: 9 pertenece a la producción de gris ampuritana tardía, tal como indica su arcilla característica. No obstante, mantiene la forma, el engobe y la decoración a ruedecilla que encontramos en los mismos productos de la Campaniense B. Quizás deberíamos considerarlo una pseudo-campaniense ampuritana, pero creemos más adecuado incluirla en el grupo de las grises ampuritanas por sus características.

Una de las piezas de gris ampuritana se aparta de la formas habituales que hasta ahora han sido identificadas en la producción y, por lo que conocemos, por ahora es inédita (Fig. 12: 1). Es un recipiente cilíndrico fabricado con una arcilla de gran calidad, más próxima a la que observamos en la producción clásica que en la tardía.

En cuanto a la cerámica de engobe blanco, destacaremos la mitad inferior de una jarra fabricada con arcillas de gran calidad y muy depuradas, finas y duras, tal como ya es habitual en el producto (Fig. 12: 2). Conserva bastantes restos del engobe blanco. El resto de fragmentos del conjunto aporta poca información, ya que casi todos ellos carecen de forma.

Un grupo minoritario, del que solo hallamos dos fragmentos sin forma y parte de un plato, es la cerámica común itálica de pasta micácea (Fig. 12: 8). Es un producto característico en nuestro territorio durante la Baja República. En Ampurias aparece regularmente en niveles del s. II a.C. hasta la primera mitad del s. I a.C. Su presencia en Tolegassos en contextos de la segunda mitad del s. I a.C. y primer tercio del s. I d.C., si bien con el repertorio de formas reducido a solo dos tipos (plato y tapadora), permite constatar la continuidad de la producción.

En cerámica de barniz negro, a parte de la pieza que habíamos citado en la producción ampuritana, vemos algunos fragmentos sin forma y otros cuatro con forma (Fig. 11: 11; fig. 12: 10). Posiblemente se trata de imitaciones locales de la campaniense A, ya que reunen las características señaladas

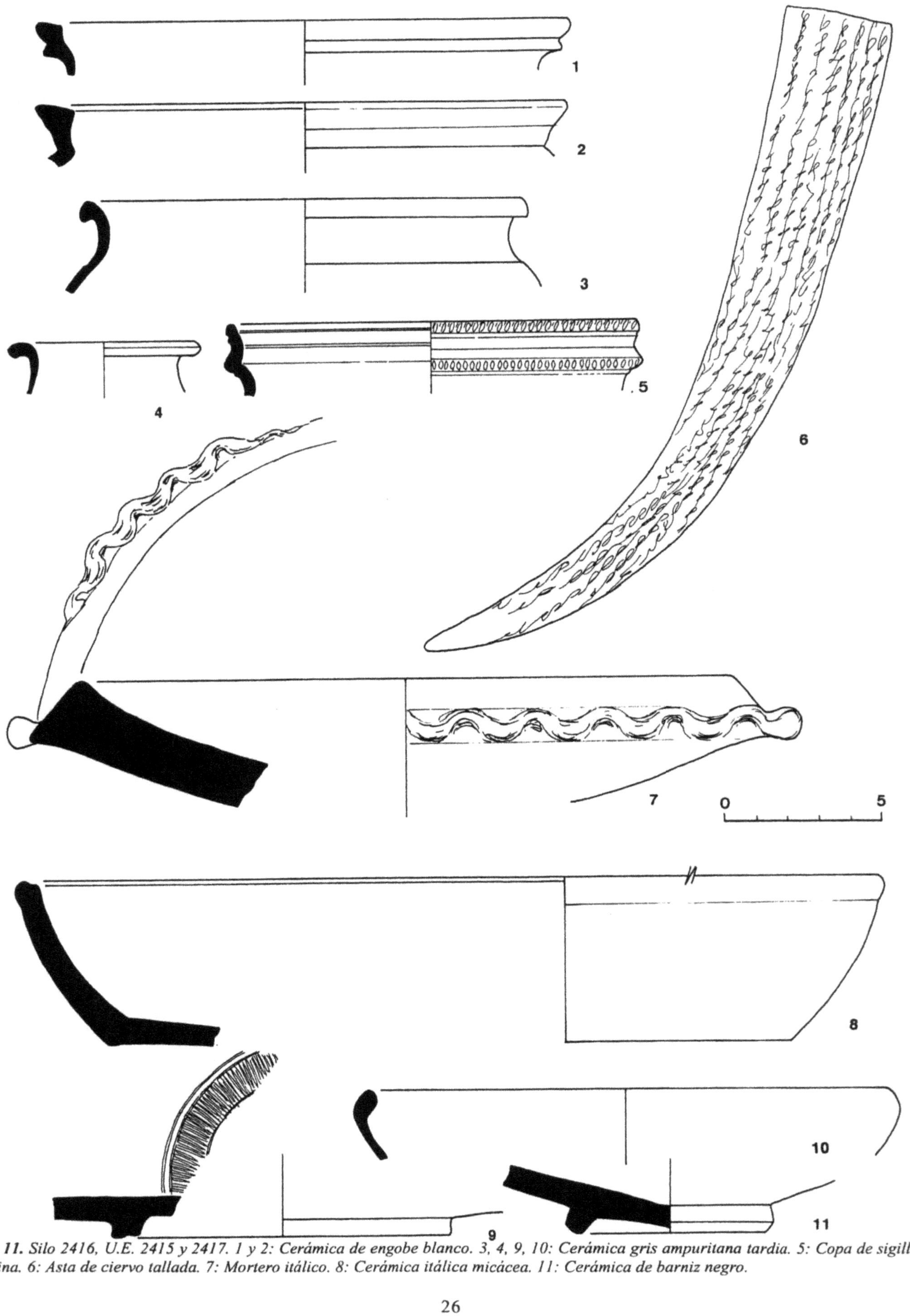

Fig. 11. *Silo 2416, U.E. 2415 y 2417. 1 y 2: Cerámica de engobe blanco. 3, 4, 9, 10: Cerámica gris ampuritana tardía. 5: Copa de sigillata aretina. 6: Asta de ciervo tallada. 7: Mortero itálico. 8: Cerámica itálica micácea. 11: Cerámica de barniz negro.*

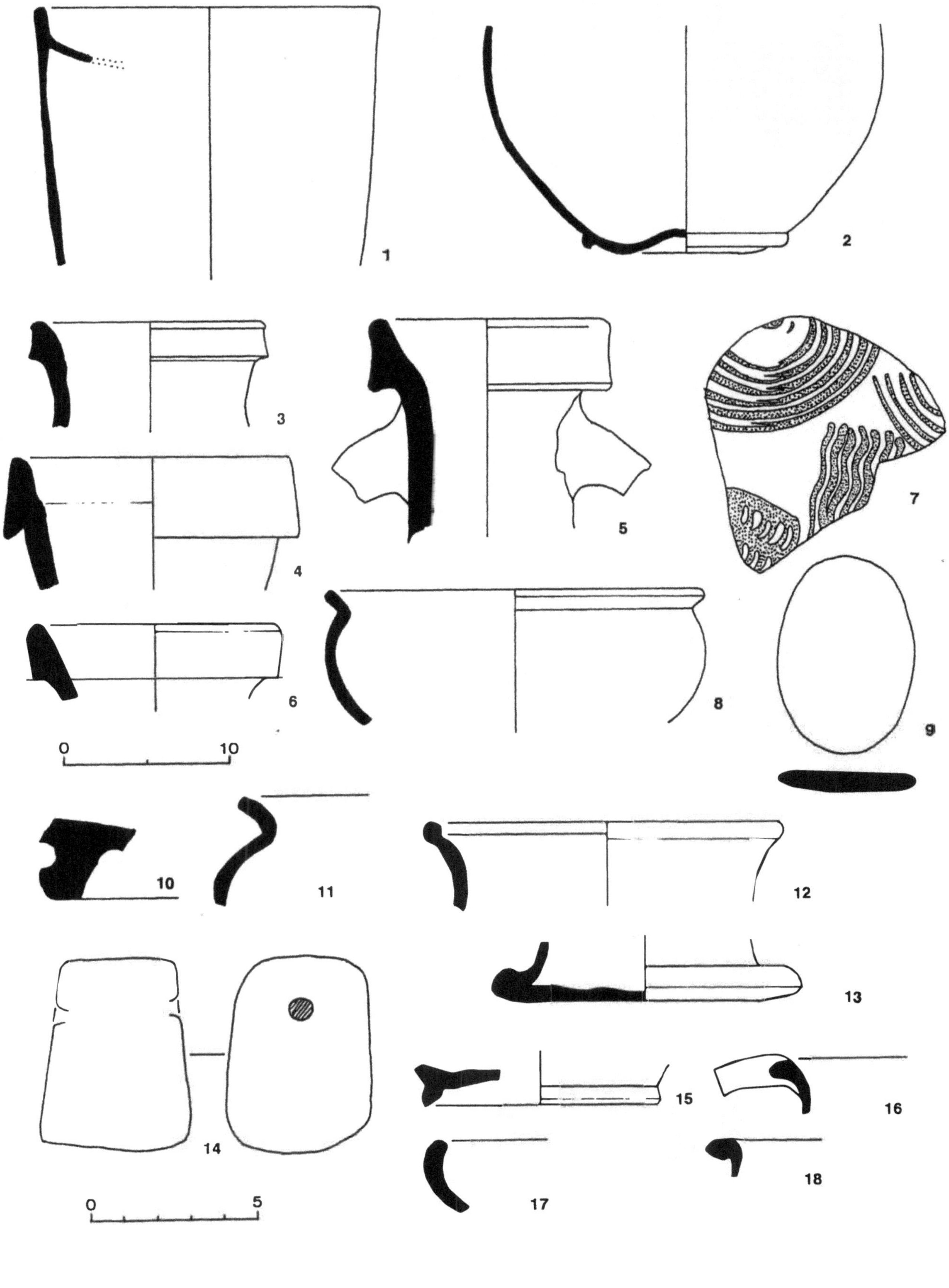

Fig. 12. Silo 2416. U.E. 2417 y 2418. 1, 13, 15-18: Cerámica ampuritana tardía. 2: Cerámica de engobe blanco. 3 a 6: Ánfora. 7: Kalathos *pintado. 8 y 11: Cerámica común reducida. 9: Disco de piedra. 10: Cerámica campaniense. 12: Cerámica oxidada. 14:* Pondus.

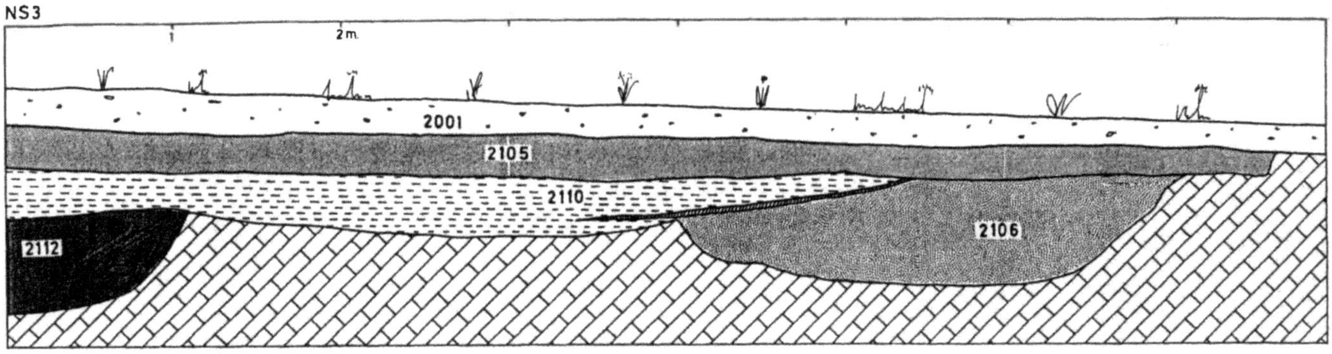

Fig. 13. Sección estratigráfica del sector oriental, con el depósito 2106.

por Sanmarti para el tipo denominado Ampuritana E: arcilla beige-naranja, fina, depurada y barniz de color marrón o castaño, delgado (Sanmarti 1978, p. 25). Habría que fecharlo entre la segunda mitad del s. II a.C. e inicios del siglo siguiente.

Finalmente, cabe citar los fragmentos de ánfora, cuyas pocas formas pertenecen al tipo Dressel 1 y Lamboglia 2, que podemos fechar de forma poco precisa entre el 110 y el 70 a.C.

Examinando el material del estrato en su conjunto, todo parece indicar que nos encontramos ante un lote de cerámica de la primera mitad del s. I a.C. (no nos atrevemos a limitarlo al primer tercio). Los pocos fragmentos datables nos señalan un marco bastante amplio, desde la segunda mitad del s. II a.C. hasta mediados del s. I a.C. Se trata de productos con una larga perduración, aunque con conjuntos más numerosos y variados podríamos precisar mejor la cronología. Pero debemos observar que no aparecen los productos típicos y habituales en la villa a partir de la segunda mitad del s. I a.C.; las cerámicas micáceas barnizadas con negro o rojo, sigillatas aretinas, ánfora Pascual 1, etc. Como mínimo, pues, sabemos que la formación del estrato no es posterior a la primera mitad del s. I a.C. Por otro lado, existen pocos elementos que lo unan al s. II a.C. No hallamos ningún fragmento de ánfora Dressel 1A típica y mucho menos con pasta DB, ni cerámica gris ampuritana clásica o cerámica campaniense A. Consideramos, por lo tanto, que la cronología más aproximada es la que señalábamos al inicio.

El último estrato del silo, el 2418, estaba separado del anterior por una fina capa de cenizas vegetales estériles y contenía un lote de material prácticamente idéntico, tanto en lo que se refiere al repertorio de producciones como a los respectivos porcentajes. En realidad, ambos forman parte de un mismo estrato, depositados contemporáneamente y separados únicamente por la película de ceniza. Incluso algunos fragmentos aparecidos en el estrato 2417 casan con los del 2418. Por lo tanto, no consideramos necesario repetir lo que ya se ha comentado en párrafos anteriores, y damos por reproducidas las consideraciones que hemos apuntado, tanto en lo referente a los tipos de material como a la cronología del relleno.

El depósito indígena 2104.

En agosto de 1989 se continuaron los trabajos de excavación en la zona este del yacimiento con el fin de intentar delimitar el conjunto por aquel extremo, poniéndose al descubierto una interesante estratigrafía que pertenecía a dos momentos diferenciados. Parte de estos estratos y ámbitos corresponden a finales del s. I a.C. y a la primera mitad del siglo siguiente, relacionándose con la villa augústea. Por lo tanto, serán estudiados con mayor detalle en el próximo capítulo. Solo uno de estos ámbitos nos interesa en estos momentos, ya que forma parte de la estación más antigua que ha sido descubierta en Tolegassos.

La estratigrafía que se puso al descubierto se encuentra dentro de una depresión o fosa excavada en el suelo geológico y orientada de norte a sur (Fig. 13), en cuyo extremo apareció un depósito que forma más o menos rectangular tallado directamente en la roca y rellenado con tierras de escombrera que contenían gran cantidad de cenizas vegetales (U.E. 2106), de entre las cuales se recuperó un elevado número de semillas carbonizadas (sobretodo de uva, trigo y cebada). El relleno y el depósito estaban recubiertos y sellados por dos estratos augústeos y una capa de mortero de la misma época. Sobre ellos aún aparecieron más estratos de época augústea y de la primera mitad del s. I (U.E. 2105 y 2110). Lamentablemente, tanto el relleno del interior como los estratos que lo recubrían se vieron afectados por madrigueras de topos, relativamente abundantes en la finca, pero pudieron ser delimitados y el material arqueológico separado sin demasiada dificultad (Fig. 14: 21 y 22). Por lo tanto, no deberá extrañarnos que en los inventarios aparezcan algunos fragmentos de cerámicas augústeas mezclados con otras producciones propias del s. II a.C. (en concreto, 4 fragmentos de t.s. aretina).

El material cerámico es parecido al que se encontró en los silos que habíamos analizado antes y será comentado seguidamente. En cuanto al material no cerámico, a parte de la gran cantidad de semillas que habíamos citado, cabe destacar los restos de la losa o base de un hogar indígena de barro cocido y con las huellas de fragmentos de ánfora en su parte inferior; incluso conserva algunos fragmentos de ánfora Dressel 1 aún pegados a la base. Son los restos de un típico hogar ibérico, abundante en las estaciones indígenas de la región. también aparecieron restos de adobe o tapial de barro con las huellas impresas de cañas y mimbres; sin duda, restos de las paredes y techumbre de una cabaña.

El material cerámico es bastante más numeroso y predominan las producciones indígenas por encima de las importaciones itálicas. Destacamos por su elevado número los fragmentos de cerámica ibérica oxidada y reducida moldeada a mano o a torno y los de cerámica gris ampuritana clásica, sobretodo los vasos bicónicos. también corresponden a producciones locales los dos fragmentos de cerámica de engobe blanco y los dos labios de ánfora de boca plana indígena.

Entre las producciones de importación, el grupo minoritario es la cerámica itálica de pasta micácea, en el que sobresale una base de plato/tapadera con el pie muy alto y diferente a los que solemos ver en los contextos de la segunda mitad del s. I a.C. (Fig. 14: 20). El grupo mayoritario es el formado por la cerámica de barniz negro que, lamentablemente, casi siempre está muy quemada, por lo que no puede identificarse su pasta y saber con exactitud si es del tipo A o B o si se ha mezclado algún producto local. De la forma o especie Morel 1443 han aparecido los fragmentos correspondientes a dos vasos (Fig. 14: 6 y 7), que podemos fechar entre mediados del s. II a.C. hasta inicios del siglo siguiente (Morel 1981, p. 114).

Otra forma muy abundante es la Lamboglia 36, especie Morel 1315 (Fig. 14: 5, 11 y 12), con una cronología de mediados y segunda mitad del s. II a.C. (Morel 1981, p. 104). La siguen en número de vasos la forma Lamb. 33B (Morel 2973 y 2974), con la misma cronología, y la forma Lamb. 31/Morel 2951 (Fig. 14: 1 y 3), que aunque tenga un origen más antiguo y una gran difusión a mediados del s. II a.C., se halla presente en contextos de la segunda mitad y último tercio de aquél siglo (Morel 1981, p. 190-192), e incluso en el primer cuarto del siglo siguiente (Sanmarti 1978, p. 442-443; Aquilué et al. 1984, p. 368-369). La última forma presente en el depósito es la Lamb. 27B o C (Morel 2843), con cronologías de la segunda mitad o último terció del s. II a.C. (Morel 1981, p. 231), (Fig. 14: 4).

El resto de materiales del estrato es poco significativo y se compone básicamente de cerámicas comunes de tipología diversa, aunque algunas de las piezas tienen cierto interés a causa del repertorio de formas que presentan. En todo caso, debemos citar una tapadora de cerámica reducida hecha a mano (Fig. 14: 17), y una base de jarra o pequeño contenedor con unas características muy parecidas a las ánforas itálicas fabricadas con pasta DB (Fig. 14: 16).

El vertedero 2500.

Cuando a inicios del siglo primero de nuestra Era empezaron a verterse residuos domésticos en la escombrera del sector este de la villa, en realidad se estaba reutilizando un espacio que ya había servido para los mismos finales casi cien años antes. El vertedero que empezó a formarse hacia finales del principado de Augusto no hizo otra cosa que destruir parte de un vertedero que fue utilizado durante un corto período de tiempo hacia finales del s. II a.C., sin duda relacionado con el hábitat -probablemente indígena- establecido en el yacimiento.

Es difícil delimitar el primer vertedero, ya que se trata de una serie de depresiones y pequeñas fosas localizadas en un sector secundario del asentamiento, que se rellenaron con piedras y restos de cerámica (básicamente ánfora), tanto para nivelar el suelo de circulación como para suprimir los residuos que se originaban con la actividad cotidiana del asentamiento. No es, ni de lejos, tan espectacular como el del período altoimperial de la villa, pero constituye un indicio más que nos ayuda a completar este período tan difícil de restituir de la estación más antigua de Tolegassos.

El material, abundante pero modesto, se reduce prácticamente a un montón de fragmentos de ánfora itálica de tipo Dressel 1 y diversos fragmentos de cerámica campaniense que analizaremos de forma sucinta a continuación.

En lo referente a las ánforas, aparecen las variantes A y posiblemente B del tipo Dressel 1 (Fig. 15: 1-5), con un predominio claro de la primera, y un labio de ánfora cartaginense con dos marcas cuadradas en el borde (solo se conserva una entera y parte de la segunda), que tenían un pequeño pezón circular en el centro (Fig. 15: 4). Casi la mitad de los demás fragmentos pertenecen a la producción de pasta DB, caracterizada por una arcilla de color rosado oscuro, con muchas impurezas volcánicas y la superficie externa del cuerpo recubierta de engobe amarillo que no siempre se ha conservado íntegramente. Consideramos que debemos fecharlas entre finales del s. II a.C. y el primer cuarto del siglo siguiente.

Otra forma, poco corriente en Tolegassos, se documenta a partir de algunas asas y tres bordes. Es la Lamboglia 2 (Fig. 15: 6-8). En uno de los ejemplares vemos la marca COPAV... (con la P abierta), impresa dentro de una cartela rectangular en el asa.

Cuantitativamente la cerámica de barniz negro es poco significativa, aunque aparece un repertorio de formas interesante. En campaniense B se ha conservado un pequeño fragmento de base de la forma Lamboglia 1 (Fig. 15: 13), y en campaniense A algunos fragmentos insignificantes de la forma Lamb. 36, un labio de la Lamb. 31 (Fig. 15: 11 y 14) y otro borde y una base de la forma Lamb. 27 (Fig. 15: 10 y 14). El resto de fragmentos corresponden a campanienses b-oides de difícil atribución, pertenecientes también a la forma Lamb. 27 (Fig. 15: 12 y 16).

Un último material, absolutamente minoritario, es la cerámica reducida indígena elaborada a mano, pulida por el exterior y de color castaño oscuro (Fig. 15: 17), un borde de plato/tapadora de cerámica itálica barnizada en rojo por el interior, o cerámica de barniz rojo pompeyano (Fig. 15: 15), y una fibula de bronce (Fig. 15: 18).

Todo el conjunto nos señala una cronología próxima a la transición entre los siglos II y I a.C., absolutamente contemporánea con el contenido de los silos indígenas que hemos analizado en los anteriores apartados, que fueron definitivamente obliterados en el mismo período.

Otros hallazgos fuera de contexto.

Los últimos hallazgos que debemos situar en un marco genérico de los siglos II y I a. C. -en cualquier caso, anteriores a época augústea- son los restos que parece que deben ser interpretados como ofrendas de fundación o purificación parecidas a las que veremos en un contexto del siglo segundo. En este caso se trata, en primer lugar, del cuerpo de un ánfora itálica de la forma Dressel 1, con la base, cuello y borde cortados expresamente y colocada verticalmente en un agujero alargado excavado en el suelo geológico, al lado de una segunda ánfora que apareció aplastada (U.E. 1063, al norte del edificio 1). En su interior había los restos desmenuzados de un vaso bicónico y un plato de gris ampuritana clásica, lo que permite situar el hallazgo en la transición entre los siglos II y I a.C. Debido a las características de las piezas y a su colocación, con la base cortada expresamente, no podemos considerarlo como los restos de un ánfora para contener algún producto, sino algún tipo de ofrenda, como habíamos comentado.

El segundo hallazgo, también fuera de contexto, era la mitad inferior de una jarra de cerámica de engobe blanco encajada en otro agujero tallado en la roca, muy cerca del depósito 2104, en el extremo este del yacimiento y en el lugar que más tarde estaría ocupado por el patio central de la villa. En su interior no había ningún otro tipo de material. Ignoramos su significado exacto, pero presenta unas características parecidas al conjunto descrito antes. En este caso, también tendremos que fecharlo entre finales del s. II y la primera mitad del s. I a.C.

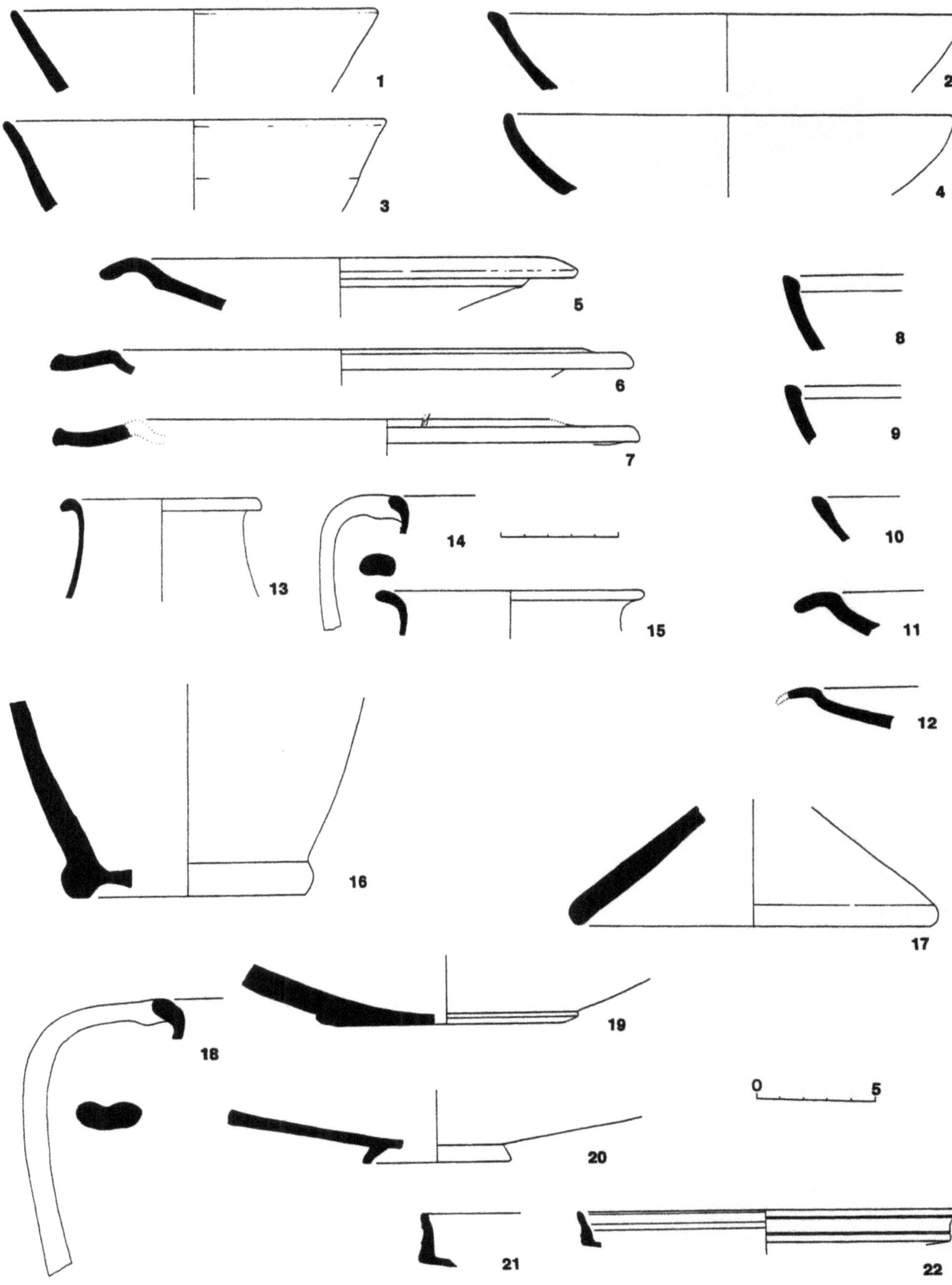

Fig. 14. Depósito 2104. U.E. 2106. 1 a 12: Cerámica de barniz negro. 13 a 15: Gris ampuritana. 16: Cerámica común con engobe blanco. 17: Cerámica reducida. 18: Oxidada ampuritana. 19 y 20: Itálica de pasta micácea. 21 y 22: Sigillata aretina.

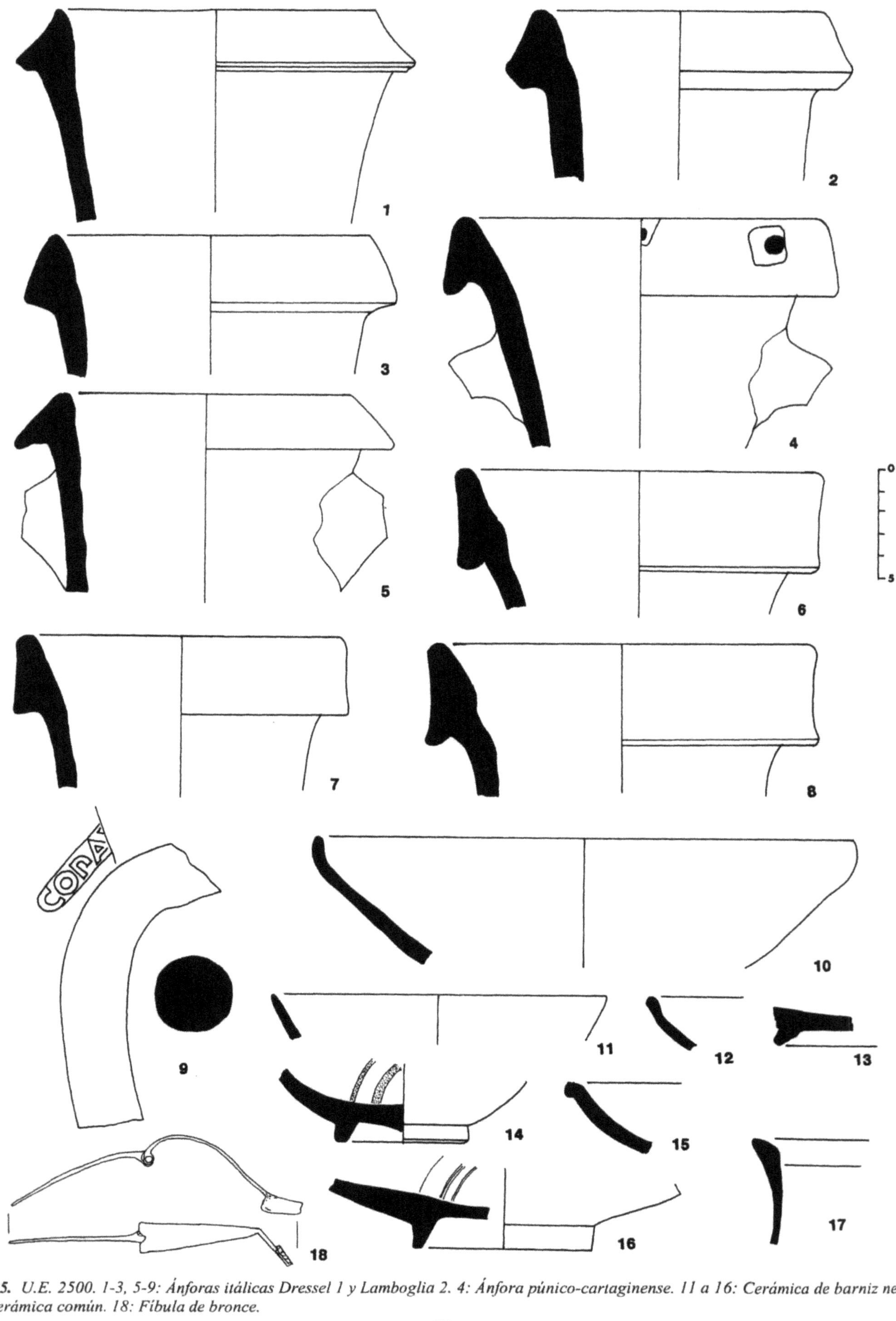

Fig. 15. U.E. 2500. 1-3, 5-9: Ánforas itálicas Dressel 1 y Lamboglia 2. 4: Ánfora púnico-cartaginense. 11 a 16: Cerámica de barniz negro. 17: Cerámica común. 18: Fíbula de bronce.

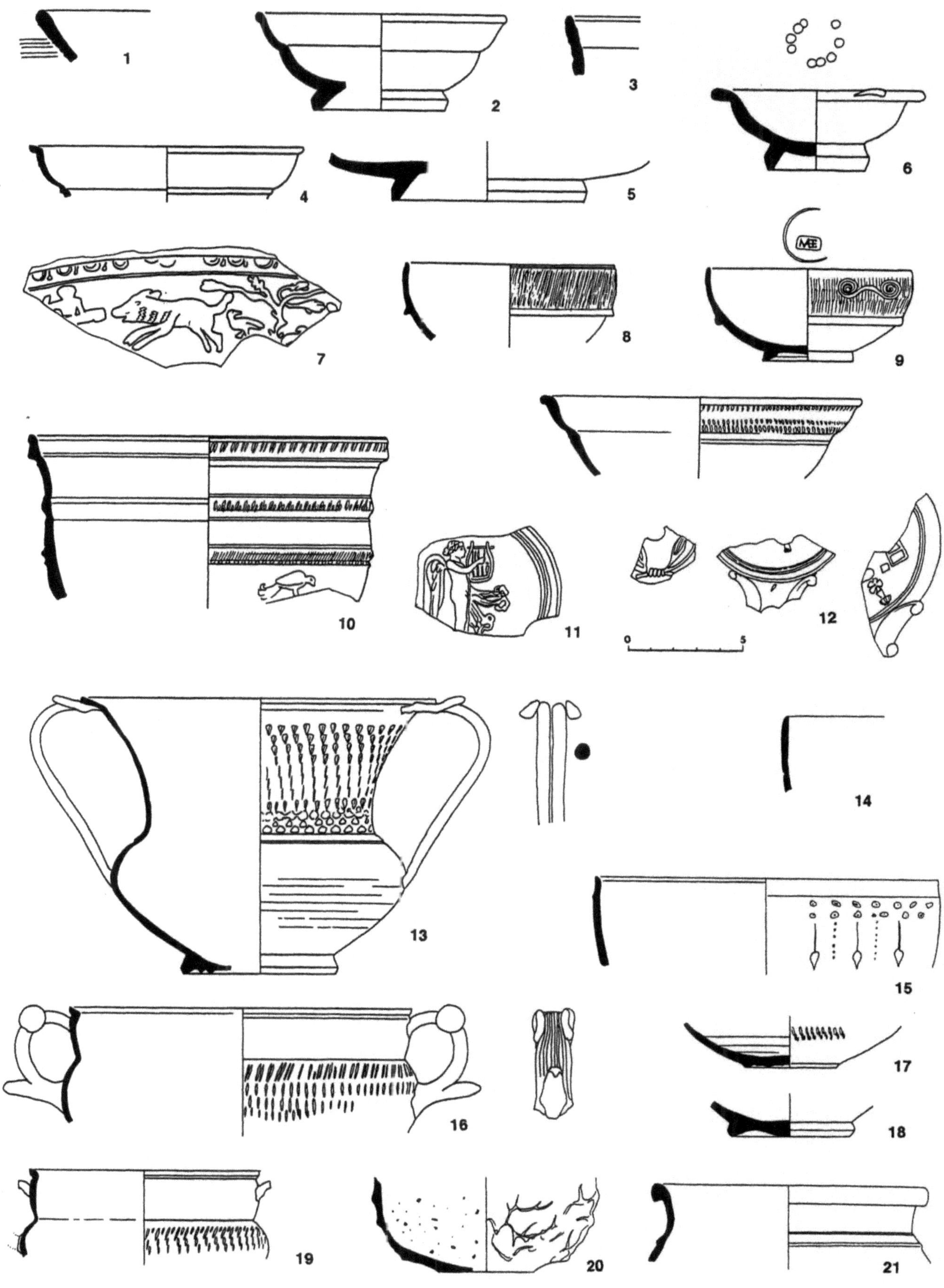

Fig. 16. *Silo 2113. U.E. 2114. 1 a 7: Sigillata sudgálica. 8 a 10: Sigillata aretina. 11 y 12: Lucernas itálicas de volutas. 13 a 20: Cerámica de paredes finas. 21: Gris ampuritana tardia.*

Capítulo 4. Estructuras y conjuntos estratigráficos augústeos.

El segundo conjunto de estructuras y elementos anteriores a la fase 1 de la villa altoimperial, y que podemos denominar "precedentes 2", está formado por algunos silos y dos depósitos situados en la parte mediana del yacimiento, a una cota ligeramente más elevada que las estructuras y edificios posteriores. Posiblemente también pertenecen a este período algunos agujeros de poste que no guardan ninguna relación con la villa altoimperial. En general, tanto los ámbitos obliterados a finales del s. II a.C. como estos últimos, abandonados durante el cambio de Era, son de difícil interpretación, puesto que no están directamente relacionados entre ellos por ningún tipo de estructura y, por lo tanto, es difícil restituir estos primeros asentamientos. Tal como hemos señalado en alguna ocasión, parece una estación de pequeñas dimensiones, idéntica a la del Camp del Bosquet (Camallera), y muy parecida a la de Serra de Daró (Casas 1982). A parte de la datación del conjunto y su ubicación en un contexto histórico, es poca la información que pueden proporcionarnos para conocer mejor el funcionamiento del primer asentamiento.

De todas formas, antes de iniciar el estudio de este conjunto debemos establecer una diferenciación previa, puesto que aunque el conjunto de estratos que rellenaban silos y depósitos o los que nivelaban el sector de la villa augústea son contemporáneos, su significado es muy diferente.

Por un lado, los rellenos de los depósitos ponen punto y final a unas estructuras que pertenecen a un período anterior. Indudablemente, los silos y los depósitos correspondían a la villa tardo-republicana; la que se destruyó, remodeló o abandonó a inicios del s. I como consecuencia de la construcción de la villa augústea. Los otros señalan el inicio de una nueva etapa, la que empezó con la construcción de la villa que podemos denominar "precedentes 3" o, mejor aún, "villa augústea", aunque siendo muy estrictos, su fundación quizás habrá que situarla pocos años después de Augusto, a inicios de Tiberio. En cualquier caso, ya lo dilucidaremos en el momento de estudiar con mayor detalle los estratos de fundación del edificio.

El silo 2060.

Fue el primero de los silos localizados y excavados en Tolegassos y apareció en la zona este del patio central de la villa durante la campaña de 1988. Es de grandes dimensiones (3 m. de diámetro máximo y 3 m. de profundidad) y tiene la forma típica de olla de los silos ibéricos, con las paredes rectas en su mitad inferior y el fondo casi plano. No entraremos en detalle en el estudio del material arqueológico que contenía, puesto que ya fue objeto de un análisis más pormenorizado en su momento (Merino & Rocas 1989, p. 126; Casas 1991). Fue rellenada en dos momentos distintos y por los mismos motivos que ocasionaron un segundo relleno y nivelación en otros silos más antiguos. Simplemente, la parte superior había cedido y se había compactado con en transcurso del tiempo.

La primera amortización se produjo hacia el cambio de Era, entre los años 20/15 a.C. y 10/15 d.C., depositándose gran cantidad de escombros, cerámica, huesos, restos malacológicos y tierras cenicientas entre las que se localizan algunas semillas carbonizadas que permiten conocer los cultivos de los campos de los alrededores en dos momentos precisos. La segunda amortización tuvo lugar en un momento indeterminado de la primera mitad del s. II de nuestra Era, quién sabe si coincidiendo con las remodelaciones y ampliaciones de la fase 2 de la villa altoimperial.

En definitiva, las tierras que rellenaban el silo formaban tres estratos, el superior más tardío y los tres inferiores de época augústea (U.E. 2061, 2062, 2063 y 2068). Únicamente los tres últimos nos interesan en este capítulo. Se diferencian por el color, composición y textura de la tierra, pero son contemporáneos, ya que fragmentos aparecidos en cada uno de ellos casan y pertenecen a los mismos vasos, rotos de antiguo, y con los fragmentos esparcidos en los tres niveles, como también coinciden con otros aparecidos en silos próximos y en estratos de habitaciones formados en la misma época. De hecho, el silo se rellenó con materiales procedentes de un vertedero situado en sus proximidades y se hizo de forma muy rápida. No fue por la acumulación sedimentológica a lo largo de años, puesto que los indicios de un relleno rápido e intencionado son muy claros, como lo demuestra el hecho de poder unir fragmentos de los distintos estratos del interior y la posición de los niveles inferiores. No obstante, es posible que transcurriera un corto espacio de tiempo (cuestión de horas o días), entre el vertido de las tierras inferiores y las de los estratos 2062 y 2063.

En primer lugar se depositaron los despojos de diversos animales (bóvidos, suidos y ovicápridos, muchos de ellos con señales de cortes), junto con algunas *tegulae* y otros fragmentos de cerámica. Sobre ellos se vertieron tierras de desescombro que también contenían restos óseos y malacológicos. La disposición de los fragmentos de cerámica y huesos, a veces restos de extremidades y articulaciones en conexión anatómica y la abundancia de finas capas de ceniza, parecen indicar que la tierra se cargó con palas y fue transportada de forma expresa en contenedores, por cuyo motivo hallamos tan poca dispersión de materiales y elementos finos.

En cualquier caso, tanto el relleno de este silo como el del depósito y el de otros ámbitos que también se obliteraron en la misma época parece responder a un cambio brusco en la estructura de una primera villa o un abandono rápido del lugar con motivo de la construcción de la villa augústea y remodelación del conjunto, suprimiendo los agujeros, silos y depósitos que molestaban el tránsito y nivelando todo el terreno.

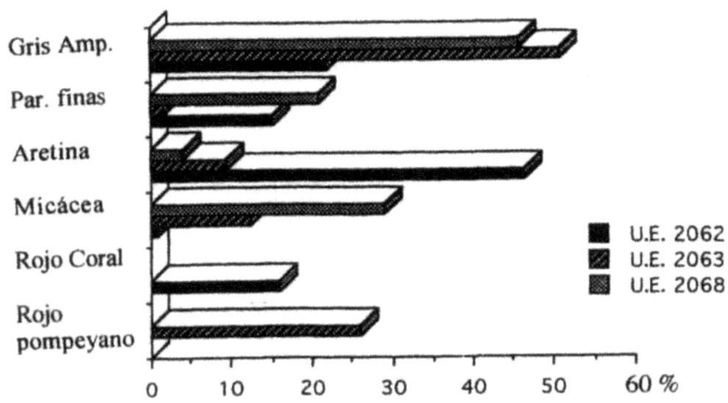

Porcentajes cerámicos del silo 2060

La cronología de estos estratos, que hemos adelantado de forma muy resumida al inicio del capítulo, ha podido ser establecida gracias al conjunto de materiales aparecidos en ellos, que fueron objeto de un estudio detallado en una primera monografía del yacimiento (Merino & Rocas 1989, p, 105-126). El análisis detallado de estos materiales, con unos paralelos absolutos en las excavaciones del sector de la Curia y la Basílica del fórum de Ampurias, la ausencia de las ánforas Dressel 2/4 y la presencia de sigillatas aretinas antiguas y clásicas, nos permite fechar los estratos en un momento muy próximo al cambio de Era, posiblemente entre los años 20 a.C. y la primera década del siglo siguiente (Aquilué et al. 1984, p. 159). Teniendo en cuenta el contexto, los hallazgos en otros silos y en los estratos de fundación de la villa augústea, nos inclinamos en proponer una fecha cercana a los años 10-15 de nuestra Era.

Silo 2113.

Otro de los silos excavados hasta la fecha en el yacimiento tiene un aspecto claramente diferente al de los anteriores, aunque el material aparecido en un interior también pertenece mayoritariamente al cambio de Era, a excepción de aquél del estrato superior, que contenía algunas intrusiones ligeramente posteriores. A diferencia de los otros dos, este silo conserva perfectamente su forma y estructura original y no sufrió desprendimientos en época antigua. Tiene la típica forma de olla y su boca, entera, es muy estrecha y de forma tubular. En la parte superior había los restos de los cimientos de una base de columna construidos con piedra unida con argamasa, por lo que las tierras que se hallaban en contacto con los cimientos sufrieron una remoción y la intrusión de materiales que permiten fechar la construcción de la columna y del edificio con el que estaba en relación. Podemos adelantar que esta fecha puede situarse hacia mediados del s. I, coincidiendo con el momento de construcción de las estructuras y edificios de la fase 1 que estudiaremos en próximos capítulos.

Desde el punto de vista morfológico, textura y composición de las tierras, el relleno del silo se dividía en cuatro estratos, aunque los tres inferiores son contemporáneos y las características y diferencias de sus tierras responden más bien a los resultados y forma en que fueron depositadas que a una verdadera diferenciación cronológica (U.E. 2115, 2116 y 2117). Una vez más, fragmentos de cerámica de unos y otros pertenecen a los mismos vasos. Solamente el estrato superior debe ser separado de los demás, ya que es el resultado de la remoción del relleno original y contiene materiales más tardíos que el resto de niveles (U.E. 2114). A pesar de todo, el lote principal de cerámica del estrato 2114 es parecido al que encontramos en el resto de estratos. En cuanto a los niveles más antiguos, entre ellos apareció una película de cenizas de uno o dos centímetros de espesor, vertida de forma expresa y de una sola vez, que contenía muchos restos vegetales y un elevado número de semillas de uva y cereales que nos han permitido documentar, una vez más, los tipos de cultivos predominantes en la explotación en una época concreta.

En cuanto al material cerámico de la primera capa de tierras, los fragmentos más tardíos corresponden a la cerámica vidriada romana, con dos muestras, y a la sigillata africana A y cerámicas africanas de borde ahumado, con un total de 18 fragmentos que pertenecen a un número máximo de tres individuos. Otro conjunto relativamente tardío es el formado por las sigillatas sudgálicas, con 22 fragmentos que pertenecen básicamente a las formas Drag. 27 y 35 (Fig. 16: 1-6) y platos de las formas Drag. 2/21, 18/36 y posiblemente a la Drag. 15, así como un fragmento de pared de un recipiente de la forma Drag. 37 (Fig. 16: 7). cronológicamente existen algunas diferencias entre estos productos, ya que muestran un amplio abanico que se extiende desde el primer cuarto del s. I hasta la primera mitad del s. II. Pero en general puede reducirse este margen a un período de producción común a todos ellos y que podemos situar entre el año 50 para las formas más antiguas y el 100/125 para los productos más modernos. En realidad, esta cronología no está demasiado alejada de la del estrato superior del silo 2060.

A parte de estas producciones más recientes, el resto de material coincide mejor con la cronología augústea del relleno principal del silo. Incluso parece bastante antigua una jarra de cerámica gris de boca trilobulada (Fig. 17: 9), producción que se inició en época de Augusto y perduró como mínimo hasta mediados del s. I.

El resto de materiales augústeos de los estratos 2115, 2116 y 2117 son los típicos que vemos por todas partes en contextos paralelos. Citaremos, solo de paso, la presencia de sigillatas aretinas lisas y decoradas, entre las que cabe destacar una copa atribuible a la forma Drag. V (Fig. 16: 10), y algunos cuencos de las formas Goudineau 32 y 38-A, correspondientes a la primera quincena de nuestra Era (Fig. 16: 8 y 9).

Entre las producciones locales cabe destacar algunos platos de cerámica gris ampuritana tardía (Fig. 17: 11, 12 y 17; fig. 19: 6 y 18), y dos copas de cerámica de paredes finas asimilables a las formas Mayet 10 y 11, con unas arcillas muy características del país (Fig. 16: 13-16 y 19). En el caso del ejemplar mejor conservado, la pasta es de color rosado oscuro en el interior, con la parte superior de color gris y la

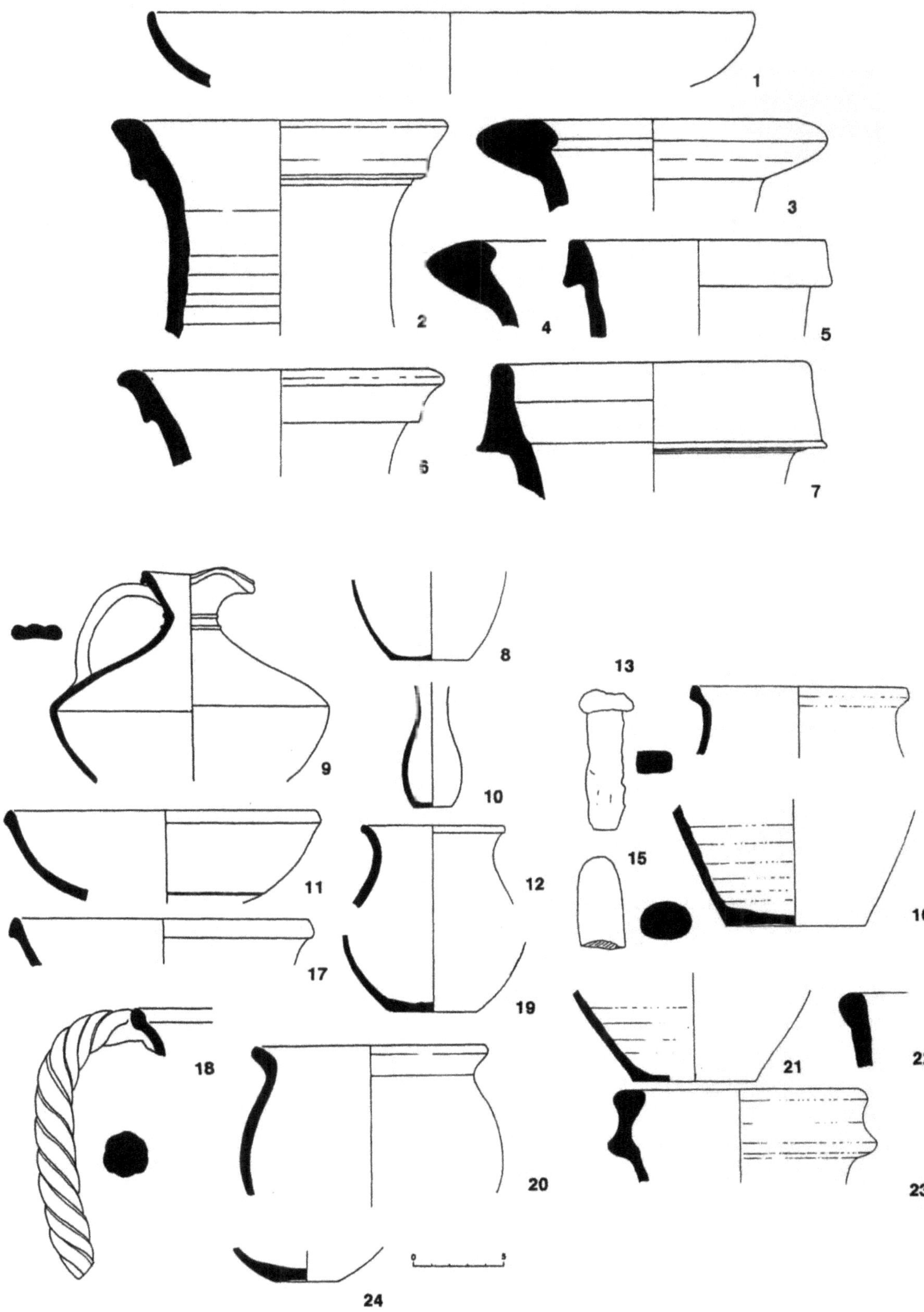

***Fig. 17.** Silo 2113. U.E. 2114. 1: Cerámica con barniz rojo pompeyano. 2 a 7, 22-23: Ánforas. 8: Cerámica de paredes finas. 9: Gris de boca trilobulada. 10: Ungüentario. 11, 12, 17 y 19: Gris ampuritana tardía. 14: Cerámica de engobe blanco. 16, 18, 20, 21 y 24: Cerámica común oxidada y reducida. 13 y 15: Clavo de hierro y piedra pulida.*

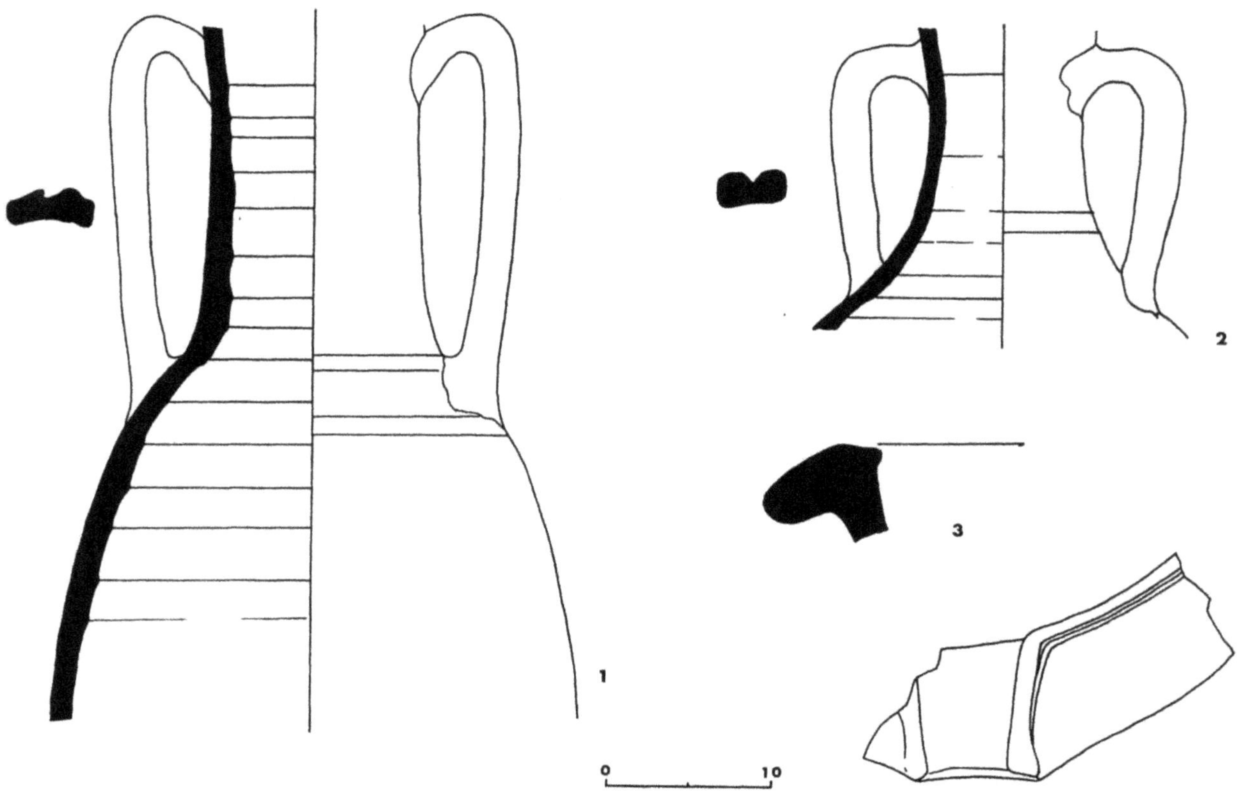

Fig. 18. Silo 2113. U.E. 2114. 1 y 2: Ánfora. 3: Mortero.

superficie externa de color castaño oscuro, casi gris. También el interior de la sección es de color gris, con granos de cuarzo y cal. Posiblemente está relacionado directamente con las cerámicas ampuritanas tardías.

Uno de los productos más abundantes son las ánforas, aunque con pocas formas que puedan ayudarnos a determinar su cronología. No obstante, observamos que predominan los ejemplares de fabricación local, especialmente las ánforas Pascual 1 y las ampuritanas Dressel 8 (Fig. 18: 1 y 2), todas ellas datables entre finales del s. I a.C. y los primeros años del siglo siguiente. También pertenecen a esta misma época algunos cuellos y bordes de ánforas béticas de salazones (Dressel 7/11), detectadas en las excavaciones de la vecina ciudad de Ampurias en niveles augústeos (Aquilué et al. 1984, p. 155), así como algunos fragmentos de Dressel 2/4, en este caso, de indudable procedencia bética, igual que dos bordes del tipo Dressel 20 (Fig. 17: 3 y 4). En el conjunto de las ánforas, como material residual pero no mucho más antiguo que el lote principal, hay que citar algunos labios de Dressel 1 con pasta DB itálica (Fig. 17: 5 y 7).

En resumen, el material cerámico de los estratos antiguos (U.E. 2115 a 2117), es casi idéntico al del primer estrato, pero sin un solo fragmento posterior al primer cuarto del s. I de nuestra Era (ver, en general, Casas-Soler-Turon 1996, p. 94-96). Se repiten las formas y producciones en número más bajo, pero con unos porcentajes parecidos, tal como podemos observar en el gráfico anexo.

Porcentajes cerámicos del silo 2113.

Depósito 2118.

Aunque en numerosos puntos y estratos del yacimiento han ido apareciendo restos de *opus signinum* procedentes de la destrucción o desafectación de diversos depósitos, esta es la primera estructura de estas características localizada entera en la villa. Se trata de un depósito de forma rectangular con las

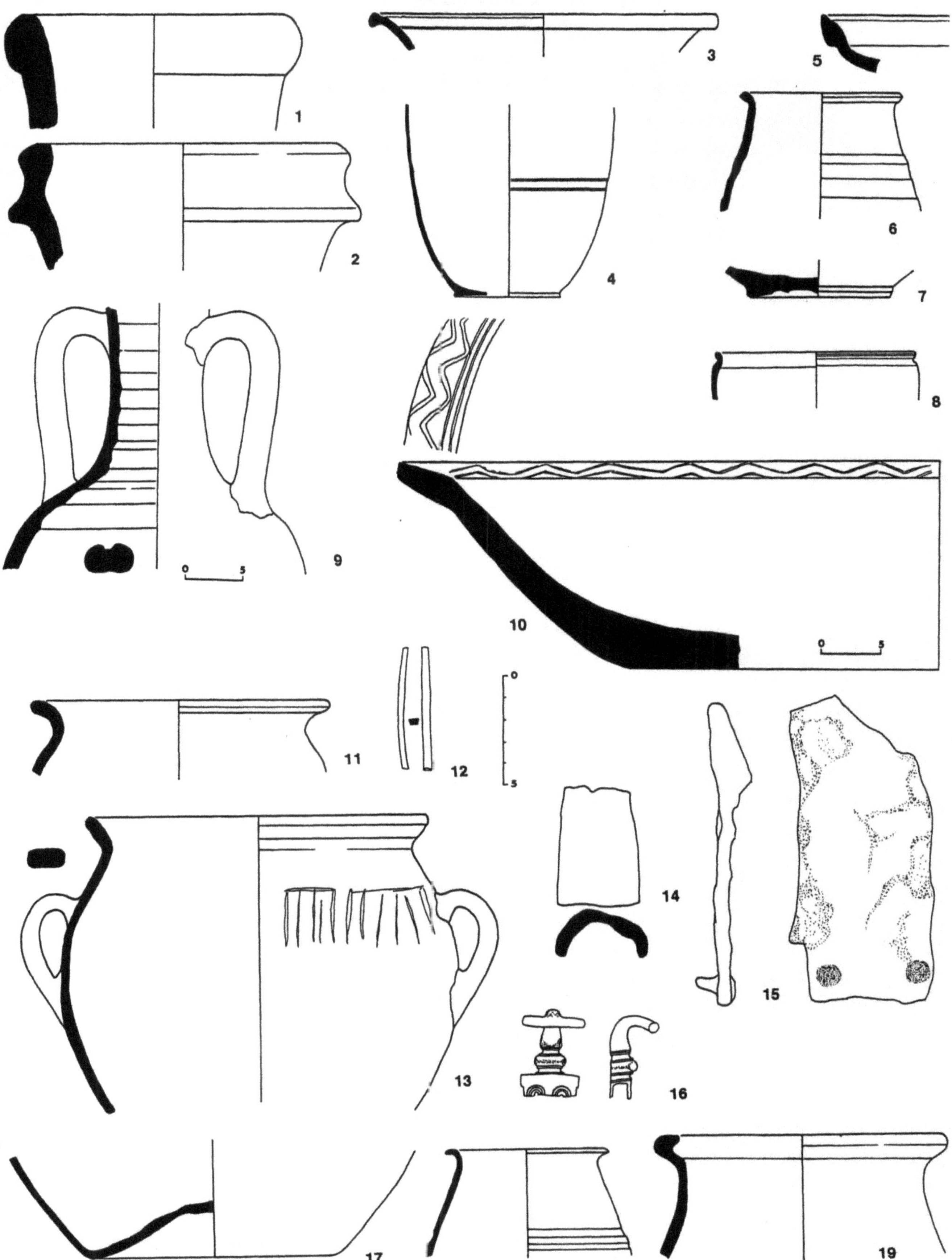

Fig. 19. Silo 2113. U.E. 2116. 1, 2 y 9: Ánforas. 3: Cerámica con barniz rojo coral. 4 y 8: Cerámica de paredes finas. 5: Sigillata aretina. 6, 7 y 18: Gris ampuritana.

esquinas redondeadas y de pequeñas dimensiones, tallado en la roca natural y revestido de *opus signinum* con el fin de impermeabilizarlo. La parte baja de las paredes se une al fondo con una moldura en forma de media caña que le proporciona una consistencia suplementaria y, además, ayuda a mantener su impermeabilidad. Pero se trata de un segundo revestimiento o de una reparación motivada por las fisuras que habían aparecido en los ángulos y junturas de los distintos paramentos verticales con el fondo.

Su interior estaba relleno con dos estratos de textura diferente pero cronológicamente idénticos, igual que en el caso de los silos. El superior (U.E. 2119), se vio afectado por la apertura de una zanja que cruza la mitad norte del yacimiento de este a oeste y que soportaba los cimientos de un muro de piedra seca bastante tardío. A pesar de ello, no se produjo ninguna intrusión de materiales modernos. El segundo estrato, que también es el de mayor potencia, contenía gran cantidad de cerámica, especialmente comunes reducidas, un *dolium* entero de pequeño tamaño, *tegulae* y algunos elementos de construcción, a parte del repertorio típico de época augústea, con unos porcentajes no demasiado diferentes a los que observamos en otros niveles de la misma época (U.E. 2124). Aunque no siempre coinciden las mismas producciones en ambos estratos, en cambio se complementan ofreciendo completo el repertorio tan conocido y repetidamente citado. Una ojeada a estos porcentajes puede ser esclarecedor.

Podemos ver como una producción inexistente en el estrato 2124, la cerámica micácea barnizada en rojo coral, aparece en un porcentaje bastante elevado en el estrato superior (casi un 20%), y en cambio, la cerámica ampuritana tardía, de la que tan pocos fragmentos aparecieron en el estrato 2119, es la producción mayoritaria en el estrato 2124, con un 80% sobre el total de cerámicas finas o de mesa. Evidentemente, la treintena larga de fragmentos de grises ampuritanas tardías o el centenar de fragmentos que representa el total de las cerámicas finas es poca cosa en comparación con el millar de fragmentos de cerámica común reducida encontrados en el depósito. Pero si tenemos en cuenta que estos últimos pertenecen a un número muy bajo de recipientes que quedaron aplastados bajo el peso de dos *dolia*, los porcentajes y la relación entre las cerámicas de mesa vertidas en el depósito y la cerámica común no es tan distante ni diferente.

El grupo de las cerámicas ampuritanas tardías presenta el repertorio habitual, con pocos cambios. Básicamente se trata de urnas o vasos sin asas y de tamaños variados (Fig. 21: 5) y vasos bicónicos también presentes en contextos parecidos en otros yacimientos de estas comarcas (Casas 1982, fig. IV). Además aparece una nueva forma o variante en esta producción. Se trata de la mitad inferior de una botella de cuerpo esférico o globular, con la base cóncava y el pie poco diferenciado, que debía completarse con un cuello alto y estrecho y una única asa (Fig. 21: 11). Parece una variante de las botellas de cerámica ampuritana clásica de los siglos II y I a.C., de las que tenemos un ejemplar entero procedente de la inhumación de La Clota, cerca de Ampurias (Casas 1982b, p. 161).

Posiblemente también está relacionada con esta producción, aunque no lo podremos confirmar sin un análisis de pastas, una lucerna atribuible a la forma Deneauve II a la que falta el pico (Fig. 21: 8). Su pasta es de color gris, blanda, de tacto harinoso y con una cocción deficiente, con restos de un engobe del mismo color que la arcilla. A pesar del color y aspecto, no se trata de la producción itálica de pasta gris documentada en Ampurias y en otros estratos de la misma villa de Tolegassos, a menos que el PH ácido de la tierra del depósito hubiera deteriorado mucho la pasta haciéndole perder las características que serían típicas de ella (Arxé 1982, fig. XIX, 7; Casas & Rocas 1989, p. 86).

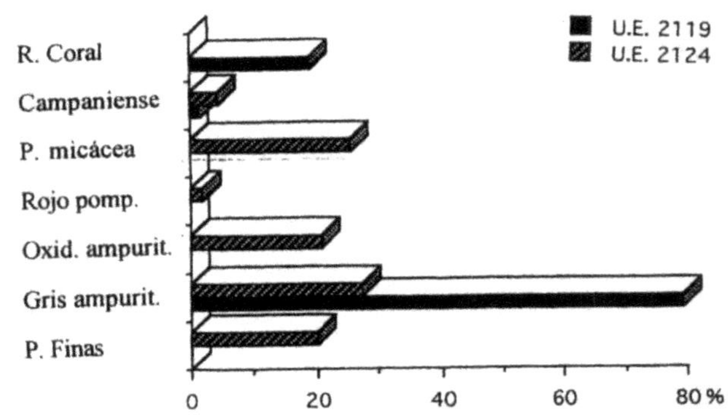

Cerámica fina de mesa del depósito 2118.

Dentro del numeroso conjunto de cerámicas toscas documentamos por vez primera y de forma extensa una nueva producción muy típica del cambio de Era que, según parece, no tiene antecedentes y duró poco. Es la cerámica reducida espatulada o pulida, una de las producciones locales mejor diferenciadas en contextos augústeos de la zona ampuritana, con un repertorio de formas bastante corriente pero dotado de unas características y una personalidad propias. Son recipientes hechos a mano, lo que, junto a sus acabados y repertorio de formas (básicamente ollas y urnas), les da un aspecto formal más propio de las cerámicas indígenas de épocas anteriores que de la cerámica de época romana (Fig. 22: 6 y 7). Se conocen ejemplares aislados procedentes de los depósitos de Serra de Daró y de Ampurias, pero el mayor conjunto ha aparecido en este depósito de Tolegassos (Casas 1982, fig. IV).

La pasta de estos recipientes suele ser de color negro, dura, con granos de cuarzo, pequeñas láminas de mica y cal. La superficie interior es poco depurada, tosca, con estrías de peinado o marcas de dedos, mientras que la externa es muy negra, pulida, brillante y de gran dureza. En interior de la fractura presente diferentes tonalidades, desde el negro de la superficie hasta el marrón oscuro. Una de las características del producto es la decoración que observamos en muchos recipientes. Son aplicaciones de arcilla del mismo color negro, ya sea en forma de gotas, pezones o tiras onduladas, en ocasiones, en combinación con depresiones hechas presionando con el dedo sobre la arcilla aún blanda.

Este tipo de material siempre ha aparecido en contextos augústeos. En Tolegassos, un ejemplar en el estrato 2063 del primer silo, en Ampurias, en el estrato 1115 del fórum de la ciudad romana; en Serra de Daró, en otro depósito de la misma época que el de Tolegassos y, en Montfullà (Bescanó-Girona), en otro silo rellenado hacia en cambio de Era. Estos mismos hallazgos nos muestran al mismo tiempo el ámbito restringido de su distribución y nos confirman que se trata de una producción local que perduró poco tiempo. Hasta la fecha no hemos visto ningún ejemplar procedente de contextos cronológicos diferentes a los anteriores.

El último conjunto de recipientes que aparecen por vez primera en este depósito y que también parecen de origen local, son los contenedores, *dolia* y otras jarras de grandes dimensiones para guardar grano o productos de consumo. A parte de los *dolia* típicos que adoptan la forma más conocida, aunque de menores dimensiones (Fig. 23: 13), tiene un especial interés un pequeño *dolium* de cuerpo esférico con cuatro asas en forma de trenza y con decoración aplicada alrededor de la parte superior del cuerpo. Fue fabricado en los mismos talleres que otras jarras de dimensiones más o menos grandes encontradas en el mismo depósito (Fig. 23: 14).

El material restante, que no comentaremos a fondo debido a que repite las formas y repertorio que ya hemos visto al estudiar los silos, está formado por platos de cerámica micácea barnizada en rojo coral (Fig. 23: 1 y 2), cazuelas y platos/tapadora de pasta micácea itálica (Fig. 22: 1-3), cerámica de paredes finas, sigillata aretina, cerámica de barniz rojo pompeyano y un labio de ánfora Dressel 2/4 de procedencia bética, que constituye uno de los ejemplares más antiguos de la forma (Fig. 22: 9), así como un cuello y diversos fragmentos de ánforas Pascual 1 (Fig. 22: 8). Como material no cerámico, cabe destacar de manera especial diversos instrumentos de hierro y piezas procedentes de la rueda y otras partes de un carro (Fig. 22: 13 a 17).

El depósito 2234.

Situado a pocos metros al norte del anterior, presenta las mismas características y técnica constructiva, aunque conserva el forro de *opus signinum* original y no se vio afectado por reparaciones posteriores. Las esquinas y las

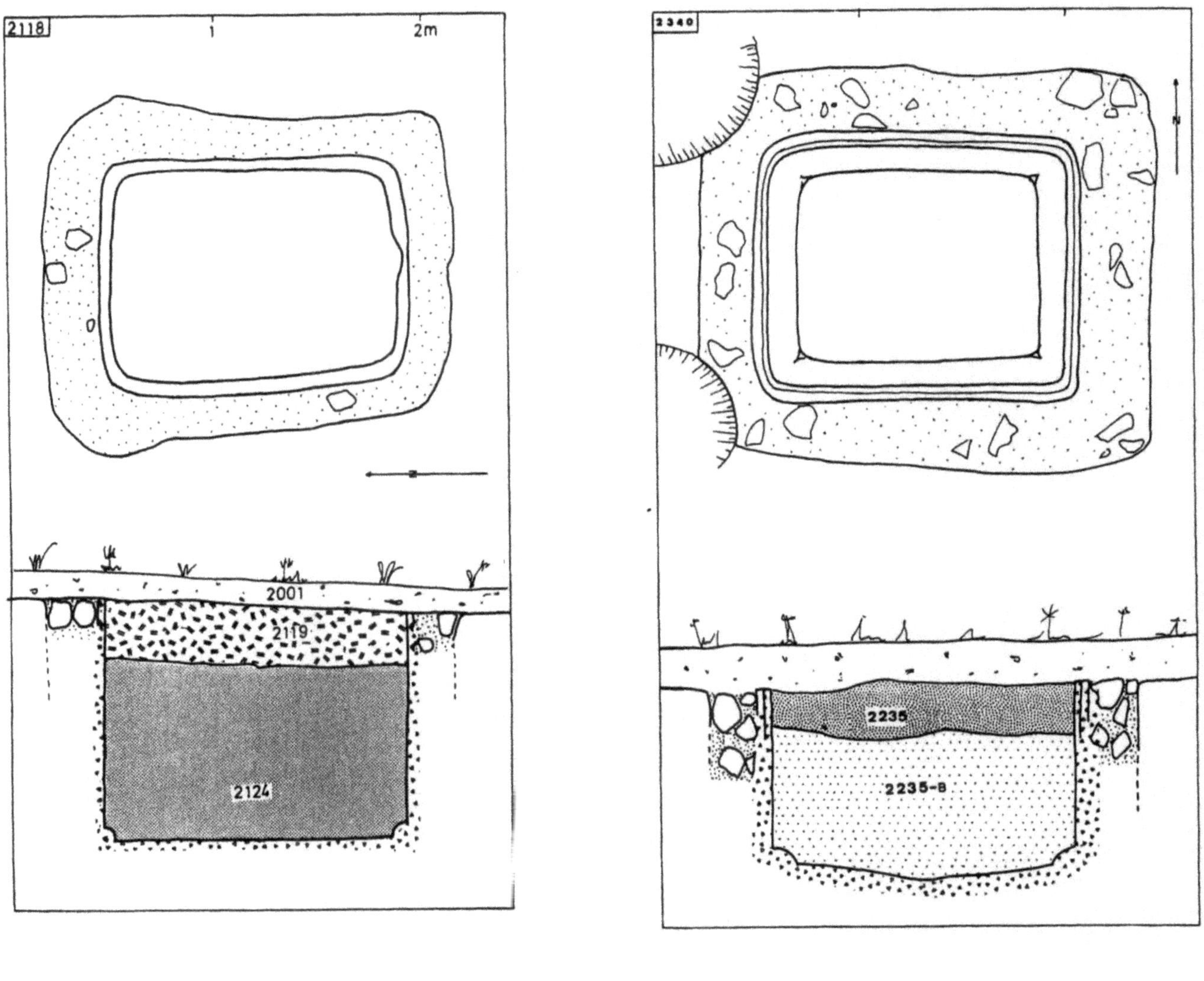

Fig. 20. *Planta y secciones estratigráficas de los depósitos 2118 y 2340.*

uniones de los distintos planos de las paredes con el fondo son redondeados, sin la media caña, y el mortero es de la misma calidad. El material arqueológico de su interior tampoco presenta diferencias substanciales respecto al del otro depósito.

A parte de las cerámicas comunes -muy numerosas- y las ánforas, con un porcentaje también bastante elevado, el resto de producciones cerámicas tienen una representación equilibrada. Observamos un predominio de la cerámica de paredes finas, que triplica en número los fragmentos de gris ampuritana tardía y de sigillata aretina. También encontramos una presencia modesta pero interesante de las cerámicas micáceas barnizadas en rojo coral, fabricadas en el área narbonense, la común itálica de pasta micácea y algún fragmento de cerámica de engobe blanco, sin olvidar los fragmentos de cerámica de barniz negro, residuales.

Es especialmente interesante el material no cerámico, entre el que sobresale un fragmento de mármol que identificamos como la maza de Hércules (Fig. 21: 4). Las dimensiones del fragmento conservado parecen indicar que pertenece a una estatua de tamaño natural del semidiós y no resulta fácilmente explicable su presencia en la villa. También aparece un conjunto de placas y una moldura de mármol de grano fino y buena calidad, que debió formar parte del pavimento o del revestimiento vertical de una habitación de la villa. Entre los restos de un pavimento de *opus signinum* desmenuzado y vertido en el depósito, aparecen fragmentos de sigillata aretina, ánfora Dressel 1, gris ampuritana y cerámica barnizada de rojo coral como componentes del mortero. Algunas herramientas de hierro (un cuchillo y una pequeña hoz para la poda), forman parte de los instrumentos agrícolas o domésticos de la casa (Fig. 21: 1 y 2).

Contrariamente a lo que suele suceder en los rellenos de otros ámbitos en los que se echó todo tipo de basura y recipientes rotos y fuera de uso, una parte considerable de los utensilios de cerámica encontrados en el interior del depósito estaban intactos. Algunos se rompieron en el momento de arrojarlos, pero otros (ungüentarios, cuencos de paredes finas, jarras, etc.) aparecieron intactos. Se tiraron cuando aún podían tener cierta utilidad.

Como material de importación que puede ayudarnos mejor a establecer la cronología del relleno, aparecen algunos ejemplares de sigillata aretina, entre los que identificamos un pequeño vaso de la forma Conspectus 31.2 (Goud. 32b, Drag. 27), con el sello circular en el fondo interno MAHETIS, un liberto de Ateius (Fig. 24: 5), fabricado entre finales del principado de Augusto e inicios de Tiberio. Un segundo ejemplar, roto (Fig. 24: 3), debe ser atribuido a una copa de la forma Cons. R.1, de la última década del s. I a.C. (Conspectus, p. 166). Una base parece corresponder a uno de los platos más corrientes de la producción (Fig. 24: 4), quizás de la forma Goud. 15/17 o Cons. 12.4, también de inicios del s. I.

En cerámica de paredes finas el repertorio también es bastante limitado, con cuatro formas detectadas. Dos pequeños cuencos de la forma Mayet 33/Atlante 2-405, que situaremos en las dos primeras décadas del s. I (Fig. 24: 11 y 13), un vaso de paredes verticales parecido a la forma Mayet 12 o 14, o quizás Marabini 30 (Fig. 24: 15), con una cronología parecida. Otro ejemplar decorado con pedúnculos a la barbotina a imitación de cáscaras de piña se halla más próximo a la forma Marabini 50 (Fig. 24: 6). Finalmente, un último fragmento recuerda el cuello y labio de las copas con dos asas de la forma Mayet 10/Marabini 25, bastante antiguas en esta producción, puesto que se detecta su comercialización y exportación fuera de Italia desde la segunda mitad del s. I a.C. y pronto la aparición de producciones locales imitando la forma o sus variantes (Fig. 24: 10).

En este mismo relleno es muy interesante -casi excepcional- el hallazgo de un pequeño *askos* intacto, de pasta micácea y barniz negro (Fig. 24: 2). Esta especie de botijo pertenece a una conocida producción de cerámicas micáceas, oxidadas o reducidas, de color naranja o gris, recubiertas con una fina capa de barniz rosado (rojo coral) o negro, que se fabricaron en algún lugar de los alrededores de Narbona a partir de mediados del s. I a.C. hasta las primeras décadas de la nueva Era. Otro ejemplar de la misma producción, con al barniz mal conservado, presenta la forma de plato típica en el repertorio conocido (Fig. 25: 13), (Casas et al. 1990, nº 188).

El último material cerámico de importación (a parte de los cuatro ungüentarios enteros aparecidos al inicio del estrato), es un fragmento de plato itálico de pasta micácea, producción que aparece con cierta frecuencia en cualquier estrato augústeo del yacimiento (Fig. 25: 17). La forma es la del típico plato o fuente de borde abierto con un encaje en el labio destinado a recibir la tapadora. Su interior conserva el color marrón oscuro y muy micáceo original, mientras que la superficie externa quedó ahumada y ennegrecida por el uso.

El resto de material del estrato corresponde a producciones locales muy conocidas, a parte de un par de fragmentos de borde de ánfora de procedencia quizás más lejana, un labio de Pascual 1 y otro de forma indeterminada.

El producto más típico fabricado en la región es la cerámica ampuritana tardía, que ya hemos comentado en numerosas ocasiones y que deberemos citar aún otras veces a lo largo de los próximos apartados, por el gran número de fragmentos que aparecen en cualquier estrato de la villa. En este caso señalaremos el hallazgo de dos bicónicos (uno de ellos completo), y diferentes fragmentos y bases de la misma forma (Fig. 24: 8 y 9).

También de producción local y estrechamente relacionados con esta última, vemos algunos fragmentos de cerámica de engobe blanco (Fig. 24: 12) y de jarras de la misma producción, posiblemente de finales del s. I a.C., que han perdido la capa blanquecina (Fig. 24: 14).

Otros ejemplares de cerámica común no pueden atribuirse fácilmente a una producción o a un lugar de origen concreto, pero son bastante habituales en la comarca. Citaremos dos tapadoras con pie o pomo casi plano y poco pronunciado (Fig. 25: 5 y 6), un vaso moldeado a mano y cocido en ausencia de oxígeno (Fig. 25: 12), un pequeño vaso de pasta jabonosa, oxidado (Fig. 25: 15), un cuello de botella alto y estrecho, con una sola asa, muy habitual en estratos augústeos (Fig. 25: 16), una jarra o botella de cuerpo esférico y cuello alto, de notable calidad (Fig. 24: 1) y, finalmente, un plato/cazuela también típico de la época, aunque continuó fabricándose durante todo el período romano (Fig. 25: 8).

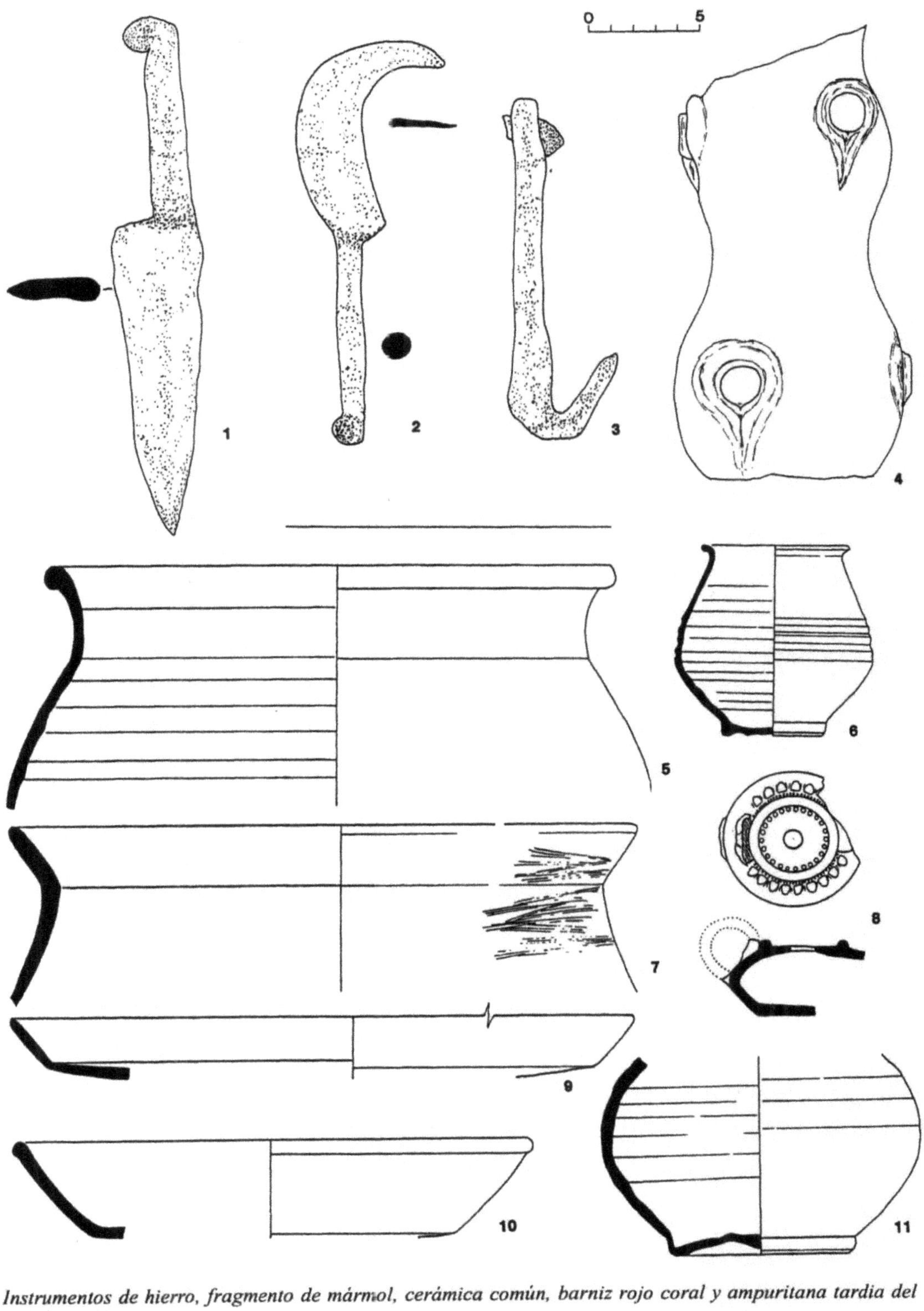

Fig. 21. Instrumentos de hierro, fragmento de mármol, cerámica común, barniz rojo coral y ampuritana tardía del estrato 2235 del depósito.

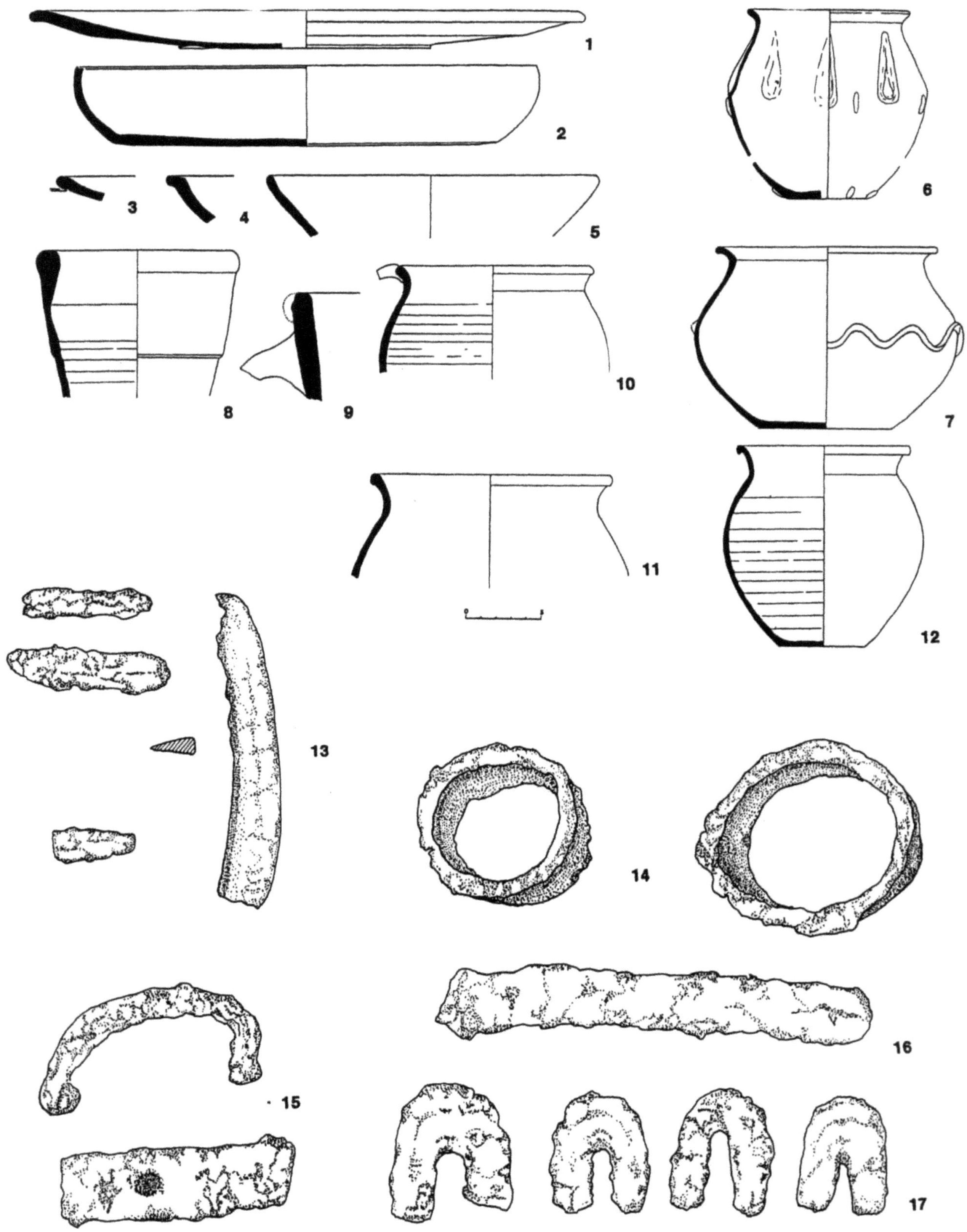

Fig. 22. Depósito 2118. U.E. 2124. 1 a 4: Cerámica itálica de pasta micácea y de barniz rojo pompeyano. 5 a 7: Cerámica reducida y espatulada. 8 y 9: Ánfora Pascual 1 y Dressel 2/4. 10 y 11: Cerámica común reducida. 12: Gris ampuritana tardía. 13 a 17: Herramientas agrícolas y elementos metálicos de una rueda.

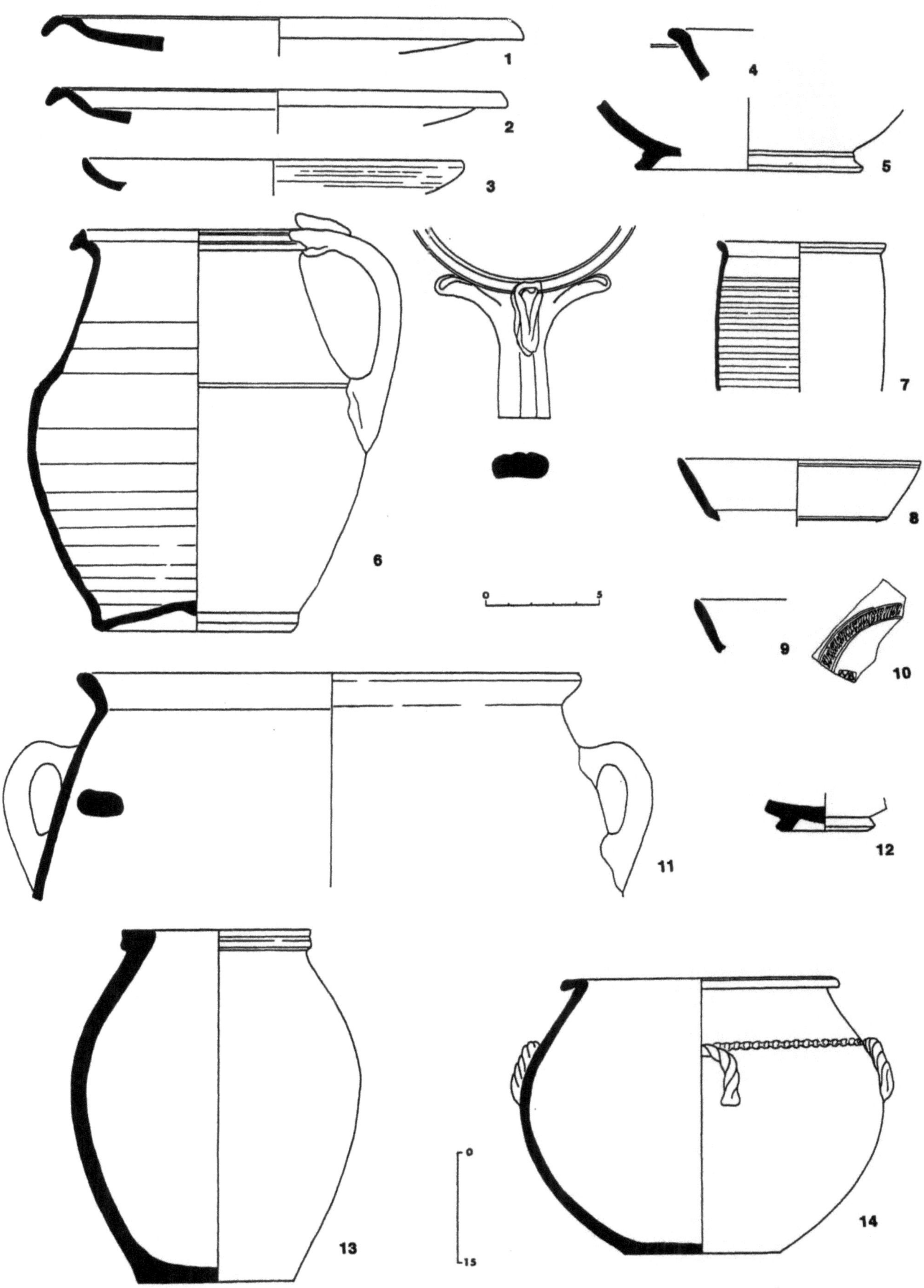

Fig. 23. Depósito 2118. U.E. 2124. 1 a 3, 8 a 10: Sigillata aretina. 6: Cerámica de engobe blanco. 7: Paredes finas. 11: Cerámica común reducida. 12: Cerámica con barniz rojo coral. 13 y 14: Dolia de pequeñas dimensiones.

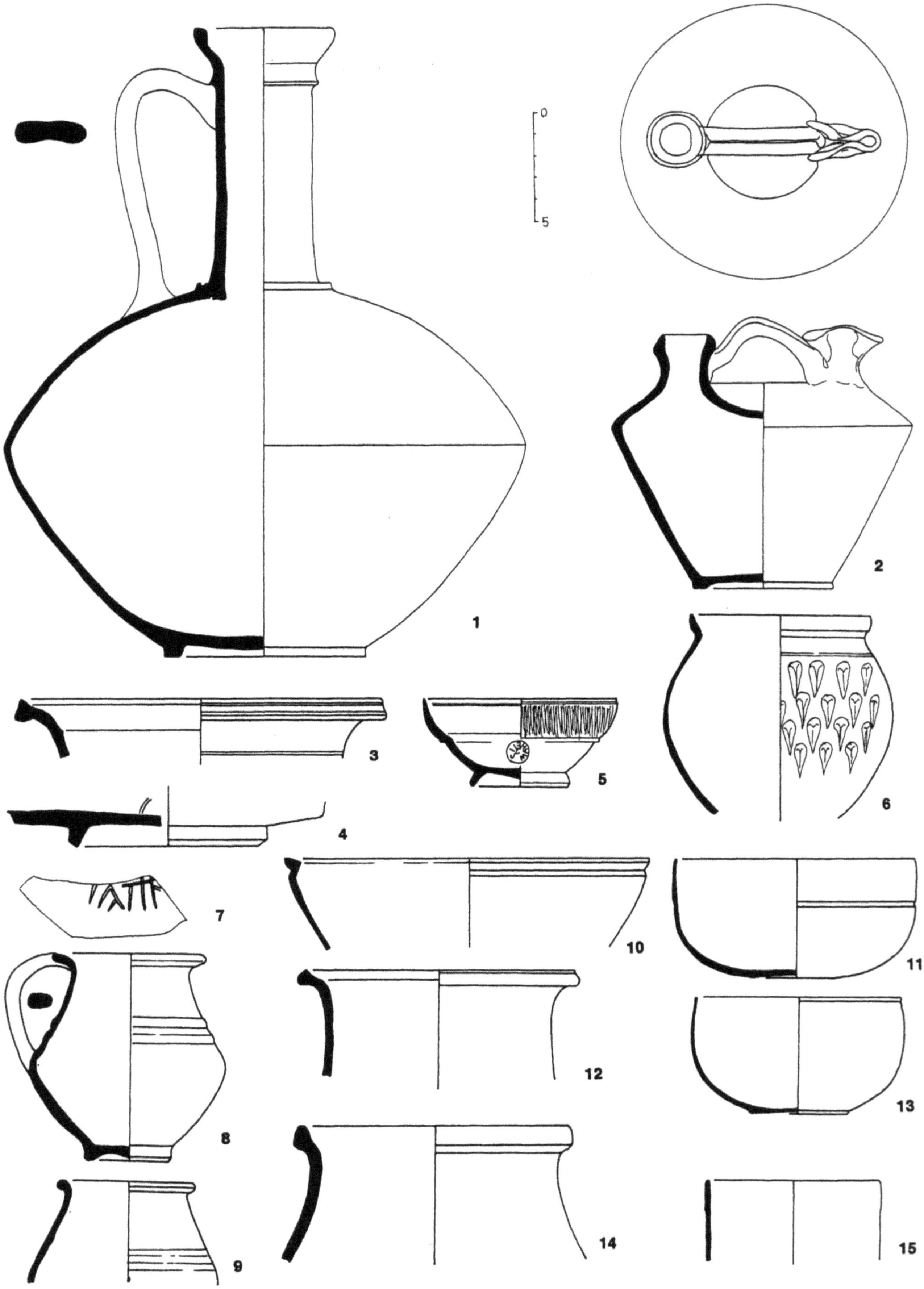

Fig. 24. Depósito 2340. U.E. 2235. 1: Cerámica oxidada. 2: Micácea barnizada de gris. 3 a 5: Sigillata aretina. 7: Campaniense. 6, 10, 11, 13 y 14: Paredes finas. 8 y 9: Gris ampuritana tardía. 12 y 14: Cerámica común, posiblemente de la producción de engobe blanco.

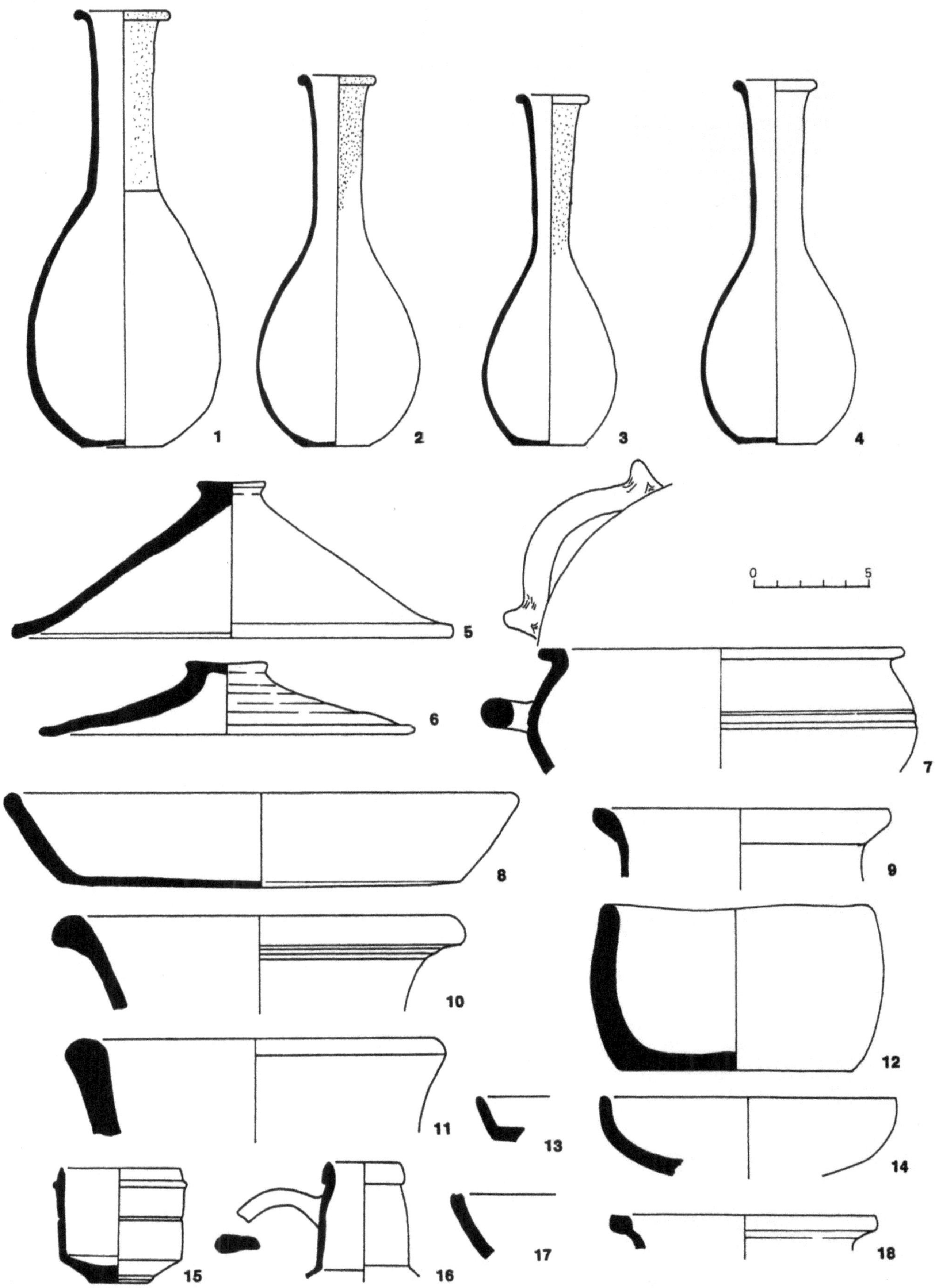

Fig. 25. Depósito 2430. U.E. 2235. 1 a 4: Ungüentarios. 5 a 7, 9, 14 a 16: Cerámica común oxidada. 8 y 12: Cerámica reducida. 9 y 10: Ánforas. 13: Cerámica micácea con barniz rojo coral. 17: itálica de pasta micácea.

Capítulo 5. Los precedentes tardo-republicanos y su significado.

Este conjunto de hallazgos permite, por un lado, confirmar la existencia de una primera edificación de época republicana, un precedente de la villa y, por otro, sugiere nuevas hipótesis y posibilidades de investigación en este campo, abriendo interrogantes que, lamentablemente, el estado del yacimiento no siempre podrá responder. Pero no queremos dejar pasar la oportunidad de plantearnos algunas cuestiones e intentar darles respuesta, aunque sea a modo de hipótesis, sabiendo que quizás podrán ser rechazadas -y quién sabe si confirmadas- a partir de excavaciones en otras estaciones similares y asumiendo que sin una exploración profunda del territorio no podremos entender nunca algunos de los problemas que plantea el yacimiento.

En primer lugar, se halla fuera de duda la existencia de un temprano asentamiento y su actividad agrícola, ya que, a parte del material arqueológico que suele encontrarse habitualmente, en las tierras de los rellenos de casi todos los depósitos y silos se han recogido numerosos carbones y semillas, tanto de cereales (especialmente trigo y cebada), como de vid. Pero la existencia de esta villa plantea interrogantes en cuanto a su origen y evolución, más compleja de lo que podría parecer al principio. Los restos encontrados en uno de los depósitos situados en la zona este del yacimiento contenían elementos de construcción claramente indígenas. Por ejemplo, restos de barro endurecido con impresiones de cañas o mimbres propios de las cubiertas de las casas ibéricas, u otros restos de barro cocido con señales de fragmentos de ánfora que habían sido pegados en su parte inferior, parecidas o idénticas a las losas de los hogares ibéricos documentados en otros yacimientos próximos. Cerca de este ámbito y en otros puntos del yacimiento también encontramos agujeros de poste de difícil interpretación y sin conexión con las estructuras romanas.

Ello nos hace suponer -y lo decimos con todas las precauciones- que el primer asentamiento de Tolegassos habría sido un hábitat indígena formado por una casa modesta y alguna cabaña construida con materiales ligeros, junto a algunos silos. Quizás era una granja o una explotación de carácter familiar. No sería este el primer caso documentado en esta comarca. Recordemos, por ejemplo, los silos de Planells y el fondo de cabaña o estación del Camp del Bosquet, citados en el capítulo anterior, que contenían unos materiales muy parecidos a los de Tolegassos.

Si entramos de lleno en el examen de restos e indicios de lo que consideramos el primer edificio, aunque sea indígena, podremos ver que algunos elementos inducen a pensar que el período que denominamos "precedentes" debería ser dividido en diversas fases, aunque muy difíciles de determinar. Pero es evidente que si en el interior de un silo amortizado hacia el último cuarto del s. II a.C. hallamos restos de pavimento de *opus signinum* con teselas, que está hecho con mortero que contiene fragmentos de ánforas Dressel 1 y cerámica de engobe blanco, entre otros materiales, significa que en el momento de rellenarse el silo o poco antes hubo una reestructuración del primer edificio. Por lo tanto, nos encontramos ante los indicios de una subfase dentro de la de "precedentes".

Este no es el único caso. Tanto en el silo 2060, como en los estratos de relleno del depósito (U.E. 2119 y 2124), como en el segundo silo, todos de época augústea, volvemos a encontrar nuevos elementos de construcción. En esta ocasión, fragmentos de columna de piedra caliza y segmentos de círculo de columna de ladrillo, así como una excepcional *tegula* con agujero para encajar la chimenea. Nuevamente vemos indicios de otra reforma en un edificio y suponemos que de una nueva subfase previa a la fase 1 de la villa.

Es difícil unir todos estos elementos y restos más antiguos. Aparentemente no existe ningún nexo de conexión entre unos y otros. Los silos y depósitos se localizan en la zona más elevada del yacimiento, pero no acaba de verse la relación más íntima que existiría entre ellos. Por el momento solo podemos hablar con seguridad de unos cambios que se produjeron hacia el último cuarto del s. II a.C. y de un gran cambio que tuvo lugar en época augústea, momento en que se obliteraron definitivamente los grandes silos y depósitos, abandonándose para siempre aquél arcaico sistema de almacenamiento, substituyéndose ya desde los inicios de la fase 1 por un almacén de *dolia* a la manera de las otras villas romanas típicas.

Pero, ¿que motivó aquellos cambios detectados en dos momentos diferentes? Creemos que ambos tienen que ver con los cambios registrados en Ampurias y que afectaron enormemente todo su territorio y que, por otro lado, deben relacionarse con una serie de cambios detectados en todo el territorio entre finales del s. II a.C. e inicios del siglo posterior. Si analizamos con detalle los yacimientos conocidos en esta zona podremos observar que los ámbitos o la pequeña estación de Tolegassos desaparecida a finales del s. II a.C. no es un caso único. Por el momento el paralelo mejor estudiado lo encontramos en la estación del Camp del Bosquet, en Camallera, de idénticas características y en la que se documenta un abandono en esta misma época. Se conocen otras parecidas en la región, con una fecha de abandono similar, entre finales del s. II y primer cuarto del s. I a.C. Algunas se relacionan con el territorio ampuritano, otras se hallan más cercanas a *Gerunda*.

Aunque el conocimiento de estos yacimientos se haya obtenido a partir de la excavación de silos dispersos por la comarca, creemos que cada una de estas estaciones constituían verdaderas granjas o modestas explotaciones agrícolas indígenas que estarían compuestas por una vivienda a menudo construida con materiales poco sólidos y algunos silos de almacenamiento, en cuyo interior suelen aparecer restos domésticos o de construcción (adobe, cenizas vegetales, etc.). El hecho de que la mayor parte de los silos hayan sido detectados a partir de hallazgos casuales y excavaciones de urgencia ha comportado precisamente la no excavación de sus alrededores (solo su vaciado), por lo que no han podido documentarse otros restos constructivos. Pero en el caso de dos conjuntos de silos excavados por nosotros mismos (unos del s. IV a.C. en Saus y otros del primer cuarto del s. I a.C. en Planells), pudimos ampliar la excavación y localizar restos de estructuras y fondos de cabaña de una estación mayor (Casas 1985, p. 89-106; Casas, Merino & Soler 1992). Con toda seguridad, estos no tienen porqué ser dos casos únicos o aislados.

Pero lo cierto es que no sabemos como eran estas granjas. Si eran casas agrícolas ocupadas permanentemente o si tan solo se trataba de establecimientos estacionales relacionados con las tareas de cultivo y recolección, como acertadamente se ha señalado en una reciente investigación (Burch 1996). El volumen de grano que podían contener los silos de Tolegassos, determinado por el Dr. Burch en el trabajo citado, así como el tipo de elementos de construcción aparecidos en su interior nos hace suponer, en este caso, que se trataba de una granja completa, con todos sus elementos y habitada de forma permanente. La cuestión, no obstante, queda sin resolver en el caso de otros yacimientos excavados muy parcialmente o pertenecientes a período anteriores al s. II a.C.

¿A qué responde el abandono de estas estaciones en un momento tan concreto de finales del s. II e inicios del s. I a.C.? época de la fundación de la ciudad romana de Ampurias, *Gerunda, Baétulo,* etc. Posiblemente, en el caso concreto de esta zona, la fundación de la ciudad romana de Ampurias sobre la colina y encima del antiguo *praesidium* comportó la llegada de nuevos colonos y la redistribución de la tierra que, aún siendo propiedad de la República por derecho de conquista, se habría dejado administrar o cultivar por el elemento indígena. Debe tenerse en cuenta que durante los primeros años de la ocupación del territorio por Roma el aprovechamiento de los recursos del país era de tipo parasitario, casi un auténtico saqueo, tal como ha ocurrido en prácticamente todos los procesos colonizadores antiguos y modernos. Recordemos, también, que no ha sido documentada ninguna villa romana -entendiendo por tal una edificación relacionada con la explotación del campo a la manera romana-, ni del tamaño más pequeño, hasta la segunda mitad avanzada o el último cuarto del s. II a.C. La primera completamente excavada es el Olivet d'en Pujol, próxima a Tolegassos, y aún así, no se trata de una villa en sentido estricto, sino de un almacén agrícola (Casas 1989, p. 21-46). Una segunda villa, con la estructura bien definida, que hemos estado excavando los últimos años, también se encuentra dentro del área de influencia de Ampurias, en el Mas Gusó o Puig Moragues (Bellcaire d'Empordà).

Hace algunos años, en base a una lectura equivocada de los resultados de las excavaciones que publicamos en 1989, se hizo una interpretación completamente diferente del Olivet d'en Pujol y otros yacimientos de la zona, extrayéndose unas conclusiones generales sobre la romanización del todo insostenibles (Plana 1990, p. 188). No podemos admitir, como hace dicha autora, que la construcción con piedra seca y el hallazgo de cerámicas indígenas mezcladas con los materiales romanos indique una filiación indígena para el almacén, ni para el Camp del Bosquet o Serra de Daró, ya citados. Todo lo contrario; nos muestran los primeros establecimientos agrícolas de tipo romano (en sentido amplio) fundados en la comarca. Todos ellos con unos rasgos comunes, de pequeñas dimensiones y, por lo tanto, explotando poco terreno y situados en un marco cronológico de finales del s. II a.C. hasta el cambio de Era.

Algunos de nuestros colaboradores han formulado verbalmente otra hipótesis que será imposible demostrar a partir de las fuentes escritas o de los restos materiales, motivo por el cual difícilmente puede ser sostenida. Pero merece la pena hacer un paréntesis para dejar constancia de esta propuesta.

Según nuestros colegas, estas pequeñas estaciones abandonadas hacia finales del s. II a.C., que tienen un aire indígena pero que suelen contener elementos con cierto aspecto romano (como los restos de *opus signinum*, por ejemplo), no serían otra cosa que la evidencia de una primerísima y temprana ocupación de territorio por los colonos romanos llegados poco después de la pacificación del territorio o de la campaña de Catón. Es absolutamente lógico suponer que cuando llegaron los primeros colonos no se establecerían iniciando la construcción inmediata de una villa típica a la manera romana. Los recién llegados ni eran los mas ricos ni los mejor situados en su país. La emigración siempre responde a necesidades económicas o de supervivencia. A su llegada construirían las primeras viviendas o refugios sobre la parcela adjudicada, de forma rápida, precaria y más económica. Solo años después de haberse establecido y consolidado su propiedad (quizás en la siguiente generación), estarían en situación de mejorar la granja y poco a poco adaptarla y ampliarla, abandonando una vivienda sencilla cuyos restos recuerdan los yacimientos indígenas.

¿Indemostrable? Sin duda. ¿Absurdo? Quizás no tanto, si tenemos en cuenta que ha sido el proceso habitual en todas las colonizaciones llevadas a cabo en las sociedades pre-industriales. Aunque atractiva, no acabamos de compartir esta hipótesis, ya que en el estado actual de las investigaciones en la zona faltan aún demasiados elementos para poder resolver una cuestión tan compleja en una época tan oscura. En realidad, existe un vacío absoluto en lo que se refiere a la presencia romana en el territorio, fuera de Ampurias, a lo largo de casi todo el s. II a.C.

Sea como fuere, a partir de finales del s. II a.C., con la fundación de la ciudad y la llegada de nuevos colonos, algunos de buen grado y otros huyendo de la miseria y las luchas sociales en la Península Itálica, el panorama cambia completamente. Roma ya no está en la Península ibérica para obtener el máximo beneficio en el mínimo tiempo, sino que ha decidido quedarse. Por lo tanto, se recupera una tierra que ya era suya por derecho de conquista desde hacía 75 años y se redistribuye, posiblemente a partir de un nuevo catastro, especialmente entre los nuevos colonos y entre los indígenas más relevantes, los cuales empezarían a fundar las primeras villas y explotaciones a la manera romana, guardando la cosecha en almacenes de *dolia* como el del Olivet d'en Pujol y abandonándose mayoritariamente, pero no del todo, el antiguo sistema de silos utilizados en la sociedad ibérica, conviviendo ambos sistemas en algunos casos hasta inicios del siglo primero.

El elemento indígena se integraría en esta nueva situación. Posiblemente, y de manera parecida a lo que sucedió con el reparto de tierras a partir de los catastros de Orange (y de tantos otros lugares), algunos incluso dispondrían de algunas *iugera* de tierra (Coulon 1990 I, p. 93) y durante todo el siglo I a.C. irían integrándose poco a poco en el mundo romano hasta perder su identidad en aquél siglo. Es esclarecedor el proceso seguido por la lengua y la cultura ibérica en el s. I a.C., reflejado perfectamente en la numismática que, siguiendo una metrología romana, utiliza el modelo de As ibérico con la leyenda UNTIKESKEN hasta mediados del s. I a.C. Pero a partir de la segunda mitad de siglo se cambia al latín EMPOR o EMPORIT, desapareciendo este tipo de As dentro de la primera mitad del siguiente siglo. Un ejemplo claro, quizás pobre, son los tres nombres grafiados en jarras aparecidas en el silo 2060 de Tolegassos, de época augústea (MIRO, IVRPIONVS y ICAVIA), el primero claramente griego y los otros dos de origen incierto (quizás deberían leerse como **Iurpionus/Turpionus** y **Cavius),** pero sin duda latinizados.

Los cambios detectados en el cambio de Era tienen una lectura diferente. En este momento se abandonan muchas pequeñas estaciones y yacimientos. Aquellas pequeñas explotaciones agrícolas dispersas por este territorio que habían sido fundadas a finales del s. II.a.C. al estilo romano, en algunas de las cuales parecen detectarse modificaciones en un momento incierto del s. I a.C., preaugústeo. Depósitos y silos obliterados en época augústea han sido localizados tanto en la zona de Ampurias como en la llanura de Gerona; desde el silo de Montfullá (Bescanó), al Camp del Bosquet, Serra de Daró, Olivet d'en Pujol y los de Tolegassos. La misma Ampurias registra cambios importantes.

En otras ocasiones habíamos creído que estos abandonos eran debidos a unos cambios en el sistema de cultivo del campo o, mejor dicho, a un cambio en el tipo de especies cultivadas que habría tenido como resultado el que las pequeñas estaciones con una producción reducida y de carácter familiar no hubieran podido adaptarse a la nueva situación (Casas 1989, p. 45-46). El cambio de una producción cerealista a una vitivinícola podía ser una explicación en el caso del Olivet d'en Pujol. Pero el análisis carpológico del sedimento del silo 2060, ahora confirmado por la aparición de nuevas muestras en gran cantidad en los otros silos y depósitos de la misma época, muestra que tanta importancia tenía el cultivo de cereales (trigo y cebada), como el de la vid en el momento de obliterarse aquellos almacenes y ámbitos, como podremos ver con mayor detalle en el apartado dedicado al estudio de la producción y economía de la villa. Por lo tanto, esta hipótesis habrá que dejarla en cuarentena mientras no dispongamos de nuevos datos procedentes de otros yacimientos próximos.

En todo caso, hemos de recordar que estos cambios se sitúan en el principado de Augusto y que el gobierno de Augusto lleva acarreada una importantísima reforma administrativa, económica y fiscal que debió verse reflejada en todas partes (Muñiz 1989, p. 80-94 y 143-151). En el ámbito local, es el momento en que se pavimentan las calles de la ciudad romana de Ampurias, se remodela y reestructura el fórum y se construyen los *macella* al norte y al sur de la plaza (Aquilué et al. 1984, p. 140-141). También en esta época, o poco antes, se concede el derecho latino (*Ius latii*) a los *gerundenses* (Nolla 1987, p. 38). Estos cambios tuvieron que afectar de alguna manera todo el territorio bajo el dominio de Roma y, en el caso de la ciudad de Ampurias, sin duda se reflejaron en su territorio inmediato.

Las causas más intimas y profundas de esta situación quizás no las conoceremos nunca con todo el detalle que sería preciso, pero consideramos que ésta es la explicación adecuada y que la investigación deberá seguir por estos derroteros. El hallazgo de nuevas estaciones podrá mostrarnos el alcance de los cambios y sus peculiaridades en la zona, pero posiblemente solo la excavación en la misma ciudad de Ampurias podrá acercarnos a su completa explicación.

Fig. 26. *Nivel superior del depósito 2430, con algunos recipientes cerámicos y elementos de mármol que aparecieron en su interior.*

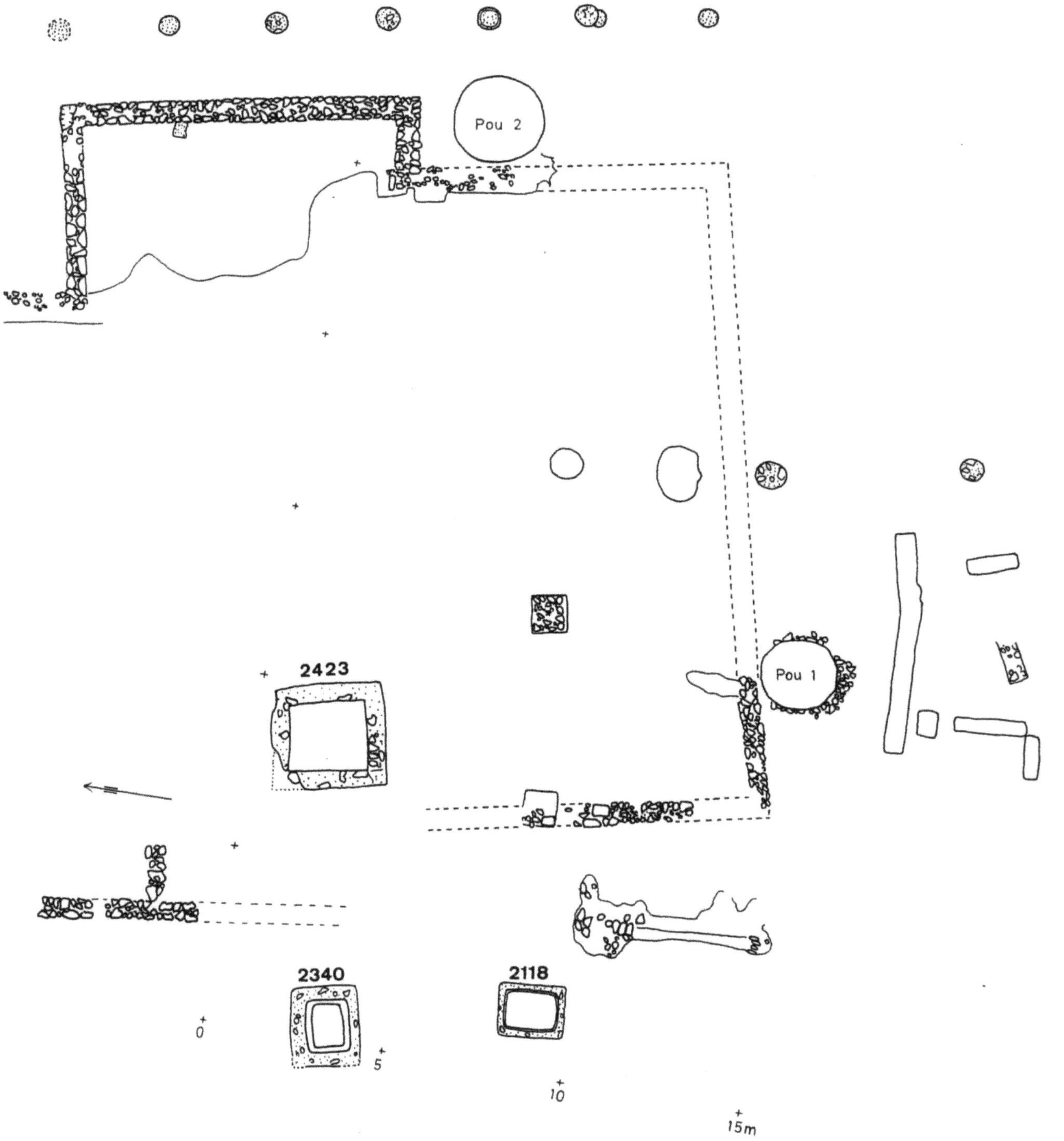

Fig. 27. Planta general del edificio tardo-augústeo con los elementos y estructuras de su entorno.

Capítulo 6. La villa augústea.

Durante diversas campañas pudimos localizar y excavar los restos muy deteriorados de uno de los edificios más antiguos de Tolegassos. Lamentablemente no pertenecen a la villa republicana, cuyas estructuras ya habían desaparecido por completo hacia el cambio de Era. No obstante, entre la desaparición de aquella estación más antigua, a inicios del s. I d.C. y la construcción de la villa altoimperial que ocupa la totalidad del yacimiento, construida entre los años 40 y 50, existe un período que en base a los resultados de las primeras excavaciones quedaba vacio y solo podía seguirse a partir de hallazgos dispersos de material de dicho período, sin que pudieran ser relacionados con ningún nivel de habitación.

A partir de las excavaciones de 1988, 1989, 1992 y 1993 se delimitaron poco a poco los restos dispersos, a veces inconexos, de un pequeño edificio construido a finales del principado de Augusto o inicios de Tiberio. La visión del conjunto permite ver, ahora, que se trata de un único edificio que se ha conservado solo en los lugares en los que las depresiones del suelo natural lo permitieron, mientras que en su mayor parte se ha perdido. Pero es suficiente para obtener su delimitación y sobretodo para fecharlo. Como pronto veremos, la datación de los niveles de fundación no ofrece dudas y su reaprovechamiento, una vez remodelado, constituyó el núcleo a partir del cual se construyó la gran villa altoimperial (Fig. 27).

A pesar de la sencillez de sus modestos restos, podemos hablar de una villa rural con todos sus elementos y dotada de su propio abastecimiento de agua gracias a dos pozos integrados en el edificio. Una vez más, en los estratos fundacionales aparecen nuevos elementos de construcción - algunos de gran lujo- procedentes de la villa más antigua, desaparecida.

Los muros del edificio, de los que se conservan los cimientos hasta nivel de pavimento, fueron construidos con bloques de piedra sin pulir, colocados sobre la roca del subsuelo. En algún punto se observan los restos de una pequeña zanja de poco más de 5 cm. de profundidad, que señala el emplazamiento de los muros desaparecidos. Todos los estratos que nivelan el interior y exterior del conjunto apoyándose en las paredes pertenecen a la época de fundación, aunque los de la parte externa, hacia el este, fueron removidos con posterioridad con motivo de la apertura de los cimientos de una serie de columnas de un pórtico que se adosó al edificio hacia los años 40/50.

Los restos excavados se localizan, como decíamos, en dos sectores separados entre ellos por un espacio en el que la roca natural es más elevada y en el que, por lo tanto, no ha podido conservarse nada.

Sector central o del pozo 1.

Durante los años 1988 y 1989 se excavó un pozo situado en la zona norte del patio central de la villa y las estructuras y habitaciones que se hallaban a su alrededor. La excavación del pozo proporcionó interesantes datos sobre el momento final de un período muy concreto de la villa y permitió documentar una reocupación posterior en el s. IV de nuestra Era, como podremos ver en su momento. Pero ahora nuestro interés se centra sobretodo en el estudio de los materiales de las estratigrafías situadas alrededor de este pozo, algunas veces sin conexión con estructuras o mostrando un vínculo difícil de interpretar, pero en otras ocasiones en una clara relación con los pobres restos de la casa.

Haciendo una breve descripción del proceso de formación de aquellos estratos, podemos decir que en época augústea se rellenó y niveló una fosa abierta de forma natural en el suelo geológico del sector, como parte de los trabajos previos a la construcción del edificio. La parte sur de la depresión quedó afectada por la construcción de unas habitaciones que difícilmente podremos atribuir a ninguna fase en concreto, de las que solo se conserva un pavimento de argamasa delimitado por unas zanjas de podrían pertenecer a cimientos de muros de poca entidad. Los estratos situados al lado y por debajo de este pavimento contienen exclusivamente materiales de época augústea.

Al norte del pozo, donde la fosa es más profunda, encontramos una estratigrafía completa del mismo período, relacionada con los restos muy deteriorados de dos muros de piedra seca que constituyen el único elemento estructural de la fase augústea en el sector. Adosado a una de las paredes y, por lo tanto, en la parte exterior del conjunto, se perforó el pozo. Posteriormente, quizás coincidiendo con la construcción de los grandes edificios de la fase 1, se enlosó la depresión para nivelar el sector. El pozo continuó en uso hasta los últimos años del s. II o inicios del s. III.

Antes de continuar, debemos hacer unas observaciones previas relacionadas con este pozo, el primero de los tres excavados en la villa. Si bien conocemos con precisión la fecha de su amortización, nunca podremos conocer con absoluta seguridad su origen. Por un lado, sabemos que el segundo pozo es contemporáneo al edificio augústeo y sabemos que ambos tienen idéntica estructura. Todo hace suponer que fueron excavados en la roca por la misma mano y sin duda con la misma técnica. Su situación en relación con la villa augústea es del todo evidente. Pero no tenemos ningún elemento objetivo ni absolutamente fiable que confirme la apertura del primero en el mismo momento en que se dejaron fuera de uso y fueron rellenados los silos y depósitos del área y se construyó el edificio de inicios del s. I. Por lo tanto, el origen de este pozo siempre podrá ser sometido a discusión.

Pero ahora lo que nos interesa es el estudio de estos estratos y nivelaciones augústeos e intentar ver la relación que puede existir entre ellos y los restos de habitaciones situadas al norte del pozo y, más adelante, con los otros restos del edificio localizados veinte metros hacia el este. Este conjunto está formado por los estratos 2103, 2096 y 2097 y, posiblemente, por el estrato 2095. Encima de ellos, como estratos más tardíos que ahora y en este apartado no tienen ningún interés, aparece el estrato 2094 y el enlosado.

Los niveles más profundos, en contacto directo con el fondo de la fosa, son el 2013 y el 2096, el primero de los cuales proporciona poco material arqueológico para su datación, pero suficiente para confirmarnos su paralelismo con el segundo. Este material repite una vez más y en menor escala el repertorio de cerámicas augústeas típico y está formado por dos fragmentos de sigillata aretina, cerámica de paredes finas y cerámica ampuritana tardía, una base de cerámica barnizada de rojo coral (Fig. 30: 9) y una treintena de fragmentos de ánfora tardo-republicana y del cambio de Era, algunos del tipo Pascual 1 y una base atribuible a la forma Dressel 7/11 (Fig. 30: 10). El conjunto se completa con varios fragmentos de cerámicas comunes oxidadas y reducidas.

Mucho más interesante y completo es el repertorio del estrato 2096, en el que se amplía en abanico de productos cerámicos y formas, aumentando también su número. Encontramos algunos fragmentos de sigillata aretina y varios de paredes finas (Fig. 29: 15, 19, 20, 24-27) y un número elevado de cerámica gris ampuritana tardía, así como diversos fragmentos de cerámica con barniz rojo interno pompeyano, platos/tapadora de pasta micácea itálica y un borde de plato de cerámica con barniz rojo coral (Fig. 29: 22). Una vez más aparecen bordes de ánfora de la forma Dressel 1 y también de la tarraconense Pascual 1; de esta última, un deshecho de horno. también se inscribe en este mismo contexto una lucerna casi entera de la forma Deneauve II, con el pico en forma de cuello de cisne (Fig. 29: 1).

Como material residual, pero no demasiado anterior a la formación del estrato, hemos identificado algunos fragmentos de cerámica campaniense B, ánfora de boca plana y *kalathoi* ibéricos de pequeñas dimensiones, decorados con pintura roja en el labio (Fig. 29: 16-17 y 22). Probablemente parte de los fragmentos de ánfora sin forma también pertenecen al grupo de materiales residuales, sobretodo algunos con pasta DB. Lo mismo podemos decir de los 10 fragmentos de cerámica gris y oxidada ampuritana clásica.

El estudio detallado de estos materiales, con un repertorio idéntico al de los demás estratos augústeos del yacimiento, nos confirma la cronología del estrato. La cerámica de pasta micácea con barniz rojo coral (Fig. 29: 22), aparece en estratos de mediados y segunda mitad del s. I a.C. y perdura hasta época augústea o primer cuarto del s. I. Lo mismo podemos decir de la cerámica itálica de pasta micácea, los típicos platos/tapadera, un producto de gran aceptación que encontramos desde finales del s. II a.C. en Tolegassos, abundantemente en Ampurias, en un contexto del primer cuarto del s. I a.C. en los silos de Planells (Casas et al. 1990), y en un contexto del cambio de Ere en el pecio del Cap del Vol, junto con cerámica de barniz rojo pompeyano, cerámica micácea con barniz rojo coral y gris ampuritana tardía (Nieto 1982, p. 167-168).

Posiblemente, una de las producciones más abundantes sea la cerámica de paredes finas, aunque con un repertorio de formas limitado. Básicamente aparecen fragmentos que pueden atribuirse -no sin ciertas dificultades- a las formas Mayet 10 y 12 y Marabini 11, todas fechadas entre el último cuarto del s. I a.C. y últimos años de Augusto (Puerta 1989, p. 24-26).

En cuanto a las ánforas, ya citadas, a parte de algunos fragmentos de la forma Pascual 1, típica del s. I a.C. y de los primeros años del siglo siguiente, solo identificamos dos formas: una de ellas residual /Dressel 1, fig. 29: 3) y la otra contemporánea a la primera (Tarraconense 1. Fig. 29: 4 y 6). En cambio, la cerámica gris ampuritana tardía es más numerosa, pero con el repertorio de formas ya típico, si exceptuamos un borde que imita la forma Mayet 10 de la cerámica de paredes finas (Fig. 29: 8) y un vaso ampuritano con pasta oxidada, que se incluye en el repertorio de formas de la gris tardía (Fig. 29: 9) y que, por lo tanto, también debemos situar en un contexto cronológico augústeo.

Como en casi todos los estratos de la villa, sea cual fuere su cronología, el material no cerámico está formado por algunos huesos, restos malacológicos, hierros y un pequeño bronce (Fig. 29: 13 y 14).

El estrato 2097 recubre el anterior y ocupa casi toda la habitación. Está formado por tierras rojizas bastante compactas y duras, con poco material arqueológico. Está recubierto por el enlosado y, en algunos puntos, directamente por el estrato tardío 2094. Tanto el 2096 como el 2097 se apoyan en su parte sur en el muro 2099, que delimita la habitación situada alrededor de la depresión por aquel extremo. Entre su material cerámico solo podemos citar dos fragmentos de sigillata aretina, una lucerna y dos fragmentos sin forma de cerámica gris ampuritana tardía y, quizás como material residual, un fragmento de cerámica ibérica de engobe blanco y otros dos de cerámica de barniz negro campaniense. El resto de material, también muy escaso, lo forman casi cincuenta fragmentos de ánfora y las cerámicas comunes oxidadas y reducidas, la mayor parte sin formas identificables.

Sin duda, el elemento distorsionador en esta estratigrafía tan clara y que aparentemente está perfectamente relacionada con los dos muros que delimitan una probable estructura augústea, es el estrato 2095, puesto que además de apoyarse directamente en el muro 2098 contiene intrusiones de materiales más tardíos que los del resto de niveles y del con junto principal del mismo estrato, con producciones típicas del cambio de Era (Fig. 30: 11-20). Averiguar si estos materiales tardíos (1 frag. de t.s. *lucente* y 3 frag. de cerámica africana de borde ahumado), pertenecen al momento de formación del estrato o si son verdaderas intrusiones del estrato superior (U.E. 2094, fechado en el s. IV), es imprescindible para la correcta interpretación de las estructuras de su alrededor. En principio las consideramos intrusiones, tanto por su reducido número (en total 4 frag-

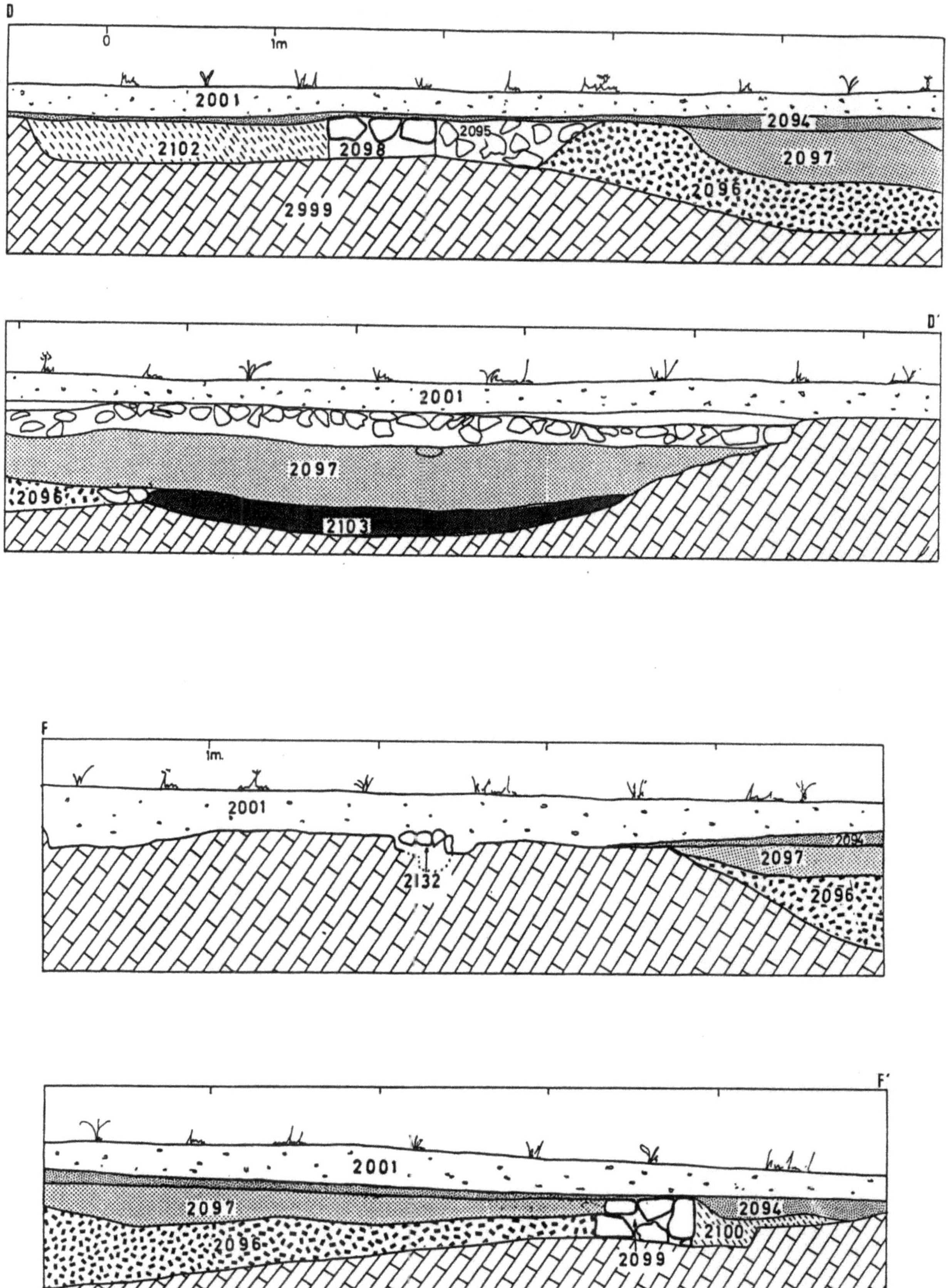

Fig. 28. Secciones estratigráficas del edificio tardo-augústeo, en el sector del pozo 1.

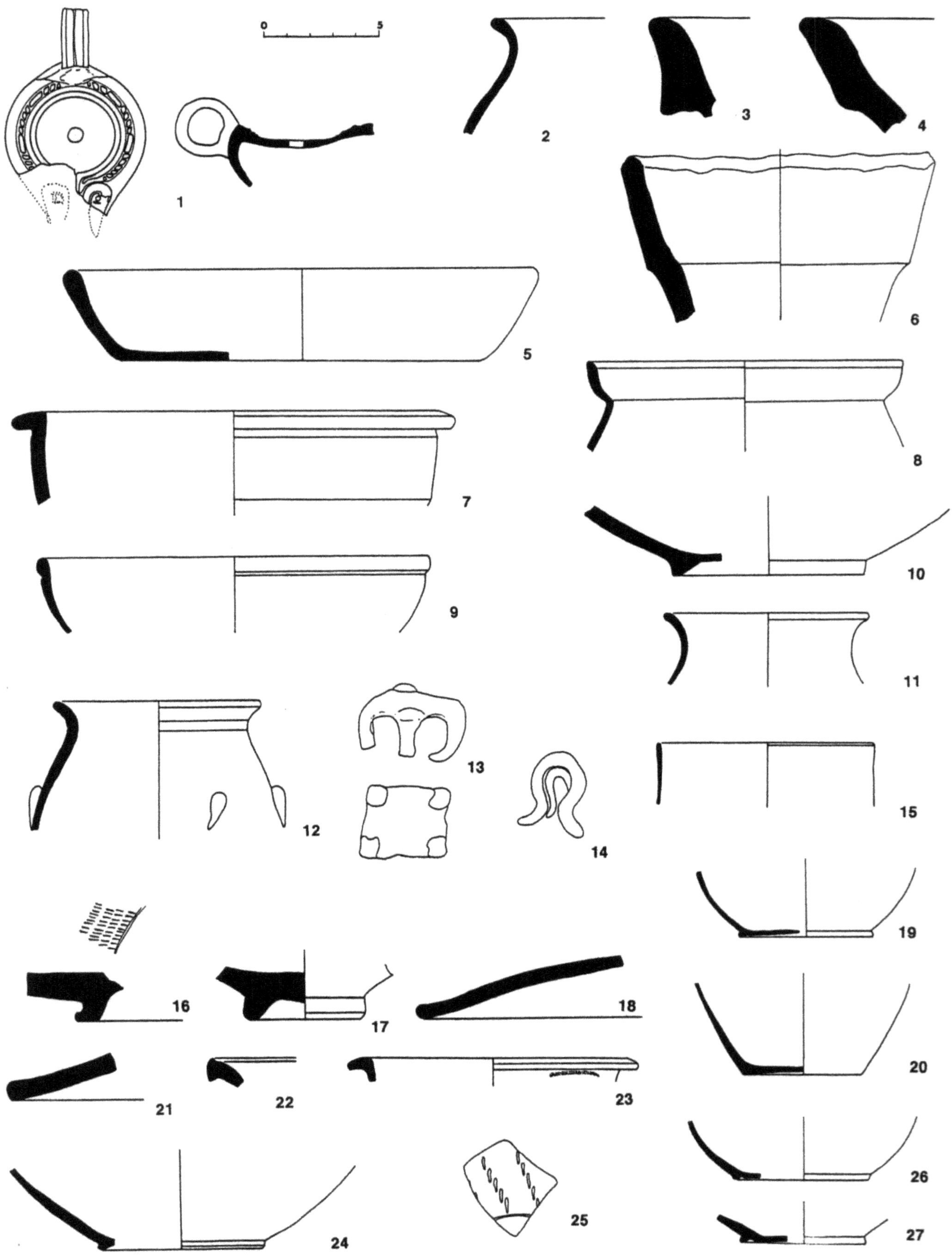

Fig. 29. U.E. 2096. Lucerna itálica, cerámica común, ánforas, grises ampuritanas y cerámica de paredes finas.

mentos tardíos frente a 368 del cambio de Era), como por las características y disposición de la estratigrafía que comentaremos brevemente (Fig. 28).

El estrato 2095 tiene aspecto de ser un derrumbe, aunque también podría ser considerado el relleno de una zanja de fundación que resigue el muro 2098 de norte a sur. Es una franja de piedras y tierras oscuras que se apoya o recubre y al mismo tiempo se mezcla con el estrato 2096. Si bien las tierras de ambos estratos se separan perfectamente debido a su diferente coloración y consistencia, las piedras del primero entran parcialmente en las tierras del segundo. Consideramos que este hecho indica sin duda que ambos niveles son contemporáneos. Además, la parte superior del estrato 2095 se encuentra al mismo nivel que sus vecinos 2096 y 2097 y los tres están recubiertos y sellados por el estrato tardío 2094 y el enlosado. Por lo tanto, los tres parecen constituir una nivelación del interior de la habitación, previa a la formación de un pavimento de tierra apisonada que no ha podido conservarse.

En el otro lado del muro, al este, encontramos el estrato 2102, que también se apoya en él y está cubierto por el nivel tardío. Los pocos materiales arqueológicos de este nivel también son de época augústea (fragmentos de cerámica de pasta micácea y ánfora). Para finalizar, debe señalarse que el muro que hemos citado en repetidas ocasiones también está recubierto por el estrato tardío 2094. En cualquier caso, el muro no puede pertenecer de ninguna manera a la fase más tardía de la villa, sino a una fase antigua. Creemos que los pocos materiales tardíos que encontramos relacionados con los estratos de fundación de las paredes son intrusiones procedentes del estrato superior y que la estructura completa pertenece sin duda a inicios del s. I. Pero esta estructura no es algo aislado en el sector. En realidad forma parte de un conjunto más amplio y muy deteriorado del que quedan pocos restos justo al lado de los primeros muros. En la zona oeste de la primera habitación situada sobre la depresión se conservan algunos bloques como testigos de un muro de piedra seca casi desaparecido. Además, aún puede observarse parte de una zanja en la que se asentaba este segundo muro y el que cerraba la otra habitación (E. 2139). El conjunto estaba situado al lado de los depósitos de *opus signinum* que hemos estudiado con anterioridad y posiblemente también está en relación con las zanjas abiertas en la roca natural situadas al sur del pozo y que en parte fueron recubiertas por el pavimento de argamasa conservado en aquel punto.

Al sur del pozo, junto al enlosado que casi lo rodea por completo, también apareció una modesta estratigrafía de época augústea, sin duda relacionada con el resto de las habitaciones situadas en el extremo opuesto. Esta estratigrafía, que en parte está recubierta y sellada por el pavimento de argamasa, contiene los mismos materiales que los niveles que rellenaban la depresión, y casi en los mismos porcentajes (U.E. 2075). Únicamente detectamos la intrusión posterior de un fragmento de sigillata sudgálica, quizás debido a las hileras de agujeros medievales que afectan todo el yacimiento, muchas veces indetectables si se encuentran en estratos con tierras de la misma coloración y que tanto han perjudicado la estratigrafía de casi todas las habitaciones y ámbitos del yacimiento.

Como podemos ver en los porcentajes del gráfico anexo, el material más numeroso es la cerámica gris, producto local de amplia difusión en esta zona, representando el 41% de las cerámicas finas del estrato (Fig. 30: 6). Con porcentajes casi idénticos entre ellas, le siguen las cerámicas de paredes finas, sigillata aretina, cerámica micácea con barniz rojo coral (Fig. 30: 4) y con barniz rojo interno pompeyano y, como materiales residuales, algunos fragmentos de grises ampuritanas clásicas y cerámica de barniz negro.

Como siempre, con un número muy superior de fragmentos, encontramos el grupo de las ánforas bajo-republicanas de las formas Dressel 1 y Pascual 1 (Fig. 30: 1 y 3), un borde de ánfora de tradición púnica (Fig. 30: 2) y las cerámicas comunes oxidadas y reducidas que normalmente aportan poca información para datar el estrato, aunque algunas formas han sido identificadas y se hallan presentes en otros contextos parecidos.

El sector este o del pozo 2.

Los restos más importantes o mejor conservados del edificio augústeo se excavaron durante las campañas de 1992 y 1993 en la zona opuesta del yacimiento, más allá de los silos y justo en el límite este de la villa. En aquel lugar se encontraron nuevas estratigrafías con niveles augústeos relacionados con un vertedero situado casi en el exterior de la villa, que confirman la datación de las estructuras obtenida a partir de los importantes rellenos de su interior. El conjunto quedó recubierto y en parte sellado por un sencillo y deteriorado pavimento de *opus signinum* situado ante lo que suponemos fue la entrada del edificio. Claro está que más tarde, hacia el año 40/50, la estratigrafía exterior se vio removida a causa de la excavación de los agujeros circulares abiertos con motivo de la construcción del pórtico al que ya nos habíamos referido brevemente en un punto anterior y con el que se relacionan los estratos más superficiales del sector y diversos niveles de circulación, así como los negativos de dos *dolia* colocados al lado de las columnas.

Los restos del edificio son bastante sencillos y solo se conservan parcialmente tres muros que lo habrían delimitado por el extremo este. Sus características son idénticas a las de las paredes situadas en el sector central, ya comentado, y también aparece un segundo pozo abierto en un ángulo de la casa, junto a la pared. En este punto el muro casi ha desaparecido, pero se conserva la zanja en la que se asentó su cimentación. Aunque el muro se pierde a medida que avanzamos hacia el sur, puede adivinarse el ángulo a partir del punto en el que se levantó la última columna del pórtico adosado posteriormente, la cual coincide y se alinea con la otra pared adosada al pozo 1 de la parte central de la villa (Fig. 31).

La estratigrafía de la habitación, sencilla tanto en el interior como en el exterior, apareció intacta, casi sin contaminaciones posteriores. Por lo tanto, nos proporciona una datación excelente para la construcción de la casa. En la parte interna aparecen dos estratos por debajo del nivel de circulación, que a veces se confunden entre ellos a partir de su composición muy homogénea. El más profundo (U.E. 2424/2440), solo aparece junto al muro, nivelando la parte

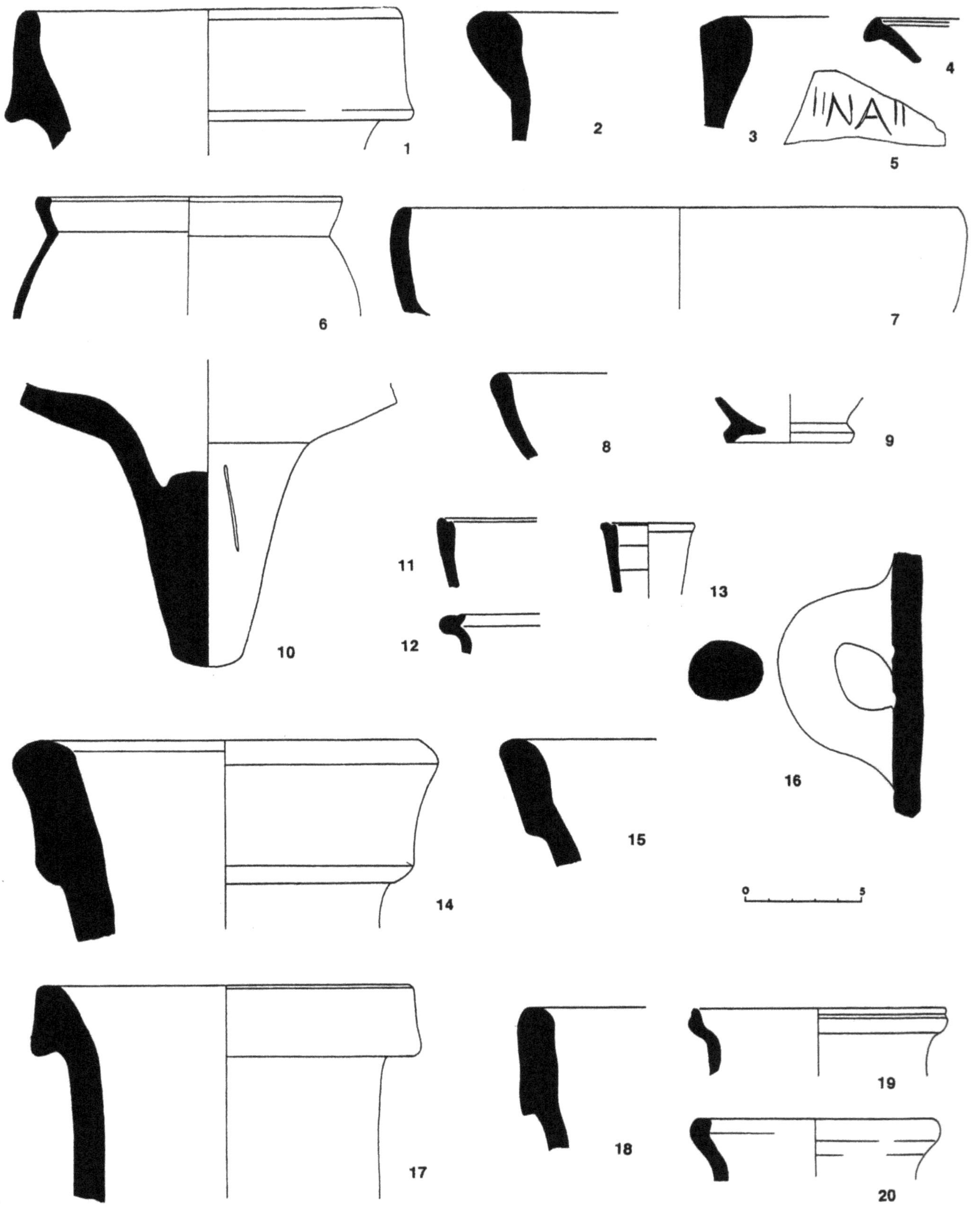

Fig. 30. U.E. 2075. 1 a 3: Ánforas Dressel 1, púnica y Pascual 1. 4: Micácea con barniz rojo coral. 5: Grafito sobre cerámica oxidada. 6: Gris ampuritana tardía. 7: Cuenco de cerámica común reducida. U.E. 2103. 10: Ánfora Dressel 7/11 o Pélichet 46. 8: Cerámica reducida. 9: Cerámica con barniz rojo coral. U.E. 2095. 14 a 18:Ánforas. 19 y 20: Cerámica con engobe blanco.

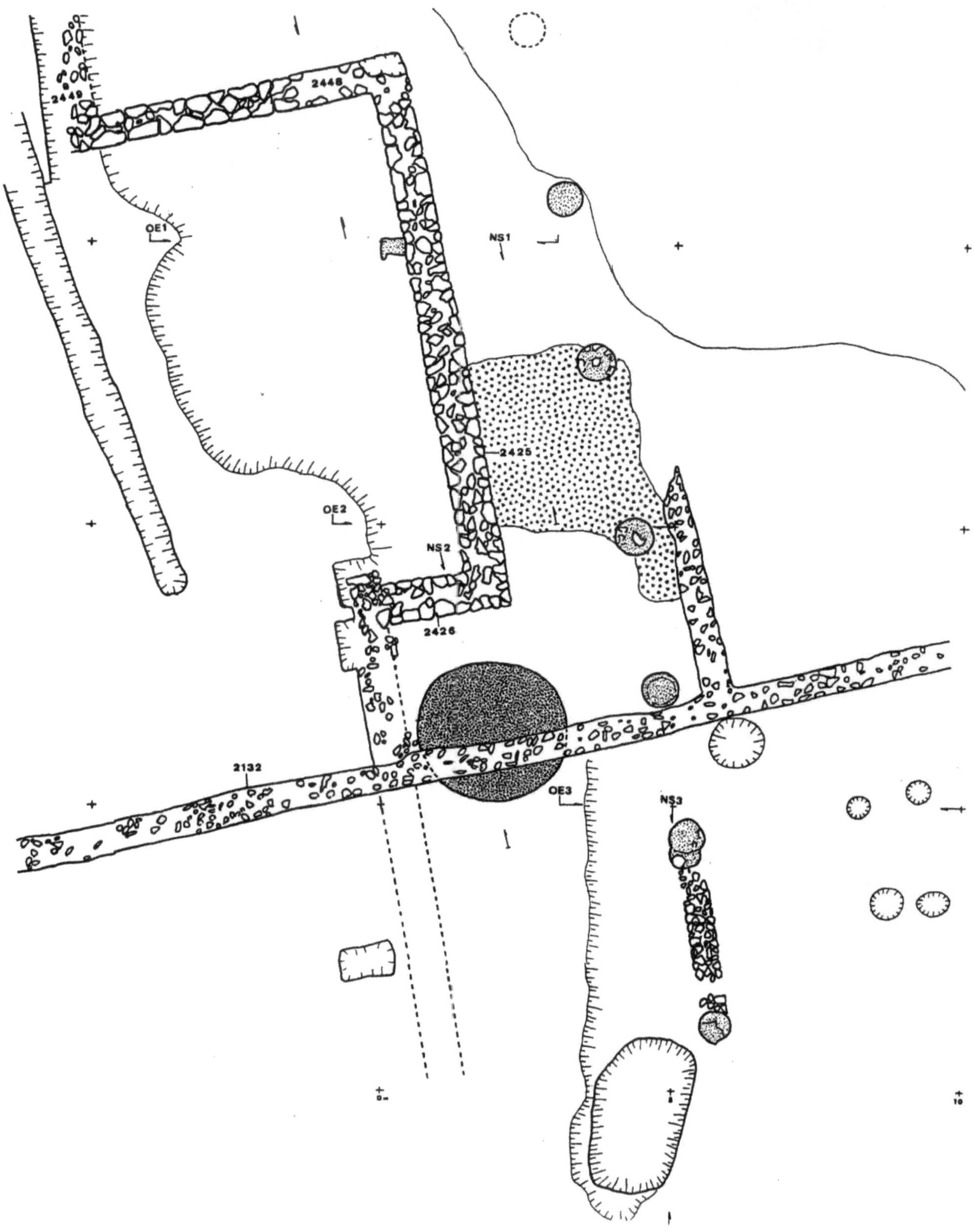

Fig. 31. Planta del extremo este del edificio tardo-augústeo.

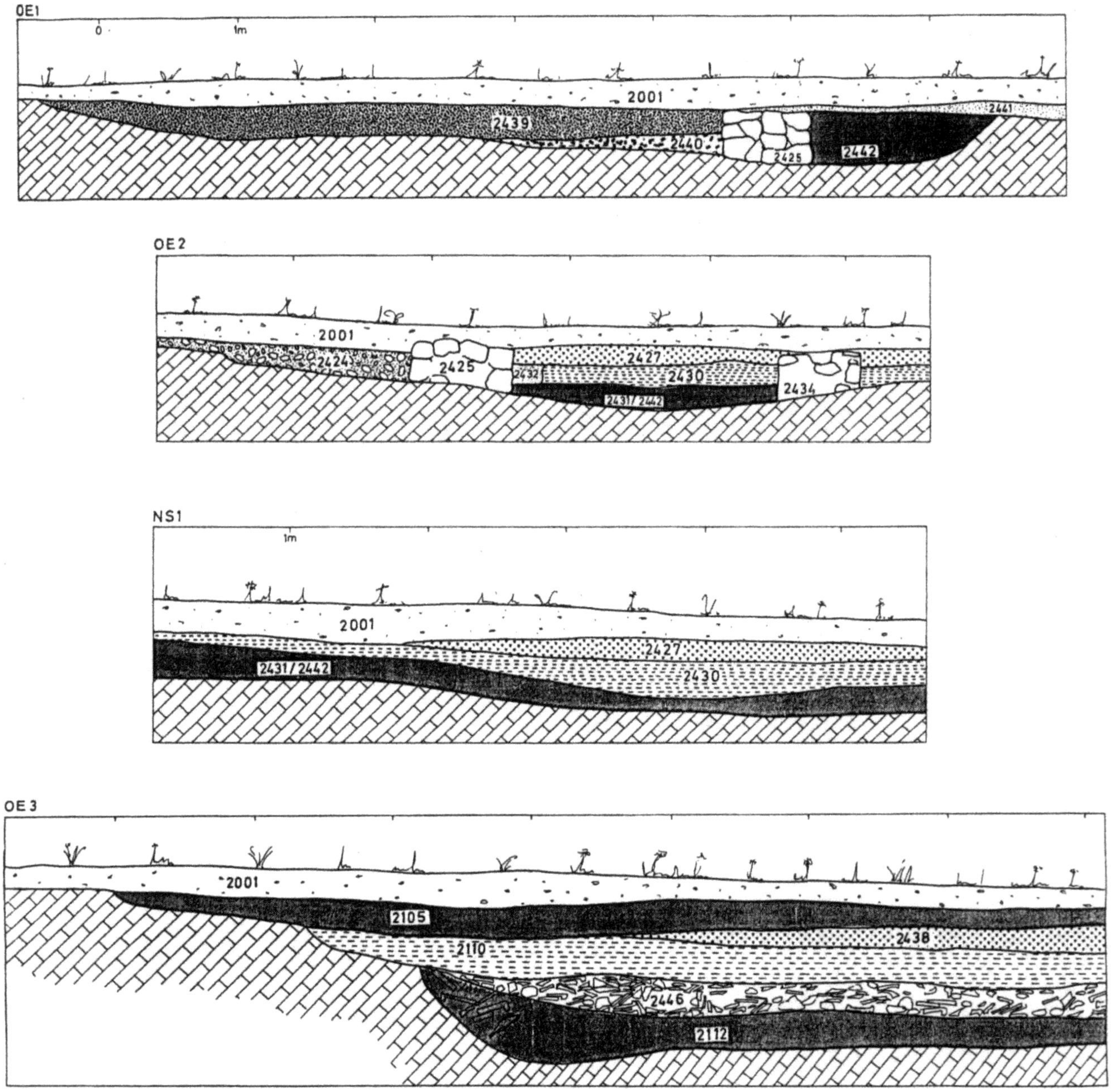

Fig. 32. *Secciones estratigráficas del sector este del edificio tardo-augústeo.*

más baja de la habitación. Sobre él, un último estrato (U.E. 2439), deja a nivel de pavimento o de circulación el resto del edificio (Fig. 32).

En el exterior (fachada este), la estratigrafía es casi tan sencilla como la anterior. En todo caso, al tratarse de una sucesión de capas de tierra depositadas para nivelar la entrada a la casa, encontramos diferencias en la composición de las tierras de cada una de ellas, que hemos separado por prudencia, aunque cronológicamente son contemporáneas. El estrato principal (U.E. 2442/2431), es el que se depositó en primer lugar y fue recubierto de inmediato por el estrato 2430. Este último quizás se vio afectado en parte por el pavimento de *opus signinum* que pocos años después se colocó encima (U.E. 2427), coincidiendo con la fecha de construcción del pórtico, a mediados del s. I (Fig. 33).

Los estratos y elementos más antiguos situados en el exterior y al sureste del edificio se relacionan de alguna forma con el depósito tallado en la roca natural que fue rellenado en el s. II a.C., estudiado en un capítulo anterior. A pesar de su diferente textura y composición, se trata de la continuación del mismo relleno que acabamos de describir.

Lamentablemente, algunos de estos estratos no han llegado intactos hasta nuestros días, ya que tal como ocurrió con el depósito más antiguo, estaban agujereados por las madrigueras de topos. A pesar de todo, pudieron ser delimitadas y el material separado (U.E. 2110). De todas formas, este material es poca cosa y puede identificarse fácilmente como ajeno al estrato. Se trata de 15 fragmentos de t.s. *lucente*, 1 fragmento de cerámica africana y 1 fragmento de sigillata sudgálica que no podremos tener en cuenta cuando estudiemos el estrato y fechemos su formación.

La estratigrafía de la parte externa más alejada del edificio es muy sencilla y fácil de interpretar, ya que básicamente consta de un gran agujero o depresión en la roca natural y su relleno en sucesivas capas de tierra que fueron depositándose hasta dejar la zona a un nivel apto y cómodo para la circulación y acceso a la casa. De abajo a arriba aparecen, en primer lugar, un estrato en el que el único material arqueológico son las *tegulae* y una cantidad considerable de fragmentos de cerámica de engobe blanco (la mayor parte con el engobe perdido), con un completísimo repertorio de formas y variantes en los acabados de bordes y labios (U.E. 2112). En algunos puntos el estrato se confunde y mezcla con una nueva capa de tierras con restos de elementos constructivos, piedras, argamasa, *tegulae* y fragmentos de cerámica poco diferentes a los del estrato más profundo (U.E. 2446). Sobre él apareció un nuevo estrato que recubría este relleno al mismo tiempo que sellaba el depósito 2106, del que estaba separado por una costra de argamasa vertida expresamente (U.E. 2110). Más arriba aún, otro estrato que solo aparecía en un determinado sector, nivelaba toda la zona (U.E. 2438). Por encima, recubriendo también parcialmente el depósito más antiguo, apareció el estrato 2105 que igualaba toda la zona y especialmente la depresión, dejándola a nivel apto para la circulación.

Fig. 33. Sector este del edificio tardoaugústeo, con las bases de columnas adosadas durante la fase 1.

Los estratos con casi contemporáneos; el material arqueológico de su interior presenta pocas diferencias en todos ellos, pero constatamos la presencia de algunos fragmentos de sigillata sudgálica en las tierras de nivelación general de la fosa (U.E. 2105), lo que parece indicar que se formó posteriormente, probablemente en el momento de construirse la villa altoimperial en la fase 1, respondiendo a la necesidad de nivelar todos los baches y depresiones de la zona. En todo caso, el resto de materiales de los estratos más altos continúa siendo típicamente augústeo, con algunos fragmentos de sigillata aretina, gris ampuritana tardía, cerámica con barniz rojo coral, cerámicas itálicas de pasta micácea y ánfora romana tardo-republicana y de los años próximos al cambio de Era, especialmente de los tipos Dressel 1 y Pascual 1 (Fig. 49: 12). Los materiales residuales tampoco presentan ninguna diferencia respecto a los que ya son comunes en otros estratos parecidos en este mismo yacimiento. Algunos fragmentos de gris ampuritana clásica y cerámica de barniz negro (formas Lamb. 36 y 5/7. Fig. 48: 1 a 5) y algún fragmento de cerámica oxidada indígena y cerámica ática de un período más remoto. En cambio, los dos niveles inferiores (U.E. 2112 y 2446), son un poco más antiguos, probablemente de mediados del s. I a.C.

Daremos una ojeada a cada uno de los estratos del sector, analizando con mayor atención el material arqueológico en ellos recuperado, puesto que podrá proporcionarnos la fecha aproximada en que fue construido el edificio.

Fig. 34. La villa tardoaugústea desde el este, con dos de las columnas del pórtico de la fase 1 y el pozo en el ángulo superior izquierdo.

U.E. 2424/2440.

En realidad se trata de la parte más profunda y residual del relleno interior de la habitación. Pero es un estrato intacto, sin contaminaciones posteriores y constituye, en definitiva, el nivel de fundación del muro. El material arqueológico es escaso, pero muy homogéneo. A parte de algunas teselas de mosaico talladas en mármol y piedras de colores diferentes y algunos restos de fauna escasos, hallamos un lote importante de sigillata aretina, grises ampuritanas tardías y cerámica común, a parte de algunos fragmentos de cerámica de barniz negro, paredes finas y ánfora tardo-republicana.

En sigillata aretina, que es el fósil director que nos permite datar el estrato, vemos un plato de la forma Conspectus 18.2 (Goud. 36a), que aparece durante la última década del s. I a.C. en Oberaden y resulta habitual a lo largo de la década siguiente (Fig. 35: 1), (Conspectus 1990, p. 82). Un segundo fragmento pertenece a la forma Cons. 33/Goud. 38, con decoración a ruedecilla en el borde externo (Fig. 35: 2), que

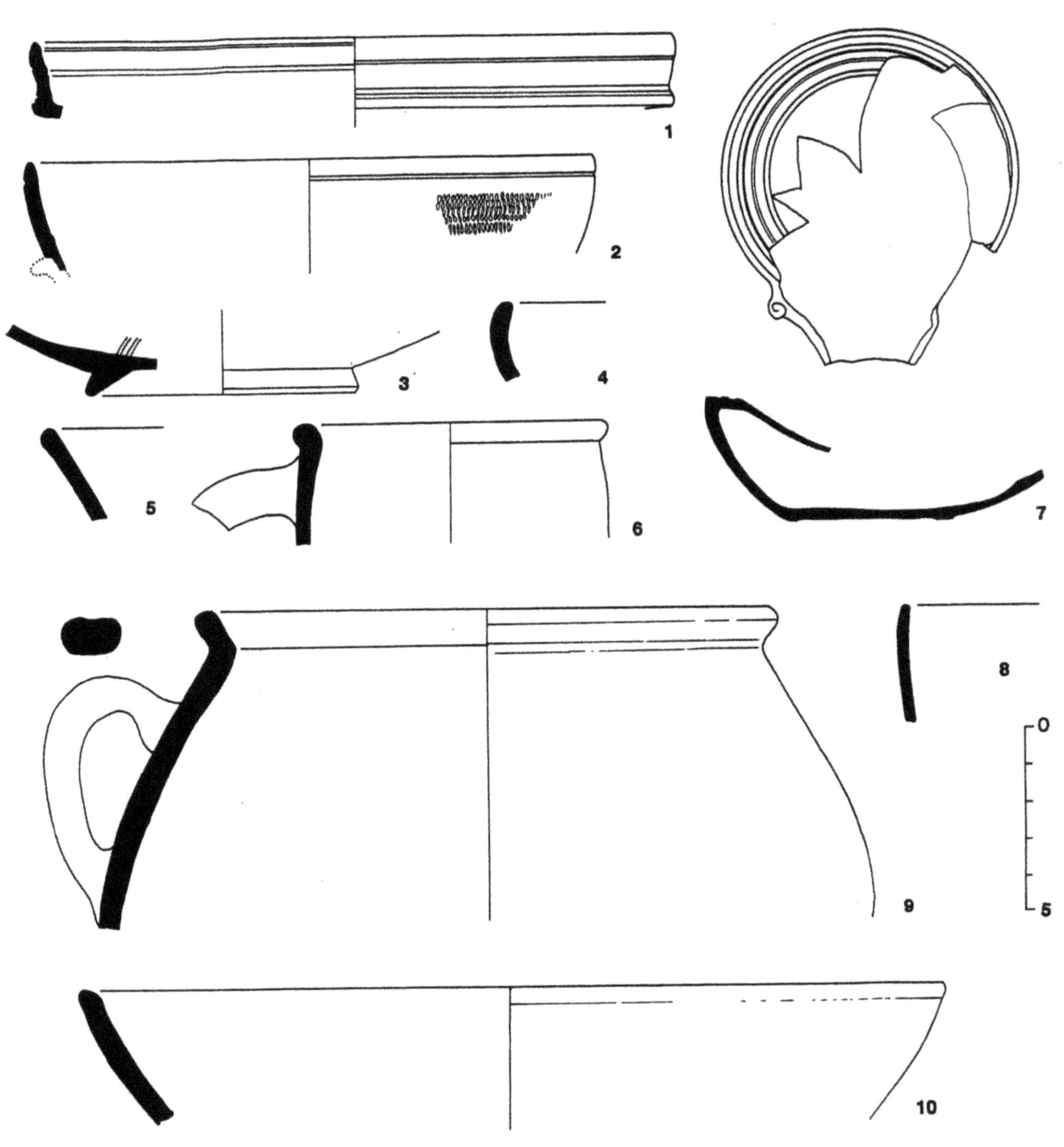

Fig. 35. *U.E. 2440. 1 y 2: Sigillata aretina. 3: Cerámica común, imitación de la campaniense B. 4 y 5: Cerámica campaniense B y b-oide. 6: Cerámica común oxidada. 7: Lucerna itálica de volutas. 8: Cerámica de paredes finas. 9 y 10: Cerámica común reducida.*

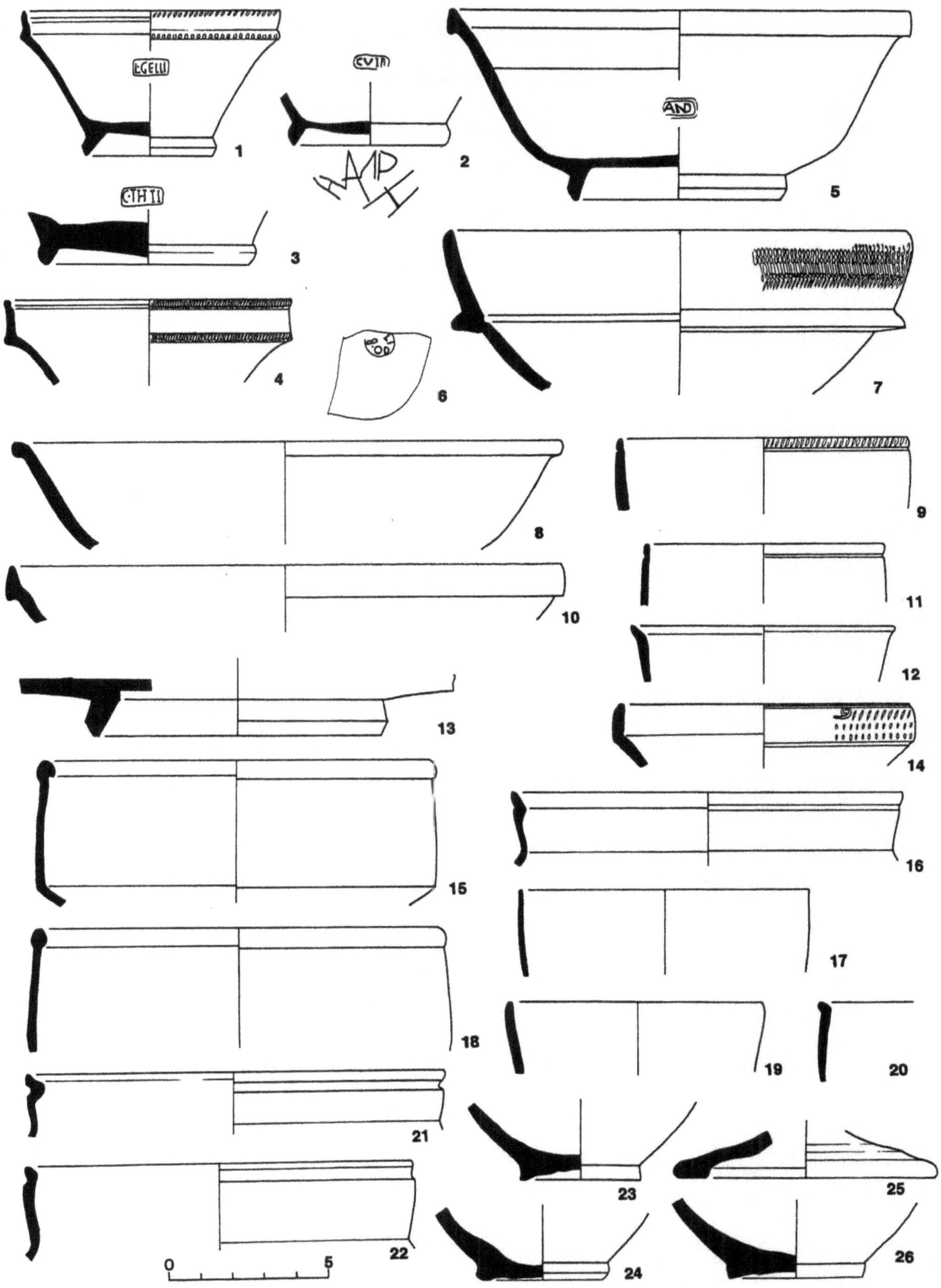

Fig. 36. U.E. 2439. 1 a 14: Cerámica aretina. 15 a 22: Cerámica de paredes finas. 23 a 26: Gris ampuritana tardía.

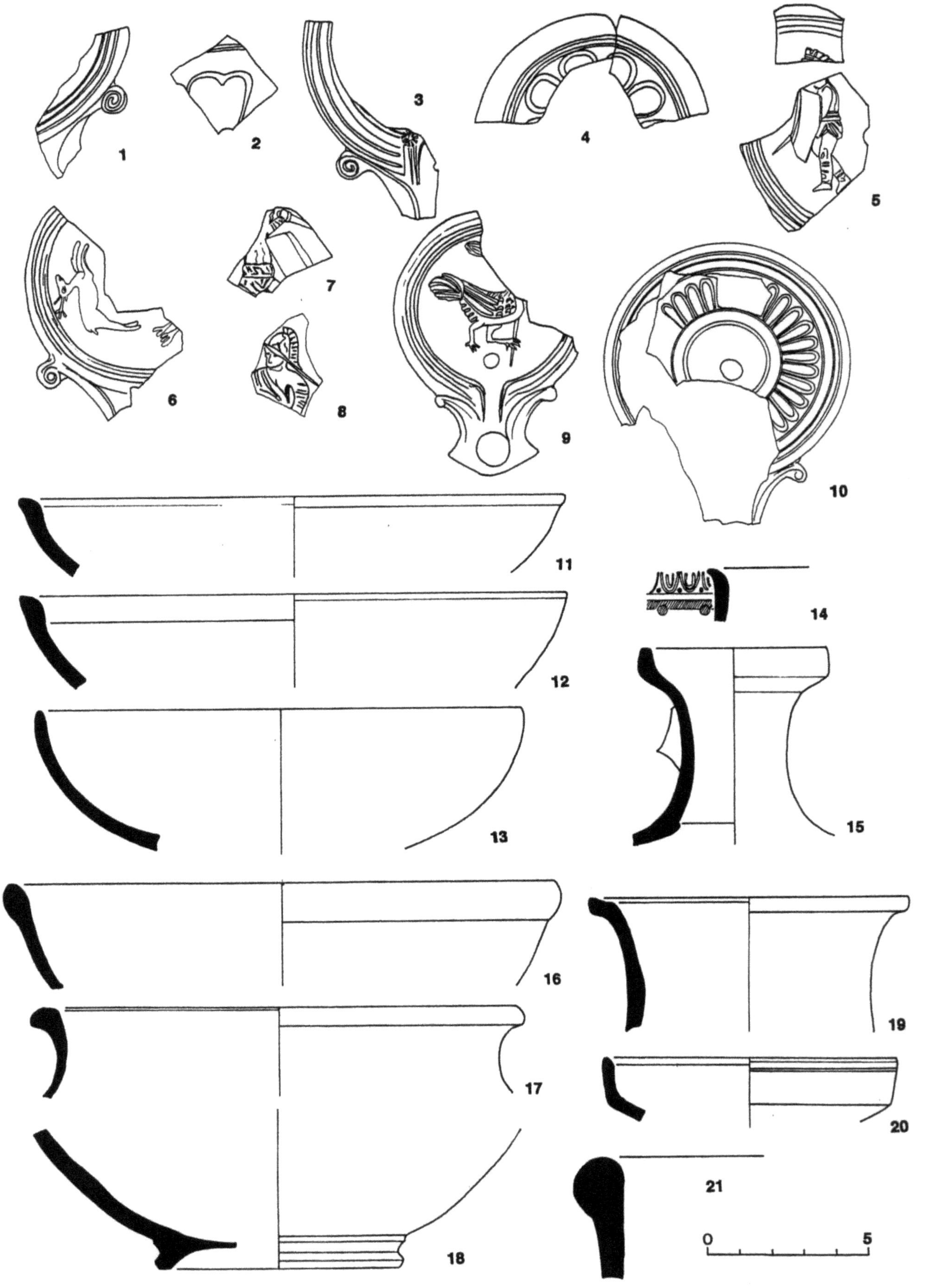

***Fig. 37.** U.E. 2439. 1 a 10: Lucernas de volutas. 11 a 13 y 16 a 18: Gris ampuritana tardía. 14: Ática. 15, 19 y 20: Cerámica común. 21: Ánfora Dressel 2/4.*

debemos fechar entre finales del principado de Augusto e inicios de Tiberio. Por desgracia, la mayor parte de los fragmentos no tienen forma, por lo que sería imposible su datación 'precisa si el repertorio no se viera ampliado con los ejemplares hallados en el estrato superior -en realidad, contemporáneo- que comentaremos en el próximo apartado.

Del cambio de Era, con una posible perduración en los primeros años del s. I, aparecen una docena de fragmentos de lucernas de volutas (Den. IV-A) entre las que podemos reproducir una en un estado de conservación aceptable (Fig. 35: 7).

La cerámica de barniz negro, escasa, está representada por algunos fragmentos sin forma y otros pertenecientes al borde de la forma Lamb. 27 y 28 (Fig. 35: 4 y 5) y una base de una imitación en cerámica común local (Fig. 35: 3). En este caso se trata de materiales residuales de finales del s. II o inicios del s. I a.C.

En último término, solo tenemos que citar diversos fragmentos de cerámica común de producción local: ollas, jarras, platos, cazuelas, etc., que no aportan ninguna información cronológica (Fig. 35: 8-10).

U.E. 2439.

Sin duda, es el estrato principal de nivelación de la habitación y ocupa toda la depresión interior del ala este del edificio. Aunque sobre él no queda ningún resto de pavimento (quizás era de tierra batida y se confunde con el estrato superficial), constatamos alguna intrusión tardía, que en este caso se concreta en un fragmento de sigillata africana A (Hayes 15), en su parte superior. El resto del material arqueológico presenta una homogeneidad absoluta y constituye un lote importante formado por sigillatas aretinas, grises ampuritanas tardías, cerámica de paredes finas, lucernas de volutas, cerámica de barniz rojo coral, itálicas micáceas, cerámica de barniz negro campaniense, ánfora tardo-republicana y cerámica común.

Como material no cerámico, aparecen algunos instrumentos de hierro, hueso, vidrio, restos de fauna terrestre y marina y un conjunto de 320 teselas blancas, negras, amarillas y verdes de un pavimento de mosaico que de vertió desmenuzado en el relleno del estrato.

La sigillata aretina presenta un abanico de formas bastante amplio, interesante y homogéneo, con una cronología que gira, en general, alrededor de los últimos años del principado de Augusto e inicios del de Tiberio. Aparecen algunas copas de la forma Ritt. 5/Cons. 22, normalmente con decoración a ruedecilla en el labio y con la marca en el fondo interno en tres ejemplares. Leemos los *sigilla* L.GELLI, C.THTI y CVI(?), este último vaso con un grafismo en el fondo externo, A.AMPH (Fig. 36: 1-4). Otro ejemplar, casi entero, pertenece a la forma Cons. 14.1/Goud. 13, con el *sigillum* AND dentro de una cartela cuadrada. Corresponde a finales del principado de Augusto (Fig. 36: 5).

Un ejemplar de la forma Cons. 33.1/Goud. 38, con decoración a ruedecilla en la parte superior del borde, se fecha entre finales de Augusto e inicios de Tiberio. En cualquier caso, es contemporáneo a la pieza anterior (Fig. 36: 7) y al plato que reproducimos a continuación, de la forma Cons. 8/Goud. 20.b (Fig. 36: 8). Otros dos fragmentos pertenecen a copas de la forma Cons. 26.1/Goud. 20.b, uno de ellos decorado en el labio (Fig. 36: 9 y 11). También se fechan a inicios del s. I, al igual que el borde de un plato o cuenco que podemos atribuir a la forma Cons. 12 o quizás 14 (Fig. 36: 10). El último ejemplar identificado corresponde a una copa o cuenco Cons. 24.1, de mediados del principado de Augusto o del cambio de Era (Fig. 36: 14). Los fragmentos restantes pueden clasificarse con mayor dificultad, como en el caso de una base de un plato (Goud. 25 ?), o de un fondo sin forma con un *sigillum* circular en el que quizás puede leerse B.ODIT (Fig. 36: 6 y 13).

La cerámica de paredes finas constituye un conjunto importante en el estrato, aunque con una variedad de formas limitada. En realidad, este repertorio se reduce a tres formas concretas y conocidas, que se inscriben en el marco cronológico que nos señala la sigillata aretina. Básicamente se trata de copas de la forma Mayet 10 o variantes (Fig. 36: 16, 21 y 22), vasos de la forma Atlante 2-433 o 2-402 o variante, que se fechan en el primer cuarto del s. I (Atlante 2, p. 283-284) (Fig. 36: 15 y 18). Otro fragmento parece pertenecer a un vaso alto de la forma Marabini 11 o Mayet 23 (Fig. 36: 17), de finales del s. I a.C. El resto de fragmentos se identifican con bastante dificultad y no es sencillo atribuirlos a una u otra forma.

Como productos locales, sin duda los más numerosos, a parte de las cerámicas comunes oxidadas y reducidas, aparece un importante conjunto de grises ampuritanas tardías; una producción que hemos ido comentando en diversas ocasiones a lo largo de las páginas precedentes y que encontramos en cantidades importantes en el yacimiento. En esta ocasión también vemos los típicos vasos bicónicos que perduraron desde las producciones clásicas (Fig. 36: 23, 24 y 26). Pero son más corrientes los platos y cuencos típicos de época augústea en sus diferentes variedades, tanto en lo que respecta a los ejemplares con el borde biselado o abultado como a los de labio sencillo, imitando perfectamente la antigua forma Lamb. 27 de la campaniense A (Fig. 37: 11 a 13). Otras formas son originales y propias de esta producción local, como la base moldurada de un cuenco (Fig. 37: 18), o el típico labio engrosado de una jarra u olla (Fig. 37: 17).

Ignoramos aún la fecha exacta en que desapareció esta producción, que aproximadamente dejó de fabricarse hacia mediados del s. I, confundiéndose con otras producciones grises de acabados más toscos. El principado de Augusto fue, para las formas que aparecen en el estrato, el de máximo esplendor y mayor difusión del producto.

Un material que sí es de importación, siempre habitual en cualquier casa de época romana, son las lucernas. En esta ocasión se recuperaron 65 fragmentos. La mayor parte no pueden ser reproducidos gráficamente. Pero todos ellos pueden identificarse como productos itálicos típicos, tanto por su arcilla característica como por la forma o decoración. Como suele suceder en las lámparas de aceite de este período, no aparece ninguna marca de fábrica. En cambio, las decoraciones siempre están presentes, a veces muy elaboradas y en otras ocasiones, más sencillas.

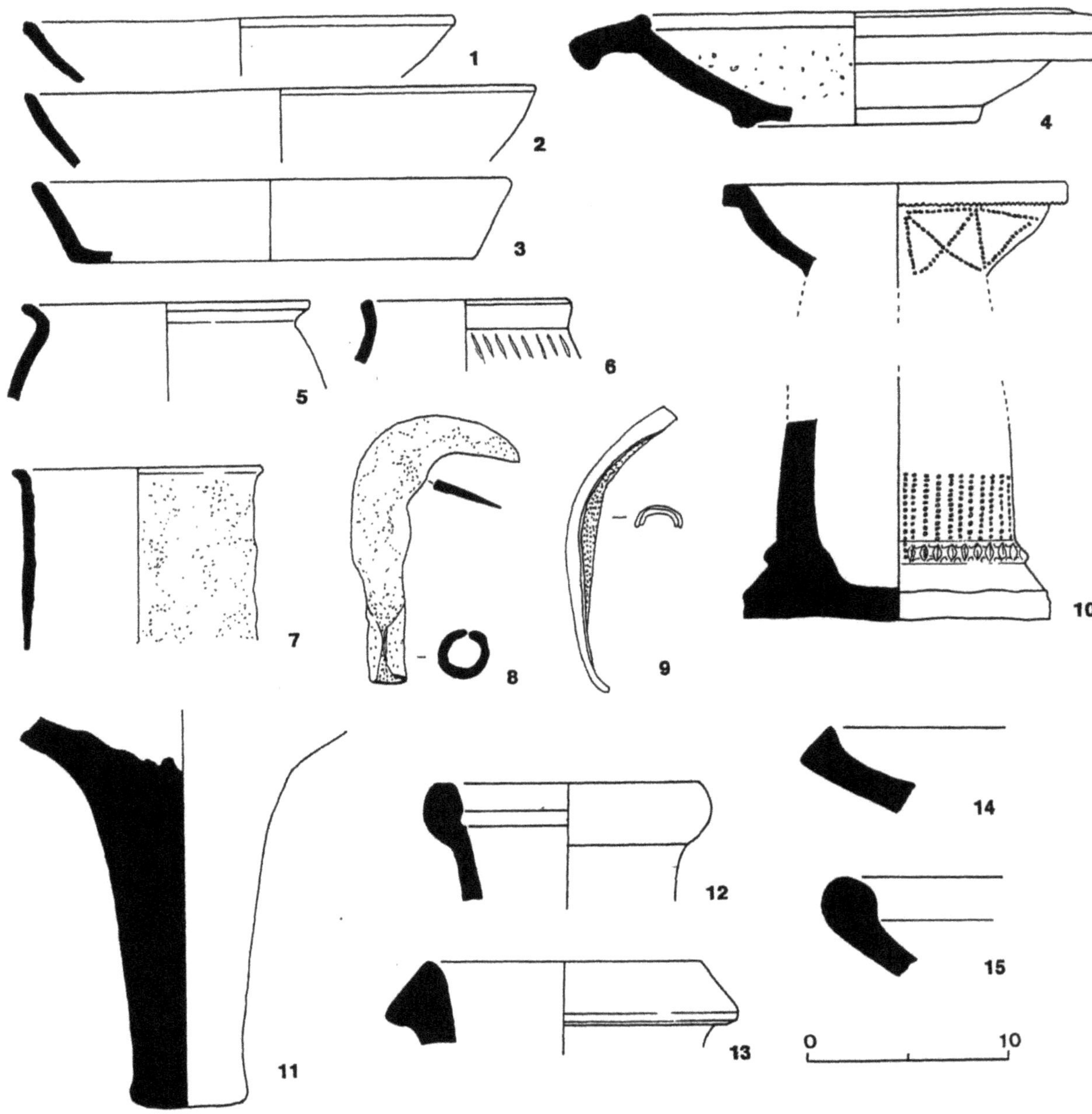

Fig. 38. U.E. 2439. 1 a 6, 14 y 15: Cerámica común y morteros. 7 a 9: Instrumentos de hierro y bronce. 10: Fanalillo o quemador con decoración incisa. 11 a 13: Ánforas.

La forma siempre es la misma: la Deneauve IV-A, que fue la típica del cambio de Era. En los motivos decorativos predominan de forma clara las escenas de gladiadores (tres ejemplares), los animales (2 ejemplares) y las hojas y motivos vegetales habituales, que perduran en lámparas africanas hasta el s. III (tres ejemplares), (Fig. 37: 1 a 10).

También debemos incluir en el grupo de las lámparas, aunque se trata de un producto local, los restos de un farolillo de arcilla roja decorado con incisiones hechas con un punzón (Fig. 38: 10). Este tipo de pequeño farol -quizás se trata de una misma pieza de grandes dimensiones- ha ido apareciendo fragmentado en diversos estratos augústeos y de la primera mitad del s. I de todo este sector del yacimiento. El fragmento más completo fue localizado en el interior del silo 2060 durante las primeras campañas de excavación (Casas 1989; Casas & Rocas 1989, p. 85). Un fragmento del asa apareció en el pozo nº 2, junto a este edificio. Otro en el estrato más antiguo de la escombrera (U.E. 2412) y los dos fragmentos restantes son los del estrato que ahora comentamos.

La cerámica común, siempre abundante, aporta poca información -en todo caso, complementaria- que pueda ayudarnos a fechar el conjunto. Cabe citar, en todo caso, un mortero itálico típico, bien conservado, bastante habitual en el período de transición entre el s. I a.C. y el siglo posterior (Fig. 38: 4), así como el fragmento de un segundo mortero de labio triangular que aparece en estratos de la misma época, tanto en esta villa como en el almacén del Olivet d'en Pujol, solo por citar yacimientos rurales de la zona (Fig. 38: 14). Como residual, debemos citar un tercer fragmento de mortero masaliota (Fig. 38: 15).

Los platos y fuentes en cerámica reducida, negros, ahumados por el exterior, abundantes a lo largo del período romano, aparecen con frecuencia en el estrato (Fig. 38: 1 a 3), así como las jarras de cuello alto y con una sola asa o las pequeñas ollas con formas corrientes y repetidas durante siglos, a veces con decoración (Fig. 38: 5 y 6).

Las ánforas, un material siempre minoritario en Tolegassos, aparecen con un número elevado de fragmentos sin forma, sobretodo de procedencia itálicas y otros, quizás, locales. Un labio de la forma Dressel 2/4 procede la de Campania (Fig. 37: 21), mientras que un segundo ejemplar de la misma forma presenta las características típicas de los productos béticos (Fig. 38: 12). Una base de otro recipiente de la misma forma tiene una procedencia indeterminada (Fig. 38: 11), mientras que un labio de la forma Dressel 1, también de procedencia itálica, es tan solo un fragmento residual en el estrato, lo mismo que los fragmentos de cerámica campaniense o un labio de cerámica ática o barniz negro tipo *"Saint Valentin"* (Fig. 37: 14).

El material no cerámico está formado por un número considerable de restos de fauna de animales domésticos (ovicápridos, bóvidos, etc.) y malacológicos. En hierro solo aparece un podón o *falx arboraria* y un tubo cilíndrico de uso desconocido. En bronce, un *strigillum* muy deteriorado (Fig. 38: 7 a 9).

U.E. 2112.

En la parte externa de este sector del edificio augústeo la estratigrafía se vuelve más compleja, sobretodo a causa de una depresión en el terreno preexistente a las estructuras. El foso, que ocupa una parte importante de la fachada este de la villa augústea, ya se había empezado a rellenar y nivelar años antes, mientras se hallaba en actividad el establecimiento indígena y la primera villa tardo-republicana. Es precisamente en un extremo de este gran bache donde apareció el depósito 2106. Poco a poco, a lo largo del s. I a.C., se fue completando el relleno y nivelación del sector (Fig. 32, sección OE3).

En el lugar más ancho de la depresión, el estrato más antiguo (en todo caso, posterior al depósito 2106 situado más hacia el sur), es el 2112, el cual contenía una cantidad notable de material arqueológico, aunque poco variado. El conjunto estaba formado sobretodo por *tegulae* depositadas a un lado y recubriendo las tierras más profundas, así como gran cantidad de cerámica de engobe blanco, con un interesante repertorio de labios, formas y variantes, pocos de los cuales habían conservado el característico engobe blanquecino. Algunos ejemplares ni siquiera lo habían tenido en origen (Fig. 39 y 40).

Una ojeada al inventario del material de esta unidad estratigráfica nos muestra la monotonía del repertorio. En realidad, solo algunos fragmentos de ánfora, mayoritariamente Pascual 1 y Tarraconense 1 (Fig. 39: 22, 25 y 28), y una variante de Dressel 7/11 o Dressel 8 rompen este inventario repetitivo (Fig. 40: 18), junto con algunos fragmentos de farolillo y de otro recipiente decorado con impresiones en espiral, que ya hemos visto en otros estratos del mismo período (Fig. 40: 19 y 20). Finalmente, completan el conjunto un plato/fuente itálico con barniz rojo interno pompeyano (Fig. 40: 21) y un labio de sigillata Oriental A de la forma 6, rarísima en la región (Fig. 39: 27), fechada entre finales del s. II a.C. hasta alrededor del año 50 a.C. (Atlante 2 1985, p. 16, fig. II-3).

La cronología del estrato parece bastante clara. De todas y cada una de las producciones que se hallan presentes aparecen paralelos en la misma villa de Tolegassos en contextos parecidos. La cerámica de engobe blanco, más numerosa, se confunde a menudo con la cerámica común oxidada de producción local, básicamente debido al hecho de que ha perdido el engobe o porque, aún conservando la forma por tradición, nunca se había recubierto de engobe (Fig. 39: 1 a 20; fig. 40, 1 a 17). No se trata, en ningún caso, del producto clásico del s. II a.C., ni siquiera del que encontramos en silos rellenados a inicios del s. I a.C.

Por otro lado, el plato de cerámica itálica y los fragmentos de ánfora más bien nos acercan a las cronologías de los silos y depósitos augústeos que ya hemos visto, con la diferencia que en esta ocasión no aparece ni un solo fragmento de la forma Dressel 2/4, que llega al país hacia finales del s. I a.C. Los mismos fragmentos decorados con círculos y espirales, idénticos y procedentes del mismo taller en que se fabricó el pequeño farol que hemos ido encontrando esparcido en silos y depósitos del cambio de Era, señalan una cronología relativamente alta dentro del último siglo anterior a nuestra Era.

Todo parece indicar, pues, que la cronología del estrato 2112 debe situarse hacia la segunda mitad avanzada del s. I a.C., a inicios del principado de Augusto.

Encima de este apareció otro estrato de características similares, con un repertorio más variado en lo que se refiere al material arqueológico. Este estrato (U.E. 2446), era una especie de bolsa que solo cubría una parte de la U.E. 2112. Cuando desaparece, a medida que nos alejamos hacia el sur, encontramos la U.E. 2110, que en unos lugares recubre directamente el más antiguo y en otros descansa sobre el 2446 (Fig. 32).

U.E. 2446.

El estrato 2446 contenía básicamente un gran montón de *tegulae* tiradas expresamente para rellenar y nivelar el espacio, pero el resto de material arqueológico que nos permite fecharlo es más bien escaso y repite las mismas producciones y formas que ya hemos visto en el 2112, aunque en cantidades mucho más bajas. Podemos citar algunos fragmentos de cerámica común y de engobe blanco, parecidos a los de abajo (Fig. 41: 1 a 3), un fragmento de sigillata aretina y otro de pasta micácea barnizada en rojo coral (Fig. 41: 4 y 5), un labio de ánfora Dressel 1, otro fragmento sin forma de ánfora Pascual 1 con las letras MA hechas *ante coctem* y, para terminar, un instrumento de bronce de buena calidad y función desconocida (Fig. 41: 6 a

10). El conjunto de cerámica común sin forma, oxidadas o reducidas, así como los fragmentos sin forma de ánfora, básicamente bajo-republicanas, no aporta demasiada información.

Sin duda es más interesante el estrato superior, el 2110, casi contemporáneo (quizás un poco posterior) a los niveles de relleno del interior del edificio augústeo, con un extenso repertorio de materiales que ayudan a confirmar la cronología que ya habíamos señalado cuando analizábamos los estratos 2439 y 2440. Este capa de tierra que aparece en el ángulo sureste de los cimientos de la casa, continúa hacia el norte y, alterado por modificaciones posteriores, reaparece justo delante del muro de la villa, en la parte externa, donde se señaló con el número 2430 cuando fue excavado.

Los estudiaremos por separado. En primer lugar, por el corte físico existente entre ambos, producido por alteraciones y remociones posteriores del estrato y, en segundo lugar, porqué bajo la que hemos designado como U.E. 2430 apareció un nuevo estrato diferente (U.E. 2431/2432).

U.E. 2110 y 2430.

A pesar de la homogeneidad de los materiales del estrato, encontramos algunos fragmentos más modernos, seguramente intrusiones procedentes del nivel superior (U.E. 2105), o introducidos en el momento de abrirse los agujeros de cimentación de las columnas del pórtico que se adosó al edificio hacia mediados del s. I. Algunos fragmentos de sigillata sudgálica son intrusiones más evidentes en este estrato. Pero el conjunto de material arqueológico es homogéneo y si existen fragmentos cerámicos que se apartan del conjunto, estos pertenecen a residuos de épocas anteriores.

Como cerámicas de importación, que además pueden fechar con fiabilidad el estrato, solo hallamos los numerosos fragmentos de sigillata aretina, con el mismo repertorio de formas que ya hemos visto en el interior del edificio augústeo. Unas lisas y otras decoradas, su cronología se mueve dentro del primer cuarto del s. I (Fig. 42). No es necesario insistir en su descripción detallada ni en su datación, ya que nos veríamos obligados a repetir lo que hemos ido comentando cuando estudiábamos el estrato 2439. Recordar, en todo caso, la presencia de copas de la forma Ritt. 5 con el borde decorado a ruedecilla (Fig. 42: 9, 11 y 12) y destacar la presencia de tres copas decoradas con motivos de buena calidad, atribuibles a las formas Cons. R.4.2 y R.9.3 (Fig. 42: 10, 13-15), que deberemos fechar entre los períodos de Tiberio-Claudio, como máximo (Conspectus 1990, p. 172 y 178).

Finalmente, citaremos algunos fragmentos de base de forma indeterminada (quizás alguno de ellos puede atribuirse a las formas Goudineau 21, 32 y 38), que han conservado el *sigillum* en el fondo interno. De los que pueden leerse, identificamos los talleres de ZOILI, NODIVS y ATICI e, incompletos, OLV...y ...ERI (Fig. 42: 6; fig. 44: 6 a 8).

A mucha distancia de las sigillatas, aparece una cantidad importante de cerámica gris ampuritana tardía, con el repertorio de formas habitual y repetido en el mismo yacimiento. Básicamente se trata de cuencos y pequeños vasos de paredes muy delgadas, a menudo decorados con meandros incisos en la parte más ancha de la pared, otras sin decoración y, para, terminar, platos, cuencos y un *askos* que a menudo repiten las formas clásicas de la cerámica gris (Fig. 42: 18 a 25; fig. 44: 2, 3 y 5). Su cronología entre el último cuarto del s. I a.C. y las primeras décadas del siglo siguiente parece estar fuera de duda, tal como demuestra su asociación con la sigillata aretina en el estrato más profundo del vertedero del sector 2 (Casas & Nolla 1993).

A diferencias de otros estratos de Tolegassos, la presencia de ánforas en este sector es importante, con el repertorio que podemos considerar normal en el contexto cronológico en el que nos movemos. A parte de varios fragmentos del tipo Dressel 1, que debemos considerar residuales (Fig. 43: 1 y 2), predominan producciones locales, básicamente las formas Pascual 1 y Tarraconense 1 (Fig. 43: 7 a 14), seguidas de los primeros ejemplares de la Dressel 2/4 (Fig. 43: 3 a 6).

Las dos primeras, contemporáneas, se empezaron a fabricar dentro de la segunda mitad del s. I a.C. y perduraron hasta los primeros años del s. I, a finales del principado de Augusto o inicios de Tiberio (Nolla & Solias 1984-85, p. 137). La aparición de las Dressel 2/4, que ocuparon el espacio cronológico comprendido en los primeros 60 años del siglo primero de nuestra Era, sitúan al conjunto de este estrato en el período de Tiberio, como máximo.

La cerámica común, muy abundante pero con poca personalidad, nos aporta, no obstante, informaciones complementarias para establecer la cronología del estrato. La mayor parte de las ollas, jarras, vasos y platos no son demasiado diferentes a los que encontramos en otros períodos, pero son conocidos en otros contextos de la primera mitad del s. I (Fig. 42: 27-28; fig. 43: 19; fig. 44: 13). Los morteros, en su mayoría de procedencia itálica, tienen una cronología un poco más precisa dentro de los primeros años del mismo siglo (Fig. 43: 16-17; fig. 44: 11-12), o incluso un poco antes, con formas que también habíamos encontrado en el Olivet d'en Pujol (Fig. 43: 18), (Casas et al. 1990, p. 154-155).

Para terminar, solo citaremos, como materiales residuales en el estrato, algunos fragmentos de cerámica de barniz negro (formas Lamb. 36 y 5/7) y un *kalathos* ibérico decorado con pintura roja (Fig. 44: 1 y 4; fig. 42: 26), que deberemos fechar a finales del s. II o inicios del s. I a.C.

Como material no cerámico, y a parte de los restos de fauna, únicamente hemos de señalar la presencia de dos fragmentos de cuchillo de hierro, mangos de cuchillo tallados en hueso y pequeños objetos de bronce (Fig. 48: 1 a 5 y 10).

El mismo tipo de material cerámico, pero en cantidades inferiores, aparece en el estrato 2430, homólogo al 2110. A parte de una base de sigillata norditálica que no casa tan bien con la cronología del nivel (Fig. 45: 7), el resto de material es idéntico: sigillatas aretinas, morteros de tipo itálico, cerámica común, un disco de lucerna con un ara como motivo decorativo (Fig. 45: 6) y, destacable, un plato de gris ampuritana tardía que imita una forma de sigillata aretina (Fig. 45: 1).

U.E. 2431/2442.

Antes habíamos señalado que este estrato forma parte de los niveles de fundación de la villa tardoaugústea, habiéndose depositado en la parte exterior más profunda de la casa, directamente sobre el suelo geológico, por debajo de la U.E. 2430. Pero su situación física y estratigráfica no significa, en absoluto, que sea anterior o que existe un lapso cronológico importante entre uno y otro. De hecho, se distingue por la composición de la tierra, pero el material arqueológico que contenía es absolutamente idéntico al de los otros estratos que hemos analizado en este capítulo. La única diferencia es que no se vio afectado por intrusiones o movimientos de tierra posteriores. Pero no podemos dudar que ambos forman parte de las mismas obras de relleno y nivelación de la depresión, contemporáneas a la construcción del edificio. En todo caso, podemos suponer que los estratos situados sobre ellos (U.E. 2110 y 2430), constituían el suelo de circulación del exterior del edificio; una especie de pavimento de tierra batida en la parte superior, en el que fueron depositándose poco a poco diversos materiales durante un período de unos treinta años transcurridos entre la fecha de construcción del conjunto y el inicio de la fase 1 de la villa altoimperial.

No debe extrañarnos, pues, que el material más representativo sean las sigillatas aretinas, con un buen repertorio de la forma Ritt. 5/Cons. 23 y Goud. 41/Cons. 27 (Fig. 46: 1, 3 y 5), fechadas entorno Augusto-Tiberio. Los *sigilla* que aparecen en algunas bases de platos y vasos de forma indeterminada, de los talleres de AET/CVEOD, DVECILI/ANRIOC, TIODO/NVM, L.TITI y VO... no contradicen esta cronología (Fig. 46: 1 a 7), que se ve confirmada por el conjunto de cerámicas típicas del repertorio de la época: gris ampuritana tardía (Fig. 46: 10), cerámica de la tradición de engobe blanco (Fig. 46: 11) y cerámica reducida bruñida con decoración aplicada (Fig. 46: 8), producción típica de época augústea, que aparece en otros lugares de la villa y especialmente en uno de los depósitos de la zona central, ya analizado (Casas et al. 1990, p. 136-139).

Lo mismo podemos decir del estrato equivalente a este, la U.E. 2442, en el cual encontramos materiales antiguos, residuales (ánfora Dressel 1), al lado de producciones más recientes y propias del momento, como las Pascual 1, Tarraconense 1 y Dressel 2/4, junto con fragmentos de una especie de jofaina de grandes dimensiones que pertenece al mismo recipiente aparecido años antes en el estrato 2117 de uno de los silos (Fig. 46: 17).

Estos estratos más antiguos están sellados por los niveles correspondientes al período de actividad de la fase 1 y a la reforma de la villa augústea, relleno del pozo, construcción del pórtico y reparación del pavimento de su acceso, substituido por un *opus signinum* seguramente hacia los años 40/50, tal como parece indicar el material que encontramos en estos niveles más recientes, en los que, al lado de los mismos materiales cerámicos que hemos visto hasta ahora, aparecen los primeros fragmentos de sigillata sudgálica en número bastante significativo, asociados con una moneda de Claudio (nº 84).

La situación de los estratos superiores (U.E. 2438, 2427 y 2105), su cronología relativamente amplia y su relación tanto con la villa augústea como con las reformas altoimperiales, aconsejan estudiarlos ahora. Si bien señalan el inicio de un nuevo período, también es cierto que la época en la que poco a poco fueron formándose coincide con la de actividad de la primera villa y no tanto con la segunda. Lo que si señala una ruptura, un cambio, la gran remodelación con la construcción *ex novo* de la villa altoimperial, es el relleno del pozo adosado a la casa del primer cuarto del s. I, a causa del cual se esparcieron diversos materiales cerámicos sobre todos los estratos de los alrededores.

U.E. 2438.

Presenta pocas diferencias en relación con el nivel 2110, al que recubre, pero estas son importantes. A parte del repertorio típico y ya conocido, con un interesante conjunto de sigillatas aretinas, grises ampuritanas tardías, ánfora Pascual 1 y Dressel 2/4, aparecen por primera vez las sigillatas sudgálicas *in situ* y sin que se trate de intrusiones. Su cronología, por lo tanto, es más reciente a la del resto de estratos comentados.

Ya hemos señalado anteriormente algunos aspectos relacionados con los pocos fragmentos de ánfora típicos del cambio de Era. Las Pascual 1, fabricadas a partir de la segunda mitad del s. I a.C., perduran hasta las primeras décadas del siglo siguiente y fueron contemporáneas durante poco tiempo de la Dressel 2/4, que también aparece en el estrato (Fig. 47: 16 a 19). Su sola presencia señalaría una fecha entorno los años 20, que se vería confirmada por las sigillatas itálicas, con formas tan habituales como la Ritt. 5 (Fig. 47: 6), Goud. 39/Cons. 20.4 (Fig. 47: 4) y la Goud. 17/Cons. 12.3 (Fig. 47: 3), ligeramente más antigua, pero que se halla presente a finales del principado de Augusto (Conspectus 1990, p. 72).

En cambio, la presencia de sigillata sudgálica nos hace modificar la cronología inicial. La aparición de algunos platos de la forma Drag. 15 o 15/17, que empieza a fabricarse alrededor del año 30 y que pronto llegó a este territorio, nos obliga a situar el estrato en un momento más próximo a mediados del s. I, en el que coexistían ambas producciones barnizadas. En cualquier caso, la moneda de Claudio que apareció asociada a estos materiales no ofrece dudas en cuanto a su cronología y no nos permite situar la fecha final del estrato antes del año 41 y, más probablemente, hacia el 45.

Esta cronología coincide, como podremos ver, con la del inicio de la siguiente fase del yacimiento.

U.E. 2105.

La relación existente entre los estratos 2105 y 2438 es la misma que había entre los 2430 y 2431. Es decir, el primero es la parte superior del otro; diferentes en cuanto a composición y textura de la tierra, pero contemporáneos o depositados inmediatamente uno sobre otro. No se aprecia un lapso cronológico que los separe y solo por cuestiones de metodología durante la excavación han sido designados con

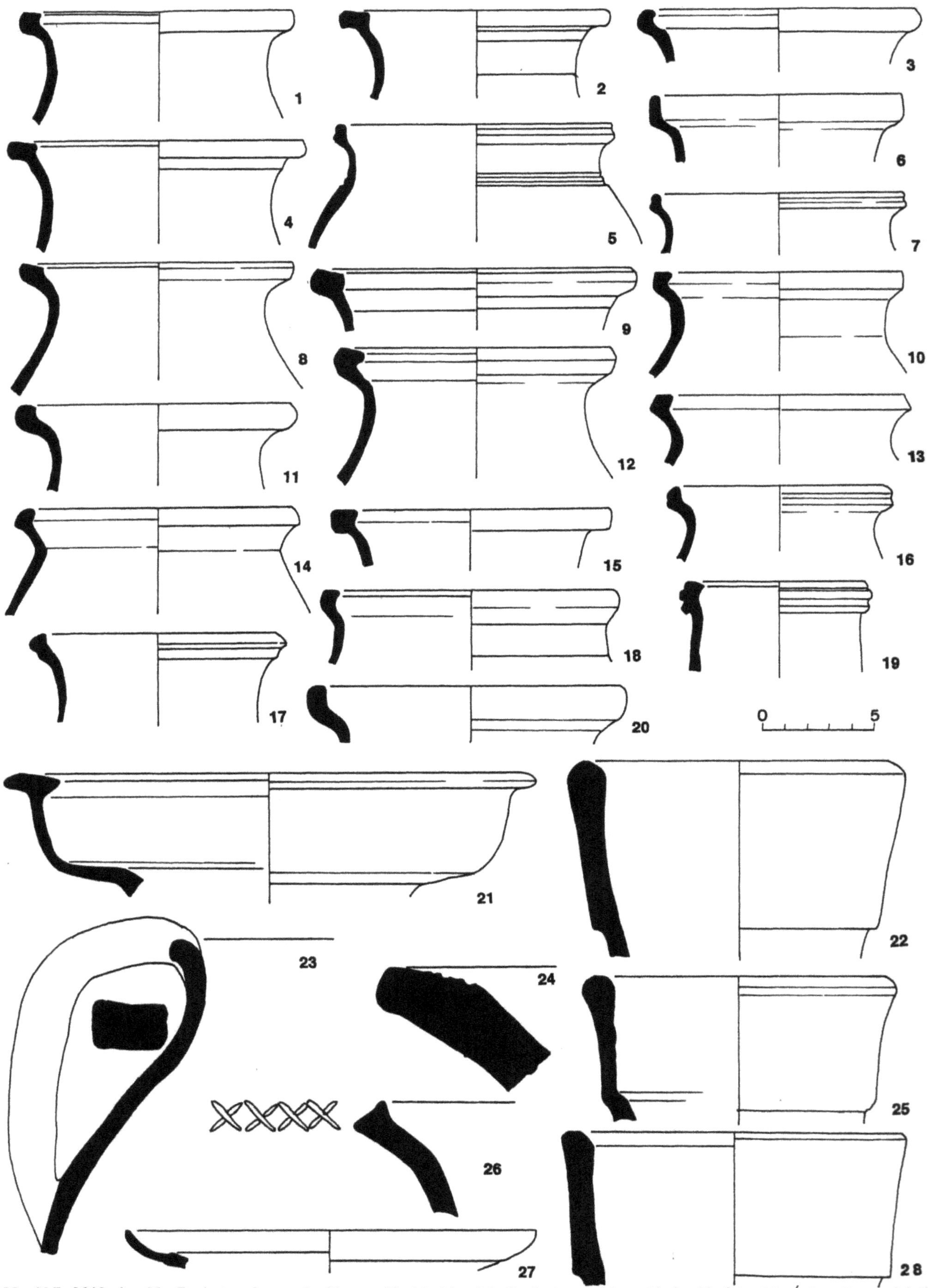

Fig. 39. U.E. 2112. 1 a 20: Cerámica de engobe blanco. 21, 23, 24 y 26: Cerámica común oxidada. 22, 24 y 28: Ánfora Pascual 1. 27: Sigillata oriental.

diferente numeración. Seguramente si no hubiéramos sido tan escrupulosos tampoco se habría notado ninguna diferencia y habríamos podido llevar a cabo el estudio del material arqueológico en un solo apartado.

Por lo tanto, tampoco deberá extrañarnos ver repetidos los comentarios, materiales y cronologías que han ido señalándose en el apartado anterior. Como en aquel caso, también en este aparecen fragmentos más tardíos a los correspondientes a la época en que tuvo lugar su formación inicial y el período de actividad. Cuatro fragmentos de cerámicas africanas (2 de t.s. africana A y 2 de cerámica de cocina), frente a casi medio millar de fragmentos de la primera mitad del s. I, se relacionan más bien con el estrato superficial y el período de actividad de la villa altoimperial que con la época en que tuvo lugar la formación del estrato.

A parte de estos cuatro fragmentos, las cerámicas finas de importación corresponden a la sigillata aretina (18 fragmentos), sudgálica (9 fragmentos), paredes finas (6 ejemplares), lucernas de volutas, cerámicas barnizadas de rojo coral y rojo pompeyano, etc. Los productos locales y la cerámica común de la época también son las propias del ámbito cronológico en el que se inscriben las importaciones: grises ampuritanas tardías, gris de boca trilobulada y cerámica común oxidada y reducida local (130 y 100 fragmentos respectivamente).

La ausencia de sigillata marmorata, poco significativa, pero siempre presente en Tolegassos, parece señalar una cronología que no acabaría de llegar al año 50. Los materiales residuales abarcan, como siempre, una cronología más amplia, desde la segunda mitad del s. II a.C. Aparecen algunos fragmentos de cerámica campaniense A (Fig. 49: 1 a 5) y otros de ánfora itálica Dressel 1 (Fig. 48: 21).

Ámbitos exteriores. El vertedero del sector 2.

La cronología del edificio augústeo se ve confirmada por otros hallazgos localizados en puntos cercanos, muy próximos, pero sin conexión directa con la casa y los restos dispersos por otros lugares de la parte superior del yacimiento. En este aspecto, es de gran interés el vertedero del sector 2 del yacimiento, situado a poco más de quince metros al sureste de las estructuras que acabamos de analizar. En realidad, el vertedero de escombros tiene una gran importancia para fechar diversas fases del yacimiento, puesto que en él aparece una estratigrafía entera de más de dos metros de potencia, que fue formándose desde inicios del s. I hasta la segunda mitad del s. III de forma ininterrumpida. La abundancia de material arqueológico que se recuperó permite precisar la cronología de cada estrato, aunque algunos de ellos pertenecen a niveles intermedios, sin conexión directa con ninguna estructura o fase clave de la villa. Pero los estratos principales deben analizarse en el contexto del período al que pertenecen, dejando a un lado un estudio íntegro y lineal de la fosa, que ya fue objeto de una publicación anterior (Casas & Nolla 1993). Ahora solo nos centraremos en los niveles que más interesan para completar o confirmar cronologías de períodos clave (inicio, ampliación, abandono o actividad de una fase).

Por otro lado, únicamente puede documentarse el período de actividad de la villa augústea a partir del análisis de los tres estratos más profundos del vertedero. Tenemos bien establecidas las cronologías principales, la de construcción y reforma del edificio. Pero como suele suceder en otros puntos y períodos del yacimiento, es bastante difícil tener una imagen de los períodos durante los que no hubo actividad constructiva. La actividad cotidiana, el día a día de los habitantes de la casa solo se ve reflejada en los instrumentos y recipientes rotos que se echaron a la basura durante casi treinta años.

A diferencia del relleno del pozo que estudiaremos al inicio del próximo capítulo dedicado a la fase 1 de la villa altoimperial (que nos muestra sobretodo el final de una etapa y proporciona la cronología para el inicio de aquella fase), el material del vertedero no solo nos confirma la cronología de las construcciones augústeas, sino que permite seguir la actividad que se llevó a cabo en la casa durante la primera mitad del s. I.

Inevitablemente habrá que hacer el estudio ceramológico exhaustivo y monótono, retomando otro que ya se dio a conocer hace algunos años (Casas & Nolla 1993), completándolo con el de nuevos productos aparecidos en campañas más recientes. Por lo tanto, analizaremos el repertorio de materiales, básicamente cerámicos, que nos proporcionan las cronologías principales, intentando resumir un volumen ingente de fragmentos y vasos pertenecientes a producciones e importaciones de gran calidad e interés para esta fase del yacimiento.

U.E. 2142.

Este estrato, que es el más antiguo, solo aparece en el ángulo más profundo del vertedero, asentado directamente sobre el suelo geológico formado por limos duros de color amarillo. Las tierras del estrato son de color oscuro, con muchos componentes orgánicos, pero con mezclas amarillentas procedentes de la descomposición de la roca natural con la que se halla en contacto. Está recubierto por el estrato 2411, del que lo separa una fina capa de cenizas vegetales. En él no se encontró demasiado material arqueológico, aunque ofrece un abanico de producciones bastante amplio. Solo comentaremos los más significativos o aquellos que proporcionan cronologías fiables.

Solo se localizaron ocho fragmentos de sigillata aretina, de los que cinco corresponden a formas identificables o conservan el *sigillum* en la base. En realidad, la única forma es la Cons. 22/Ritt. 5. Podemos fecharla a partir de la primera década del s. I, perdurando la forma hasta mediados de siglo. Algunos fragmentos sin forma pertenecen a una copa decorada de excelente calidad, aunque la mayor parte del recipiente apareció en el estrato 2411.

Otros dos fragmentos de base conservan las marcas de fábrica. El primero de los *sigilla* (CN ATE), corresponde al taller de Ateius, muy conocido y que, a pesar de los numerosos datos que de él se conocen, presenta una problemática especial (Fig. 52: 6). Los análisis de pastas han permitido constatar que Ateius tenía talleres en Arezzo, Pisa, Lyon y probablemente en la Graufesenque. Desde cada uno

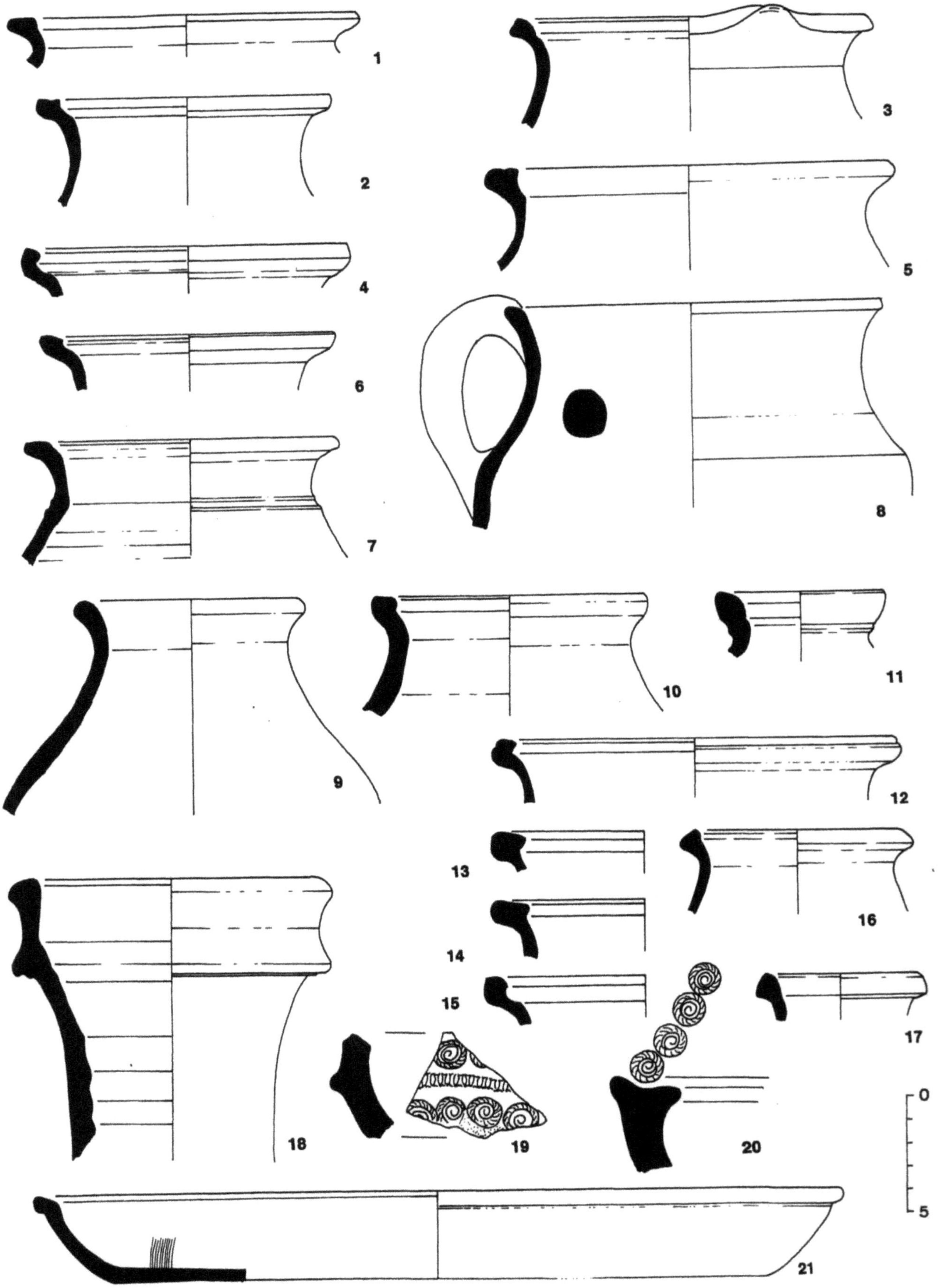

Fig. 40. *U.E. 2112. 1 a 16: Cerámica de engobe blanco y derivados. 17, 19 y 20: Cerámica común oxidada. 18: Ánfora. 21: Cerámica con barníz rojo pompeyano.*

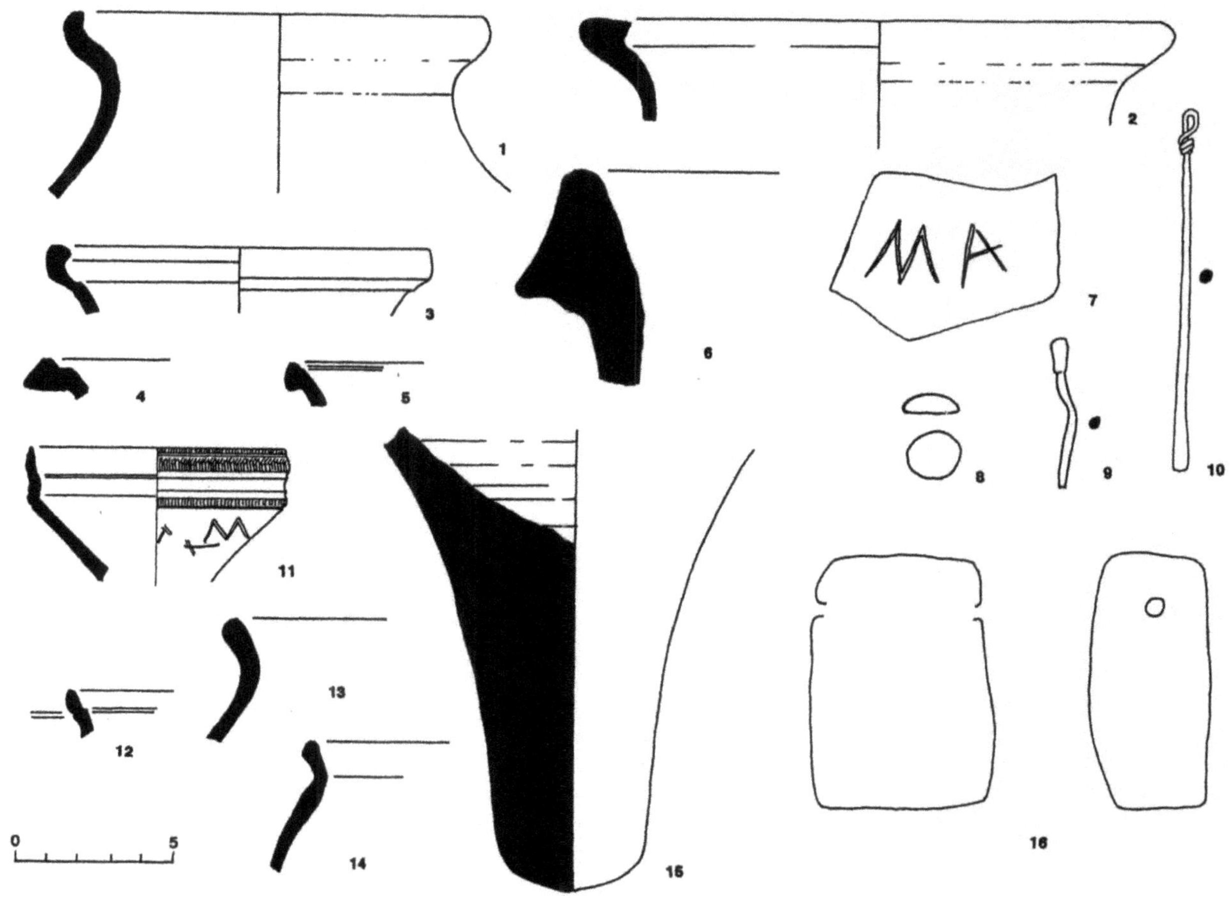

Fig. 41. U.E. 2446 y 2447. Cerámica de engobe blanco, aretina, ánforas, común, bronces y pondus.

de ellos se exportaban productos a diferentes lugares del *limes* y a las Provincias que se hallaban a su alcance. Otro problema aún no resuelto es el de las sucursales y pequeños talleres de libertos de Ateius (Atlante 2, p. 369-370). En todo caso, forman un conjunto de oficinas que estuvieron en actividad durante el cambio de Era y especialmente durante el primer tercio del s. I.

Una segunda marca, difícil de leer, pertenece al taller de VMBR (Umbricius), (Fig. 52: 7), es una marca también conocida, con otros paralelos en el estrato situado sobre el que ahora comentamos, que pertenece a un taller que tuvo una gran actividad durante el mismo período que Ateius, con toda una serie de oficinas y sucursales y un elevado número de punzones diferentes, ya sean del taller original, de esclavos o de libertos, que pone de manifiesto una complicada red de relaciones en el proceso de fabricación y distribución de los productos aretinos.

En lo referente a la otra producción presente en el estrato, teniendo en cuenta el escaso número de fragmentos cerámicos aparecidos, los dieciocho fragmentos de cerámica de paredes finas identificados constituyen un porcentaje importante, convirtiendo el lote en la producción fina más numerosa.

Entre los pequeños fragmentos, la mayor parte de los cuales corresponden a bases o bordes que no pueden atribuirse a ninguna forma concreta debido a su gran fragmentación, cabe destacar un borde próximo a la forma Mayet 10/Marabini 25, con unas características que la relacionan muy estrechamente con los productos de los talleres ampuritanos tardíos (Fig. 52: 20). En cualquier caso, es una forma de origen antiguo, dentro de la segunda mitad del s. I a.C., que perduró hasta las primeras décadas del primer siglo de nuestra Era.

En cuanto a la cerámica ampuritana tardía de color gris, únicamente dos fragmentos (un borde y una base), documentan la presencia de este producto originario de la vecina ciudad; última expresión de una producción cerámica con unos orígenes en época ibérica, estrechamente relacionada con otras producciones indígenas de la región, especialmente los *kalathoi* pintados y habitual en la zona en contextos de todo el s. I a.C. y primeras décadas del siglo siguiente (Fig. 52: 5 y 10).

Otra de las categorías cerámicas que casi nunca faltan en los estratos tardo-republicanos y augústeos de los yacimientos del territorio ampuritano es la cerámica micácea recubierta de barniz rojo por el interior. Con un origen que se remonta al s. II a.C., los platos y fuentes de cerámica micácea barnizada de color rojo en su parte interna, originaría de la Península Itálica, llegaron a nuestra región en pequeñas cantidades pero de forma ininterrumpida hasta finales del s. I de nuestra Era. En el estrato, con dieciséis fragmentos recuperados, cabe destacar un plato de gran tamaño, de buena calidad, con el típico barniz en el fondo interno y con la superficie externa ennegrecida por el humo (Fig. 52: 1).

Otro producto bastante común en la zona es la cerámica micácea barnizada en rojo o en negro. En un estudio que vio la luz hace casi treinta años, el Dr. Sanmarti definió por vez primera esta producción, individualizando un conjunto de fragmentos aparecidos en las excavaciones de Ampurias, que fueron considerados una imitación de las sigillatas aretinas, tanto por su tipología como por el barniz de recubría las piezas, normalmente rojo y en otras ocasiones gris-negro, situando su centro de producción próximo a Ampurias o, en todo caso, en la zona del Golfo de Lión (Sanmartí 1974-75, p. 251-261).

Si bien el repertorio de formas y su cronología han podido completarse y mejorarse en estos últimos años, aún queda oscuro su origen y la situación de los talleres que fabricaron este conjunto de recipientes (sobretodo platos, cuencos, copas y vasos). Parece muy probable, no obstante, que el centro de producción de la cerámica micácea, ya sea oxidada o reducida, recubierta con barniz rojo o negro según sea el caso, deba localizarse en Narbona o sus alrededores, donde existen suficientes evidencias de la fabricación de un tipo cerámico que reune estas mismas características (Passelac & Sabrié 1986, p. 53-55), aunque el repertorio de formas no es tan extenso como el que hasta la fecha hemos documentado en las comarcas de Gerona (Casas et al. 1990, p. 40-41). Una de estas formas constituye el único fragmento de la producción de pasta gris barnizada en negro aparecida en el estrato 2412 (Fig. 52: 2).

El resto de materiales cerámicos del estrato, en general minoritarios, forman un conjunto compuesto por grises de boca trilobulada, ánforas y cerámica común, tanto oxidada como reducida. El origen de la gris trilobulada es incierto. Se ha situado en Italia, pero se documenta su fabricación en diversos puntos del Mediterráneo occidental. Incluso en el taller de Fenals (Lloret de Mar), han aparecido fragmentos que han puesto en evidencia una producción local, con algunas diferencias mínimas en relación con las piezas típicamente itálicas con arcillas de color gris oscuro en el exterior y casi azules en el interior. De los tres fragmentos del estrato 2412, debemos citar una base que reune las características de la producción itálica (Fig. 52: 4).

En cuanto a las ánforas, el número de fragmentos del estrato es francamente bajo (un total de 31 fragmentos, de los que solo 5 se identifican por la forma). Tampoco el repertorio de formas es extenso. Solo aparece el cuello y borde de una Dressel 2/4 de color naranja y un poco micácea, que fecharemos a partir de los primeros años del s. I (Fig. 52: 8).

Como siempre, la cerámica común oxidada y reducida es el material cerámico mayoritario, representando casi el cincuenta por ciento del conjunto. Pero también es el que menos información nos proporciona. Existe un claro predominio de los recipientes oxidados (que suelen ser vasos abiertos, cuencos o jarras), sobre los ejemplares cocidos en hornos reductores (con predominio de ollas, cazuelas y platos). En ambos casos el repertorio de formas no aporta novedades a lo ya conocido.

Los platos (Fig. 52: 14), adoptan una forma sencilla originaría de época augústea, que perdurará con variaciones hasta casi mediados del s. III, momento en que se volverán más altos y con el labio más diferenciado. En época augústea, poco se diferencia el labio del resto de la pared.

Las ollas y urnas (Fig. 52: 12 y 13), siempre en cerámica reducida, también siguen los modelos augústeos, con el cuerpo con perfil en "S" y el labio corto y poco más grueso que la pared del vaso. Algunos ejemplares oxidados tienen el perfil del cuello y borde en forma de cuatro (Fig. 52: 15), imitando modelos que también encontramos en la cerámica de paredes finas y en urnas de época augústea (Casas et al. 1990, nº 318). Un cuenco cerrado recuerda algunas piezas de la cerámica ampuritana tardía (Fig. 52: 9); y una jarra (Fig. 52: 3), tiene su paralelo en Ampurias, también en un contexto augústeo (Casas et al. 1990, nº 280).

Para terminar, solo debemos referirnos al material no cerámico, que constituye un conjunto muy pobre, formado básicamente por restos de fauna (un montón de huesos muy fragmentados y difícilmente clasificables, aunque se observa la presencia de ovicápridos), mejillones y conchas marinas (*Mytilus edule* y *Glycimeris*) y caracoles terrestres (*Helix aspersa*), a parte de un fragmento de molino de mano de piedra volcánica porosa. Por otro lado, sorprende ver la inexistencia de metal, especialmente hierro, tan abundante en cualquier estrato del vertedero y de toda la villa.

Un último elemento, rarísimo, corresponde a un fragmento de reloj de sol tallado en piedra blanda de color blanco, con las estrías horarias profundamente incisas con un punzón muy fino (Fig. 53).

Cronología.

Con tan poco material es difícil establecer una cronología absolutamente segura para la formación del estrato. No obstante, podemos acercarnos bastante, puesto que el conjunto ya nos señala, *grosso modo*, un marco cronológico general que se inscribe, como podremos ver, dentro de la primera mitad del s. I.

Aparece el repertorio típicamente augústeo y de las primeras décadas del s. I, con sigillatas aretinas, cerámica de paredes finas, cerámicas ampuritanas, micáceas barnizadas en negro e itálicas con barniz rojo interno pompeyano. La ánforas, que constituyen un elemento cronológico complementario, en este caso modesto, parecen ser de la forma Dressel 2/4 prácticamente todas ellas. Debido al escaso número de fragmentos cerámicos, ningún conjunto puede considerarse residual. Por otro lado, no hemos encontrado ninguna de las producciones típicas del s. I a.C., ya sean ánforas Dressel 1 o Pascual 1 y Tarraconense 1 (que perduran hasta el cambio de Era), o cerámicas de barniz negro. Tampoco ha aparecido un solo fragmento de cerámica ampuritana clásica, oxidada o

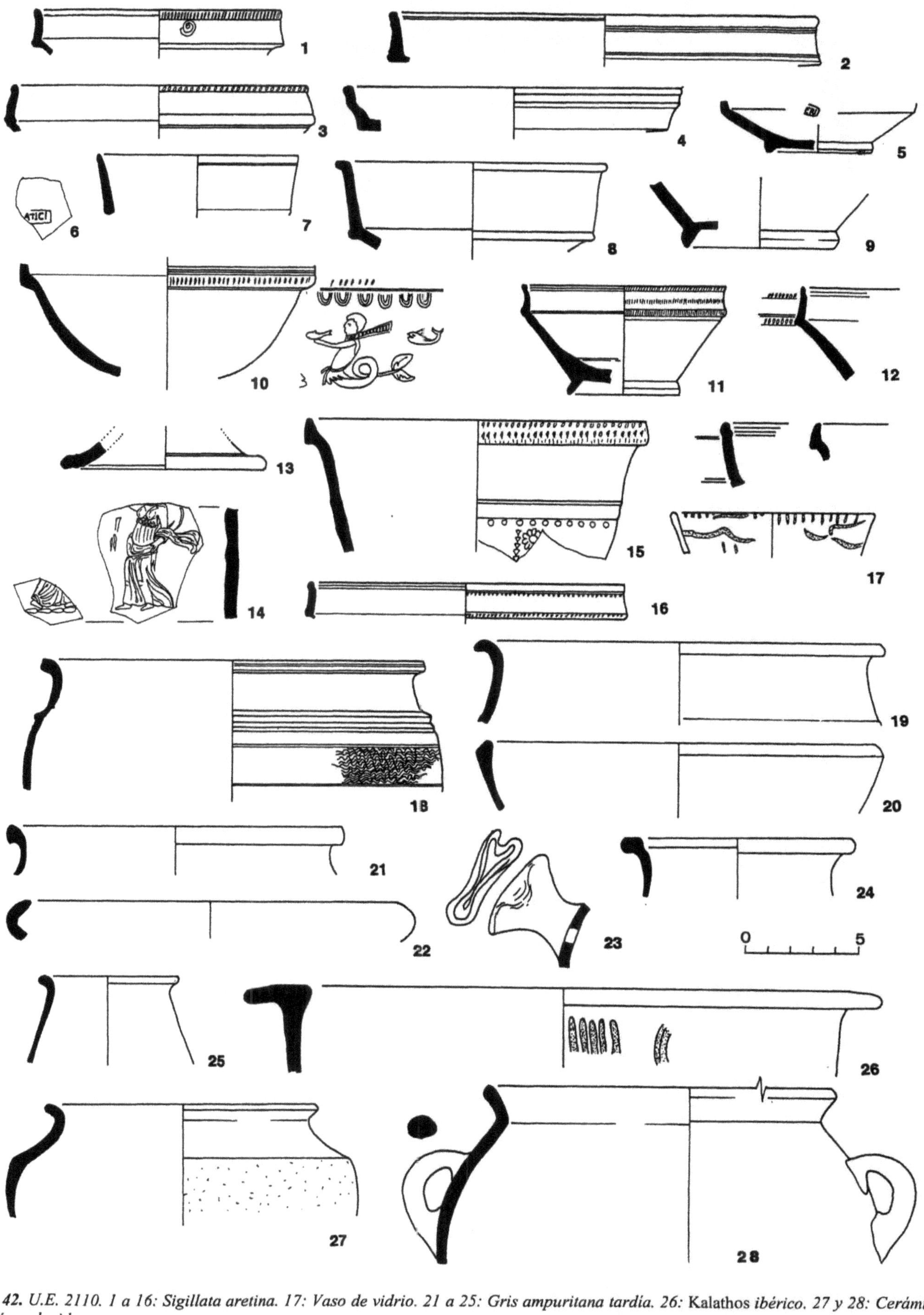

Fig. 42. U.E. 2110. 1 a 16: Sigillata aretina. 17: Vaso de vidrio. 21 a 25: Gris ampuritana tardía. 26: Kalathos *ibérico. 27 y 28: Cerámica común reducida.*

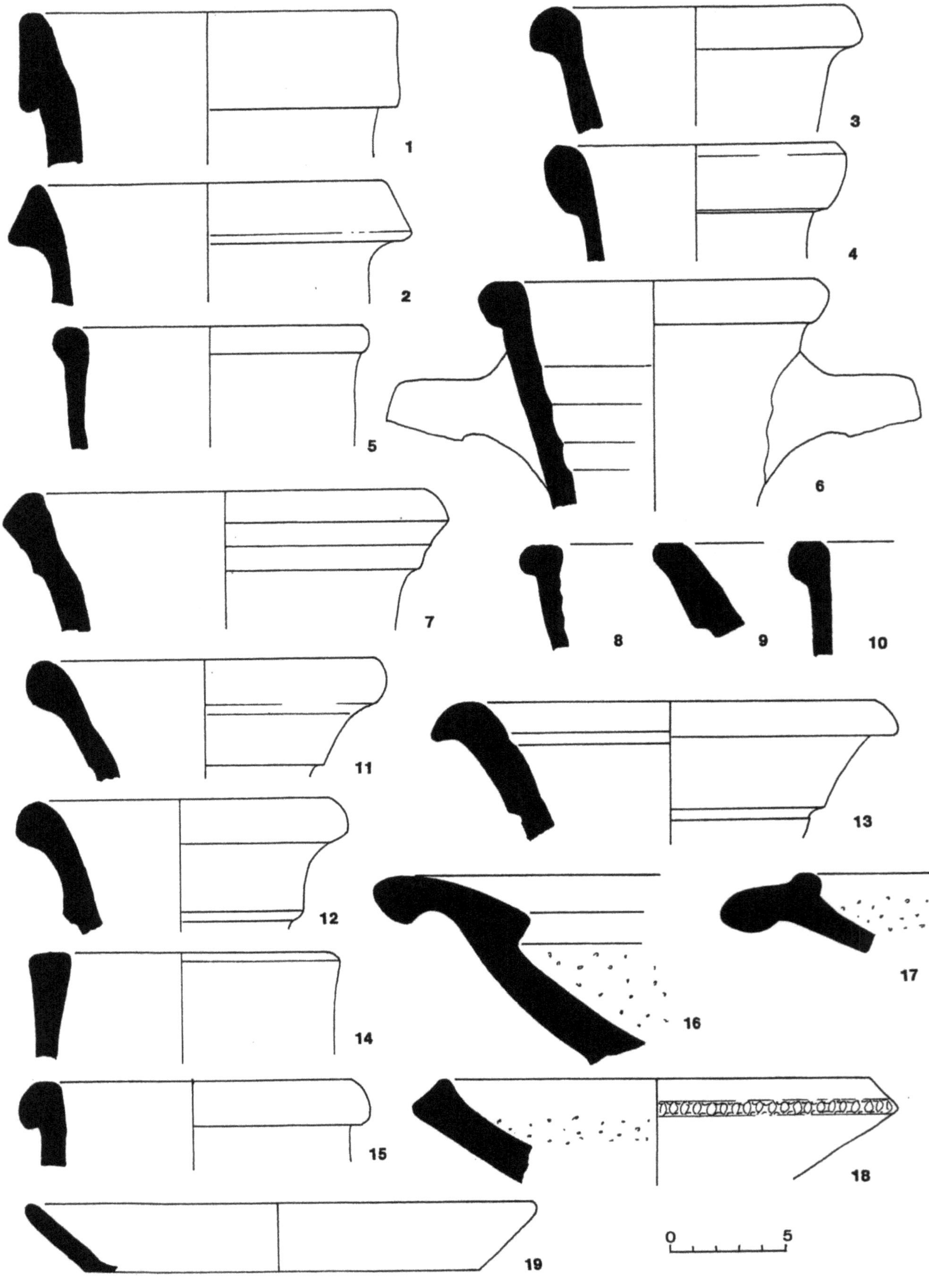

Fig. 43. U.E. 2110. 1 a 15: Repertorio de diferentes tipos de ánfora. 16 a 18: Morteros. 19: Cerámica común reducida.

reducida. Como materiales más tardíos, que podrían señalar un límite para la datación del estrato, cabe señalar la total ausencia de la sigillata sudgálica, que aparece en la villa a partir del segundo tercio del s. I y se vuelve especialmente abundante en ámbitos y estratos de la segunda mitad del mismo siglo.

Finalmente, debemos señalar que las sigillatas itálicas, básicamente aretinas, parecen pertenecer al período de máxima difusión del producto y, en el caso de las dos marcas que ya habíamos comentado antes, realizadas con punzones rectangulares, habría que fecharlas, como máximo, en la segunda década del s. I, momento en que fueron substituidas de modo muy rápido por los *sigilla in planta pedis* (Atlante 2/Pucci 1985, p. 374-375). Este hecho, no obstante, puede ser circunstancial, teniendo en cuenta que en el estrato 2006, excavado en 1984-85, equivalente a los estratos 2112, 2415 y 2411 de la campaña de 1991 y 1995, sí aparece este tipo de *sigillum* (Merino & Rocas1989, p. 105-160).

Por lo tanto, con todas las reservas necesarias y teniendo en cuenta el limitado repertorio de material arqueológico del estrato, pero también contemplando el gran conjunto aparecido en el estrato superior, consideramos que podemos fechar la formación de la U.E. 2412 en el primer terció del s. I. Esta cronología coincide más o menos con la fundación de la villa en su fase tardoaugústea, momento en que empezó a utilizarse el vertedero.

U.E. 2415

Se localiza en un nivel superior y apartado, sin contacto directo con el nivel que acabamos de analizar, en un escalón del suelo geológico. No obstante, se formó inmediatamente después del 2412. La composición del estrato también es muy similar a la del anterior. Quizás el color de la tierra no es tan oscuro, ya que no contiene tantas cenizas vegetales ni restos orgánicos y el porcentaje de limos y tierras finas es más alto. De todas formas, la cronología de ambos estratos es muy próxima (quizás contemporánea), a pesar de que en la parte superior aparece un total de 8 fragmentos de cerámica africana posteriores, que pueden ser atribuidos sin duda a intrusiones procedentes del estrato que los recubre (U.E. 2409).

Aunque el número de fragmentos de material arqueológico (sobretodo cerámica), continúe siendo tan bajo como en el estrato 2412, ahora vemos ampliado el repertorio de formas y tipos, sin que ello suponga un gran salto o un notable incremento como el que veremos cuando entremos en el análisis del contenido del estrato 2411. Además del material típico de época augústea y de los primeros decenios del s. I (más adelante intentaremos concretar la cronología), aparece la primera de las intrusiones citadas: dos fragmentos de cerámica africana de cocina (forma Hayes 196), que habría llegado a él desde el estrato inmediatamente superior (U.E. 2409).

El primer grupo es el formado por la sigillata aretina, pero con siete fragmentos únicamente identificados (dos formas y 5 sin forma determinada), que documentan esta producción. Solo podemos destacar una pieza que corresponde al borde de una copa decorada de la forma Cons. R.7 o R.9 (Fig. 52: 22), que creemos poder fechar, aunque con bastante dificultad, en el período de Augusto-Tiberio (Kenrick 1990, p. 177-178).

También es muy limitada la presencia de cerámica de paredes finas. La información que nos pueden aportar los dos fragmentos sin forma atribuibles a esta producción es mínima. Constatamos su presencia, que casa perfectamente en el marco cronológico general del estrato, pero no podemos conocer a que formas pertenecen y no podemos precisar su cronología.

En cambio, el número de fragmentos de la cerámica ampuritana tardía aumenta en relación con el de los tipos anteriores, aunque las formas identificadas no presentan diferencias respecto a la tipología ya conocida de la producción. Citaremos, especialmente, el cuello y borde de una urna típica (Fig. 52: 20), y el labio de un vaso bicónico de pequeñas dimensiones, heredero de los bicónicos de la producción de gris ampuritana clásica del s. II a. C. (Fig. 52: 21). Ambos pueden fecharse entre la segunda mitad del s. I a.C. y los primeros años del siglo siguiente, aunque el primero de ellos parece ser que apareció en una época más reciente, más próxima al cambio de Era, tal como atestiguan numerosos paralelos hallados en la misma villa. Otro de los fragmentos, sin forma, está decorado con pequeños triángulos impresos, bastante habituales en la producción.

Como materiales aún más minoritarios podemos citar los fragmentos de cerámica de engobe blanco, ánfora y cerámica común. Del primero de ellos, que empezó a producirse en talleres ampuritanos a partir del s. II a.C. y perduró hasta inicios del s. I, identificamos cuatro fragmentos, de los que solo uno pertenece a un borde (Fig. 52: 18), con el labio plano y las típicas molduras en la parte exterior.

De la treintena larga de fragmentos de ánfora recuperados, tan solo tres corresponden a formas. Uno de ellos, una base, parece que puede atribuirse a la forma Dressel 1 o, mejor aún, al tipo Pascual 1, habitual a lo largo de todo el s. I a.C., desapareciendo en los primeros años del s. I d.C.

En lo referente a la cerámica común, a pesar de ser el lote más numeroso, con un claro predominio de los fragmentos oxidados sobre los reducidos, los que corresponden a formas (bordes, asas, bases), son mínimos. Podemos señalar, en todo caso, un labio de una jarra o quizás de una urna tipológicamente muy próxima a las formas de la cerámica de engobe blanco (Fig. 52: 19). No conocemos paralelos directos pare este pieza, si bien la forma característica del labio es bastante corriente en época augústea.

Finalmente, solo hemos de citar algunos fragmentos de cerámica de producciones residuales correspondientes a épocas anteriores. De entre este conjunto, muy pobre, señalamos un fragmento de cerámica oxidada pintada (probablemente un *kalathos*); un fragmento de cerámica micácea barnizada en rojo, sin forma; otro sin forma de cerámica de barniz negro campaniense, y cuatro fragmentos también sin forma de cerámica reducida espatulada en la pared exterior, producción local típica del cambio de Era. Además, los dos fragmentos de cerámica africana de cocina, que ya citábamos al inicio y que consideramos intrusiones

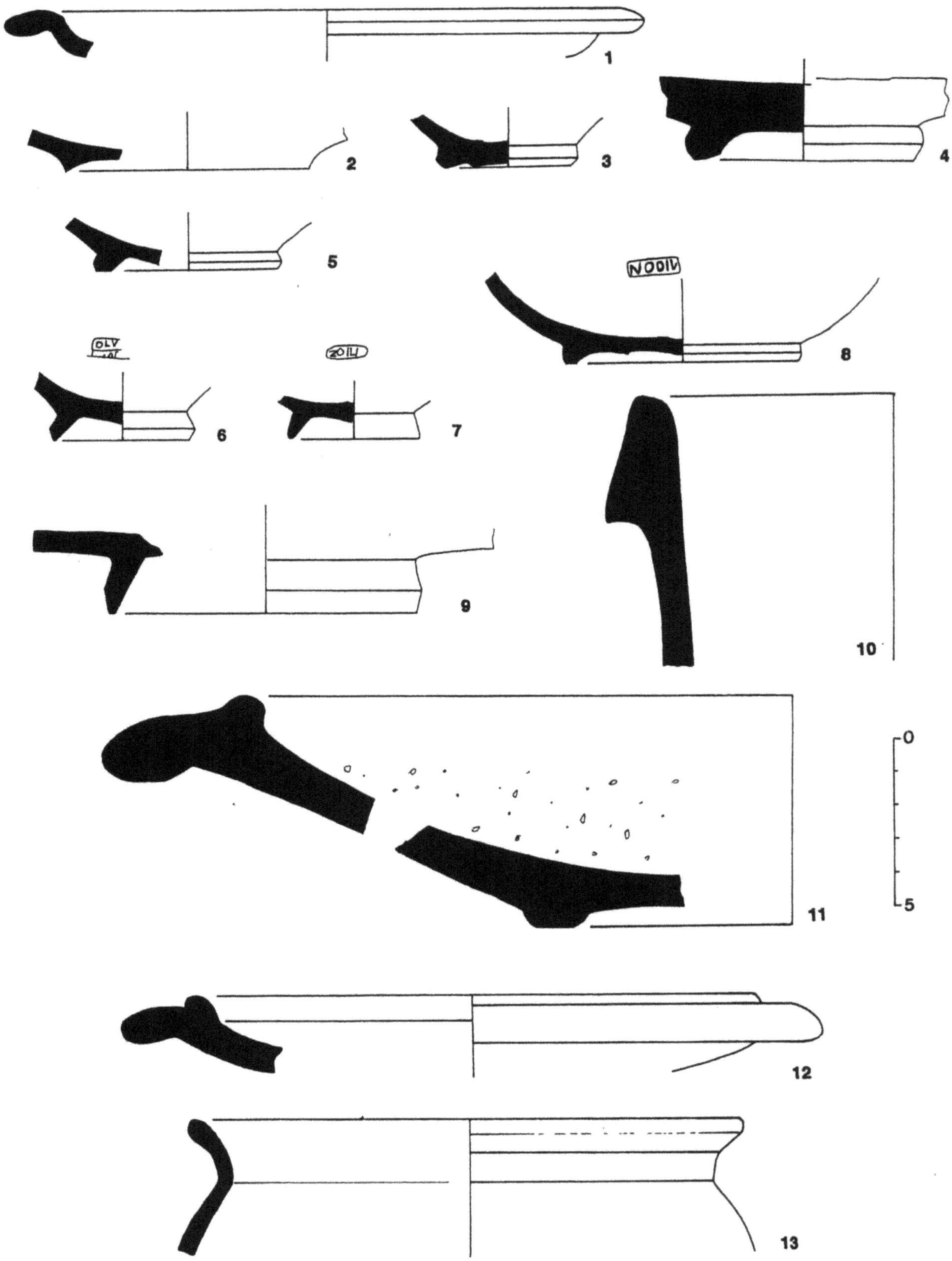

Fig. 44. U.E. 2110. 1: Campaniense A. 2, 3 y 5: Gris ampuritana tardía. 4: Cerámica local de barniz negro. 6 a 9: Sigillata aretina. 10: Ánfora Dressel 1. 11 y 12: Mortero. 13: Cerámica común reducida.

posteriores.

En cuanto al material no cerámico, forma un conjunto heterogéneo, entre el que debemos destacar los restos de fauna, con un número elevado de huesos de animales domésticos y una presencia notable de restos malacológicos que ya es habitual en cualquier estrato del yacimiento .

Relacionada con la fauna y con el aprovechamiento de los recursos que ofrecía la caza, así como con una actividad artesanal omnipresente en la villa en cualquier época, aparece el extremo de la cornamenta de un ciervo, serrada y pulida en la base (Fig. 52: 24). Este es un elemento bastante usual; una materia prima muy utilizada en las villas de la región para la fabricación de mangos de cuchillo.

Para terminar solo citaremos un conjunto de elementos de construcción, muy pobres, pero que muestran una vez más la existencia de un edificio anterior a la formación de este estrato del vertedero. Se trata de unos restos que detectamos en todo el yacimiento, de forma dispersa dentro de silos y depósitos abandonados hacia el cambio de Era. En este estrato aparecen algunos trozos de revestimiento de paredes con indicios de pintura, restos de pavimento de *opus signinum* y dos teselas de mármol.

Cronología.
Al intentar establecer la cronología de este segundo nivel del vertedero, podemos dar por buenas todas las reflexiones anotadas cuando hemos fechado el estrato 2412, puesto que el repertorio de producciones cerámicas es muy similar e incluso igual de pobre. Cabe destacar, en todo caso, la presencia de materiales de intrusión claramente posteriores (dos fragmentos de cerámica africana), procedentes de los niveles del s. II depositados encima, así como los restos constructivos correspondientes a los edificios de la fase de los precedentes de la villa, derruidos y vertidos en la fosa poco antes de la construcción de los muros de la fase augústea.

U.E. 2411.

Es el estrato más importante de este período, tanto por su potencia y extensión como por la cantidad de material arqueológico que contenía y que permite corroborar las cronologías de los dos anteriores. Está formado por tierras blandas, muy finas y cenicientas, con los mismos componentes que ya habíamos visto en los dos anteriores. Al igual que ellos, sigue la pendiente natural del vertedero y se vuelve más grueso a medida que avanzamos hacia el centro del vertedero. Se halla recubierto completamente por el estrato 2049 y, en un extremo, por una pequeña parte del 2412, de características y cronología muy parecidas, si no idénticas.

El número absoluto de material arqueológico recuperado en el estrato es muy elevado, con un claro predominio de la cerámica, seguida por los restos de fauna, metal y vidrio.

Dentro del conjunto cerámico, la producción más abundante es la cerámica común, oxidada y reducida; la siguen en porcentaje las ánforas, la cerámica de paredes finas y la sigillata itálica y la cerámica ampuritana tardía. Como producciones minoritarias cabe citar algunos fragmentos de sigillata sudgálica y otros, quizás residuales, de cerámica micácea con barniz negro o rojo interno de tipo pompeyano, itálicas de pasta micácea, cerámica de engobe blanco y cerámica campaniense. Además, debemos señalar la presencia de más de sesenta fragmentos de lucerna pertenecientes casi todos ellos al tipo que genéricamente se ha denominado de volutas.

En cuanto a los restos de fauna, la mayor parte corresponden a fauna terrestre (animales domesticados, bóvidos, aves, ovicápridos, etc.); el resto, a fauna marítima, con un claro predominio de moluscos de diferentes especies ya identificadas en otros puntos del yacimiento, caracoles de mar (*Murex brandaris*), mejillón (*Mytilus edule*), sepia y, finalmente, caracoles terrestres (*Helix aspersa*).

El conjunto de metales está constituido por hierros y bronce, con pequeños objetos no clasificables y dos monedas, ases de Ampurias con la leyenda EMPOR/DD.

Sigillata itálica
El repertorio de formas y variantes se amplia considerablemente en relación con el de los estratos anteriores, especialmente en lo que respecta a los vasos lisos. Siguiendo la clasificación básica de Goudineau, hallamos las formas 6, 13, 18, 21, 27, 28, 29, 35, 36, 37, 38, 40, 41 y 42 (y quizás la 43); todas ellas con diferentes variantes y, a menudo, con decoraciones realizadas a ruedecilla. En total representa un conjunto de 24 formas y variantes principales, en el cual predominan claramente algunas formas básicas: las Conspectus 3, 6, 9, 18, 22, 23, 29, 31, 32, 33, 34, 36 y 38, que se sitúan en un marco cronológico comprendido entre el último decenio del s. I a.C. hasta los alrededores del año 50 de nuestra Era, con un momento álgido de producción dentro del primer tercio del s. I. La producción y comercialización de algunos de estos vasos perdura, no obstante, hasta pasados los años 50 y, en algún caso (Cons. 34/Goud. 38/Pucci 37.6 o 9), llegan casi hasta el final del siglo primero. El repertorio completo de formas es el siguiente:

Cons 3.1/Pucci 13.4/Goud. 43(?). Es el típico plato con la pared inclinada hacia el interior y el labio diferenciado, normalmente de base ancha. Parece ser que apareció alrededor del año 20 y posiblemente perduró hasta mediados del s. I (Fig. 55: 10 y 13).

Cons. 6.1/Mazzeo 19/Goud. 31. Se trata de un plato de borde cóncavo-convexo, a menudo con la pared externa del labio decorada con incisiones o a ruedecilla. Una decoración sencilla que se repite a menudo en las formas lisas de la sigillata itálica. Se fecha entre Augusto y Tiberio, aunque perduró durante algunos años, en pleno s. I (Fig. 54: 23).

Cons. 11/Pucci 7.5/Goud. 15. Plato de base ancha y pie robusto, con el fondo casi plano y una pared corta que termina con un labio que vierte hacia el exterior. Es una pieza típicamente augústea, cuyo momento de aparición debe situarse en los últimos años del s. I a.C. (Fig. 54: 2).

Cons. 12.3/Pucci 8.1/Goud. 15. Variante del plato anterior, del que se diferencia sobretodo por la superficie de reposo del pie, más delgada y de sección triangular. Comenzó a produ-

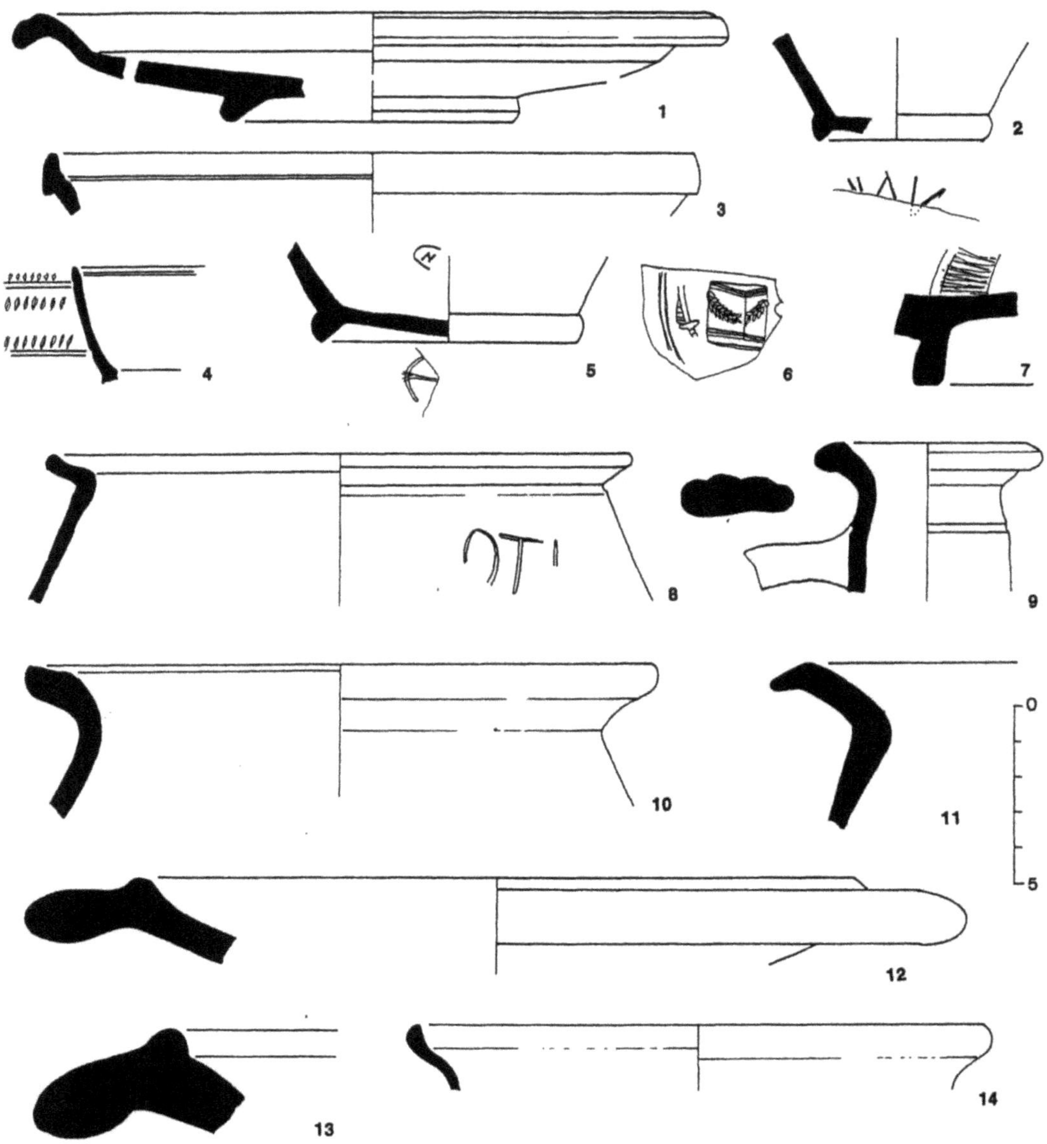

Fig. 45. U.E. 2430. 1: Gris ampuritana, 2 a 4 y 7: Sigillata aretina. 6: Lucerna de volutas. 8 a 14: Cerámica común y morteros.

cirse hacia el año 15 a.C. y perduró durante los primeros decenios del siguiente siglo, con variaciones substanciales (Fig. 54: 3 a 5; fig. 57: 1).

Cons. 14.1/Pucci 20/Goud. 13. Cuenco o bol derivado del plato anterior, de paredes altas e inclinadas hacia el exterior y labio triangular que recuerda al del plato Cons. 12.3. Las variantes más antiguas aparecen hacia el 25-20 a.C. y tienen una gran difusión unos diez años más tarde. Es una de las formas más imitadas por las producciones locales de pasta micácea y barnizados en negro (con una excelente representación en Tolegassos). Teniendo en cuenta la cronología de este último producto, considerado por Sanmartí ligeramente más antiguo que los vasos barnizados de rojo, quizás debería fecharse la forma algunos años antes, hacia los inicios del último tercio del s. I a.C. (Sanmartí 1974-75, p. 251-261; Casas et alii 1990, p. 40.41), (Fig. 57).

Cons. 14.1/Pucci 20-21/Goud. 18.2. Otra variante, con las mismas características y con diferencias apreciadas únicamente en el labio.

Cons. 18.2/Pucci 10.7/Goud. 36. Uno de los platos más típicos de las sigillatas itálicas, con numerosas variantes y medidas. Normalmente presentan círculos impresos en el fondo interno; a veces, decoración a ruedecilla alrededor del labio y a menudo con el *sigillum* en el centro. La producción de esta forma parece que se inició a finales del s. I a.C. pero perduró hasta inicios del s. I y en época de Tiberio se transformó en la forma Cons. 20 (Fig. 54: 6 a 8, 10, 11 y 14).

Cons. 20.3/Pucci 10.14/Goud. 36.b. Una variante surgida como una evolución de la forma anterior, con el pie anular y la pared vertical. A parte de las evidentes diferencias morfológicas respecto a la otra forma, no es raro que este plato está decorado con figuras aplicadas, más o menos sencillas, y que su fondo interno presente una franja circular de estrías realizadas a ruedecilla (Fig. 57: 12).

Cons. 21/Pucci 9. Plato parecido a la forma 20, fechable en la misma época, que sufrió una evolución casi idéntica al primero (Fig. 54: 12 y 15).

Cons. 22/Mazzeo 12/Goud. 27/Ritt. 5. Cuenco o vaso alto, de forma tronco-cónica. Normalmente con decoración a ruedecilla alrededor del labio y, a veces, con caracoles aplicados encima. La mayor parte de los fragmentos de esta forma hallados en el estrato parecen típicamente norteitálicos. Ha sido fechada a partir de la última década anterior a nuestra Era hasta época de Claudio (Fig. 55: 8; fig. 60: 3).

Cons. 23/Mazzeo 12/Goud. 37/Ritt. 5. Cuenco o copa alta, probablemente de procedencia noritálica, casi idéntica a la anterior y de menores dimensiones. Idéntica cronología o quizás un poco más tardía (Fig. 55: 14).

Cons 23.2/Goud. 40. Otra variante de la misma forma genérica, que debe fecharse en un momento más tardío, entre el segundo y tercer cuarto del s. I (Fig. 55: 11).

Cons. 25.1/Pucci 25.3. Vaso o copa ápoda similar a la Ritt. 5, fabricada especialmente durante el período de Augusto-Tiberio, con una distribución limitada (Fig. 54: 16 y 17; fig. 57: 5).

Cons. 27.1/Pucci 29.14/Goud. 41. Vaso o bol de base troncocónica y pared alta y vertical, que termina con un labio plano y grueso, de sección casi triangular. Presenta diferentes variantes, algunas documentadas en esta mismo estrato (Cons. 27/Pucci 29.15). Parece ser que apareció alrededor del año 15 y su fabricación abarcó el período de Tiberio a Nerón (Fig. 57: 9).

Cons. 31.1/Goud. 32b. Copa de pie anular y labio abierto ligeramente facetado, decorada con incisiones a ruedecilla. El cuerpo es de forma tronco-cónica. La forma aparece hacia el año 10 a.C. y perdura pocos años, hasta inicios del s. I (Fig. 54: 18 y 22).

Cons. 32.1/Mazzeo 14/Pucci 23.6/Goud. 42. Copa o vaso alto con la pared inclinada doblemente convexa. Será el prototipo de la Drag. 27 en sigillata sudgálica. A menudo tiene la parte superior de la pared y el labio decorados a ruedecilla. Aparece alrededor del año 10 a.C. o poco después y perdura hasta más allá del principado de Augusto, siendo imitada en otras producciones (Fig. 55: 17).

Cons. 33.2/Pucci 37/Goud. 38 var. Copa con pie anular bajo, con una gran variedad de dimensiones y un anillo que sobresale en la parte media del cuerpo. La parte superior suele estar decorada a ruedecilla. Aparece hacia la primera década de nuestra Era y evoluciona a lo largo de todo el siglo, siendo ampliamente imitada por la sigillata sudgálica (Drag. 24/25), (Fig. 55: 9 y fig. 57: 2).

Cons. 34.1/Pucci 37.6/Goud. 38a. Variante del vaso anterior, con el anillo que separa el borde de la pared situado más arriba de lo habitual. Aunque conserva la decoración a ruedecilla, es más habitual encontrar decoraciones aplicadas en forma de caracolillos. Aparece hacia el 20 y perdura hasta finales del s. I (Fig. 55: 5 y 6; fig. 57: 6).

Cons. 36.3-4/Pucci 31.4; 34.7/Goud. 21. Variantes de un mismo vaso de pie bajo y robusto, paredes muy finas y a menudo decorado a ruedecilla. Es un producto agústeo, con inicios hacia finales del s. I a.C. en la variante Cons. 36.3 (quizás a partir del 20 a.C.), y con una larga perduración durante el s. I. La variante Cons. 36.4 parece más tardía (Fig. 55: 22 y 23).

Cons. 38/Haltern 14. Copa semiesférica, de paredes ligeramente verticales, decorada a ruedecilla por el exterior y con dos asas cuya parte superior suele presentar una forma plana (Fig. 55: 2). Se fabricó entre finales del principado de Augusto e inicios de Tiberio.

Cons. R.4.2.1. Solo se conserva un fragmento del labio, con restos de decoración a ruedecilla. No obstante, parece que puede atribuirse a esta forma genérica, con decoración en la mitad inferior de la pared. En este caso, deberá fecharse en época de Tiberio, perdurando pocos años (Fig. 57: 3).

Cons. R.8.1. Se trata de una copa decorada, de pie alto y diferenciado. En este caso podemos identificar tres ejemplares con diferentes grados de conservación. Uno de ellos, de excelente calidad, realizado a partir de un molde nuevo y depurado, está decorado con una escena de sacrificio u ofrenda, con una procesión de personajes provistos de utensilios y/o recipientes. Un fragmento de marca (ATI...?) parece que permite asociarlo con el taller de **Atilianus** o quizás **Ateius** (Fig. 56: 3 y fig. 58). La decoración de un segundo ejemplar, más pobre y con una técnica menos elaborada, pero seguramente más original, presenta diversos Eros dispuestos sobre sendas columnas, separados por candelabros (Fig. 56: 4). En el tercer ejemplar la decoración es geométrica y vegetal, con punzones de buena calidad (Fig. 56: 2). Probablemente procede del taller aretino de **Rasinius**, del que conocemos un molde original idéntico a este ejemplar (Stenico 1960, tav. 45, 268). Todos ellos pertenecen al período de Augusto-Tiberio.

Cons. R.7 (o variante). también se trata de una copa de pie bajo pero diferenciado, con el labio menos moldurado, de buena calidad, fabricado a partir de un molde de gran calidad. En este caso presenta una decoración vegetal bien conservada (Fig. 56: 1), y una marca en la pared externa, rota y de difícil lectura (MEM?...). Deberemos fecharlo hacia finales del principado de Augusto (Conspectus 1990, p. 176-177).

Cons. 11.1. Copa sin pie y con la base poco diferenciada, normalmente con la mitad inferior del cuerpo decorada. Es una forma próxima a la 5d de Mazzeo. Parece posible

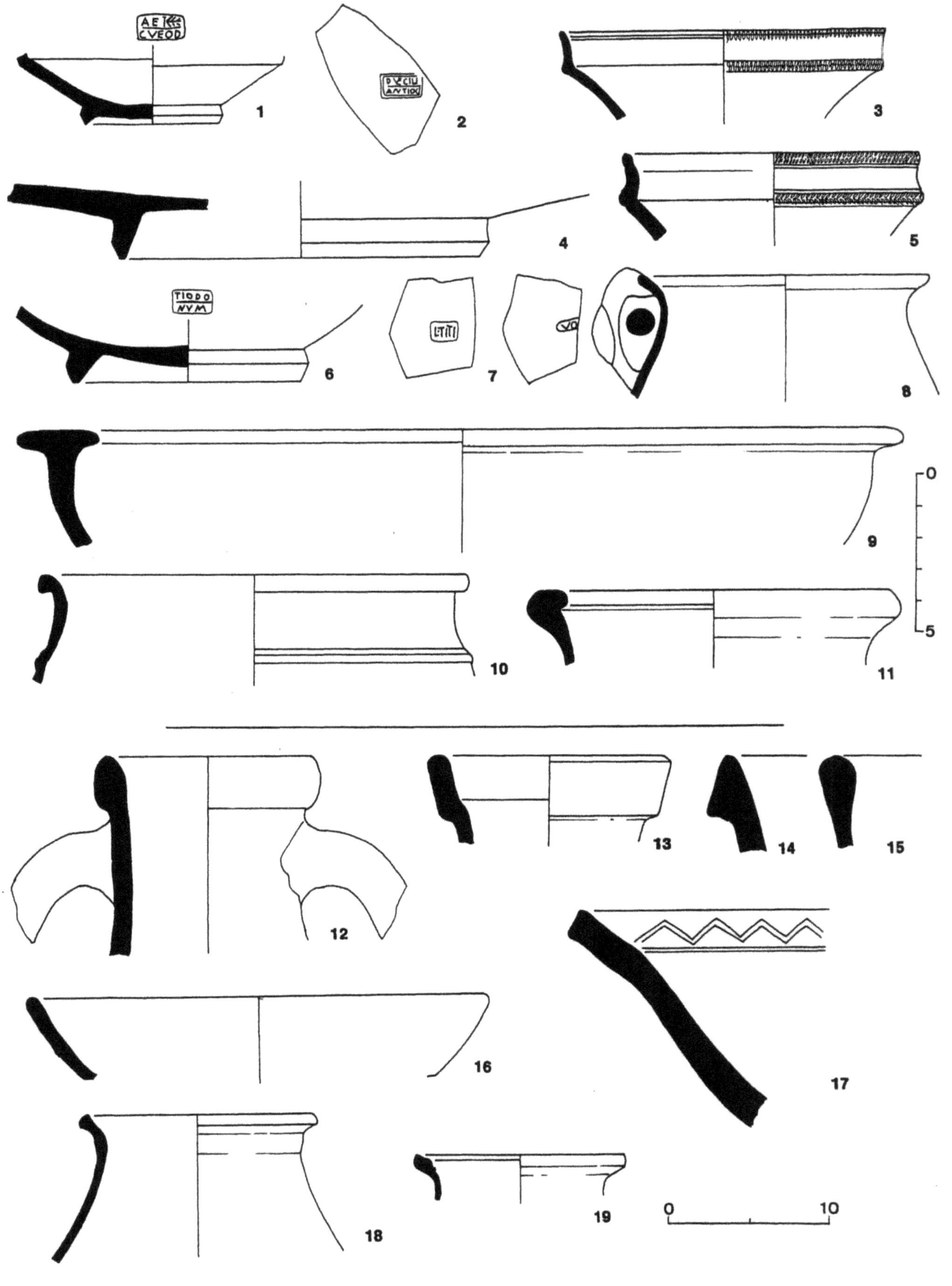

Fig. 46. U.E. 2431. 1 a 7: Sigillata aretina. 8: Cerámica local bruñida. 10: Gris ampuritana. 9, 11, 16-19: Cerámica común. 12 a 15: Ánfora.

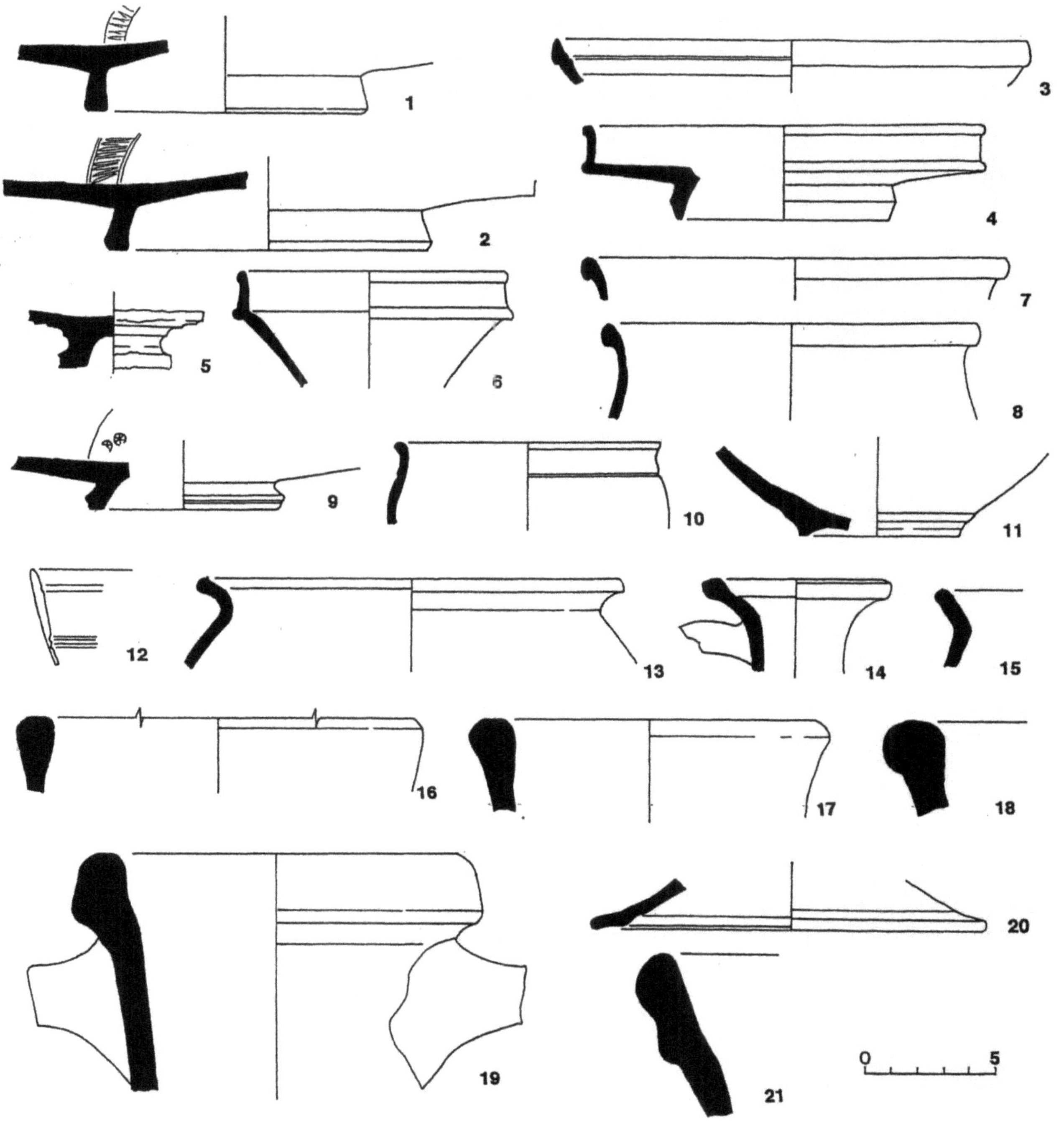

Fig. 47. U.E. 2438. Sigillata aretina y sudgálica, grises ampuritanas, cerámica común y ánfora.

fecharla hacia finales del principado de Augusto, o primeros años del s. I (Fig. 57: 4).

Estos productos, incluso los de la producción lisa, casi siempre tienen algún elemento decorativo, a menudo muy sencillo, ya que se limita solamente a las franjas impresas a ruedecilla en la parte superior del cuerpo o cerca del labio. Aunque la decoración menudea en los recipientes altos (vasos o copas), tampoco es extraña en algunos de los platos más habituales, ya sea justo en el labio o en el fondo interno. Normalmente la decoración impresa es muy sencilla y suele estar compuesta de franjas verticales o inclinadas. Pero no es raro encontrar otros motivos más complejos, con combinaciones de líneas, triángulos y rombos que dan al vaso una gran vistosidad (Fig. 54: 16 a 18, 21y 22; fig. 55: 2 a 9 y 17). A menudo las decoraciones impresas se complementan con aplicaciones de figuras más o menos sencillas, entre las que cabe citar los caracolillos unidos con finas tiras de arcilla, siendo éstas las más repetidas (Fig. 55: 4). En el caso de las copas, las decoraciones a molde son de mayor calidad, aunque han llegado hasta nosotros en ocasiones bastante maltrechas.

En cambio, en comparación con el número de fragmentos, la

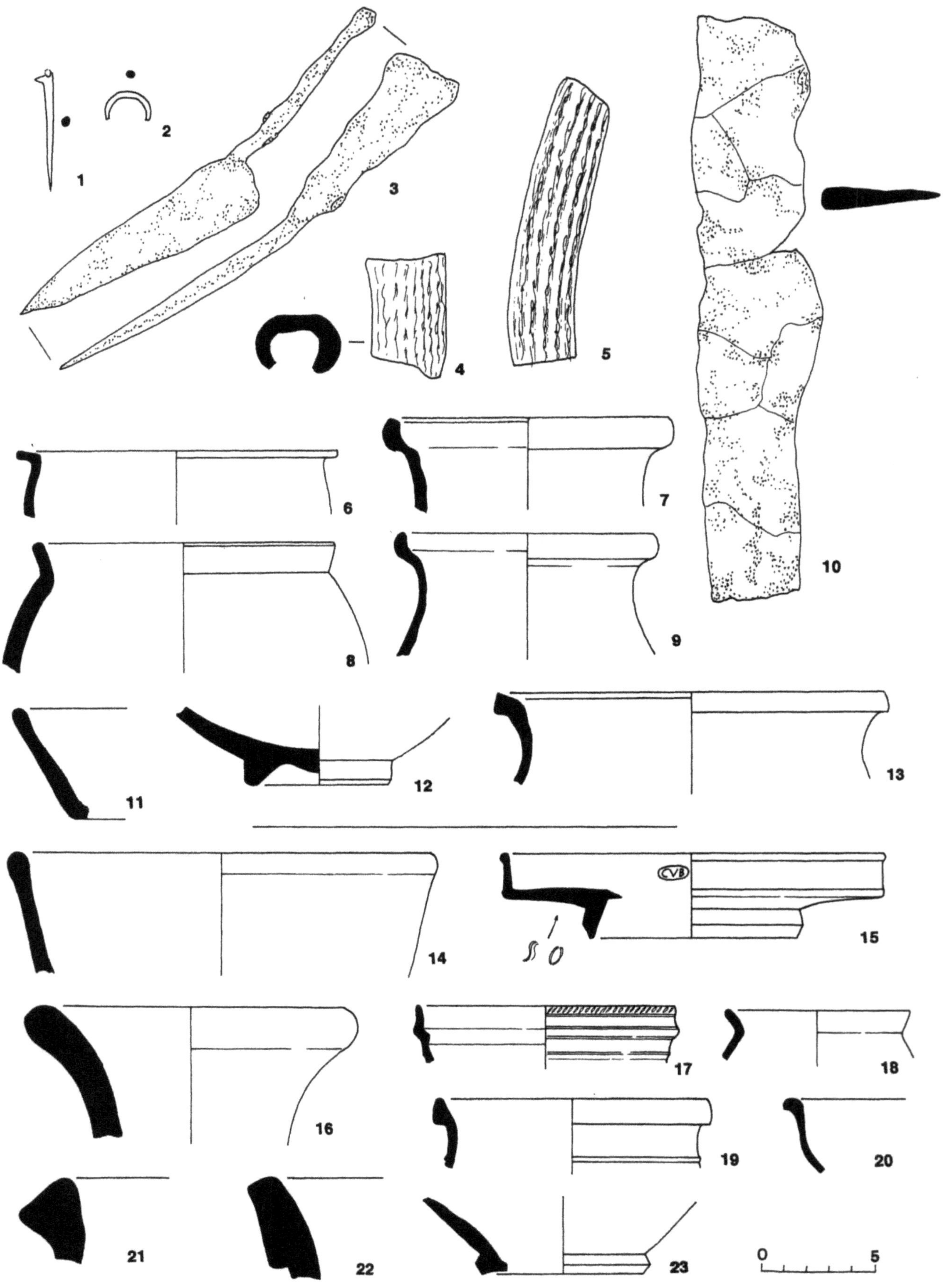

Fig. 48. U.E. 2110 y 2105. Instrumentos de hierro y bronce, cerámica de engobe blanco, ánfora, sigillata aretina y grises ampuritanas.

cantidad de marcas es baja. Tan solo hemos hallado catorce *sigilla* diferentes (ZOILI, XAN, MEM.. o MER..., ATI.. CGN, MAVFR/PCORN, ATEI, P.B., VMBR, PCORNE/MEM, M.PIRE, CSES/FI.... CORIN/MANM y ...VILLINA).

Ya comentamos en otra ocasión el taller de **Ateius** y la problemática que supone la identificación de las diferentes sucursales y los productos de libertos o de talleres relacionados con el centro principal. No insistiremos, pues, en este aspecto. La cronología, aunque con algunos puntos oscuros, parece que debe situarse a partir de época de Augusto, desde los últimos años del s. I a.C. hasta inicios del siglo posterior.

También ofrece ciertas dificultades la identificación exacta del taller que fabricó las piezas con las marcas VMBR con cartela rectangular o cuadrada, debido a la proliferación de talleres y marcas de esclavos y libertos que incluyeron este nombre en sus *sigilla* (Oxé-Confort 1968, p. 547-554). No obstante, parece que el nombre de **Umbricius**, solo, podría indicar que se trata de un hombre libre o de un liberto que no forzosamente habría sido antes un esclavo ceramista (Pucci 1985, p. 370.372). En cualquier caso, es un conocido taller de la zona de Arezzo.

La otra marca, PCORNE/MEM, corresponde al taller aretino de **Memor P. Corneli** (Oxé-Confort 1968, nº 518), que se halló en actividad durante los mismos años en aquella región.

De todas formas, el relativamente escaso número y variedad de marcas detectadas no debe ser obstáculo para valorar su importancia de cara a establecer la cronología del conjunto de sigillatas, e incluso del estrato. Debemos tener en cuenta que, exceptuando el *sigillum* aplicado en relieve en el exterior de un vaso decorado, el resto se realizó con punzones rectangulares y algunos *in planta pedis*. Debemos recordar las observaciones de Goudineau recogidas posteriormente por Pucci, señalando que el cambio de las marcas rectangulares por las *in planta pedis* tuvo lugar alrededor del año 15 (Goudineau 1968, p. 352-353; Pucci 1985, p. 374-375).

La última marca, ZOILI (núm. 51), aparece en una base del tipo Cons. B4.4 o similar, de la que solo hallamos un solo ejemplar, pero también en los típicos y más abundantes platos de la forma Cons. 18/Goud. 25. Pertenece a otro de los grandes talleres aretinos que probablemente corresponde a otro de los libertos de **Ateius**.

Se ha señalado la posibilidad de que estas marcas, con el *nomen* solo, podrían ser ligeramente más antiguas, del período en el que los esclavos ceramistas habrían firmado los vasos en calidad de ejecutores materiales de las piezas (Pucci 1985, p. 369-370).

Cerámica de paredes finas.

Esta cerámica, producto típico del primer siglo de nuestra Era, está abundantemente representada en el estrato. Aparecen formas y producciones diferentes, a veces difíciles de individualizar, pero con un claro predominio de los productos itálicos y locales (algunas imitaciones ampuritanas que analizaremos en su momento), y posiblemente algunos vasos de la Bética, minoritarios, así como productos que deberemos asimilar al taller de Aco.

Aunque el número de formas y variantes es muy elevado, sobresale entre ellas la Mayet 33/Ricci 2/232 y 2/405, de la que se ha recuperado el mayor número de fragmentos. Aparecen, no obstante, las formas del repertorio de Mayet nº 8, 10, 10/11, 17, 29, 33, 35, 37, 40 y 42/43 y las 11, 37, 50 y 60 de Marabini, con diferencias y variantes que especificamos a continuación.

Forma Mayet 8/Ricci 1.198. Recipiente alto, con la mitad inferior del cuerpo de forma globular y el cuello ancho. Aunque se desconoce su exacta cronología, Mayet apunta la posibilidad de su fabricación dentro de la segunda mitad del s. I (Fig. 57: 26).

Mayet 10/Marab. 25/Ricci 2.316 o 2.388. Es una copa sin pie, con la base plana y poco diferenciada; paredes casi verticales con una ligera ondulación en la parte superior del cuerpo; el labio, muy delgado y un poco abierto, es muy corto. A menudo la parte inferior del cuerpo está decorada con impresiones triangulares realizadas a ruedecilla; decoración que aparece con cierta frecuencia en las imitaciones de cerámica ampuritana tardía (Fig. 61: 15). Existen muchas dudas sobre su cronología, aunque la primera variante (2.316), aparece en una fecha muy antigua, hacia el segundo y tercer cuarto del s. I a.C. y, en ocasiones, quizás antes. En cualquier caso, se ha señalado que su exportación fuera de la Península Itálica se iniciaría a partir de mediados del s. I a.C. (Ricci 1985, p. 289-299). Para nuestros ejemplares debemos tener en cuenta su probable fabricación en talleres ampuritanos, con imitaciones locales de gran calidad (Casas et alii 1990, p. 41-42), y su aparición en otros estratos de Tolegassos en un marco cronológico situado entre finales del s. I a.C. y los primeros decenios del siglo siguiente. Algunos de los fragmentos quizás puedan ser atribuidos al taller de Aco (Fig. 57: 19), con una decoración muy fina de punzones en el exterior.

Mayet 10/11 o variante/Ricci 2.253-254. Copa muy parecida a la pieza anterior, con el cuerpo ondulado, concavo-convexo, y el labio mejor diferenciado. Suele tener dos asas dobles contrapuestas. En la región es una de las formas más imitadas por los talleres ampuritanos de época augústea, con numerosos paralelos en contextos sellados y no contaminados en la misma villa de Tolegassos. Es un producto típicamente augústeo que perdura a los largo del primer cuarto del s. I, desapareciendo en un momento indeterminado, post-augústeo (Fig. 61: 16).

Mayet 29/Ricci 2-251. Vaso o quizás copa alta, con dos asas y con la parte superior de las paredes casi vertical, separada de la parte inferior del cuerpo por una carena muy marcada. No disponemos de suficientes datos para conocer el lugar de origen y cronología, que en todo caso deberá situarse en el s. I.

Mayet 33-35/Ricci 2-232 y 2-405. Es el recipiente que más a menudo aparece en el estrato, con ejemplares de diferentes tamaños y características. En alguna ocasión tiene la superficie de la pared arenosa; una decoración habitual en

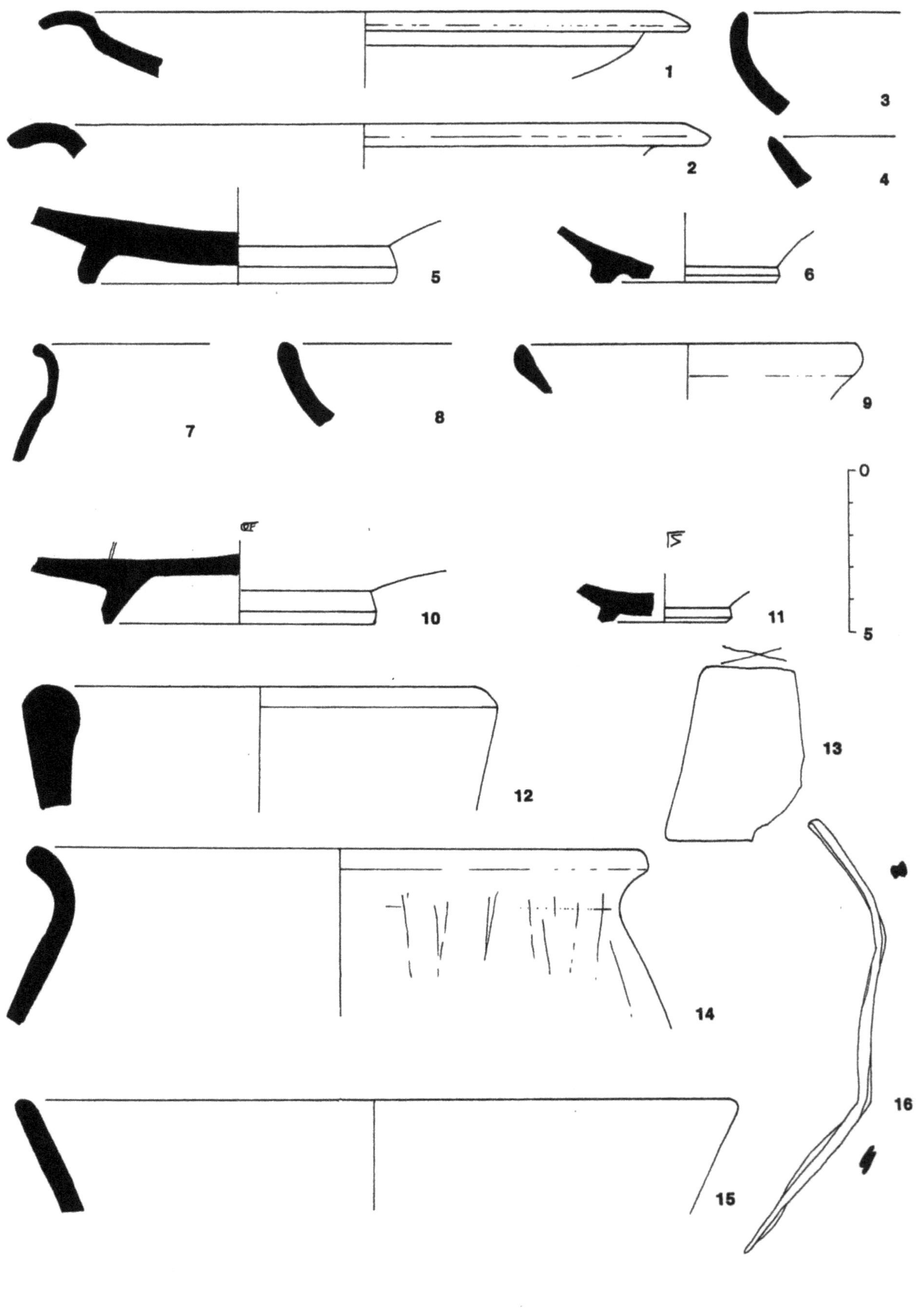

Fig. 49. U.E. 2105. 1 a 5: Cerámica campaniense. 6 y 7: Gris ampuritana. 8: Cerámica con barniz rojo coral. 9, 14 y 15: Cerámica común. 10 y 11: Sigillata aretina. 12: Ánfora Pascual 1. 13: Pondus. 16: Aguja de bronce.

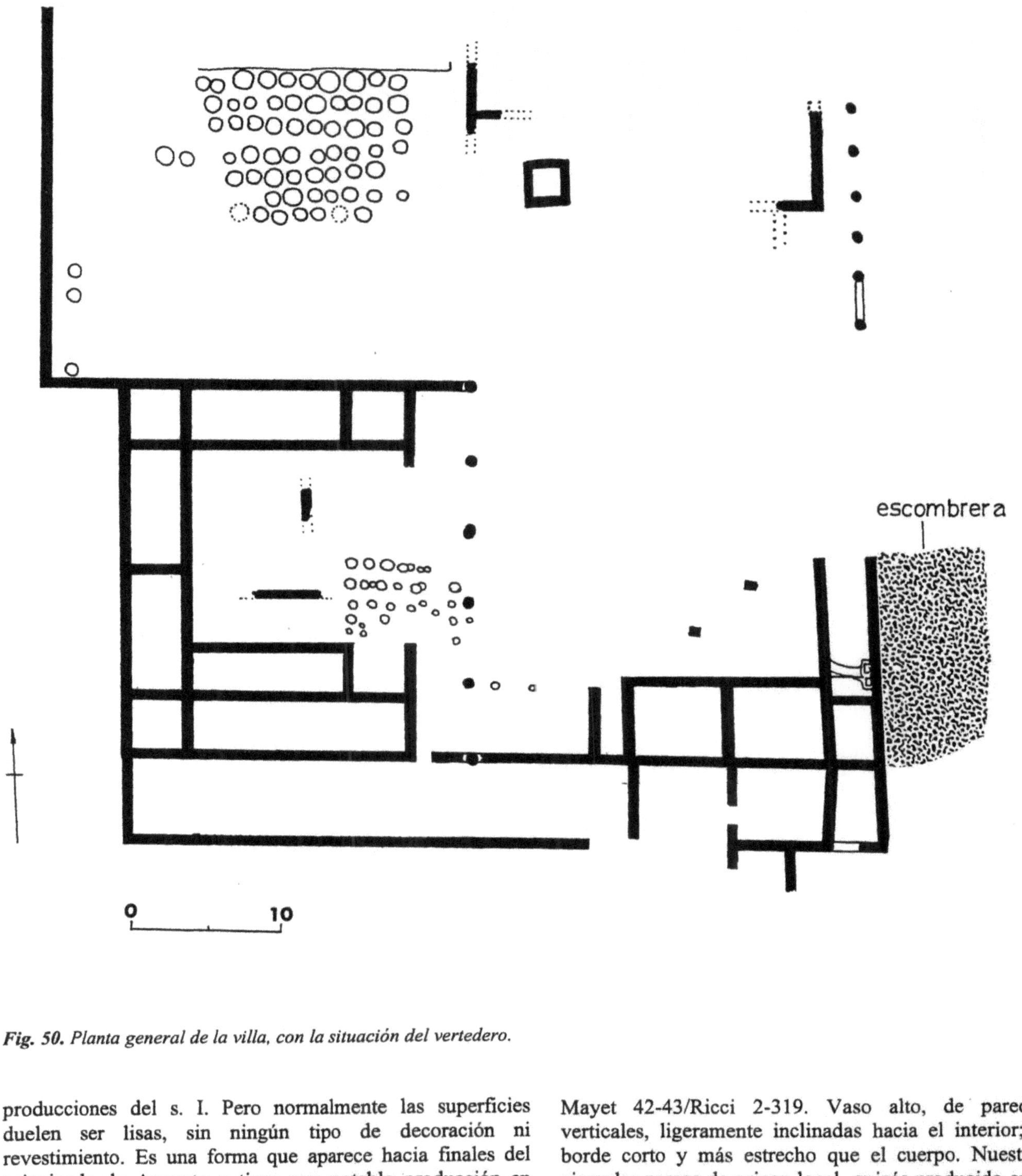

Fig. 50. Planta general de la villa, con la situación del vertedero.

producciones del s. I. Pero normalmente las superficies duelen ser lisas, sin ningún tipo de decoración ni revestimiento. Es una forma que aparece hacia finales del principado de Augusto y tiene una notable producción en época de Tiberio, con perduraciones posteriores (Fig. 57: 16, 17, 20 a 23; fig. 60: 13 y 14; fig. 61: 6).

Mayet 40. Pequeña olla o gobelete cerrado, con borde y labio diferenciados y cuerpo decorado con pedúnculos en barbotina en la mitad superior. También es una forma bastante común, con un origen en época de Tiberio y una gran presencia hasta Claudio. No obstante, continuó fabricándose hasta finales del s. I. Por otro lado, la decoración, tan típica, tiene un origen bastante antiguo, pero perdura a lo largo de todo el siglo, sobretodo en productos béticos entre los años 40 y 70, y será reproducida en ejemplares vidriados de la primera mitad del s. II (Fig. 61: 4).

Mayet 42-43/Ricci 2-319. Vaso alto, de paredes casi verticales, ligeramente inclinadas hacia el interior; con un borde corto y más estrecho que el cuerpo. Nuestro único ejemplar parece de origen local, quizás producido en talleres ampuritanos. Debe fecharse, *grosso modo*, en época de Tiberio-Claudio (Fig. 61: 1).

Marab. 11 (o var. de Marab. 50. Base de un recipiente cerrado, quizás una copa próxima a la forma citada. De esta forma o variante solo existe un ejemplar. Por la pasta parece próxima a algunos productos de cerámica ampuritana tardía, aunque la superficie ligeramente arenosa la identifica como cerámica de paredes finas típica. Consideramos que debe fecharse a inicios del s. I, en un momento post-augústeo (Fig. 51: 12).

Marab. 36/Ricci 92.9.11. Recipiente de paredes muy delgadas y rectas, con el labio sin diferenciar; es de color gris

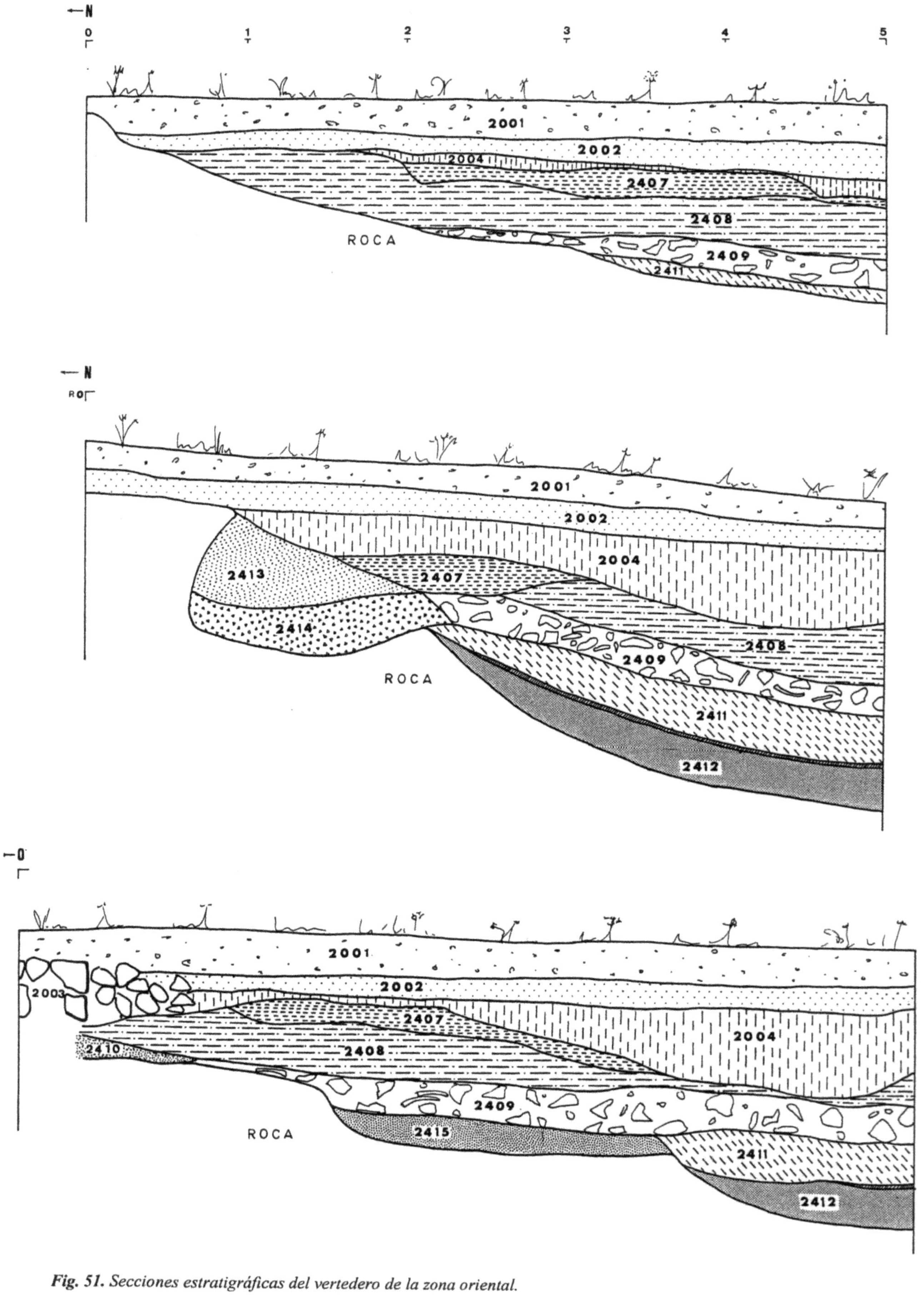

Fig. 51. Secciones estratigráficas del vertedero de la zona oriental.

oscuro, casi negro y con una decoración de barbotina de color marrón claro. Se trata de un producto augústeo que perduró durante casi todo el s. I (Fig. 57: 18).

Marab. 37/Ricci 2-230. Copa de paredes finas, ligeramente abierta en el borde y labio moldurado. Sin decoración. Se fabricó desde época claudia hasta los adrianos (Trajano). (Fig. 61: 3).

Ricci 1-370. Se han conservado diferentes fragmentos de bordes y bases que corresponden a sendas variantes de la forma genérica: una pequeña olla o vaso de boca ancha y cuello diferenciado. Uno de los ejemplares conserva dos franjas de decoración impresa a ruedecilla en la parte alta del cuerpo y una tercera línea alrededor del labio. El resto son bases sin ninguna característica destacable (Fig. 61: 5).

Marab. 50 o 60/Ricci 1-57. Se han localizado dos ejemplares pertenecientes a esta forma o a una variante muy próxima, que debe ser fechada en época augústea. Pero la forma perduró durante bastantes años y, con algunas variaciones, también aparece en cerámica vidriada hacia finales del s. I e inicios del s. II (Fig. 57: 13 y 14; fig. 61: 8).

Mayet 12/Ricci 1-164. Vaso alto o "gobelet" de paredes muy delgadas, a veces con un asa vertical desde el labio hasta la parte baja del cuerpo. El ejemplar de Tolegassos también podría pertenecer a la forma Marabini 30/Ricci 1-161 (Fig. 61: 2), que no solía tener asa. Se ha propuesto una cronología tardoaugústea para esta forma (Ricci 1985, p. 275).

Mayet 23/Ricci 1-84 (?). Jarra de cuerpo bitroncocónico y boca ancha, con dos asas de sección doble. La arcilla es de color gris oscuro en las superficies, pero rosado o marrón en el interior de la sección. Uno de nuestros ejemplares está decorado con pedúnculos de barbotina imitando una piña (Fig. 61: 21); el otro tan solo lo reconocemos por el asa (Fig. 57: 28), acabada con un trabajo de gran calidad. No ha podido ser individualizado ningún centro de producción específico para esta forma y se desconoce, así mismo, su cronología. Dejamos constancia, no obstante, de que un ejemplar expuesto en el museo de Ensérune es clasificado como un producto del taller de Aco.

Constatamos la presencia de formas de difícil clasificación, debido a su fragmentación. Una de ellas solo conserva parte del labio con el asa, rota. Quizás es una variante del tipo Mayet 38/Ricci 2-292, pero tenemos algunas dudas. La pasta, de color gris oscuro, casi negro, la acerca al ejemplar anterior (Fig. 57: 15). Otra forma imprecisa, quizás asimilable a la Marabini 36, está decorada con pequeños puntos en barbotina. Sin duda se trata de un ejemplar itálico (Fig. 57: 24).

Marabini 13/Ricci 1-61. Jarra ovoide, ligeramente carenada en la parte baja del cuerpo, con un aspecto más robusto de lo que es normal en la cerámica de paredes finas (Fig. 57: 25). El tipo es relativamente antiguo, ya que aparece durante el último tercio del s. I a.C., pero perdura hasta el primer cuarto del s. I y también se encuentra en estratos más tardíos, si bien se trata de contextos arqueológicos poco claros.

Fragmento de difícil clasificación, ya que solo disponemos de un fragmento de labio. La pasta es francamente negra, de tacto rugoso, muy dura y bien depurada (Fig. 57: 29). Podría pertenecer al tipo Mayet 36/Ricci 1-64, al que se le supone un origen ibérico; pero es una atribución poco segura. La propuesta de fecharlo en el s. I a.C. tampoco tiene elementos que puedan sostenerla (Ricci 1985, p. 260).

Marabini 36/Ricci 2-214. Vaso o cuenco bajo, de forma semiesférica, con arcilla de color anaranjado o beige oscuro. En este caso, de mala calidad y con más desgrasante de lo necesario (Fig. 57: 30), que puede fecharse entre los años 40 y 70 (Ricci 1985, p. 287).

Posible variante del cuenco carenado, sin pie y con la base plana, del tipo Marabini 64/Ricci 2-242, que se fecha entre finales de Tiberio e inicios de Claudio (Fig. 60: 7). No obstante, el ejemplar de Tolegassos tiene el labio entrante, con encaje, y está fabricado con una arcilla a la que la cocción ha dado un color gris muy oscuro, casi negro, como la mayor parte de las cerámicas de paredes finas de Tolegassos, que posiblemente proceden de un taller ampuritano o de su área de influencia.

Forma desconocida, con un lejano parecido a la copa carenada del tipo Mayet 25/Ricci 2-263, o también a la Mayet 21-22. Este ejemplar, decorado con barbotina, tiene una arcilla clara, de color naranja, y un engobe mal distribuido pero de excelente calidad, de color marrón oscuro, con iridiscéncias metálicas (Fig. 60: 9). Si pertenece a la primera de las formas señaladas, debería fecharse en época de Tiberio.

Marabini 42/Ricci 2-225. Copa semiesférica, ligeramente carenada y baja, decorada con puntos de barbotina y engobe de color naranja claro. Pasta beige-naranja, fina y depurada, de buena calidad (Fig. 60: 10). Fabricada entre Augusto y Nerón.

Mayet 18/Ricci 1-100. Solo se conserva el labio y el cuello, con el característico bisel, roto al inicio del cuerpo. No se aprecian restos de decoración (Fig. 60: 11). Este forma, que se difundió especialmente en el sector nordeste de la Península Ibérica, ha sido fechada por analogía tipológica entre finales de Augusto y Tiberio (Ricci 1985, p. 264).

Marabini 101/Ricci 1-103. Pequeña olla o cuenco, con un encaje en el borde para recibir una tapadera. Se fabricó especialmente en el centro de Italia, pero fue imitado abundantemente en numerosos talleres de la Península Ibérica. De hecho, la forma es sencilla y muy popular, y aparece en todo tipo de producciones, tanto en cerámica fina como en cerámica común oxidada y reducida (Fig. 60: 12). Tiene una amplia cronología que abarca todo el s. I.

A parte de las formas y fragmentos que pueden identificarse con relativa facilidad, en el estrato 2411 apareció un importante lote, la mayor parte sin presentar forma, pertenecientes a la producción genéricamente denominada cerámica de paredes finas. Difícilmente pueden atribuirse a una forma concreta, ya sea porqué son partes del cuerpo o de la base (Fig. 61: 7 a 14), o porqué los fragmentos de labio no ofrecen suficientes elementos para su correcta identificación.

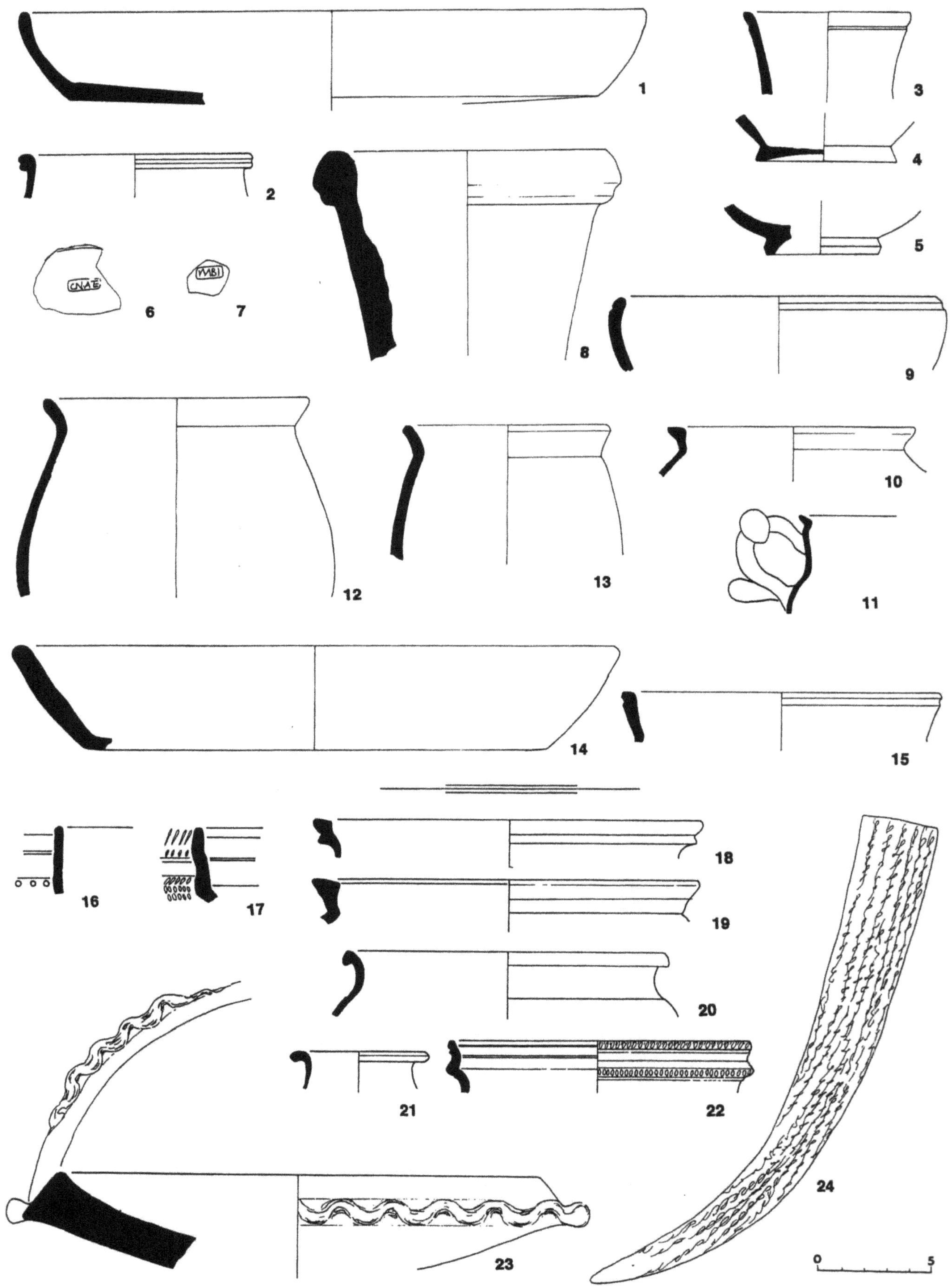

Fig. 52. U.E. 2412 y 2415. Cerámica común, aretina, paredes finas, ánfora y cerámicas ampuritanas de tipologia diversa.

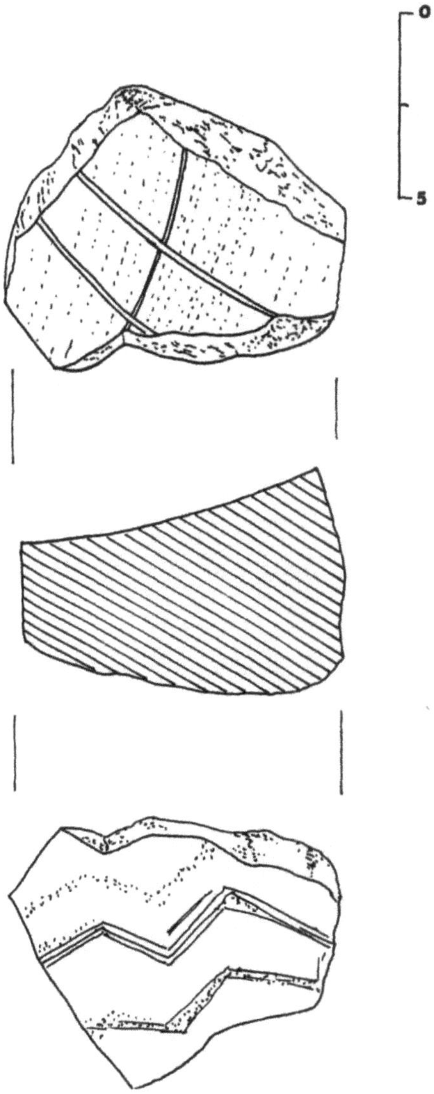

Fig. 53. Fragmento de reloj de sol tallado en piedra caliza.

Las arcillas y las tonalidades de las pastas, en cualquier caso, siempre son las mismas y pueden reunirse en dos grupos: aquel en que la cocción y la arcilla ha dado como resultado un color oscuro, gris o negro, a veces con el interior del corte de color marrón oscuro, siempre muy dura y con las superficies expresamente rugosas, como arenosas, pero recubiertas de una capa que las uniformiza, y aquel otro grupo de pastas claras, de color naranja, rosado o beige, a menudo de tacto más jabonoso, casi siempre barnizadas o engobadas, excepto en contadas ocasiones. Parece que, en general, nos hallamos ante una producción itálica, muy clara, y otra más local, quizás ampuritana, ya que algunos de los vasos tienen un fuerte parecido con algunos productos derivados de la cerámica ampuritana tardía. Un tercer grupo, francamente minoritario, pertenece al taller de Aco.

Algunos de los ejemplares conservan una decoración en la parte exterior del cuerpo, normalmente muy sencilla (paredes arenosas, barbotina, incisiones, etc.). Pero otras veces es más elaborada. La que observamos con mayor frecuencia es la típica aplicación de barbotina, ya sea imitando la cáscara de una piña (Fig. 61: 4 y 21), o con hojas de agua muy finas y combinadas con puntos blancos o marrones. En un ejemplar, atribuible quizás a la forma Mayet 35, aparecen series de puntos y líneas verticales aplicados con la misma técnica. Las finas hojas de agua y puntos de barbotina en las paredes externas de los vasos es el segundo tipo de decoración que más abunda (Fig. 60: 9 y 10; fig. 61: 18 y 24). Pero sin duda la más abundante es la decoración incisa o a ruedecilla. Normalmente se trata de pequeños triángulos e incisiones practicadas en la zona central de la pared del vaso, pero tampoco es extraño verlas en la parte alta o encima de la base (Fig. 57: 19 y 32; fig. 61: 5 y 13).

Este motivo decorativo es relativamente antiguo, originado durante el principado de Augusto, aunque perduró durante una buena parte del s. I; y es también común en muchos ejemplares de la cerámica ampuritana tardía, como veremos dentro de poco.

Cerámica común itálica.

En este grupo incluiremos básicamente dos producciones, diferentes pero estrechamente próximas, que han sido objeto de estudios anteriores, en los cuales se actualizó la tipología y el repertorio de formas presentes en nuestra zona (Casas et alii 1990, p. 40). El primer grupo se refiere a la que ha sido denominada cerámica micácea con barniz interno rojo pompeyano, con un repertorio de formas limitado y un número de fragmentos muy bajo en el estrato. El segundo grupo, también originario de los mismos centros de producción o de otros muy próximos, es la denominada cerámica itálica de pasta micácea, que se diferencia básicamente de la anterior por la falta del barniz y por una tipología más amplia y que presenta unas diferencias substanciales.

Las formas pertenecientes al primer grupo son básicamente dos: Las cazuelas, con cuatro variantes diferentes, y un plato/tapadora del que en pocas ocasiones hallamos ejemplares significativos. En cuanto al segundo grupo, aparecen diversas formas de platos/tapadora, cazuelas, ollas y una tapadora específica.

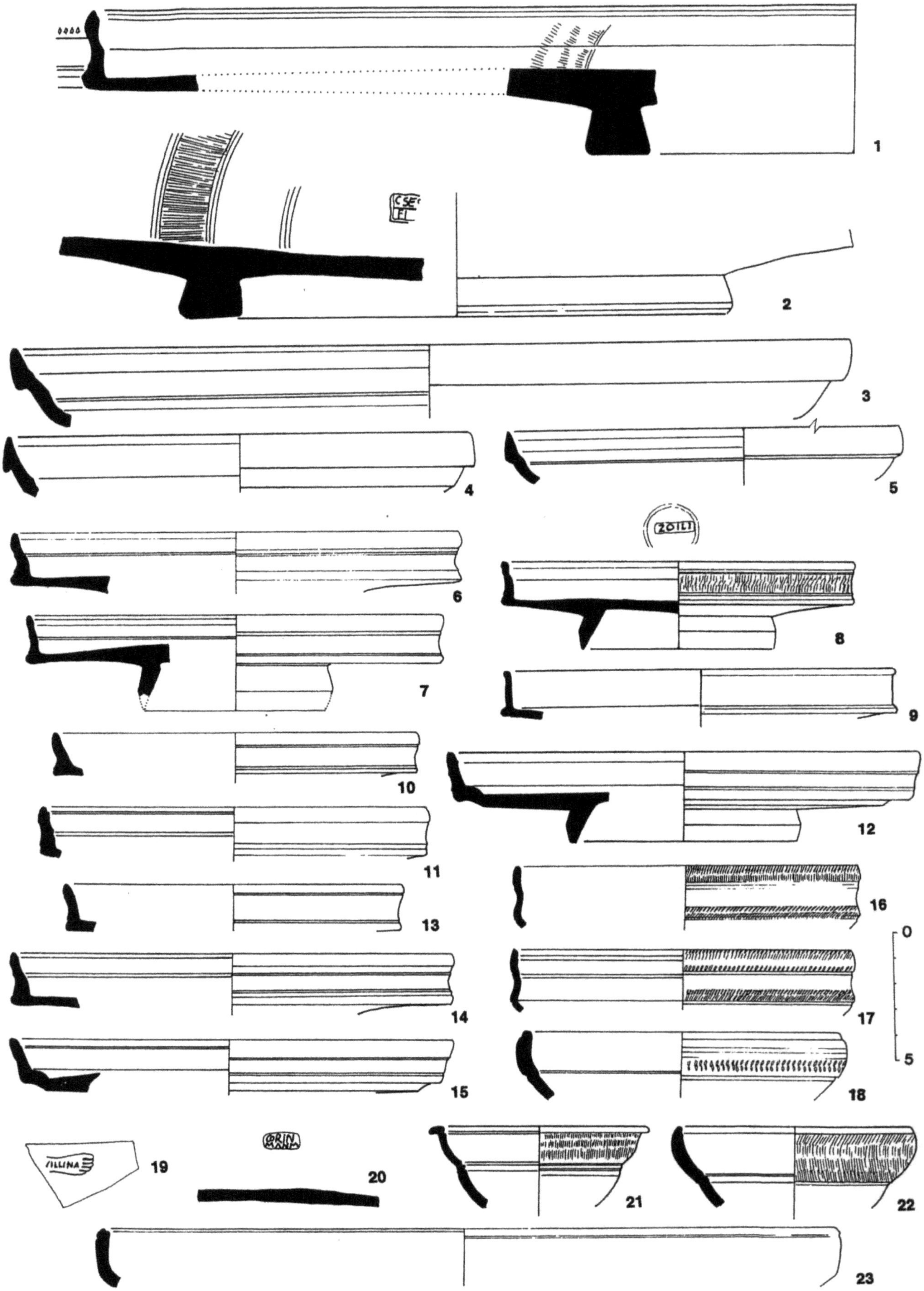

Fig. 54. U.E. 2411. Sigillata aretina. Repertorio de platos y vasos.

En el estrato 2411 de Tolegassos han aparecido tres fragmentos de cazuela del primer grupo, barnizados en su parte interna, uno de ellos de grandes dimensiones (Fig. 61: 20). Es una forma antigua que continúa apareciendo durante todo el período augústeo hasta mediados del s. I.

En lo que se refiere a la cerámica común micácea, el repertorio es más extenso, aunque solo identificamos cuatro formas: La cazuela de borde con encaje para la tapadera, la propia tapadera de grandes dimensiones, y el plato/tapadera similar al anterior. Aunque continúa apareciendo en época augústea, es más típica de períodos anteriores.

Cerámica ampuritana tardía.
Es una de las producciones que más a menudo aparecen en contextos del s. I a.C. y época augústea, con una perduración en la primera mitad del s. I aún mal conocida. Este tipo cerámico, con un repertorio de formas conocido, se fabricó en talleres locales, seguramente ampuritanos, imitando formas de la sigillata itálica, de la cerámica campaniense y de paredes finas. Aunque el producto más típico y abundante es el que presenta un conjunto de recipientes con la pasta de color gris claro, no es raro hallar otros con tonalidades rosadas, de color naranja y morado, sobre todo en los productos que imitan algunas de las formas de la cerámica de paredes finas. Análisis recientes han permitido comprobar que los mismos talleres produjeron *kalathoi* pintados.

En el estrato 2411 aparece un número elevado de fragmentos de la producción típica en pasta gris, todos ellos pertenecientes al tipo 210, 211, 223, 224, 230 y 237 de la última clasificación (Casas et alii 1990, p. 41-42). Sus formas y variantes no se apartan de los tipos originales, aunque algunos recipientes presentan diferencias substanciales en sus dimensiones (Fig. 62: 7 y 8).

La otra producción conexa, la que imita algunas de la formas de la cerámica de paredes finas, está representada por solo dos tipos de copa, asimilables a la forma Mayet 10 (Casas et alii 1990, nº 218 y 219). La pasta, de color morado, las identifica como típicas de la producción local, peros sus formas y acabados las hacen más próximas a las cerámicas de paredes finas, y por dicho motivo las hemos incluido en el apartado anterior (Fig. 61: 15 y 16).

En la variante oxidada de la cerámica ampuritana tardía solo podemos citar un ejemplar, que corresponde a la mitad superior de una urna decorada a ruedecilla e incisiones triangulares en el exterior (Fig. 64: 6). Casi todos los fragmentos de cerámica ampuritana tardía del estrato presentan algún tipo de decoración, siendo la más habitual aquella con franjas de pequeños triángulos impresos (sobretodo en la última producción citada), o una faja de estrías onduladas e incisas con una especia de peine.

Debemos citar, aparte, un vaso del tipo 237 o similar que tiene restos de un grafito en el cuello en el que podemos leer ...ESI SVM (pertenezco a **...esus**). Un dato interesante para identificar al propietario del vaso y comprobar su origen probablemente itálico (Fig. 62: 4).

Lucernas.
Tal como ya es habitual en el yacimiento, el número de fragmentos de lucerna del estrato representa un porcentaje elevado en relación con el resto de grupos cerámicos. La presencia de más de cincuenta fragmentos, casi todo ellos correspondientes a formas y con decoraciones bien identificadas, ofrece un complemento importante a la hora de intentar fijar la cronología del conjunto, o por lo menos, el período durante el que se utilizaron y amortizaron los recipientes que posteriormente se echaron al vertedero. Como ha podido observarse en otros estratos del mismo yacimiento, las lucernas eran uno de los productos que tenían la vida más corta. Piezas prácticamente enteras aparecen con el extremo del pico ennegrecido y roto a causa del calor de la llama, lo cual los inutilizaba definitivamente. En general, la fecha de fabricación y la de amortización son muy próximas entre si.

Básicamente encontramos una sola forma (la Deneauve 5 en las variantes A1, A2, E y G), aunque algunos fragmentos podrían pertenecer a la forma 4-A. De todas formas, la mayor parte de los fragmentos clasificados corresponden al primer tipo citado, y solo uno a la forma Den. 5-E o 5-G, que es la más tardía (Fig. 60: 17). En cualquier caso, parece que todos los fragmentos proceden de talleres itálicos o del Mediterráneo occidental. Los perfiles conservados y la sección que muestra la unión del disco con el vaso, confirman esta atribución tipológica. Nos movemos en un contexto del s. I, y más concretamente, entre los años 20-50, aunque algunos de estos tipos perduraron algunos años más.

De ser correcta la atribución de la mayor parte de fragmentos a la forma Den. 4-A y Den. 5-A1, deberíamos fecharlos alrededor del primer cuarto del siglo primero (Fig. 60: 15, 16 y 18 a 22); cronología que coincide, asimismo, con la de las sigillatas itálicas que proporcionan, de hecho, la cronología más precisa del estrato. Gran parte del resto de fragmentos son de más difícil clasificación, aunque sus arcillas indican un origen itálico. En principio, no existe ningún elemento que nos haga suponer que no pertenecen a la forma genérica Den. V-A.

Otro de los elementos que pueden acercarnos a la cronología del conjunto son las decoraciones, las cuales, aunque bastante habituales, repetidas y perdurables incluso en lucernas del s. II, aparecen indefectiblemente en las piezas más comunes del s. I, especialmente los elementos vegetales tan típicos de las formas Den. 4 y 5, casi ausentes en productos de la segunda mitad del siglo, o los motivos figurativos mitológicos o de fauna tan habituales en las lucernas itálicas de la primera mitad del s. I.

Uno de los motivos aparece en un fragmento de Den. 5-A típica, itálica, y consiste en una corona de laurel que ocupa todo el disco, hasta su límite (Fig. 60: 18). Pertenece a finales del principado de Augusto o inicios de Tiberio (Bailey 1980, Q1227). Otra decoración corriente, la que más se repite en el estrato, es la roseta en el disco; ya sea con los pétalos sencillos y anchos o en forma de corazones (Fig. 60: 19). Este motivo es corriente en los productos de la primera mitad del s. I, pero no se pierde y resurge nuevamente hacia mediados del s. II o poco antes en lucernas fabricadas en talleres norteafricanos.

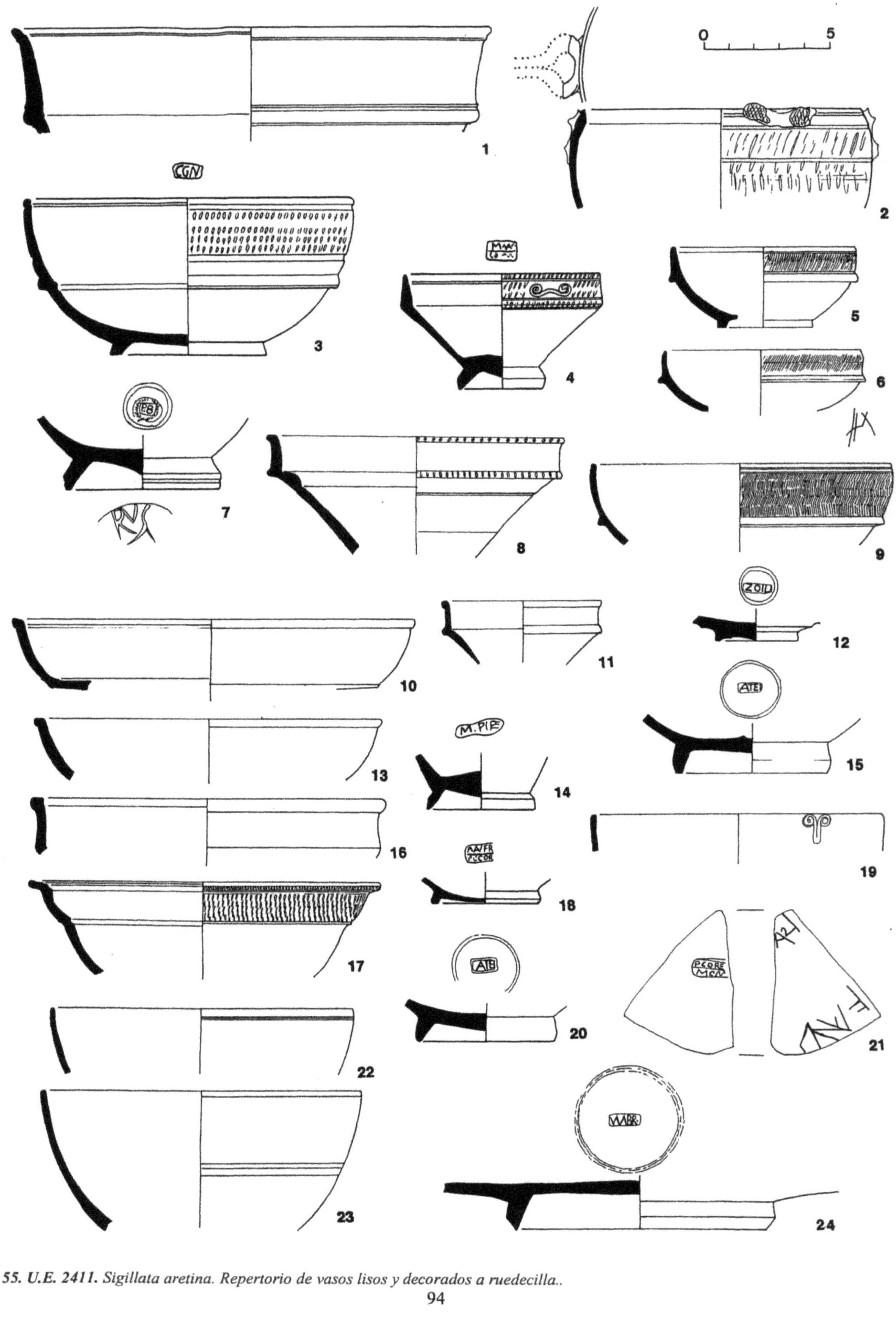

Fig. 55. U.E. 2411. Sigillata aretina. Repertorio de vasos lisos y decorados a ruedecilla..

Otro tema que debemos citar por la excelente calidad del molde corresponde a una representación de Fortuna, de la que tan solo conservamos la cabeza, la mano y parte de la cornucopia (Fig. 60: 15), pero que podemos reconstruir fielmente a partir de otros ejemplares conocidos (Bailey 1989, p. 29, fig. 23). Un caballo rampante (Fig. 60: 16), realizado a partir de un molde de buena calidad, poco gastado, tampoco constituye un motivo desconocido durante el s. I (Bailey 1980, Q810). Las escenas y motivos de otros tres fragmentos, aunque son difíciles de restituir, también son habituales y conocidos. En uno aparece la mitad inferior de un ave; en el otro parte de dos escudos y el brazo de un gladiador y, en el tercero, un personaje que forma parte de una escena erótica que se repite en dos ejemplares enteros e inéditos de Ampurias (Fig. 60: 20, 21 y 22).

Ánforas.
Las ánforas siempre han sido minoritarias en Tolegassos si las comparamos con las cerámicas finas de mesa o la cerámica común. En este estrato también continúa apareciendo un número relativamente bajo, pero no tanto como en otros puntos de la villa. De todas formas, del medio centenar de fragmentos, poco más de 40 corresponden a formas clasificables (labios, bases, etc.).

El lote es muy homogéneo y está formado básicamente por recipientes del tipo Pascual 1, Dressel 2/4 y Dressel 7/11. Un último fragmento, una base, parece que podría ser atribuido a una ánfora parecida a la Gauloise IV de fondo plano, aunque la pasta de este ejemplar indica más bien un origen itálico (Fig. 63: 3).

La Pascual 1 es una de las ánforas más típicas de la baja República y principado de Augusto y, junto a la Tarraconense 1, aparece en todos los estratos de la villa fechados entre la segunda mitad del s. I a.C. y los primeros años del siguiente siglo. Parece ser que podemos atribuir a esta forma dos bases con sendas marcas grafiadas antes de cocción (una N y una V), (Fig. 63: 6 y 7), y sin duda dos cuellos típicos (Fig. 63: 12 y 15).

La forma Dressel 2/4 es la más representada en este ámbito, con un conjunto de labios y unas características que difieren poco entre si. Algunos de los fragmentos parecen proceder de talleres de la Tarraconense, con pastas de color naranja oscuro, granos de cal y mica. Pero en su mayor parte, con arcillas de color amarillento, duras, micáceas y con puntos negros o marrones, posiblemente fueron fabricadas en talleres más lejanos (Fig. 63: 2, 4, 8-10). Es casi seguro que también pertenecen al mismo tipo o a una variante muy próxima, otros dos labios con las mismas características (Fig. 63: 13 y 16).

Estas ánforas, que empezaron a fabricarse a finales del s. I a.C. en substitución de la Pascual 1 y Tarraconense 1, tuvieron un gran éxito durante casi todo el siglo primero, siendo la Dressel 2/4 la forma más habitual en estratos de esta época, así como la más imitada en talleres locales durante casi todo el s. I hasta un momento aún indeterminado de la primera mitad del s. II.

Por último, la forma Dressel 7/11 es un recipiente de boca ancha y labio exvasado que apareció en época de Tiberio-Claudio y perduró hasta muy entrado el s. II. Básicamente era un contenedor para salazones de pescado (en un estrato superior del vertedero aparecieron fragmentos con escamas y espinas adheridas a la parte interna). En el estrato que analizamos en estos momentos se hallaron tres fragmentos pertenecientes al labio (Fig. 63: 5, 17 y 18).

Cerámica común.
La cerámica común constituye, como ya es habitual en casi todos los estratos, el conjunto más numeroso de material en este nivel de tierras y representa más del 50% del total de la cerámica del estrato. La producción más numerosa es la que fue cocida en fuego oxidante, con más del doble de fragmentos que en el caso de los recipientes reducidos. En ambos casos abundan los recipientes de producción claramente local, con un repertorio de arcillas y formas muy conocido. Otros, menos abundantes pero no por ello inéditas, tienen un origen incierto, que habrá que situar en centros de producción fuera del ámbito regional en el que nos movemos, pero tampoco demasiado lejanos. En cualquier caso, cabe destacar la ausencia absoluta de las cerámicas comunes del norte de Africa, presentes en la villa a partir de mediados del s. II.

Aunque no existe un predominio claro de ninguna forma en concreto, constatamos la presencia en una cantidad notable de los platos/cazuela de base plana y pared inclinada, recta, con labio redondeado y sin diferenciar, siempre reducidas (Fig. 62: 18 y 19). Es uno de los recipientes más corrientes y omnipresente en estratos augústeos y del s. I. Casi ausente, o de momento, desconocido, a lo largo del s. II, volvió a fabricarse durante la primera mitad del s. III. también constituyen un conjunto importante las ollas de una o dos asas y las urnas, sin asas; a menudo difíciles de distinguir cuando estudiamos solo fragmentos de vasos (Fig. 62: 9 y 14; fig. 64: 1 a 4). Casi todos los ejemplares de este estrato se cocieron en fuego oxidante, aunque presentan las superficies poco pulidas y a veces ennegrecidas por el humo. En alguna ocasión conservan una sencilla decoración en el exterior, a base de incisiones verticales en el cuello, típica de las urnas.

Los cuencos, poco numerosos, han aparecido en cerámica ampuritana tardía, pero difícilmente podremos atribuir a esta forma ninguno de los fragmentos de cerámica común, oxidada o reducida; en todo caso, quizás alguna de las bases podría pertenecer a uno de dichos recipientes. En cambio, son más numerosos los correspondientes a una especie de jofaina, de forma parecida al cuenco pero de mayores dimensiones. Algunas de ellas adoptan tipologías muy próximas a otras piezas de la misma villa documentadas en época augústea (Fig. 62: 12). Otras, en cambio, presentan formas sencillas pero nuevas o, en todo caso, en unas variantes que no habían aparecido hasta este momento. Solo en una ocasión hemos observado una marca incisa en la pared exterior de una pieza realizada después de la cocción (Casas & Nolla 1993, nº 124), aunque los *grafitti* en otras cerámicas tampoco son raros. En cualquier caso, casi todos los tipos tienen paralelos en estratos fechados entre los años 25 a.C. y 15 (Casas et alii 1990, p. 85-159).

Las botellas, cada vez más numerosas, también se hallan presentes en el estrato. Citaremos, dentro de este tipo, un conjunto de cuellos altos y estrechos, típicos de época

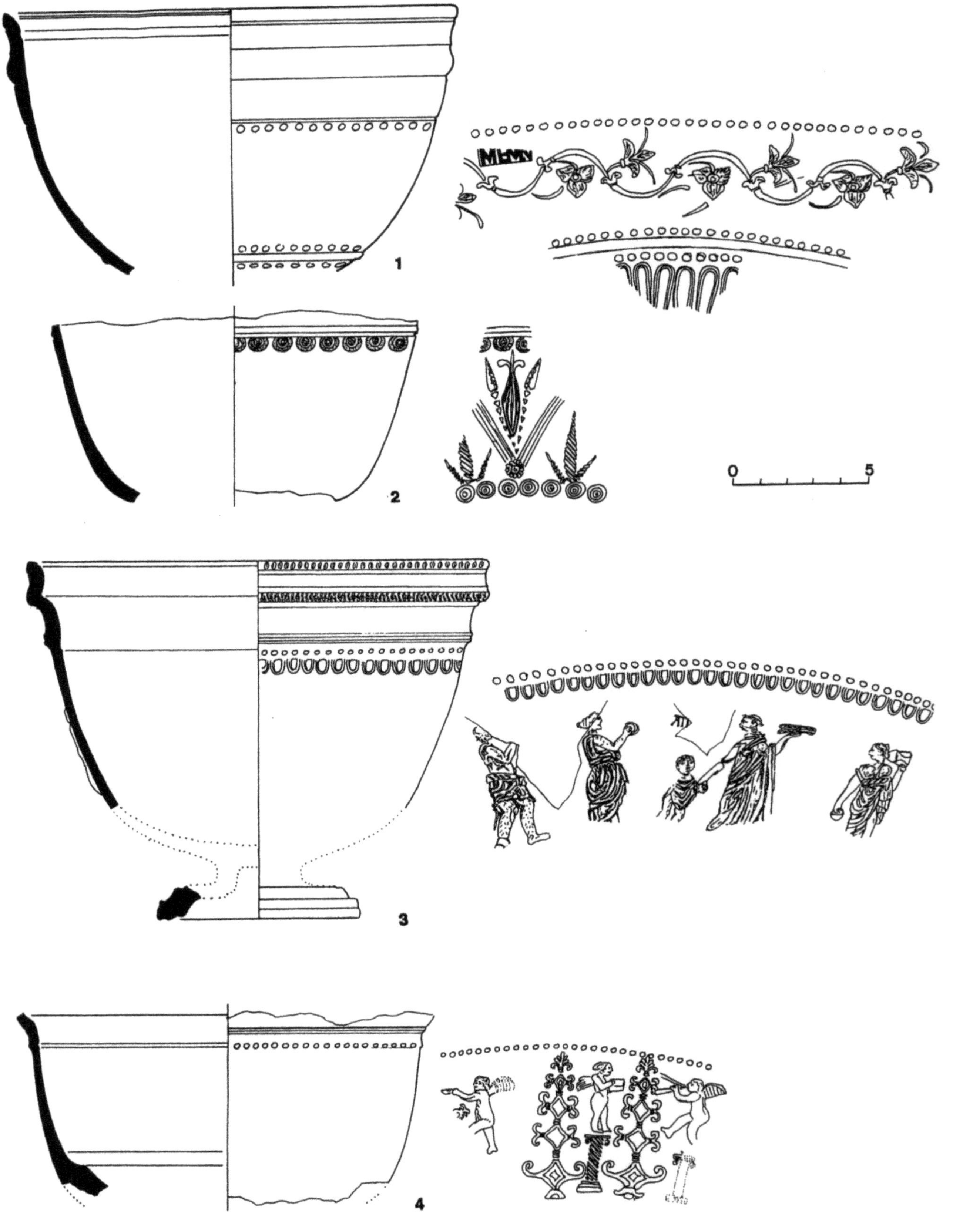

Fig. 56. U.E. 2411. Copas de sigillata aretina decorada.

augústea (Fig. 62: 15; fig. 64: 5, 7 y 11), ampliamente documentados en Tolegassos y en otros yacimientos próximos (Casas et alii 1990, nº 266 a 292). Otro grupo de parecidas características que responden a la misma forma, tiene el cuello más elaborado (Fig. 64: 12 a 16).

Las jarras, en cambio, siempre cocidas en fuego oxidante como las botellas, son más abundantes y las formas de los bordes con mayor diversidad tipológica. No son, ni mucho menos, materiales desconocidos o poco habituales, pero la gran diversidad de formas, acabados, variantes y talleres locales que fabricaron estos recipientes hace que sea difícil identificarlos con una u otra forma concreta de las ya conocidas, lo cual se agrava cuando, como en este caso, solo las reconocemos por los cuellos y bordes. Pero suelen ser de cuello alargado y boca abierta, inclinada hacia el exterior; con el labio elaborado, casi moldurado y, en una ocasión, decorado con un punzón por ambas caras (Fig. 64: 17). Algunos de los fragmentos aún tienen el labio en forma de cuatro, siguiendo una tradición que se inició con las cerámicas de engobe blanco y que desapareció poco después del principado de Augusto (Fig. 62: 17).

Los morteros, de los que encontramos algunos fragmentos clasificables, pertenecen a dos tipos documentados también en época augústea. Uno de ellos con el borde caído y el labio que sobresale (Fig. 65: 2 a 4). El otro, casi entero, tiene el labio robusto y de sección triangular, con un asa plana en el borde y dos agujeros para colgarlo (Fig. 65: 1, 5 y 6). Pertenece a la misma época, ya que su pie anular y diferenciado no se halla presente en morteros fechados con posterioridad al principado de Augusto o inicios de Tiberio (Casas et alii 1990, nº 239 a 243). La pasta, de color naranja oscuro, con grandes nódulos de cuarzo, es idéntica a la que vemos en jarras, *dolia* y grandes recipientes de Tolegassos en estratos del cambio de Era.

Finalmente citaremos un único ejemplar de tapadora (Fig. 62: 13), con acanaladuras profundamente marcadas en la pared interna y sin pie (roto de antiguo). Este forma, con el borde diferenciado y separado de la pared por un surco ancho y poco profundo, también ha sido documentada en época augústea (Casas et alii 1990, nº 261a).

Materiales residuales y minoritarios.
En este apartado citaremos un conjunto de producciones, cada una de ellas sin demasiada entidad, representadas solo por pocos fragmentos. Algunas forman parte del lote de materiales residuales procedentes de períodos anteriores o que corresponden al momento final de las respectivas producciones, por lo cual su presencia solo es testimonial. Es el caso de la cerámica de barniz negro, con un borde de campaniense b-oide de la forma Lamb. 5/7 (Fig. 62: 1), o de la cerámica de engobe blanco (con tres fragmentos), fabricada a partir de la segunda mitad del s. II a.C. y que deja de producirse durante el principado de Augusto.

Otros materiales francamente minoritarios son, a veces, claramente posteriores al período en el que se sitúa el conjunto principal de la cerámica. Es el caso de las cerámicas africanas, con 8 fragmentos, y posiblemente de la sigillata sudgálica, con 13 fragmentos (Fig. 57: 6, 7 y 9; fig. 60: 5, 6 y 8). Si bien esta última se inscribe en el contexto cronológico que nos señala el conjunto principal (formas Drag. 24/25, fabricada entre los años 20 y 60, y Drag. 27, producida a partir de los años veinte y a lo largo de todo el siglo I), la presencia de la cerámica africana (formas Hayes 2/3 y 196), deberá atribuirse a una intrusión procedente del estrato superior o a una mala delimitación del estrato.

La cerámica de pasta micácea barnizada es otra de las producciones habituales en estratos de la segunda mitad del s. I a.C. y primeros años del siglo siguiente, que ya hemos visto en repetidas ocasiones. Fue definida por vez primera por E. Sanmarti en un estudio publicado en 1975, a partir de los hallazgos de Ampurias (Sanmarti 1974-75, p. 252-261), en el cual se consideran imitaciones de la sigillata aretina. Recientemente se ha ampliado esta definición y se ha aumentado notablemente el catálogo de formas (Casas et alii 1990, p. 40-41). No está aún demasiado claro que su origen sea estrictamente ampuritano. Una producción casi idéntica (quizás la misma), ha sido documentada en los talleres de Narbona, con un repertorio de formas y una cronología casi paralela a la de los hallazgos gerundenses (Passelac & Sabrié 1986, p. 48-55).

En el estrato solo han aparecido fragmentos de la variante reducida, con la pasta micácea de color gris oscuro y el barniz negro y brillante, también ligeramente micáceo. Debe ser considerado como un material residual, representado por tan solo tres fragmentos sin demasiada entidad.

La cerámica gris de boca trilobulada es típica del Mediterráneo occidental, con importantes centros de producción en la Península Itálica, pero también en otras regiones del litoral. Suele aparecer a partir de finales del s. I a.C. y perdura durante casi todo el siglo I. En esta producción solo identificamos una forma: la jarra de cuerpo ancho, carenado y con el cuello alto y estrecho, terminado con una boca trilobulada. Una sola asa, de sección triple, completa el recipiente. Su presencia en el estrato es notable, con unos cincuenta fragmentos sin forma, constituyendo un porcentaje importante si tenemos en cuenta lo limitado de la producción. En ningún caso de trata de material residual (Fig. 61: 10).

Material no cerámico. Metal y vidrio.
También constituye un lote importante en el conjunto, si bien no presenta ninguna característica que lo haga especialmente interesante de cara a la investigación, ni siquiera para ofrecernos datos que permitan precisar más la cronología. Los pocos ejemplares (fíbulas, bronce, hierro), se comentaran detalladamente en el apartado dedicado a los instrumentos y herramientas de uso doméstico y vida cotidiana. No obstante, haremos un breve examen de todos ellos.

En lo referente al metal, se recuperaron cuatro objetos de bronce y 46 de hierro, de los cuales solo 9 corresponden a herramientas o instrumentos identificables. El resto son clavos de la vigas del techo de un edificio y de muebles. Por otra parte, debemos señalar la presencia de una fíbula de bronce, de arco y decorada, perteneciente al tipo 22.1 de Feugére (con sección de tipo 1550). Una pieza típicamente augústea, que perduró hasta inicios de Tiberio (Feugére 1985, p. 323).

En hierro, a parte de una típica llave de puerta, debemos citar

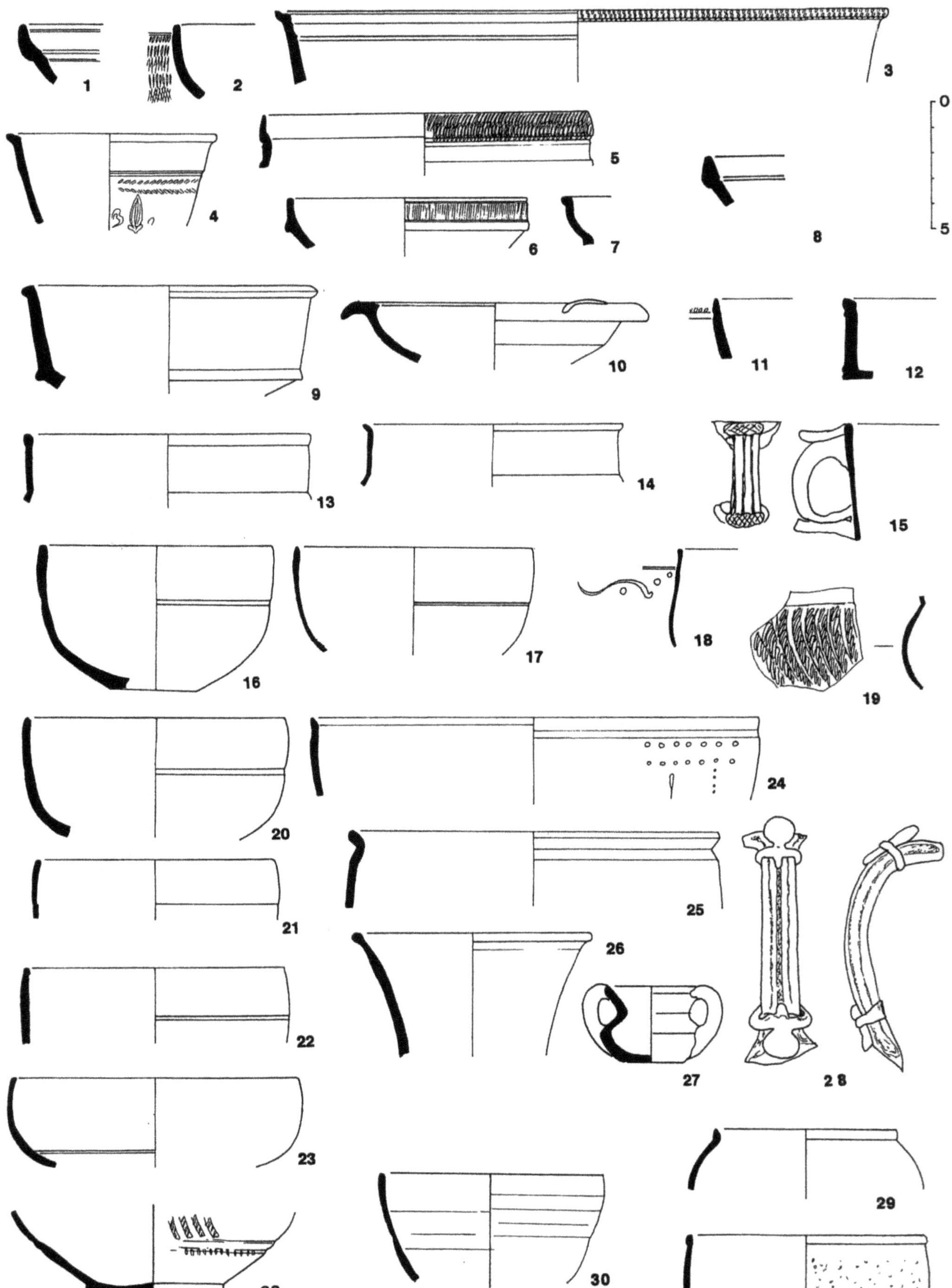

Fig. 57. U.E. 2411. 1 a 12: Sigillata aretina. 13 a 32: Cerámicas de paredes finas, algunas de producción local o ampuritana.

Fig. 58. Fragmentos de una copa de sigillata aretina aparecidos en el estrato más profundo del vertedero de inicios del s. I.

un gancho, algunas púas de rastrillo (o quizás escoplos deteriorados ?), otra herramienta larga con un nudo en su mitad que recuerda la punta de un *pilum* ligero, y los restos de un collar de perro realizado con pequeños clavos clavados probablemente en una tira de cuero (Casas & Nolla 1993, p. 12).

El vidrio es un material escaso. Solo 13 fragmentos, entre los que cabe destacar uno decorado con unas sencillas molduras y un borde de vaso moldurado con una pasta de colores variados y llamativos.

Finalmente debemos referirnos a la única moneda aparecida en el estrato: un as de Ampurias partido por la mitad, con el Pegaso en el anverso y la leyenda EMPOR y la contramarca DD (*Decreto Decurionum*) dentro de una cartela cuadrada en el reverso. Este tipo de as, muy abundante en Tolegassos, suele aparecer en contextos de finales del s. I a.C. y primera mitad del siglo siguiente. La contramarca DD parece ser que se aplicó en época de Calígula o Claudio (Villaronga 1977, p. 249).

Cronología

En esta ocasión disponemos de un conjunto importante para fechar la formación del estrato. Formación que no se produjo de manera repentina, sino relativamente lenta, durante un período de tiempo relativamente corto, que parece coincidir con el período de actividad de la villa tardoaugústea, desde inicios del s. I hasta los años 40/50.

Los fragmentos de ánfora, relativamente numerosos, corresponden todos ellos a formas que aparecen a inicios del s. I. En este aspecto, debemos señalar la presencia de los recipientes locales tan habituales en el territorio y en la misma villa hasta el cambio de Era (ánforas Pascual 1). Pero además las otras formas que hemos podido clasificar pertenecen principalmente a las Dressel 2/4 y 7/11; la primera de ellas, introducida en el país durante los primeros años del s. I; la segunda, en época de Tiberio-Claudio.

Las cerámicas ampuritanas tardías, sobretodo grises, son especialmente numerosas en los primeros decenios del s. I, perdurando por lo menos hasta mediados de siglo, para desaparecer en una fecha incierta dentro del siglo primero.

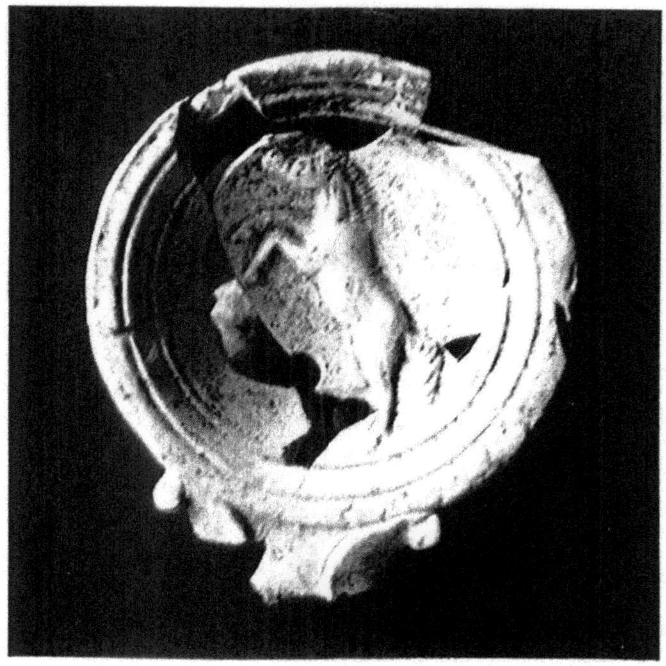

Fig. 59. Lucerna de volutas hallada en el estrato tardo-augústeo del vertedero del sector oriental de la villa.

Lo mismo podemos decir de las cerámicas itálicas micáceas o las barnizadas por el interior, o de las cerámicas micáceas grises o rosadas barnizadas (imitaciones de las aretinas), que desaparecen antes. Las jarras de boca trilobulada, grises, son más difíciles de fechar, puesto que se hallan presentes a lo largo de casi todo el s. I.

El conjunto de las cerámicas de paredes finas podría mostrar un abanico cronológico más amplio, con algunas formas que llegan hasta la segunda mitad del s. I. Pero aún existen algunas lagunas para fechar muchos de estos productos y de algunos de ellos se ignora la fecha de aparición. Por otro lado, el lote principal nos conduce a una cronología un poco más antigua que, en todo caso, no es posterior a mediados del siglo primero. La forma más abundante, la Mayet 33 o 35, se fecha preferentemente en época de Augusto-Tiberio, igual que la Mayet 19 y 11 y sus variantes, o la Mayet 37. Otras parecen perdurar algunos años más y se documentan incluso en la segunda mitad del s. I (Mayet 8, Marabini 37, etc.), con unos orígenes en el primer tercio del s. I o poco después. Todo parece indicar, por lo tanto, que este conjunto no es posterior a Claudio.

A esta época también parece pertenecer el gran conjunto de sigillatas itálicas, las cuales aparecen en el estrato acompañadas de los primeros fragmentos de sigillata de la Graufesenque, en una proporción de 100 a 3 fragmentos entre la primera y la segunda producción.

El repertorio de formas, además de extenso, es típico. Si bien hay algunos fragmentos que pueden fecharse en época augústea, hacia en cambio de Era, y otros continuaron fabricándose en talleres itálicos casi durante todo el s. I (pero no llegaron hasta nuestra zona a causa de su substitución por la sigillata de la Graufesenque), casi todos ellos tienen un momento de contacto, de contemporaneidad, que corresponde al período de Tiberio y Claudio. Una fecha muy próxima a la de los dos estratos anteriores, si no contemporánea, pero en la que ya han llegado a la villa las primera sigillatas sudgálicas.

La presencia de sigilla rectangulares, claramente más antiguos, nos ha hecho suponer por un momento que la formación del estrato estaría más cerca del primer cuarto del s. I, ya que los *sigilla in planta pedis*, que substituyeron los primeros, son a todas luces minoritarios. No obstante, en su unidad estratigráfica equivalente del mismo vertedero, excavada casi diez años antes, éstos últimos también se hallaban presentes (Merino & Rocas 1989).

Como conclusión, consideramos que debe fecharse la formación del estrato desde inicios de Tiberio hasta época de Claudio. Nada nos induce a pensar que sea posterior al año 50 de nuestra Era.

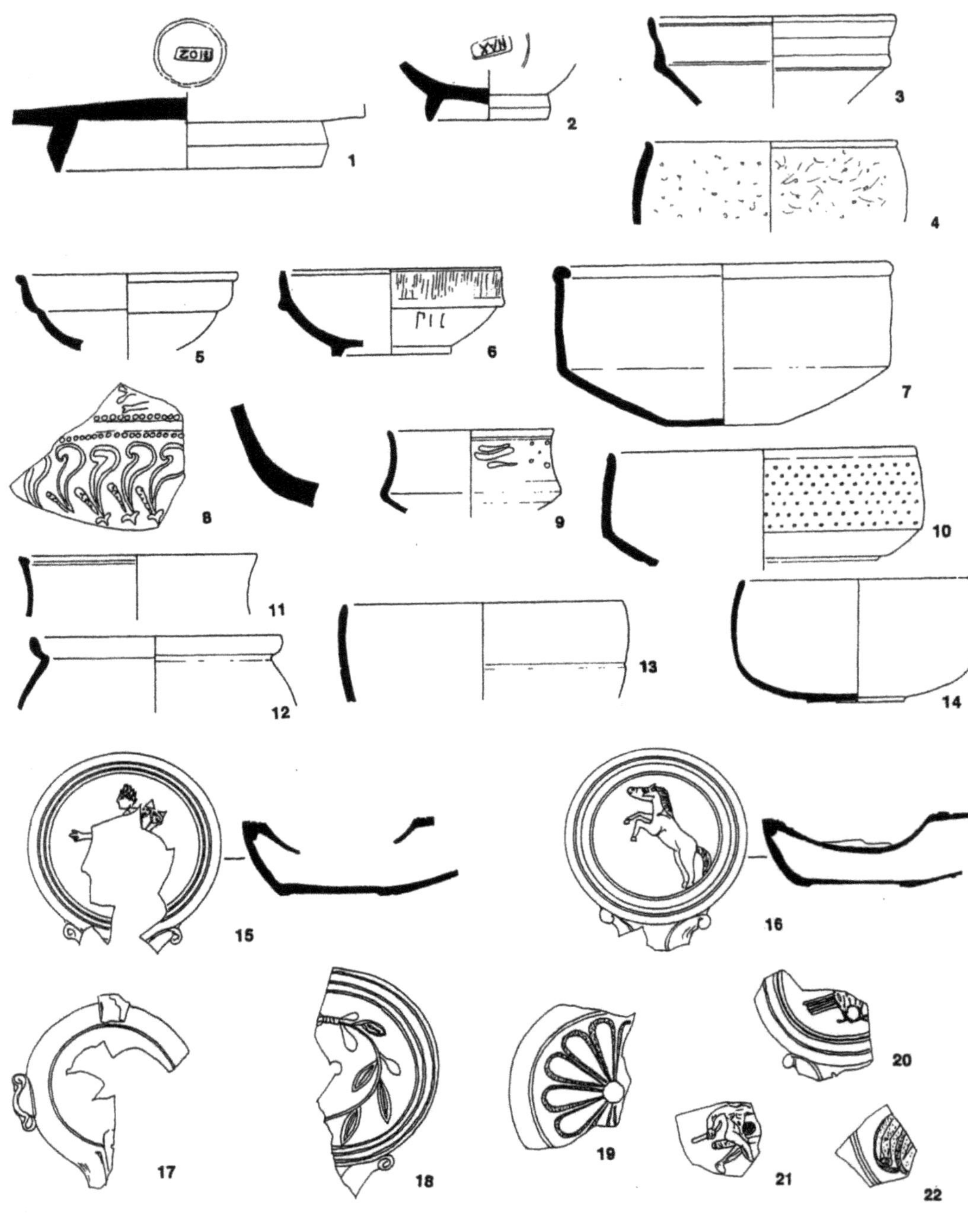

Fig. 60. U.E. 2411. 1 a 3, 5 y 6: sigillata aretina. 8: T.S. sudgálica. 4, 7, 9-14: Paredes finas. 17 a 20: Lucernas de volutas.

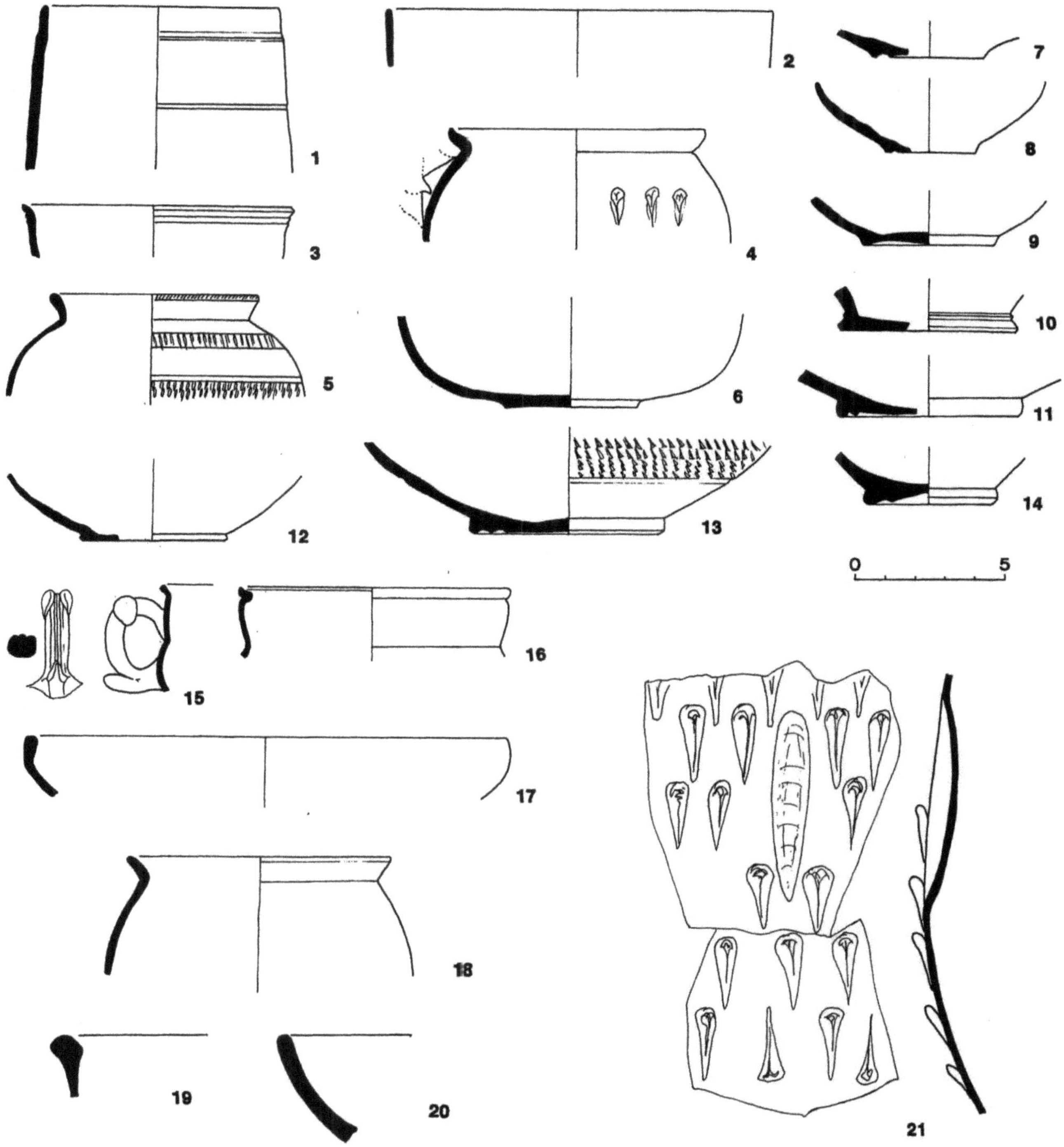

Fig. 61. U.E. 2411. 1 a 16 y 21: Cerámica de paredes finas. 17 a 20: Gris ampuritana tardía y cerámica común.

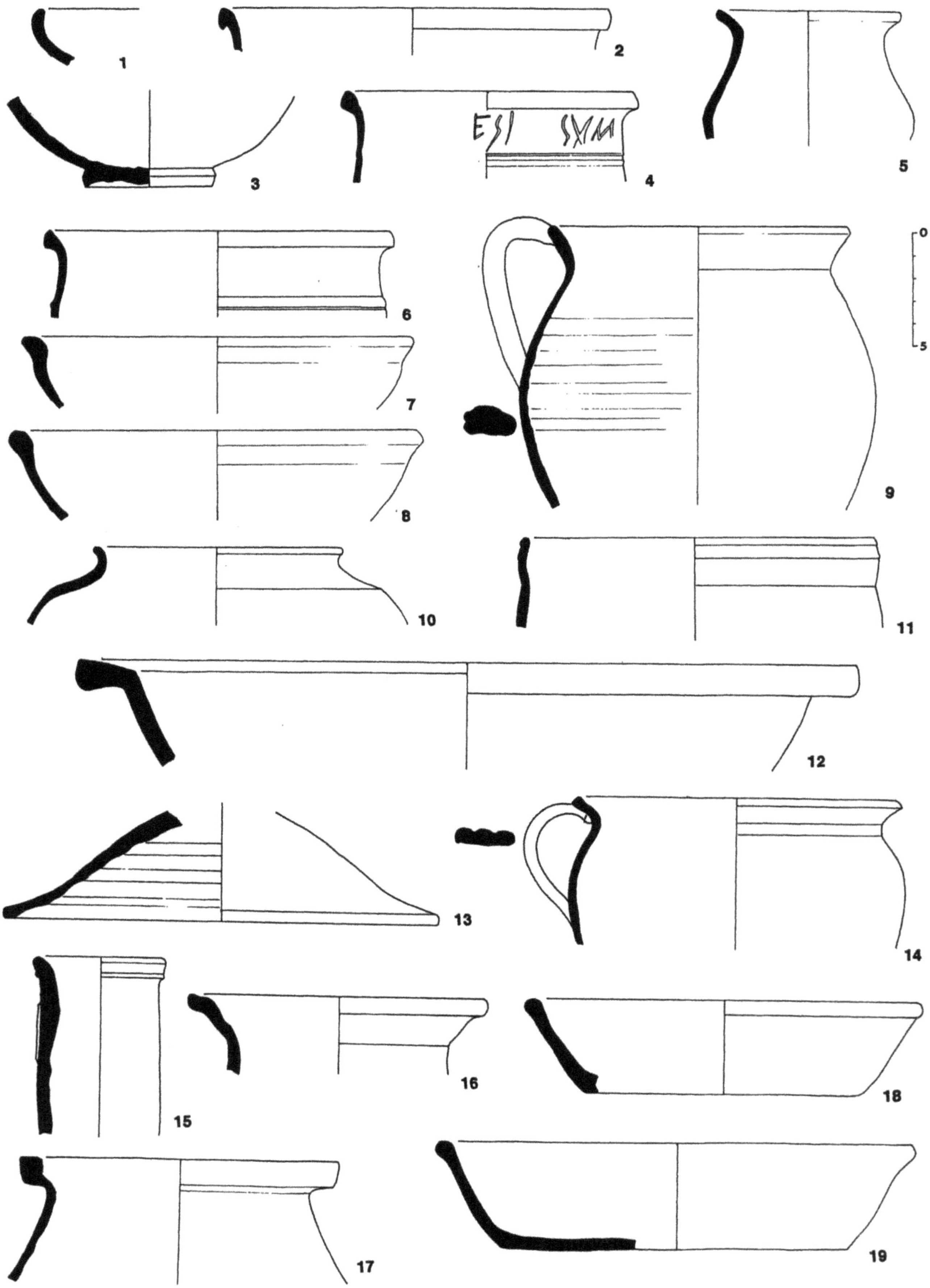

Fig. 62. U.E. 2411. 1: Cerámica campaniense. 2 a 8: Gris ampuritana tardía. 9 a 19: Cerámica común oxidada y reducida.

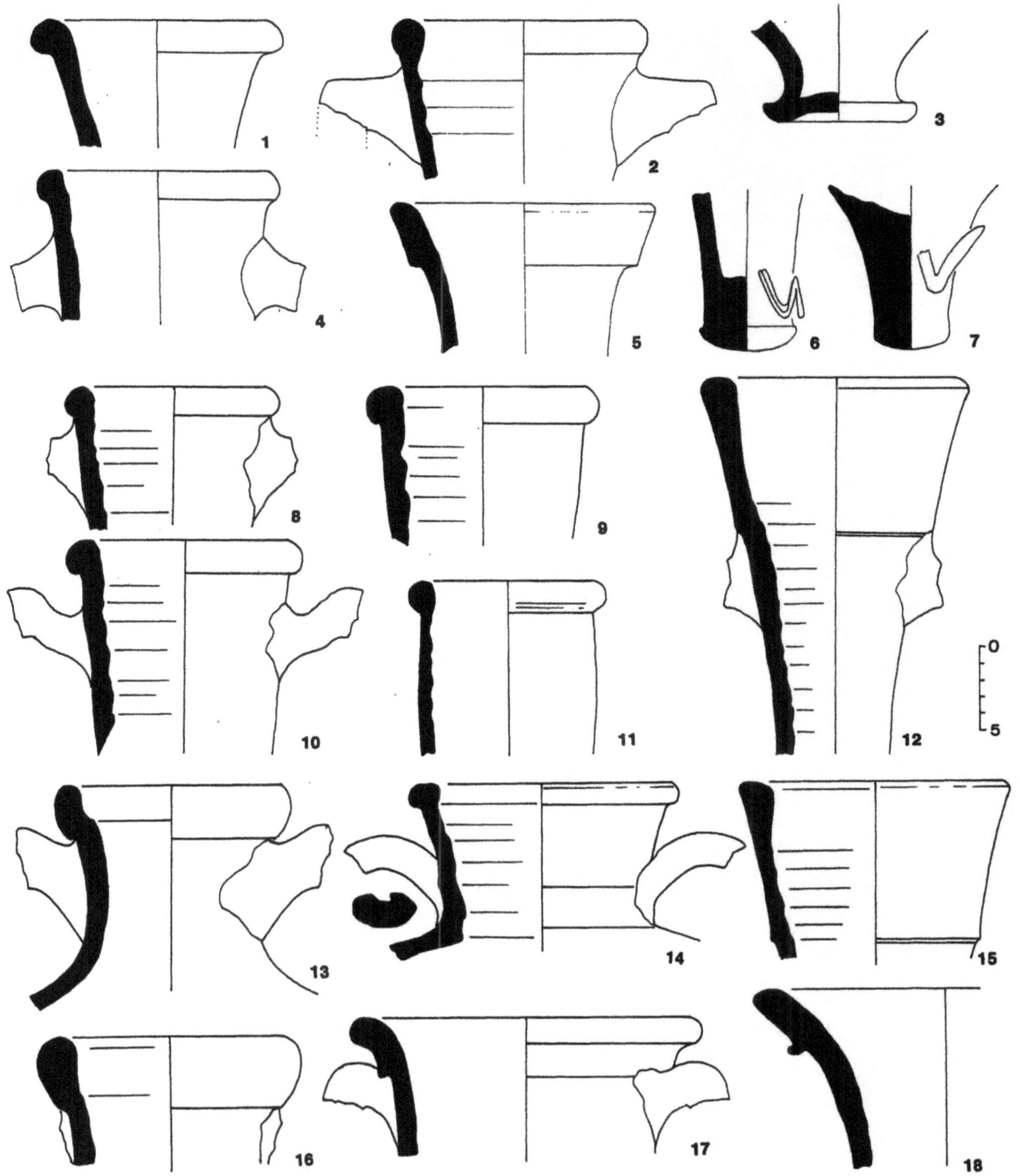

Fig. 63. U.E. 2411. Diferentes tipos de ánfora: Dressel 2/4, Pascual 1, Tarraconense, etc.

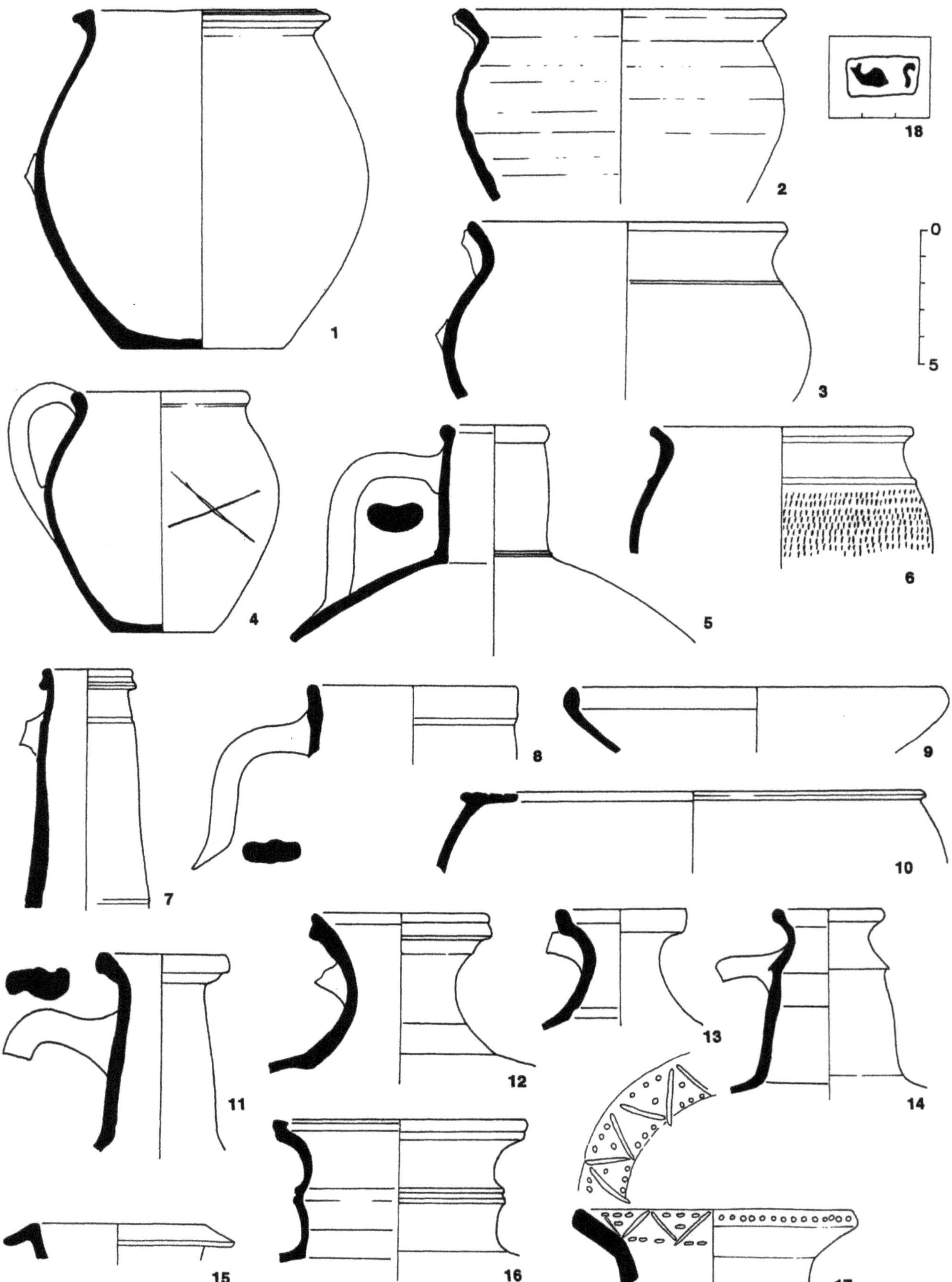

Fig. 64. U.E. 2411. Cerámica común oxidada de diversos tipos, gris ampuritana tardía (nº 6 y 9), y marca sobre ánfora (nº 18).

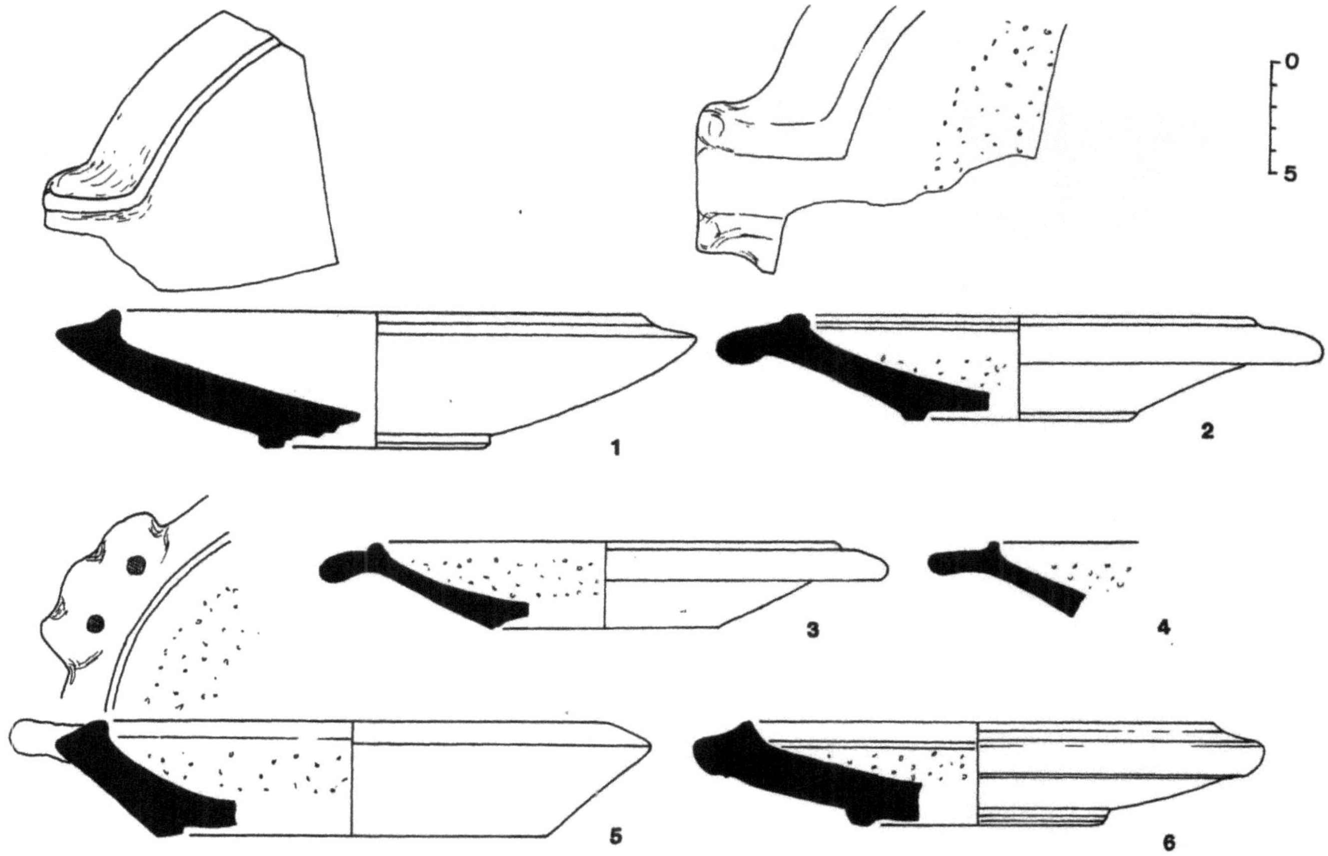

Fig. 65. U.E. 2411. Morteros de procedéncia itálica.

PARTE III

La villa altoimperial

Capítulo 7. La fase 1.

La fase 1 supuso la remodelación del edificio tardoaugústeo y la construcción de la villa de nueva planta, con casi todas las estructuras que se observan actualmente, constituida por dos edificios distribuidos alrededor de un patio central, así como la instalación de un gran almacén de *dolia* del que se han excavado más de cien negativos de los agujeros en los que se asentaban aquellos contenedores. Con toda seguridad también se dejó fuera de uso y fue rellenado el pozo situado justo en un ángulo de la villa augústea. De hecho, la desaparición de este pozo es lo que con mayor claridad señala el inicio de la fase 1.

Los edificios de esta primera fase, construidos hacia mediados o primera mitad avanzada del s. I, y más concretamente alrededor del año 45/50, perduraron con pocas variaciones y modificaciones importantes hasta finales del s. II, y con otras reformas, hasta que se abandonó la villa ya muy avanzada la segunda mitad del s. III.

Una vez derruidos sus muros, y en todo caso, en una época incierta difícil de fechar, fueron arrancados parte de los cimientos de los muros situados en el extremo oeste del recinto con el fin de aprovechar las piedras para nuevas construcciones, quizás durante la cuarta fase de reocupación parcial del lugar y, sin duda, en época medieval, para la construcción de la casa fortificada de La Pabordia, en el núcleo urbano de Viladamat (Casas 1995, p. 30).

Tal como se ha dicho en otro punto, casi todas las estructuras de la fase 1 y las estratigrafías de sus respectivas habitaciones fueron estudiadas amplia y detalladamente en un trabajo anterior (Casas 1989). Por lo tanto, solo daremos un vistazo superficial, sin insistir demasiado, a fin de no repetir aquello que ya ha sido publicado. Solo comentaremos -o recordaremos- los aspectos más significativos de cada una de las habitaciones y ámbitos que forman parte de la primera fase, sin analizar a fondo todos los materiales aparecidos en las respectivas estratigrafías, puesto que ya aparecen en la primera monografía antes citada.

Pero antes deberemos estudiar detalladamente el relleno del pozo 2, ya que es el que señala el inicio de la fase 1 o, dicho de otra forma, la construcción del gran conjunto alto imperial. La amortización del pozo, con una estratigrafía clara y uniforme, se produjo en un solo momento; es decir, el pozo se rellenó de golpe, en cuestión de días.

Esta estratigrafía, por otro lado, también está relacionada indirectamente con los estratos superiores del entorno del edificio precedente (U.E. 2105, 2438 y 2427), que hemos creído más prudente incluir en el capítulo anterior, por los motivos ya expuestos en aquel apartado.

El pozo 2.

Estructural y formalmente es idéntico al primer pozo excavado en la parte central del yacimiento, pero está mejor conservado, seguramente debido al hecho de que no se halló tanto tiempo en uso. Es un pozo circular de dos metros de diámetro y más de 7 m. de profundidad. A partir de los siete metros aparece el nivel freático que impide la excavación, tanto a causa de los desprendimientos de las paredes como por la inundación constante del fondo (Fig. 66). Lamentablemente, al no haber podido llegar totalmente hasta el fondo original del pozo, no hemos podido conocer la fecha de su perforación, que habría podido establecerse a partir de los materiales del nivel más profundo.

Fig. 66. *El pozo situado ante el edificio tardo-augústeo, frente a las columnas del pórtico.*

No obstante, y aunque la composición de las tierras del relleno sea prácticamente igual de arriba a abajo, pudo observarse que los fragmentos cerámicos hallados en el fondo, justo donde empieza la capa freática actual, son muy homogéneos y ligeramente más antiguos que el resto, siendo posible que correspondan a la época de construcción y

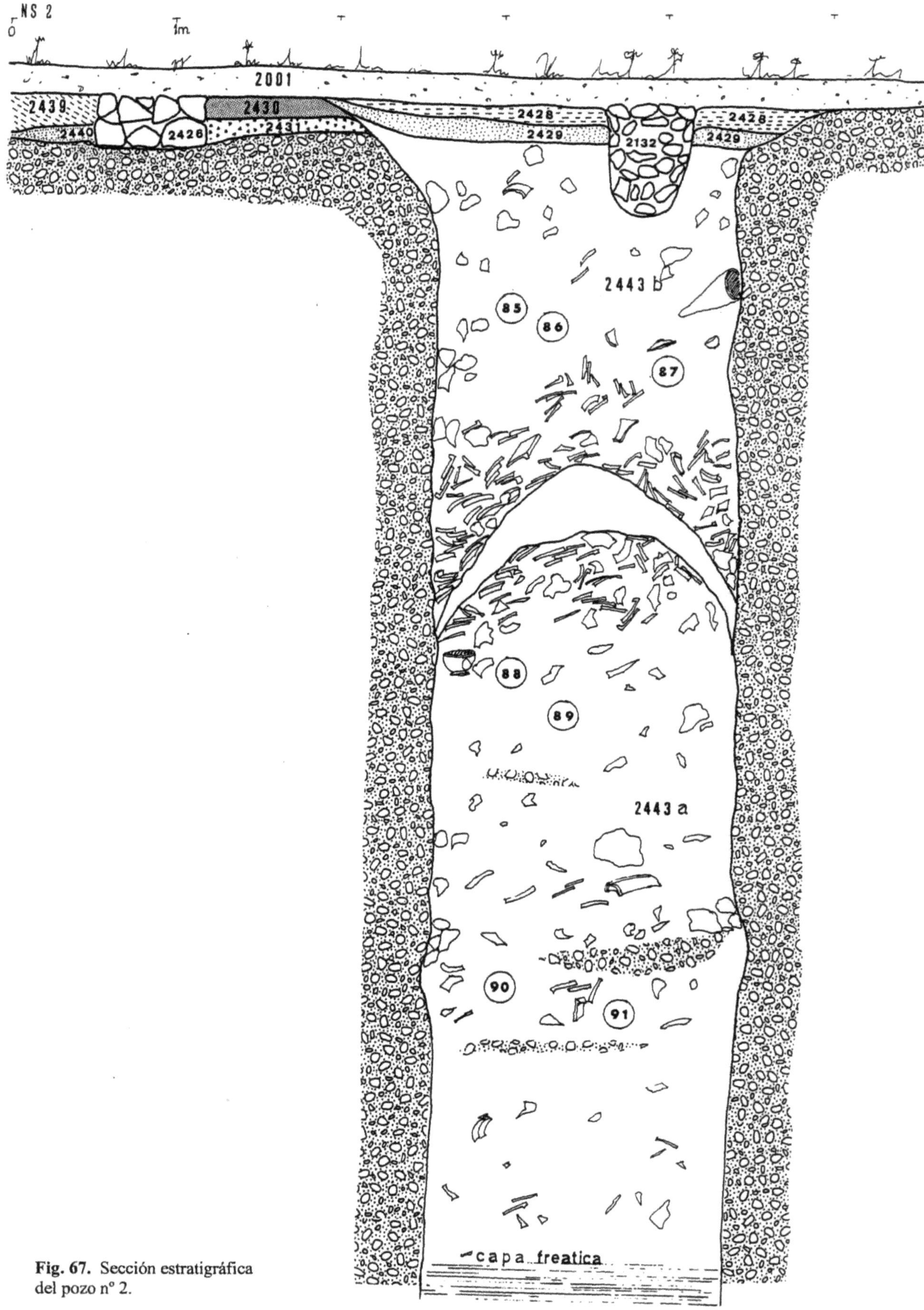

Fig. 67. Sección estratigráfica del pozo nº 2.

período de actividad del edificio de inicios del s. I. Por prudencia se dividió el estrato de relleno en dos niveles (U.E. 2443-A y 2443-B); el primero correspondiente al tercio inferior y el otro a los dos tercios superiores. La parte más alta había quedado afectada, por un lado, por los estratos que sellaban el relleno (U.E. 2428 y 2429) y por la zanja de los cimientos de un muro de la estructura bajo imperial (U.E. 2132). Aunque el material arqueológico de ambos estratos del interior del pozo es idéntico, solo hay un aspecto que cabe destacar: la aparición de sigillata sudgálica en el primer metro de la parte superior (U.E. 2443-B) y su inexistencia en el nivel inferior. Hay que añadir, no obstante, que también aparecieron siete monedas; cinco en el nivel superior y dos en el inferior. Todas ellas son contemporáneas (2 de Claudio y 5 ases de Ampurias con la contramarca DD, acuñados en la misma época). Ello nos confirma sin ninguna duda que todo el material de relleno se vertió en un solo momento.

Pero el interés de estos estratos radica en el hecho de que señalan un cambio importante en el yacimiento y el inicio de una nueva fase: la construcción de la villa altoimperial, que comportó la supresión de baches, depresiones y obstáculos y la nivelación de todo el sector previa al inicio de las nuevas construcciones.

A parte de la presencia de la sigillata sudgálica en el primer metro del relleno del pozo, el tipo, volumen y porcentaje de materiales en el resto es idéntico. No obstante, los estudiaremos por separado a fin de apreciar mejor su cronología. En todo caso, avanzaremos que la datación máxima del relleno no parece posterior al año 50, o entre finales de Claudio e inicios de Nerón.

U.E. 2443-B.

La composición del estrato era muy variada: tierra, muchas *tegulae*, fragmentos de revestimiento de columnas con pintura de color blanco y negro, restos de fauna y numerosos fragmentos de cerámica que, en general, permitían reconstruir vasos, lo cual indica que habían sido transportados desde un vertedero de reciente formación y no demasiado alejado del pozo. Con toda seguridad, este lote presenta todo el abanico de recipientes que se utilizaron en la villa durante el segunda cuarto del s. I.

La cerámica fina de importación es la sigilada sudgálica, con 57 fragmentos (uno de ellos de T.S. marmorata), seguida de la sigillata aretina (21 fragmentos) y la cerámica de paredes finas (26 fragmentos), que en parte puede corresponder a producciones locales o ampuritanas. El resto de importaciones detectadas son más antiguas y residuales (rojo interno pompeyano, itálica de pasta micácea y cerámica de barniz negro), representada por un par de fragmentos cada una. La ánforas son mayoritariamente locales, con pocas formas bien conservadas, entre las que identificamos la Pascual 1, Tarraconense 1, Dressel 8 ampuritana, Dressel 2/4 y fragmentos residuales de Dressel 1.

Entre las producciones de cerámica común debemos citar las cerámicas grises ampuritanas tardías, algunos ejemplares de jarras, vasos y ollas de pasta oxidada y reducida, platos y fuentes de paredes verticales, etc. Hemos de destacar, en todo caso, la presencia de un fragmento de *tegula* con la marca CANP (Fig. 68: 22). Este es el estrato más antiguo en el que se ha hallado esta marca que tan a menudo aparece en Tolegassos y que es desconocida en el resto de la región. Teniendo en cuenta el lugar en el que se ha localizado, tendremos que fecharla (igual que el resto de los ejemplares, todos ellos realizados a partir del mismo punzón), en un período anterior a la fase 1. Seguramente pertenece al edificio de inicios del s. I, aunque también podría ser más antigua, teniendo en cuenta la forma arcaica que adopta la letra P.

El material no cerámico es el mismo que aparece habitualmente en cualquier estrato de cualquier época del yacimiento: solo algunos clavos e instrumentos de hierro, agujas de hueso, vidrios, bronce, etc.

En lo referente a la sigillata de la Graufesenque, hallamos formas lisas y decoradas (Casas 1999). Entre las segundas solo existen fragmentos de la forma Drag. 29B, pertenecientes a tres vasos (Fig. 68: 1, 3 y 5). Un tercer recipiente de la misma forma (Fig. 68: 11), pertenece a la producción marmorata. Unos y otros corresponden al período de esplendor o de Claudio-Nerón (40-60), con las características típicas del momento.

Las formas lisas (en todo caso, con decoración a ruedecilla en el labio externo), presentan un repertorio más variado. Algunos vasos de la forma Drag. 24/25 (Fig. 68: 6 y 7), y de la forma Drag. 27A y B (Fig. 68: 2 y 4), una de ellas con la marca DAMONVS, de la Graufesenque, en el fondo interno. La primera, con un origen a inicios del segundo cuarto del s. I, perduró hasta poco después de mediados del siglo. La segunda, en cambio, empezó a fabricarse en la misma época, pero en su variante B perduró durante bastantes años y en las variantes más tardías llega hasta inicios del s. II. Otra de las bases, probablemente de la forma Ritt. 9, conserva parte de la marca OF.LVCC, también de la Graufesenque (Fig. 68: 9). Al mismo lugar de producción pertenece una tercera marca, PRIMVS, y otra que no podemos leer bien (quizás OF.CAS...).

Las dos últimas formas documentadas corresponden a platos. La primera, Drag. 15/17, es bastante habitual en Tolegassos en contextos de mediados del d. I (Fig. 68: 9). El segundo plato, tanto o más frecuente, pertenece a la forma Drag. 18/31, que empezó a fabricarse un poco más tarde que la 15/17, a partir de los años 30/35, y perduró hasta fin de siglo o poco más (Fig. 68: 12).

La sigillata aretina o itálica, menos numerosa que los productos de la Graufesenque, está representada por una veintena de fragmentos, entre los cuales solo reconocemos claramente dos formas: la Pucci 9/Cons. 21.3 y la Cons. 24.4. La primera, con una decoración aplicada en el exterior del borde (Fig. 68: 13), se fecha a mediados del siglo I. De hecho, su decoración es un elemento que aparece entorno el año 30. La segunda forma, más dudosa (Fig. 68: 21), también se fecha a mediados del siglo primero (Conspectus 1990, p. 88 y 92).

Otro grupo importante, más numeroso que el de las sigillatas itálicas, es el de la cerámica de paredes finas, mayoritariamente con producciones béticas, pero también

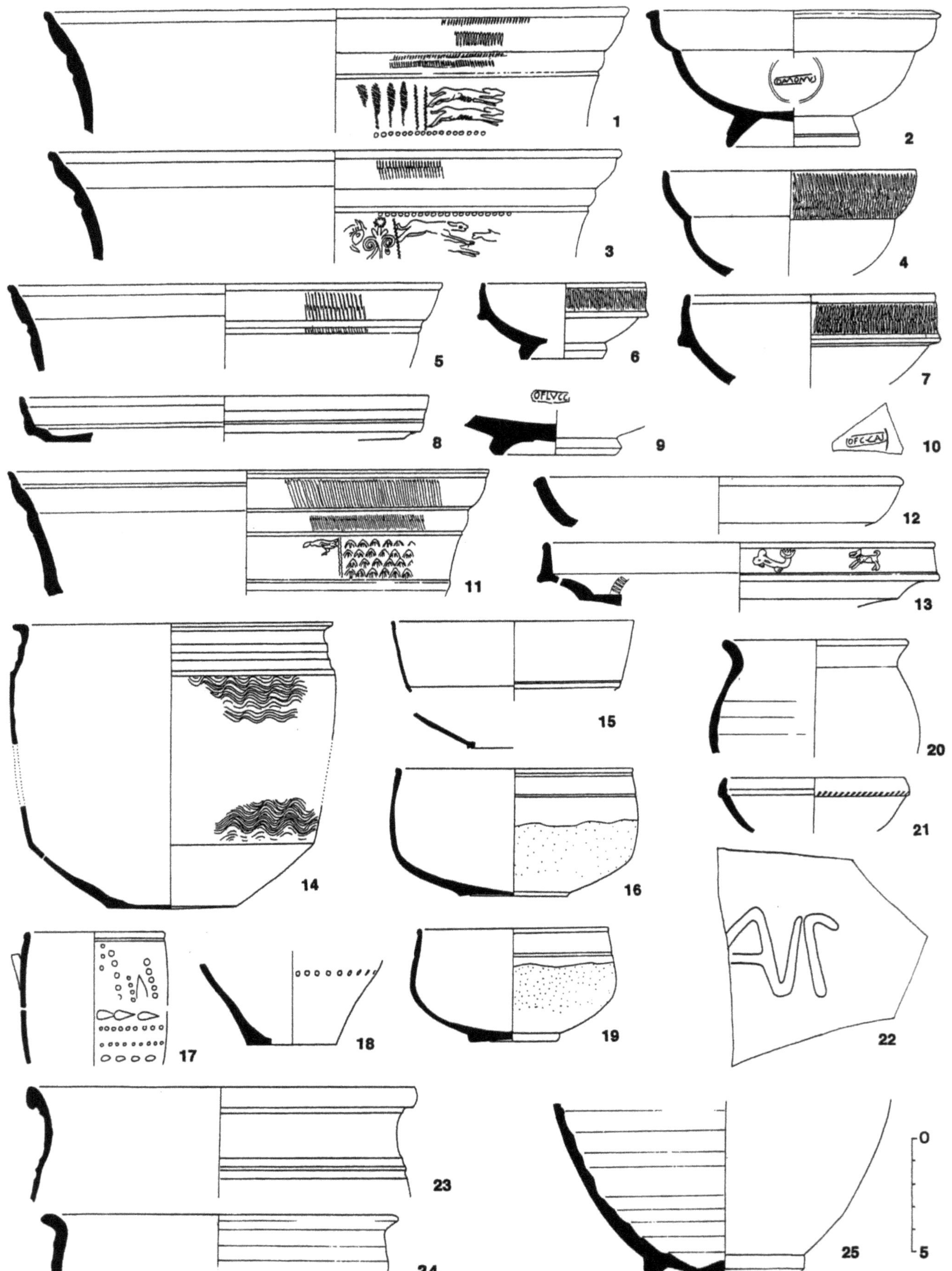

Fig. 68. *U.E. 2443-B. 1 a 13 y 21: Sigillata sudgálica y aretina. 14 a 19: Paredes finas. 20 y 25: Cerámica común. 22:* Tegula *con la marca* CAMP. *23 y 24: Gris ampuritana tardía.*

con productos locales, seguramente ampuritanos, que imitan la textura y formas de las paredes finas.

En general encontramos un repertorio de formas limitado, pero homogéneo. Dos ejemplares enteros de la forma Atlante 2/408 o 2/409, de paredes arenosas, con un origen en época augústea y documentados a lo largo de todo el s. I (Fig. 68: 16 y 19). También aparecen los fragmentos de un cuenco del tipo "cáscara de huevo" (Fig. 68: 15), de la forma Marabini 37/Mayet 35, que se halla presente en Ampurias en contextos de época de Claudio y en Ostia en época Flavia en general (Atlante 2, p. 293).

Como productos típicamente béticos, decorados con barbotina, hallamos diversos fragmentos sin forma y los restos de dos vasos que podemos identificar. El primero de ellos (Fig. 68: 17), corresponde a la forma Mayet 46 y su decoración es del tipo CV-12 de Ricci. Parece que la forma empezó a producirse a partir de Tiberio (Atlante 2, p. 310 a 324). Del segundo solo se ha conservado la mitad inferior del cuerpo, por lo que es difícil relacionarlo con una forma concreta, aunque suponemos que se trata de un vaso Marabini 46 o Mayet 42 (Fig. 68: 18). Los restos de decoración a la barbotina y las características de la pasta y engobe lo identifican como un producto bético que empezó a fabricarse a partir de Augusto, pero que tuvo una gran difusión sobretodo a mediados del s. I.

El último vaso, aunque reune las características de la cerámica de paredes finas, parece un producto local más bien relacionado con la cerámica ampuritana tardía, la cual en otras ocasiones ya había imitado formas y técnicas propias de las paredes finas (Fig. 68: 14). La forma es, por el momento, desconocida en la producción de paredes finas, aunque podemos ver algún parecido con la Mayet 23. La decoración, con meandros incisos en la parte ancha del cuerpo, es típica de la ampuritana tardía y no aparece en la cerámica de paredes finas, exceptuando algunos productos considerados locales (Puerta 1989, p. 168, nº 52). Pero hemos de señalar que la arcilla, con la textura y características de la ampuritana tardía, es de color naranja y no gris, a causa del método de cocción utilizado.

La cerámica gris ampuritana tardía típica también se halla presente en el estrato, con un número elevado de fragmentos. Una vez más encontramos las formas más habituales de la serie. Las ollas o urnas de labio de sección triangular y cuello moldurado, con algunas variantes que poco se apartan de la forma inicial (Fig. 68: 23 y 24), cuencos y vasos bicónicos tardíos -uno de ellos prácticamente entero- que aún eran inéditos en Tolegassos (Fig. 70: 5 y 8). El primero, ausente en estratos augústeos, lo encontramos por primera vez en este estrato del pozo. El otro, del que solo se ha conservado la mitad inferior, tiene las mismas características y por lo tanto lo atribuimos a la misma forma o variante del prototipo tan corriente en estratos del cambio de Era y, sobretodo, del primer cuarto del s. I.

En otras ocasiones hemos comentado el origen y evolución de esta producción de gris tardía y años atrás se le dedicó un estudio más detallado (Casas et alii 1990, p. 168-169). Pero no acabábamos de ver de forma clara el momento de su desaparición. En realidad, el estrato que analizamos es en el que aparecen los ejemplares más tardíos, en número suficiente para considerarla una producción aún viva y pujante a mediados del siglo primero. Los que veremos en estratos más modernos son fragmentos residuales, ajenos al resto de materiales de sus respectivos conjuntos estratigráficos. A partir de mediados de siglo la producción se diluye, desaparece y, como máximo, se transforma en productos de una calidad que se asemeja más a la de la cerámica reducida de cocina.

Las ánforas, que ya habíamos citado al inicio, presentan aspectos interesantes. Por un lado, su elevado número, poco frecuente en Tolegassos, donde es un material francamente minoritario en comparación con las cerámicas comunes o las africanas. Pero por el otro, el limitado número de fragmentos con forma, limitados a pies que poco pueden aportarnos en cuanto a la forma entera del recipiente. Pero en general se trata de productos locales e itálicos del siglo anterior y posterior al cambio de Era. Seguramente estas bases pertenecen a ánforas Pascual 1 y más probablemente a la Dressel 8 ampuritana, algunas de las cuales conservan marcas practicadas en la arcilla fresca antes de ser cocida (Fig. 69: 15 a 17). Uno de los ejemplares de los niveles más profundos del estrato conservaba la marca SVA ANTH en el pie (Fig. 73: 8).

La única claramente identificable en este nivel (solo tenemos el labio), pertenece a la forma Dressel 2/4, posiblemente de fabricación local, con la arcilla característica de las Pascual 1 (Fig. 69: 23). Otro fragmento, pequeño y mal conservado, parece que también puede atribuirse a la Dressel 2/4 o a una variante local, con la arcilla de color rojizo y restos de engobe blanquecino en la superficie externa (Fig. 69: 22).

El conjunto de ánforas nos señala una fecha indeterminada de la primera mitad del s. I, a pesar de la presencia de fragmentos de Dressel 1, residuales y más antiguos.

La cerámica común, tanto la oxidada como la reducida, constituye el grupo más numeroso en el estrato -como ya es habitual en cualquier yacimiento de época romana- con un repertorio tipológico de gran interés, ya que aparecen formas hasta ahora inéditas o poco documentadas. Precisamente los contextos arqueológicos del s. I eran los que hasta la fecha habían proporcionado menos información sobre las cerámicas comunes y de cocina (Casas et alii 1990, p. 163-201). Este vacio puede verse modestamente compensado con los nuevos recipientes del pozo.

Por un lado volvemos a encontrar las jarras, platos y ollas convencionales. Algunos platos/cazuela de fondo plano y borde vertical, con el labio poco diferenciado, cuya forma se repite durante más de trescientos años sin demasiadas variaciones (Fig. 70: 12 y 13; fig. 71: 7 y 8). Con las jarras pasa algo parecido. Las unas, con una sola asa y boca trilobulada con vertedero, se diferencian poco de aquellas de los siglos segundo y tercero, a no ser por pequeños detalles como el fondo umbilicado o el asa de sección circular en lugar de plana o elíptica (Fig. 69: 14). Pero mientras que unos ejemplares representan la evolución de formas más antiguas, otros son nuevos.

En este sentido, cabe citar especialmente los fragmentos de

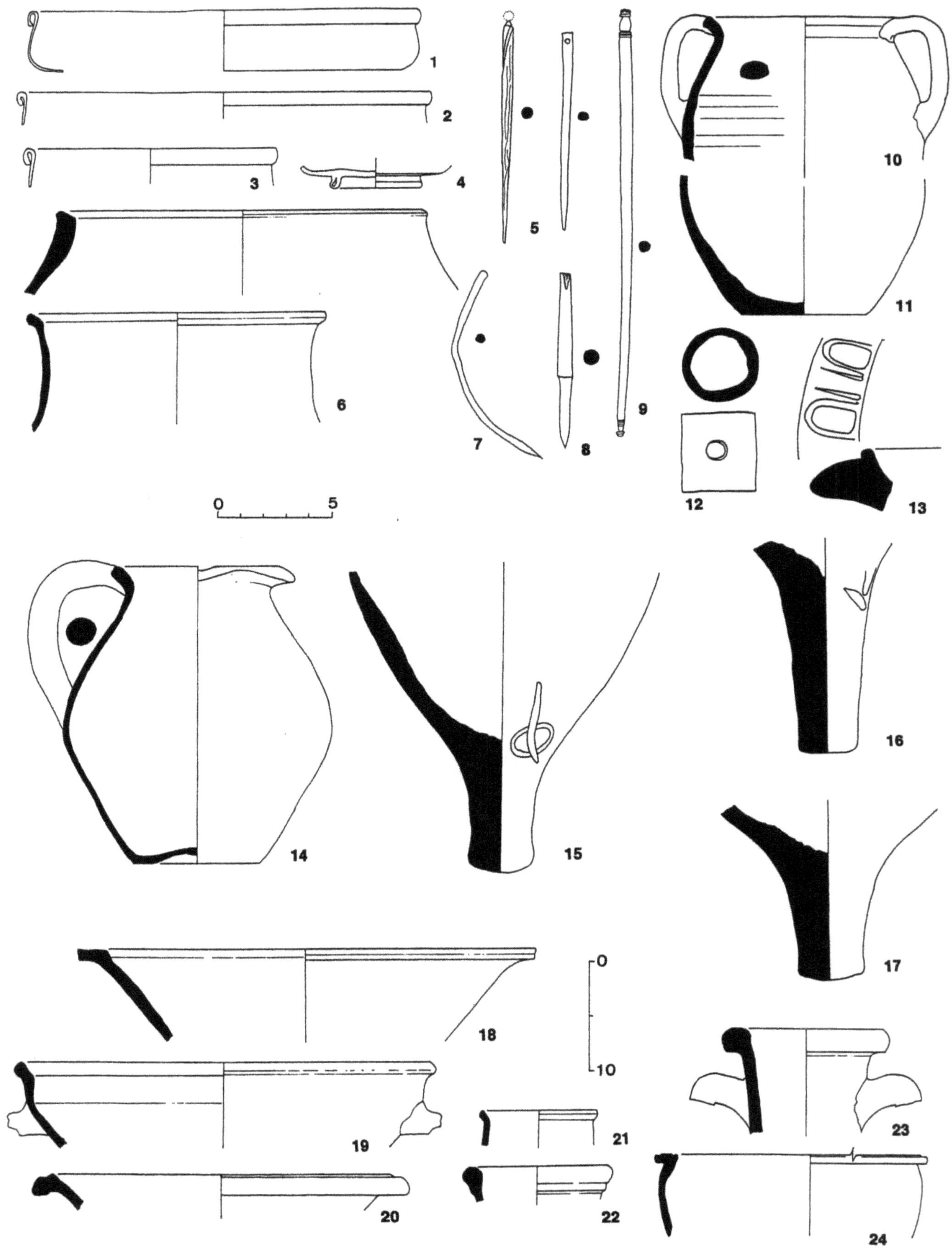

Fig. 69. U.E. 2443-B. 1 a 4: Vidrio. 5, 8, 9 y 12: Objetos de hueso. 7: Bronce. 6 y 10-24: Cerámica común y ánfora.

dos copas o urnas, una de las cuales ha conservado la mitad superior y la otra la inferior, con un pie diferenciado típico de una copa (Fig. 70: 1 y 3). La composición de la arcilla, su tacto y acabados las hacen diferentes al resto de producciones en cerámica común. Tienen más afinidades con la cerámica de engobe blanco que con los productos oxidados más corrientes. La pasta es de color marrón oscuro, con algunas manchas casi grises, muy dura, fina y depurada, aunque está llena de pequeños puntos de cal. Por el exterior ambas piezas conservan mal un engobe de color blanquecino, más bien ceniciento. ¿Se trata, quizás, de los últimos ejemplares de la cerámica de engobe blanco? No podemos saberlo. Mas bien parece que tienen relación con producciones ampuritanas conexas con la cerámica gris tardía.

Un pequeño recipiente, también de forma inédita, recuerda algunos ejemplares de la cerámica de paredes finas (Fig. 70: 6), pero no se corresponde con ninguna de las formas conocidas y, sin duda, se trata de un producto local con la pasta anaranjada, oxidada, con la misma textura y composición que la de tantos otros recipientes del país. La mitad inferior de una segunda pieza parece pertenecer a la misma forma, ya que reune las mismas características (Fig. 71: 3).

También hemos de considerar de origen local dos botellas de cuerpo casi esférico y cuello alto y delgado, con una sola asa, fabricadas con arcillas que consideramos de la zona (Fig. 70: 4 y 9). En este caso constituyen la evolución de una vieja forma ya conocida en cerámica gris ampuritana desde el s. II a.C., que se repite con cierta frecuencia en época augústea en cerámica oxidada (pero con el cuello más vertical), y que aún no ha sido documentada en contextos de la segunda mitad del s. I (Casas et alii 1990, p. 130-133).

Una tercera botella es diferente a todas las demás. Con el perfil en ese, alta y esbelta y dos asas -también de sección circular-, tiene las mismas características en lo referente a la arcilla, textura y acabados (Fig. 71: 2). Otra forma que solo habíamos citado de paso al hablar de la gris ampuritana tardía, es el cuenco semiesférico de paredes casi verticales y cuello o labio moldurado, que imita la gris tardía (Fig. 70: 2). La única diferencia entre un ejemplar y otro es la arcilla con la que fue elaborado y la forma de cocción.

Tampoco podemos aportar ningún comentario especial en lo referente a la gran jarra con cuatro asas (Fig. 71: 1). La forma aparece en Tolegassos en época augústea, también con dos asas dobles, y perdura hasta los primeros años del s. III en el relleno del otro pozo. Diferencias mínimas, como la sección de las asas o la base ligeramente umbilicada, son los únicos rasgos que permitirían seguir su evolución a partir de un número más elevado de ejemplares.

En general la mayor parte de los recipientes se apartan del repertorio al que estábamos acostumbrados. Representan evoluciones de formas augústeas más o menos conocidas, o quizás son los ejemplares más antiguos de recipientes que serán habituales en estratos del s. II. Otros, no obstante, son totalmente inéditos, especialmente una tapadora con un agujero circular en su centro, hasta la fecha desconocida. Su arcilla tampoco es la habitual en otras piezas del mismo yacimiento. De color naranja oscuro, casi marrón, bastante dura, pulida por el exterior y con desgrasante de granos de cuarzo. Por efecto de la cocción, el interior del corte en sección quedó de color gris (Fig. 71: 4). Su forma y la situación del agujero central, así como sus dimensiones, nos hacen pensar que se trata de la tapadora de un recipiente destinado a contener alimentos en conserva (un pequeño *dolium* o una gran jarra).

En este conjunto de cerámicas comunes no podemos olvidarnos de un recipiente que, al menos originalmente, tenía una función diferente o doble. Nos referimos a una jarra casi bicónica con dos asas, decorada en la pared externa con dos figuras que recuerdan a dos lagartos y un sapo, todas ellas muy rudimentarias y realizadas con arcilla pegada con poca destreza. Se relaciona con un recipiente tubular con el cuerpo decorado con serpientes en relieve pintadas de rojo (Fig. 71: 5 y 6). No es de producción local. La pasta es de color beige oscuro, casi marrón por fuera y más bien gris en la parte interna del recipiente, con desgrasante de puntos de mica, cal y puntos negros con un evidente componente de origen volcánico. La parte del labio está ahumada. En la parte del cuerpo del recipiente opuesta a la que contiene la decoración se observan restos de lo que parece pintura de color negro.

Tanto por su forma como por la decoración, el ejemplar de Tolegassos se relaciona con otro recipiente de Ampurias fabricado con una arcilla casi idéntica, que también presenta una decoración similar. El motivo decorativo, que ha sido objeto de un reciente estudio (Tremoleda & Casas), está relacionado con el culto a Sabazius, una divinidad oriental que no tuvo demasiado éxito en estas comarcas, cuyas referencias son mínimas en nuestra zona, puesto que casi no traspasó los límites de las áreas y ciudades portuarias como Ampurias.

Como decíamos, es posible que otro recipiente del mismo pozo de Tolegassos tuviera alguna relación con el primero. Los fragmentos de un tubo cerámico de color naranja-rosado, con un acabado poco elaborado, con desgrasante muy grueso, presentan restos de una decoración con serpientes aplicadas en relieve y pintadas de rojo sobre un fondo amarillento casi blanquecino (Fig. 71: 6). Quizás la relación entre ambos objetos solo es casual. Pero aparecieron en el mismo estrato y ambos contienen elementos decorativos directamente relacionados con el culto a Sabazius. El tubo, no obstante, con su base recortada, recuerda una chimenea que iría encajada en una *tegula* agujereada como la que apareció en uno de los depósitos estudiados en capítulos anteriores, de época augústea.

Uno de los grupos de cerámica común de gran interés, ya que también aporta formas nuevas a las especies conocidas, es el de los lebrillos y grandes recipientes, quizás relacionados con la higiene personal o bien con la cocina. Los cuatro ejemplares identificados son todos diferentes. En general, de grandes dimensiones respecto al resto de platos, cazuelas o morteros, con diámetros de unos 40 cm., las paredes siempre oblicuas y el labio diferenciado (Fig. 69: 18 a 20). Solo en un caso las paredes son casi verticales, un poco cóncavas, y el labio plano como en un *kalathos* (Fig. 69: 24). Las características en este último ejemplar también son diferentes

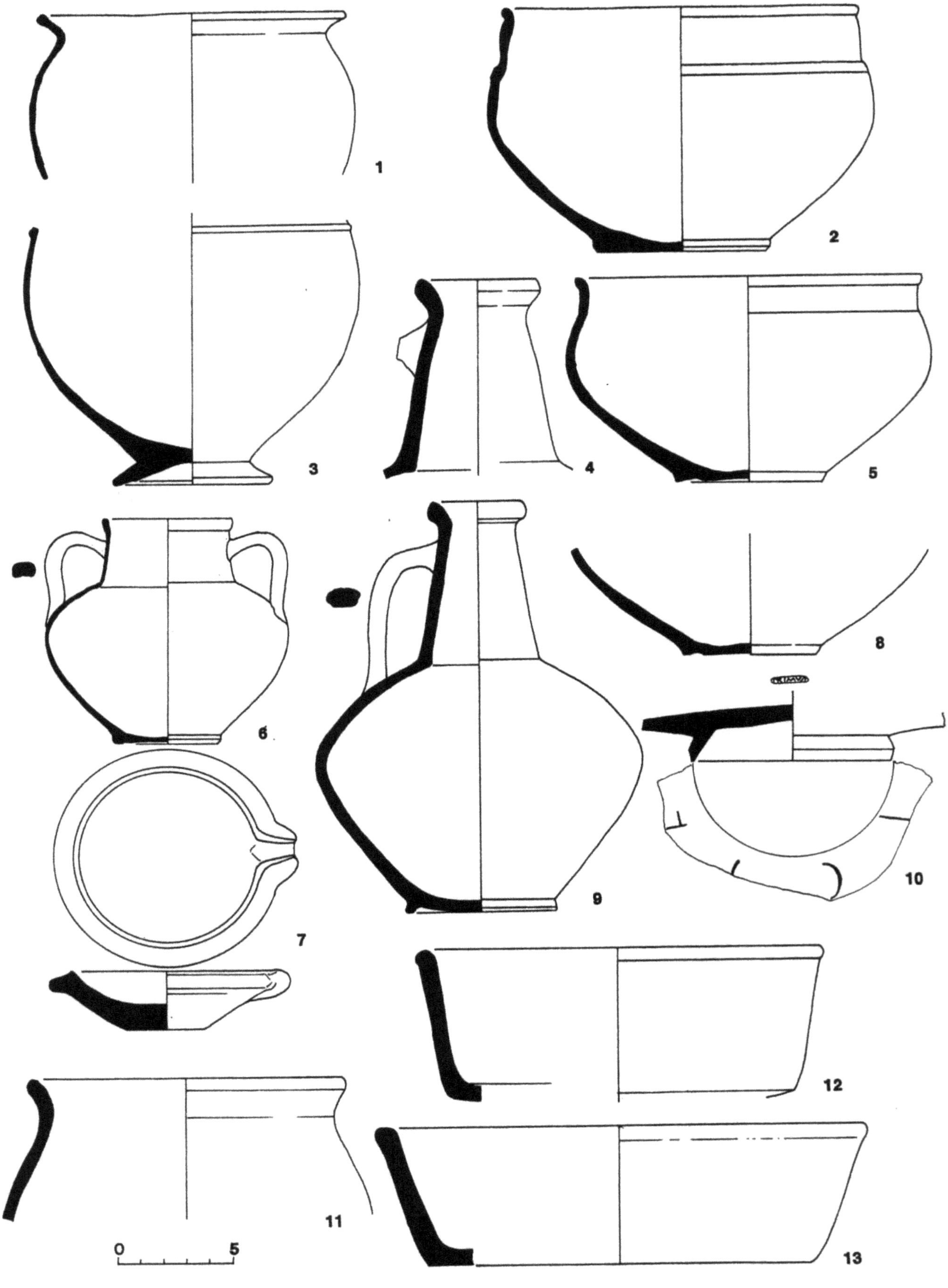

Fig. 70. U.E. 2443-B. 1 a 9: Cerámica común oxidada. 10: Sigillata aretina. 11 a 13: Cerámica común reducida.

en lo que se refiere a los acabados y la arcilla.

Los lebrillos y jofainas, aunque corrientes en yacimientos de época romana, no son demasiado numerosos, por lo que es difícil conocer toda la variedad de formas que se fabricaron, y aún menos en esta época más antigua. No será hasta la segunda mitad del s. II y durante el s. III cuando aparecerá un repertorio más amplio y unas formas más constantes y repetidas.

Para acabar este análisis del material cerámico, solo hemos de citar un par de morteros. El primero con la forma típica de otros ejemplares augústeos que no son desconocidos en Tolegassos o en el Olivet d'en Pujol (Fig. 69: 13), decorado alrededor del labio. El otro, entero, con una función desconocida debido a sus reducidas dimensiones. A manera de hipótesis, podemos suponer que habría sido utilizado para mezclar perfumes o productos medicinales, pero nada puede confirmarlo (Fig. 70: 7).

En el apartado de material no cerámico, a parte de las monedas citadas anteriormente, señalaremos el hallazgo de diversos vasos de vidrio de buena calidad (Fig. 69: 1 a 4), agujas de hueso y bronce (Fig. 69: 5 y 7), un *stilum* y un huso de hueso, así como un gozne de la puerta de un mueble, del mismo material (Fig. 69: 8, 9 y 12).

U.E. 2443-A.

La parte inferior del relleno del pozo, de composición parecida a la superior pero más limpia, con menos *tegulae* y piedras, contenía el mismo tipo de tierras, excepto en la parte más profunda, que se hallaba en contacto con la capa freática. En este nivel más bajo las tierras del interior del pozo no parecían corresponder al relleno intencionado que lo dejó fuera de uso, sino a los limos y lodos que fueron depositándose mientras aún abastecía de agua a la villa. A partir del nivel freático el material se vuelve más escaso y solo aparecen algunos fragmentos de sigilada aretina, cerámica común y algunas *tegulae* caídas de plano y casi incrustadas en los limos del fondo.

Pero en el resto del tercio inferior del pozo, por encima de los lodos, el material no presenta diferencias substanciales respecto al de la U.E. 2443-B, exceptuando el hecho de que en este nivel no apareció ningún fragmento de sigillata sudgálica. Aún así, la cronología del material no es diferente de la del que hemos analizado en el apartado anterior, tal como confirman los dos ases de Ampurias con la contramarca DD, acuñados en época de Claudio (Nº 90 y 91).

La sigillata itálica, con 76 fragmentos y tres individuos casi completos, es la cerámica fina de importación que predomina de manera exclusiva, con un abanico de formas limitado pero homogéneo. Las piezas más antiguas son los platos de las formas Goud. 17/Cons. 12.3 y Cons. 4.5 (Fig. 72: 1 y 4), ambas fechadas a finales del principado de Augusto (Conspectus 1990, p. 58 y 72).

Asimismo, son corrientes diversas variantes de la forma Ritt. 5, normalmente con decoración de ruedecilla en la parte externa del labio. Una de ellas pertenece a la forma típica Haltern 8/Goud. 27/Cons. 22.1, con la marca C.CFRHS en el fondo interno (Fig. 72: 6). Esta variante, en la que aún no aparece la típica decoración exterior con caracolillos aplicados, se fecha a finales de Augusto y muy a inicios del período de Tiberio (Conspectus 1990, p. 90). Una forma parecida, probablemente una evolución de la anterior, aparece representada por un solo fragmento (Fig. 72: 3). Se trata, en este caso, de una copa troncocónica o semiesférica muy moldurada en su parte superior, con decoración a ruedecilla en el labio (Forma Cons. 25.1), fechada sin demasiada precisión entre Augusto y Tiberio.

Otra copa, de pared biconvexa y mal conservada, también presenta el mismo tipo de decoración en el exterior. En esta ocasión corresponde a un vaso de la forma Haltern 11/Cons. 31.1 y se fecha en la transición entre los períodos de Augusto y Tiberio (Fig. 72: 7).

Para terminar, señalaremos la presencia del borde de un plato atribuible a la forma Cons. 21.1 que sufrió diversos cambios desde el período augústeo hasta inicios de la época de Claudio (Fig. 72: 2). Es habitual que estos platos tengan una decoración aplicada en la parte exterior del labio, con espirales, animales, perros o delfines como los que aparecen en el ejemplar del nivel superior del relleno del pozo (Fig. 68: 13).

Las otras cerámicas de importación, también itálicas, son las lucernas, con 27 fragmentos muy pequeños que pertenecen todos ellos al mismo tipo. Básicamente se trata de lucernas de volutas de la forma Deneauve IV-A y un asa triangular de la forma Den. V-B, que suelen aparecer en contextos de la primera mitad -o segundo cuarto- del s. I. Entre los pocos fragmentos que pueden reproducirse gráficamente, tres de ellos conservan restos de decoración en el disco (Fig. 72: 12 y 13). En un caso se trata de un perro, y en los otros dos, un águila y un personaje difícil de identificar.

A diferencia del nivel anterior, en este la cerámica de paredes finas es francamente minoritaria. Solo tres fragmentos pertenecientes a dos individuos (Fig. 72: 9 y 11). Ambos son de la forma Mayet 33 y 35 o de una variante muy próxima, presente en estratos augústeos y muy numerosa durante el período de Tiberio.

En cambio, la cerámica gris ampuritana tardía es tan numerosa como en los primeros metros del relleno y presenta pocas diferencias en lo referente a sus aspectos tipológicos o morfológicos. En total son cuarenta y cinco los fragmentos aparecidos, de los que solo un tercio corresponde a formas identificables. Pero no aportan demasiada información. Citaremos el cuello y labio de una urna de la forma más típica (Fig. 72: 21), y dos bases que podemos atribuir a recipientes del mismo tipo (Fig. 72: 5 y 10).

Las ánforas son, en este caso, bastante numerosas y muy interesantes para fechar en conjunto. En general se trata de producciones locales, con una notable presencia de la forma Tarraconense 1 (Fig. 73: 4 y 5) y, menos numerosa, la Pascual 1 (Fig. 73: 2; fig. 74: 3 y 5). También tiene una representación importante la Dressel 2/4, con cuellos y bordes de la forma más tradicional (Fig. 73: 6, 7 y 9) y alguna variante con pasta amarillenta, quizás procedente de

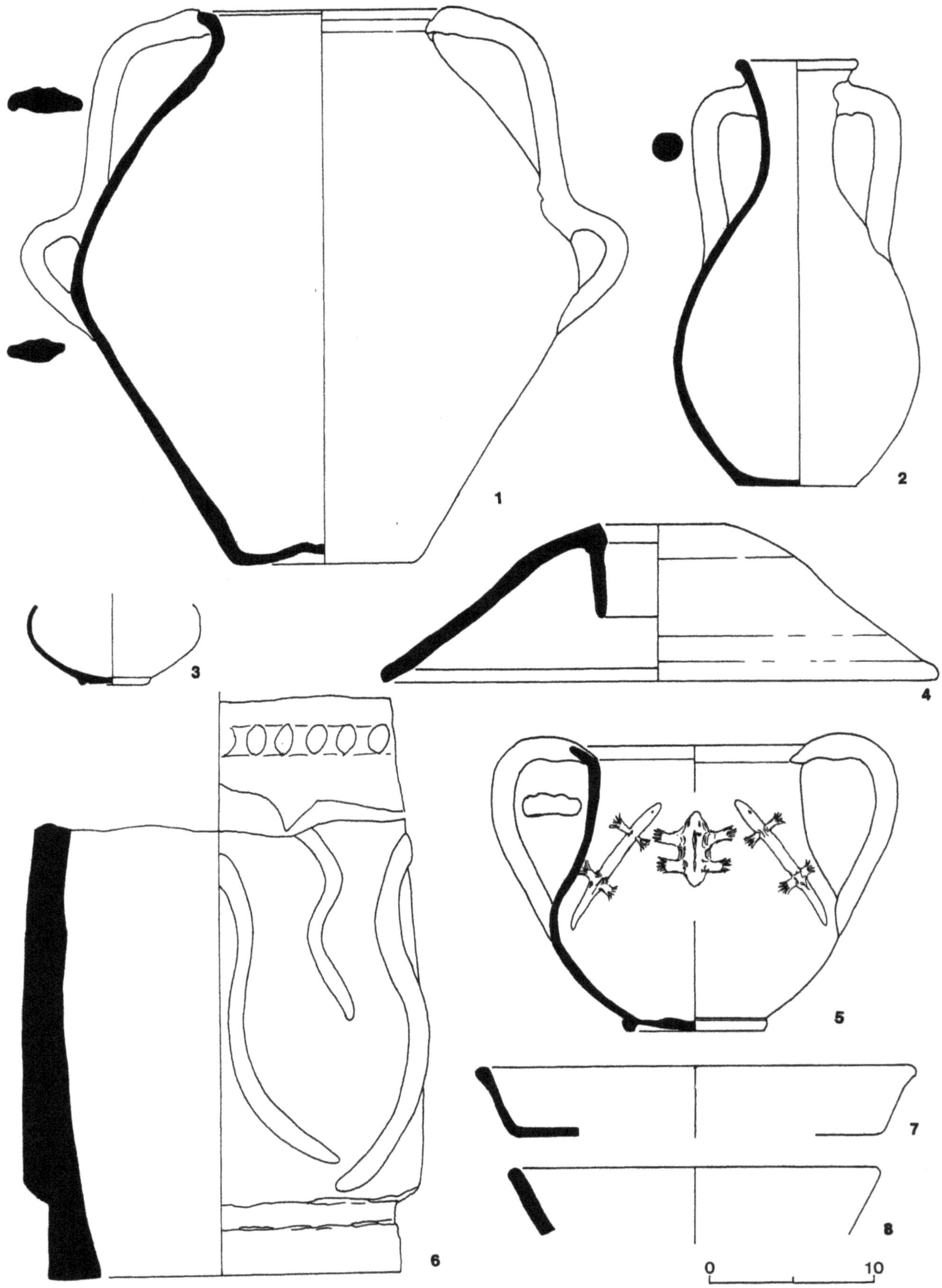

Fig. 71. *U.E. 2443-B. 1, 2 y 4: Cerámica común oxidada. 3: Gris ampuritana. 5: Cerámica común con decoración a relieve. 6: Tubo cerámico con decoración a relieve. 7 y 8: Cerámica común reducida.*

otros talleres, que se aparta del modelo estándar (Fig. 73: 1).

Algunos fragmentos sin forma y algunas bases parecen pertenecer a la forma Dressel 8 ampuritana; ánfora para el transporte de salazones que se documenta de forma abundante en Ampurias y en toda la región (Fig. 73: 3). Un ejemplar de Tolegassos contenía una cantidad importante de escamas de pescado pegadas en el fondo interno, lo cual confirma su función (Fig. 73: 8). Por otro lado, en el exterior conserva dos marcas: una T invertida realizada con un palillo o un pequeño punzón y, sobre ella, la doble marca SVA ANTH; la primera (SVA) invertida.

La marca ANTH es muy conocida en Ampurias y suele aparecer siempre sobre el mismo tipo de recipiente. Pero su relación con SVA no se había podido ver de forma clara hasta la fecha. Es cierto que en un ejemplar ampuritano aparece la doble marca ...VA VENVL, así como en otras ánforas similares, pero había sido difícil identificar la S inicial que se había perdido (Nolla 1974-75, p. 185). Teniendo en cuenta el tipo de ánfora y los contextos en los que aparece, debe fecharse dentro de la primera mitad del s. I.

En general, todo el conjunto de ánforas nos señala una cronología que se inscribe en el marco de la primera mitad del s. I. Lo confirma la presencia de las Pascual 1 y Tarraconense 1, que dejaron de fabricarse en las primeras décadas del s. I y que hallamos junto a las Dressel 2/4, que asimismo aparece en la misma época o poco antes, o la Dressel 8 de Ampurias, con una marca muy conocida, abundante en la zona y fechada con bastante precisión por su hallazgo en estratos de la primera mitad avanzada del mismo siglo. Son diversos indicios que nos hacen suponer que el conjunto debe situarse cronológicamente en el segundo cuarto del s. I, como máximo.

Como en otras ocasiones, la cerámica común, sobretodo oxidada, representa el porcentaje más alto en el conjunto cerámico general del estrato. En esta ocasión, de manera exagerada.

Alguno de los ejemplares pertenece a producciones que ya hemos visto en el apartado anterior, como es el caso de jarras u ollas de dos asas, de paredes delgadas y fabricadas con una arcilla de color marrón, con desgrasante de pequeños puntos de cal (Fig. 72: 18; fig. 74: 7). Ambos ejemplares tienen restos de engobe blanquecino o color ceniza, mal conservado, al igual que en la urna con pie de copa (Fig. 70: 3). Sin duda se trata de la misma producción.

En otras ocasiones aparecen fragmentos mejor o peor conservados de botellas de cuello estrecho y una sola asa, ya conocidos, y cuellos de botella de boca ancha, también de pasta anaranjada, fina y depurada, así como otros ejemplares cocidos en fuego reductor y de tonalidades grises (Fig. 72: 15 a 17). De la misma categoría, siguiendo una forma anteriormente comentada, una cuarta jarra de dos asas tiene el cuerpo esférico y el cuello cilíndrico, con el labio moldurado (Fig. 73: 10). El ejemplar es de mayores dimensiones que el que habíamos reproducido en la fig. 70-6, pero mantiene las mismas características y también parece un producto local.

Este conjunto de jarras (quizás sea más apropiado denominarlas botellas de cuello alto), presenta los rasgos característicos que vemos en estos recipientes desde época augústea e inicios del s. I. Lamentablemente no disponemos de un repertorio demasiado extenso en lo que se refiere al resto de material del mismo siglo, aunque ha sido documentado algún paralelo próximo en Ampurias (Casas et alii 1990, p. 131 y 185).

Ocurre algo parecido en el caso de las ollas de dos asas, una de las cuales ya ha sido comentada. Las otras dos restantes presentan un labio un poco moldurado o con un ligero encaje interior (Fig. 74: 6 y 8), como suele ocurrir en otros ejemplares del siglo primero, ya se trate de urnas o de ollas (Casas et alii 1990, p. 120 y 177).

En cuanto al resto de piezas de cerámica común, solo nos falta comentar el conjunto de lebrillos, grandes cuencos y morteros, relativamente numerosos y algunos de ellos con un interés especial. En primer lugar, en lo que se refiere a los morteros, debemos citar uno tallado en mármol que se aparta del conjunto que comentamos (Fig. 74: 10). Los demás corresponden a formas itálicas ya documentadas en el yacimiento y en la zona desde finales del s. I a.C. (Fig. 73: 12 y 15), con paralelos en el silo del Camp Ramis de Ampurias, en Fenals, Riells/La Clota, etc., siempre en contextos augústeos (Casas et alii 1990, p. 154-155).

Los grandes cuencos y los lebrillos, en estrecha relación con el resto de objetos de uso doméstico y de cocina, normalmente fabricados en algún taller local, aportan nuevas formas al catálogo hasta ahora conocido. Uno de ellos ya había aparecido en el nivel superior del relleno del pozo, aunque hasta la fecha era inédito en otras zonas (Fig. 73: 11). Pero este ejemplar se halla más completo, lo cual nos permite observar que presenta algunos rasgos propios de los morteros (como el caso del labio vertedero y dos asas planas), que lo relacionan directamente con la cocina y la elaboración o manipulación de alimentos.

Los demás son más corrientes o, por lo menos, ya habían sido documentados en otros estratos augústeos de Tolegassos. Suelen ser grandes recipientes de paredes gruesas, muy abiertos -como una jofaina- y con el labio sencillo, poco diferenciado del resto del cuerpo (Fig. 73: 13 y 14), y a menudo decorado con incisiones u otros motivos impresos siempre muy simples. El último ejemplar, con la arcilla de color verdoso debido a una deficiente cocción que ha hecho que nos haya llegado prácticamente desmenuzado, tiene dos asas planas por debajo del labio y justo en la carena del inicio del cuerpo (Fig. 74: 2).

Para terminar, citaremos algunos objetos y producciones minoritarias, de cierto interés, pero que no aportan demasiados elementos que sirvan para ayudar a establecer la cronología del estrato. En este apartado podemos incluir un fragmento más de aquel farolillo que hemos ido encontrando fragmentado en diversos estratos y silos del s. I a.C. y de época augústea, con la típica decoración incisa. En esta ocasión se trata de un asa o pomo para sujetarlo (Fig. 74: 9). Y como objetos metálicos, un hierro de lanza, una llave de hierro y un anillo de bronce, así como un tubo de hueso del gozne de un mueble (Fig. 72: 19 y 22-24).

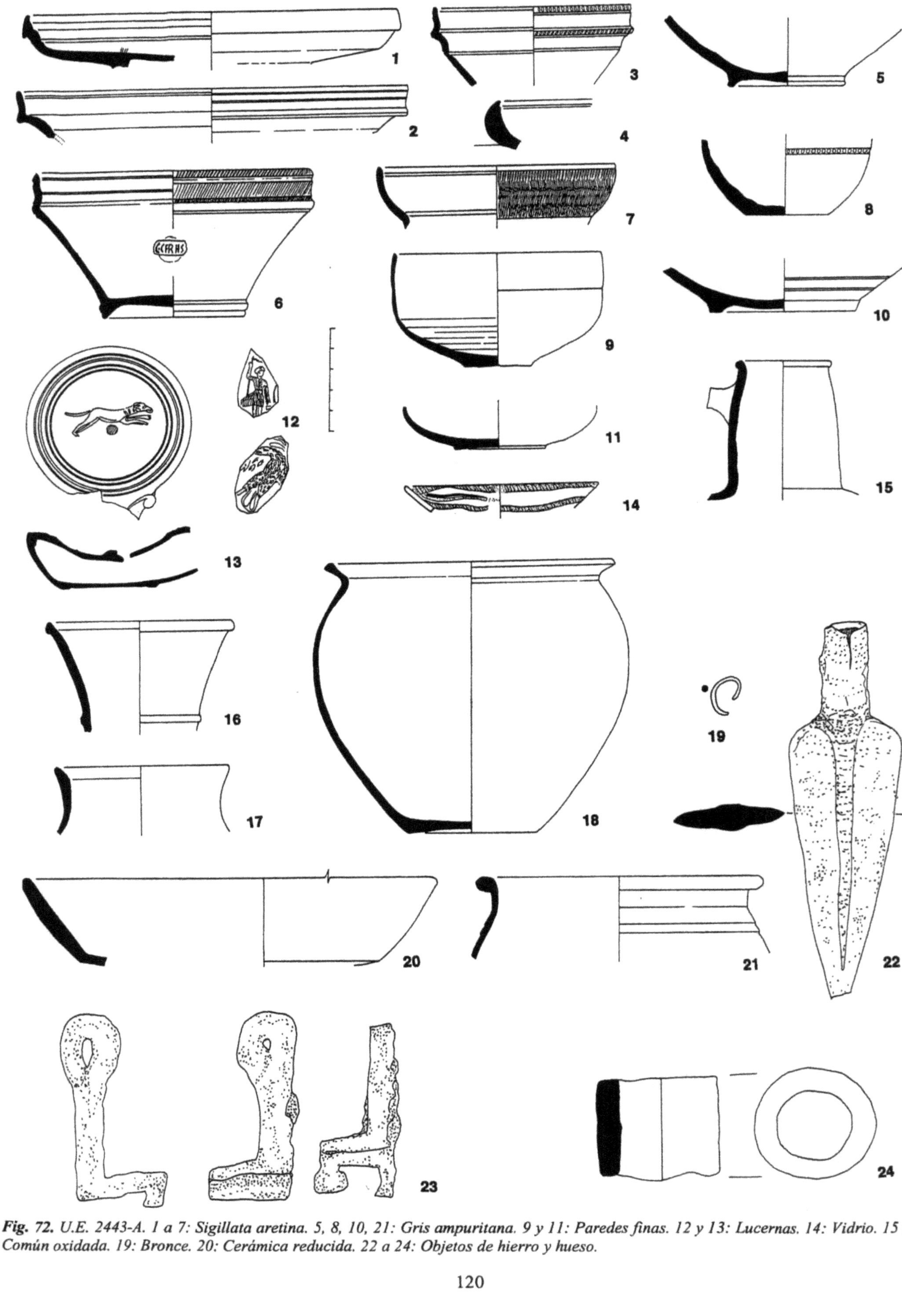

Fig. 72. U.E. 2443-A. 1 a 7: Sigillata aretina. 5, 8, 10, 21: Gris ampuritana. 9 y 11: Paredes finas. 12 y 13: Lucernas. 14: Vidrio. 15 a 18: Común oxidada. 19: Bronce. 20: Cerámica reducida. 22 a 24: Objetos de hierro y hueso.

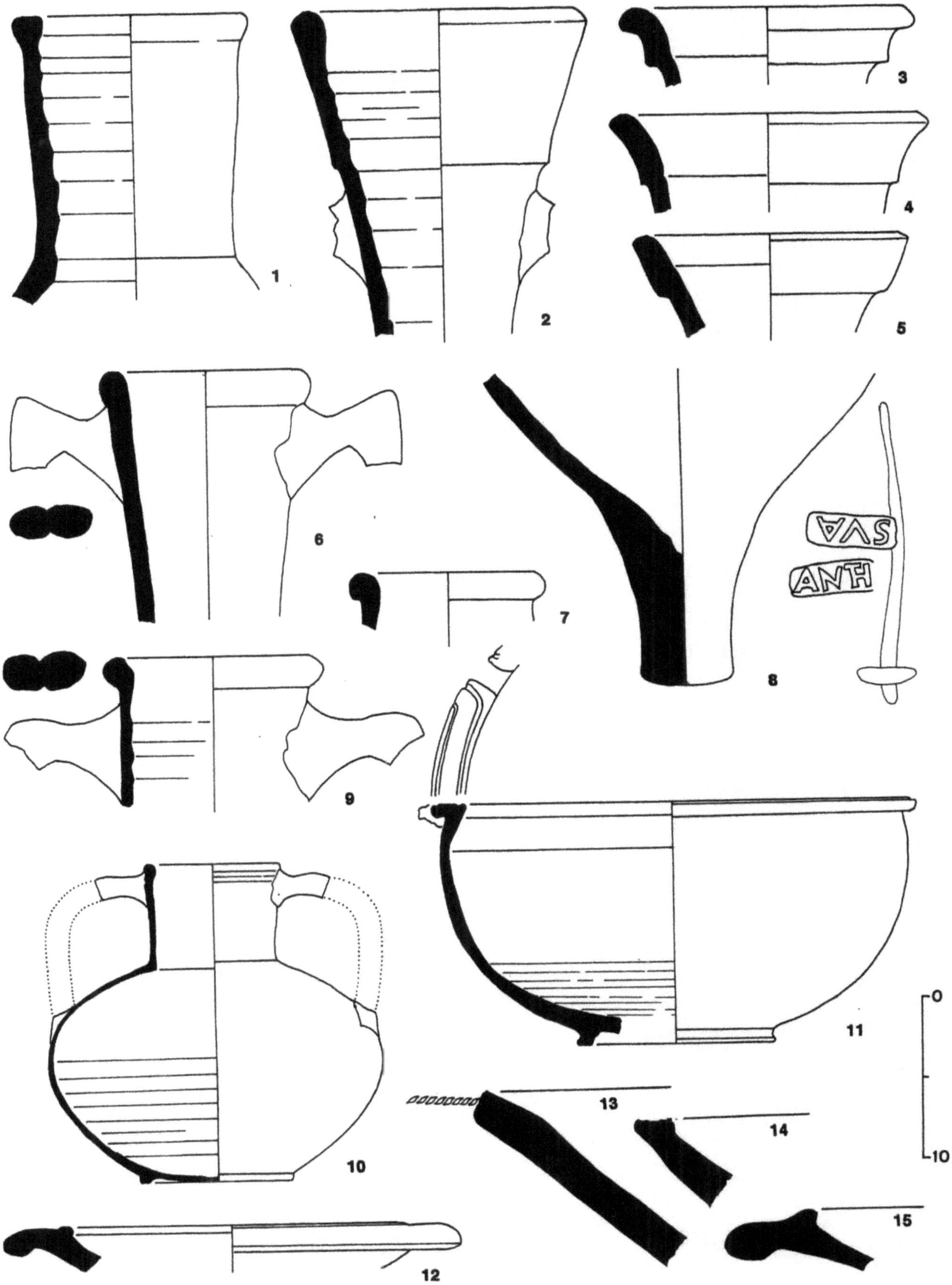

Fig. 73. U.E. 2443-A. 1 a 9: Ánforas. 10 a 15: Jarra, morteros y grandes cuencos de cerámica común oxidada.

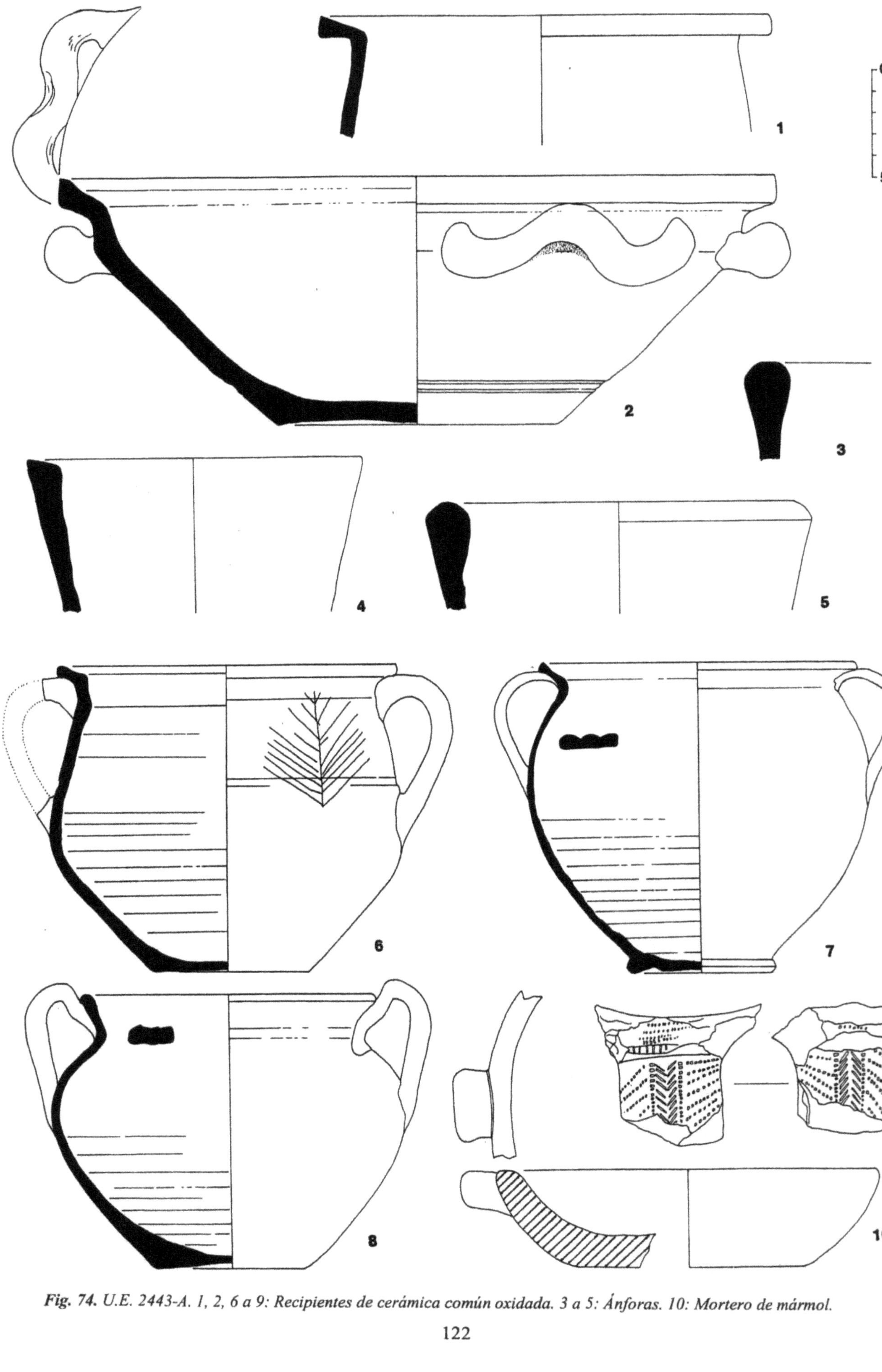

Fig. 74. U.E. 2443-A. 1, 2, 6 a 9: Recipientes de cerámica común oxidada. 3 a 5: Ánforas. 10: Mortero de mármol.

Fig. 75. U.E. 2443-B. Jarra de cerámica común oxidada con motivos decorativos relacionados con el culto a Sabazius.

Resumiendo, y a fin de establecer la cronología del relleno del pozo, debemos señalar que todo el conjunto se sitúa dentro de la primera mitad del s. I, dejando a un lado algunos fragmentos residuales de períodos más antiguos que no nos son útiles para fechar el momento final del estrato. Tanto en el nivel inferior como en el superior, que hemos estudiado por separado siguiendo la división convencional que se utilizó en el momento de excavarse, indican una cronología idéntica que no parece sobrepasar los años 45/50. Por un lado, la confirma la abundante presencia de sigillatas aretinas o itálicas en cualquier nivel del relleno, la más moderna de las cuales llega como máximo al período de Tiberio/Claudio. Por otro lado, la coexistencia de ánforas que desaparecieron en los primeros años del s. I (Tarraconense 1 y Pascual 1), con otros tipos que se convierten en omnipresentes a partir de las primeras décadas del mismo siglo (Dressel 2/4, Dressel 8, etc.). Finalmente, los fragmentos de sigillata sudgálica de la parte superior (una de ellas, marmorata), típicos del período de esplendor de la producción; es decir, de la época de Claudio-Nerón. Asimismo, la cerámica común se enmarca en el contexto conocido de la primera mitad del s. I, sin que pueda precisarse mejor su cronología.

Pero lo que ratifica de manera contundente esta cronología son las siete monedas que aparecieron en diferentes niveles del pozo. Las dos de Claudio, nuevas y poco usadas por la circulación, debieron depositarse poco tiempo después de ser acuñadas. Los cinco ases de Ampurias, también poco circulados, todos de la misma emisión y con las contramarcas DD en el anverso (Series 25 o 26 de Villaronga), también fueron acuñadas en tiempos de Calígula-Claudio (Villaronga 1977, p. 29-31).

Todo el material confirma, por lo tanto, la amortización del pozo en un momento muy próximo y sin duda anterior al año 69, con tierras procedentes de una escombrera que habría ido formándose a lo largo de los 20 o 25 años precedentes y que tiene su más claro paralelo en el estrato más profundo del vertedero del sector 2, a poco más de 15 m. del pozo. Esta es la fecha máxima que tendremos que proponer, no solo para este relleno, sino para todo el resto de cambios y obras que se llevaron a cabo en la villa en este mismo momento. Pequeños indicios, como puede ser la nivelación de zanjas y pequeñas depresiones, bolsas de material situadas debajo o al lado de los cimientos de los muros (dispersos en diversos puntos del yacimiento), apuntan todos hacia la misma dirección: Los edificios de la fase 1 de la villa altoimperial se construyeron en este momento. La cronología más precisa es la que proporciona el material del interior del pozo.

El edificio 1.

Aunque se adivina la presencia de habitaciones, cobertizos y edificaciones en la zona central del yacimiento, que no han podido conservarse hasta nuestros días, la primera fase altoimperial de la villa estaba formada por dos edificios situados al sur del recinto cerrado y por un gran almacén de *dolia* al aire libre, al norte. El conjunto se completaba con la casa de época augústea, remodelada y quizás ampliada, según se intuye a partir de algunos restos dispersos situados en la zona centro-norte del patio de la villa.

El primer edificio es el más importante y el que se ha conservado entero hasta la fecha (por lo menos a nivel de planta), lo cual permite su restitución con bastante fiabilidad y conocer bien su funcionamiento. A pesar de todo, aún tenemos algunas dudas en lo referente a la circulación entre los extremos norte y sur, la eliminación del desnivel natural del terreno a base de escalones o terrazas y su restitución hipotética en una o dos plantas.

De entrada, sorprende su simetría. Un rectángulo que se transforma casi en un cuadrado una vez añadido el pórtico de la fachada este, con una serie de habitaciones también rectangulares situadas en las diferentes alas, excepto en los ángulos, con espacios de planta cuadrada. Las habitaciones cuadradas de los ángulos (dos cocinas y una tercera de función desconocida), solo tenían acceso desde el interior de las de mayor tamaño (Fig. 76).

Se intuye la entrada al edificio -a pesar de la destrucción de los muros de esta zona- en el centro de la fachada este, entre las dos columnas centrales del pórtico, coincidiendo con el punto central del muro y, por lo tanto, del patio interior del edificio. Al sur del pórtico, en el mismo ángulo del edificio, una pequeña puerta auxiliar servía para acceder a otras instalaciones de la villa, cuya actividad agrícola no se desarrollaba únicamente en el interior del recinto, sino que también podía llevarse a cabo fuera de los límites de sus muros. Pensemos en las eras para trillar, los corrales para el ganado, etc. aunque no hayamos encontrado ninguna de estas instalaciones que podían situarse a cierta distancia de los edificios excavados. De hecho, tratándose de zonas sin estructuras o realizadas con materiales blandos, es imposible su localización. En cambio, sí que pudimos identificar y excavar un tercer pozo fuera del recinto. Ignoramos si pertenece a esta fase. Sabemos, en todo caso, que quedó fuera de uso a mediados del s. IV.

Comentaremos brevemente las diferentes habitaciones y sectores del edificio nº 1 de esta primera fase, cuyas características ya fueron expuestas y ampliamente comentadas en un anterior estudio monográfico.

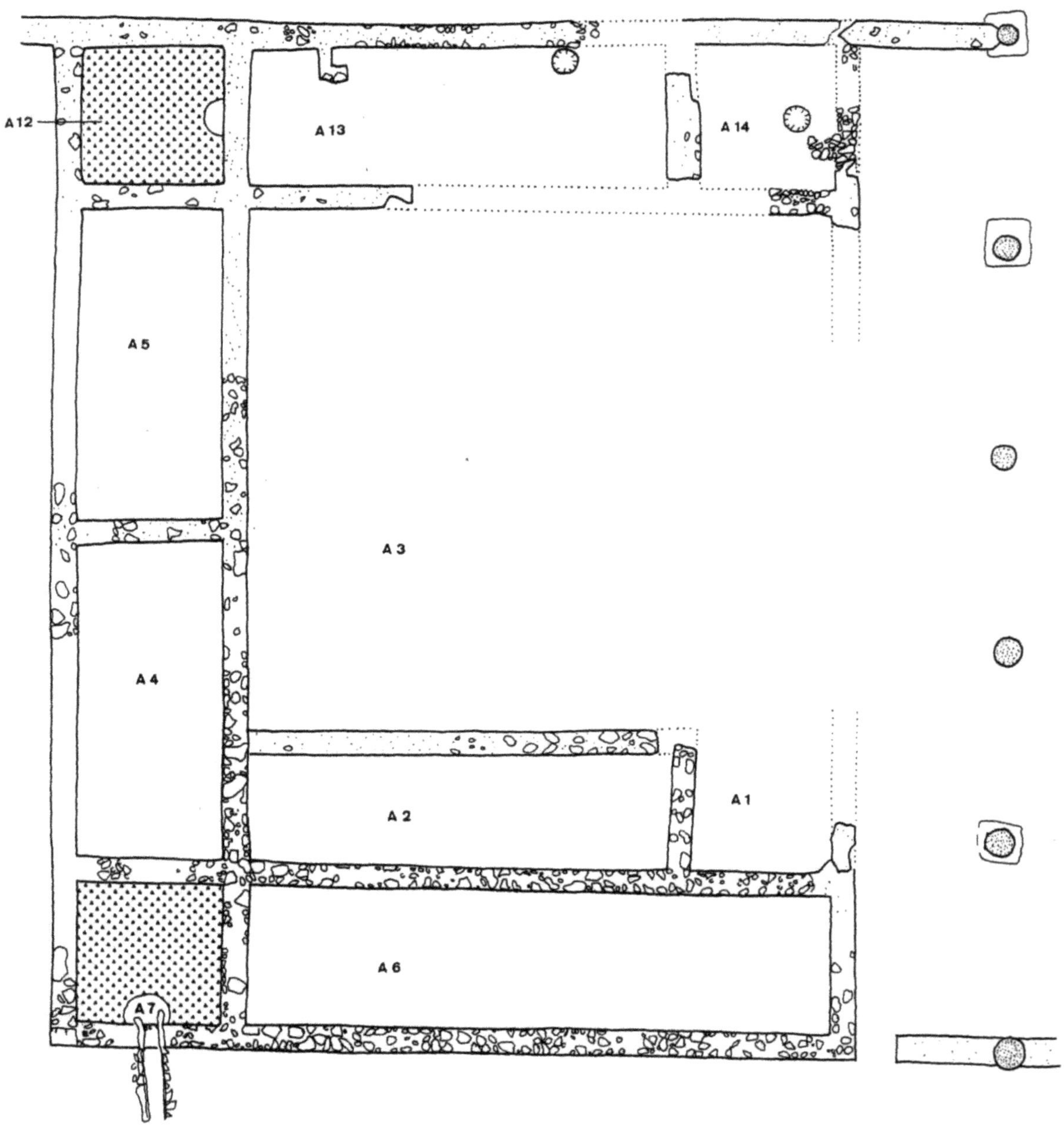

Fig. 76. Planta general del edificio nº 1 de la villa altoimperial, en su primera fase constructiva.

Habitación A-1.

Es la más próxima al gran patio central de la villa y está delimitada al este por el muro 1044, al sur por el muro 1002 y al oeste por el muro 1003. Aunque la roca natural se halla a escasa profundidad y, por lo tanto, el estrato de relleno y nivelación ha sido removido durante años a causa de las tareas agrícolas modernas, cabe destacar el elevado porcentaje de materiales relativamente antiguos en comparación con los fragmentos de cerámica más modernos. Una moneda de Galieno señala, de algún modo, la continuidad de la ocupación hasta la segunda mitad del s. III (U.E. 1006).

El conjunto de material más antiguo está formado por algunos fragmentos de cerámica campaniense B de la forma Lamb. 5/7, que puede fecharse a finales del s. II a.C.; cerámicas grises ampuritanas y algún fragmento de ánfora Dressel 1, también de la misma época.

Es normal hallar algunos fragmentos más modernos, concretamente de época augústea. Es el caso de aquellos pertenecientes a la producción de gris ampuritana tardía, así como fragmentos poco significativos de sigillata aretina. A partir de este momento, el resto de material cerámico recuperado presenta una continuidad cronológica hasta la segunda mitad del s. III, sin ningún vacio perceptible. Se hallan presentes los fragmentos de sigillata sudgálica y lucernas de volutas, de mediados y segunda mitad del s. I; las cerámicas africanas de cocina y la sigillata Africana A (formas Hayes 196, 197 y 14), y un gran número de fragmentos de cerámica común, tanto oxidada como reducida, difíciles de clasificar o fechar.

Habitación A-2.

Esta habitación se construyó en un momento ligeramente posterior al resto de las que la rodean, pero es difícil conocer con exactitud la fecha. En todo caso, no debe ser demasiado posterior al resto de habitaciones, vista la estructura del conjunto. Para su construcción se aprovechó el límite sur del patio interior y los muros de las habitaciones ya existentes, de modo que levantando un solo muro pudo cerrarse el espacio y convertirlo en una dependencia más.

El sedimento arqueológico del interior de este espacio estaba formado por dos estratos perfectamente diferenciados. El inferior, más antiguo, es la U.A. 1009; el superior, más reciente y no tan homogéneo, se identifica con el nº 1007. La unidad estratigráfica 1009 es una de las pocas capas de tierra intactas que permiten conocer la fecha de construcción del edificio, puesto que se trata de la nivelación del suelo original llevada a cabo inmediatamente después de la construcción del muro que cierra la habitación por la cara norte. Por otro lado, en él se apoya el muro 1004, de una pequeña remodelación realizada casi en el mismo momento.

El material arqueológico del estrato es escaso y pobre, como sucede con las otras dependencias vecinas. A parte de una veintena de huesos y restos malacológicos, poco significativos y que no aportan ninguna información cronológica, el resto del conjunto está compuesto por fragmentos de cerámica de diversa tipología, todos ellos enmarcados dentro del s. I y, de manera preferente, en su primera mitad. Encontramos cerámica gris de boca trilobulada típica, un fragmento de sigillata sudgálica, cuatro de gris ampuritana tardía y bastantes restos de ánfora y cerámica común oxidada y reducida. Además, un conjunto residual formado por un fragmento de cerámica ática, cerámicas de barniz negro y ánfora itálica tardo-republicana.

Como material más moderno para fechar la formación del estrato, se encontró un labio de ánfora Dressel 2/4, seguramente de origen local, que aparece a inicios del s. I y perdura a lo largo del siglo, y un borde de una jarra de cerámica gris de boca trilobulada con el mismo período de distribución. El resto de material no aporta nada significativo para fechar el conjunto. No obstante, es significativa la ausencia de la cerámica africana, tan abundante en el yacimiento a partir del s. II. Nada se opone, por lo tanto, a situar la formación de este estrato en el siglo primero, probablemente a mediados o en la primera mitad avanzada del siglo, por analogía con los materiales de los otros estratos de fundación de la fase 1.

El material arqueológico aparecido en el estrato superior (U.E. 1007), es muy parecido al de la habitación A-1. Predomina el material del s. I en relación con el de los siglos posteriores. Una vez más, encontramos material residual del s. II y I a.C. como es el caso de la cerámica campaniense B, algún fragmento de cerámica de engobe blanco, grises ampuritanas, ánfora de tipo ibérico de boca plana y Dressel 1.

Al mismo tiempo continúan apareciendo materiales augústeos, como suele ocurrir en casi todos los ámbitos y dependencias del yacimiento, lo que atestigua y pone en evidencia la intensa actividad en el lugar durante todo el siglo I a.C. y el cambio de Era. Como material no habitual, poco significativo "per se", pero de gran interés de cara al aspecto arquitectónico de la villa, apareció un fragmento de moldura de mármol procedente de la decoración interior de una habitación.

El patio interior (A-3).

El patio es de forma rectangular y presenta una ligera pendiente hacia el sur, siguiendo la misma inclinación del suelo natural. Es por este motivo que en su mitad norte casi no se conserva ningún estrato arqueológico entero y el grosor de la tierra de cultivo que cubre el suelo geológico no sobrepasa los 20 cm. En cambio, a mediodía y a poniente encontramos tres estratos de mayor potencia que han podido ser delimitados con mayor facilidad. Pero, por otro lado, una de las mayores dificultades ha sido hallar los muros que delimitan el patio por el extremo norte, ya que de forma involuntaria han sido destruidos a lo largo de centenares de años de cultivo del campo actual y casi han desaparecido. Solo en algunos puntos concretos hemos podido encontrar una tenue mancha de argamasa pegada a la roca natural que constituía la base de los muros. A parte, también se han hallado otros restos muy deteriorados en el ángulo nordeste, suficientes para identificar lo que queda de los muros y comprobar la simetría del edificio.

En la zona sur, en la que se conservaba la estratigrafía, el estrato más profundo dispuesto sobre el suelo natural es el

Fig. 77. El edificio 1 de la villa altoimperial y su entrada desde el sur.

relleno de depresiones y fallos naturales en la roca. Al mismo tiempo, es el nivel de ocupación formado a lo largo de años y removido en épocas posteriores (E.U. 1013). Por lo tanto, es normal que el material arqueológico sea muy diverso, con un claro predominio de materiales antiguos, que en general pertenecen al s. I y más concretamente a mediados de siglo. Existen algunas intrusiones que pueden pertenecer a la época de abandono y posterior reocupación parcial del s. IV, causadas por el arado de la tierra en época moderna.

Hemos de reseñar el hallazgo de un fragmento de *tegula* con la marca CANP, quizás procedente de otro edificio de la villa. Es una más de un lote de *tegulae* con las misma marca que iremos encontrando poco a poco en diversos lugares de la excavación, cuyo origen deberemos situar hacia los primeros años del s. I, como hemos podido ver al estudiar los materiales del pozo.

Sobre el estrato 1013 apareció un nivel de *tegulae* caídas procedentes del tejado de las alas norte y oeste del edificio, así como fragmentos de cerámica diversa, en general muy parecidos a los encontrados en el estrato inferior. En todo caso, señalaremos la presencia de otras cuatro *tegulae* con la marca CANP, cerámica de engobe blanco, gris ampuritana, ánfora Dressel 1 y Gauloise IV de base plana, algunos fragmentos de jarras grises de boca trilobulada, sigillata aretina y algunas formas de sigillata africana A (Hayes 6, 14, 17 y 23-B), así como los omnipresentes platos, tapaderas y cazuelas de africana de cocina de borde ahumado y pátina cenicienta.

Este material nos proporciona una cronología muy amplia, desde el s. I al s. II y primera mitad del s. III, teniendo en cuenta la aparición de las cerámicas africanas con un largo período de producción.

El estrato 1010, que recubría el anterior, se formó cuando ya se habían derruido el tejado y los muros del edificio. En él aparece un material arqueológico muy parecido al que acabamos de ver, con fragmentos residuales de cerámicas bajo-republicanas (grises ampuritanas, campanienses y de barniz rojo interno), notándose un claro predominio de la sigillata sudgálica en relación con las otras sigillatas y cerámicas africanas de cocina, a las que triplica en número. En cualquier caso, los fragmentos de cerámica africana del estrato confirman el abandono del lugar ya avanzado el s. III, y seguramente dentro de su segunda mitad.

La última estructura aparecida en el patio es una pared de piedra seca dispuesta de este a oeste (E. 1052), que parece estar en relación con un montículo de piedras dentro del mismo patio, alineado de norte a sur formando ángulo con la primera. Por su estructura, técnica constructiva y disposición, consideramos que corresponde a la fase 3 de la villa.

Habitación A-4.

Es una de las habitaciones del extremo oeste de la villa y en parte fue desmantelada y sus cimientos saqueados cuando se utilizó como cantera en una época indeterminada (medieval o moderna). Solo apareció un estrato arqueológico en su interior, con los mismos tipos y formas cerámicas que encontramos en las dependencias vecinas. Aún encontramos material tardo-republicano y augústeo, pero es muy escaso, con cerámicas de barniz negro y ánfora romana de la forma Pascual 1. A parte de los fragmentos sin forma de la cerámica común y ánfora, el resto de producciones presentes en aquel espacio lo son con un número mínimo de fragmentos. Dan fe, en todo caso, del abandono general de la villa en el s. III, pero nada más.

El conjunto de material del estrato es muy corriente y poco significativo. Algunos fragmentos de sigillata sudgálica de la forma Drag. 29-b, fechados entre el 40 y 80; la base de un plato de la Graufesenque con el *sigillum* RASINIVS, fechado en la misma época, y vidrios. El conjunto de las sigillatas africanas cobra mayor importancia, con piezas de todo tipo, desde las formas más antiguas hasta las pertenecientes al período de máxima difusión de la sigillata africana A.

Fig. 78. Vista del edificio 1 desde las habitaciones de la zona sur.

Habitación A-5.

No presenta ninguna diferencia significativa respecto a su vecina situada al sur, ni en su estructura ni en el contenido del único estrato que la recubría desde el nivel del suelo geológico. En la parte más profunda de este estrato, que es una especie de pavimento de tierra batida formado a lo largo de los años a medida que se circulaba sobre él, aparecen los materiales más antiguos. Algunos son fragmentos del período augústeo y, en buena parte, cerámicas típicas de la segunda

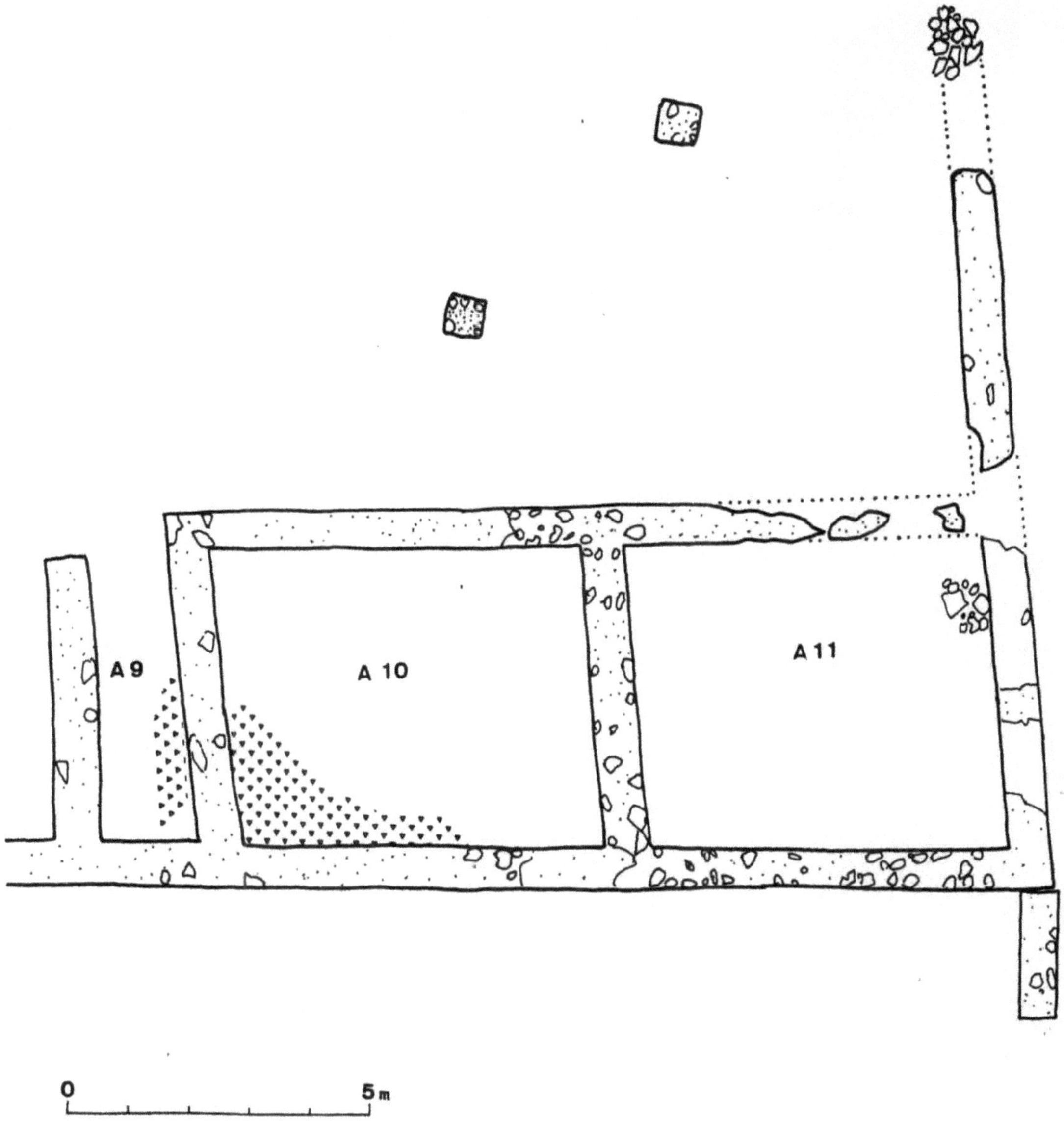

Fig. 79. Planta general del edificio 2 de la villa altoimperial en su primera fase.

mitad del s. I. Quizás el momento de abandono de la habitación (y por extensión, de la casa), nos lo señala un fragmento de sigillata africana A de la forma Hayes 15 y una moneda de mediados del s. III.

Habitación A-6.

Es la habitación que junto con la cocina situada en el ángulo, delimita el edificio nº 1 por el sur. Inicialmente se trataba de una gran habitación de 14 m. de largo que posteriormente fue dividida es dos partes con la construcción de un muro transversal en piedra seca que ha llegado hasta nosotros bastante deteriorado. Pero también es, seguramente, la dependencia que estructuralmente presenta mejor estado de conservación. Su estratigrafía es la habitual en todo el conjunto, bastante deteriorada y de poca potencia. Pero en un punto de su interior, al lado y debajo del muro, se halló una pequeña depresión de la roca natural que fue necesario rellenar cuando se construyó el muro y antes de nivelarse el resto de la habitación (y por extensión, todo el edificio). El poco material arqueológico recuperado en esta pequeña fosa se fecha a mediados del s. I; el material más moderno parece ser la sigillata sudgálica (5 fragmentos sin forma), y abunda la cerámica gris ampuritana, con algunos fragmentos de paredes finas, otros residuales de cerámica de barniz negro, 2 fragmentos de lucernas de volutas y cerámica gris de boca trilobulada, que confirman la cronología. Este material y la cronología que proporciona complementa la cronología que

Fig. 80. Sector este. Edificio 2 de la villa, con los añadidos de la 2ª fase (en primer término) y de la tercera fase, al fondo.

se desprende de los estratos de fundación de la fase 1 que aparecieron en campañas posteriores en el sector 2 y en el relleno del pozo 2. El resto de material arqueológico del estrato de circulación y relleno de la habitación es parecido al que se halló en las dependencias vecinas, con un claro predominio de los materiales del s. I y anteriores, en relación con los del s. II y posteriores.

Habitaciones A-7 y A-12.

Están situadas respectivamente en los ángulos noroeste y suroeste del edificio y son las únicas de todo el edificio que fueron pavimentadas con una gruesa capa de *opus signinum* de mala calidad y no demasiado sólido. De hecho, se han visto afectados por las tareas agrícolas modernas y en buena medida han quedado rotos, quedando, en ocasiones, poca cosa más que la preparación de dicho pavimento, a base de cantos rodados, y la primera capa de mortero.

Justo al lado de uno de los muros que delimitan cada habitación se conserva la base de un hogar doméstico que en una ocasión se prolonga fuera la villa en una canalización que atraviesa el muro y que habría hecho las funciones de tiro. Estos hogares están formados por un agujero semicircular practicado en el pavimento y con el fondo nivelado con *tegulae*. Solo se trata de la base del fogón de una cocina y no queda ninguna estructura que pueda corresponder a la parte superior o a ningún otro elemento que nos permita reconstruir con exactitud su apariencia. El único paralelo que hemos visto reproducido (quizás existen otros que desconocemos), pertenece a la villa de Lussas-et-Nontronneau (Dordoña), con las mismas características (Ferdiére 1988, I, p. 233).

En ninguna de las dos piezas se encontró material arqueológico, ni un solo fragmento de cerámica que pueda facilitarnos la más mínima cronología en lo referente a su fundación o abandono. Es evidente que fueron construidas en el mismo momento que el resto del edificio del que forman parte. En cuanto al abandono, el único elemento relativamente fiable es una moneda de finales del s. II hallada en la habitación A-12, pero en el estrato superficial en contacto con el pavimento. Es, repetimos, un elemento cronológico poco fiable. Por otro lado, el abandono del edificio debe fecharse conjuntamente una vez analizados los datos proporcionados por los estratos más modernos de todo el sector, e incluso de todo el yacimiento.

Habitación A-13.

Situada en el sector más deteriorado del yacimiento, también es la habitación que más ha sufrido la acción del arado mientras se encontraba el campo en cultivo. No queda prácticamente nada de ella. Solo una mancha de argamasa blanquecina situada sobre la roca natural y, en cada uno de sus extremos este y oeste, los ángulos de los muros con cuatro piedras unidas con mortero. Un encaje situado en su interior, justo al lado de un muro del lado más próximo a la cocina A-12, parece señalar el encaje para una escalera de madera que habría permitido el acceso a un piso superior. Lo mismo sucede en la habitación contigua (A-14). Ante estas evidencias (y otras que comentaremos posteriormente), quizás deberemos modificar las conclusiones apuntadas en un anterior trabajo y modificar la reconstrucción hipotética de la villa, añadiendo una planta al edificio 1 del conjunto altoimperial.

Tal como señalábamos, las paredes que forman la habitación se hallan en muy mal estado, sobretodo por el lado este, ya que siendo el lugar en el que el suelo geológico es menos profundo, es la que más ha sufrido los embates del moderno arado, por lo que la base de los muros, asentados directamente sobre la roca, se ha convertido en una sobra de mortero de cal y arena de difícil percepción. Por lo tanto, no encontramos ningún material arqueológico significativo, tan solo algunos fragmentos mezclados con las tierras de labor del estrato superficial, con una cronología imprecisa.

Fig. 81. Los deteriorados restos de las habitaciones de las fases 1 y 2 de la villa altoimperial, durante la campaña de 1986.

Habitación A-14.

Presenta casi el mismo estado de degradación que el de la habitación anterior, aunque se conservan algunos restos de los muros situados en el lado este (E. 1061 y 1065), así como las marcas de la pared que se prolongaba fuera del espacio en dirección este hasta llegar a la última de las columnas que sostenían el pórtico anejo al edificio. En su interior se encontró el negativo de un *dolium* en forma de agujero circular de pocas dimensiones, relleno desde antiguo con piedras y algunos fragmentos de cerámica sin forma, sobretodo ánfora, y un encaje justo al lado del muro, parecido al que hemos comentado hace un instante, y que también podía haber formado parte del pie de una escalera o de una despensa elevada sostenida por un poste de madera.

El edificio 2.

En el extremo sudeste del yacimiento se encuentran los restos de las habitaciones que constituían el segundo edificio de la primera fase de la villa, separado del primero por el patio central del conjunto y delimitado por el muro que en esta primera fase cerraba todo el recinto. Se trata de un edificio considerablemente más pequeño que el primero, muy deteriorado y degradado, del que algunos muros nos han llegado muy desfigurados o, sencillamente, se han perdido irremisiblemente, lo cual dificulta en gran medida la restitución e interpretación funcional de sus restos. Observando la planta general da la impresión de que falta algún muro en el sector, sobretodo en la zona norte del edificio, donde el yacimiento ha sufrido la mayor destrucción y en la que solo se han conservado aquellas estructuras y ámbitos que quedaban por debajo del nivel del suelo geológico; es decir, los agujeros de diferente tipo y función y los silos anteriores a esta fase, uno de las cuales quedó debajo mismo de una pared, por lo que fue sellado con argamasa cuando se construyó el muro (Fig. 79).

Al norte de los restos más claros del edificio se adivinan las estructuras desaparecidas por completo. A parte de las dos bases de columna de forma cuadrada, diversas manchas de mortero encima de la roca natural de lo que parece ser el patio de la villa, piedras esparcidas aparentemente al azar y restos de los basamentos de dos otras posibles columnas nos inducen a suponer que los edificios de este sector habrían ocupado un espacio mayor del que ahora ocupan los restos conservados.

Por otro lado, en esta zona sí que podemos confirmar, sin ninguna duda, la existencia de una segunda planta sobre las dos habitaciones actualmente visibles, ya que el primer espacio que se puso al descubierto corresponde a una caja de escalera (Hab. A-9).

Habitación A-9.

Tiene forma de pasillo de 4'5 m. de longitud y 1'40 m. de ancho, delimitado por el muro principal que cierra el perímetro de la villa en esta fase y por las habitaciones situadas al este. El suelo geológico sobre el que se levantan los muros tiene una ligera pendiente hacia el sur, por lo que debido a la profundidad del sedimento se ha conservado una estratigrafía relativamente intacta. En las partes mejor conservadas, el estrato del subsuelo de este espacio quedaba sellado por un pavimento de argamasa, lo que permite acercarnos con bastante fiabilidad al momento de su formación y, por consiguiente, a la construcción del edificio, como ocurre con las habitaciones vecinas.

Dejando a parte dos fragmentos de cerámica africana infiltrados en el extremo norte de este espacio, el lote principal está compuesto por sigillata sudgálica, paredes finas, grises ampuritanas, lucernas de volutas y cerámica común de diversa tipología. Los materiales más antiguos, residuales, se sitúan a finales del s. II a.C., mientras que el grupo mayoritario pertenece a la primera mitad o mediados del s. I

Habitación A-10.

En esta ocasión se trata de una dependencia de forma cuadrada, de 25 m2 de superficie, adosada a la habitación o espacio A-9 y con una estratigrafía casi idéntica a la de aquella. También en este caso se conservan algunos restos de pavimento de argamasa junto a las paredes, aunque muy deteriorado y con importantes remociones en la zona central, en parte mezclado con el estrato superficial.

El nivel arqueológico 2041, que por un lado nivela el suelo geológico y al mismo tiempo se mezcla con el estrato superficial en el extremo norte de la habitación, contenía cuatro intrusiones de cerámica africana, que representan un porcentaje mínimo en comparación con los 42 de sigillata sudgálica, 12 de gris ampuritana tardía, 11 de cerámica gris de boca trilobulada, 4 de cerámica de paredes finas y 4 de cerámica campaniense, pertenecientes a mediados del s. I.

Habitación A-11.

La forma y estructura son idénticas a las de la anterior. también es de planta cuadrada, de 25 m2 de superficie, delimitada por los mismos muros principales y situada en el ángulo sudeste de la villa en esta primera fase. Al igual que sus vecinas, ha sufrido una gran destrucción, tanto en sus muros como en el estrato que cubría su interior, casi desparecido y totalmente mezclado con el estrato superficial de tierras de labor. El material arqueológico comprende producciones que abarcan un período cronológico situado entre el s. I a.C. hasta el s. II-III.

Una estructura relacionada con esta habitación aparece en su ángulo sudeste. Es un tramo de muro adosado por el exterior, profundamente anclado en el subsuelo y que interpretamos como un contrafuerte para garantizar la estabilidad del edificio justo en este punto que constituía el límite extremo de la villa en la fase 1.

Las tres habitaciones o dependencias que acabamos de comentar se completaban con otra estructura de la que quedan pocos restos en el sector del patio, en su cara norte. Se trata de los cimientos de dos columnas de planta cuadrada y construidos con piedra unida con mortero, equidistantes de los muros del segundo edificio de la fase 1 y del muro que cerraba la villa por el ala este. Posiblemente inicialmente existían otras columnas parecidas; las necesarias para completar un pórtico o una estructura elevada adosada al edificio. La mala conservación del yacimiento nos impide confirmar esta suposición, aunque la estructura que se adivina examinando la planta general nos induce a plantearla.

Espacio A-8.

Está situado entre los dos edificios de la primera fase y constituye el extremo sur del patio central. Se delimita, al sur, por el muro perimetral 2013; al este, por el muro 2047 del edificio 2 y, al oeste, por el muro 1044 del edificio 1. Lo diferenciamos del resto del patio únicamente por el hecho de que en su interior apareció una sencilla estratigrafía mejor conservada que la del resto del sector y porqué, por otro lado, en un momento concreto dispuso de un cobertizo, como indican los agujeros de poste situados en el extremo norte de este ámbito, alineados con la segunda columna del pórtico. Difícilmente podremos saber la época o el período de tiempo durante el que el espacio se utilizó como cobertizo auxiliar. Pero todo parece indicar que corresponde a la fase 3.

En cuando al estrato arqueológico de su interior, situado bajo el nivel de tierras superficiales y directamente sobre la roca natural, contenía poco material arqueológico, muy diverso y con una cronología amplia. Los materiales más antiguos del estrato 1041 son algunos fragmentos de sigillata aretina, grises ampuritanas tardías y cerámica campaniense, sin duda residual. Con un mayor número de fragmentos, aparece la sigillata sudgálica, la cerámica africana de cocina, ánforas Dressel 2/4 y la cerámica común oxidada y reducida, con unas formas bastante corrientes y sencillas (Casas 1989, fig. 40). Este conjunto abarca un período cronológico amplio, desde el siglo I hasta el siglo III. El material más moderno, del s. IV, es un fragmento de sigillata *lucente*.

En la parte noroeste de este pequeño espacio se conserva la base de la segunda columna del pórtico anejo al edificio 1 (E. 1043). Este base se construyó dentro una pequeña depresión que fue rellenada inmediatamente a fin de nivelar el suelo de circulación. El poco material arqueológico que contenía el estrato (U.E. 1042) es muy homogéneo y constituye un nuevo elemento para fechar las estructuras de la fase 1. A pesar de su escaso número, aparecen fragmentos de cerámica del s. I. Concretamente, sigillata sudgálica, cerámica de barniz rojo pompeyano, cerámica de paredes finas, gris de boca trilobulada, ánfora tardo-republicana y altoimperial (Dressel 2/4), cerámica común y un fragmento de cerámica de barniz negro. Ni un solo fragmento de cerámica africana (Casas 1989, fig. 40: 15 y 16).

Cronología de la fase 1.

Hasta que no fue localizado el pozo había sido muy difícil conocer el momento en que se construyeron los muros que pertenecen a los edificios de la fase 1. Aunque las estructuras puestas al descubierto son enteras a nivel de planta, debe tenerse en cuenta que solo se conservan los cimientos de los muros, pero no su parte superior construida con adobe recubierto con mortero de cal. Los cimientos sobresalen poco más de 20 o 30 cm. del suelo geológico, y ello solamente en los lugares en que no han sido destruidos para utilizar la piedra en otras construcciones más recientes y cercanas. En cuanto al relleno del interior de las habitaciones, no es otra cosa que el suelo formado a lo largo de años, tanto por el uso y circulación como por la aportación natural de elementos foráneos. En general, no existía un pavimento duro de mortero, sino un suelo de tierra prensada.

Por otro lado, en ningún caso se trata de estratos puros, puesto que en ellos se han mezclado materiales arqueológicos procedentes del nivel superficial y en ocasiones a causa de los agujeros de los caballos de frisa pertenecientes a una estructura militar del s. XV (Casas & Llorens 1994).

Pero aunque no proporcione una fecha demasiado precisa en lo que se refiere a la construcción de los edificios, nos permite constatar que la villa se halló activa al menos desde el s. I hasta el s. III. A pesar del poco número de fragmentos de cerámica recuperados en estos estratos (que aún hace más difícil establecer el marco cronológico), se observa que la mayoría pertenecen al siglo I, predominando los de su primera mitad avanzada y los de mediados e inicios de su segunda mitad (sigillata aretina y sudgálica, lucernas, paredes finas, ases de Ampurias, etc.). Lamentablemente todo este material aparece mezclado con otras producciones más modernas, especialmente cerámicas africanas de los siglos II y III, aunque estas representen un porcentaje bajísimo.

Finalmente, como un testigo más de los precedentes tardo-republicanos y augústeos de la villa, aparecen siempre fragmentos de ánfora Dressel 1, Pascual 1, cerámica campaniense y otros materiales que se enmarcan en los siglos II y I a.C. Se trata siempre de materiales minoritarios y tienen el carácter de residuales. Suelen proceder de la parte más elevada del yacimiento y no tienen más valor que el de testigo de la gran actividad en dicho sector en la época anterior a la fundación de la villa que analizamos en este capítulo.

Los únicos sitios del sector 1 que podían ofrecernos algún dato en relación con el momento de fundación de los edificios de la fase 1, las preparaciones de pavimentos, dieron un resultado negativo. Los pavimentos se apoyan o cubren directamente el suelo geológico, que en este punto está formado por gravas rojizas muy compactas en las que no apareció ni un solo fragmento que pudiera ayudar a fechar el estrato o el pavimento. El relleno de la pequeña depresión de la habitación A-6 (U.E. 1008), seguramente es el estrato más fiable, ya que se depositó expresamente para nivelar el suelo de la habitación, con toda probabilidad en el momento de construirse el edificio o poco después. Este estrato contenía material que difícilmente sobrepasaría la primera mitad del s. I.

La época de construcción de estos edificios solo podremos conocerla con precisión y de manera directa, gracias a una estratigrafía más compleja localizada en el sector 2, en parte bajo los muros de la fase 1 y en parte bajo aquellos de las fase 2. De forma indirecta, ya la habíamos deducido a partir del estudio del relleno del segundo pozo.

En el sector 2 del yacimiento, en el ala sudeste del conjunto, existía una gran depresión del suelo natural formada por causas naturales con anterioridad a la ocupación del lugar. Posiblemente esta especie de fosa estaba aún abierta durante la fase indígena y tardo-republicana, pero al construirse las grandes estructuras de la primera fase los constructores se vieron en la necesidad de nivelar y compactar el terreno para construir cómoda y sólidamente los cimientos de los edificios.

La depresión natural tiene una profundidad que varia entre uno y dos metros según el lugar, y para su nivelación fue necesario transportar gran cantidad de tierra y gravas procedentes de los alrededores, entre las cuales se mezclaron fragmentos cerámicos. Este material es cronológicamente bastante homogéneo, aunque aparezcan cerámicas residuales bastante anteriores al conjunto principal. Pero dejando a un lado dos o tres fragmentos de cerámica ática, más bien relacionados con un antiguo asentamiento indígena, el lote principal que hemos podido fechar está formado por las sigillatas aretinas y sudgálicas, las cerámicas de paredes finas, ánforas Pascual 1, Dressel 2/4 y grises ampuritanas clásicas y tardías. En ninguno de los estratos situados bajo los cimientos de los muros apareció un solo fragmento de cerámica africana.

En los estratos aún más profundos, en los niveles que podríamos considerar preparatorios de las obras de construcción o de nivelación de la parte más profunda de la depresión, el material tampoco sobrepasa la primera mitad del s. I (Casas 1989).

Por lo tanto, consideramos que la cronología del estrato de relleno y nivelación de la depresión, sobre el que se construyó en edificio 2 de la fase 1, debe situarse en la primera mitad avanzada del s. I, siendo la sigillata sudgálica antigua el material más moderno. Esta cronología coincide plenamente con la del relleno del pozo estudiado al inicio.

Capítulo 8. La fase 2.

La excavación que durante las últimas campañas se llevó a cabo en el sector sur de la villa no aportó demasiadas novedades para un mejor conocimiento y datación de las estructuras de la segunda fase. Es cierto que hemos podido ligar la estructura y ver de forma más precisa el funcionamiento y límites de habitaciones que no habían quedado claros durante los primeros años de excavación, pero pocas novedades podemos aportar en relación con lo que ya se publicó en un trabajo anterior (Casas 1989, p. 75-80). En cierto modo, tendremos que repetir o recordar lo que ya se expuso en aquella ocasión, en todo caso, introduciendo algunos matices que permiten ver de manera más clara la estructura y las ampliaciones de la segunda fase del edificio altoimperial (Fig. 2).

El material arqueológico encontrado en los estratos relacionados con la fase 2 proporciona unos márgenes cronológicos demasiado amplios. Por lo tanto, es difícil fechar con precisión las estructuras que pertenecen a esta fase. Diremos, por adelantado, que a pesar de la diferencia en la técnica constructiva y la cronología laxa que proporciona el material arqueológico, creemos que no debió transcurrir demasiado tiempo entre la construcción de los edificios de la fase 1 y los de la fase 2. Es probable que estos últimos pertenezcan, como máximo, a finales del s. I o inicios del s. II.

Estos últimos muros se construyeron sobre un estrato de la primera mitad del s. I, la parte más baja del relleno de la gran depresión situada en el extremo sudeste del yacimiento. Los estratos que se apoyan en ellos o los cubren son bastante más modernos y parecen corresponder a nivelaciones o terrazas realizados con motivo de la segunda ampliación que hemos identificado como fase 3. Dichos estratos, en unos sitios más complejos que en otros, contienen materiales de finales del s. II e inicios del s. III, y suelen estar recubiertos por otros niveles más tardíos que, como mínimo, abarcan toda la primera mitad del mismo s. III y que corresponden a niveles de circulación y de la época de abandono de la villa.

Tanto los muros de la habitación A-11, de la primera fase, como los de la habitación B-1 reposan sobre el estrato más antiguo del relleno de la fosa, formado por tierras arenosas, con muchas gravas y cantos rodados, en el que el material arqueológico más típico son las sigillatas aretinas, sudgálicas de la Graufesenque (como producciones más modernas), con bastantes fragmentos de cerámica de paredes finas, cerámica reducida espatulada y ánforas Dressel 2/4, a parte de la cerámica común oxidada y reducida con formas muy habituales, algunos fragmentos de grises ampuritanas tardías y gris de boca trilobulada. Pero este material más antiguo más bien se relaciona con la primera fase que con la ampliación de la segunda. Presenta unos paralelos evidentes con el resto de estratos de fundación de la fase 1 y especialmente con los niveles de obliteración del pozo anteriormente estudiado (Fig. 81). Por ello, insistimos en la dificultad de fechar con precisión el inicio de esta segunda fase.

El conjunto identificado como ampliación o fase 2 está formado por las habitaciones denominadas B-1, B-2 y B-3, todas de dimensiones regulares, muy parecidas a las del edificio 2 de la primera fase, excepto la B-3, de mayores dimensiones y que aparentemente respondía a otras funciones.

Habitación B-1.

Las tres habitaciones adosadas al edificio principal durante este período imitan, en planta, la estructura de las del período anterior. Da la impresión de que la intención de los constructores fue la de doblar la superficie edificada en el ala sur del segundo edificio con una nueva construcción casi simétrica que, en parte, aprovecha el contrafuerte situado en su ángulo sudeste. El muro que la separa de la habitación B-2 conserva mal una sencilla puerta abierta directamente en la pared, sin ningún elemento divisor ni umbral.

Los estratos de su interior son los únicos que tienen cierto interés de cara a la datación de la segunda fase, ya que en parte llenan el extremo de la fosa que hemos citado en repetidas ocasiones, lo que nos proporciona algunos indicios cronológicos sobre su construcción. A pesar de ello, la estratigrafía se relaciona mejor con la primera fase que con esta segunda. Confirma nuestra suposición de que el lapso de tiempo transcurrido entre una y otra no fue demasiado largo.

La habitación está delimitada al norte por el muro 2013 de la fase 1; al este por los restos del contrafuerte (E. 2014) y por el muro 2015; al sur por el muro 2017 y su reconstrucción 2021. Finalmente, al oeste, por los restos del muro 2034 y la habitación B-2.

Es especialmente interesante el conjunto de revestimientos de pared pintados que rellenaban el subsuelo de la habitación. En una ocasión anterior los habíamos considerado como pertenecientes a alguna de las dependencias de la primera fase altoimperial. Las sucesivas campañas de excavación permitieron descubrir otro conjunto idéntico, con los mismos pigmentos, motivos decorativos y composición, localizado en el subsuelo del interior del edificio tardoaugústeo. Sin duda, todos ellos pertenecen a la primera villa republicana y deberán fecharse en un momento impreciso del s. I a.C.

El muro que cierra el espacio por el extremo sur se apoya, en parte, en el relleno 2019 y, en parte, en la capa de estucos pintados. En los puntos en que el muro 2017-2021 se apoya y corta el estrato 2019 pueden observarse los restos de una zanja de fundación difícil de delimitar. En la zona en la que se apoya directamente sobre los estucos, en cambio, no existe señal alguna de zanja; la pared sigue la misma pendiente que el relleno.

No vale la pena insistir en la composición estratigráfica del relleno ni en los materiales que contenía cada estrato, que ya fue objeto de un estudio más detallado en la anterior monografía dedicada a la villa (Casas 1989, p. 75-78).

Habitación B-2.

Al no haberse conservado ninguna estratigrafía, no podemos hacer demasiados comentarios sobre esta dependencia. Es la típica habitación completamente arrasada, sin ningún vestigio de la antigua ocupación en su interior, ni ningún nivel arqueológico a parte del estrato superficial. La roca natural, que se encuentra inmediatamente, está perforada por los agujeros de las líneas defensivas medievales, al igual que algunos muros del sector.

Está delimitada al norte por el muro 2033 de la fase 1; al este por el muro 2034 de la fase 2, y al oeste por el muro 2049 de esta segunda fase. Es la única habitación que tiene un extremo abierto. Ningún muro la delimita por el sur. Quizás habría sido destinada a cobertizo agrícola para guardar herramientas y aperos de labor.

La desaparición de las estratigrafías que habrían ido formándose en su interior impide obtener ningún tipo de precisión cronológica referente a su construcción, utilización y abandono. Los fragmentos de cerámica pertenecen todos ellos al estrato superficial. Por lo tanto, se hallan fuera de contexto. Tendremos que conformarnos en datar estas estructuras por la similitud con sus vecinas, teniendo siempre en cuenta que forman parte del mismo complejo y de la misma fase.

Habitación B-3.

El sedimento arqueológico depositado en esta habitación es tan insignificante como el de la anterior, excepto en el extremo oeste. A pesar de todo, encontramos restos que nos muestran una actividad y quizás un uso y frecuentación del ámbito durante una época más reciente. En diversos puntos de la parte exterior los cimientos del muro descansan sobre una pequeña depresión que fue nivelada con tierra en el momento en que fue construida, pero que posteriormente sufrió nuevas remociones y aportaciones de materiales más tardíos, de la época de actividad de la casa. El conjunto más antiguo es bastante claro y homogéneo, siendo el principal fósil director la sigillata sudgálica. Constituye, de hecho, el elemento más fiable para fechar la construcción, a pesar de las intrusiones tardías que a veces se identifican con dificultad.

En el interior de la habitación se detecta un fenómeno parecido. Como el pavimento era de tierra batida, la mezcla de material del momento de construcción y de la época de actividad, e incluso del momento de abandono de la villa, es considerable. No obstante, es cierto que las producciones cerámicas del momento final de la habitación -y de la villa- se separan de manera bastante clara. En algunos puntos, como en el caso de los negativos de *dolia* y en el ángulo sudoeste del espacio o en el hogar central, se depositaron en estratos sin contaminar. Pero, en general, las sigillatas sudgálicas y los fragmentos de cerámica de paredes finas que encontramos esparcidos en todo este espacio, siempre en la parte más profunda del estrato, a menudo se mezclan con cerámicas africanas muy posteriores. Estas últimas fueron depositándose mientras se utilizó la habitación. Por otro lado, el hecho de que la potencia del estrato que la cubría hasta nivel de suelo geológico no sobrepasara los 30/35 cm. no fue suficiente protección para impedir que las modernas tareas agrícolas removieran la mayor parte del estrato, provocando una importante mezcla de materiales.

Estos materiales tardíos, básicamente del s. III, son bastante homogéneos. Entre ellos cabe destacar como más significativos los que reproducimos en la Fig. 82. Una urna u olla de cerámica africana de cocina de la forma Hayes 200 (Fig. 82: 1), abundante en cualquier estrato contemporáneo de la misma villa; una lucerna de disco de la forma Deneauve VIIIB (variante), que se fecha entre finales del s. II y primera mitad del s. III (Hayes 1980, p. 65, nº 277), (Fig. 82: 8), y diversos fragmentos de sigillata africana A (Fig. 82: 13 y 14), algunos de los cuales, como los platos de la forma Hayes 8 y 9, parecen ligeramente más antiguos, de mediados y segunda mitad del s. II. A esta misma época pertenece una base de plato de cerámica vidriada: la forma típica de Tolegassos, con dos asas planas desaparecidas en este ejemplar (Fig. 82: 15). Su abundancia en el vertedero del sector 2, en contextos de mediados del s. II (entorno en 140-160), es notable (Casas et alii 1993, p. 131).

En cuanto a los materiales más antiguos, aquellos que atribuimos al momento de ampliación o construcción de los muros de la fase 2, se hallan representados sobretodo por la sigillata sudgálica, algunos fragmentos residuales de grises ampuritanas tardías y cuatro fragmentos de cerámica de paredes finas, poco significativos y mal conservados. Sin duda, es la sigillata de la Graufesenque la producción que de forma más fiable puede proporcionarnos una orientación para dilucidar la cronología de la fase 2.

En general se trata de formas bastante recientes, especialmente de los períodos finales de producción de los ejemplares que suelen llegar hasta este territorio. A pesar de que aún aparecen ejemplares de la forma Drag. 29-B, que deberemos situar hacia el tercer cuarto del s. I, la forma decorada más abundante, típica del período de transición-decadéncia, es la Drag. 37, con ejemplares que podemos situar en el último cuarto del s. I (Fig. 82: 2). Un único fragmento de copa, probablemente de la forma Drag. 11, es más antiguo, del segundo tercio del siglo primero (Fig. 82: 7).

En el lado sur del muro perimetral, pequeñas depresiones y zanjas en el terreno original también fueron rellenadas con tierra en el momento de construirse la pared, pero nuevamente se vieron afectadas por la actividad posterior y nuevos movimientos de tierra. Nos interesa señalar, solamente, el predominio de fragmentos de sigillata sudgálica (con algunos vasos de la forma Drag. 27), y la casi inexistencia de las cerámicas africanas, representada por tan solo cuatro fragmentos.

Observando la planta general del yacimiento, vemos que la habitación delimitada al norte por los muros 1021 y 2013, al sur por el muro 1051, al este por los restos de la pared 2049 y al oeste por el muro 1035, constituye un recinto peculiar, diferente al resto de habitaciones y espacios de la villa. Es un recinto alargado y estrecho, con una anchura regular de 5 m. y una longitud de casi 35 m., cuya función nos es desconocida o, como mínimo, nos hace dudar sobre su correcta interpretación. Quizás se trata de un patio sin cubrir, un espacio destinado a guardar las herramientas agrícolas o un jardín cerrado. Difícilmente podremos saberlo. La existencia en su interior de la base de un muro paralelo al edificio 1 de la primera fase, casi en el ángulo, parece señalar una caja de escalera que habría permitido el acceso a un piso superior que podía haber ocupado por lo menos el lado sur del edificio. Lamentablemente en esta ocasión no disponemos de ningún indicio que nos ayude a fechar su construcción.

Pero parece verosímil pensar que el patio o habitación B-3 no estuvo cubierta. Aunque no es difícil sostener un tejado con una estructura de vigas de cinco metros de anchura sin ningún poste o columna intermedia, tampoco podemos considerarla como una práctica constructiva habitual ni prudente. Por otro lado, existen indicios que parecen confirmar la identificación del espacio como un patio que solo estaría cubierto en uno de sus extremos y quizás solamente durante un período concreto y bastante corto. El hecho de que casi en su centro existan restos de una hoguera (o quizás un gran hogar sobre el pavimento de tierra batida), aunque sea tardía o posterior a la época de construcción de la fase 2, indica que el lugar estuvo en algún momento al descubierto. Sus grandes dimensiones y el espacio que ocupa hacen imposible la existencia de un tejado encima.

Los restos del hogar estaban situados en el centro del espacio B-3, equidistantes entre los muros norte y sur del ámbito. Por lo tanto, su ubicación en aquel punto preciso estuvo condicionada por la existencia de dichas paredes y documentan una actividad concreta, desconocida, que se llevó a cabo en la habitación.

Por otro lado, la misma existencia de la base de la escalera nos muestra un acceso exterior a una planta superior del primer edificio, haciendo difícil -pero no imposible- la existencia de un techo o un tejado en la habitación B-3.

Debido a la gran superficie de esta habitación, en su interior encontramos diversos elementos, estructuras y restos que muestran una actividad más intensa y diversificada que en las dependencias vecinas de la misma fase. Una mayor potencia estratigráfica ha permitido la conservación de niveles de frecuentación, uso y abandono que no hallamos en las demás.

Al lado de la estructura de combustión que comentábamos apareció un pequeño agujero circular lleno de tierras cenicientas mezcladas con material arqueológico. Desconocemos la exacta función del agujero, aunque podría tratarse del negativo de un *dolium* (U.E. 2050). En su interior apareció una moneda ampuritana de inicios del s. I y algunos fragmentos de cerámica de mediados o segunda mitad del mismo siglo (T.S. sudgálica, gris de boca trilobulada, etc.).

En otra zanja situada al sur de la caja de escalera se conservaban claramente los negativos de otros tres *dolia* y, aún más hacia el sur, al lado mismo del muro perimetral, otros dos agujeros confirman la utilización de una parte del espacio como área de almacenamiento.

En el extremo oeste la habitación, dependencia o patio queda cerrada por un muro de piedras unidas con arcilla, que en su ángulo sudoeste se une al muro perimetral por medio de un gran bloque tallado en piedra arenisca parecido al que en una primera fase se colocó también en el ángulo sudoeste del edificio 1. Son detalles constructivos que debemos tener en cuenta, puesto que rompen la monotonía en la estructura general.

En este sector el suelo natural tiene mayor pendiente de la que es habitual, lo que facilitó la formación y conservación de una estratigrafía interior, modesta, que contiene los materiales de la época de abandono de la villa en el siglo tercero, pero también algunos fragmentos del período de ocupación y actividad, aplastados sobre el pavimento de tierra batida. Estos materiales, los más antiguos fechados hacia el último cuarto del s. I, son poco numerosos. Entre ellos podemos destacar los fragmentos de sigillata sudgálica de la forma Drag. 29 y 37, como formas decoradas, y la Drag. 15 y 18/36 como vasos lisos.

El conjunto más numeroso es el formado por los materiales tardíos. Pertenecen sobretodo a la segunda mitad del s. II y primera mitad del s. III, algunos de los cuales aún podrían ser más recientes. Al conjunto anteriormente comentado deberemos añadir algunos fragmentos de cerámica africana de cocina de pátina cenicienta y borde ahumado (formas Hayes 196 y 23-A), de cronología muy amplia y a veces poco precisa (Fig. 82: 19 y 20), y diversos fragmentos de cerámica común y ánfora (Fig. 82: 16 y 18).

Finalmente, al interior del ámbito y también en su extremo oeste, encontramos el canal de tiro del hogar situado en la cocina A-7 del edificio 1 de la primera fase, construido con *tegulae* y con dos agujeros de poste situados a ambos lados, lo que indica un sencillo cobertizo construido con materiales ligeros. Un tercer agujero situado hacia el este, alineado con los dos primeros, nos permite dibujar un primer esbozo de lo que habría sido este cobertizo, posiblemente el único ámbito techado durante el período inmediatamente anterior al abandono de la villa.

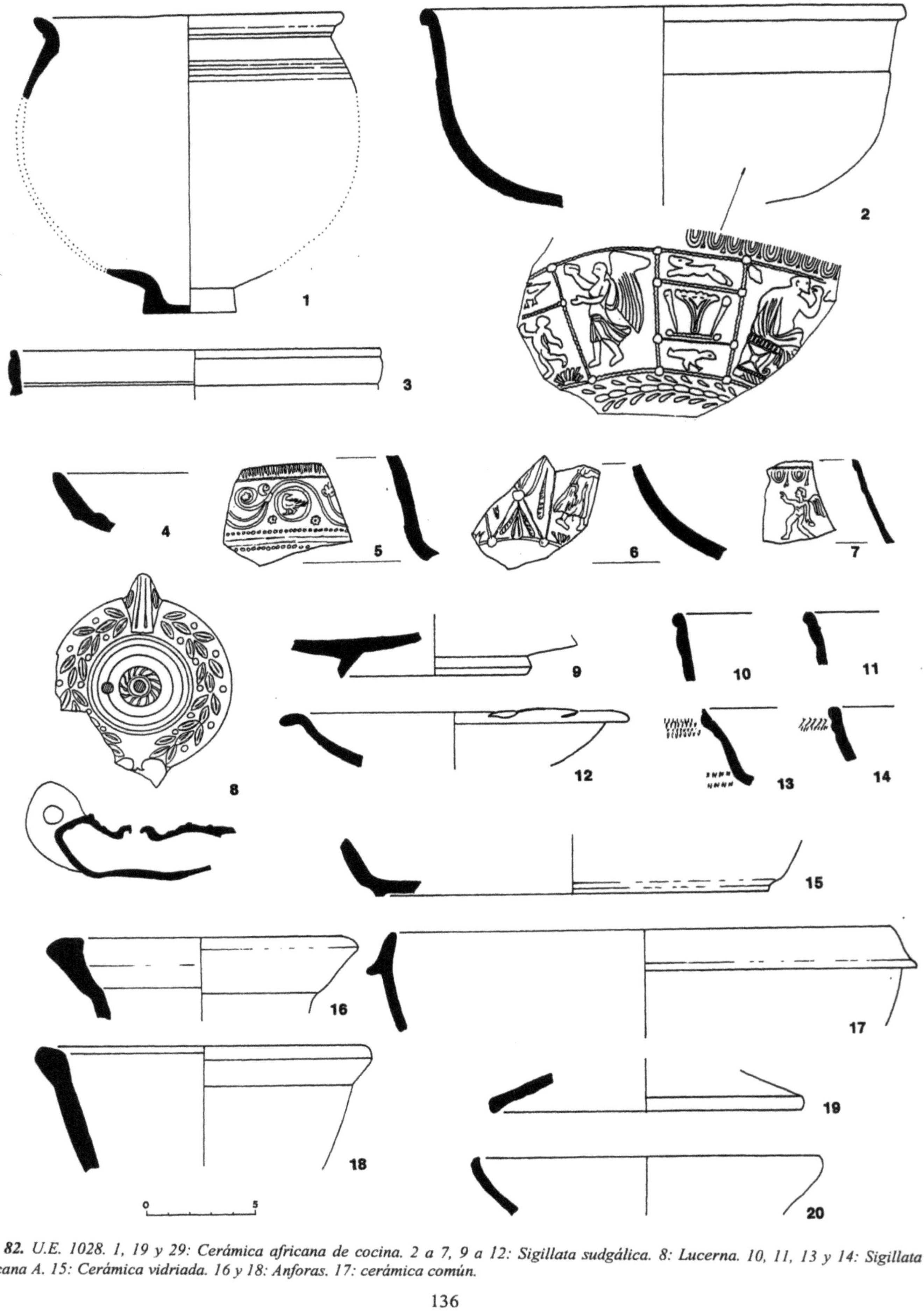

Fig. 82. U.E. 1028. 1, 19 y 29: Cerámica africana de cocina. 2 a 7, 9 a 12: Sigillata sudgálica. 8: Lucerna. 10, 11, 13 y 14: Sigillata africana A. 15: Cerámica vidriada. 16 y 18: Anforas. 17: cerámica común.

Capítulo 9. La fase 3.

La tercera fase constructiva de la villa afectó sobretodo el ángulo sudeste del yacimiento, donde se sitúan casi todas las estructuras del período. No obstante, se aprecian algunas reformas puntuales en lugares específicos del conjunto, a menudo difíciles de relacionar con el resto de muros y de aún más compleja interpretación. Es posible que en esta época se remodelara el patio interior del primer edificio y sin duda se apuntaló el pórtico principal para evitar su derrumbe. También durante esta fase se construyó un sencillo muro entre las primeras columnas del viejo edificio augústeo y fueron colocados algunos *dolia* junto a la pared.

Pero la fase tercera significó una reestructuración más importante. Se ampliaron las dependencias del sector oriental de la villa con la construcción de cuatro nuevas habitaciones y, pocos años después de la reforma, se aterrazó y niveló la entrada principal mediante la construcción de dos muros paralelos que permitieron superar el desnivel y escalones que presentaba la roca natural en el ángulo de la casa (Fase 3-b).

Las habitaciones de esta ampliación, perfectamente delimitadas desde las primeras campañas de excavación, se designaron con el prefijo "C" (C-1, C-2, C-3 y C-4), y fueron extensamente estudiadas en nuestra anterior monografía (Casas 1989, p. 80-94). Por lo tanto, nos ahorraremos su descripción en profundidad; solo un breve repaso para situar el contexto (Fig. 2). En cambio, interesa estudiar con más detalle los ámbitos y estratos que proporcionan la cronología del inicio de la fase, ya que nos permiten ajustar las dataciones que habíamos ofrecido en la anterior publicación. También es interesante el estudio de una serie de estratos relacionados con la fase 3-b, ya que son los que mejor pueden mostrar la ocupación y actividades durante aquel período, así como el momento final de la villa, completando las informaciones que hemos obtenido a partir de la estratigrafía del vertedero de residuos.

El edificio.

Habitación C-1.

De pequeñas dimensiones, parece ser que inicialmente formaba una sola dependencia junto con la C-3. Pero en un momento indeterminado del s. III se subdividió, quedando separada de la segunda por el muro 2033. Al este queda delimitada por el muro perimetral 2003, y al oeste por las paredes exteriores del edificio 2 de la fase 1. Al sur, un muro de piedra seca la separa de su vecina C-2. Todo hace suponer que el suelo de circulación se encontraba a un nivel más alto que en la otra, ya que todo el espacio se organizó de forma escalonada, siguiendo la pendiente natural del suelo geológico.

Habitación C-2.

Esta habitación constituye el ángulo extremo de la villa durante la tercera fase y en ella se conserva el umbral de una puerta que coincide, lógicamente, con un pavimento de tierra batida que aparece tanto en el interior como en el exterior del ámbito.

La hemos identificado como un pequeño taller para la forja y trabajo del hierro, seguramente para la preparación o reparación de herramientas. En su interior apareció una sencilla base de hogar y una notable cantidad de escorias de hierro que también se esparcieron al exterior, ante la entrada. Por desgracia, la construcción de dos muros tardíos sobre las paredes ya derruidas de la habitación deterioró la ya maltrecha estratigrafía de su interior, provocando la desaparición de algunos elementos que habrían podido ayudarnos a conocer con mayor detalle el funcionamiento del taller.

Habitación C-3.

Situada al norte de la C-1, creemos que originalmente ambas habitaciones constituían un solo espacio, que fue dividido en dos en una fecha indeterminada del s. III. En su interior se conserva una doble canalización que vertía las aguas residuales de un sector de la villa hacia la escombrera del sector 2. El nivel al que se halla la canalización señala la cota del suelo de circulación, poniendo en evidencia que el pavimento ha desaparecido o ha sido destruido por las tareas agrícolas modernas. El relleno interior permitió situar su fecha de construcción a finales del s. II.

Habitación C-4.

Inicialmente habíamos considerado este espacio como una habitación más de la tercera fase. Pero una vez completada la excavación se ha puesto en evidencia que en realidad se trata de la pequeña explanación de acceso a la casa, en la que encontramos las estructura y muros de contención de la fase 3-b. La complejidad de la estratigrafía, que en las primeras campañas solo se adivinaba, nos conduce a realizar un estudio más detallado en un apartado posterior.

Los almacenes.

El último elemento que forma parte de la tercera fase es el constituido por los almacenes de *dolia* Uno de ellos no es otro que el que ya se hallaba en actividad desde la primera mitad del s. I, que vio reducida su superficie y capacidad a partir del s. III. El otro, más peculiar, debió construirse hacia el final de la tercera fase, casi en el momento inmediatamente anterior al abandono de la villa, ya que afecta una parte importante del ala este del edificio 1 (U.E. 1067). Se trata de

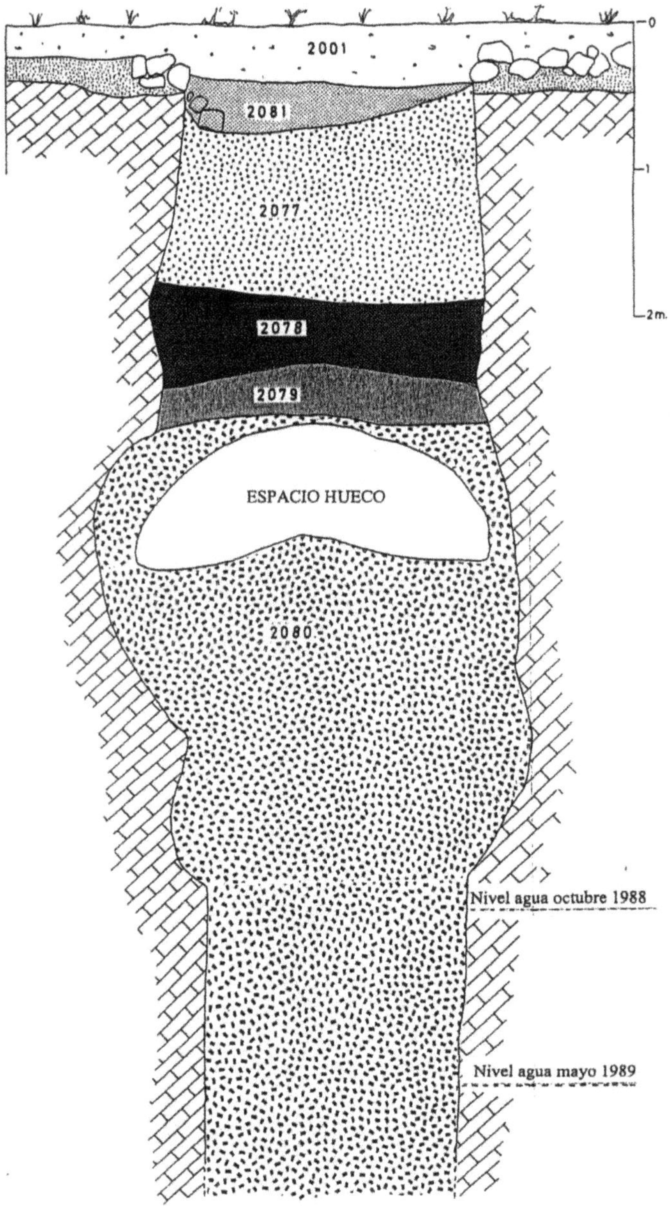

Fig. 83a. Sección estratigráfica del pozo nº 1.

un pequeño almacén del que solo se conservan los negativos de 25 *dolia*. Media docena más de estos recipientes dispersos aleatoriamente por todo el yacimiento, de difícil datación, no pueden ser considerados como un tercer almacén, sino contenedores colocados en puntos concretos y destinados a unas funciones específicas.

Como en el caso de la fase 1, la cronología del inicio de la fase 3 de la villa altoimperial debe obtenerse básicamente a partir del estudio de los materiales de relleno de dos ámbitos aislados: El pozo 1 y el vertedero del sector 2 y su prolongación hacia el sur, relacionada con la ampliación del edificio en aquella subfase que denominamos 3-b. Ambos son contemporáneos, aunque la estratigrafía del extremo sur del vertedero no tiene un origen tan antiguo como la del sector central y norte y se relaciona, por lo tanto, de una forma más específica con la estructura de la tercera fase. Los materiales más antiguos que aparecen en la parte más profunda, escasos y residuales, tienen una relación muy indirecta con la construcción de la fase 1, aunque nos señalan el origen y actividad del primer período del edificio altoimperial.

El pozo se obliteró expresamente y en una sola vez con motivo de las remodelaciones introducidas al inicio de esta tercera fase, aunque un siglo y medio más tarde tuvo que rellenarse de nuevo su parte superior, cuyas tierras habían cedido con el transcurso de los años, constituyendo un obstáculo y un peligro. Esta última obliteración se relaciona con la reocupación del s. IV y, por lo tanto, no tiene nada que ver con la actividad en la villa durante el período que se inicia con la fase 3. En cuanto al vertedero, queda afectado por el muro perimetral de la fase 3, que se apoya directamente sobre un estrato claro de inicios de la segunda mitad del s. II, y en él se apoya, asimismo, otro estrato de finales de siglo, casi idéntico al del interior del pozo.

No nos extenderemos demasiado en la descripción y estudio de los materiales de estos dos ámbitos, puesto que ya fueron objeto de investigaciones anteriores suficientemente amplias y detalladas, dadas a conocer en otras publicaciones (Casas & Nolla 1986-89, p. 213-213). Nos limitaremos, por lo tanto, a ofrecer un breve resumen de aquellos resultados, comentando aquellos materiales arqueológicos que parecen más significativos y esclarecedores para establecer las cronologías, o que tengan un interés especial o que habían quedado inéditos. A pesar de todo, el enorme volumen de cerámica hallada en estos estratos (miles de fragmentos y piezas a menudo casi enteras), hace que el resumen de esta exposición no sea corto. A pesar de haber seleccionado solo aquellas piezas o producciones más significativas, y después de haberlas pasado por la criba, el gran lote de material queda reducido a un conjunto que aún continúa siendo muy numeroso.

El pozo 1.

Antes habíamos comentado los indicios y elementos que relacionan el momento de la perforación del pozo con la villa tardoaugústea y la formación posterior de su relleno en dos épocas diferentes y separadas cronológicamente por casi 150 años (Fig. 82-A). Por lo tanto, y puesto que la tierra depositada en los dos estratos más modernos se inscribe en la época en que se reocupó parcialmente el yacimiento y forma parte de un contexto más amplio, dejaremos para un próximo capítulo el estudio de los materiales de los estratos 2077 y 2078 y emprenderemos el de los estratos 2079 y 2080 de manera conjunta, ya que son contemporáneos y solo se diferencian en el color y composición de la tierra. El material de ambos puede verse resumido en el gráfico de la pág. 157, en el cual puede comprobarse que los porcentajes en uno y otro son casi idénticos, a excepción quizás de las ánforas, cuya presencia se dobla en el estrato 2080 respecto al 2079, aunque su número absoluto es poco significativo. A la vez resulta curioso ver la poca presencia de estos recipientes que habitualmente constituyen uno de los conjuntos más numerosos en cualquier estrato, solo superados por la cerámica común.

También es interesante observar como la cerámica africana, tanto la sigillata africana A como las cerámicas de pátina cenicienta y de borde ahumado, constituyen casi el 50% del conjunto cerámico. Esto sin tener en cuenta que en el lote que hemos designado como "otros" se incluye un número importante de cerámica común norteafricana de pasta rosada. En resumen, los materiales norteafricanos tienen un peso importante en este estrato, hasta el punto de que los cincuenta fragmentos de sigillata sudgálica pueden considerarse residuales e insignificantes. El resto del conjunto cerámico está formado por cerámica común de producción local, muy habitual en esta zona y de poca difusión, o por las procedentes del Africa Proconsular y Bizacena (Casas et alii 1990), con el mismo origen que la cerámica fina de mesa.

De todas formas, el repertorio de producciones es más extenso de lo que deja entrever el gráfico y, aunque escaso, el resto de material tiene su interés e importancia para determinar la época de formación del estrato.

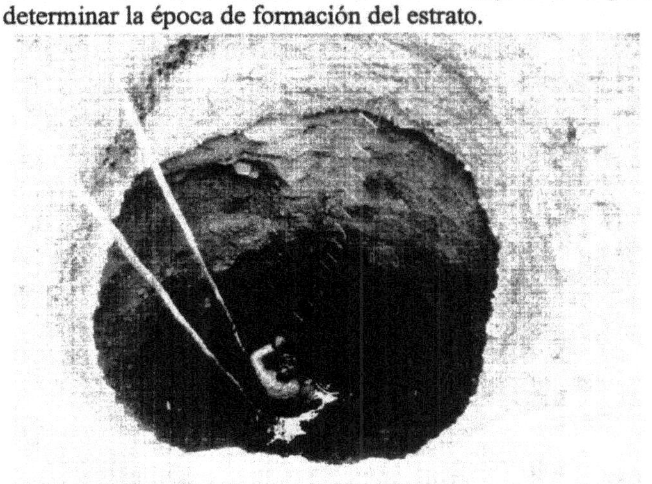

Fig. 83b. Aspecto del pozo 1 durante el proceso de excavación.

La sigillata africana A.
Es el grupo más importante del conjunto y constituye casi la única cerámica barnizada del estrato, con un elevado número de individuos de cada forma (por lo menos de las que suelen ser más habituales), y un repertorio tipológico muy amplio. Toda la cerámica africana es del tipo A y las variantes A1/2 y A2 más tardía, representando un 60% del total. Su pasta es muy característica, dura, rugosa, de color anaranjado o marrón y muchas veces con el núcleo central más oscuro y francamente gris, con presencia de puntos negros brillantes. Los barnices son de buena calidad, espesos, repartidos homogéneamente y con un tacto ligeramente rugoso. Su color suele ser naranja oscuro y poco brillante. Las decoraciones suelen ser escasas y aparecen sobretodo en los platos de la forma Hayes 3, en barbotina, y Hayes 9.

Las formas identificadas son las siguientes: Hayes 2/3B, Hayes 3 / Lamboglia 4/34A, Hayes 3 / Lamboglia 4/36B, Hayes 6C / Lamboglia 23, Hayes 8B / Lamboglia 1C, Hayes 7B, Hayes 147, Hayes 169 / Lamboglia 11, Hayes 9 en sus dos variantes, Hayes 14 y sus variantes, Hayes 14A / Ostia 1 f.27, Hayes 14B, Hayes 16 y Hayes 18. En conjunto ofrece un abanico cronológico de la primera mitad del s. II para las formas más antiguas, hasta inicios del s. III para las más recientes.

Una de las formas más antiguas es la Hayes 2/3B, forma que no aparece demasiado a menudo y que Hayes, que la estudia como una variante de la forma 3 y de menores dimensiones, fecha en la primera mitad/mediados del s. II (Hayes 1972, p. 21-25). Se halla presente en yacimientos de Ampurias y su zona de influencia (Nolla & Puertas 1988, p. 34-35).

La forma Hayes 3 / Lamboglia 4/36A (Fig. 84: 3), está representada en el estrato por lo menos con tres ejemplares, todos ellos con el labio facetado y decorado con hojas de agua en barbotina, típicas de la variante. Es un plato muy frecuente a lo largo del s. II, sobretodo durante la primera mitad, perdurando hasta muy avanzada su segunda mitad (Hayes 1972, p. 21-25; Atlante 1981, p. 25-25). Este forma es muy habitual en el territorio y se halla presente en todos los yacimientos gerundenses en contextos del s. II.

La variante Hayes 3 / Lamboglia 4/36B (Fig. 84: 1, 2 y 4), aún es más numerosa en el relleno del pozo. Es un plato parecido al anterior, liso, con el labio sin facetas y que se fecha a partir de mediados del s. II y años posteriores, sin llegar al siglo III (Hayes 1972, p. 24-25; Casas & Nolla 1993).

También es relativamente abundante la forma Hayes 6C / Lamboglia 23 (Fig. 84: 17, 20 y 21). Es un plato abierto, con el labio plano y de dimensiones muy variadas, con la superficie exterior facetada y que en nuestros ejemplares - especialmente los de menor tamaño- a menudo tiene el núcleo de color gris. La variante se ha datado en la segunda mitad del s. II e inicios del s. III, y es conocida en Ampurias, Camp de la Gruta, Llafranc, etc. (Nolla & Puertas 1988, p. 36-36). De la forma Hayes 8B / Lamboglia 1C solo ha aparecido un ejemplar casi entero y tres pequeños fragmentos (Fig. 84: 8). Es una forma tardía que suele fecharse en la segunda mitad del s. II y ya entrado el s. III (Hayes 1972, p. 33-35; Lamboglia 1958, p. 263; Atlante 1981, p. 26-27). A diferencia de las variantes más antiguas, de las que encontramos numerosos ejemplares en Tolegassos, este plato no tiene ningún tipo de decoración, ni el el labio ni en la carena exterior.

Además, con un único y deteriorado ejemplar, aparece la forma Hayes 7B (Fig. 84: 11). Plato de paredes abiertas que siempre suele estar decorado a ruedecilla en la parte superior externa del borde y en la parte media del cuerpo. Hayes fecha la variante A a inicios del s. II y la variante B a mediados del mismo siglo (Hayes 1972, p. 33).

Un ejemplar mucho más raro en esta zona, del que solo conocemos algunos ejemplares en Ampurias y en otros estratos de Tolegassos, es la cantimplora de la forma Hayes 147 / Lamboglia 13B. Nuestro ejemplar tiene el labio más abierto que el publicado por Lamboglia, y el cuerpo decorado con dos círculos o ranuras poco profundas (Fig. 84: 13). Además de esta cantimplora completa, en el mismo estrato aparecieron fragmentos de la variante A, sin forma pero decorados a ruedecilla. Es una forma que se inspira en prototipos que habíamos visto en la sigillata sudgálica de la Graufesenque del s. I. Se ha datado *grosso modo* en la primera mitad del s. II (Hayes 1972, p. 185), pero parece ser que la variante B corresponde a la segunda mitad del siglo, entre el 150 y el 200/220 (Atlante 1981, p. 49).

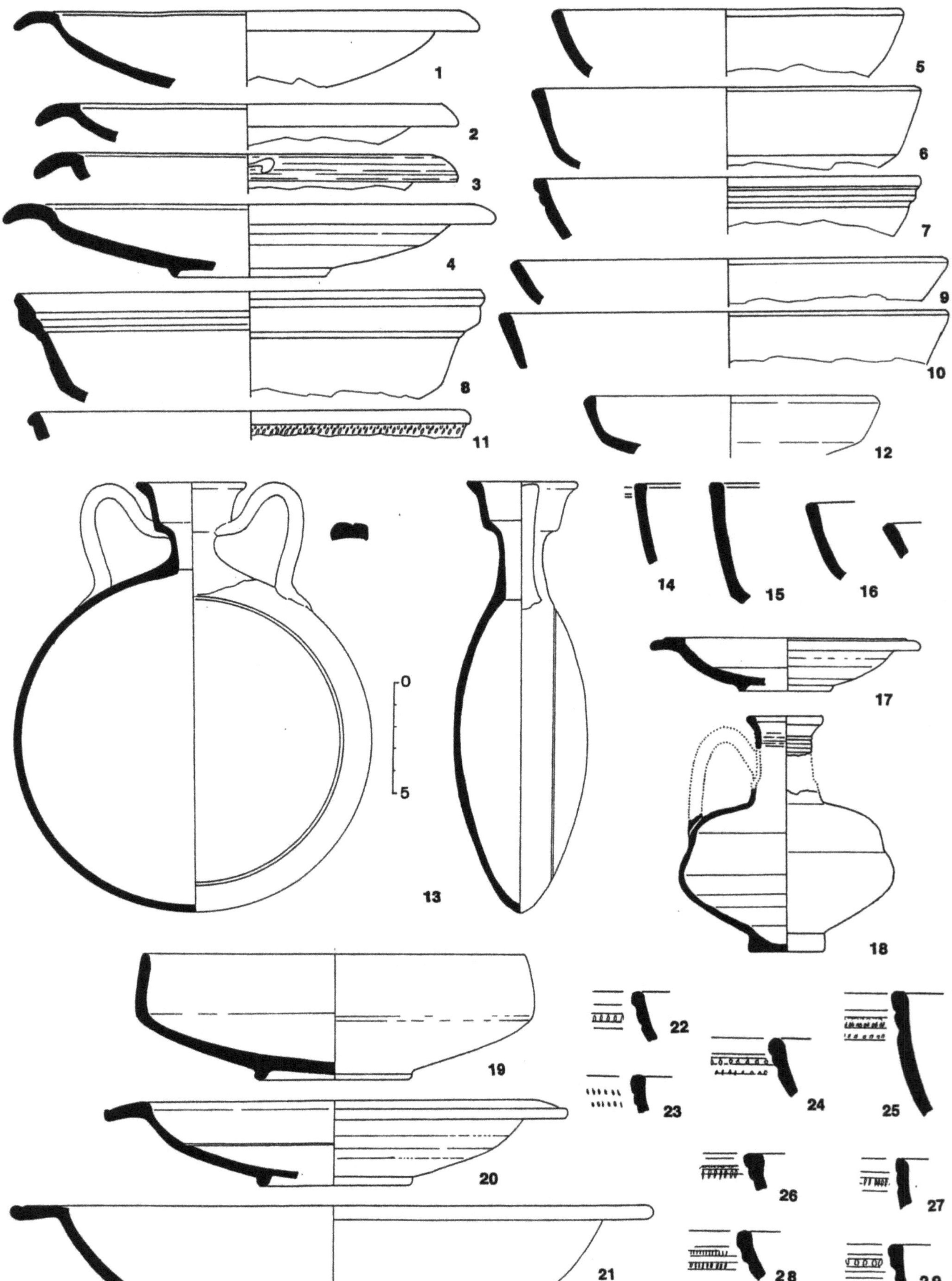

Fig. 84. U.E. 2080 del pozo. Sigillata africana A.

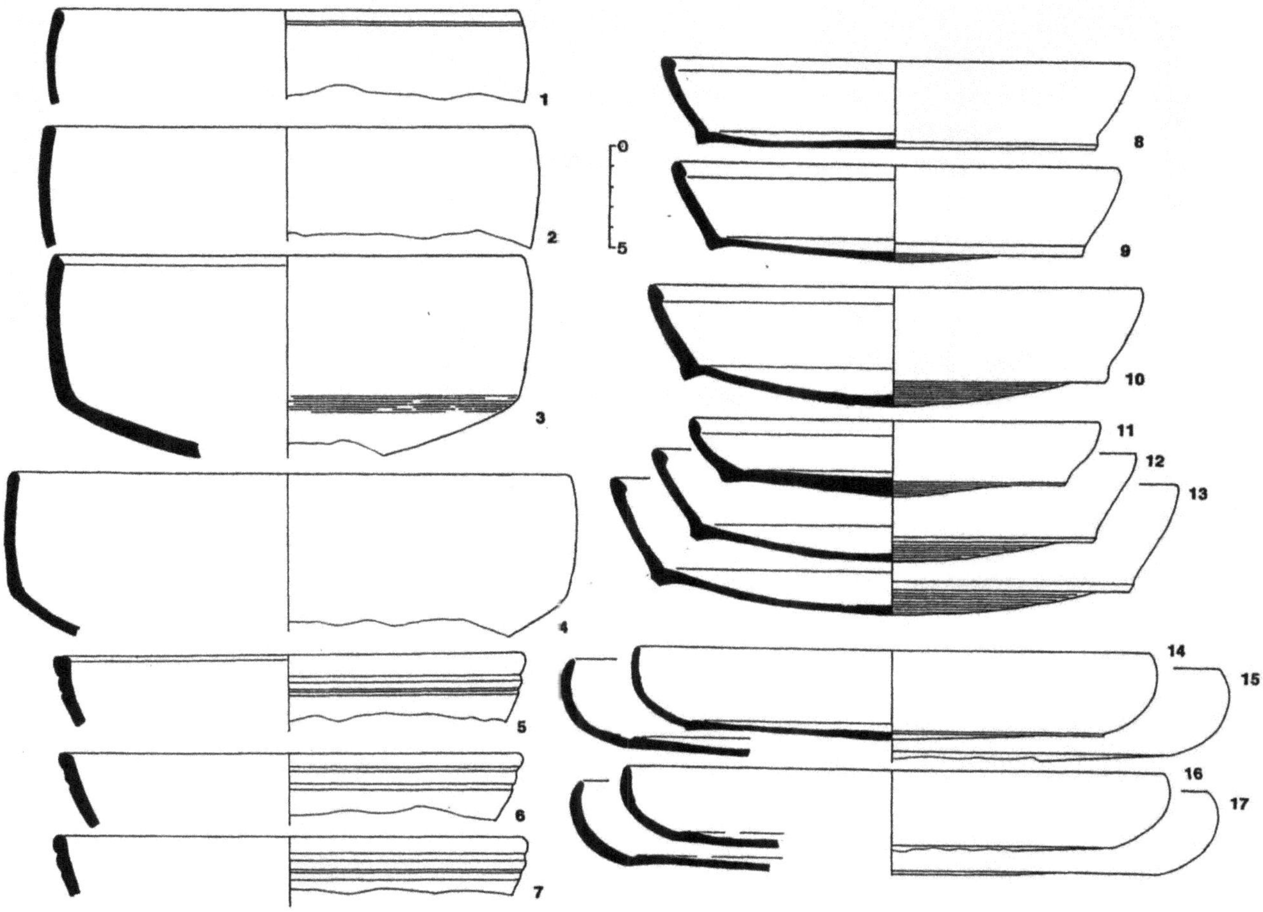

Fig. 85. U.E. 2080. Sigillata africana A y cerámica africana de cocina.

Aparece también un solo ejemplar de la pequeña jarra de la forma Hayes 160 / Lamboglia 11 (Fig. 84: 18), que ha sido fechado en la transición entre los siglos II y III (Lamboglia 1958, p. 11-12; Hayes 1972, p. 189-190; Atlante 1981, p. 46-47).

Sin duda la forma más numerosa en el relleno del pozo es la Hayes 9 en sus dos variantes (Fig. 84: 7, 22 a 29; fig. 85: 5 a 7). En conjunto, por lo menos encontramos 61 individuos, siendo la forma más repetida en el conjunto de la sigillatas africanas, solo superada en número por la Hayes 23B de pátina cenicienta, con 310 individuos, o la Hayes 196 de borde ahumado, con un máximo de 708 ejemplares. La variante Hayes 9A tiene la típica decoración a ruedecilla en la parte externa del borde, cada ejemplar con rasgos particulares y diferenciados, y ninguno igual a las demás. Se fecha preferentemente en la primera mitad del s. II, entre el 100 y el 160, pero todo parece indicar que su producción se prolongó durante años y a lo largo de la segunda mitad del s. II (Atlante 1981, p. 27; Casas & Nolla 1986-89).

La variante 9B parece más tardía y ha sido fechada de forma unánime en la segunda mitad del s. II. Ninguno de los ejemplares del pozo está decorado (Fig. 84: 7 y fig. 85: 5 a 7). Al igual que la anterior, es un plato alto de gran distribución durante aquel período y aparece en todos los yacimientos de la época en esta zona (Nolla & Puertas 1988, p. 39-40).

Con un máximo de 53 individuos (es difícil calcular el número mínimo), la forma Hayes 14 y sus variantes es la segunda más numerosa en el estrato (Fig. 84: 14, 15 y 19; fig. 85: 1 a 4). En primer lugar aparece la variante Hayes 14A / Lamboglia 3A (Fig. 84: 15 y 16), con paredes ligeramente abiertas, fechada a mediados del s. II hasta inicios del s. III (Atlante 1981, p. 33). Otra variante de este tipo (Fig. 84: 14), tiene un pequeño surco o incisión alrededor del labio por la parte externa.

Sigue la forma Hayes 14A / Ostia 1 f.27. Es un cuenco de paredes rectas y delgadas, con el labio marcado por un doble surco. Puede situarse a finales del s. II y primera mitad del s. III (Atlante 1981, p. 35). También pertenece a la misma variante un segundo ejemplar con las paredes muy delgadas y de parecidas características (Fig. 85: 1).

En la variante Hayes 14B encontramos dos ejemplares bien identificados (Fig. 85: 2 y 4); los dos sin labio, las paredes

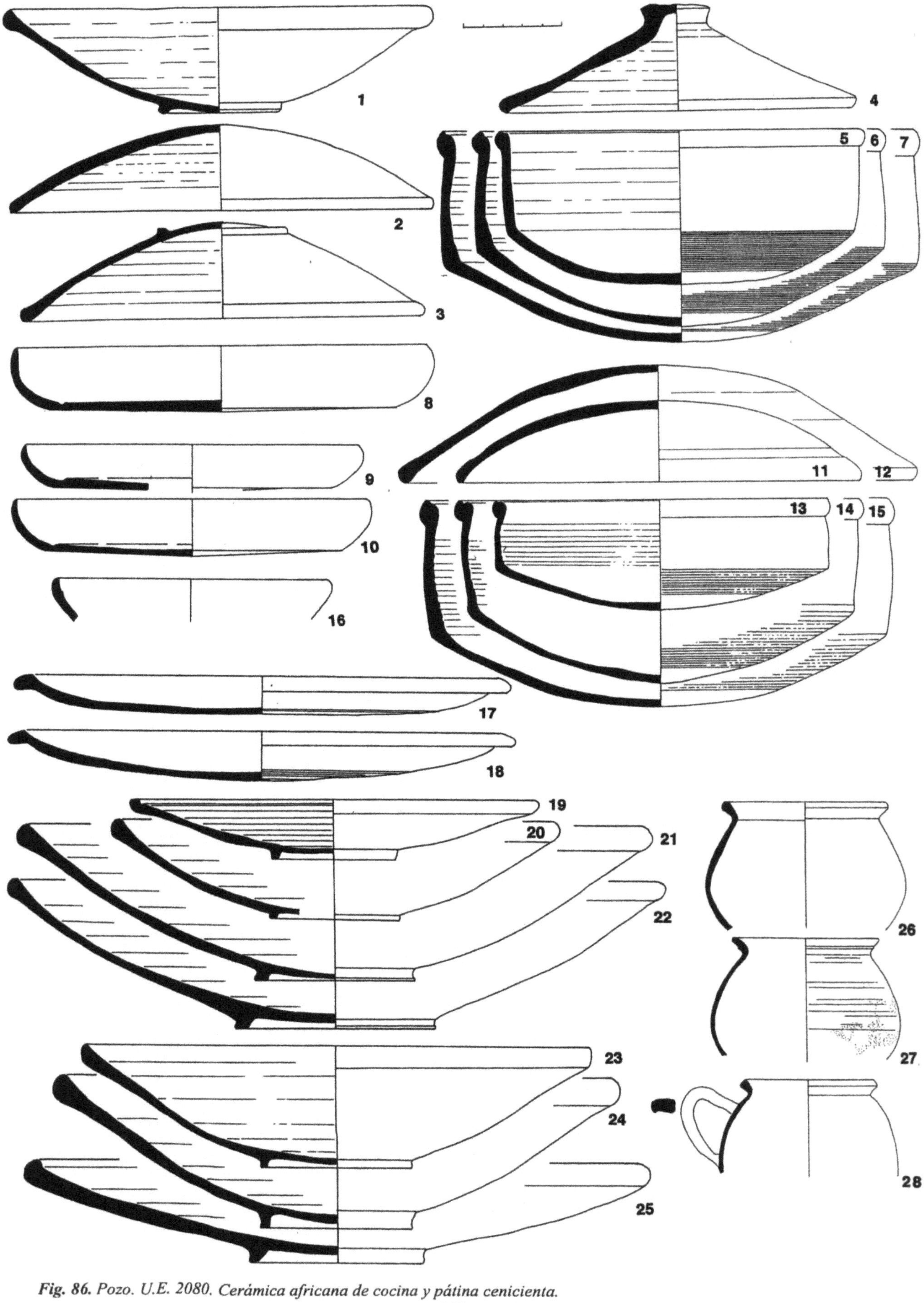

Fig. 86. Pozo. U.E. 2080. Cerámica africana de cocina y pátina cenicienta.

ligeramente curvadas hacia el interior. Hayes fecha este plato/cuenco en la segunda mitad del s. II (Hayes 1971, p. 39-41). Otra variante de la misma forma (Fig. 85: 3), tiene las paredes más gruesas, el barniz de menor calidad y el labio con un bisel interior que lo aproxima a la forma Hayes 15. Finalmente, aparecen dos ejemplares de la variante Hayes 14C, cuenco bajo o plato parecido a los anteriores, pero de dimensiones más reducidas y no tan alto (Fig. 84: 19), fechado hacia finales del s. II (Hayes 1972, p. 41 y 48).

La forma Hayes 16, con un máximo de 6 individuos, es minoritaria (Fig. 84: 5 y 6). Corresponde a la segunda mitad del s. II (Hayes 1972, p. 40-42; Atlante 1981, p. 32-33). Muy parecida a la anterior, la Hayes 18 (Fig. 84: 9-10), es un plato alto de paredes abiertas y pie diferenciado, que Hayes sitúa a inicios del s. III (Hayes 1972, p. 43).

Cerámica africana de cocina.
Esta producción, casi idéntica a la sigillata africana A, se caracteriza por estar barnizada solo por el interior, mientras que la superficie externa está recubierta de una pátina cenicienta de color gris más o menos oscuro que le da un aspecto muy peculiar. Sin duda es uno de los productos más numerosos en el relleno del pozo, con muchos vasos de dimensiones regulares, aunque en algunos casos encontramos individuos excepcionalmente grandes, sobretodo de las formas Hayes 23B y 181. En realidad, estas son las formas mejor representadas, con algunas variantes para cada una de ellas. Pero también aparecen algunos fragmentos de la Hayes 23A (12 en total). A pesar de ser un material tan conocido y abundante en este territorio, echaremos un vistazo a los ejemplares más significativos del repertorio.

La forma más antigua y que difícilmente sobrepasó -en teoría- la primera mitad del s. II es la Hayes 23A, plato/cazuela de paredes inclinadas, abiertas y ligeramente curvadas, sin pie, con base cóncava y estriada, y labio poco diferenciado.

En cambio, la variante más moderna, Hayes 23B, cuya aparición se sitúa hacia mediados del s. II y perdura con pocas variaciones hasta el s. IV, es muy abundante, con un máximo de 310 individuos en el estrato 2080, a parte de centenares de fragmentos sin forma (Fig. 85: 8 a 13). Entre este conjunto debemos destacar el primer ejemplar reproducido, con la base totalmente plana, nada habitual en esta forma.

Es también muy numerosa la forma Hayes 181, un gran plato o fuente de fondo plano, a menudo decorado con círculos concéntricos en el fondo interno y que presenta una gran variedad de tamaños, desde los pequeños platos de poco más de 15 cm. de diámetro hasta las grandes fuentes de más de 30 cm. (Fig. 85: 14 a 17; fig. 86: 8 a 10). Estos recipientes siempre tienen la superficie interna recubierta por un barniz de color anaranjado o rojizo, espeso, rugoso al tacto y de buena calidad. La superficie exterior suele estar recubierta por una pátina de color gris, que además ha quedado ahumada como resultado de su utilización en la cocina y que en ocasiones ha provocado el deterioro de la pieza por el fondo externo. Solo un ejemplar tiene un pie diferenciado (Fig. 85: 14). Hayes sitúa esta forma a mediados del s. II, pero su presencia ha sido documentada en estratos de la primera mitad del mismo siglo (Hayes 1971, p. 200-201).

Cerámica de borde ahumado.
En este grupo, el más numeroso de las cerámicas africanas, encontramos básicamente tres formas con diferentes peculiaridades y variantes para cada una de ellas: plato/tapadera, cazuelas, vasos y jarras de un asa y boca trilobulada. La más abundante es la forma Hayes 196, con casi 2000 fragmentos entre ambos estratos y con un número máximo de 800 individuos. Estos platos/tapadera pueden agruparse según sus diferentes variantes que comentaremos brevemente.

Forma "Ostia I, fig. 261" / Hayes 196, representada en la Fig. 86, nº 1 y 20-24. Son platos de paredes muy abiertas y dimensiones bastante regulares, con unos diámetros entre los 22 y los 33 cm. y alturas entre 5'5 y 8 cm. El pie, pequeño, siempre está bien diferenciado. Es un recipiente omnipresente en todo este territorio y se fecha a partir del s. II.

La variante "Tolegassos 1" de la forma Hayes 196 (Fig. 86: 3), es una tapadera casi igual a las demás, pero con el fondo externo que sobresale del plano del anillo del pie, por lo que no podía ser utilizado como plato, sino únicamente como tapadera.

La variante "Tolegassos 2" de la forma Hayes 196 (Fig. 86: 19), es un plato/tapadera bajo, con el pie diferenciado, de menores dimensiones, estriado o acanalado en el interior y con un encaje en la parte interna del labio. El pie es bastante recto.

Forma "Ostia III, fig. 332" (Fig. 86: 2, 11 y 12). Es un plato o tapadera sin pie, con el fondo cóncavo y liso y el labio igual a su prototipo. Se halla bien documentado en el s. II (Atlante 1981, p. 212).

Forma "Ostia III, fig. 170" (Fig. 86: 17 y 18). Plato/tapadera de entre 24 y 33 cm. de diámetro, muy bajo, de fondo plano y sin pie, con el labio diferenciado y ligeramente colgante. En la pared externa, hacia la base, suele tener dos o tres surcos ornamentales muy sencillos. Es una forma poco corriente y se localiza sobretodo en estratos de inicios del s. III (Atlante 1981, p. 214). Es una forma minoritaria en el relleno del pozo, con pocos individuos.

Forma Hayes 185 (variante) (Fig. 86: 4). Solo hemos encontrado un ejemplar de esta tapadera, con la parte interna estriada y rematada con un pequeño pomo más o menos cilíndrico.

Una nueva variante de la Hayes 200 que no aparece demasiado a menudo en las diferentes tipologías es la formada por las ollas o cuencos de fondo estriado y pared exterior recubierta de pátina cenicienta en su mitad inferior, con el labio diferenciado y separado del cuerpo por una línea más gruesa y con una sola asa situada a mitad del cuerpo (Fig. 86: 26 a 28; fig. 87: 4 a 7). Parece que se trata de la misma producción señalada por M. Vegas (1973, p. 111-112, fig. 40). Es una forma que encontramos habitualmente en yacimientos de esta zona en contextos de la segunda mitad del s. II.

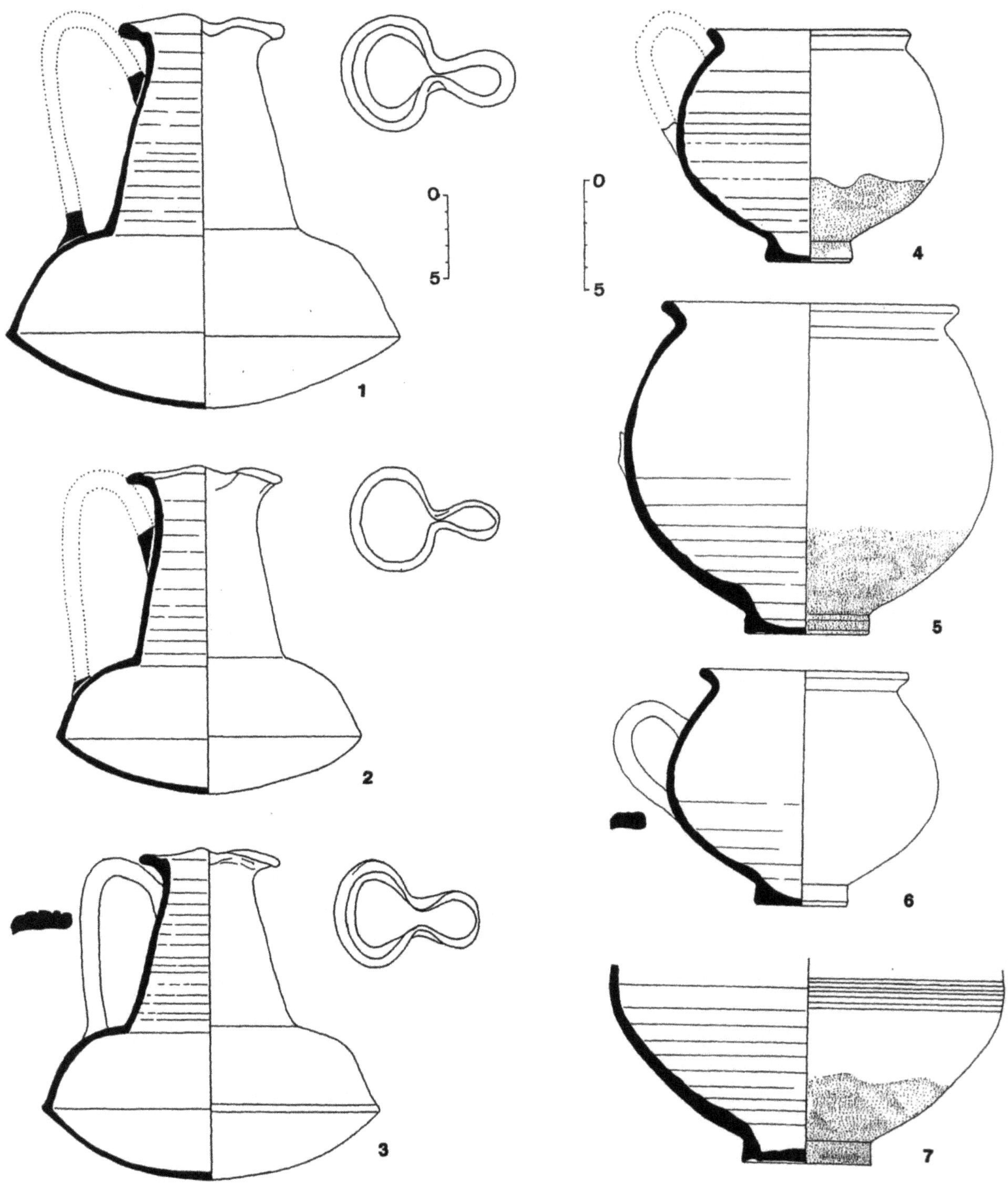

Fig. 87. Pozo. U.E. 2080. Cerámica africana de cocina de pátina cenicienta

Otra forma desconocida hasta hace poco, aunque a menudo habíamos encontrado fragmentos en contextos de la segunda mitad del s. II y primeras décadas del s. III, es la jarra de boca trilobulada, sin pie y recubierta de pátina cenicienta, con el fondo exterior ahumado. El interior siempre aparece recubierto por un engobe blanquecino, quizás calcáreo. Es una peculiaridad que también vemos en las jarras de cerámica gris trilobulada del s. I, con las que presenta una gran similitud. En todo caso, se trata de un producto norteafricano fabricado en los mismos talleres que producían los platos/tapadera y las cazuelas típicas. En el estrato se han identificado un mínimo de 6 ejemplares y fragmentos de un número indeterminado de recipientes, entre los que hemos reproducido 3 en la Fig. 87: 1 a 3.

El único ejemplar que conocemos casi idéntico a los nuestros, pero de menor tamaño, fue publicado por Santrot el año 1979 como cerámica común, aunque la descripción de la pasta de su jarra es muy parecida a la de nuestros ejemplares (Santrot-Santrot 1979, nº 509). Debemos añadir que la forma no es del todo desconocida en cerámica africana A o en producciones locales o de poca difusión, pero no parecen pertenecer a la misma producción (Atlante 1981, fig. 148-151; Vegas 1973, p. 109-110, fig. 39). A menudo se trata de las versiones más antiguas elaboradas con pasta de color gris.

Para terminar este apartado debemos citar los numerosos ejemplares de cazuela de fondo estriado (forma Hayes 197), con más de 2000 fragmentos que pertenecen a un máximo de 400 individuos (Fig. 86: 5-7 y 13-15). Se diferencian entre ellos por el diámetro, entre 17 y 25 cm., y por el labio almendrado más o menos grueso. Los acabados son todos de la misma calidad. Es una forma corriente que se documenta desde la primera mitad del s. II y perdura décadas, apareciendo en cualquier yacimiento del territorio en contextos parecidos.

Las ánforas.
Contrariamente a lo que es habitual en cualquier estrato de este y otros yacimientos, el número de fragmentos de ánfora es francamente insignificante en el estrato si lo comparamos con el resto de material cerámico, con poco menos de 1500 fragmentos en total, entre los que solo 113 corresponden a formas. El repertorio de formas también es limitado, y solo documentamos la Dressel 2/4 con diversas variantes, la Dressel 20, una Africana IIA y posiblemente la G-IV de base plana.

La Dressel 2/4 es la que tiene un origen más antiguo, a inicios del s. I o poco antes. Se caracteriza por un borde y labio redondeado, que a lo largo del tiempo y en diferentes centros de producción presenta variaciones en su acabado final (Fig. 88: 1 a 6).

La Dressel 20, con un origen bético casi tan antiguo como la anterior, solo aparece con dos formas; un labio y un asa con marca de taller. La marca puede leerse como CENHISPS (Fig. 89: 2), muy conocida y con muchas variantes en la Bética (Ponsich 1974, p. 209). Callender señala un conjunto de marcas emparentadas, con algún paralelo entero en el que se lee CEN.HISP.SAEN y otras con las versiones HISP.SAENI, SAENIANES, HISPAN.SAEN, etc. (Callender 1965, p. 238-239, nº 1559), cuyo origen se sitúa en el área de Arva o Lora del Río, fechándolas entre el 89/90 y el 130/140.

Un ejemplar de ánfora de gran interés, del que solo se conserva entero el cuello, pertenece a la forma Africana IIA (Fig. 88: 8), que ya aparece en Ostia en contextos de la segunda mitad del s. II, aumentando en importancia en otros contextos de finales del siglo e inicios del s. III (Ostia IV 1977, p. 159-162 y 279).

Para finalizar este apartado debemos citar, a parte de algunos fragmentos no identificables o dudosos, un conjunto de bases asimilables a las formas Dressel 28 o más probablemente a la Gauloise IV (Fig. 89: 5 a 8), todas de base plana y pie robusto y diferenciado, muy corrientes en esta zona, con paralelos idénticos en el estrato 2016 de la villa de Puig Rodon, en Corçá, en un contexto de finales del s. II (Casas 1986, p. 15-77), y que en aquel caso se consideran producciones locales.

Las lucernas.
Si por un lado, en el estrato 2079 las lucernas son productos que escasean, con un total de 9 fragmentos, en cambio, en el estrato principal del relleno (U.E. 2080), su número aumenta considerablemente, con más de un centenar de fragmentos e individuos prácticamente enteros. Normalmente los ejemplares enteros solo tienen roto el pico, la parte más delicada y frágil, lo que las inutilizaba para siempre, siendo arrojadas a la basura e, indirectamente, al pozo.

La información que nos proporcionan las lucernas es doble. Por un lado, algunos ejemplares ayudan a confirmar la cronología del estrato. Por otro, su asociación y la contemporaneidad de diferentes marcas, formas y motivos decorativos en un mismo contexto que se fecha sobretodo a partir de las cerámicas africanas, aporta nuevos datos para la datación de unas lucernas sobre las que se disponía de una cronología a menudo poco precisa. Creemos que vale la pena analizar con más detalle cada uno de los ejemplares.

El primer ejemplar que se incluye en esta relación es una lucerna de la forma Dressel 20 / Deneauve VIIA (Fig. 90. 3). La pasta es de color naranja, dura y compacta, depurada y recubierta de un engobe castaño, muy erosionado y en su mayor parte caído. La *margo* es bastante ancha y poco inclinada, decorada con líneas incisas y surcos paralelos. El motivo decorativo del disco consiste en una cabeza de buey, que en la iconografía se relaciona con ritos y sacrificios a Júpiter. La decoración de surcos suele aparecer también en piezas de la forma Den. VIIB, fechadas entorno el 150 (Casas & Rocas 1989, p. 76).

El segundo ejemplar también pertenece a la forma Dressel 20 / Den. VIIA (Fig. 90: 2). La pasta es de color naranja-rosado y de poca calidad. El engobe, de color castaño. La decoración del disco consiste en una cornucopia realizada a partir de un molde bastante usado. El motivo es muy corriente y aparece en lucernas de los talleres de L.FABRIC.MASC y MNOVIVST (Bonnet 1988, fig. 22), pero ello no significa que nuestro ejemplar haya sido elaborado a partir de los mismos moldes. En su base aparece la marca, muy conocida, CIVNDRAC, que Ponsich lee como *C. Iunius*

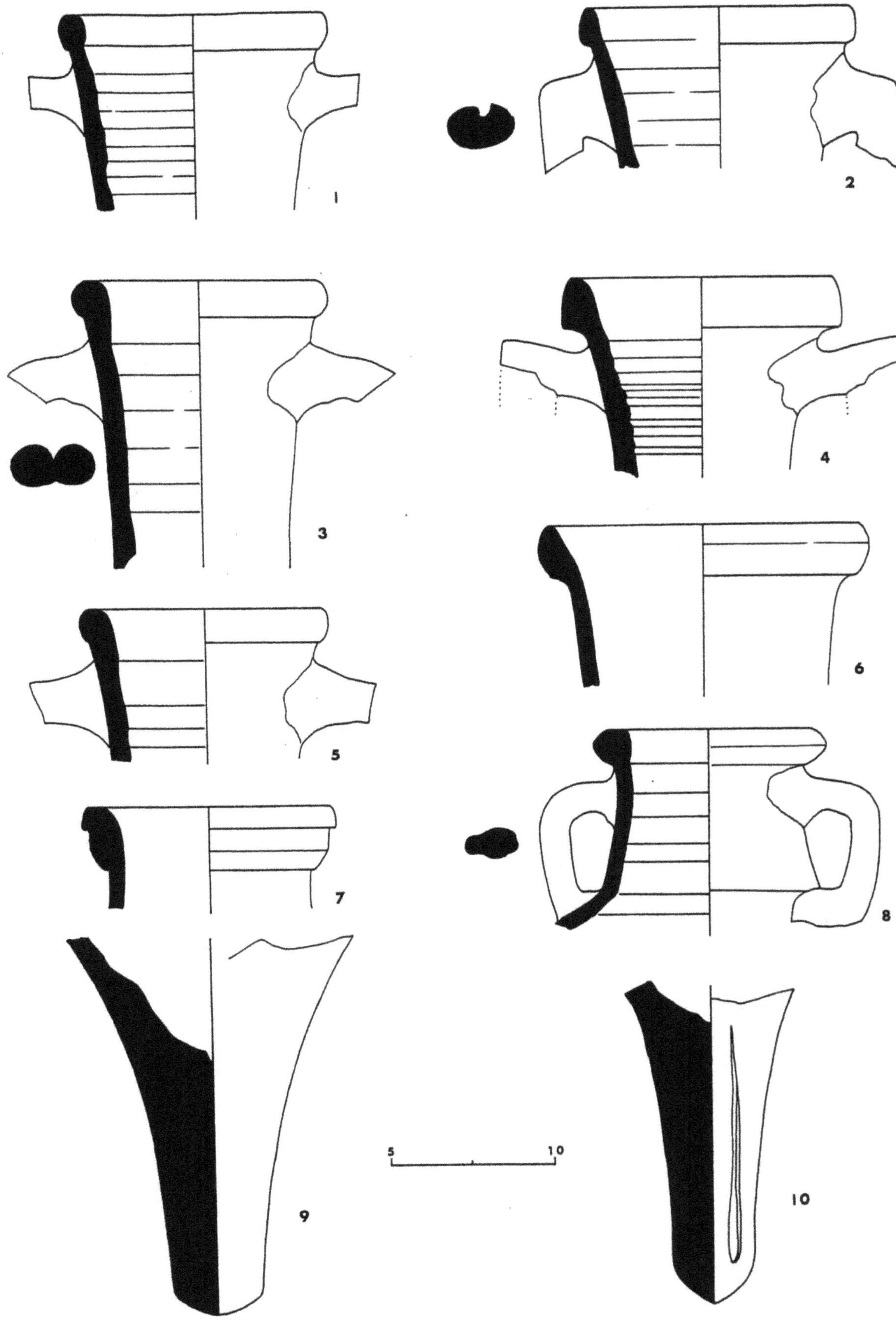

Fig. 88. Pozo. U.E. 2080. Diversos tipos de ánfora.

Draco y relaciona con C.IVN.ALEX (Ponsich 1961, p. 70). esta marca suele aparecer en lucernas de la forma Den. VB y VIIA durante el s. II. Hayes la considera de la primera mitad del s. II y Bonnet la encuentra en Montans antes de la primera mitad del s. III, pero cree que se utilizó en dos períodos diferentes: en la primera mitad del s. II y durante el primer cuarto del s. III (Deneauve 1969, p. 84; Hayes 1980, nº 234; Bonnet 1988, p. 107-124). Balil la considera norteafricana, presente en diversas formas de lucerna y muy extendida en la zona de Túnez (Balil 1968, p. 167), aunque se distribuye por todo el Mediterráneo occidental.

Otro ejemplar también pertenece al taller de CIVNDRAC y corresponde a la misma forma que el anterior (Fig. 90: 1). Seguramente la marca se estampó con el mismo punzón original. La pasta adopta una tonalidad amarillo-verdosa -quizás debido a un exceso de cocción-, no muy bien depurada, con puntos de cal y pequeños puntos negros. El engobe es de color castaño y de mediana calidad. La pieza parece tener un origen africano.

El motivo decorativo del disco se compone de cuatro hojas de palma dispuestas en cruz o aspa y suele aparecer habitualmente en productos de los talleres de AVFIFRON y CIVNDRAC como nuestro ejemplar (Bonnet 1988, fig. 23: 4-5).

La forma Deneauve VIIB / Dressel 20 es una variante de las anteriores (Fig. 90: 4). La pasta presenta unas características similares, rosada o anaranjada, dura, compacta y depurada. El barniz o engobe es de color castaño y muy erosionado. Únicamente tiene decorado el margen del disco con óvulos semicirculares. En la base conserva con dificultad la marca EX OFI/L HORTE/NSI, adoptando una fórmula típica de las lucernas Deneauve VIIB y Loeschcke VII fechadas entre el 150 y la segunda mitad del s. II (Pavolini 1987, p. 150; Deneauve 1969, nº 871).

Forma Dressel 19 / Deneauve VIIA (Fig. 90: 5). Lucerna casi entera, con la parte central del disco rota. Pasta de color amarillento o beige, dura y de buena calidad. Engobe de color castaño claro y bien adherido. La franja entorno el disco está decorada con surcos impresos en forma de eses. En la base puede leerse con dificultad la marca EX OFI/L HORTE/NSI realizada con el mismo punzón que en el ejemplar anterior. En ambas, las dos partes de la pieza no coinciden, lo cual parece indicar el intercambio y combinación de moldes originales de otros talleres.

Ejemplar completo perteneciente a la forma Dressel 20 / Deneauve VIIA, con las características de pasta, engobe y acabados parecidos a las de las anteriores (Fig. 90: 7). Como rasgo más destacable cabe citar la decoración a base de hojas o roseta radial alrededor del agujero de alimentación; motivo ampliamente extendido y del que existen numerosas variantes. Diferentes autores datan la forma hacia finales del s. I o inicios del s. II, pero consideramos que debe prolongarse esta cronología y fechar esta pieza en concreto a partir de mediados o segunda mitad del s. II (Casas & Rocas 1989, p. 72).

Algunos ejemplares de este relleno son poco significativos y proporcionan poca información para fechar el conjunto. A parte de la forma, no tienen ningún tipo de decoración ni marca, por lo que solo son testimoniales, señalando un marco cronológico amplio dentro del s. II (Fig. 90: 6 y 10). Otros ejemplares reunen todas las características ideales para realizar un estudio completo de los productos, permitiendo relacionar forma/decoración/marca en cada uno de ellos. Es el caso, por ejemplo, de los que reproducimos en la Fig. 90 nº 8 y 9, o la *firmalampen* nº 3 de la Fig. 91.

Los dos primeros son ejemplares de la forma Dressel 20 / Deneauve VIIB, uno de ellos entero pero con una parte del pico rota de antiguo. La franja exterior del disco está decorada con incisiones en forma de eses y el disco con un motivo mitológico conocido: Triptolemo conduciendo el carro tirado por dos dragones o serpientes con el que le obsequió Ceres a fin de que recorriera la Tierra enseñando el arte de la agricultura. La segunda lámpara (Fig. 90: 8), se halla en muy mal estado y solo puede observarse la decoración de óvulos en la franja y estrías en el disco. Ambas piezas conservan las marcas de taller. La primera, ATIL/IANI; la segunda, la variante ATILIA/NI.

Aunque por la forma suele fecharse este tipo entre finales del s. I e inicios del s. II, sobre todo en Hayes, que publica algunos ejemplares relacionados con C.ATIL.VEST y C.OPPI.RES y CIVDRAC (Hayes 1980, nº 234 y 237), Deneauve lo sitúa entorno el año 150 (Deneauve 1969, p. 87). Pero debemos recordar que la decoración también aparece sobre lucernas de la forma Deneauve VIIIB, de la segunda mitad del s. II.

Dos ejemplares de gran interés, probablemente fabricados en el mismo taller, aparentemente tienen una cronología más avanzada que el resto del conjunto (Fig. 91: 4 y 6). Ambos pertenecen a la forma Dressel 28 / Deneauve VIIIB y su disco está decorado con un motivo prácticamente idéntico en ambas piezas. La primera tiene la pasta de color rosado, dura, depurada y con granos de cal, porosa. El engobe es de color anaranjado y se ha conservado mal. La franja está decorada con óvulos y el disco presenta un motivo poco habitual, con un personaje saltando sobre un toro, escena que también parece repetirse en la segunda lucerna, con la franja decorada con hojas triples. La parte inferior del asa y el pico del primer ejemplar también tienen una sencilla decoración realizada con un punzón, y en la base conserva la marca PVLL/AENI.

Deneauve fecha esta forma en la segunda mitad del s. II. Hayes sitúa la marca a finales del s. II o inicios del s. III (Hayes 1980, nº 278). En Vilauba aparece la marca de este taller en la habitación XXX, en un contexto de la segunda mitad del s. III, pero con variaciones y realizada claramente con otro punzón (Castanyer & Tremoleda 1999, p. 287).

En cuanto al resto de fragmentos de lucerna del estrato, son poco significativos y aportan únicamente información complementaria. Se trata sobretodo de lámparas muy fragmentadas de las que solo se conservan partes de *margo*, el pico, asas o fragmentos de disco, sin conexión entre ellos. En todo caso debemos citar un ejemplar entero con una decoración mal conservada (Fig. 91: 1), y otro sin decoración ni marca (Fig. 91: 2). Un único ejemplar de la forma Deneauve IXA / Dressel 5C / Loeschcke X (Fig. 91: 3), de tipo *firmalampen* o lucerna de canal, tiene la marca VIBIAN

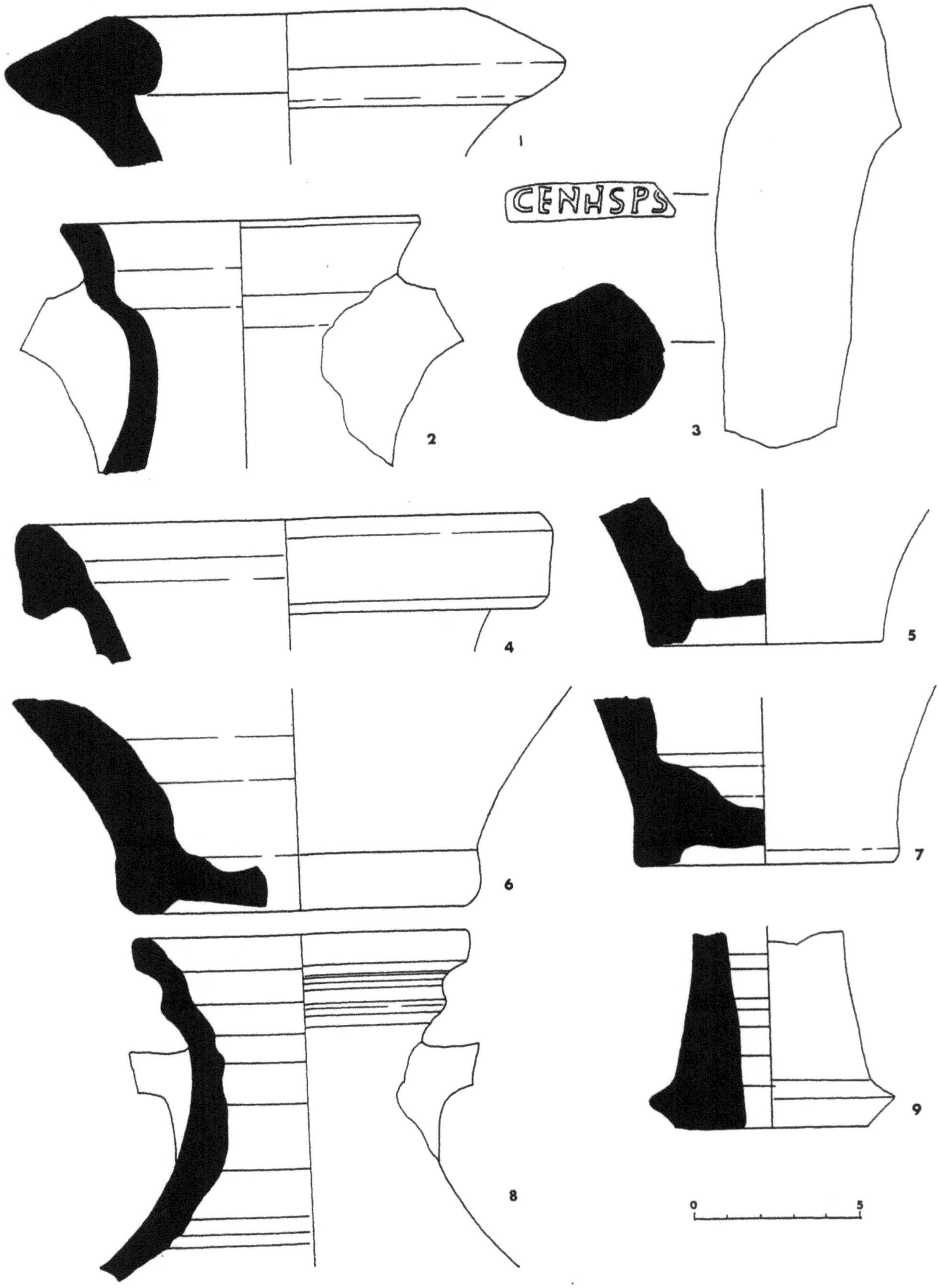

Fig. 89. Pozo. U.E. 2080. Ánforas y fragmento de tubo de hipocausto.

en la base. Es una marca bien documentada y propia de esta forma, que suele aparecer asociada al taller de FORTIS y se fecha en la primera mitad del s. II (Hayes 1980, p. 58-59).

Cerámica vidriada.
La cerámica vidriada, relativamente abundante en la villa de Tolegassos, es una producción semilujosa poco corriente en época romana y de la que se conocen pocos ejemplares en este territorio (Casas & Merino 1990). Estos productos se fabricaron durante tres períodos perfectamente diferenciados: época augústea, siglos II-III y durante el Bajo Imperio. Presentan su propia tipología, aún mal definida, imitando sobretodo los vasos metálicos y las cerámicas de paredes finas en una primera época. A partir del s. II la tipología se amplía con nuevas formas propias de la producción. Los centros de fabricación son poco conocidos y mal situados. Parece que la mayor parte de las piezas proceden de la Península Itálica, otras son originarias de la zona centro y norte de la Galia y un último grupo, posiblemente de la Bética. El origen común de estas cerámicas debe buscarse en el Mediterráneo oriental en épocas anteriores.

Es normal encontrar lucernas de esta producción, todas con las mismas características y procedencia. De hecho, cualquier producto cerámico era susceptible de ser recubierto con revestimiento vidriado, por lo que a veces lo hallamos en formas y producciones impensables. La arcilla de la cerámica vidriada, especialmente durante los siglos II y III, es de color amarillento pálido, beige rosado o rojizo, mientras que el vidriado siempre es verde en el exterior y amarillo melado en el interior.

Las lucernas vidriadas aparecen a inicios del s. II asociadas con la sigillata africana A y perduran hasta los primeros años del s. III, tanto en Lyon, Ostia, Conimbriga, Ampurias, Mataró, etc (Desbat 1986, p. 108-110; Casas & Rocas 1989, p. 75-76; Casas & Merino 1990). Existen ejemplares y precedentes de la segunda mitad avanzada del s. I.

En el relleno del pozo aparecen diversos fragmentos de lucerna, la mayor parte de pequeñas dimensiones y difícilmente reconstruibles, excepto una casi entera de la forma Dressel 19 o 20 y con el disco decorado con un rostro humado mal dibujado. Consideramos que debe fecharse en un momento impreciso de la segunda mitad del s. II (Fig. 90: 11).

Una segunda pieza de cerámica vidriada de este estrato, excepcional, consiste en una copa con dos asas y decorada con pedúnculos a la barbotina como los que encontramos en la cerámica de paredes finas (Fig. 92: 16). Aunque carece de pie, podemos reconstruirla a partir del ejemplar publicado por Desbat el año 1986, aparecido en las excavaciones de Lyon (Desbat 1986, p. 116), y los de la villa de Settefinestre (Celuzza 1985, p. 163). La pasta es de color gris, dura, compacta, fina, depurada y de buena calidad. El vidriado es de color verde en el exterior y con tonalidades marrones en el interior; espeso, grueso, perfectamente adherido y de buena calidad. A parte de la decoración ya citada, en la parte superior del labio presenta pequeños pezones o protuberancias repartidas de forma regular. Este motivo es típico de las cerámicas vidriadas del s. II fabricadas en Italia. En cambio, hasta la fecha no ha aparecido en las producciones augústeas o en las del centro de la Galia más antiguas.

Probablemente es la forma más difundida de esta producción. Recordaremos, solo de paso, los paralelos ya citados de Lyon, algún fragmento procedente de Ostia y otro hallado en Settefinestre, en contextos de los períodos II-C y IV, el primero de ellos fechado entre Marco Aurelio y Cómodo. El ejemplar de Settefinestre también es de origen itálico (Celuzza 1985, p. 163; OSTIA II 1968-69, p. 251-253). Nuestro vaso podría ser de mediados del s. II. Si tenemos en cuenta el período de utilización de la pieza, su cronología coincidiría con las propuestas para los diferentes paralelos documentados hasta la fecha.

Cerámica común africana.
En esta producción, tipológicamente poco extensa, incluimos aquellos productos de cerámica común que en ocasiones se parecen a las cerámicas africanas de cocina o a las sigillatas claras y que un análisis de las arcillas permite atribuir a los mismos talleres que fabricaron la cerámica fina de mesa y productos de mejor calidad, o bien a otros especializados en la producción de cerámicas de menor calidad, situados en el mismo ámbito geográfico: el Africa Proconsular y Bizacena.

Las cerámicas comunes africanas pueden agruparse en dos categorías completamente distintas, tanto por su tipología como por la composición de las arcillas. El primero, del que aparece un menor número de vasos en este yacimiento, se caracteriza a grandes rasgos por fabricar pequeñas jarras y vasos cerrados y de cuello ancho, de formas simples, pero a veces con muchas estrías y molduras en el labio, único elemento aparentemente "decorativo" en estas piezas. Pero en general se trata de pequeñas jarras, botellas o grandes lebrillos de superficie lisa y sin ningún tipo de decoración u otros elementos que las hagan especialmente diferentes al resto de la cerámica común local, si exceptuamos la composición de las arcillas (Fig. 93: 13; fig. 98: 6).

Estas pastas se nos presentan adoptando tonalidades claras, con mayor frecuencia amarillentas o con tendencia a una especie de verde claro. Son rugosas, aparentemente arenosas y poco suaves al tacto, con minúsculos puntos de mica y otros de color negro casi imperceptibles a simple vista. La fractura no suele ser nunca recta y limpia. Es donde mejor se aprecian las impurezas y desgrasantes que contiene la arcilla. Las dos formas citadas, sobretodo la primera, son especialmente abundantes en los estratos de nivelación de la villa de Puig Rodon (Corçà), previos a la construcción de las estructuras de la fase II, fechados entre el último cuarto del s. II y la primera década del s. III.

El segundo grupo, al que pertenecen la mayor parte de los vasos de cerámica común africana del pozo, también tiene un repertorio limitado; básicamente platos y ollas. Pero si ello es cierto en lo que se refiere a Tolegassos, hemos podido observar un repertorio más extenso al examinar las piezas aparecidas en otros yacimientos en contextos cronológicos más tardíos, concretamente en la villa romana de Vilauba en estratos de finales del s. III, así como en el vertedero del fórum de Tarragona, de la primera mitad del s. V, con producciones más próximas a las africanas de cocina de

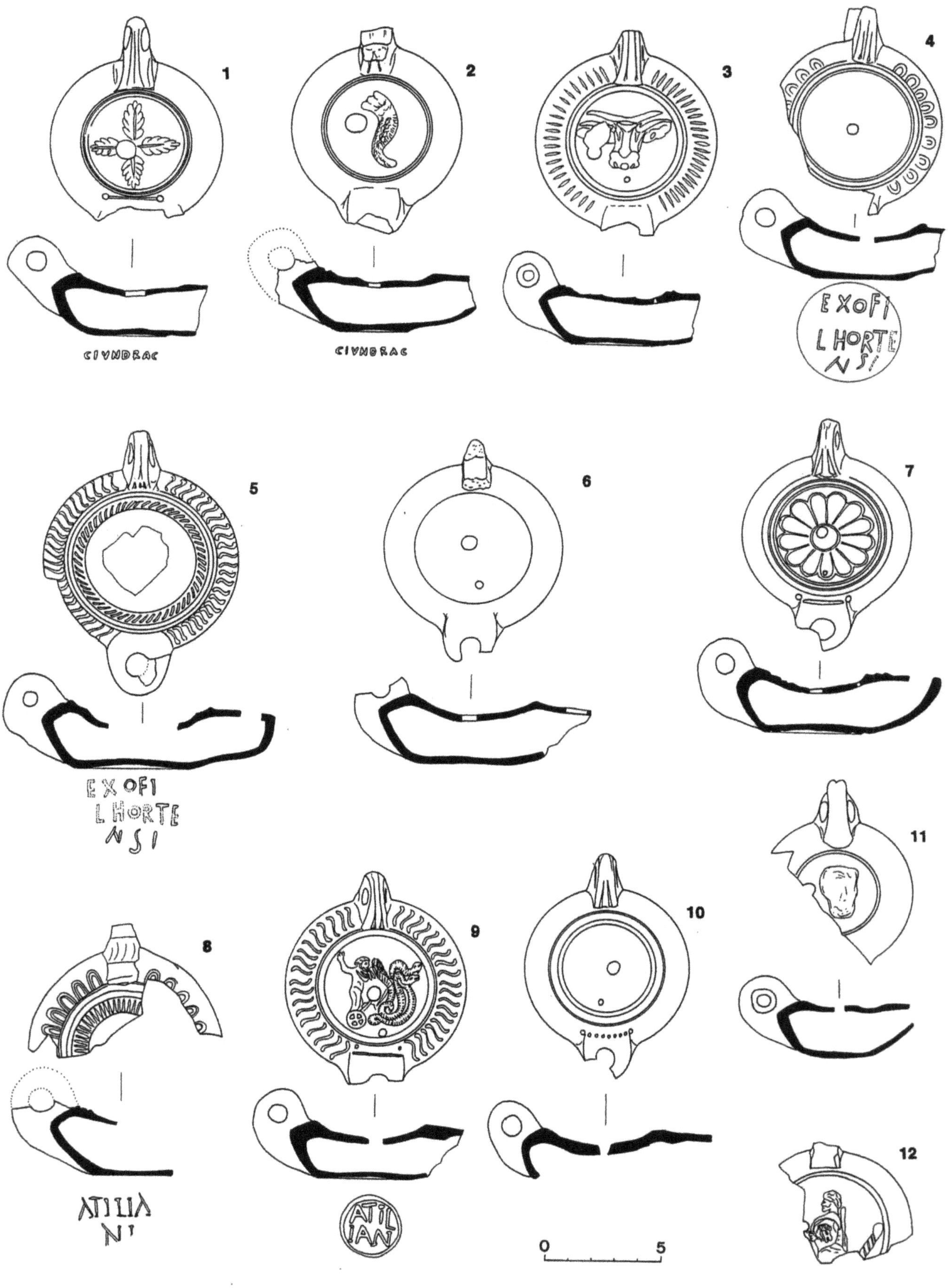

Fig. 90. U.E. 2080. Lucernas de disco de procedéncia norteafricana.

pátina cenicienta (TED'A 2 1989, p. 190-221). Lógicamente, la continuidad en la producción supuso una evolución de los tipos más antiguos y un mayor repertorio de formas.

En cuanto a las arcillas, aunque en apariencia parezca que existe una gran diversidad de pastas, motivada sobretodo por el color que adoptan las piezas una vez salidas del taller y después de un largo período de utilización y contacto con el fuego del hogar, en realidad se trata siempre de una misma pasta, a veces tan depurada que podría confundirse con la de la de las cerámicas de pátina cenicienta. En otras ocasiones es menos depurada, a menudo de colores anaranjados más o menos oscuros, pero que adoptan toda una gama que va desde el naranja claro hasta el rojo oscuro y marrón.

Tipológicamente, encontramos desde las formas que imitan acertadamente las cerámicas africanas más típicas (Hayes 23B de pátina cenicienta y Hayes 196 y 197 de borde ahumado), hasta las que solo se les parecen de lejos (Fig. 97: 1, 2, 3 y 7; fig. 98: 14 y 15). Algunos de los platos son una réplica exacta de los prototipos fabricados en sigillata africana A más conocidos (Atlante 1981, fig. XXV, 10), conservando incluso la decoración impresa en la pared exterior (Fig. 97: 8 y 9). Pero lo que encontramos sobretodo en esta producción es un conjunto de pequeñas ollas de una sola asa, todas de las mismas dimensiones excepto algunos ejemplares que, sin abandonar la forma, doblan el tamaño de las primeras (Fig. 93: 1 a 8; fig. 95: 3 a 6).

Entre todas las piezas documentadas debemos hacer especial referencia a un plato que copia la forma 23B de la cerámica africana de pátina cenicienta (Fig. 85: 11), con una pasta más oscura, menos depurada, con intrusión de impurezas de tamaño mayor que en la forma original, pero que conserva el fondo externo estriado y ennegrecido por el humo. Otros dos platos son una evolución de esta forma e imitan, de hecho, unos platos de sigillata africana A muy conocidos (Atlante 1981, fig. CVI, 12 a 12). Uno de ellos presenta una decoración aplicada alrededor del cuerpo (Fig. 97: 8); el otro tiene un grafito en forma de parrilla que ocupa todo el fondo interno y unas estrías incisas antes de la cocción en el fondo externo (Fig. 97: 9).

Los aspectos más característicos de los platos/tapadera que imitan la forma Hayes 196 de la cerámica de borde ahumado son sus bases poco diferenciadas, siempre cóncavas, y la superficie exterior pulida o espatulada (Fig. 97: 1 y 2). En cambio, las cazuelas que imitan la forma Hayes 197 presentan más variación tipológica; desde la que no se aparta en absoluto de la forma original, en este caso con un grafito en el que podemos leer IVNADITTA (cris)PINA (Fig. 97: 3), hasta las que recuerdan solo de lejos la forma original, con un labio más complejo y un encaje para la tapadera de mayor altura y diferenciado (Fig. 97: 7). Pero todas presentan los rasgos característicos de la cerámica común de pasta rosada/marrón fabricada en talleres norteafricanos.

La forma más extendida es la olla de un asa, sobretodo la de pequeñas dimensiones, pero también la variante de tamaño superior (Fig. 93: 1 a 8; fig. 95: 3 a 5). Entre los centenares de fragmentos solo hemos reproducido gráficamente algunos individuos enteros, puesto que representan todas las variantes y matices de la forma. Destacamos como rasgos principales la existencia de una sola asa (aunque en algunos casos no hay ninguna), la superficie interior con las marcas de torneado y la parte baja del exterior con incisiones paralelas que llegan hasta la base. Las bases, muy delgadas, normalmente son ligeramente cóncavas, pero a veces se presentan totalmente planas. En la mayoría de los casos la pared externa presenta restos de hollín y humo. En cuanto a la coloración de las arcillas, debido a la cocción adoptan un amplio abanico, desde el rosado claro casi idéntico al de la cerámica africana típica de borde ahumado, hasta el marrón claro. La calidad de estas pastas también presenta una variedad y una degradación parecida, desde las mejor depuradas hasta las más bastas.

La cerámica común.

En este apartado incluimos un conjunto notable de piezas de la que habitualmente se denomina cerámica común, todas de producción local u originarias de otros centros de producción muy diferentes a los que hemos comentado en anteriores apartados. Consideramos que casi todos los recipientes de este apartado fueron fabricados en la zona, en el taller de la misma villa o en alguno de los numerosos centros de producción documentados en la región inmediata. Ello es especialmente válido para las ollas y platos de cerámica grosera y reducida, cuya fabricación para el uso diario ha sido documentada en otras villas de la zona, como en el caso de Puig Rodon (Casas 1986, p. 26-27).

La cantidad de fragmentos aparecidos en el pozo es muy elevada, con un número superior a los 4200, que corresponden a un máximo de 300 piezas. En el estrato 2079, más pobre, el número de fragmentos se reduce a unos 1500 y el número máximo de recipientes a 75. Estos datos se refieren únicamente a los ejemplares oxidados, mientras que los reducidos son, en comparación, minoritarios. Solo 130 fragmentos en el estrato 2079 (máximo 4 individuos), y 450 en el estrato 2080, con un máximo de 44 individuos.

El cuadro tipológico de los vasos cocidos con presencia de oxígeno es muy amplio, pero puede resumirse a pocas formas genéricas, aunque cada una de ellas presenta numerosas variantes. En resumen, podemos observar la presencia de vasos con un asa, pequeños recipientes en forma de olla con el labio abierto y el pie diferenciado, con su superficie de reposo anular (Fig. 97: 4 a 6); cuencos del tipo "Llafranc" evolucionado, con la carena poco desarrollada (Fig. 93: 14 y 15) y otros del tipo "Llafranc" típico (Fig. 98: 16 y 19), así como cuencos de paredes verticales y dimensiones muy variadas (Fig. 93: 9-11, 16 y 19). Todos estos vasos pertenecen al mismo taller, desconocido por ahora, ya que presentan unas características comunes. La pasta es de color beige oscuro, de grano fino, muy dura y compacta, bien depurada y con la superficie exterior alisada con una espátula que ha dejado estrechas franjas ligeramente brillantes a lo largo del cuerpo de los vasos.

Una de las especies más numerosos es la de las botellas, jarras de cuello delgado y alto, diferenciado y separado del cuerpo por una moldura o una línea profunda, con una o dos asas que se unen al cuello por debajo del borde y llegan hasta el inicio del cuerpo (Fig. 98). Parte de ellas tienen unas características comunes debido seguramente a su fabricación

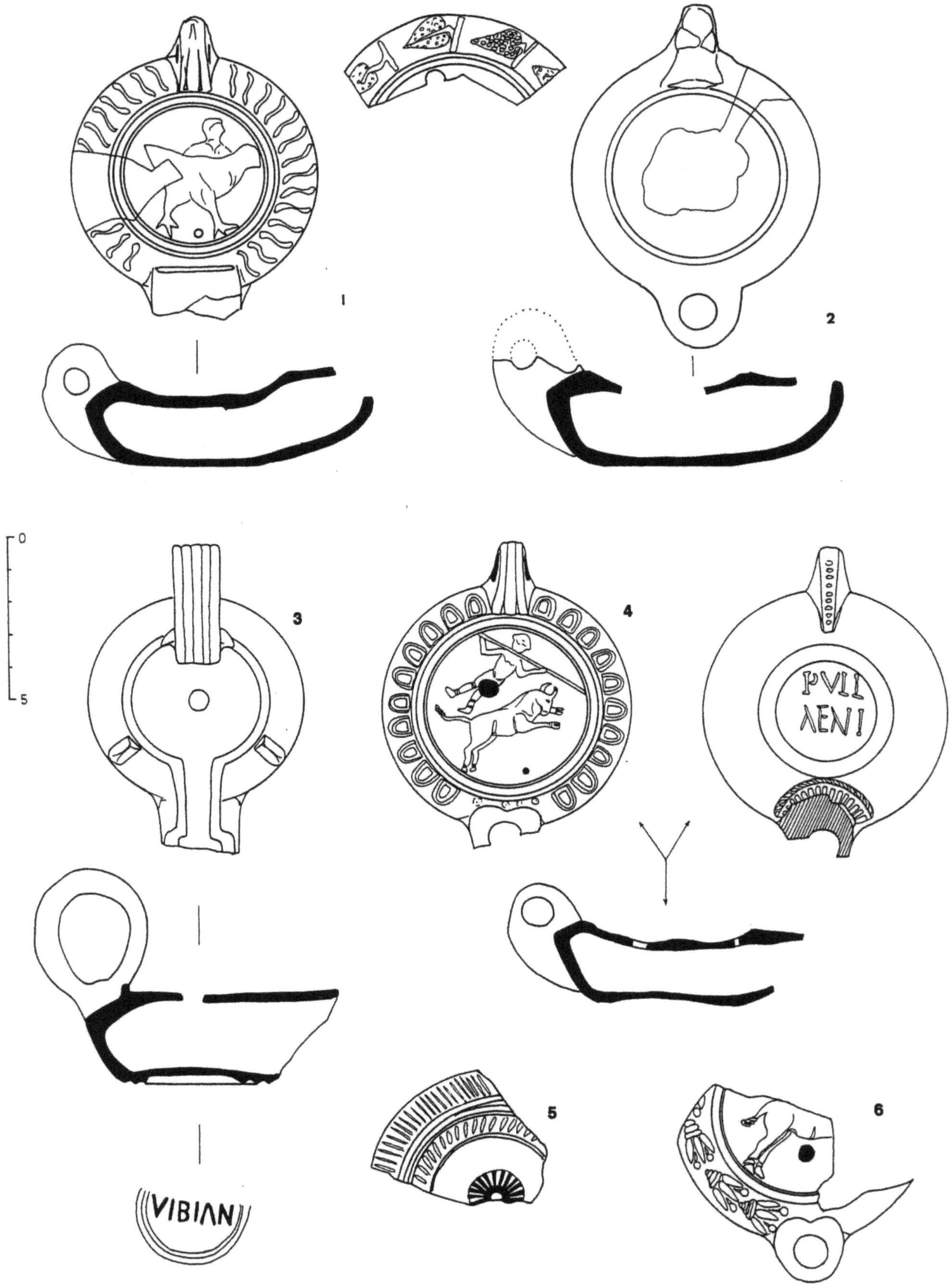

Fig. 91. Pozo. U.E. 2080. Lucernas de disco y de canal.

en un mismo taller, posiblemente el mismo que produjo los cuencos, teniendo en cuenta el tipo de arcilla. En este grupo podemos distinguir dos formas dominantes; la primera tiene la boca estrecha, con el labio ligeramente inclinado hacia el interior y cerrado, con estrías paralelas en la parte exterior (Fig. 98: 1 a 3); en cambio, la segunda tiene el labio más corto, abierto y a menudo de sección ligeramente triangular, sin ninguna estria ni moldura (Fig. 98: 4 a 11). Las bases suelen ser muy características de la cerámica oxidada de fabricación local, cuyo rasgo principal es el pie anular que vemos en los diferentes tipos de recipientes.

La forma minoritaria es el plato, del que solo aparece un único ejemplar completo (Fig. 93: 18), así como fragmentos de otros que no pueden ser reconstruidos. Ésta pieza tiene el aspecto típico de la forma 36 de la cerámica campaniense o de la Hayes 3 de la sigillata africana A, pero su pie es el típico de la cerámica común local. Los demás platos se hallan más próximos a la forma "Llafranc", o bien adoptan la forma de los cuencos bajos (Fig. 93: 9 y 16). Una última forma, que de tan minoritaria solo encontramos dos ejemplares, es el cazo, con las paredes rectas y una sola asa horizontal y plana unida directamente al labio (Fig. 98: 17).

Las jarras para líquidos son bastante numerosas y, excepto una, todas tienen características comunes. Suelen ser jarras de dimensiones regulares, de alturas entre los 20 y 30 cm., cuello sin diferenciar que se une directamente al cuerpo en una curva continua y con el labio exvasado. En ocasiones la boca tiene un sencillo vertedero en la parte opuesta al asa. Esta se une directamente al labio y llega hasta inicio del cuerpo, siempre ancho y globular (Fig. 99: 5). Un ejemplar completo, de mayor tamaño, tiene cuatro asas (dos a cada lado); elemento más decorativo que funcional (Fig. 95: 1).

Unos recipientes que resultan numerosos a partir de la segunda mitad del s. II son las jofainas y los lebrillos. Los primeros son más bajos y abiertos, y su forma recuerda un cesto (Fig. 99: 1). Han sido considerados como recipientes para la higiene personal, habiéndose fechado sus precedentes más conocidos en la segunda mitad del s. I en la Galia (Santrot-Santrot 1979, p. 106). Desde la segunda mitad del s. II y la primera mitad del s. III se convierte en una forma muy conocida y abundante en nuestra zona, con ejemplares en Cervià de Ter, Puig Rodon y prácticamente en todas las villas de la misma época.

Los lebrillos tienen una forma diferente. Son más robustos, altos y tienen el aspecto de un sombrero de copa o de un orinal (Fig. 95: 2). En realidad, parece ser que esta era su prosaica función. Han sido considerados como "vasos de noche" o de "toilette" y los encontramos tanto en cerámica oxidada local como en cerámica común africana de pasta amarillenta (Santrot-Santrot 1979, nº 443; Vegas 1973, p. 39-41; Casas et alii 1990, p. 344-345).

El último grupo en importancia y diferenciado de cerámica común es el que incluye los morteros, recipientes con una específica función y muy habituales en cualquier yacimiento de época romana en el territorio a partir del s. I a.C. Nuestros ejemplares, siete en total, presentan las características típicas del recipiente, con el labio ancho, vertedero y, en un caso, la base plana, sin pie. Siempre tienen la superficie interna recubierta de granos de óxidos metálicos para facilitar el molido de los productos que se preparaban en ellos e impedir un desgaste prematuro de la pieza (Fig. 99: 2 a 4; fig. 95: 7). Con estos morteros están relacionadas unas "manos de mortero" cilíndricas talladas en piedra dura de la región (Fig. 100: 6 y 7).

Los vidrios.

El conjunto del material no cerámico destacan los vasos de vidrio por su elevado número y excelente calidad (48 fragmentos en el estrato 2079 y 401 en el estrato 2080). Las formas más habituales son las copas, platos y vasos altos, con las paredes muy delgadas y de color blanco transparente, de buena calidad, aunque a veces pueden observarse burbujas de aire en la pared de los vasos. Las decoraciones suelen limitarse a simples molduras e incisiones bajo el labio, marcando la separación entre el cuerpo y el cuello (Fig. 92: 1, 2, 5 y 7). Las bases son básicamente de tres tipos: de pie bajo y diferenciado que sirve de soporte al cuerpo de forma parecida o idéntica a las copas actuales (Fig. 92: 8); de pie alto más o menos inclinado y realizado a partir del doblamiento de la misma pared del cuerpo (de ahí el típico agujero en la sección), (Fig. 92: 9 y 12), o de base plana y pie bajo (Fig. 92: 10, 11 y 15), en este caso, más gruesa.

El repertorio de formas de los vasos no es extenso, predominando los vasos abiertos, de paredes verticales, con el labio ligeramente inclinado hacia el exterior. Por otro lado, las copas. Pero también documentamos algunos fragmentos de plato (Fig. 92: 2 y 6) y frascos de diversos tamaños, algunos bastante grandes (Fig. 92: 13 y 14). Los platos de labio vuelto, colgante, imitando la forma Drag. 36 de la sigillata sudgálica, han sido documentados en *Baetulo* a finales del s. I e inicios del s. II, perdurando por lo menos hasta los primeros años del s. III (Flos 1987, p. 73). Las copas, de las que poseemos tres ejemplares, también aparecen a mediados del s. I y parece ser que se generalizaron a partir del s. II, mientras que algunos cuencos y copas altas (Fig. 92: 4 a 7), tienen una cronología más laxa y perduran, en general, hasta el s. IV (Flos 1987, p. 79-83).

Otros materiales no cerámicos.

En este apartado debemos incluir un conjunto de objetos difíciles de fechar, que ilustran mejor que otros la actividad cotidiana de los habitantes y trabajadores agrícolas de la villa, mostrando las herramientas que se utilizaban a diario en el trabajo del campo, la ganadería, la cocina o en la construcción. En el capítulo dedicado a la reconstrucción de la economía y producción de la villa analizaremos con más detalle estos objetos de hierro, bronce, hueso o piedra, situándolos en su preciso contexto.

Ahora solo queremos dejar constancia del hallazgo, por un lado, de una gran cantidad de huesos tirados en el vertedero que se utilizó para rellenar el pozo. Huesos con señales de cortes y despiece que pertenecen sobretodo a ovicápridos, bóvidos, suidos y lagomorfos, así como restos de cornamentas de cérvidos de diferentes especies. Unos muestran una actividad ganadera, mientras que los otros ponen en evidencia la práctica de la caza como complemento de la dieta de los habitantes del lugar. Junto a ellos aparecieron algunos cencerros de latón, de oveja y de buey (Fig. 100: 1 a 3), un gran número de cuchillos de hierro con

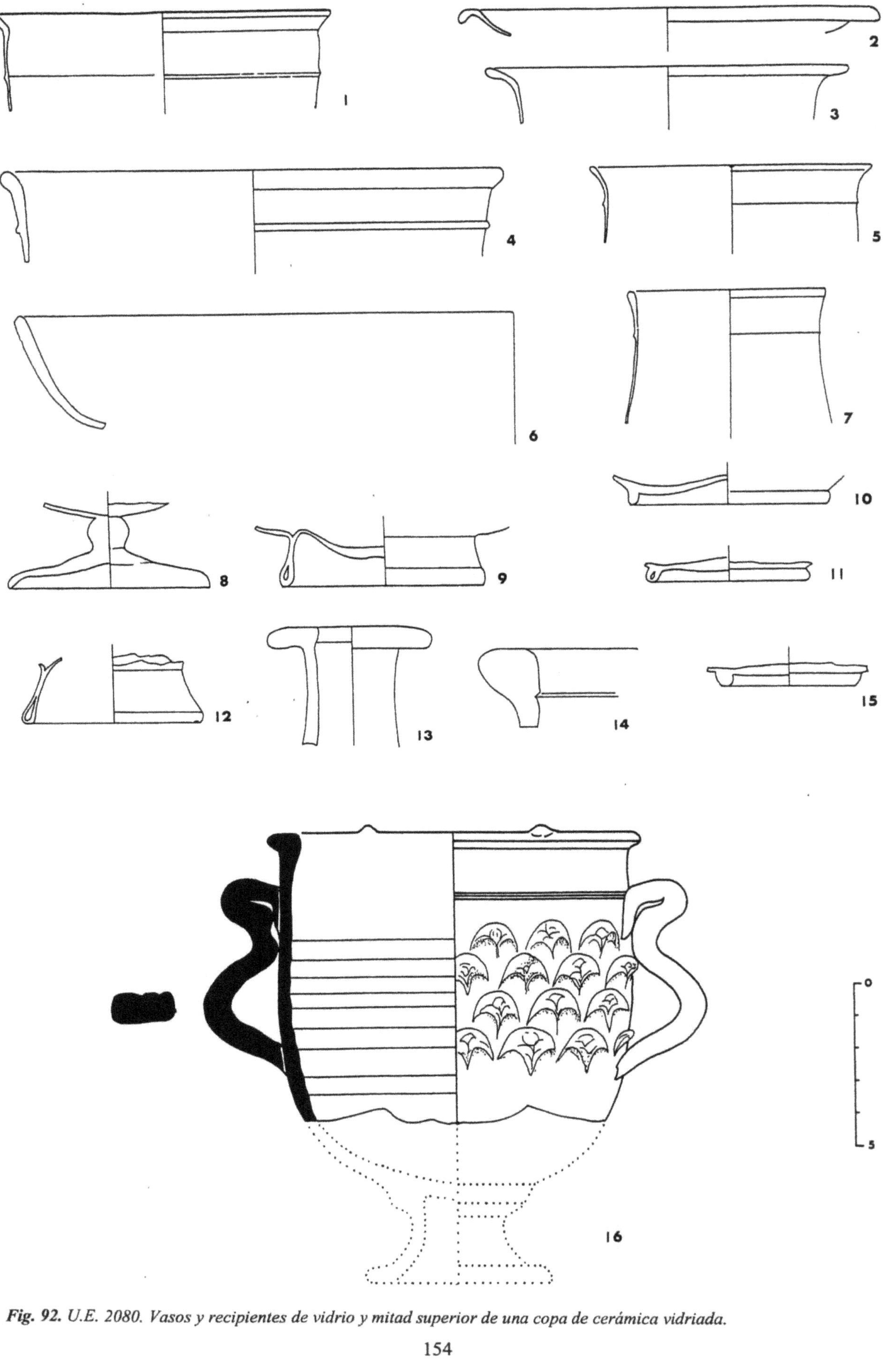

Fig. 92. U.E. 2080. Vasos y recipientes de vidrio y mitad superior de una copa de cerámica vidriada.

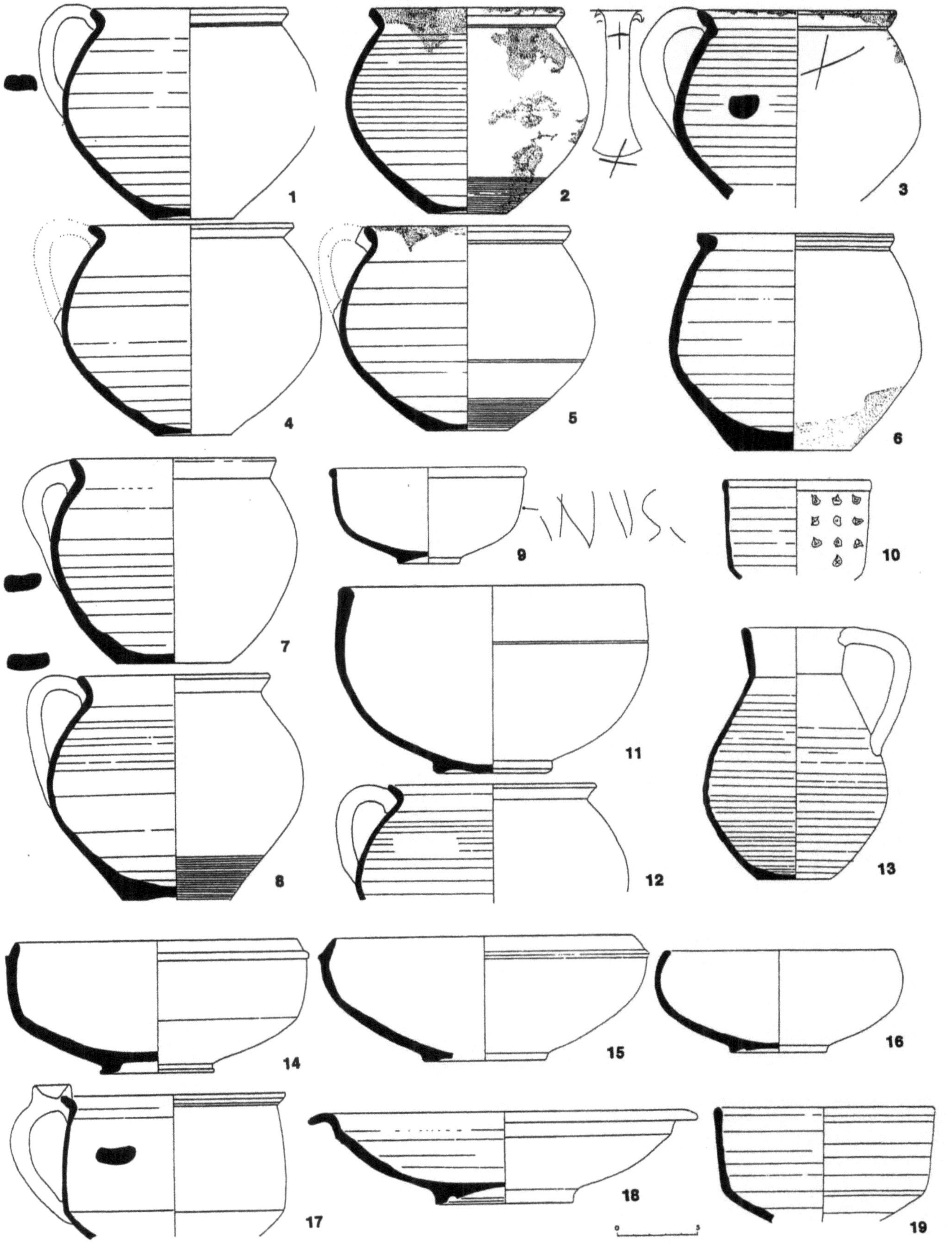

Fig. 93. U.E. 2080. 1 a 8 y 12: Cerámica común africana de pasta rosada. 13: Cerámica común africana de pasta amarilla. 9 a 11, 14 a 19: Cerámica común de producción local.

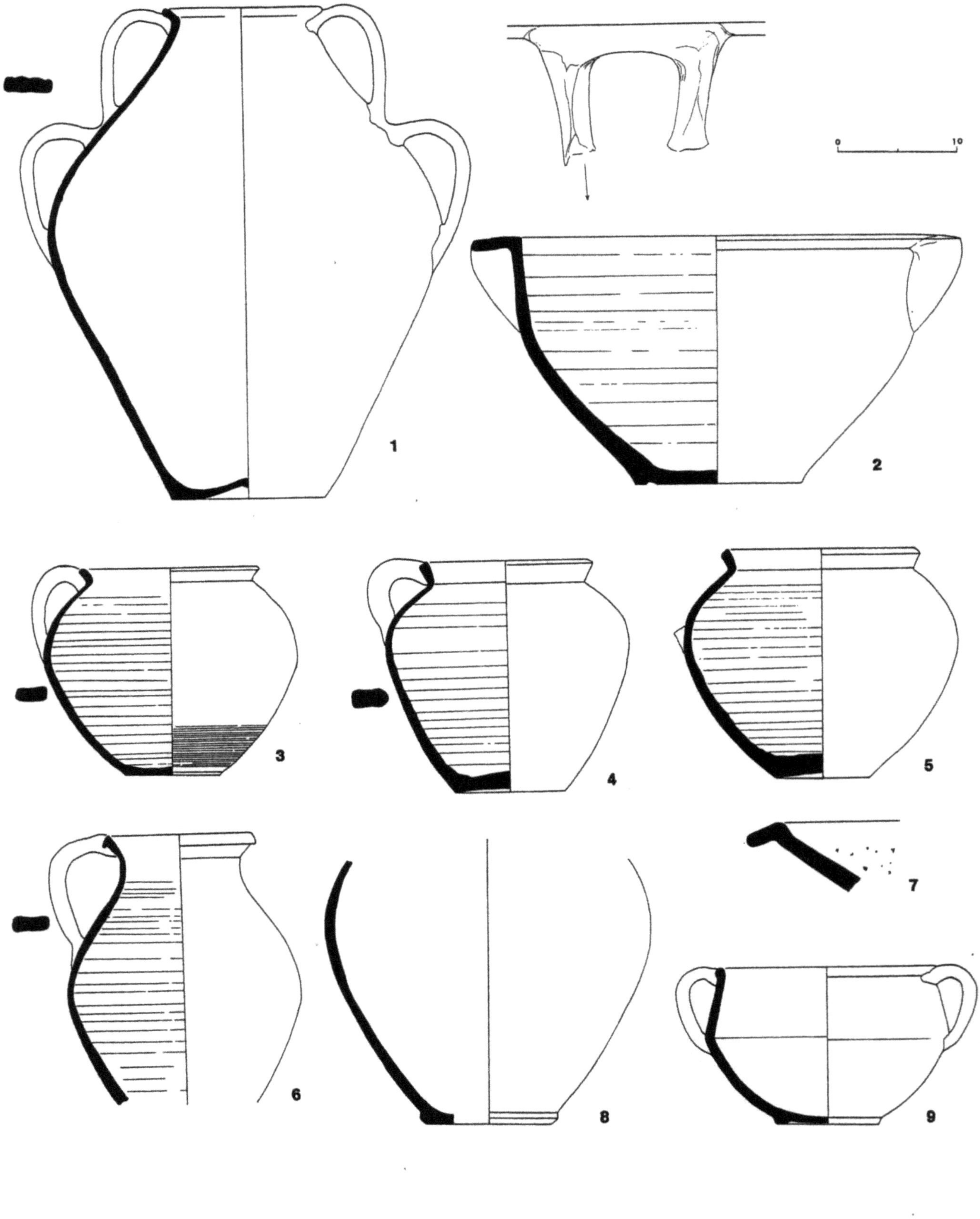

Fig. 95. *U.E. 2080. 1, 2, 7 a 9: Cerámica común de fabricación local. 3 a 6: Cerámica común africana de pasta rosada.*

mango de asta de ciervo o de hueso (Fig. 100: 8; fig. 102: 1 a 5 y 8 a 12), agujas de hueso, anillas de hierro y, sorprendentemente, tres instrumentos de cirugía de gran calidad; entre ellos, una aguja de oftalmólogo para operar cataratas (Fig. 101: 8 a 10). Finamente, 65 placas de mármol y piedra caliza del revestimiento de muros y pavimentos, así como un fragmento de tambor de columna de piedra arenisca, a parte de siete monedes, cinco de ellas claramente altoimperiales, otra de la última década del s. II y la séptima imposible de identificar.

Cronología del conjunto.
La datación del relleno y obliteración del pozo nos la proporciona el estudio del material cerámico y especialmente, el de las cerámicas africanas. Las cronologías propuestas para el conjunto se sitúan sin demasiada dificultad entre la segunda mitad del s. II y la primera mitad del s. III, pudiéndose acotar aún más este margen cronológico. Casi no encontramos ninguna de las producciones típicas del s. III. Ni un solo fragmento de africana C; total ausencia de la forma Hayes 15 en africana A y presencia, en cambio, de las formas típicas de la segunda mitad del s. II, como hemos podido ver al inicio de este capítulo. Tampoco hallamos las típicas de la primera mitad del s. II, exceptuando quizás algunos platos de la forma Lamboglia 4/36A o Hayes 3 y 8 que, por otro lado, perduran hasta la segunda mitad del s. II. Como materiales más antiguos, sin duda residuales, aparecen un centenar de fragmentos de sigillata sudgálica, que no pueden reproducirse gráficamente, y otros de los típicos en el s. I.

Asimismo, solo aparecen una docena de fragmentos de la forma 23A, que no parecen sobrepasar el 150, ante centenares de la variante 23B, producto típico de la segunda mitad del s. II y de gran éxito y difusión a partir de aquel momento. También son muy numerosos los platos y fuentes de la forma Hayes 181, tardíos y que aparecen ya muy avanzada la segunda mitad del s. II. Recortando la cronología por arriba, ya hemos dicho que es extraordinariamente significativa la ausencia de las formas Hayes 15 y Hayes 31, ambas fechadas en la primera mitad del s. III.

Las pocas monedas halladas en el estrato, en general mal conservadas, nos sitúan en el mismo contexto. Cinco de ellas son claramente altoimperiales y una pertenece a Iulia Domna, que debe fecharse entre el 193 y el 196. Las ánforas también proporcionan datos importantes para acabar de perfilar esta cronología, especialmente la Dressel 20 con la marca CENHISPS, que se data en la primera mitad del s. II, y la Africana IIA "senza gradino", documentada en Ostia en la segunda mitad del s. II pero especialmente frecuente a finales de aquel siglo e inicios del siguiente (OSTIA IV 1977, p. 159-162 y 279).

Todo este conjunto nos hace proponer una cronología muy precisa dentro de la segunda mitad avanzada del s. II o en la transición entre los siglos II y III. Tal como habíamos manifestado en un trabajo anterior, todo parece indicar que el vertedero del que se extrajo la tierra para rellenar el pozo se había formado entre el 175 y el 200/210 y que la obliteración del pozo habría tenido lugar alrededor de los años 200/210 de nuestra Era (Casas & Nolla 1986-89).

Fig. 94. Plato de cerámica vidriada romana del vertedero del sector 2, con paralelos idénticos en el pozo 1.

Fig. 96. Conjunto de cerámicas africanas del estrato 2080 del pozo.

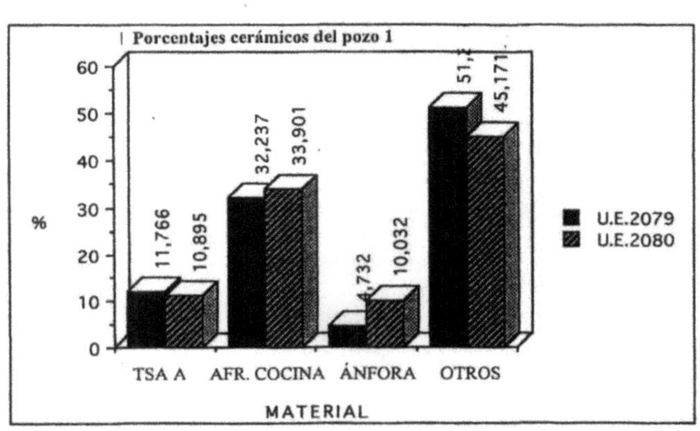

Es una fecha que en el caso de Tolegassos coincide con la del inicio de la fase 3 y la remodelación y cambio en el funcionamiento de la villa que se produjo con motivo de esta reestructuración. A nivel de esta región, coincide con los momentos de construcción de la segunda fase de la villa de Puig Rodon en Corçá, con un conjunto idéntico, tanto en lo referente a las cerámicas de mesa como a las ánforas y cerámicas comunes locales o de origen norteafricano (Casas 1986: 15-77). La misma cronología se corresponde con la del estrato III de la habitación B de la villa de Pla de l'Horta, próxima a Gerona, en el que encontramos idéntico material (Nolla 1982-83, p. 115-118). Parece que también coincide con la fase 2 de la villa de Mas Gusó, situada a 3500 m. al sur de Tolegassos, y que habíamos fechado en la segunda mitad del s. II en base a una mayor presencia de la forma Hayes 23A (Casas 1988-89, p. 9-39).

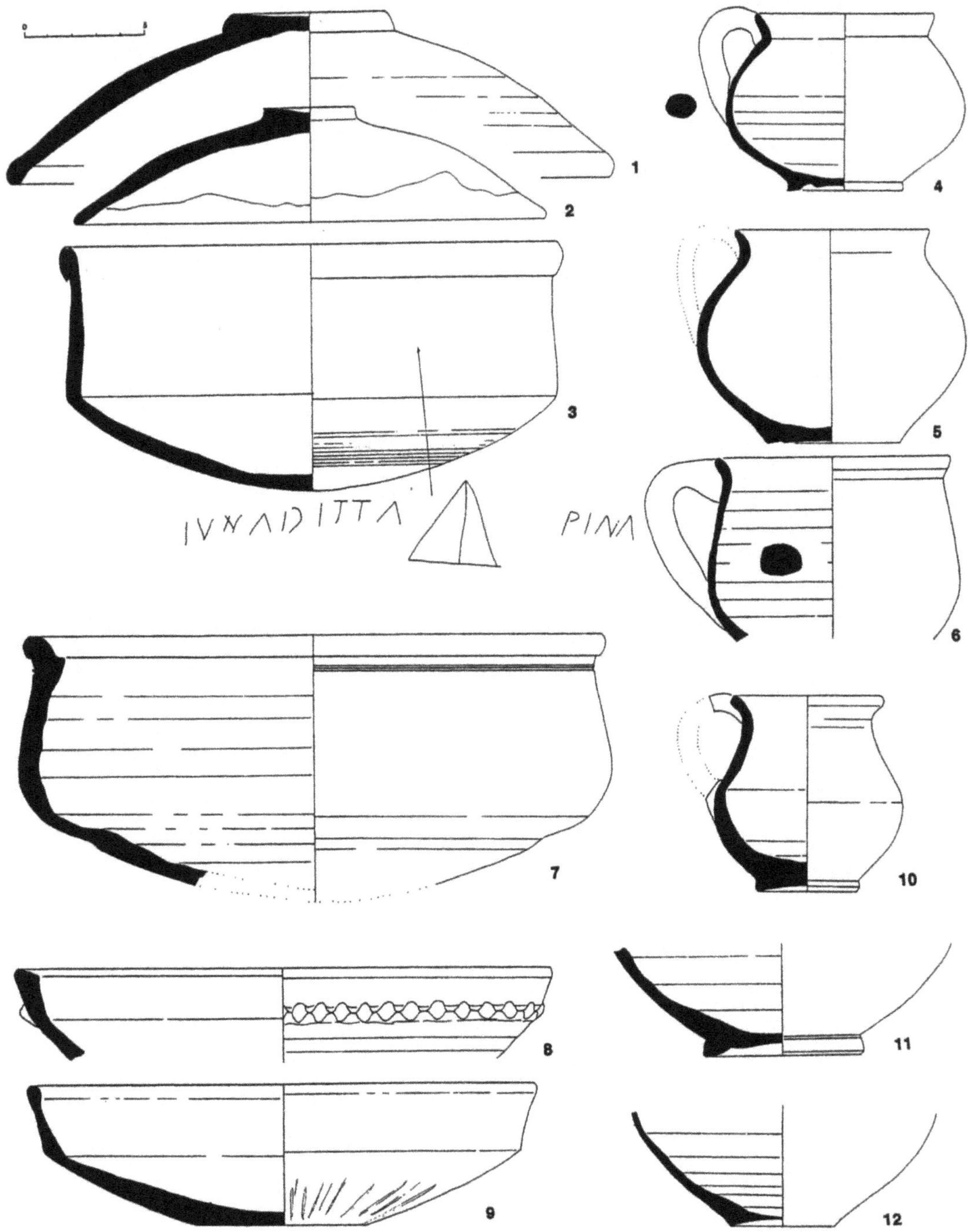

Fig. 97. *1 a 3, 7 a 9 y 12: Cerámica común africana de pasta naranja. 4 a 6, 10 y 11: Cerámica común de producción local.*

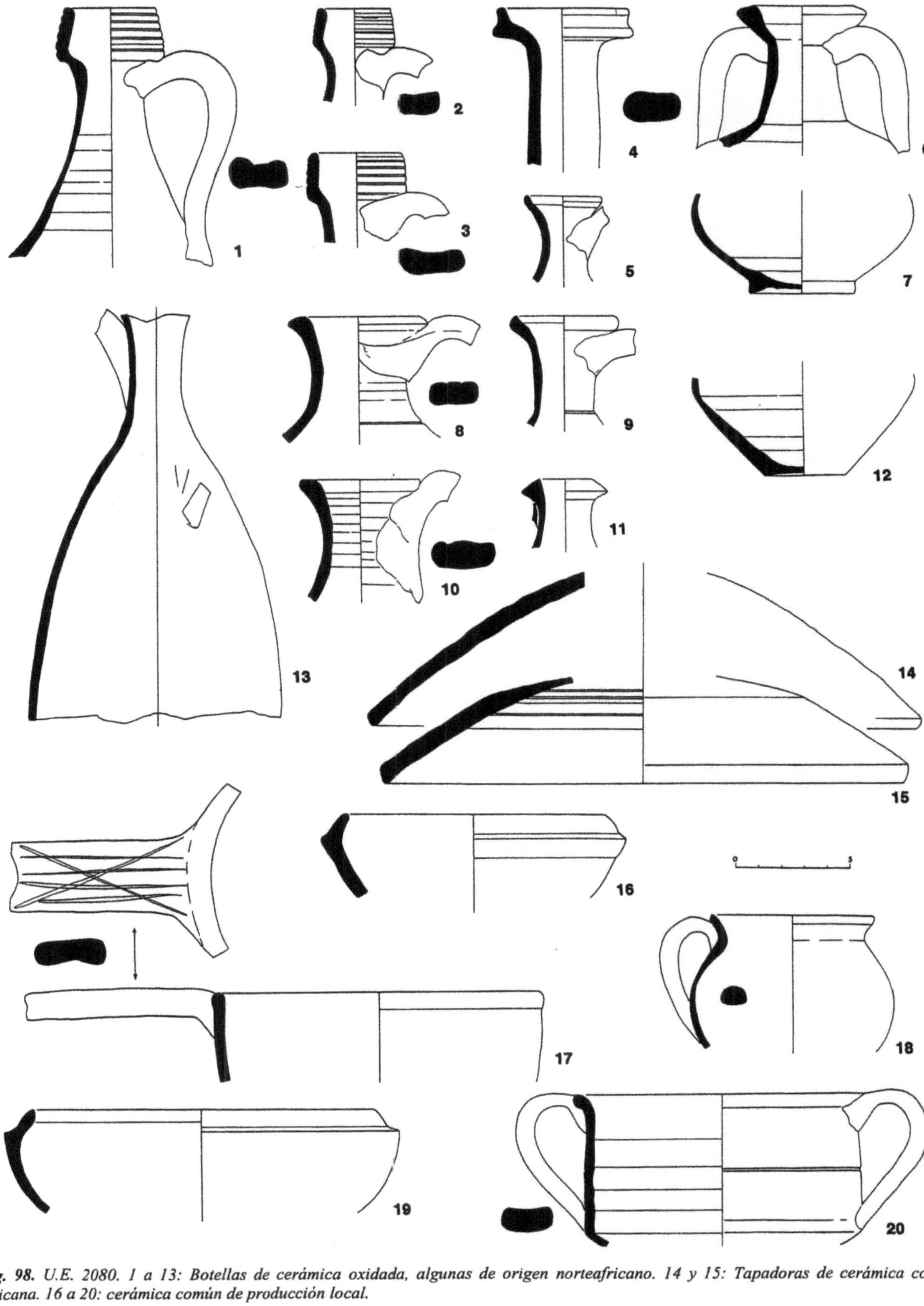

Fig. 98. U.E. 2080. 1 a 13: Botellas de cerámica oxidada, algunas de origen norteafricano. 14 y 15: Tapadoras de cerámica común africana. 16 a 20: cerámica común de producción local.

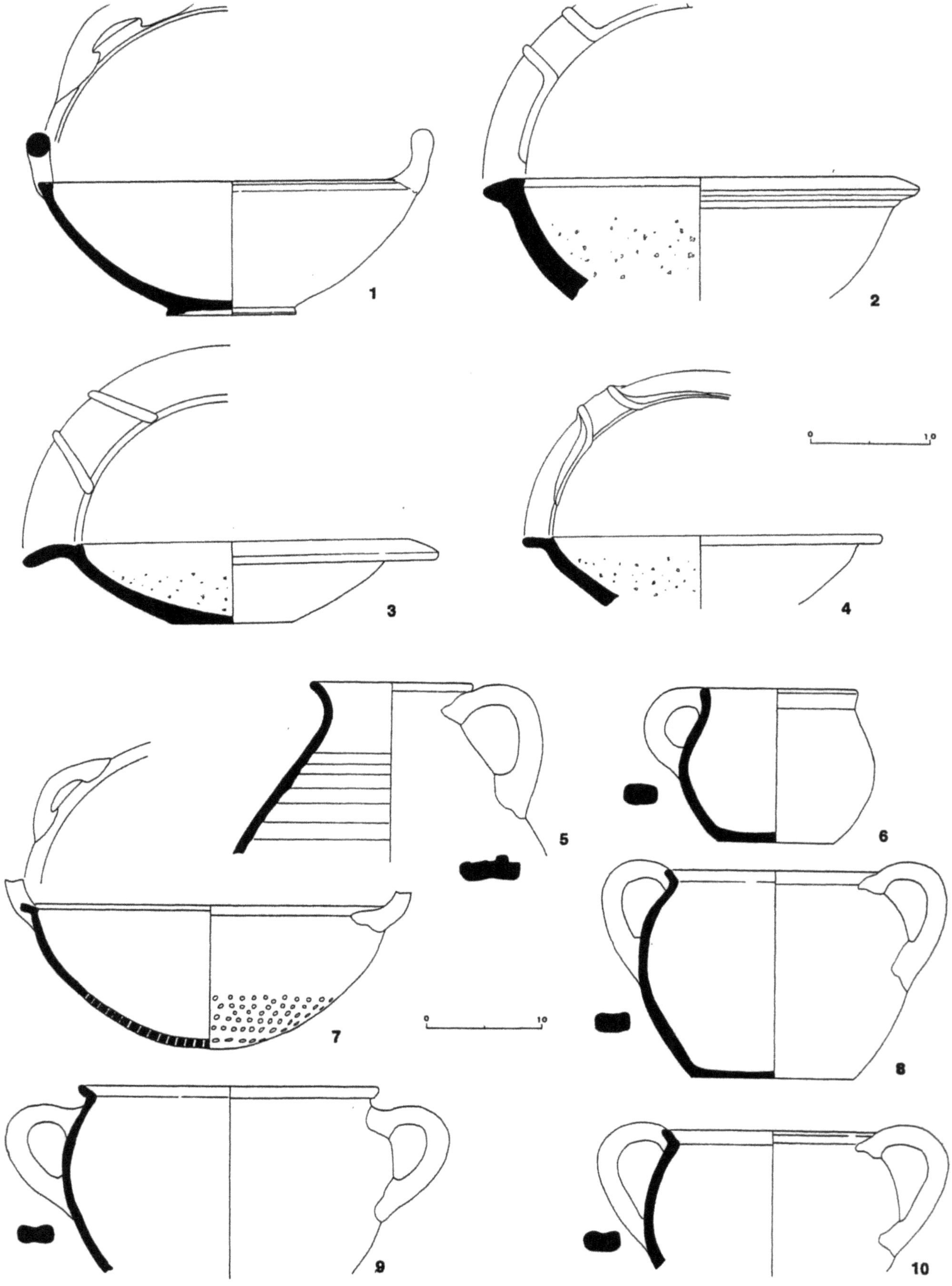

Fig. 99. U.E. 2080. Grandes recipientes, morteros y ollas de cerámica común oxidada y reducida.

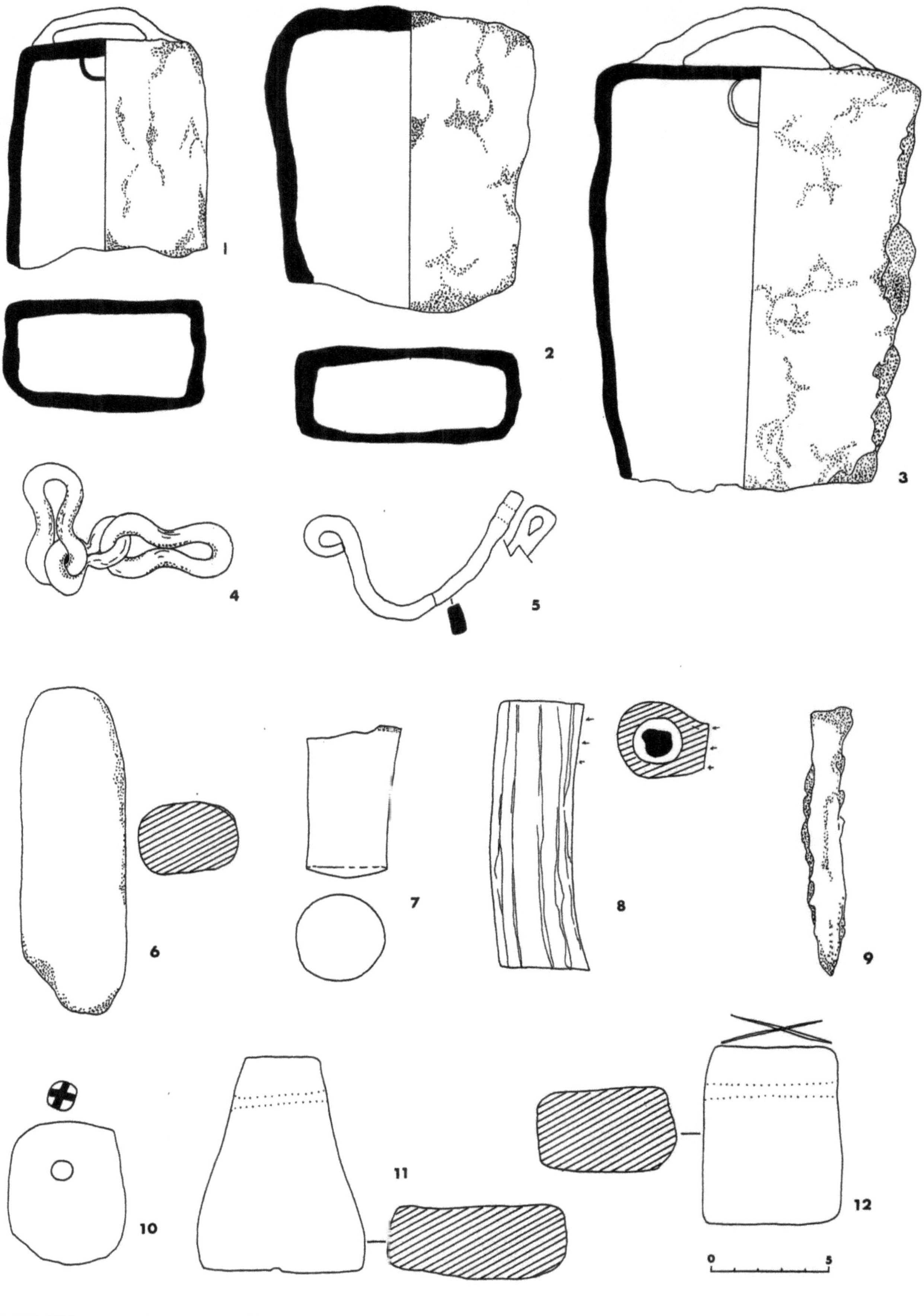

Fig. 100. U.E. 2080. 1 a 3: Cencerros metálicos. 4 y 5: Fragmentos de cadena y asa de situla. 6 y 7: Piedras pulidas. 8: Mango de cuchillo. 9: Clavo. 10 a 12: Pondera.

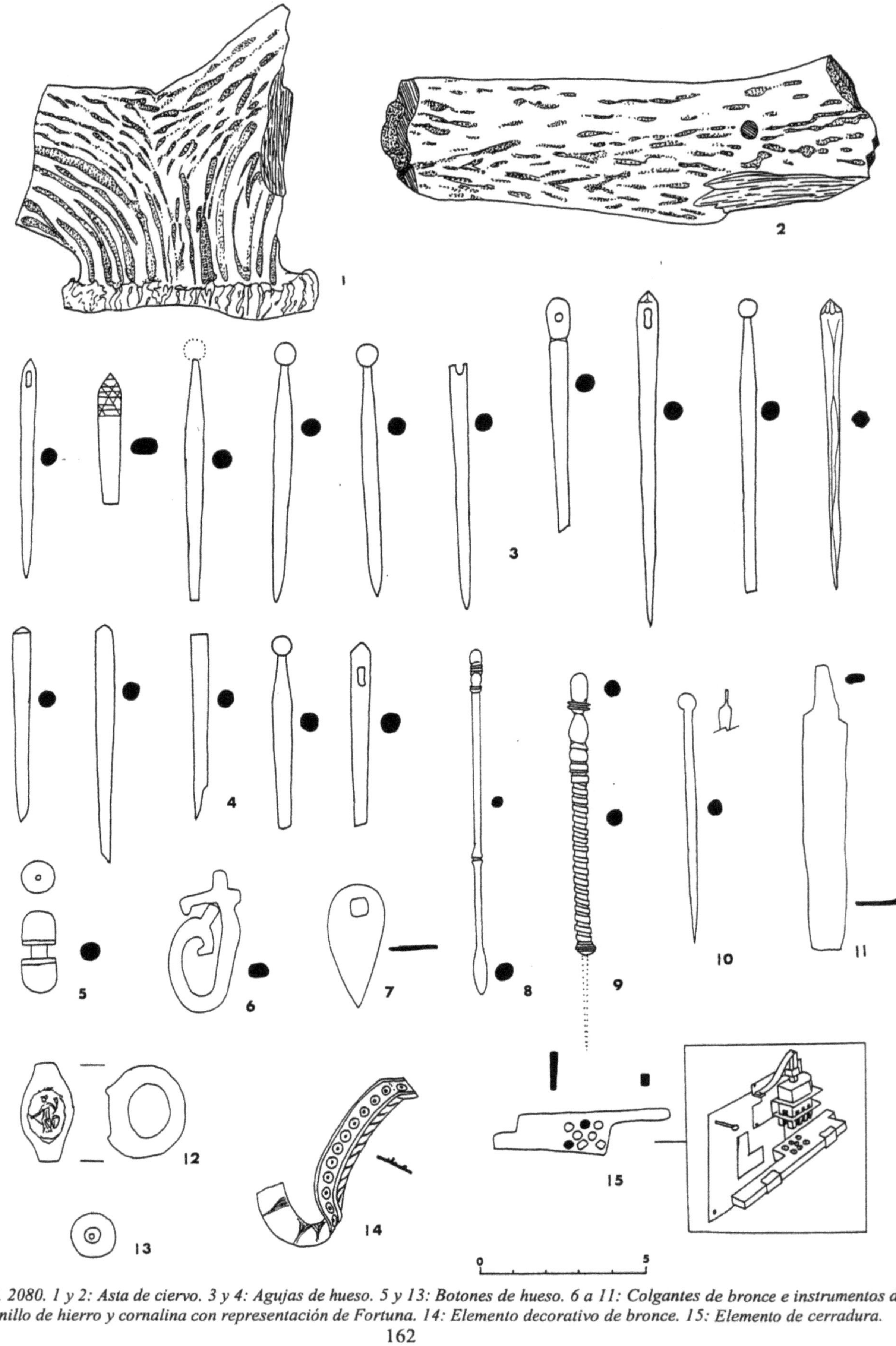

Fig. 101. U.E. 2080. 1 y 2: Asta de ciervo. 3 y 4: Agujas de hueso. 5 y 13: Botones de hueso. 6 a 11: Colgantes de bronce e instrumentos de cirugía. 12: Anillo de hierro y cornalina con representación de Fortuna. 14: Elemento decorativo de bronce. 15: Elemento de cerradura.

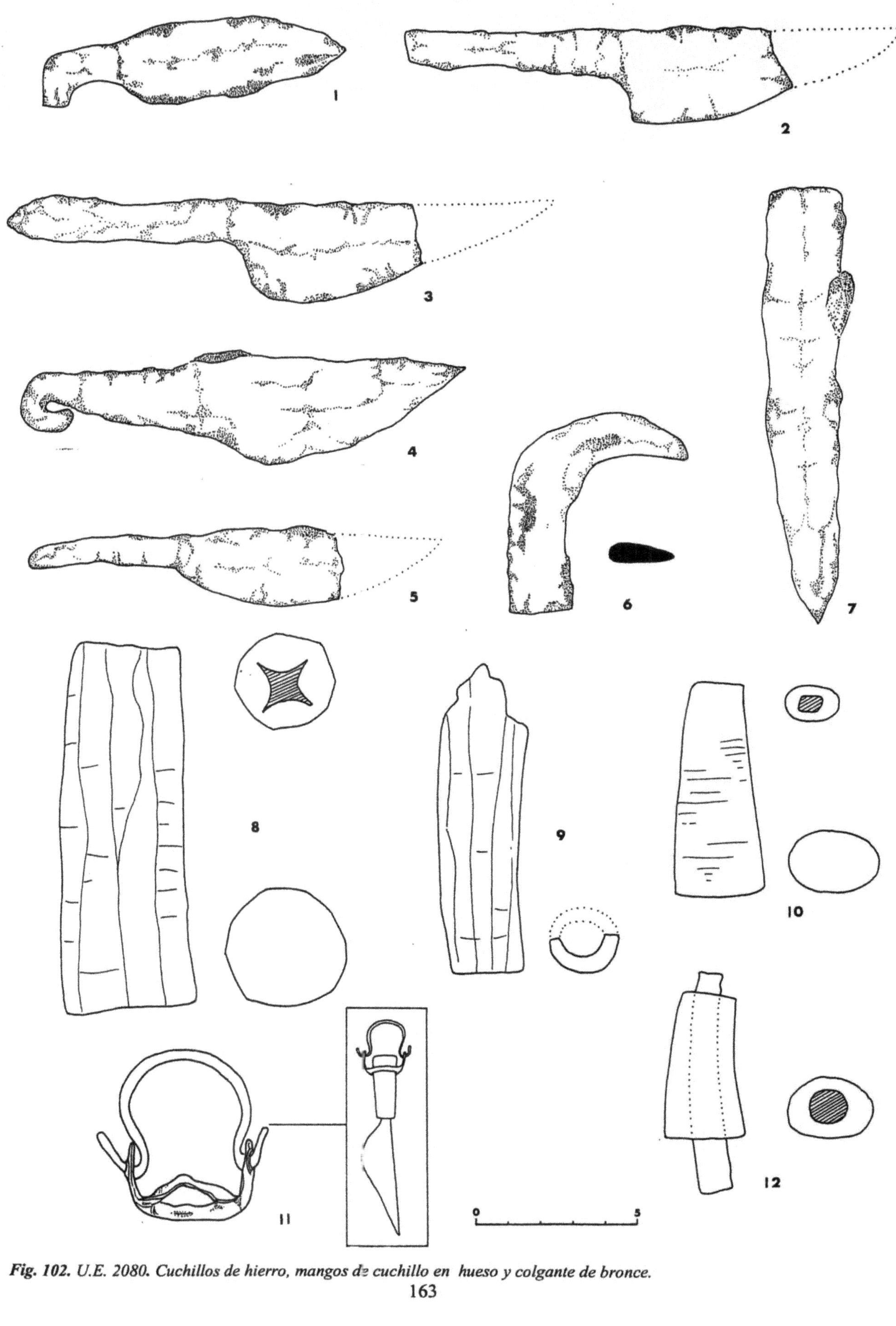

Fig. 102. U.E. 2080. Cuchillos de hierro, mangos de cuchillo en hueso y colgante de bronce.

El estrato 2408 del vertedero de la zona este o sector 2.

Durante casi toda la existencia de la casa se aprovechó parcialmente aquella gran depresión situada en la zona sudeste del yacimiento, fuera de la villa, para verter los detritus que se iban produciendo a lo largo de los años con la actividad cotidiana de sus habitantes. La primera utilización clara de la fosa como vertedero se documenta a finales del s. II a.C., pero es a partir del primer cuarto del s. I cuando el sector recibe la primera aportación importante de residuos domésticos, relacionados con la ocupación de la villa tardoaugústea. Durante la primera mitad del siglo I y a partir de mediados del s. II y hasta la segunda mitad del s. III, el vertedero no dejó de recibir aportaciones de tierras y materiales diversos. Únicamente el período correspondiente a la segunda mitad del s. I y primera mitad del s. II no está documentado en el sector. Este vacio coincide, en cambio, con el período de actividad del vertedero del sector 1, en el extremo opuesto del yacimiento, estudiado con detalle en otra ocasión (Merino & Rocas 1989, p. 126-142).

A finales del s. II o pocos años más tarde se amplió el edificio original de la fase 1 y se remodeló la villa con la construcción de nuevas habitaciones que doblaron la superficie edificada en el sector 2, con un nuevo muro que cerraba todo el recinto por el extremo este (U.E. 2003). Son las estructuras de la fase 3.

Estas ampliaciones y remodelaciones de la villa son las que pueden fecharse con bastante precisión gracias a la estratigrafía del vertedero conservada por debajo y junto a los muros, en la que puede observarse, sobre el suelo geológico, el primer estrato con material arqueológico del s. I (U.E. 2411/2412); sobre él, una serie de pequeños estratos intermedios de la primera y segunda mitad del s. II (U.E. 2415, 2409 y 2410), sobre los que descansan los muros de la fase 3, cuya construcción puede datarse a partir del estudio de los materiales de las unidades estratigráficas 2408 y 2407. Finalmente, apoyándose en el muro 2003, encontramos los estratos que fueron formándose a partir del último cuarto del s. II y durante la primera mitad del s. III (U.E. 2004 y posiblemente las 2413 y 2414). La parte superior de este nivel contiene el mismo tipo de material, pero se vio más afectado en fechas posteriores y no es tan puro (U.E. 2002). En todo caso, sitúa el momento de abandono de la villa hacia la segunda mitad avanzada del s. III. Todo el conjunto está recubierto por el estrato superficial (U.E. 2001), (Fig. 74).

El estrato 2004 se formó gracias a una canalización que cruza el muro 2003 y que vertía las aguas de lluvia y las residuales procedentes del patio central y edificios del sector, junto con los residuos y utensilios rotos tirados expresamente. Los fragmentos de cerámica pertenecen a la segunda mitad del s. II y a la primera del s. III, y tienen un gran parecido con aquellos procedentes del relleno del pozo de la villa, depositados a finales del s. II o primeros años del s. III junto con las tierras procedentes de un vertedero (quizás este mismo) del último cuarto del s. II. Sin embargo, el estrato 2004 es ligeramente más tardío. Sin duda, se relaciona mejor con el período de actividad de la fase 3 que con la época de construcción de sus edificios.

Aunque el estudio de este vertedero es especialmente necesario para la datación de las estructuras y habitaciones de la fase 3, conocer su período de actividad y para confirmar la cronología de las fases 1 y 2 (puesto que es la primera vez que en el yacimiento encontramos unos niveles intactos relacionados directamente con unas estructuras), lo que más nos interesa en este momento es el análisis del material del estrato 2407/2408, puesto que cronológicamente es el que se halla más próximo a las construcciones de la fase 3.

En el capítulo dedicado a la villa tardoaugústea hemos analizado los estratos más profundos, relacionados con la época de construcción y período de actividad del antiguo edificio. En esta ocasión haremos lo propio con aquél que se relaciona directamente con el inicio de la fase 3, prescindiendo de los que no aportan ninguna información al respecto, puesto que más bien pertenecen a la época de abandono de la villa y no son los que en este momento interesan para nuestro objetivo. Posteriormente, al analizar el período de actividad de la fase 3 y el abandono de la villa altoimperial, comentaremos los estratos con él relacionados; concretamente, el 2002 y 2004.

Sigillata sudgálica

Si lo comparamos con el número absoluto de fragmentos de sigillata, el escaso volumen de productos de la Graufesenque puede hacernos suponer que nos encontramos ante unos recipientes minoritarios en el estrato. La comparación de algunas docenas de fragmentos de sigillata sudgálica con los centenares o miles de fragmentos de sigillatas y cerámicas africanas pueden conducirnos hacia esta visión deformada de la realidad. No obstante, los platos y recipientes, parte de ellos decorados, procedentes del impresionante conjunto de talleres localizados junto a la moderna ciudad de Millau, en el sitio de la Graufesenque, no pertenecen, ni de lejos, a lo que podríamos considerar materiales residuales. Si bien es cierto que corresponden a una época anterior a la de formación del estrato, no podemos tener la seguridad absoluta de que su amortización hubiera tenido lugar mucho antes de mediados del s. II.

En general se trata de formas tardías, que podemos fechar *grosso modo* entre el último cuarto del s. I y el primer cuarto del s. II y quizás aún más allá, especialmente en lo que se refiere a las piezas decoradas, casi todas de la forma Drag. 37, excepto un fragmento de una forma cerrada, difícilmente identificable (Fig. 103: 5).

Todas las decoraciones pertenecen a tipos y estilos de lo que se ha dado en llamar producción del período de decadencia, con unas características definidas: motivos decorativos que contienen especialmente personajes y/o animales colocados en el interior de rectángulos delimitados por líneas onduladas, con o sin cenefa de hojas en la franja que delimita el área decorada y el pie del vaso; unos punzones aparentemente gastados, con las figuras poco definidas a causa de la retirada del vaso del interior del molde antes de que estuviera completamente seco. Todas estas características, asociadas a la forma Drag. 37, confirman la cronología propuesta para estos ejemplares, entre el 125-150 (Fig. 103: 1 a 4). Uno de ellos tiene la marca de alfarero impresa *in retro* en la pared exterior (Fig. 103: 2). La marca

OF BASSI (**Bassinius**), se halla documentada en la Graufesenque.

Como suele ser habitual, los vasos más numerosos son los lisos, con una notable presencia de cuencos o copas de la forma Drag. 27, muy tardíos, con el borde sencillo y sin la típica forma de bastoncillo obtenida por un mayor grosor del labio (Fig. 103: 14, 15 y 18). También son muy numerosos los fragmentos y platos más o menos completos de la forma Drag. 35 y 36, siempre con el borde decorado con hojas de agua (Fig. 103: 8 a 10). Es una forma también tardía, que tiene su máxima difusión entre el último cuarto del s. I y la primera mitad del s. II. No parece que llegue a la segunda mitad del siglo, puesto que, en cualquier caso, en esta zona pronto se vio substituida por la misma forma en sigillata africana A.

El resto de formas documentadas no permite observar un predominio claro de ninguna de ellas. Quizás el plato de la forma Drag. 18/31, con una cronología parecida a la anterior, es la más destacable de todas ellas (Fig. 103: 6 y 7), pero el resto solo aparecen representadas por uno o dos fragmentos. Advertimos, finalmente, la presencia de platos de las formas Drag. 15 y 24/25 (Fig. 103: 11 y 13), y dos bases con el doble *sigillum* OF SENO / OF SENO, también documentado en *Condatomagum*, y SECVNDINI.

Sigillata africana A.
Es el material cerámico de importación que mejor puede fecharse y, por lo tanto, el que deberá proporcionarnos la cronología del estrato. Las formas identificadas son las siguientes: Hayes 3B (Fig. 104: 2 y 6), muy abundante y con las peculiares hojas de agua sobre el labio aplicadas con la técnica de la barbotina; la Hayes 3C, sin decoración y barnices mucho más opacos (Fig. 104: 3 a 5), entre las que destaca un pequeño plato con las paredes exteriores muy facetadas. Esta forma con sus dos variantes es la más numerosa.

El plato de la forma Hayes 6B, parecido al anterior pero con el labio horizontal, es francamente minoritario en el estrato (Fig. 104: 1). Un único ejemplar del cuenco Hayes 7, hasta la fecha inédito en la villa, tiene la superficie externa decorada con franjas a ruedecilla (Fig. 104: 7). El recipiente Hayes 8A, con decoración a ruedecilla en el labio y en la pared exterior, es otra de las formas más frecuentes (Fig. 104: 8, 9 y 11). Tampoco falta la variante más moderna y sin decorar, con un número parecido de fragmentos (Fig. 104: 10 y 12). La forma Hayes 9A aparece con mayor frecuencia, con una cincuentena de fragmentos seguros, a partir de los cuales es difícil conocer el número mínimo de individuos que se vertieron en el estrato (Fig. 104: 14 a 19 y 21). En cambio, de la variante más moderna Hayes 9B solo hemos identificado con seguridad un ejemplar y una base que probablemente pertenece al mismo tipo (Fig. 104: 16).

En cuanto a las formas más atípicas, representadas por fragmentos aislados en esta unidad estratigráfica, cabe destacar el gran cuenco de la forma Lamboglia 7, ya citado (Atlante 1981, p. 27), de labio triangular y una decoración en la pared externa a base de dos grandes franjas a ruedecilla. Hay dos ejemplares diferentes. Debemos referirnos también a la forma Lamboglia 19 bis, variante Salomonson A10 (Atlante 1981, p. 29), con decoración a ruedecilla en el labio (Fig. 104: 3), o los pequeños vasos con una sola asa de las formas Pallarés 14A / Hayes 131 y Lamboglia 14A / Hayes 134 o similares (Atlante 1981, p. 38), que habíamos dado a conocer en un trabajo anterior (Casas & Nolla 1993, p. 51).

Finalmente haremos referencia obligada a un fragmento de cuenco de paredes ligeramente abiertas y labio engrosado interiormente, con características de africana A2, que asimilaríamos al cuenco de la forma Lamboglia 3 / Hayes 14A (Fig. 104: 20). Una última forma, con un solo ejemplar mal conservado, pertenece a la Hayes 25, parecido a los platos de cerámica vidriada que a menudo encontramos en el mismo estrato (Fig. 105: 18).

Con este material la datación del momento final de formación del estrato parece que debería situarse hacia el tercer cuarto del siglo II, alrededor del año 175. Posteriormente volveremos sobre esta cuestión.

Cerámica africana de cocina.
En total hemos recuperado cerca de un millar de fragmentos, incluyendo los de la campaña de 1991, ya publicados. El total representa un 14% de la cerámica del estrato. Una cifra notable y constante en los diferentes estratos de los siglos II y III del yacimiento. Hay pocas formas representadas (platos/tapadera, cazuelas barnizadas interiormente, otras de pátina cenicienta exterior, etc.), pero un número extraordinario de variantes. Las analizaremos por grupos, teniendo en cuenta que nos hemos visto obligados a resumir el lote a fin de no rellenar innecesariamente láminas con las mismas formas.

Plato/tapadera. Más de 300 fragmentos seguros, de los que tres cuartas partes pertenecen a diferentes individuos. Es el conjunto más numeroso en el grupo de las cerámicas de cocina. La forma Hayes 196 o Ostia I-261 es mayoritaria (Fig. 105: 13 a 16). También es posible identificar la forma Ostia III-302 o similar y probablemente la Ostia III-332 (Fig. 105: 20 a 24). Las pequeñas modificaciones son constantes, pero a grandes rasgos el material es de una gran uniformidad, con la pared interna estriada y el labio con una pátina de color negruzco. Los pies y bases, cuando se conservan, son anulares y sin complicaciones.

Cazuelas barnizadas. Un grupo también muy numeroso, con unos cuarenta individuos asimilables a la forma Hayes 23A, con numerosas y pequeñas variantes en el labio y carena inferior (Fig. 105: 1 a 5). La variante Hayes 23B es aún más numerosa, con las características que hemos señalado en otras ocasiones para los ejemplares del s. II (Fig. 105: 6 a 9). Quizás habría que señalar la presencia de una variante desconocida por nosotros, con un labio diferente (Fig. 105: 10).

La fuente de la forma Lamboglia 9 / Ostia I-15 (Atlante 1981, p. 215) es, en cambio, muy rara, con solo cuatro ejemplares; uno de ellos con una ancha franja patinada de color gris ceniza en el exterior, a partir del borde; el otro, con una serie de franjas grises horizontales. Es una pieza interesante, puesto que suele fecharse a partir del último cuarto del s. II (Fig. 106: 1 y 2).

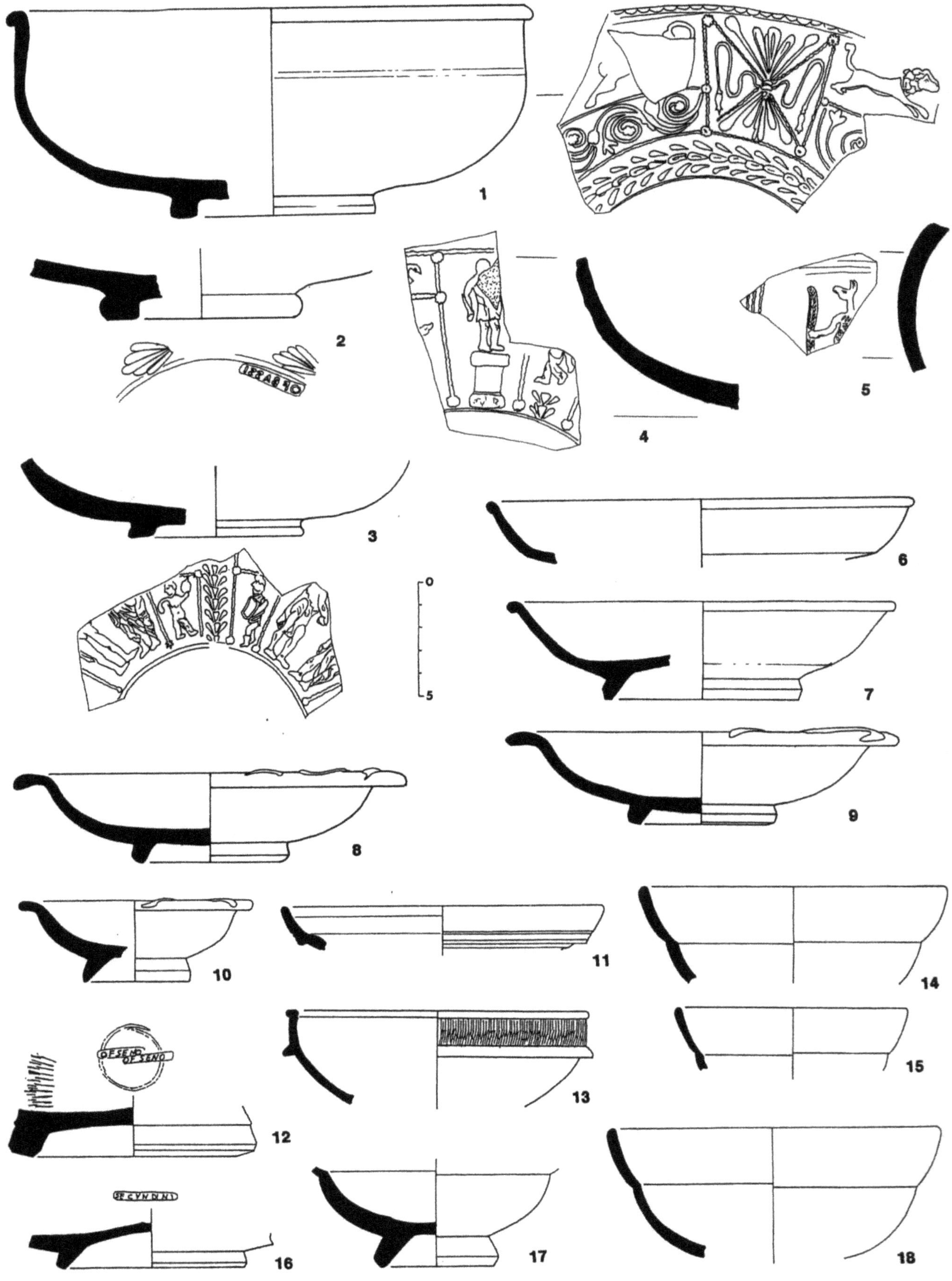

Fig. 103. U.E. 2408. Sigillatas sudgálicas lisas y decoradas.

Cazuelas de pátina gris. Hemos identificado cerca de cincuenta individuos que hay que repartir entre las siguientes formas: Hayes 197 / Ostia III-267, la más frecuente con multitud de variantes y tamaños diferentes (Fig. 105: 19; fig. 106: 5 a 7); Ostia I-270; Hayes 198/199 o variante (Fig. 106: 4); Atlante CVIII-1 (Fig. 106: 3); Ostia III-221 y nuevas variantes de este mismo recipiente con el perfil del labio diferente (forma Tolegassos 2408A), o con surcos circulares decorando exteriormente el labio (Tolegassos 2408B); Ostia II-312, con surcos profundamente marcados en la pared exterior o con variantes en el tratamiento del labio. (Casas & Nolla 1993, nº 345, 347, 351, 352 y 354).

También hemos identificado algunos fragmentos más raros, como la Tolegassos 99-7, de la que también encontramos versiones con arcillas locales, y la forma Tolegassos 2408C, que era totalmente desconocida hasta la fecha y de la que aparecen un mínimo de 2 ejemplares (Fig. 106: 8). Es una especie de cazuela con el cuello marcado por estrangulamiento en forma de S y el labio muy alto y desarrollado, formando una especie de encaje para la tapadera. La pared interna muestra estrías, mientras que en el exterior el labio presenta una ancha franja con pátina cenicienta muy adherida y otras más estrechas a lo largo del cuerpo del recipiente. La forma se repite en cerámica vidriada del mismo estrato.

Una última forma inédita de cerámica africana de cocina es la Tolegassos 2408D (Fig. 105: 17), aunque se conocen ejemplares parecidos en cerámica común de origen incierto.

Una pieza de gran tamaño, que recuerda de alguna forma los platos de la forma Hayes 23, pertenece a la producción de cerámica africana común oxidada con arcilla anaranjada (Fig. 106: 9). Aparece a menudo en Tolegassos, con bastantes variantes entre los diferentes ejemplares. Para terminar, citamos los vasos asimilables a la forma Hayes 131 o quizás Hayes 200, de los que también aparecen algunos fragmentos, aunque son más frecuentes en niveles de finales del s. II y primera mitad del s. III en la villa (Fig. 105: 25).

Sigillata hispánica.
Siempre es muy escasa: 24 fragmentos que representan el 0'85%. Señalamos pequeños fragmentos de la forma Drag. 18/31, Drag. 27 y dos de la forma Drag. 37 con decoración exterior de círculos concéntricos y motivos figurativos. Mucho más interesante es el hallazgo de un fragmento de molde de cerámica refractaria para fabricar cuencos de la forma Drag. 37, con decoración a base de dobles círculos concéntricos y un punto central (Fig. 107: 9). El hecho de que en Tolegassos se hubiera descubierto un horno de alfarería y el hallazgo de este fragmento son los únicos elementos que permiten rastrear la producción de estas cerámicas en el nordeste de Cataluña; cerámica que no es especialmente significativa en el registro arqueológico de los yacimientos de esta región.
A este hallazgo debemos añadir otros descubrimientos recientes en la zona de Bañolas y Besalú, que también permiten documentar una limitada fabricación de sigillatas locales, de tipo hispánico.

Cerámica común.
Mas de 2000 fragmentos recuperados en las dos últimas actuaciones en el vertedero, representando un 38% del total cerámico. Es el conjunto más numeroso, pero también el más heterogéneo, parte del cual ya fue dado a conocer en publicaciones anteriores repetidamente citadas, por lo que no volveremos a comentarlo extensamente (Casas et alii 1990; Casas & Nolla 1993). Entre las piezas más significativas destacamos algunos grandes cuencos de borde horizontal y asa plana, con decoración impresa (Fig. 107: 14 y 15), cuencos de todo tipo y tamaño, algunos con arcilla de color gris claro que parece la continuación de la gris ampuritana tardía y que aparecen a menudo en estratos del s. II (Fig. 108: 11, 14 y 15); cuencos próximos al tipo "Llafranc", de varios tamaños y a veces con *grafitti* en la pared (Fig. 108: 8 y 12), y urnas y pequeños vasos de todo tipo (Fig. 108: 17 a 19).

Las botellas, de cuello alto y delgado, moldurado y más o menos elaborado, presentan una gran variedad de formas (Fig. 107: 12 y 13), comentadas en las publicaciones ya citadas. Uno de ellos, muy interesante, se halla recubierto por una fina capa de barniz marrón oscuro metalizado.

Un conjunto de tapaderas, casi todas idénticas, habrían servido como tapones para ollas o urnas de pequeñas dimensiones, o quizás para ánforas (Fig. 108: 9 y 10). Otras piezas, como una pequeña urna con un falo aplicado en la pared externa, aparece tanto en cerámica oxidada como reducida y se repite frecuentemente en la villa (Fig. 108: 16).

Finalmente debemos referirnos a un fragmento de *tegula* con la marca CANP, hasta ahora aparecida solo en Tolegassos a partir de la primera mitad del s. I (Fig. 107: 10).

Como punto final, podemos confeccionar un pequeño lote con los materiales que debemos considerar como residuales, más antiguos que el conjunto principal y que siempre aparecen mezclados con los demás fragmentos. En este caso cabe citar algunos fragmentos de gris ampuritana tardía (Fig. 108: 13), la cerámica itálica de barniz rojo interno pompeyano, cerámicas grises de boca trilobulada, diversos fragmentos de anforisco de pasta amarillenta, morteros itálicos, etc.

Cerámica vidriada.
El número absoluto de cerámicas vidriadas aparecidas en Tolegassos, sobretodo en el estrato 2408, es sorprendentemente alto y ha dado origen a diversos estudios que han permitido individualizar algunas producciones e identificar otras inéditas. Algunas de las piezas presentan las características de las producciones típicamente itálicas, tanto en sus formas como por la composición de las arcillas, y tienen sus paralelos en la Península Itálica y en Lyon en contextos cronológicos parecidos a los nuestros. Pero los análisis de pastas realizados en otros fragmentos y su comparación con las arcillas de la cerámica común de producción local halladas en Tolegassos y con las tejas sin cocer encontradas en el interior del horno de Tolegassos muestran un origen común; una fabricación en un taller local situado en el mismo yacimiento o en una zona muy próxima (Casas, Merino, Soler 1993, p. 129-144).

En este conjunto se incluyen algunas formas poco habituales o inéditas de la producción vidriada, especialmente el plato con dos asas horizontales, muy abundante (Fig. 107: 2), del

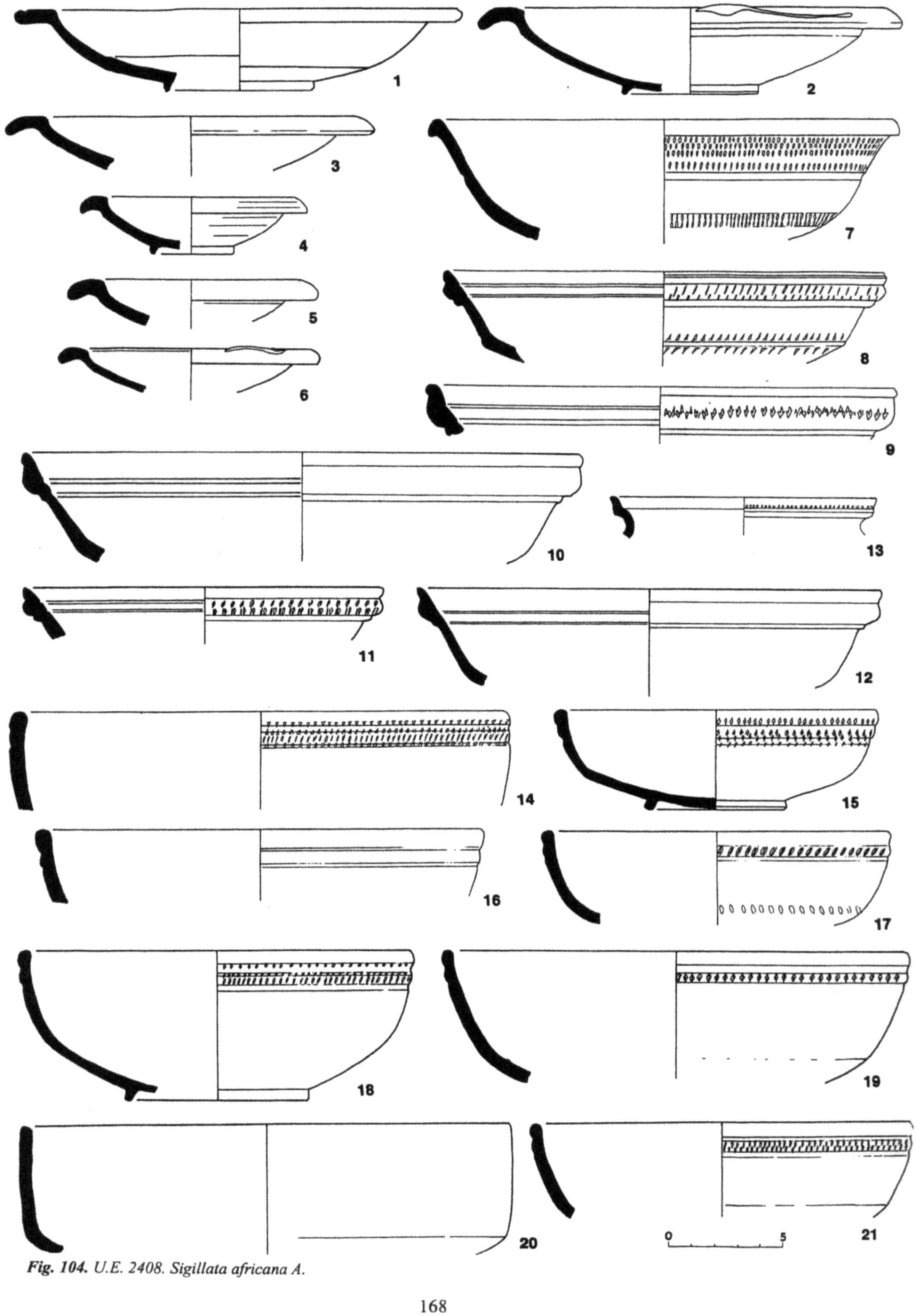

Fig. 104. *U.E. 2408. Sigillata africana A.*

que solo hemos encontrado como paralelo un único fragmento procedente de la villa de Torre Llauder (Ribas 1965, p. 161, fig. 7.1), o el gran cuenco con asas dobles y pezones en el labio, o la de borde almendrado (Fig. 107: 1 y 7).

El repertorio tipológico que presentan estos materiales es limitado; en algunos casos es difícil atribuir un fragmento a una forma determinada. Aún así, podemos agrupar los diferentes fragmentos en lotes que reunen unas características comunes, aunque no pueda establecerse una tipología, ya que cada día aparecen nuevas formas o variantes desconocidas.

El primer grupo, el más numeroso, es el de los platos, con tres tipos básicos. El que encontramos más a menudo es un plato bajo, siempre con las mismas dimensiones, con un diámetro máximo entre los 20 y 23 cm., con el fondo plano y un pie anular poco diferenciado; el borde casi plano y el labio ligeramente moldurado. Siempre tiene dos asas horizontales que servían al mismo tiempo como elemento decorativo, aunque en algunos fragmentos no ha podido conservarse (Fig. 107: 2).

Un segundo tipo de plato o plato/tapadera recuerda la forma 36 de la cerámica campaniense o de la t.s. sudgálica; forma muy habitual tanto en cerámica común local o de importación, como en sigillata. El tercer tipo, con un solo ejemplar, es un recipiente más alto que los anteriores, de paredes delgadas, más esbelto y con un labio de sección triangular (Casas & Nolla 1993, p. 70). No es una forma inédita, pero sí poco habitual. La encontramos en Lyon en contextos del s. II-III (Desbat 1986-a, fig. 2-4; 1986-b, fig. 9-7).

También son bastante habituales las cazuelas, de mayor o menor tamaño y con diferentes soluciones en el acabado del labio y en su decoración, con unos elementos comunes, concretados en los pequeños pezones sobre el labio (Fig. 107: 1 y 7). Hemos de señalar que el último ejemplar citado, el núm. 7, tiene sus paralelos en cerámica común local y en cerámica africana de cocina de borde ahumado, forma inédita en la producción, ya comentada en el anterior apartado (Fig. 106: 8).

Los demás fragmentos de cerámica vidriada son más conocidos, especialmente los pequeños vasos o jarras que imitan la cerámica de paredes finas del último cuarto del s. I, decoradas con pedúnculos a la barbotina (Fig. 107: 3 y 4), o las copas con dos asas, de paredes muy delgadas, con el mismo tipo decorativo y de origen probablemente itálico (Fig. 107: 5).

A parte de la típica decoración de pezones en el labio -siempre presente en ejemplares que los análisis de arcilla identifican como locales, así como en producciones norteafricanas-, y de los pedúnculos en cáscara de piña de tipo barbotina, comunes tanto en productos itálicos, galos o locales, solo encontramos otro motivo decorativo, consistente en una cabeza de gorgona aplicada a la base de un asa (Fig. 107: 8). Es una decoración rara pero no desconocida, hasta cierto punto habitual en recipientes cerrados, jarras o botellas vidriadas.

Las arcillas, en general, son muy homogéneas, aunque presenten diversas tonalidades de color, más que nada debidas al resultado de la cocción de las piezas y al espesor de cada recipiente. En algunos casos el color identifica algunos de los componentes de las arcillas. Estos colores, con todas las variaciones, intensidades y matices posibles, son básicamente cinco: amarillo, beige-amarillento, anaranjado claro, rosado claro y gris claro. Una característica común a todos ellos es la presencia de pequeños puntos o impurezas de color marrón no siempre visibles a simple vista, y que parecen indicar un origen o un componente volcánico.

La textura de las pastas es muy homogénea y no varia a pesar de los diferentes colores de las arcillas. Fina, depurada, homogénea, compacta, poco porosa y dura, aunque la superficie de la fractura de algunos fragmentos rotos de antiguo pueda rayarse ligeramente con la uña, presentando un falso aspecto harinoso.

En lo que se refiere al recubrimiento vidriado siempre presente (solo las lucernas y algunos recipientes cerrados carecen de él en su interior), muestra pocas variantes en los diferentes fragmentos. Como regla general, el de la superficie externa es de color verde, desde las gamas más claras y casi blanquecinas hasta las más oscuras en verde oliva. El del interior, por el contrario, es de color amarillo, ya sea claro, oscuro o francamente marrón. En general es más delgado que el de la pared externa.

La calidad del revestimiento vidriado es bastante homogénea, aunque el espesor varía considerablemente según la forma y decoración de los vasos. En todo caso, en los platos, cazuelas y recipientes que presentan una mayor superficie plana suele ser más grueso; a menudo, por el efecto de la fundición del vidrio, éste se ha acumulado en la parte inferior de las bases, con un espesor que sobrepasa fácilmente 1 mm., especialmente en los platos de la forma más repetida.

Normalmente la superficie presenta un falso aspecto de cuarteamiento y, en otras ocasiones, de tacto rugoso como de piel de gallina. Debido a la oxidación del vidriado, a veces ha quedado recubierto de una segunda capa blanquecina muy delgada, parecida a la exfoliación que hallamos en los recipientes de vidrio de la misma época.

La aparición de cerámicas vidriadas en Tolegassos, a partir de lo que hemos podido deducir en base a los hallazgos del pozo y del vertedero, debe situarse hacia mediados del s. II. Los fragmentos que aparecen en contextos más recientes, también del siglo segundo, parecen pertenecer al mismo lote inicial y constituyen materiales residuales en los estratos más tardíos.

Lucernas.
En todo el vertedero aparecieron 149 fragmentos de lucerna; la mitad, en el estrato 2408. Es una de las producciones aparecidas en el estrato que mejor puede proporcionarnos una cronología fiable, aunque el repertorio tipológico es muy reducido y se limita a la lucerna de disco en todas sus diversas variantes y a la lucerna de canal. Además disponemos de un repertorio de formas interesante, con un claro predominio de los productos del taller de MNOVIVST,

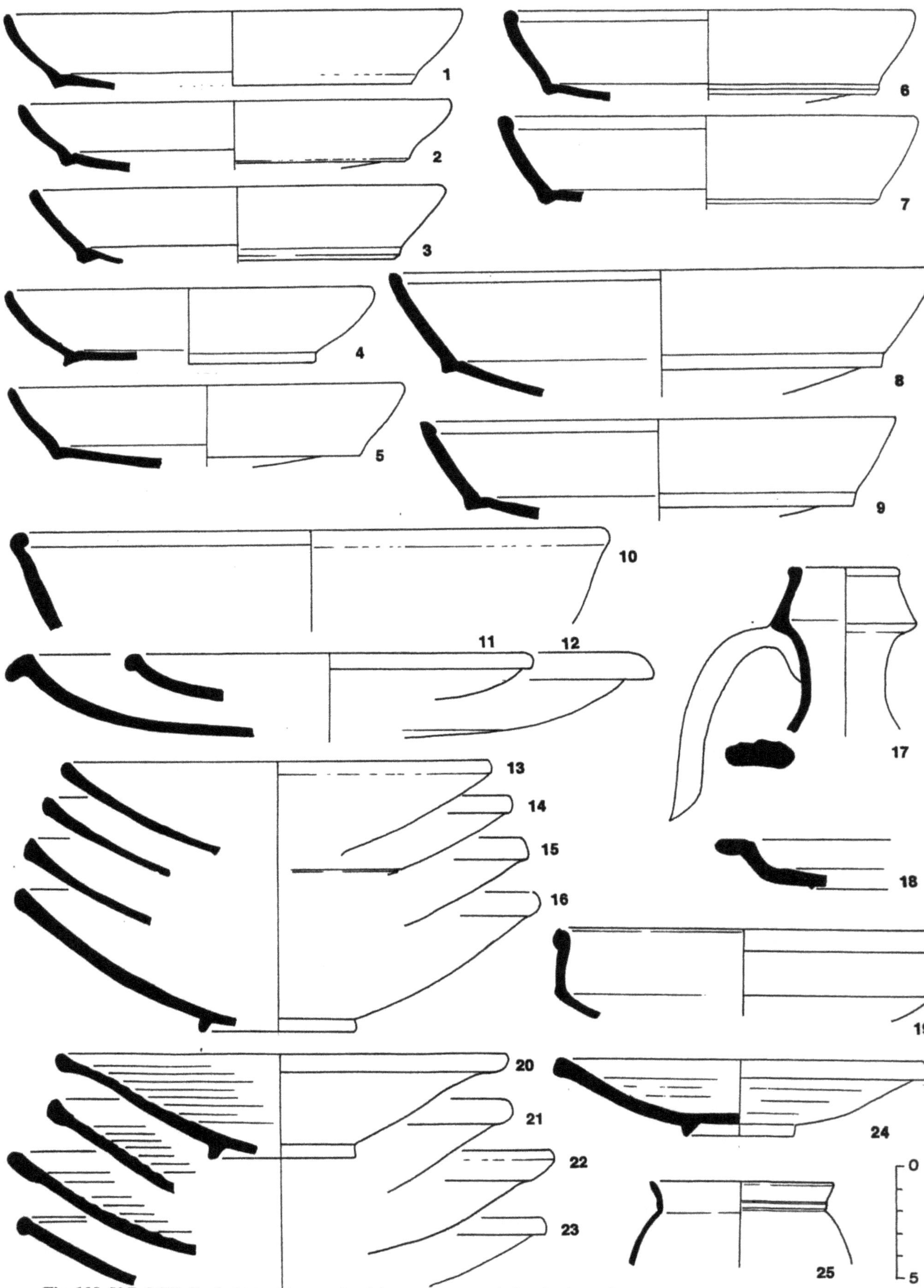

Fig. 105. U.E. 2408. Cerámicas africanas de pátina cenicienta y de borde ahumado.

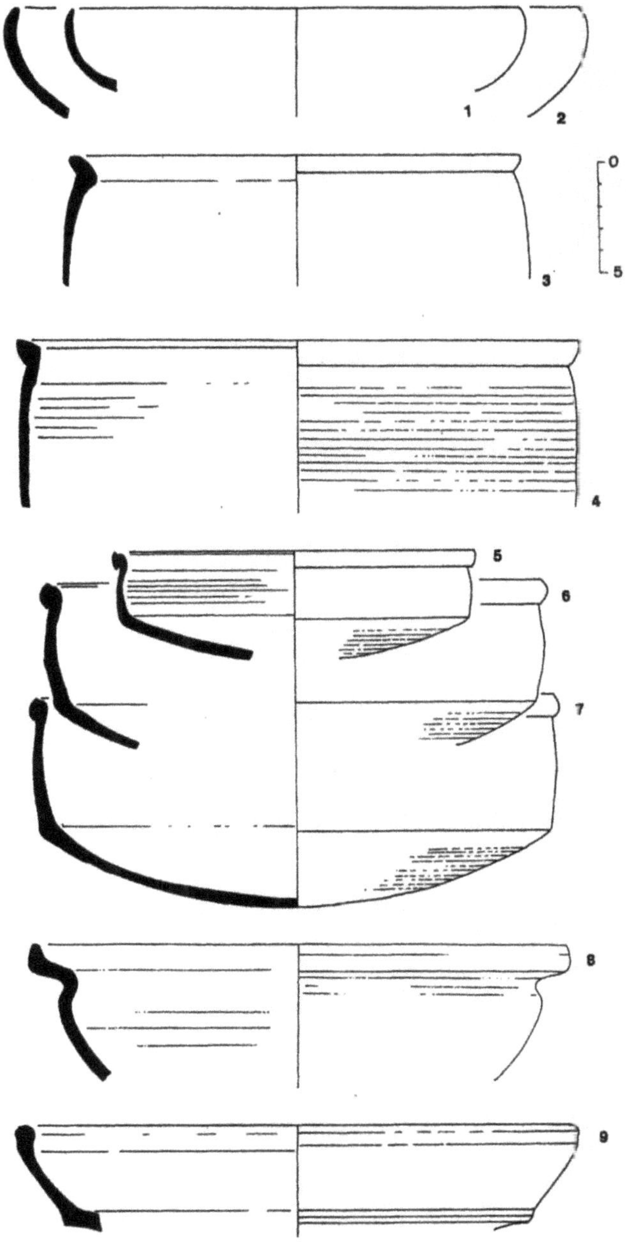

Fig. 106. U.E. 2408. Cerámica africana de pátina cenicienta.

ya documentado en las primeras campañas arqueológicas (Casas 1989).

La forma más abundante es la Dressel 20 / Deneauve VIIA y la Dressel 19 / Den. VIIA (Fig. 109: 1, 2 y 4-14), seguida de un ejemplar de la forma Dressel 25 / Den. VIIC (Fig. 109: 12), y otro del tipo Dressel 24 / Den. VIIC (Fig. 109: 17). Finalmente, debemos citar los seis fragmentos de lucerna de canal (Den. IXA / Dressel 5 / Loeschcke X), de los que solo reproducimos los dos más significativos (Fig. 109: 15 y 16).

Los motivos decorativos que aparecen en el disco de algunos ejemplares, básicamente en las piezas del tipo Deneauve VII en sus últimas variantes, son relativamente sencillos y muy conocidos. No representan, de hecho, ninguna novedad en estos productos ni en relación con las demás lámparas halladas en la misma villa. En todo caso, podemos citar diversos motivos con animales: un perro en un ejemplar Dressel 20 / Den. VIIA típico, realizado a partir de un molde relativamente nuevo y poco usado; un ovicáprido y un jabalí, también obtenidos con moldes nuevos (Fig. 109: 6, 11 y 14). Es difícil ligar estas decoraciones con un taller concreto, a pesar de encontrarse en ocasiones asociado con CIVNDRAC. Normalmente son motivos muy repetidos en los ejemplares africanos del s. II, que también suelen aparecer en los productos de CCLOSVC.

El resto de decoraciones, aún más sencillas, son poco representativas, aunque aparecen habitualmente en las piezas del s. II, sobretodo fabricadas en el norte de Africa. Dos hojas o ramas de palma muy erosionadas a causa de un molde deficiente (Fig. 109: 2), un creciente lunar con una estrella encima (Fig. 109: 5) y el busto de una figura masculina con larga barba, de primera calidad (Fig. 109: 8). Además, en la mayor parte de ejemplares hemos visto las típicas ovas o semicírculos en el margen, en la franja que rodea el disco; decoración que ya aparece en lucernas de inicios del s. II. Sería inútil intentar asociarlas con formas o talleres concretos, puesto que prácticamente todos los ceramistas que fabricaron lucernas a lo largo del siglo II y durante parte del tercero las utilizaron, ya bien solas o intercaladas con círculos. Para no salir del yacimiento, podemos señalar la presencia de un ejemplar casi idéntico en el estrato 2061 de Tolegassos, un silo con un relleno de mediados del s. II (Casas & Rocas 1989, p. 79). En aquel caso, pertenece al taller de L FABRIC MASC. El mismo motivo decorativo se repite en Tolegassos, en el estrato 2080, a finales del s. II, en piezas de EX OFI L HORTENSI y de PVLLAENI.

En uno de los ejemplares la seriación de ovas o herraduras y círculos en el margen queda interrumpida por dos protuberancias rectangulares como las que aparecen en las *firmalampen* y en un fragmento del tipo Dressel 24 / Den. VIIC, en esta ocasión, decorado con una espiga impresa (Fig. 109: 17).

Al inicio ya señalábamos que la marca más abundante es la del taller de M NOVIVS TI (Fig. 109: 4 y 10), pero no es la única. A lo largo de las diferentes campañas de excavación en el sector hemos ido recogiendo un repertorio bastante extenso, del que solo dos marcas no han sido identificadas, ya que se leen con dificultad. A parte de la ya citada, encontramos la tan conocida COPPIRES, de origen itálico y con una problemática particular que ya fue analizada en otra ocasión (Casas & Rocas 1989), y su variante poco conocida COPREST, sin duda norteafricana (Fig. 109: 1 y 7). Además, años antes ya habíamos encontrado, en la parte más profunda del estrato 2004, las marcas LVCCEI y NERI en bases de Dressel 20 y de *firmalampen*, respectivamente (Casas 1989: 146). Para terminar, citamos una marca muy borrosa, que leemos con cierta dificultad como LFHOSI, desconocida y que quizás correspondería a un LHORTENSI mal transcrito por nosotros (Fig. 109: 10).

La poca cantidad de fragmentos decorados, la falta de marcas de fábrica y el mal estado de la mayor parte de los fragmentos hacen difícil fechar con toda la precisión que querríamos las diferentes lucernas. Por otro lado, las decoraciones identificadas tampoco aportan datos concluyentes para establecer la cronología definitiva de este

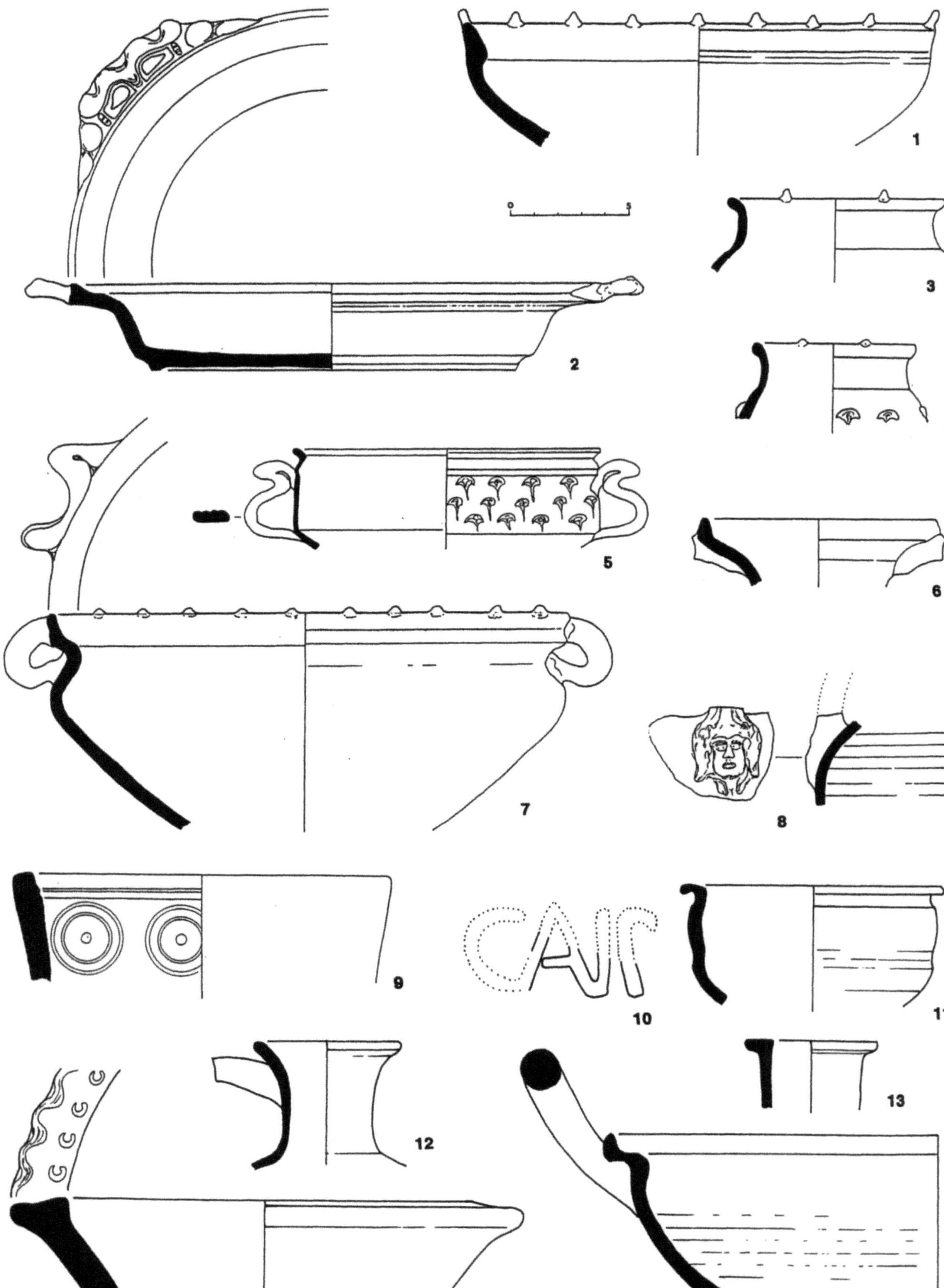

Fig. 107. *U.E. 2408. 1 a 8: Cerámica vidriada. 9: Molde para la fabricación de sigillata. 10:* Tegula *con la marca* CANP. *11 a 15: Cerámica común oxidada.*

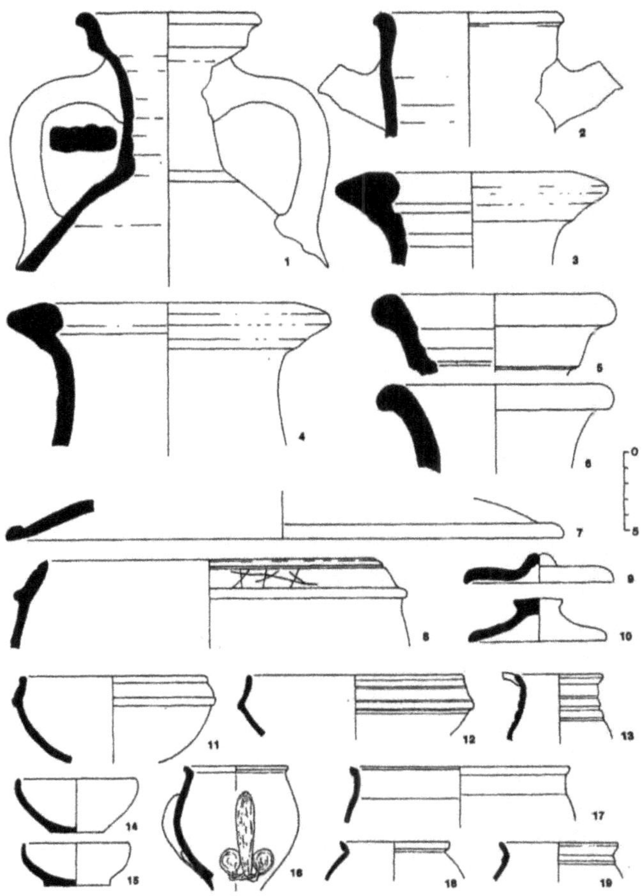

Fig. 108. U.E. 2408. 1 a 6: Ánforas de tipología diversa. 7: Cerámica común africana. 8 a 12, 17 a 19: Cerámica común oxidada. 13 a 15: Cerámica gris ampuritana tardía. 16: Olla de cerámica reducida.

grupo de lámparas. No obstante, podemos observar la homogeneidad del conjunto, la ausencia de las lucernas de volutas tan típicas del s. I que, de hecho, parecen desaparecer a mediados de aquél siglo (solo un ejemplar; fig. 109: 3); la inexistencia de la forma Den. VD y G (del último cuarto del s. I), y la ausencia de las lucernas de disco del tipo Den. VIII, que aparecen a mediados del s. II y se multiplican durante la segunda mitad del mismo siglo. Los pocos restos clasificados nos sitúan, en definitiva, en un marco del s. II. Así mismo, los diferentes autores coinciden en fechar las lucernas de canal en la primera mitad del s. II, aunque también se hallan presentes en el estrato 2080 del pozo (Hayes 1980, p. 58-59; Balil 1968, p. 178). Si además tenemos en cuenta las consideraciones anteriores, relativas a ausencias significativas de formas características de la segunda mitad del s. I y de la segunda mitad del s. II, podemos fechar el lote que ahora analizamos a mediados o segunda mitad del s. II, sin poder precisar mejor esta cronología, que deberá ser corregida a partir de la información que nos proporcione la cerámica africana.

Ánforas.
Como es norma habitual en estos estratos de Tolegassos, aunque la cantidad de fragmentos sin forma tienen un peso específico importante, aquellos con forma son escasos. Debemos citar un contenedor sud-hispánico para salazones, forma Pélichet 46, y otro recipiente itálico para vino, Dressel 2/4, además de algunos fragmentos de difícil clasificación. Los demás pueden ser identificados sin ninguna duda como ánforas béticas para el transporte de aceite del tipo Dressel 20 (Fig. 108: 3 y 4); ánforas Dressel 7/11 (Fig. 108: 5 y 6), un raro ejemplar de la forma Dressel 2/4 con la pared y el labio muy delgados (Fig. 108: 2), y un recipiente del sur de la Galia, probablemente una G-3 de base plana, fabricada aún durante el s. II, al igual que las anteriores (Fig. 108: 1).

Cronología del conjunto.
El gran volumen de material del estrato nos permite acotar bastante su cronología. Dejemos a un lado los materiales residuales, que solo hemos comentado por encima, ya que poco nos dicen en lo referente a la cronología del conjunto. Únicamente con el estudio de las cerámicas africanas, complementado con el del resto de materiales de la época (lucernas, vidriadas, ánfora, etc.), puede llegarse a conclusiones fiables en esta cuestión.

El lote de sigillata africana A es antiguo, con barnices del tipo A y con un conjunto de formas que aconsejan una cronología de mediados del siglo segundo. Tan solo un fragmento de la forma Hayes 14A presenta las características del tipo A2.

La cerámica africana de cocina, con el repertorio clásico, es la característica de la misma época, a parte de dos recipientes de la forma Hayes 181 o Lamboglia 9, barnizados por el interior, que no se documentan con anterioridad al último cuarto del s. II. De no ser por esta pieza, el conjunto se fecharía sin ningún tipo de duda alrededor del 150. Pero en este caso, y teniendo en cuenta que las diferentes formas de la cerámica africana tienen una perduración más prolongada de lo que puede parecer inicialmente, y que tanto las lucernas como la cerámica vidriada no contradicen la cronología de las anteriores, consideramos que debemos situar la formación del estrato entre el 150-175/180. Seguramente corresponde al período de actividad de la villa durante parte de la fase 2 y, junto el relleno del pozo, señala los momentos previos o casi contemporáneos a la construcción de las habitaciones de la fase 3. Lo que es importante recordar de este estrato es que el muro perimetral de la fase 3 está construido justo encima de él.

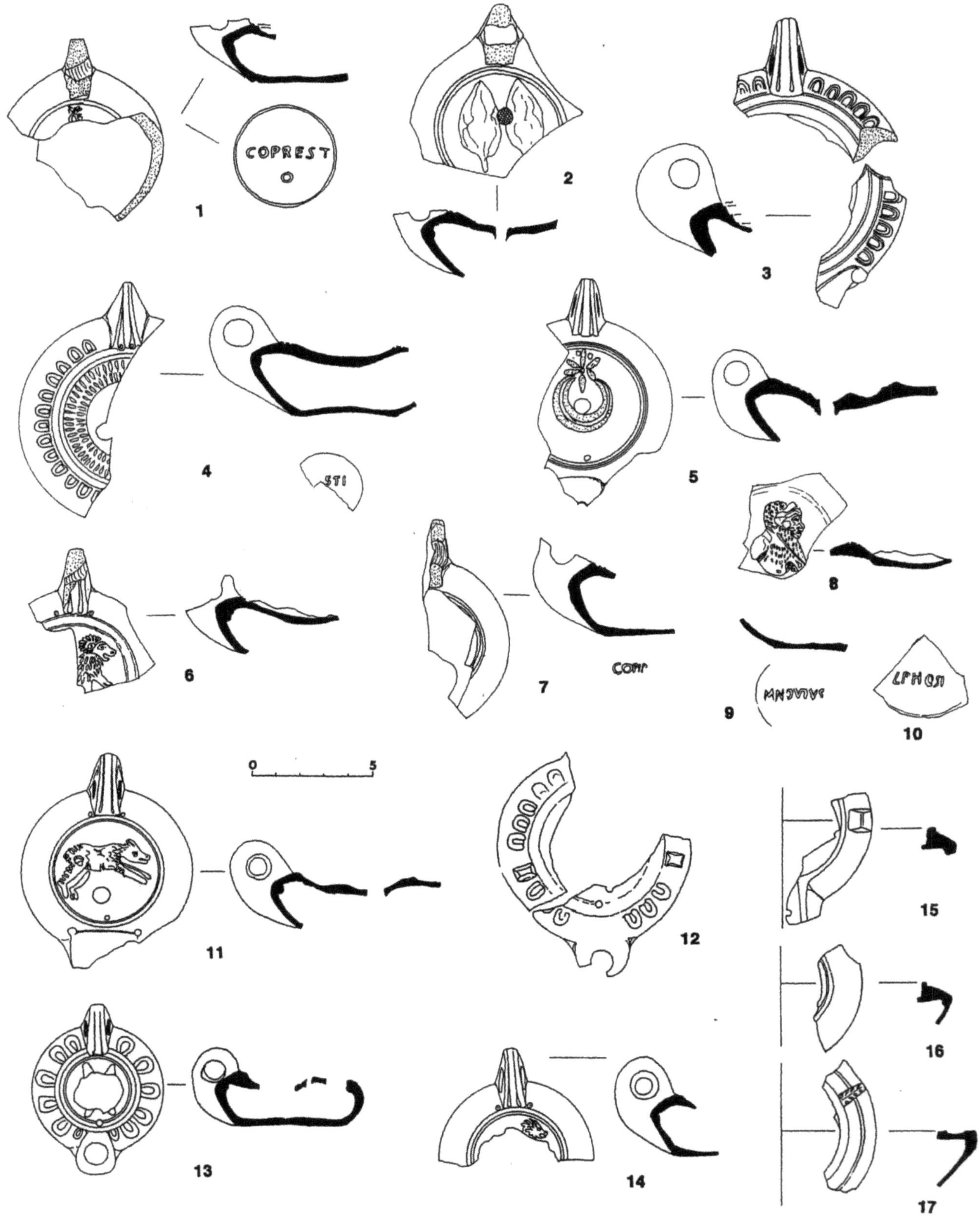

Fig. 109. U.E. 2408. Lucernas de disco y de canal.

Capítulo 10. La fase 3-b.

Cuando en el año 1989 se dieron a conocer los resultados de las primeras campañas de excavación en el yacimiento, parecía que las diferentes estructuras, estratos y ámbitos relacionados con la fase 3 de la villa se hallaban definitivamente delimitados (Merino & Rocas 1989). Aparentemente nos encontrábamos en el extremo sudeste del conjunto arqueológico y no parecía existir nada más allá de las estructuras que cerraban el edificio y el recinto por aquél punto, con un acceso directo a través de una puerta perfectamente delimitada. Uno de los muros que sobresalía del conjunto y se dirigía hacia el sur (E. 2052), fue interpretado como un contrafuerte parecido al que se construyó en el ángulo de la casa de la fase 1.

Pero la arqueología no es una ciencia exacta, y un pequeño sondeo a veces puede modificar las conclusiones a las que con paciencia se ha llegado después de excavar una extensa superficie. Este puede ser uno de los casos más evidentes.

La excavación en la parte exterior de la villa, justo al lado de las habitaciones de la fase 3 (Fig. 110), no ha modificado la hipótesis e interpretación de aquellas estructuras, pero sí que nos ha hecho cambiar la visión general que teníamos sobre la extensión y subfases del tercer período de la villa. Además, ha permitido encontrar una explicación lógica a problemas que antes no tenían una fácil solución; especialmente los referentes a la organización de los espacios, niveles y accesos en un punto del yacimiento en el que el suelo natural tiene una pendiente bastante importante, que obligaba a establecer diferentes niveles y terrazas para hacer más cómoda la circulación por el sector. Finalmente, nos ha mostrado que durante esta tercera fase -y probablemente de forma absolutamente contemporánea- se construyeron otros muros cuya existencia no habíamos podido suponer inicialmente. Desde el punto de vista constructivo o estructural, forman una subfase 3b; pero cronológicamente no hallamos ninguna diferencia en relación con los de la fase 3.

En otro aspecto, la sucesión de estratos que se relacionan con estos dos muros, ya sean anteriores, contemporáneos o posteriores, según sea el caso, corroboran la cronología que ya había sido establecida para las ampliaciones y construcciones del aquél período y, además, ayudan a perfilar la cronología del momento final de la villa altoimperial. Incluso permiten documentar la expoliación del yacimiento y el reaprovechamiento de las piedras de sus muros en una época posterior, imprecisa.

En el sector fue formándose una estratigrafía relativamente sencilla, afectada en ocasiones por movimientos de tierra y reparación de los suelos de circulación no siempre evidentes, que proporcionan el material suficiente para fechar la fase 3b de la villa (Fig. 111).

Sobre el estrato más antiguo, preexistente, con materiales de inicios y primera mitad del s. II (U.E. 2459), se abrió la zanja para la construcción del muro de contención más oriental (E. 2454), el cual se levantó hasta el nivel del umbral de la puerta de la habitación C-2. El espacio se niveló tanto en el interior como en el exterior de la zona, depositándose diversas capas de tierra que se diferencian sobretodo por su color y composición, pero prácticamente idénticas en cuanto al material arqueológico que contenían.

U.E. 2459.

El nivel más profundo de este sector, que quizás tiene su equivalente en el estrato 2458 de la parte exterior del espacio, descansa directamente sobre el suelo geológico, una formación rocosa amarillenta y blanda que aparece en todo el yacimiento. Posiblemente se trata del extremo sur de la depresión ocupada por el vertedero del sector, con los materiales que desde la parte norte fueron esparciéndose debido a la pendiente del suelo, hasta formas este estrato.

Los materiales, mezclados, nos sitúan en un marco general que no parece ir más allá de mediados del s. II, con un conjunto que halla su paralelo en el estrato 2408 del vertedero. Como importaciones más antiguas, citaremos dos fragmentos de sigillata marmorata de la Graufesenque, formas Drag. 36 y 29, que pueden fecharse con precisión entre los años 40 y 60 (Fig. 112: 1 y 2). Otros dos fragmentos de sigillata sudgálica pueden ser un poco más modernos, como máximo, del último cuarto del s. I. Uno es una base de plato de la forma Drag. 15/17 o 18/31, y el otro, un fragmento decorado de la forma Drag. 37 (Fig. 112: 3 y 4).

Los materiales más representativos de la cerámica africana, más numerosos, son el plato de la forma Hayes 9A con decoración de pequeños triángulos en el borde (Fig. 112: 5), que puede fecharse a mediados del s. II y durante toda su segunda mitad. El repertorio se hace más extenso a la hora de clasificar las cerámicas africanas de pátina cenicienta y borde ahumado. Coexisten las variantes A y B de la forma Hayes 23; la primera con un origen más antiguo, pero presente siempre en contextos de la segunda mitad del s. II (Fig. 112: 6 y 7). Lo mismo podemos decir de los platos, cuencos y platos/tapadera de las formas Hayes 196 y 197, con tres variantes interesantes, pero ya documentadas en Tolegassos en estratos de la segunda mitad/último cuarto del s. II (Fig. 112: 10, 14-16).

Una forma inédita, la Tolegassos 2408C (Fig. 112: 8), apareció por primera vez en el vertedero, en un contexto del tercer cuarto del s. II, entre el 150-180 (Casas & Nolla 1993, nº 301 y 302), junto con un elevado número de cerámicas vidriadas, un ejemplar de las cuales volvemos a encontrar en el estrato (Fig. 112: 11).

La cerámica común africana, imitando los prototipos origi-

FIG. 110. *Planta de detalle de las ampliaciones de la fase 3-b, mostrando la superposición de estructuras.*

nales de la forma Hayes 197 o las ollas del tipo Hayes 200 (Fig. 112: 9, 12 y 13), completa este repertorio y lo hace prácticamente idéntico al de la U.E. 2408, confirmando una cronología para la formación del nivel que no parece llegar a finales del s. II.

U.E. 2452.

En la parte exterior, hacia el este, e inmediatamente después de su construcción, se amontonó una capa de tierra en forma de talud y en pendiente con el fin de asegurar la solidez del muro. El estrato parece contemporáneo a los tres niveles del interior del espacio que veremos posteriormente. A partir del numeroso lote de cerámica que contenía (especialmente t.s. africana A y cerámicas de cocina), puede fecharse su formación en la transición de los siglos II y III.

El material más representativo, dentro del conjunto de las cerámicas africanas, lo constituyen los platos de la forma Hayes 8A (Fig. 113: 3 y 4), con decoración a ruedecilla en el borde y a mitad de la pared, fechados entre finales del s. I y la primera mitad del s. II, con perduraciones puntuales hasta el tercer cuarto de siglo (Hayes 1972, p. 33-34).

La forma Hayes 4A (Fig. 113: 5), es muy rara en Tolegassos. De hecho, este es el primer ejemplar seguro que identificamos. Se le ha atribuido la misma cronología que a la forma anterior, y no parece que llegue a la segunda mitad del s. II.

En cambio, los platos de la forma Hayes 6B tuvieron una mayor perduración (Fig. 113: 2), ya que se documentan durante todo el s. II e inicios del s. III en la misma villa. Pueden encontrarse numerosos ejemplares en esta misma publicación, en contextos de la segunda mitad del s. II y primera mitad del s. III.

Los recipientes de la forma Hayes 9A, con decoración en el borde (Fig. 113: 8), también tuvieron una difusión muy amplia y, como la anterior, aparecen en la villa durante el mismo período.

Son más tardíos, en cambio, los grandes platos de la forma Hayes 27 (Fig. 113: 9 y 11), que aunque tengan un origen relativamente antiguo, a partir de la segunda mitad del s. II, perduran hasta pasado el primer cuarto del s. III. Hayes propone una cronología general de 160-220 (Hayes 1972, p. 51).

Pero el repertorio más extenso es el de la cerámica africana de cocina (pátina cenicienta o borde ahumado), con un abanico de formas típico y repetido una y otra vez en la villa. Los platos/tapadera (Hayes 196) y las cazuelas (Hayes 197),

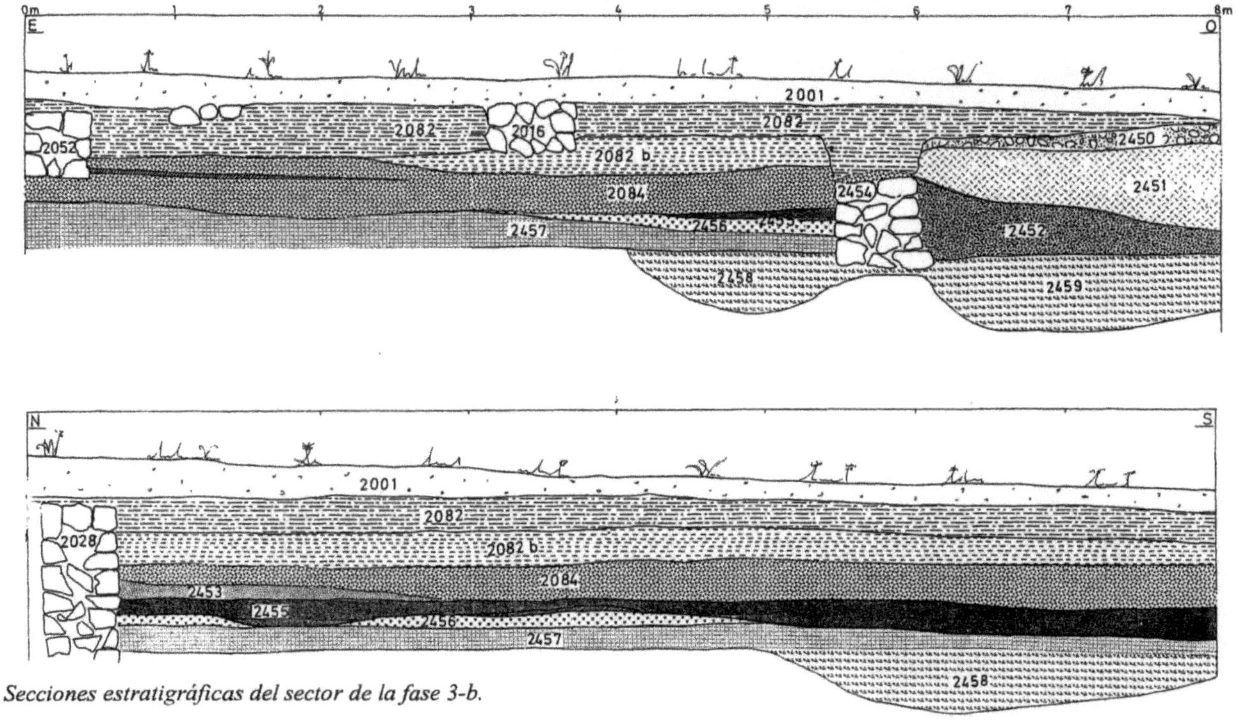

Fig. 111. Secciones estratigráficas del sector de la fase 3-b.

ambos con diferentes variantes que podemos hallar ampliamente representadas en el estrato de relleno del pozo 1, son los recipientes mejor representados (Fig. 113: 10 y 16-20). No vale la pena repetir lo que ya se ha dicho tantas veces en páginas anteriores sobre este material. Lo mismo podemos decir del ejemplar de la forma Hayes 23B (Fig. 113: 12).

Las producciones minoritarias, algunas quizás de carácter residual, no son demasiado abundantes. La que tiene mayor entidad, por el escaso lapso cronológico que la separa de los productos africanos, es la sigillata sudgálica (Fig. 113: 21 a 23), con una base de la forma Drag. 37, un pie de la forma Drag. 24/25 con la marca OF M... y un fragmento decorado con un gladiador. El primero y el tercero deben fecharse hacia finales del s. I, y el segundo hacia el 40/60.

En el mismo grupo de producciones minoritarias o escasamente representadas debemos incluir una copa de cerámica vidriada, de notable calidad y con toda probabilidad procedente de un taller itálico, aunque no podemos rechazar un origen norteafricano (Fig. 113: 14). Corresponde a una copa del mismo tipo que hemos visto en el estrato 2080 del pozo y debe fecharse en el tercer cuarto del s. II.

La cerámica común tiene un interés relativo, ya que no aporta datos significativos para la datación del estrato. Citaremos, solo por el hecho de haber aparecido intacta, una jarra con una sola asa y labio vertedero, que responde a una forma y tipo muy impersonal, repetido y nada original, que encontramos prácticamente en cualquier época entre los siglos II y III (Fig. 113: 1). El resto de fragmentos de cerámica común tampoco aportan ninguna novedad (Fig. 113: 13 y 24).

U.E. 2451.

El estrato se formó paulatinamente sobre el anterior. Por lo tanto, no se relaciona directamente con la construcción del muro, sino con el período de actividad en el sector. Su situación en relación con el vertedero, situado a unos 10 m. hacia el norte, nos hace suponer que se trata en realidad del extremo sur de aquél espacio. Posiblemente tiene su correspondencia con el estrato 2004.

El material cerámico es cronológicamente muy próximo al del estrato inferior. Es más abundante y el repertorio bastante más extenso que el que hemos visto hasta ahora, lo que ayuda a precisar mejor su cronología.

Al igual que en el estrato anterior, son las sigillatas y las cerámicas de cocina africanas las que ofrecen los datos más fiables para la datación del conjunto, complementadas por otros materiales (ánforas, cerámica común, lucernas...), que permiten redondear la cronología.

En sigillata africana A encontramos algunos fragmentos de plato de la forma Hayes 3B (Fig. 114: 3), que deberían fecharse en la primera mitad del s. II, aunque los hallamos normalmente en contextos ligeramente más tardíos, de la segunda mitad del siglo.

La forma Hayes 9A y B, tan abundante en Tolegassos, también es la más numerosa en el estrato; a veces, con decoración a ruedecilla en el borde externo y, en otras ocasiones, sin ningún tipo de motivo decorativo (Fig. 114: 5 a 7). Tuvo una gran difusión y un período de producción parecido, debiéndose situar cronológicamente en la segunda mitad del s. II y sobretodo a finales de siglo.

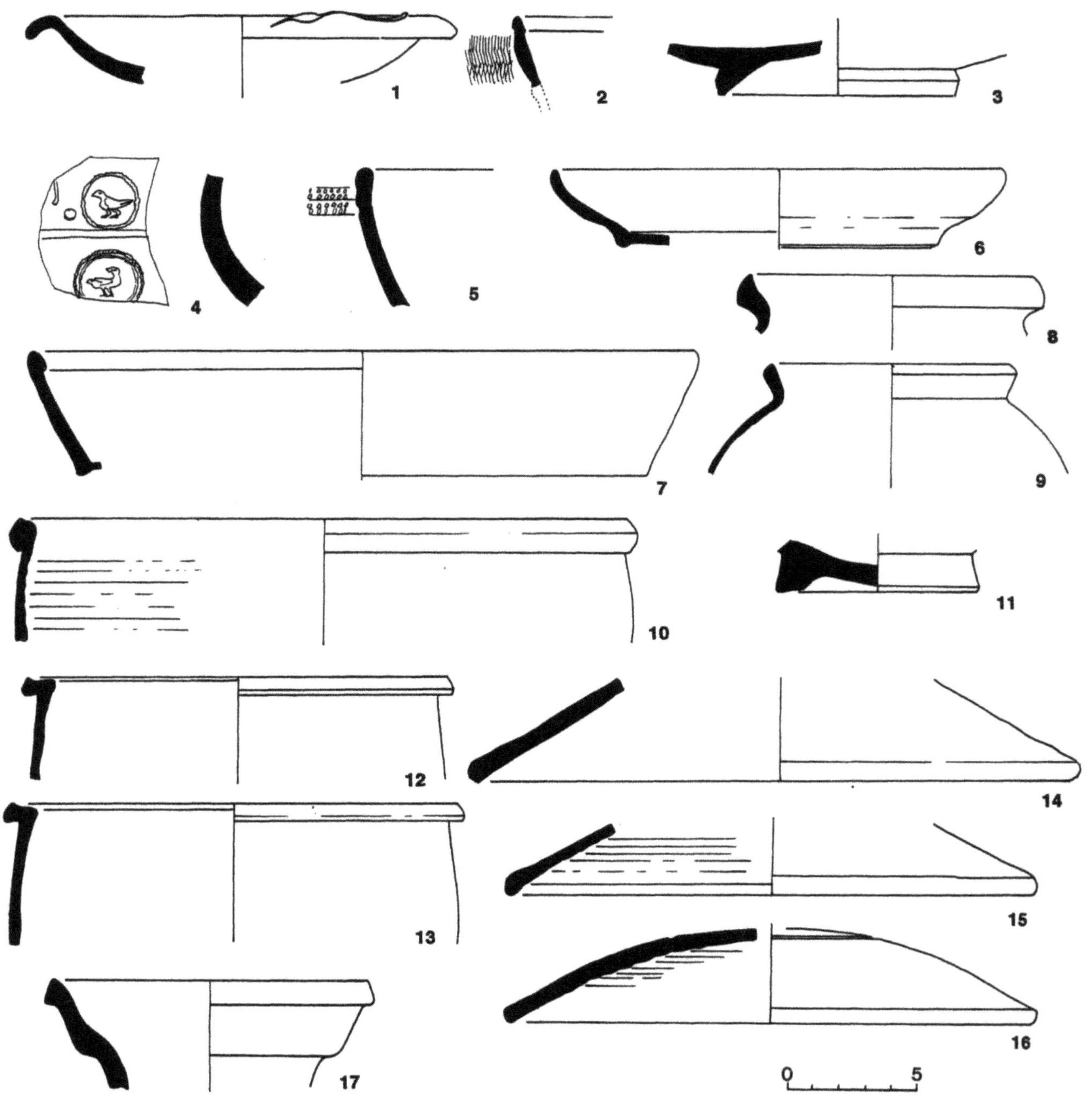

Fig. 112. Cerámicas sudgálicas y africanas del estrato 2459.

Algún fragmento pertenece a la forma Hayes 8, sin decoración en el borde (Fig. 114: 11). Es una forma absolutamente contemporánea a las que hemos visto anteriormente. En cambio, la Hayes 27, ligeramente más tardía, coexistió con las demás a partir del último cuarto del s. II y primeras décadas del s. III (Fig. 114: 1 y 9), y no es raro encontrarla en casi todos los estratos relacionados con la fase 3 de la villa.

También es bastante habitual, aunque más escasa, la pequeña olla de la forma Hayes 140 en sus diferentes variantes (Fig. 114: 2). Normalmente aparece con diversas decoraciones al inicio del cuerpo, por debajo del cuello. En esta ocasión, no obstante, no ha aparecido ningún fragmento decorado.

También se fabricó durante el mismo periodo, perdurando a lo largo del primer cuarto del s. III.

Otra forma que aparece por vez primera en Tolegassos es la Hayes 20; una tapadera con encaje, decorada en la parte superior o externa del labio (Fig. 114: 4). Es un producto de calidad, con un barniz excelente, mejor que el del conjunto de las sigillatas africanas. Hayes la sitúa entre finales del s. I e inicios del s. II.

El último tipo de la producción barnizada pertenece a la forma Hayes 14/15 (Fig. 114: 21), de gran difusión, abundantísima y siempre presente. Corresponde a finales del s. II y primera mitad del s. III.

La cerámica africana de cocina de pátina cenicienta (Hayes 23B), o de borde ahumado (Hayes 196, 197, 181, etc.) es más numerosa, aunque el repertorio tipológico no es tan amplio. Hallamos los platos/tapadera con diferentes variantes en el borde, de amplia difusión especialmente a partir de mediados del s. II y durante todo el siglo posterior (Fig. 114: 15 y 16). Otra variante de tapadera sin pie, menos numerosa que la Hayes 196, es la 182, absolutamente contemporánea a la primera y abundante en contextos de la segunda mitad del s. II y primer cuarto del s. III, tanto en el vertedero del sector 2 como en el pozo 1 (Fig. 114: 17). Lo mismo podemos decir de las jarritas u ollas de la forma Hayes 200 (Fig. 114: 12; fig. 115: 16), que forman parte del conjunto habitual de la época, o el gran cuenco o cazuela de la forma Hayes 184, bastante normal en la zona (Fig. 115: 17).

En cambio, aparecen formas poco habituales, desconocidas en otros lugares, y con media docena de fragmentos en todo el yacimiento. Se trata de recipientes altos, con el labio complejo o con molduras y encajes (Fig. 114: 8 y 10). Las características de la arcilla nos señalan su origen norteafricano, procedentes de los mismos talleres en los que se fabricaron los típicos platos y recipientes de las formas Hayes 196 y 197, pero no aparecen en los repertorios habituales. El primero de ellos (forma Tolegassos 99-7), ya había sido documentado en el estrato 2408, en un contexto de la segunda mitad del s. II, y anteriormente en el vertedero del sector 1, con una cronología imprecisa dentro del s. II (Casas & Nolla 1993, p. 64 y 89). La otra forma citada, hasta la fecha solo documentada en Tolegassos, es una pequeña olla con el labio casi plano y con un asa de triple cresta.

Las ánforas, siempre poco numerosas, no aportan ninguna información trascendente para la datación del estrato. Identificamos dos ejemplares que pueden ser atribuidos a la forma Dressel 2/4, sin duda de producción local (Fig. 114: 18 y 20); un tercer fragmento que imita la forma pero de tamaño más reducido (Fig. 114: 22), y un labio de Dressel 20 bética (Fig. 115: 2). Un asa, de forma desconocida, conserva parte de una marca (*A*), desconocida.

La sigillata sudgálica, minoritaria, debe considerarse como un material residual, antiguo y anterior al conjunto principal del estrato. Vemos un borde y una base de la forma Drag. 27 (Fig. 115: 10 y 11), una base de la forma Drag. 33? (Fig. 115: 9), y una tapadera de forma desconocida, pero vista en otras ocasiones en la villa, con un barniz de mala calidad (Fig. 115: 13).

Un único fragmento de lucerna de disco, con la *margo* decorada con una corona de laurel, debe fecharse, como máximo, en el primer cuarto del s. III (Fig. 115: 12).

Aumenta el volumen de cerámica común, sin que ello sea ninguna sorpresa, teniendo en cuenta que siempre es el material más numeroso en cualquier estrato. El repertorio tipológico también se amplía, sobretodo en los recipientes oxidados. Identificamos parte de la mitad superior de una jarra (que probablemente tenía una sola asa), de arcilla fina y bien depurada, dura y de aspecto sólido (Fig. 115: 1), que no es inédita en estratos de la primera mitad del s. III. Un cuello de botella, esbelto y con el borde moldurado, recuerda los ejemplares de la segunda mitad del s. II (Fig. 115: 3). Cazuelas y cuencos de forma hemisférica, con una suave carena que une el borde con el cuerpo (Fig. 115: 5 y 7), también tienen sus paralelos en la misma villa y en Ampurias a lo largo de todo el s. II (Casas et alii 1990, p. 285 y 295). Completan el conjunto una olla de paredes verticales y un pequeño *dolium* (Fig. 115: 4 y 6).

Con este conjunto consideramos que debemos fechar el estrato entre el último cuarto del s. II y, como máximo, el primer cuarto del s. III. Las sigillatas y la cerámica africana coinciden en señalar con su repertorio tipológico una fecha que no debería sobrepasar el siglo II; pero existen piezas que aún aparecen a inicios del s. III, especialmente las de la forma Hayes 14/15 y Hayes 9B sin decorar. Las cerámicas africanas sin barnizar tienen una cronología menos precisa, pero no se apartan del conjunto. No obstante, no encontramos ni un solo fragmento de la forma Hayes 32, típica de la primera mitad del s. III, que coexistió con el plato de la forma Hayes 27. Tampoco aparece -y es extraño- el plato de la forma Hayes 181, abundantemente documentado en Tolegassos en estratos de finales del s. II e inicios del s. III.

En cualquier caso, con el material de que disponemos, la cronología del estrato difícilmente va más allá de la segunda década del s. III.

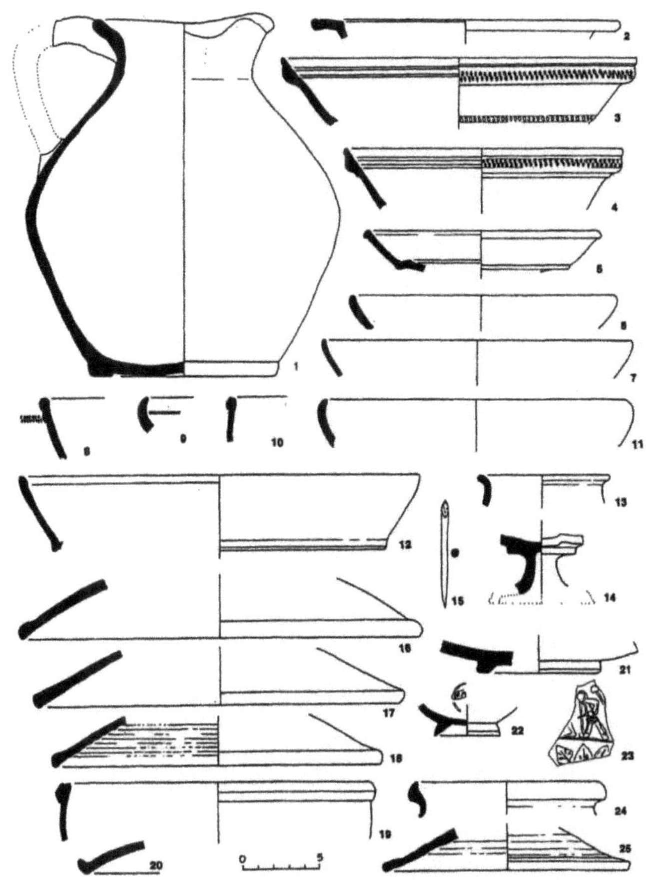

Fig. 113. Cerámicas africanas, común y sudgálica del estrato 2452.

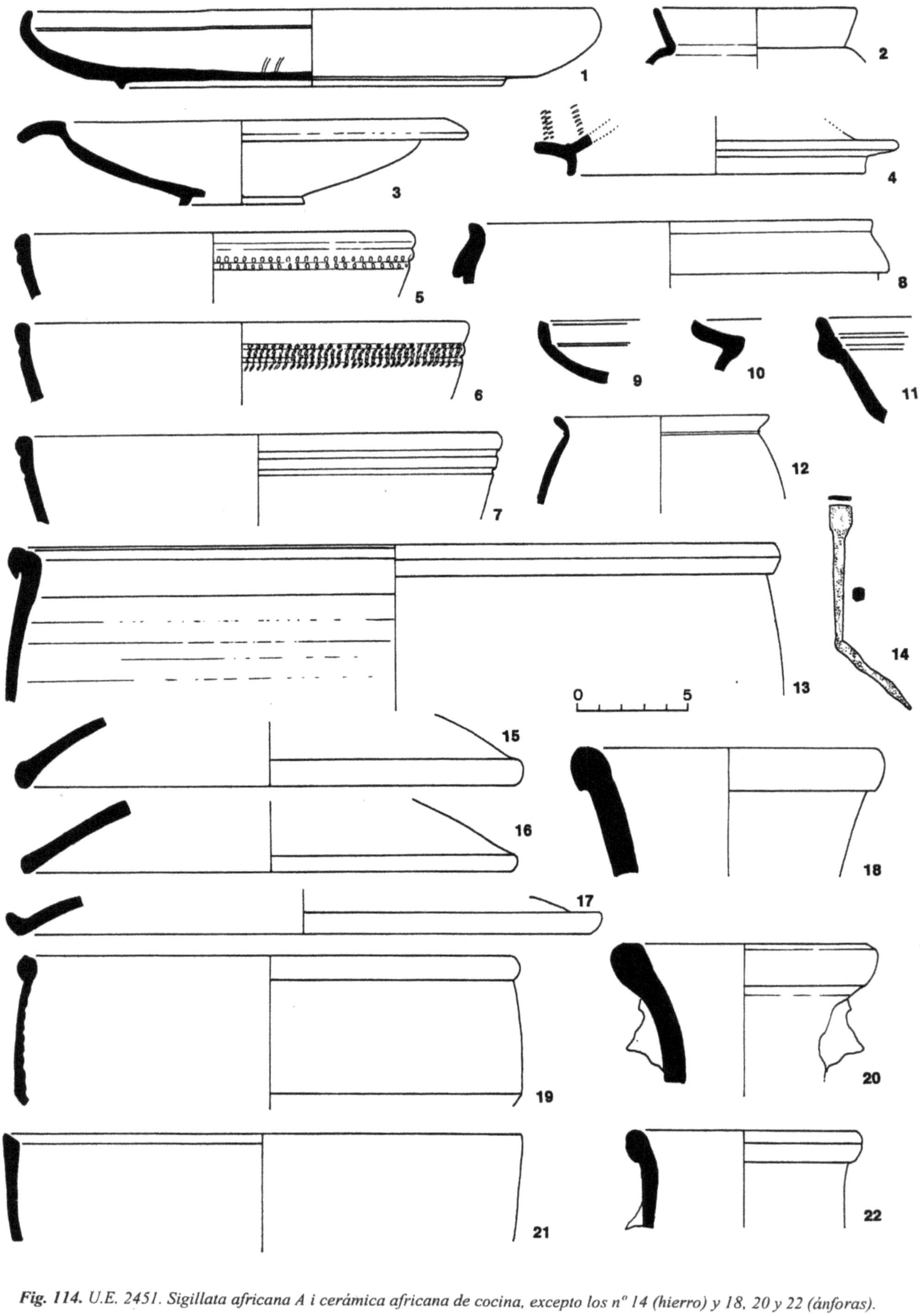

Fig. 114. U.E. 2451. *Sigillata africana A i cerámica africana de cocina, excepto los nº 14 (hierro) y 18, 20 y 22 (ánforas).*

U.E. 2458.

Una gran zanja o depresión abierta en el nivel inferior, junto al muro, parece corresponder en parte a la apertura de la zanja de cimentación de la pared, aunque fue removida con posterioridad y nivelada con escombros, tierras con cenizas y diversos restos de recipientes cerámicos. Físicamente es el estrato más profundo, pero no parece anterior al nivel que lo recubre y que se depositó para uniformizar al primer suelo de circulación (U.E. 2457). De todas formas, estudiaremos los dos niveles por separado, a fin de guardar la secuencia estratigráfica que la metodología nos aconsejó respetar y de esta forma poder comparar las cronologías de ambos.

En esta ocasión la cantidad de cerámica aumenta de forma considerable en relación con la que habíamos recuperado en los estratos anteriormente analizados. El repertorio también se amplía, aunque no de forma excesiva, con la repetición de los mismos tipos básicos y presencia de productos habituales durante el período que estudiamos. Es lógico, teniendo en cuenta que se trata de un estrato que corresponde a la segunda mitad del s. II. No obstante, es un nivel más puro que los otros, sin mezclas y con un material residual más antiguo, insignificante, casi inexistente.

La sigillata africana A presenta el mismo repertorio que ya hemos estudiado al comentar el estrato 2451, pero con algunas novedades que vale la pena señalar. De entrada, volvemos a encontrar los platos de la forma Hayes 3, con el borde liso, pero también con ejemplares decorados con hojas de agua de buena calidad y acabados excelentes (Fig. 116: 1 y 2). Conviene señalar que a menudo estos platos, de pasta anaranjada y barniz rojizo, tienen el interior de la sección de color gris debido a lo que suponemos que son defectos de cocción que no afectan la superficie y aspecto exterior del recipiente.

La forma Hayes 9, de la que solo reproducimos el fragmento de mayor entidad, también muestra ejemplares lisos y decorados (Fig. 116: 3), y las peculiaridades de la pasta naranja y gris en algunos fragmentos.

Una nueva forma, poco habitual, es la cantimplora de la forma Hayes 147 / Lamb. 13, de arcilla fina y muy depurada, de notable calidad (Fig. 116: 4). Un ejemplar entero ya apareció anteriormente en el estrato 2080, del último cuarto del s. II. Según Hayes, que se basa en los prototipos originales de la sigillata sudgálica, la forma se data entre finales del s. I e inicios del s. II, o quizás un poco más tarde (Hayes 1972, p. 185). A partir de otros contextos seguros de Tolegassos, la datación de la segunda mitad del s. II no ofrece dudas.

De la forma Hayes 104 / Lamb. 14, solo encontramos un fragmento de borde y otros sin forma ni decoración, aunque suele ser corriente en esta forma (Fig. 116: 9). Un plato de la forma Hayes 18, no demasiado habitual en esta villa, fue fechado por Hayes -puesto que no disponía de contextos claros- a inicios del s. III (Fig. 116: 10); mientras que otro de la forma Hayes 14A (Fig. 116:11), corresponde a mediados del s. II (Hayes 1972, p. 41-43).

Pero la forma más numerosa es el recipiente de pátina cenicienta Hayes 23 en sus variantes A y B; la primera aparentemente más antigua, aunque aparecen normalmente justas en los mismos estratos de este yacimiento y en los de su entorno (Fig. 116: 5 a 7). En realidad, la variante B, que fue la de mayor perduración, llegando incluso hasta las segunda mitad del s. III, en esta ocasión presenta las características típicas de las variantes antiguas: dimensiones reducidas, carena y unión con la base muy marcada y angulosa y corta moldura interna del labio. La variante A, que en teoría tendría que ser de la primera mitad del s. II, suele aparecer normalmente en contextos bien datados en la segunda mitad del siglo.

En cerámica africana de cocina de borde ahumado, la forma que más se repite en sus diferentes variantes ya comentadas en ocasiones anteriores, es la Hayes 196. Es un plato/tapadera de doble uso (es por ello que en ocasiones lo dibujamos invertido), que teóricamente debería formar un conjunto con la cazuela Hayes 197 (Fig. 116: 12), pero del que siempre encontramos muchos más fragmentos -en proporción exagerada- que del segundo. Precisamente por el hecho de que debió ser utilizado más como plato que como tapadera (Fig. 116: 13; fig. 117: 7 a 9). Aunque ambas formas tuvieron un período de fabricación y difusión muy largo, debemos señalar que la pieza Hayes 197 que reproducimos presenta las características habituales de los ejemplares que solemos encontrar en los contextos más antiguos; es decir, dimensiones medianas y labio corto, con el mismo grosor que su altura y bien diferenciado.

Los productos africanos no se limitan solamente a las sigillatas A y a las cerámicas de cocina tan conocidas, sino que aparecen todas las demás producciones conexas, procedentes de los mismos talleres que imitaron algunas de las formas más populares o que crearon otras nuevas y que, a menudo, han sido confundidas con la cerámica común local. Se trata, en definitiva, de la cerámica común africana, que años atrás pudo ser individualizada gracias a los hallazgos del vertedero de Tolegassos.

A pesar de su relativa novedad, los recipientes del estrato no son formas desconocidas, sino todo lo contrario, ya que habían sido identificadas anteriormente en Tolegassos y ya las habíamos visto cuando analizábamos el material del estrato 2080. En primer lugar aparecen las ollas o urnas (de hecho, no tienen asas), con la arcilla de color rojo oscuro, con muchas impurezas de color blanco y pequeños nódulos quemados (Fig. 116: 14 y 15).

Un segundo tipo imita la forma Hayes 23B de la producción africana de pátina cenicienta, con unas peculiares características en el labio y carena de la parte inferior del cuerpo (Fig. 117: 1). La tercera forma de este limitado repertorio imita la Hayes 197 (Fig. 117: 2), aunque con un aspecto más sobrio y robusto, las paredes gruesas y la superficie poco pulida y muy ennegrecida por el humo. Ambos son utensilios acostumbrados al fuego de la cocina.

Debemos citar, también de origen norteafricano, una lucerna de disco de la forma Deneauve VII, sin decoración en el disco. Suele fecharse dentro de la segunda mitad del s. II, sin que podamos ser más precisos visto el carácter anónimo e impersonal del fragmento recuperado (Fig. 116: 8).

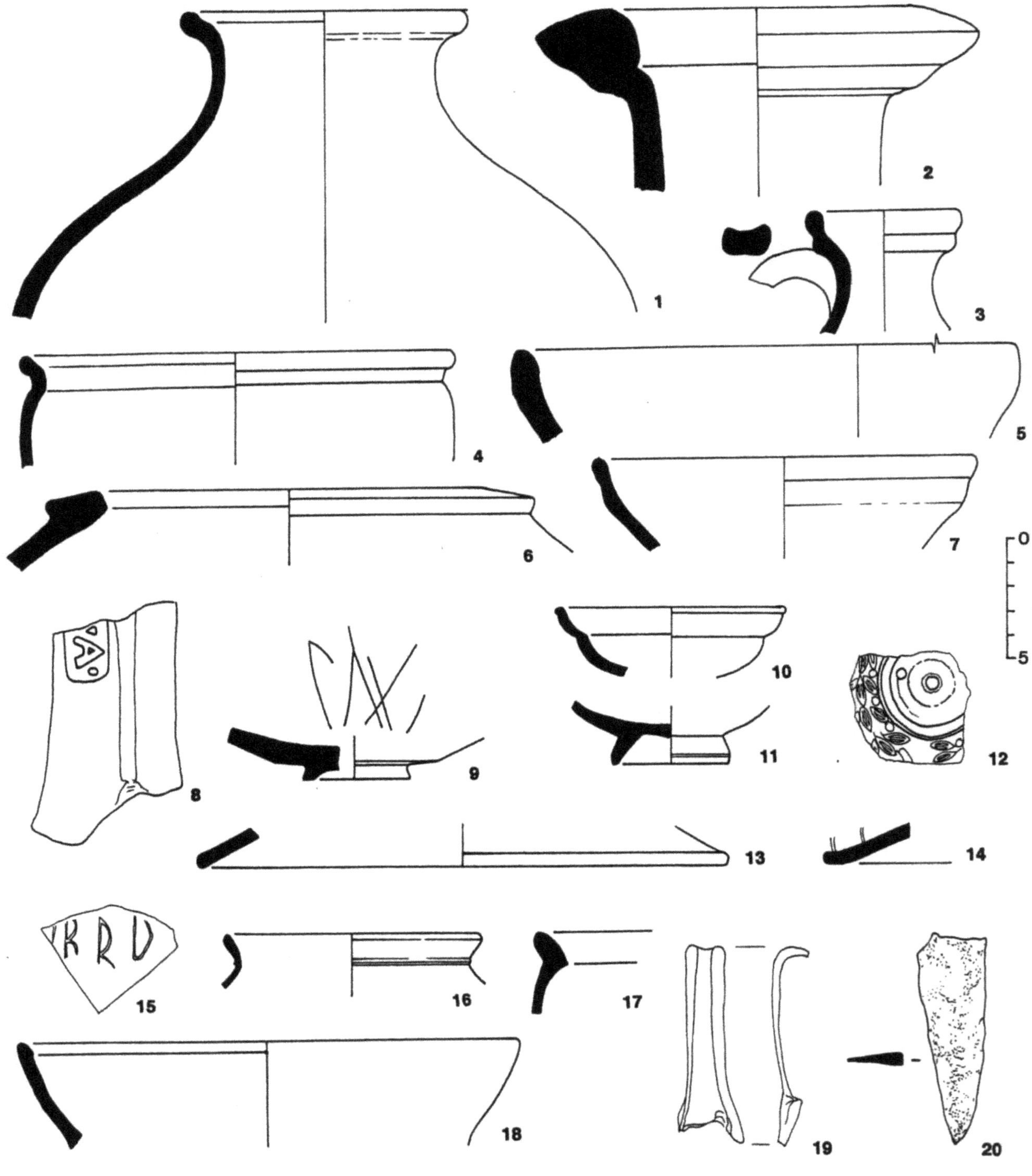

Fig. 115. U.E. 2451. 1, 3 a 5, 7: Cerámica común oxidada. 2 y 8: Ánfora. 6: Dolium. 9 a 11 y 13: Sigillata sudgálica. 12: Lucerna. 14 y 15: Cerámica común. 16 a 18: Cerámica africana de cocina. 19: Asa de vidrio. 20: Cuchillo de hierro.

Un producto más corriente en contextos del s. I, del que aparecen dos bordes y algunos fragmentos sin forma, es la jarra de cerámica gris de boca trilobulada, que habíamos visto por primera vez al comentar el contenido de los silos y depósitos de época augústea y primera mitad del s. I (Fig. 117: 3 y 4). Su presencia relativamente abundante en este estrato no es del todo normal, a menos que la consideramos un material residual.

Tanto las ánforas como la cerámica común no aportan datos significativos para fechar el estrato, pero constatamos que se mueven dentro de los parámetros generales de la segunda mitad del s. II (Fig. 118: 7 y 8). Hallamos un extenso repertorio de jarras, botellas y cuencos de esta época, entre los que debemos citar especialmente una botella de cuerpo esférico, seguramente de fabricación local, con el cuello y borde desaparecidos (Fig. 117: 5), aunque del mismo tipo reproducido en la Fig. 118: 3. Un vaso de forma cuadrada y pie circular, un cuenco y una jarrita que también tienen las mismas características parecen ser productos locales (Fig. 117: 10; fig. 118: 1 y 6).

Las grandes jarras para líquidos también presentan formas típicas de finales del s. II, como es el caso de la base cóncavo-convexa y umbilicada (Fig. 118: 13), con otros paralelos de la misma época en este territorio. Pero quizás las piezas más interesantes son el bol tipo "Llafranc" de grandes dimensiones (Fig. 119: 1), con paralelos muy próximos dentro de la segunda mitad del s. II, y dos tapaderas. La primera de ellas es atípica, muy elaborada y con el encaje que sobresale por los lados. La segunda, para una pequeña olla, es casi plana y bastante común en la zona, en cualquier período (Fig. 119: 2 y 3).

En último lugar, un cuenco de una forma poco corriente, con el labio inclinado hacia el interior y el borde decorado con incisiones horizontales (Fig. 118: 5). Tiene cierto parecido con los cuencos tipo "Llafranc", pero no es lo mismo. Encontramos un paralelo próximo en la villa del Pla de l'Horta (Sarriá de Ter, Gerona), en contextos de finales del s. II.

Un único fragmento de cerámica vidriada (Fig. 119: 5), presenta una nueva forma aún no aparecida en la villa. Tiene, además, una sencilla decoración de ovas alrededor del labio. A partir de los hallazgos de otros estratos, sabemos que la cerámica vidriada llega a Tolegassos a partir de mediados del s. II y perdura durante toda la segunda mitad del siglo. El origen de los ejemplares del s. II, local o africano, aún no ha sido totalmente establecido, pero existen bastantes elementos que los relacionan con producciones locales (Casas, Marino, Soler 1993, p. 142-143).

U.E. 2455, 2456 y 2457.

Se trata de tres estratos de poca entidad, cuya parte superior tiene su equivalente en la unidad estratigráfica 2085 de las primeras campañas de excavación, formando un suelo o pavimento de tierra apisonada al mismo nivel que el umbral de la puerta de la habitación. Los estratos se formaron de manera rápida a fin de nivelar es espacio, consolidar el muro y facilitar la circulación en la zona. Quizás por este motivo, y por el hecho de haberse traído la tierra desde un lugar diferente, el material arqueológico es escaso y muy variado, con cerámicas que abarcan un período muy amplio, desde mediados del s. I hasta finales del s. II (Fig. 120). Es el mismo repertorio que habíamos observado durante las primeras campañas de excavación (Casas 1989, p. 77 y 96).

El material de importación más antiguo es la sigillata sudgálica, con dos fragmentos de la forma Drag. 29B decorados y algunos vasos lisos de las formas Drag. 27 (Fig. 120: 12 a 15), así como una copa de paredes inclinadas de la forma Drag. 33 con una arcilla que más bien recuerda la de la sigillata Clara B, aún sin serlo (Fig. 120: 16). Se trata, en general, de producciones de la segunda mitad o tercer cuarto del s. I.

En el mismo estrato aparecen algunos fragmentos de cerámica africana; las típicas tapaderas de la forma Hayes 196, ollas de un asa de la forma Hayes 200, y fragmentos informes del tipo Hayes 197 (Fig. 120: 4). La sigillata africana A está representada por los platos de la forma Hayes 3A, con decoración de hojas de agua en el labio (Fig. 120: 8 y 17), y el borde de una jarra Hayes 139.1, muy rara en el yacimiento, y que ha sido fechada con algunas dudas a inicios del s. III (Fig. 120: 7).

Otros materiales africanos, de la series de productos de pátina cenicienta barnizados solo en el interior, aparecen indistintamente en cualquier estrato. Las más numerosas, como siempre, son las formas Hayes 23B, de labio corto, relativamente antigua en la producción, y la fuente o gran plato Hayes 181, con una sencilla decoración de círculos concéntricos en el fondo interno (Fig. 120: 1 y 18). Completan el conjunto algunos fragmentos de ánfora, la mayor parte sin forma, excepto un borde de Dressel 20 bética (Fig. 120: 9) y una Dressel 2/4 local, con arcilla rojiza, poco depurada y con muchos nódulos de cuarzo.

La cerámica común oxidada y reducida no aporta ninguna novedad. En todo caso, podemos hacer referencia a un cuenco que recuerda los recipientes del tipo "Llafranc", decorado con incisiones verticales en el labio y en la parte superior del cuerpo (Fig. 120: 3), y una serie de pequeñas ollas, algunas de las cuales podrían pertenecer al grupo de cerámicas comunes africanas de pasta rosada y otras a producciones de cerámica gris local, que aparecen normalmente a partir de la mitad del s. II y perduran durante un centenar de años en Tolegassos (Fig. 120: 2, 10 y 18-21)

U.E. 2084.

Los estratos que encontraremos a partir de ahora, y especialmente el 2084, a veces tienen una lectura más difícil. Todos se formaron una vez construidos los dos muros de la fase 3-b y, en principio, debemos suponer que se trata de niveles de abandono de la villa o, como mínimo, formados durante el período de actividad en el sector a lo largo de la primera mitad del s. III. No obstante, el muro más occidental de esta ampliación (E. 2052), se construyó en parte sobre el estrato 2084, y su base sigue la misma pendiente del estrato hasta llegar a un afloramiento de la roca natural sobre el que también se apoya.

Puesto que la pared se halla en un punto relativamente

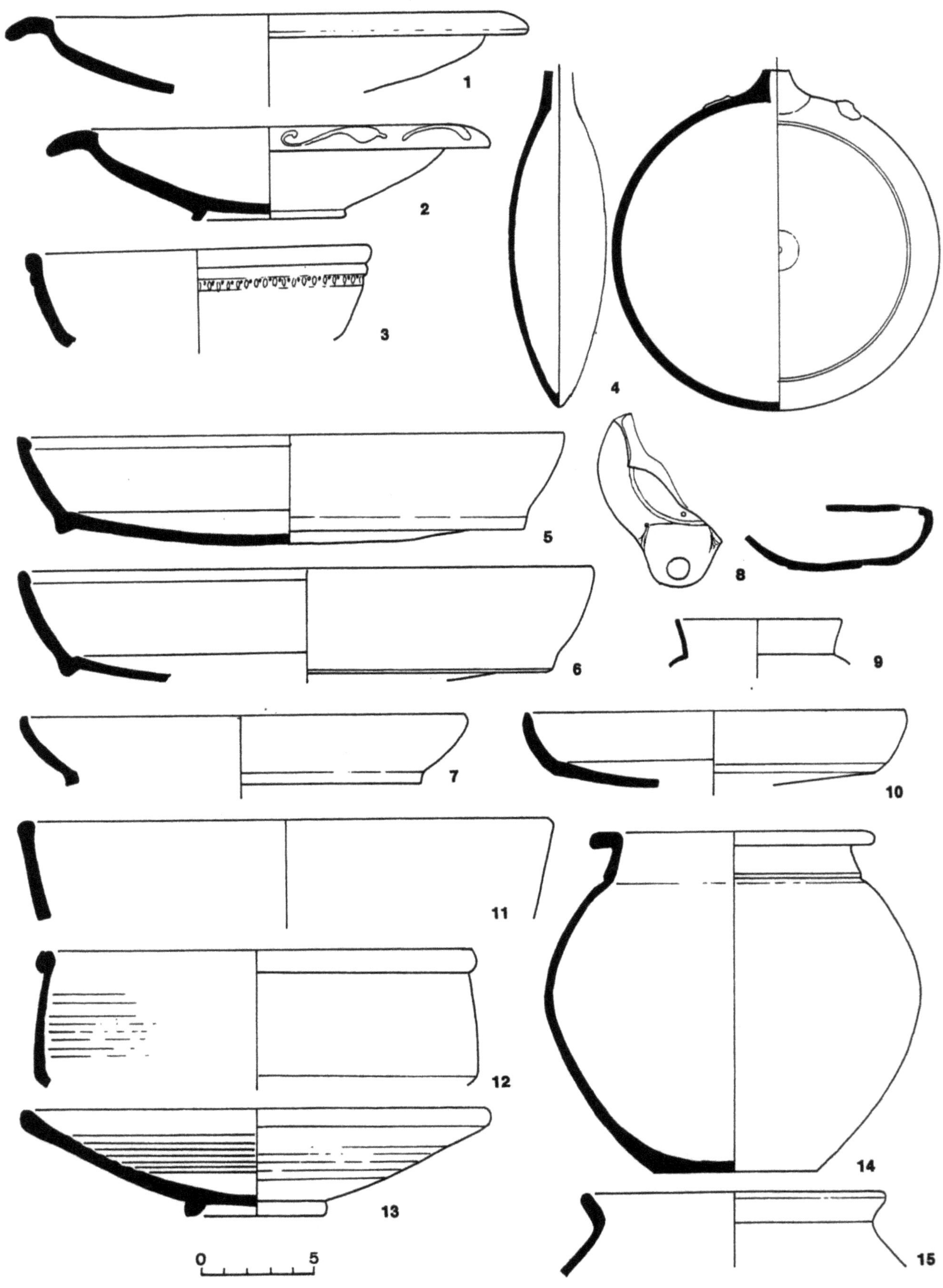

Fig. 116. U.E. 2458. Sigillata africana A y cerámica africana de cocina, con una lucerna (nº 18) y cerámica común (nº 14 y 15).

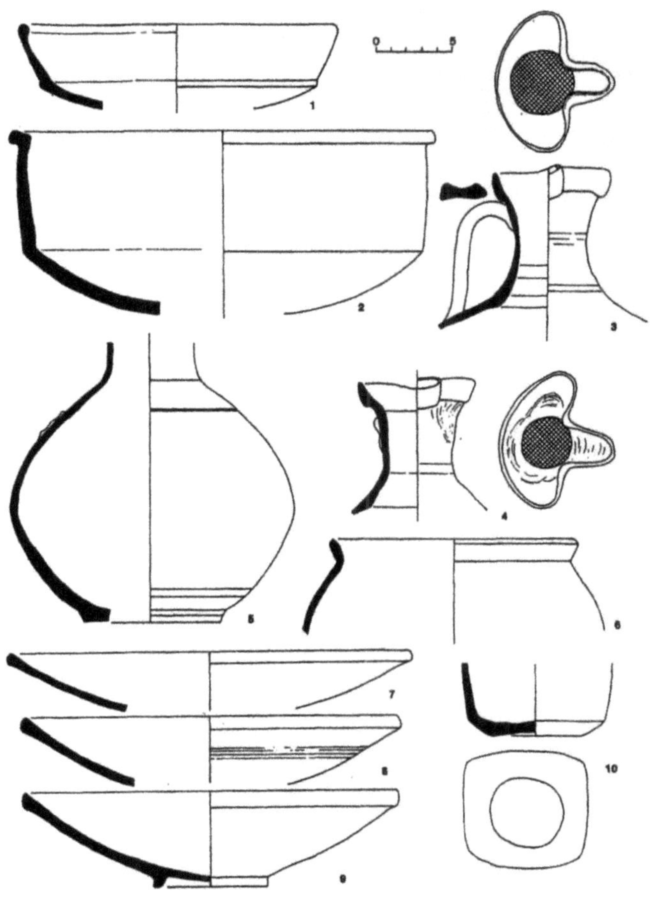

Fig. 117. Cerámica africana, gris de boca trilobulada y cerámica común de la U.E. 2458.

alejado de la puerta y por lo tanto no era imprescindible tener todo el suelo nivelado para poder circular y acceder al edificio, quizás se removió y esparció esta tierra que inicialmente había quedado apoyada en talud junto al muro, levantando ligeramente el nivel del suelo de circulación inicial. La existencia de una delgada capa de tierra diferente, que puede observarse en la sección estratigráfica, parece señalar esta hipótesis (Fig. 111). La actividad y circulación continuada por el sector contribuyó a uniformizar el aspecto y la composición de las tierras del estrato, que en ambos extremos se apoyaba en los dos muros paralelos y en el momento final cubrió las losas del umbral de la puerta.

Pero aunque sea más abundante, el material cerámico que apareció en él no difiere en absoluto del que habíamos visto en los estratos inferiores. Por lo tanto, no existen problemas ni divergencias cronológicas entre ellos. En general nos movemos en un amplio marco de mediados del s. II hasta la primera mitad del s. III, que puede ser acotado y limitado entre el último cuarto de un siglo y el primero del siguiente, en base a las dataciones que nos proporcionan las cerámicas africanas.

El repertorio se repite y poco podemos aportar como novedad. Por un lado, los materiales más antiguos de la sigillata sudgálica de la Graufesenque, con fragmentos de las formas Drag. 29B con una decoración de buena calidad en la que vemos representada a Diana cazadora (Fig. 122: 1 y 2); forma Drag. 37 (Fig. 122: 3 y 5), y bases de formas lisas, seguramente de las formas Drag. 18/31 y 27 (Fig. 122: 4 y 6). Entre este conjunto del tercer cuarto del s. I la pieza más tardía es la Drag. 37, que posiblemente pertenece a la transición entre los siglos I y II.

La sigillata africana A nos muestra un repertorio más interesante y homogéneo, con algunos fragmentos de la forma Hayes 8B con el borde sin decorar, de la segunda mitad avanzada del s. II (Fig. 121: 1); Hayes 9A y 9B, decoradas y sin decorar, la primera un poco más antigua, pero que perdura hasta finales del s. II, igual que la segunda (Fig. 121: 3, 6 y 7); un cuenco de la forma Hayes 14/17, también bastante reciente (Fig. 121: 2); un plato de la forma Hayes 4 (Fig. 121: 4), que dicho autor sitúa en la primera mitad del s. II y que como máximo se ha hecho llegar hasta mediados de siglo (Hayes 1972, p. 26; Atlante 1981, p. 23); otro plato de la forma Hayes 6B, de la segunda mitad del s. II y un último ejemplar Hayes 14B de la misma época (Fig. 121: 5 y 8).

La única forma de la cerámica de pátina cenicienta pertenece al tipo Hayes 23 (variantes A y B), y no aparece la Hayes 181, tan abundante en el yacimiento (Fig. 121: 10). Es una forma que suele ser bastante frecuente durante el tercer cuarto del s. II y que, en cualquier caso, no parece llegar al s. III.

Pero la cerámica africana más numerosa continúa siendo la de borde ahumado (Hayes 196, 197 y 200), con diferentes variantes. La más típica, la cazuela Hayes 197, sin duda es la más abundante, aunque todos los recipientes han llegado hasta nuestros días muy fragmentados (Fig. 121: 11). La variante próxima a la Ostia III-108, con un solo recipiente (Fig. 121: 14), tendría que ser más tardía, ya que algunos ejemplares han sido localizados en contextos incluso del s. IV (Atlante 1981: 218), no siendo éste nuestro caso. Otro individuo de la misma forma genérica, de dimensiones más reducidas, también es habitual en contextos de Tolegassos de mediados del s. II (Fig. 121: 17).

La pequeña olla o jarra con un asa Hayes 200 (Fig. 121: 12 y 13), también se localiza normalmente en estratos de la segunda mitad del s. II y, aunque menos abundante, en niveles de la primera mitad del s. III. Los platos de la forma Ostia I-264 / Hayes 182 (Fig. 121: 6), son bastante frecuentes en la primera mitad del s. III, pero con unos orígenes que debemos situar por lo menos en el último cuarto del s. II.

La forma inédita de Tolegassos, con el labio moldurado o con incisiones horizontales, la hemos visto anteriormente en estratos de la transición entre los siglos II y III (Fig. 121: 5).

Las ánforas, con su presencia solo testimonial, tienen un peso específico insignificante en el estrato, como siempre. Solo vale la pena citar tres fragmentos; dos de ellos de origen norteafricano, con la pasta anaranjada y engobe amarillo de buena calidad (Fig. 122: 8 y 11), y un tercer ejemplar que recuerda las G-IV de base plana (Fig. 122: 9).

La cerámica común, aunque numerosa, no es especialmente relevante, con un repertorio típico y nada original, a parte de la boca de un pequeño *dolium* con el labio más elaborado (Fig. 122: 7); un vaso de cerámica reducida moldeado a mano y dos cuellos de botella, uno con el labio biselado y el otro inclinado hacia el interior, respectivamente (Fig. 122: 7, 12 y

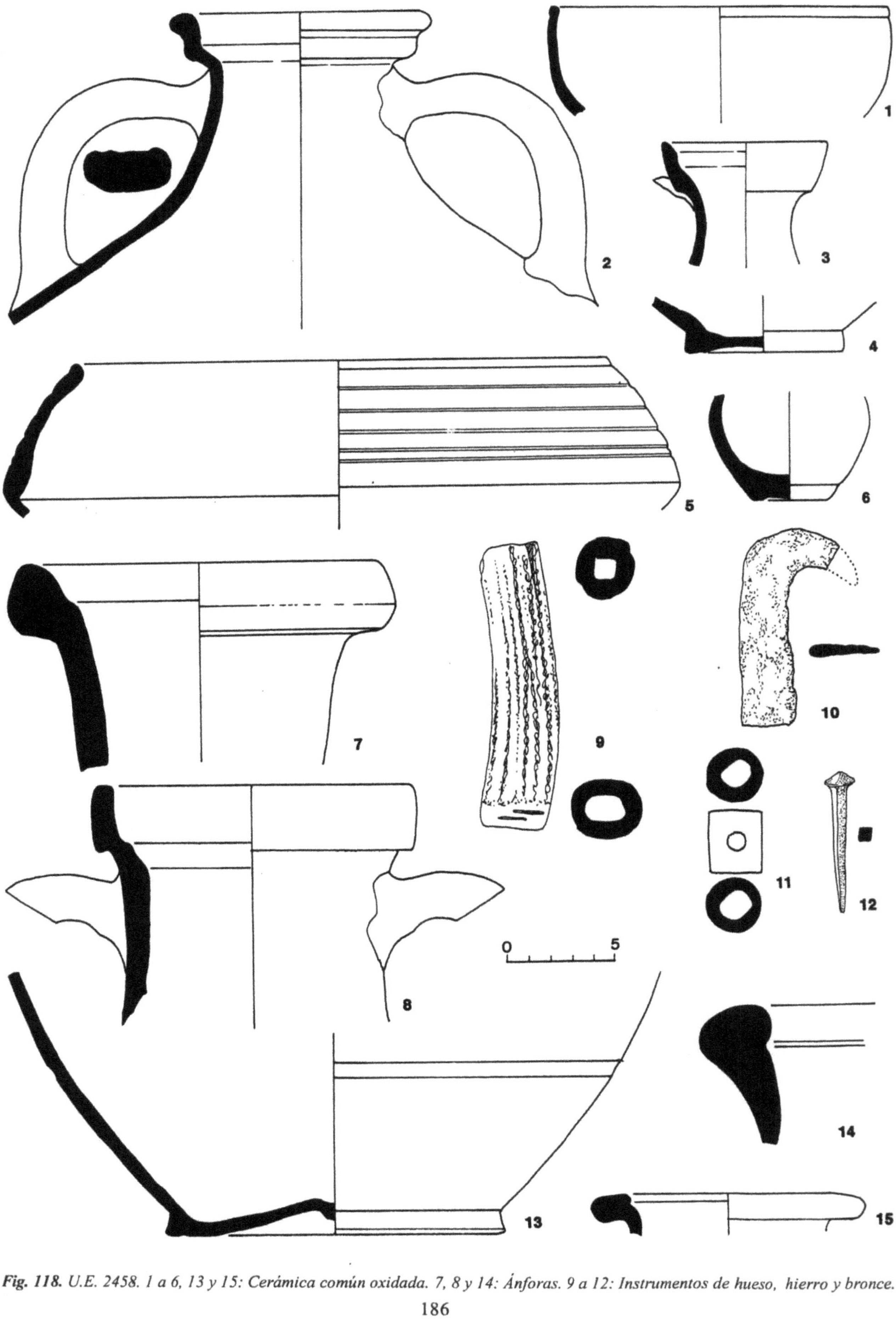

Fig. 118. U.E. 2458. 1 a 6, 13 y 15: Cerámica común oxidada. 7, 8 y 14: Ánforas. 9 a 12: Instrumentos de hueso, hierro y bronce.

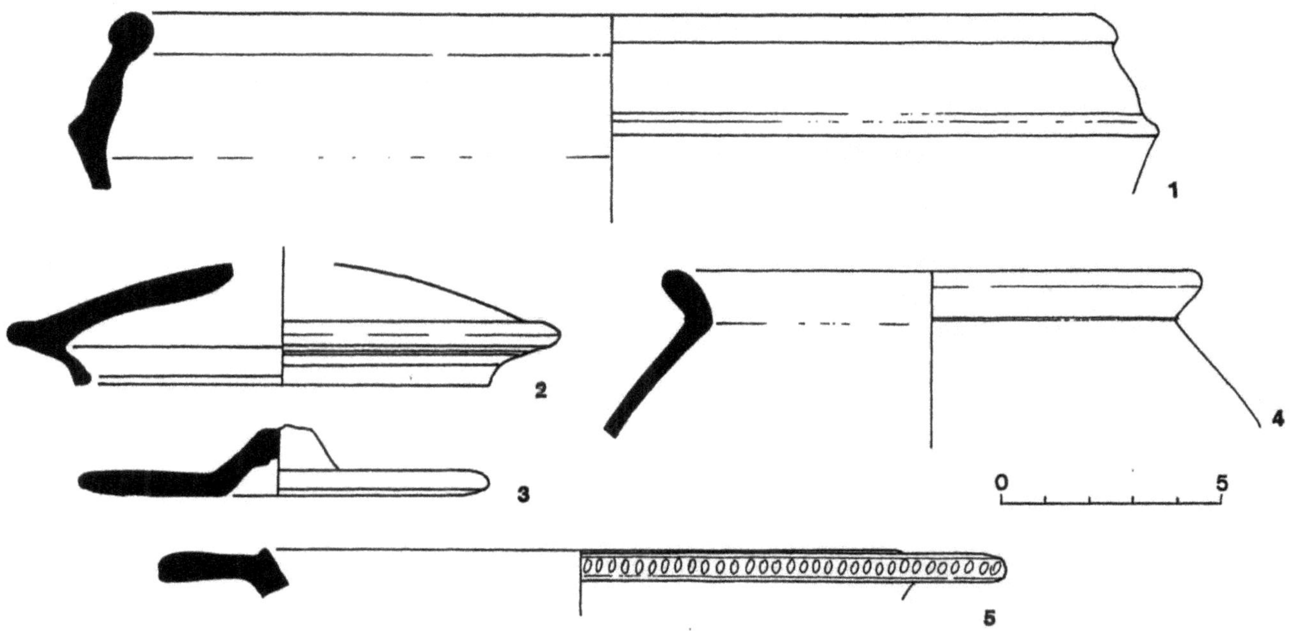

Fig. 119. U.E. 2458. 1 a 4: Cerámica común. 5: Cerámica vidriada

16). El repertorio general lo completan algunos objetos de bronce y hueso (agujas, espátula, etc.), bastante corrientes (Fig. 122: 14 a 21).

U.E. 2082-B.

Este estrato cubría parcialmente la U.E. 2084 en el punto en el que aquél presentaba un pequeño bache o depresión en su parte superior. Pero todo parece indicar que se depositó de forma natural en una época posterior, por aportación eólica y acumulación de tierras contra la parte interior del muro de contención 2454 y del muro principal de la fase 3. Como, además, cubría el umbral de la puerta hasta una altura importante, creemos que debe considerarse un nivel de abandono, formado cuando la villa había dejado de existir. Lamentablemente, el volumen de material arqueológico es muy limitado, diverso y poco esclarecedor de cara a establecer la fecha más reciente para la formación del estrato.

Esta cronología tendremos que hallarla a partir del estudio del material del estrato 2082, del que el actual es solo la parte inferior no afectada por la construcción de un muro tardío, de la época de reocupación del yacimiento a mediados del s. IV (E. 2016). De todas formas, sí fue removido y afectado inmediatamente después de abandonarse la villa altoimperial, al desmantelarse la parte superior de la pared. La zanja dejada por el muro desaparecido se rellenó de manera rápida con el estrato 2082, el cual nos señala mejor que ningún otro el momento de la desaparición definitiva de la villa altoimperial.

Como decíamos, existe una considerable mezcla de material, sin ningún predominio claro y con un número demasiado bajo de fragmentos cerámicos para proponer una cronología segura. El más moderno, que puede acercarnos a la datación del nivel, es la cerámica africana, con un borde de la forma Hayes 4, Hayes 9A decorada (segunda mitad del s. II), y Hayes 27 (entre el último cuarto del s. II y primeras décadas del s. III). El borde de un plato de la forma Hayes 181 puede ser ligeramente más tardío y puede situarse *grosso modo* en la primera mitad del s. III.

Un borde de sigillata hispánica Drag. 37, con una decoración sencilla en la mitad inferior de la pieza, es de la misma época (Fig. 123: 5). Más antiguos, algunos fragmentos de sigillata sudgálica de finales del s. I (Fig. 123: 6 y 7). Cuatro ánforas no se mueven del marco general de la segunda mitad del s. II y primera del s. III (Fig. 123: 1 a 4). Una de ellas de la forma Dressel 20, con el labio de sección circular, y sin duda de origen norteafricano, con la pasta de color naranja, porosa, puntos de cal y nódulos marrones y recubierta de engobe gris muy claro. Otros dos ejemplares también tienen la misma procedencia con toda seguridad, ya que reunen las mismas características en la arcilla y sus acabados (quizás son tripolitanas), mientras que el cuarto se halla más cercano a las producciones de la zona y recuerda las G-IV de base plana, con un labio como el de los recipientes fabricados en Salelles d'Aude en el s. III (Fig. 123: 4).

En general las piezas de cerámica común tienen paralelos idénticos en estratos de la primera mitad del s. III en esta región. En alguna ocasión también aparecen a finales del s. II. El gran cuenco de labio plano y dos asas horizontales es bastante corriente y se documenta en toda la zona durante esta misma época (Fig. 123: 13). Los cuencos carenados, a veces con una sencilla moldura en la parte externa del borde, tampoco son desconocidos (Fig. 123: 10 y 12).

A parte de observar un conjunto de materiales que nos proporcionan un abanico cronológico extenso, no nos atrevemos a proponer una cronología segura y precisa para el estrato, aunque nos inclinamos para una datación no anterior al primer cuarto del s. III.

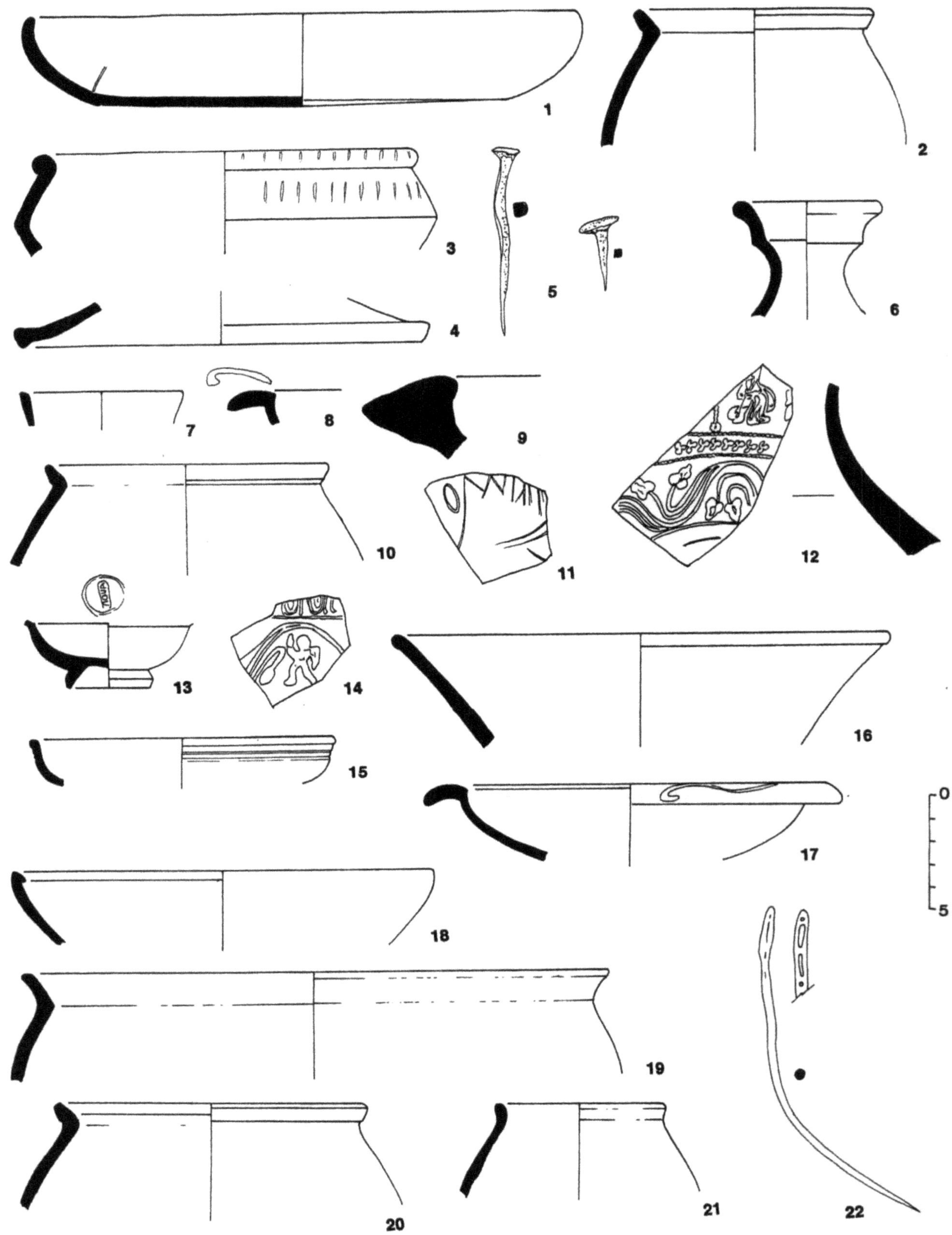

Fig. 120. *U.E. 2455, 2456, 2457. 1 y 18: Cerámica africana de cocina. 2, 3, 6, 10, 11, 19-21: Cerámica común local. 7, 8 y 17: Sigillata africana A. 9: Ánfora. 12 a 16: Sigillata sudgálica. 5 y 22: Instrumentos de bronce.*

U.E. 2082.

Señala de manera muy clara el abandono de la villa y su destrucción. A parte de recubrir todos los estratos del sector, también cubría parcialmente los dos muros del ángulo del edificio de la fase 3, así como la zanja originada con el desmantelamiento del muro de contención 2454 de la fase 3-b. Solamente se vio afectado -seguramente a mediados del s. IV- por la construcción de un muro de piedra seca (E. 2016).

Aunque el repertorio básico de material arqueológico se repite y es bastante parecido al de los niveles más profundos, aparecen nuevos elementos que nos permiten fecharlo en un momento más tardío. Pensamos, concretamente, en varios fragmentos de sigillata africana C, uno de ellos con decoración aplicada en el borde, que deberemos fechar a mediados del s. III como mínimo. Otros recipientes de sigillata y cerámica africana de cocina también tienen una cronología avanzada.

En las últimas campañas aparecieron algunos platos tardíos de la forma Hayes 27, que hemos de situar en el primer cuarto del s. III (Fig. 124: 1 y 2), y de la forma Hayes 31, también de la primera mitad del s. III (Casas 1989, p. 92). Un plato alto de la forma Hayes 15, con la misma cronología (Fig. 124: 5), y algunos recipientes más antiguos de la forma Hayes 9 con decoración en el borde, de la segunda mitad del s. II (Fig. 124: 6 y 7).

La cerámica africana de cocina presenta el repertorio más característico, con variantes poco significativas y una cronología amplia desde la segunda mitad del s. II hasta mediados del s. III (Fig. 124: 12, 14 y 16), y alguna base de la pequeña olla Hayes 200. Alguno de los ejemplares de cerámica común africana imita la forma Hayes 23B, fechándose preferentemente en la segunda mitad del s. II (Fig. 124: 18).

También pertenecen a la misma época algunos ejemplares de sigillata hispánica, producción muy rara en el yacimiento; uno de ellos decorado con círculos concéntricos (Fig. 124: 2, 4 y 8). La sigillata de la Graufesenque, más antigua y residual en el estrato, solo aparece en escaso número (Fig. 124: 9-11).

Como producciones minoritarias o mal representadas en el estrato cabe citar un fragmento de plato de cerámica vidriada perteneciente a la forma más repetida en Tolegassos, fechada con bastante seguridad dentro de la segunda mitad del s. II (Fig. 124: 19). Finalmente, a parte de la cerámica común, con pocas formas y tipos característicos, podemos citar dos bordes de ánfora (una norteafricana y una Dressel 20 bética), que no ayudan demasiado para perfilar la cronología (Fig. 124: 17 y 20).

A partir de los hallazgos de campañas más recientes, contrastando y completando el repertorio de material arqueológico con el que se había recuperado en campañas anteriores, consideramos que debemos situar el momento de formación del estrato a partir de mediados del s. II y posiblemente dentro del tercer cuarto del siglo. La ausencia de los tipos más antiguos de la sigillata africana A, siempre tan numerosos en otros estratos más típicos del s. II, y la presencia de algún fragmento de la sigillata clara C, nos hace proponer esta cronología. Es un repertorio que se repite más ampliado en el estrato 2002 del vertedero situado en el mismo sector del yacimiento y en el estrato superficial. Este último no ofrece tantas garantías, ya que siempre se ha visto removido por el arado y en él se mezclan todo tipo de materiales, incluyendo los pertenecientes a la reocupación tardía del yacimiento. Pero el estrato 2002 y el relleno de un viejo depósito en el sector central de la villa, ambos con una enorme cantidad de fragmentos cerámicos, son suficientes para situar la época de abandono, permitiéndonos prescindir de los niveles más recientes que recubrían las habitaciones y edificios que acabamos de estudiar, aunque no por ello dejaremos de tenerlos en cuenta.

No obstante, dejemos para más tarde el estudio más detallado de aquellos ámbitos y estratos que mejor nos muestran el momento final de la villa.

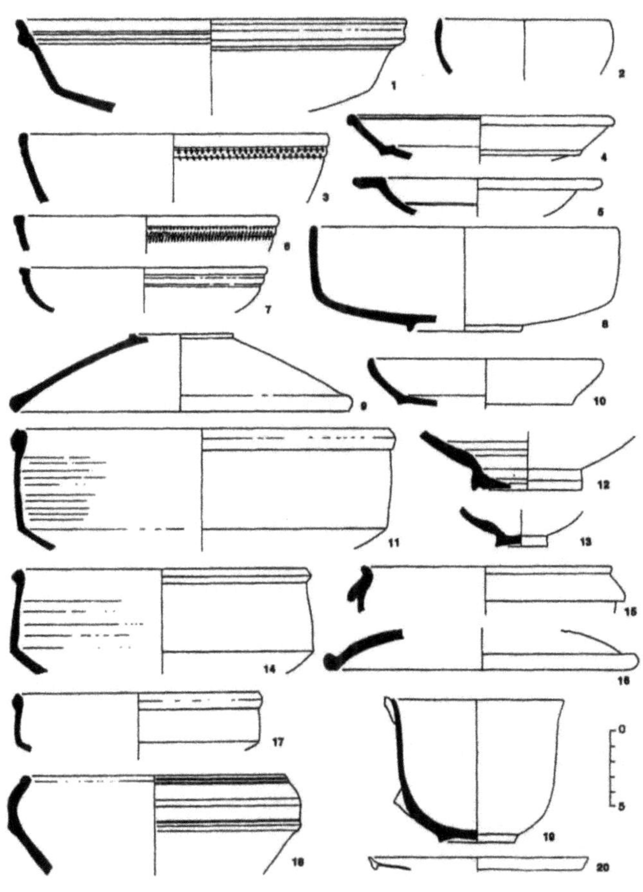

Fig. 121. U.E. 2084. 1 a 8: Sigillata africana A. 9 a 17: Cerámica africana de cocina. 18 y 19: Cerámica común. 20: Plato de vidrio.

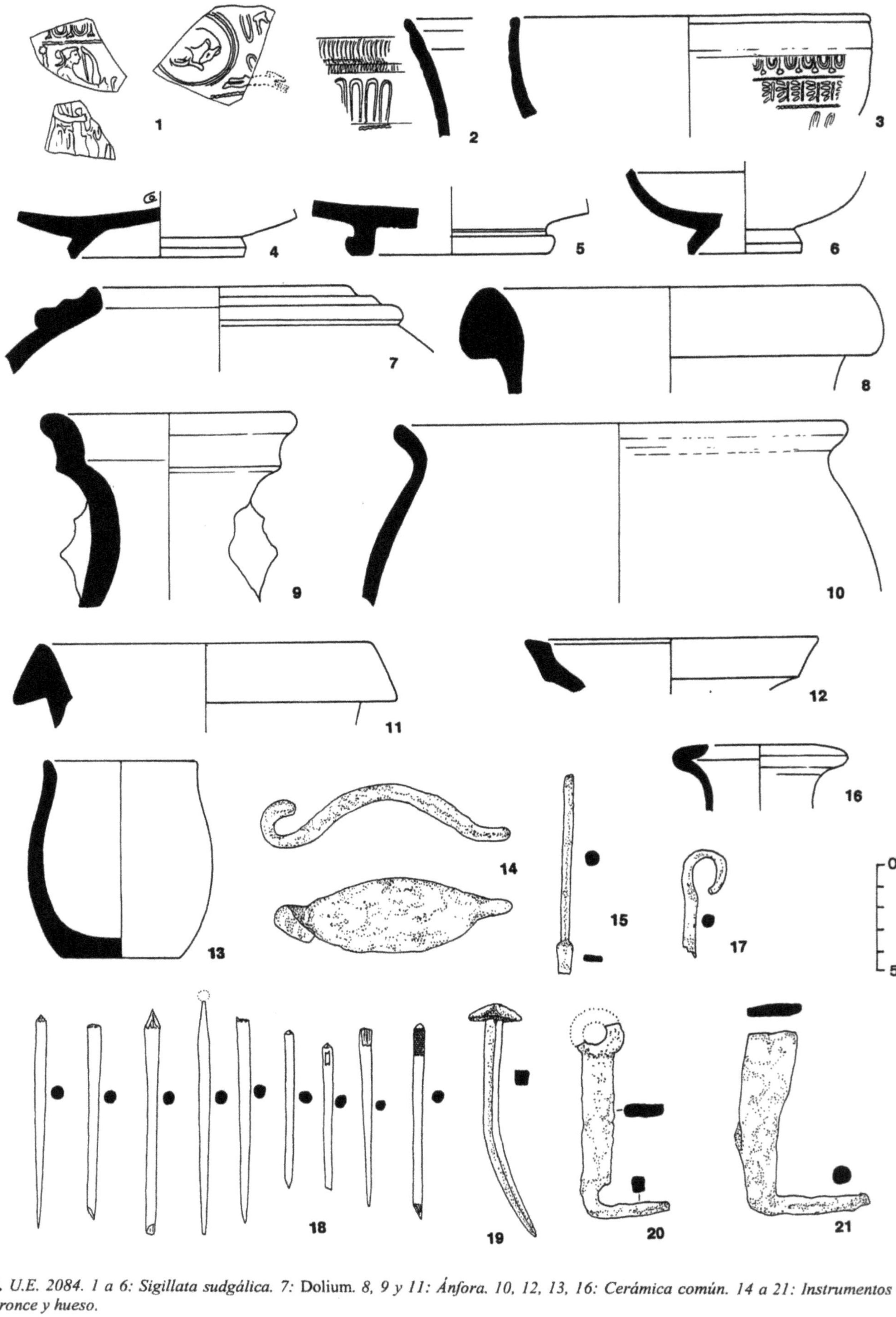

Fig. 122. U.E. 2084. 1 a 6: Sigillata sudgálica. 7: Dolium. *8, 9 y 11: Ánfora. 10, 12, 13, 16: Cerámica común. 14 a 21: Instrumentos de hierro, bronce y hueso.*

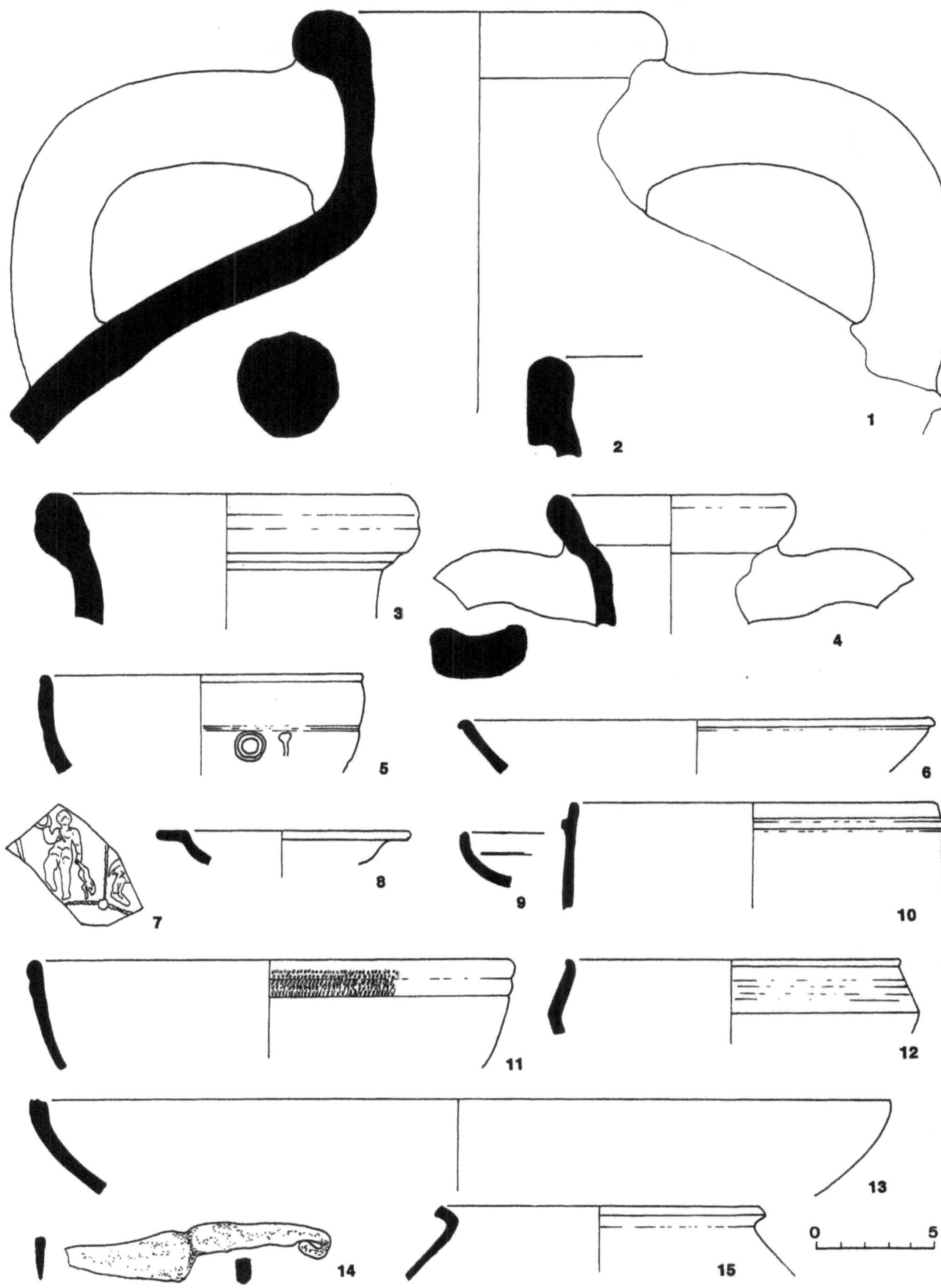

Fig. 123. U.E. 2082-B. 1 a 4: Ánfora. 5 a 7: Sigillata sudgálica. 8, 9 y 11: Sigillata africana A. 10 a 15: Cerámica común y hierro.

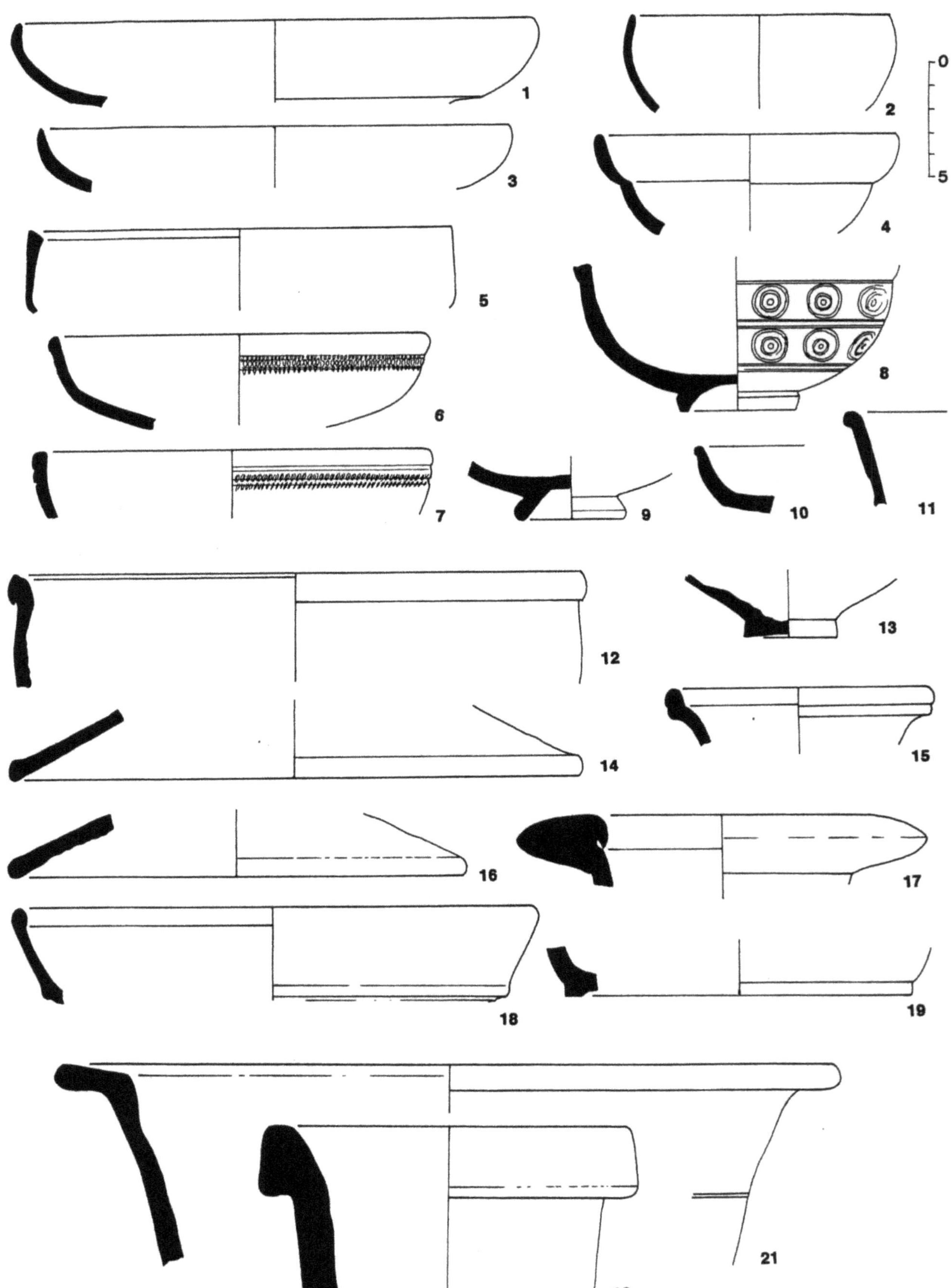

Fig. 124. U.E. 2082. 1 a 3, 5 a 7: Sigillata africana A. 12 a 14, 16: Africana de cocina. 4, 9-11: Sigillata sudgálica. 8: Sigillata hispánica. 17 y 20: Ánfora. 18: Cerámica común africana. 19: Vidriada. 15 y 21: Cerámica común local.

Capítulo 11. Almacenes y zonas de trabajo.

Una parte importante, indispensable en una villa rústica, son las diferentes instalaciones y espacios de trabajo, los almacenes en los que se guardaba el producto de la cosecha y los patios, ámbitos y espacios descubiertos en los que se llevaba a cabo gran parte de la actividad principal de la villa. Dos de estos espacios, un patio y un almacén, han sido identificados en Tolegassos, y aunque los dos tengan su origen en el mismo momento de fundarse la villa a mediados del s. I, puesto que forman parte inseparable del conjunto arquitectónico, su estudio debe iniciarse a partir del momento de su abandono, básicamente debido a que estuvieron en funcionamiento de forma continuada desde el primer momento, relacionándose siempre con los edificios de cada fase respectiva. Por otro lado, la estratigrafía y materiales hallados en ellos muestran más que nada el abandono del yacimiento y, de manera secundaria, la reocupación esporádica en el s. IV, aunque en algunos sectores del almacén pudieron excavarse los niveles inmediatos a la fundación o colocación de los recipientes de almacenaje.

El almacén de *dolia*.

Ya con motivo de la primera fundación de la villa principal, en lo que hemos denominado fase 1, un sector situado al norte del primer edificio se habilitó como almacén, formado por un patio descubierto en el que se alineó un conjunto de *dolia*. Algunos indicios apuntan la posibilidad de la existencia de un almacén aún más antiguo que habría formado parte de la explotación tardo-republicana y que podría haber sido anulado con la construcción de la villa augústea, mientras que otra parte se habría reaprovechado durante la fase 1 de la villa altoimperial. Hasta la fecha se han excavado 141 agujeros o negativos de *dolia*, en cuyo interior casi nunca quedó ningún resto de los contenedores; pero todo parece indicar que este patio aún habría contenido una veintena más de grandes jarras de almacenamiento durante dos períodos diferentes. En todo caso, debería ser confirmado en futuras excavaciones que nunca se llevarán a cabo dado el nulo interés que la Administración tiene por el yacimiento. Pero no todos los *dolia* habrían sido utilizados de forma contemporánea.

El patio es de forma cuadrada, con un espacio abierto y libre para facilitar la circulación entre el muro norte del edificio 1 y el inicio de la primera fila de *dolia*. En el extremo oeste también existe un espacio libre de recipientes, excepto una hilera alineada a lo largo del muro perimetral. Por el lado este comunica directamente con el patio central de la villa, un espacio de trabajo también al descubierto y en el que solo encontramos el pozo y las estructuras con él relacionadas (Fig. 125).

Fig. 125. *Vista aérea del yacimiento tomada en verano de 1996, en la que puede apreciarse la extensión del almacén de* dolia.

La excavación del sector proporcionó una estratigrafía sencilla que tampoco ofrece demasiada información sobre su cronología y evolución, aunque parece ser que pueden identificarse claramente dos períodos de funcionamiento; es decir, dos almacenes superpuestos, el más tardío de los cuales invade y recubre parcialmente el más antiguo, aprovechando su estructura y parte de los agujeros abiertos inicialmente para colocar los recipientes.

Debajo del estrato superficial (U.E. 2001), apareció un nivel de tierras amarillentas bastante compacto que cubría los antiguos negativos de *dolia* situados en la zona norte del patio (U.E. 2188). Este estrato desaparecía a medida que se avanzaba hacia el sur, de modo que en este último sector el estrato superficial descansaba directamente sobre el suelo geológico nivelado o sobre los rellenos de los *dolia*, en su caso. En la zona norte, el estrato 2188 se confundía, en cuanto a composición y textura, con los rellenos de los negativos dejados por los contenedores. Sin duda, al mismo

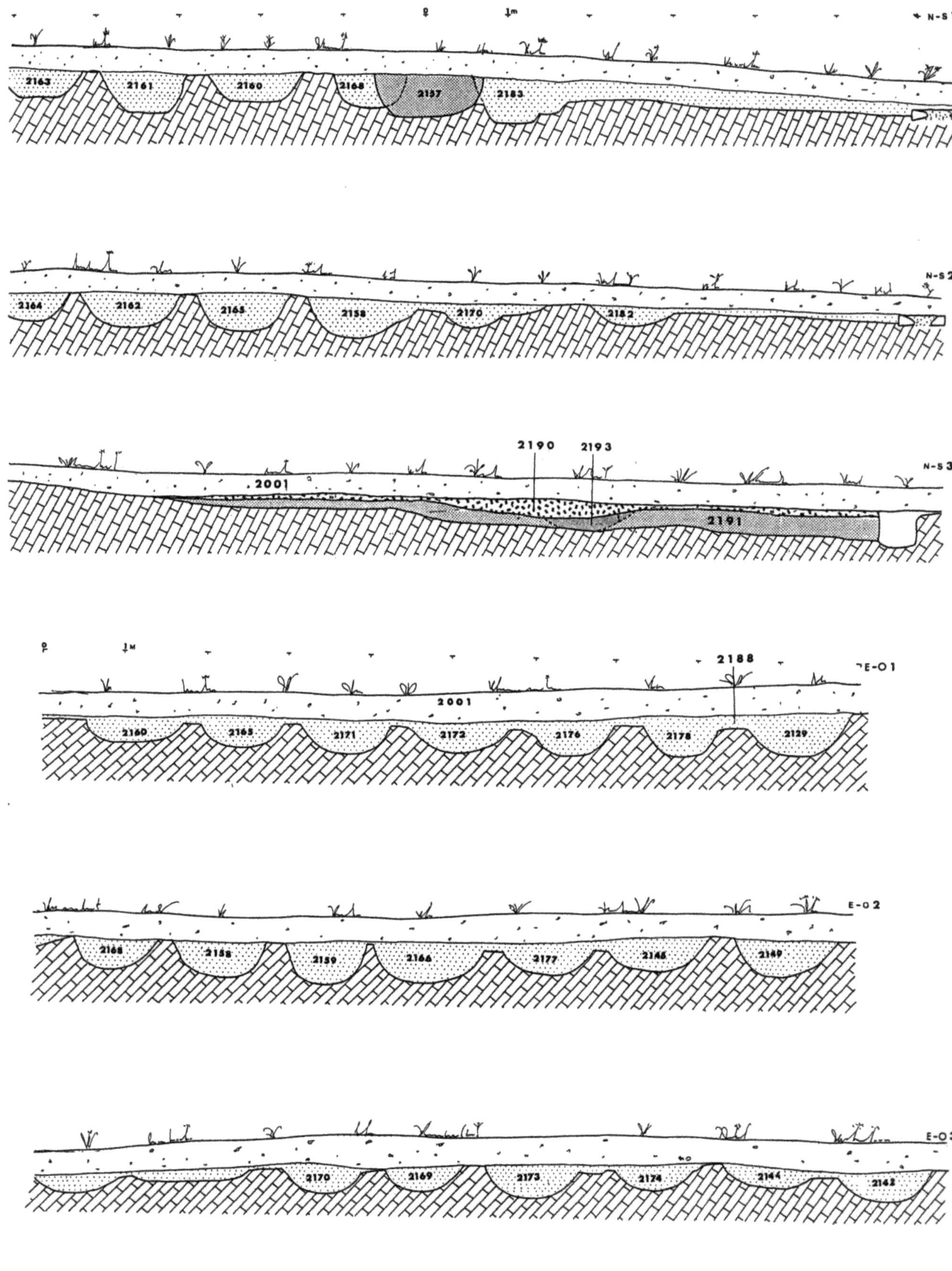

Fig. 126. Secciones estratigráficas del almacén de dolia.

tiempo que se dejaba fuera de uso el almacén de la primera fase, se niveló el lugar a fin de facilitar la circulación (sección fig. 126).

El estrato 2188 y algunos de los antiguos negativos recortados en la roca se vieron afectados en un momento posterior por otros agujeros abiertos con motivo de la colocación de nuevos *dolia* (U.E. 2152 a 2157 y 2226 a 2269), que a partir de los pocos datos que nos proporciona el material arqueológico de su interior identificamos como pertenecientes a la fase 3, abandonándose en el s. III.

El estudio de los restos que han llegado a nosotros nos muestra que durante el tiempo en que se utilizó el almacén se introdujeron modificaciones puntuales en diversos lugares, así como la gran remodelación de la mitad norte. Estas modificaciones fueron debidas al desplazamiento, cambio y renovación continuada de los *dolia*, motivada por el deterioro, uso y rotura de los recipientes. Se detectan estos cambios al observar que agujeros posteriores afectaron otros más antiguos, puesto que al substituirse un *dolium* roto, el nuevo no siempre se colocaba exactamente en el mismo negativo; el agujero que se abría no coincidía exactamente con el anterior. Ello explica la superposición de negativos correspondientes al mismo período, independientemente de aquellos que en un momento posterior se abrieron directamente sobre el estrato 2188.

Los rellenos de los agujeros de *dolia* del almacén más antiguo contenían poco material y es bastante difícil saber en que momento quedaron fuera de uso (U.E. 2158 a 2187). Tampoco es fácil establecer la fecha de su primera apertura. En el fondo de algunos, mezclados con las tierras que sirvieron para nivelarlos previamente a la colocación de las jarras, han aparecido algunos fragmentos de cerámica augústea y, en general, de la primera mitad del s. I. Entre estos materiales podemos identificar algunos fragmentos de cerámica micácea con barniz rojo coral, ánforas de producción local, posiblemente del tipo Pascual 1 y Dressel 2/4 (Fig. 127: 25, 27 y 31), un labio de ánfora Dressel 7/11 (Fig. 127: 4, 5, 2, 26 y 9, respectivamente), otros de la forma Dressel 1 con pasta DB y un borde de cerámica ampuritana tardía. Como materiales minoritarios debemos citar algunos fragmentos de cerámica de engobe blanco, paredes finas, campaniense B y cerámica gris de boca trilobulada (Fig. 127: 24, 28, 7 y 15 respectivamente). A partir de los pocos fragmentos recuperados es muy difícil sugerir una cronología cierta y definitiva, pero constatamos que a grandes rasgos coincide con la de los materiales que fechan la fundación de los edificios de la fase 1 en la primera mitad del siglo I, aunque existe la posibilidad, remota, de poder relacionar el primer almacén con el edificio tardoaugústeo. Las intrusiones del interior de los negativos nos hacen ser prudentes antes de dar por buena esta suposición.

Por desgracia, en muchas ocasiones no puede distinguirse con facilidad la tierra que forma parte de la nivelación del fondo de los *dolia* de aquella que corresponde al relleno final de los agujeros, que tuvo lugar una vez retirados los recipientes de forma expresa, puesto que la composición, textura y características de ambos estratos son idénticas. Sea como sea, y a pesar del poco número de fragmentos que suelen aparecer en los negativos, mayoritariamente corresponden al siglo II y quizás al siglo III, sin que podamos concretar más. Se trata de cerámicas africanas de cocina y borde ahumado (Hayes 196 y 197), cerámicas de pátina cenicienta (Hayes 23B) y diversos fragmentos de ánfora y cerámica común sin forma. Insistimos, no obstante, que la mayor parte son bastante antiguos y pertenecen mas bien al momento de construcción del almacén que no al de su abandono. De todas formas, el estudio más detallado de los materiales de los rellenos y la observación de los respectivos inventarios con los diferentes tipos y producciones presentes ayuda a precisar más estas dataciones.

El material más antiguo, el que puede fecharse en el siglo I, es mayoritario. Tampoco faltan fragmentos de cerámicas bajo-republicanas, seguramente residuales. El grupo más numeroso de este conjunto son las sigillatas sudgálicas, con un total de 14 fragmentos. Entre ellos solo hemos identificado las formas lisas Drag. 24/25 y 27, con una cronología bastante precisa a mediados del s. I, aunque perduran durante su segunda mitad (Fig. 127: 17), y la forma decorada Drag. 29 (Fig. 127: 16). Son un poco más antiguos los 19 fragmentos de cerámica gris ampuritana tardía, cuyo momento de máxima difusión debe situarse en la segunda mitad del s. I a.C. aunque perduraron hasta las primeras décadas del siguiente siglo, coincidiendo más o menos con el período de máxima difusión de la cerámica aretina, también presente en los negativos de *dolia*.

Un elemento importante que ayuda a confirmar la cronología de la primera mitad del s. I lo constituyen algunos fragmentos de ánfora de tipo Pascual 1 y Dressel 7/11, acompañando otro conjunto más antiguo, quizás residual, de ánforas Dressel 1, cerámicas de barniz negro, grises ampuritanas clásicas y cerámica de engobe blanco, que ya habíamos citado. Algún fragmento de cerámica de paredes finas de procedencia bética completa este grupo. El último elemento que ayuda a datar el sedimento del fondo de un negativo de *dolium* es un As de Ampurias (nº 63), que no es posterior al año 50, dejando a parte su período de circulación más o menos prolongado.

En cuanto a las cerámicas africanas, hemos identificado un total de 15 fragmentos que pertenecen a la producción de borde ahumado y uno de pátina cenicienta. El primero es parte de la base de una fuente de la forma Hayes 181, cuya aparición se fecha a partir de la segunda mitad avanzada del s. II y perdura durante todo el siglo siguiente. Los fragmentos de cerámica de borde ahumado son de las formas Hayes 196 y quizás 197, así como un asa de una jarra de fondo cóncavo y boca trilobulada, documentada en el estrato 2080 en un contexto de finales del s. II.

El material más moderno es la sigillata africana C (1 fragmento), de forma indeterminada y de excelente calidad, que debe fecharse a partir de la primera mitad avanzada del s. III o en un momento muy próximo a la mitad de siglo.

Si por un lado el conjunto mayoritario tiene una cronología de la primera mitad o mediados del s. I, posiblemente coincidiendo con el momento de nivelación y relleno de los agujeros de *dolia* con el fin de trabar los recipientes y evitar que se movieran de su asentamiento y, por lo tanto, señalando la fecha del primer establecimiento o fundación del almacén conjuntamente con los edificios de la fase 1 altoimperial, el

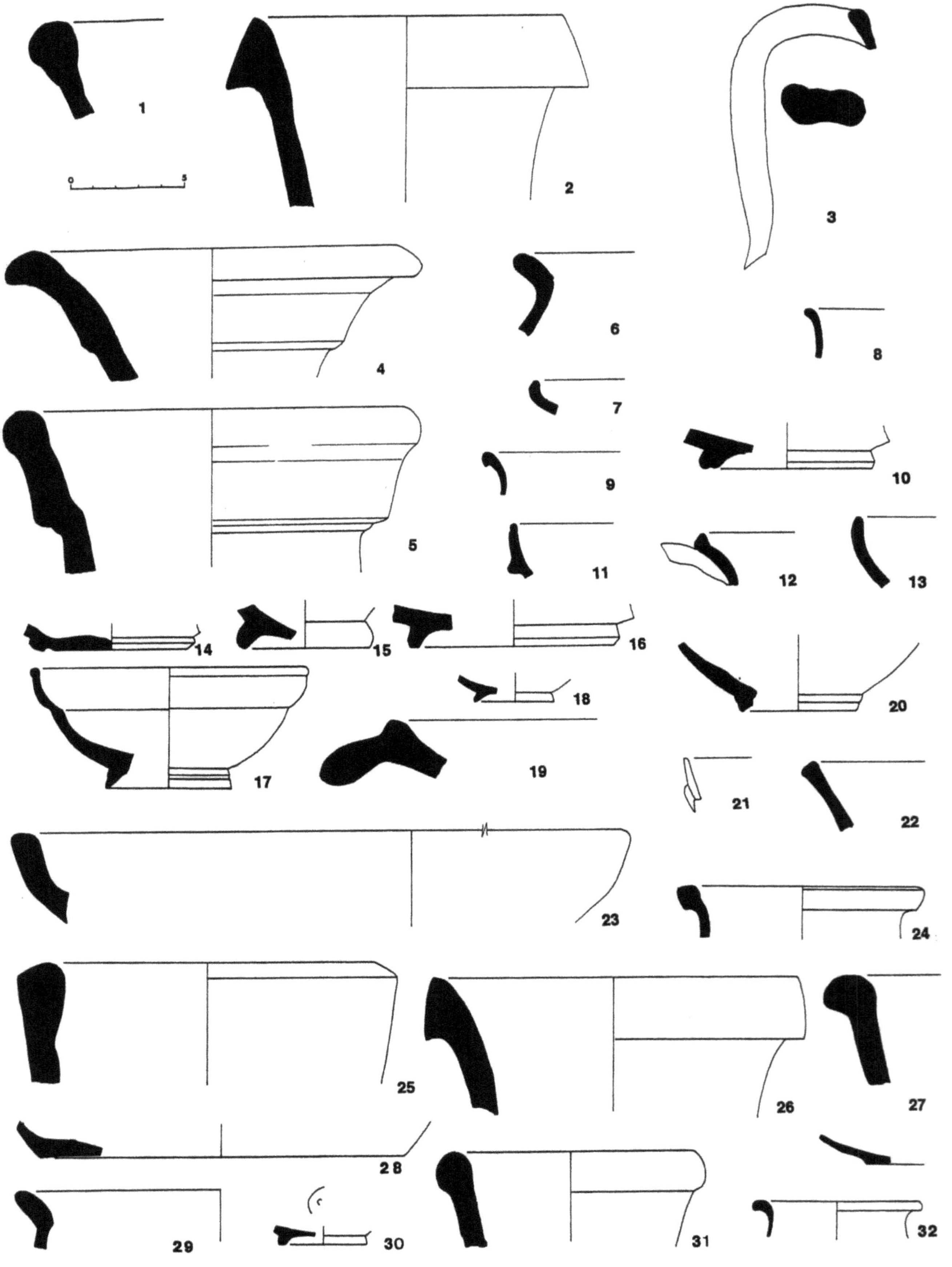

Fig. 127. Materiales del almacén de dolia. *1, 2, 4, 5, 25-27 y 31: Ánfora. 3, 8, 11, 12, 22-24 y 28: Cerámica común. 7, 13 y 15: Cerámica campaniense. 9, 20 y 32: Gris ampuritana tardía. 11, 16-18 y 30: Sigillata sudgálica. 19: Mortero. 29: Cerámica africana.*

otro conjunto de material, a todas luces más tardío y sin conexión cronológica con el primero, parece señalar el momento de amortización del primer almacén, la supresión de contenedores y nivelación del espacio.

Esta última fecha, que desde nuestro punto de vista es quizás la más importante, es también la más difícil de dilucidar, puesto que a partir de tan pocos elementos de datación se hace difícil proponer una cronología precisa. Las cerámicas africanas, los platos y recipientes Hayes 196 y 197, tienen una cronología amplia que abarca prácticamente los siglos II y III y perduran aún durante más años. Es cierto que pueden observarse cambios y evoluciones cuando se trabaja con un lote de material más elevado y piezas más completas; pero este no es el caso.

El material más moderno es un fragmento de t.s. africana C. Si admitimos que no es una intrusión debida a posteriores remociones de tierra tan frecuentes en el yacimiento, señalaría una fecha para el relleno a mediados del s. III. Con todas las precauciones que imponen las circunstancias y las características del hallazgo, teniendo en cuenta la cronología general de la villa, nos atrevemos a proponer una datación para la obliteración del primer almacén en un momento de inicios o primera mitad del s.III, coincidiendo, a pesar del fragmento de t.s. africana C, con las importantes remodelaciones de la villa correspondientes a la fase 3 /3-b, o a causa de ellas. Quizás tuvo lugar poco después de haberse producido estos cambios.

El segundo período de funcionamiento del almacén, más tardío y posiblemente correspondiente al período de actividad de la fase 3 de la villa, se detecta perfectamente en la excavación. Los negativos de *dolia* se caracterizan por estar recortados en parte sobre el relleno de los más antiguos y, en parte, sobre el estrato de nivelación del patio. Por otro lado, físicamente se distinguen de los otros por haber sigo rellenados con tierras negras, cenicientas y totalmente diferentes a las del almacén anterior.

Así mismo, otra característica que debe ser tenida en cuenta es que no siguen exactamente las alineaciones de los primeros *dolia* (aunque lo intentan), desviándose ligeramente. Observando la planimetría de este sector del yacimiento puede verse perfectamente el cambio en la distribución y el espacio ocupado por el almacén más reciente (Fig. 128).

Finalmente, debemos insistir en el hecho de que una parte importante de los agujeros más modernos recubren los antiguos y que, por lo tanto, no hemos de ver dos almacenes situados uno al lado de otro, inconexos, sino superpuestos parcialmente, puesto que el límite norte del patio de *dolia* más antiguo se prolonga igual que el más tardío. Por otro lado, el material arqueológico recuperado en los diferentes negativos ayuda a separar los que corresponden al período más reciente, los cuales, además de distinguirse por la coloración oscura de las tierras de su interior, contienen siempre materiales de los siglos II y III (cerámicas africanas, común, etc.), mientras que en los antiguos no aparecen o solo las encontramos en una mínima cantidad, testimonial, quizás indicativa del momento de su abandono.

La cronología del relleno de los negativos de *dolia* tardíos puede establecerse con mayor facilidad. Por un lado, los materiales procedentes de los *dolia* anteriores, que hemos estado comentando, proporcionan un *terminus post quem* que, aunque poco fiable, por lo menos es indicativo. Por otro, los rellenos de los negativos más modernos contenían materiales más homogéneos y fechables, casi sin intrusiones anteriores o posteriores, excepto algunos fragmentos de cerámica residual del cambio de Era que a menudo aparecen en cualquier estrato del yacimiento.

El conjunto cerámico continúa siendo pobre, con pocos fragmentos, entre los que predominan los de ánfora y los de cerámica común, sobretodo la oxidada y, en menor cantidad, la reducida. Pero pueden identificarse algunos bordes de sigillata africana A de las formas Hayes 3, 6 y 9, con una cronología de mediados del s. II y primeros años del s. III (Fig. 129: 17 y 20), así como los siempre presentes platos/tapadera y cazuelas de cerámica africana de borde ahumado de las formas Hayes 196 y 197 (Fig. 129: 3, 5, 7, 8 y 26; fig. 130: 8). Finalmente, algunos fragmentos de los tipos Hayes 23A y B, estos últimos ampliamente difundidos a partir del s. II y durante el siglo III, con perduraciones muy posteriores (Fig. 129: 10; fig. 130: 13; fig. 131: 17). Una lucerna de la forma Deneauve VIIIB, prácticamente entera, se fecha entorno el año 200, aunque la forma perduró algunos años dentro del s. III (Fig. 129: 9).

Una de las formas de cerámica africana de cocina de pátina cenicienta más numerosas en los rellenos de los *dolia* tardíos es la Hayes 181, producto relativamente reciente, con una cronología que abarca desde los últimos años del s. II y casi todo el s. III. Los ejemplares del almacén suelen ser bastante homogéneos, de grandes dimensiones en comparación con los del estrato 2080 del pozo; barnices interiores de color anaranjado, poco brillantes, gastados y a menudo casi desaparecidos (Fig. 129: 22 y 25; fig. 130: 5).

Un segundo repertorio interesante es el de las cerámicas comunes, ya sean oxidadas o reducidas. Estas últimas con un número inferior de ejemplares y limitadas a dos formas: la olla y el plato o cuenco de base plana. En relación con los productos oxidados, cabe destacar especialmente una botella casi entera, de posible procedencia norteafricana (reune las características de la cerámica común de pasta rosada del Africa Proconsular), que constituye una nueva forma hasta ahora inédita en esta producción (Fig. 130: 3). Esta pieza apareció asociada a un pie de ánfora de la forma G-IV de base plana (Fig. 130: 4) y un plato de cerámica africana Hayes 181.

En este conjunto también se incluyen diversos fragmentos de jarras para líquidos, normalmente con asas de sección trilobulada y bases planas o ligeramente marcadas (Fig. 129: 13; fig. 131: 2 y 3), así como vasos de pequeño tamaño y labio exvasado (Fig. 131: 5 y 6), todos bastante comunes en contextos de los siglos II y III. Finalmente hemos de citar los grandes recipientes de cerámica común oxidada, grandes cuencos, lebrillos y cazuelas (Fig. 130: 10 y 16; fig. 131: 1 y 7), con unas formas y arcillas que aparecen en otros estratos de Tolegassos en contextos de la segunda mitad del s. II y primera del s. III.

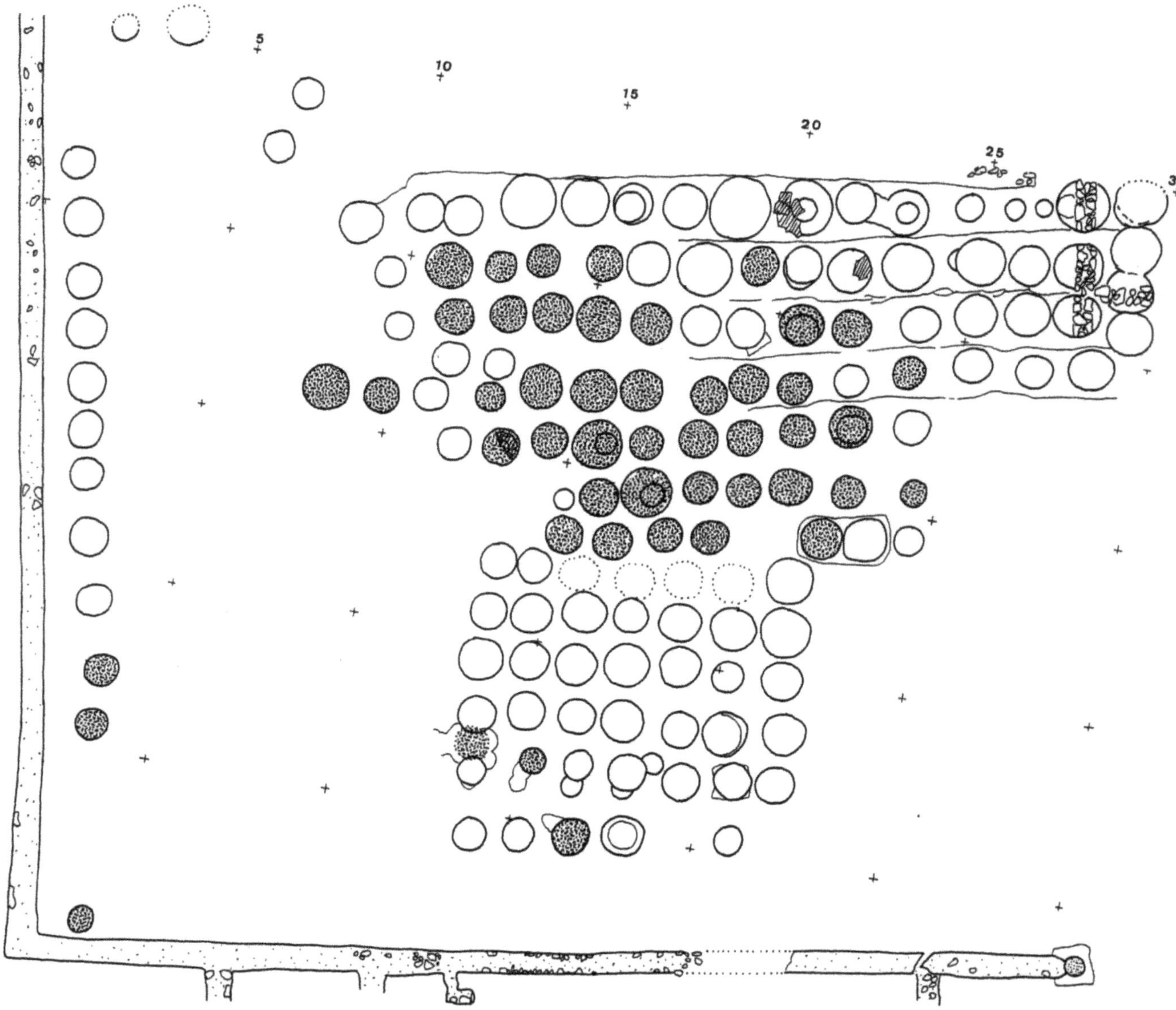

Fig. 128. Planta general del almacén de dolia. *En trama oscura, los negativos de* dolia *reutilizados en la fase tardía.*

Tal como habíamos señalado con anterioridad, solo encontramos dos formas de cerámica común reducida: la olla y el plato de fondo plano. Ambos recipientes suelen ser de gran tamaño; los primeros, con el labio diferenciado y la boca más marcada que los de períodos anteriores (Fig. 129: 23; fig. 130: 1; fig. 131: 14 y 15). Los platos son parecidos a los que aparecen en estratos desde el siglo I hasta los siglos III y IV, aunque su diámetro es mayor que en los ejemplares más antiguos.

Para terminar, citaremos una *tegula* con la marca retro QUIETI (Fig. 130: 6), de la que aparecieron otros dos ejemplares en el derribo del patio interior del edificio 1, casi borrados. Es una marca bastante conocida en esta zona, con ejemplares en Ampurias (Almagro 1952, p. 197), y en los talleres de Llafranc, donde se produjeron *tegulae* de esta marca, y que desarrolló su actividad desde el s. I hasta el s. III (Nolla et alii 1982, p. 180-181; Tremoleda 1996).

Además se han localizado diversos fragmentos de *dolia*, unos sin forma, y otros correspondientes a la parte del borde. Los últimos con una forma muy característica y repetida. (Fig. 131: 9). Algunos de los fragmentos aún conservan las grapas de plomo que sirvieron para una antigua restauración. A veces estas grapas estaban decoradas de una forma muy sencilla con unas incisiones en forma de espina realizadas con un pequeño escoplo (Fig. 131: 4). Las decoraciones, de hecho, responden más bien a la intención de compactar y endurecer el metal a fin de encajarlo mejor en las ranuras de la superficie que debía ser reparada y no tanto a un interés decorativo. Otras grapas son más sencillas y a menudo aparecen tiradas en los negativos de los *dolia* (Fig. 130: 2).

Privados de otros elementos, y teniendo en cuenta que las tierras que rellenaban los *dolia* estaban recubiertas directamente por el estrato superficial, deberemos suponer que se obliteraron en el momento en que se abandonó la villa o poco tiempo después; algunos, intencionadamente, si tenemos en cuenta la poca fragmentación de algunos recipientes cerámicos; otros, por causas naturales y aportación eólica.

De todas formas, la estratigrafía del patio era más rica que la del sector que hemos visto anteriormente. El hecho de que el suelo geológico tenga una ligera pendiente hacia el sur y oeste, en la zona que rodeaba el conjunto de negativos de *dolia*, facilitó la formación de una serie de estratos con la finalidad de nivelar el espacio comprendido entre el edificio 1, al sur, el muro que delimitaba la villa, al oeste, y el propio almacén de *dolia*, al norte. Además de las tierras que nivelaban el terreno, sobre ellas apareció el estrato correspondiente al derrumbe de tejados y estructuras del edificio vecino, que en parte se vio alterado por la acción de excavadores clandestinos 30 años atrás.

El primer estrato que encontramos inmediatamente debajo el nivel superficial es el de destrucción y derrumbe de tejados y muros, formando una franja próxima y paralela al edificio 1, y que nos proporciona la fecha aproximada de abandono del edificio (U.E. 2190). Este estrato cubre directamente el de nivelación del sector del patio (U.E. 2191), y al mismo tiempo rellena y nivela una antigua zanja que quizás fue un desagüe de las aguas residuales del sector (U.E. 2194). Aunque físicamente y cronológicamente el derribo y el relleno sean un mismo estrato, como demuestra el hecho de poder reconstruir vasos con los fragmentos hallados en ambos, durante la excavación se diferenciaron y excavaron por separado. No obstante, el estudio de los materiales de los dos niveles debe hacerse conjuntamente.

El estrato 2191, que nivelaba la zona, se depositó de forma expresa, pero con el tiempo fue engrosándose y su parte superior contenía material arqueológico bastante más tardío, parecido al del estrato 2190. En la parte más profunda los fragmentos eran mucho más pequeños y mezclados. En cuanto a su composición, estaba formado por tierras oscuras y rojizas, a veces con manchas compactas de color amarillento, quizás procedentes de la descomposición de los muros de tapial.

Junto al desagüe, por el lado sur, aparecieron las evidencias de los destrozos provocados por excavadores clandestinos que actuaron en el yacimiento durante los años 70 y que fueron quienes lo descubrieron. Por fortuna el lugar afectado es muy reducido. Solo una pequeña fosa ovalada de unos 2 m. de diámetro, vaciada hasta llegar a la roca natural, con un montón de piedras depositadas al lado mientras se abría el agujero. Este afecta todos los estratos, pero es imperceptible en el superficial y casi no se ve en el de derribo, puesto que la parte superior de la capa de *tegulae* y piedras del estrato 2190 tiene la misma apariencia que el relleno del moderno agujero. De todas formas, a parte de la evidencia física que proporciona la excavación, los materiales del fondo, con t.s. africana D, son claramente posteriores a los del estrato superior.

En la parte oeste del patio el nivel de derribo desaparece, puesto que el lugar ya se halla demasiado alejado de las estructuras del edificio 1 y el estrato de nivelación de tierras rojizas y compactas se convierte en un nivel de tierras oscuras, con cenizas vegetales y muy blandas (U.E. 2192). Tampoco es un nivel intacto. Se vio afectado en momentos posteriores al abandono de la villa por la construcción de una especie de muro poco sólido que cruza casi todo el yacimiento de este a oeste, cortando o recubriendo sucesivamente el patio de *dolia*, un depósito de *opus signinum* rellenado en época augústea y el segundo pozo, abandonado en el s. I. Parece relacionarse con las actividades y reocupación del yacimiento en época bajoimperial (U.E. 2122 y 2132). Un segundo muro perpendicular, hacia el norte, forma parte del mismo conjunto tardío (E. 2226).

Analizaremos con más detalle el material recuperado en cada uno de los estratos del sector, intentando establecer su cronología e, indirectamente, el momento final de la villa y destrucción de las estructuras.

U.E. 2190 y 2193.

Es el estrato que ha proporcionado mayor número de material cerámico y el que presenta una mayor homogeneidad cronológica, a pesar de fragmentos residuales de épocas anteriores y a la moderna excavación clandestina. Como materiales residuales debemos citar 12 fragmentos de sigillata sudgálica, 2 de cerámica de paredes finas, 5 de gris de boca trilobulada, 4 de gris ampuritana tardía, 2 de la producción clásica y 1 de barniz rojo pompeyano en el estrato 2190, y 3 de sigillata sudgálica y 1 de barniz rojo pompeyano en en estrato 2193. En su conjunto son cerámicas que aparecen a lo largo del s. I (Fig. 133: 21 y 25). Pero el grupo principal es el de las cerámicas africanas, especialmente los productos de la sigillata africana A, algunos del tipo C y cuatro fragmentos del tipo D, acompañados de una notable cantidad de cerámica africana de cocina.

En la producción africana A aparecen las formas Hayes 9B, Hayes 16/18 y Hayes 27, con 1, 3 y 11 fragmentos respectivamente, además de 12 fragmentos sin forma (Fig. 133). La Hayes 9B se fecha en la segunda mitad del s. II y llega hasta inicios del s. III. El plato de la forma 16 o 16/18 (Fig. 133: 2 y 3) es el de mayor perduración, apareciendo ejemplares en contextos de la segunda mitad del s. II y primera mitad del s. III (Lamboglia 1958, p. 266; Hayes 1972, p. 41-43). En cuanto a la forma Lamboglia 9 / Hayes 27 (Fig. 133: 4-5), también es una de las más tardías dentro de esta producción, con unos inicios en la segunda mitad del s. II y una perduración hasta mediados del s. III (Lamboglia 1958, p. 274; Hayes 1972, p. 51).

En relación con las cerámicas africanas de pátina cenicienta, solo barnizadas por el interior (formas Lamb. 10, Hayes 23B y 181), debe señalarse que tienen una cronología bastante amplia y a menudo difícil de establecer. En todo caso, la forma Lamboglia 10, casi inexistente en el yacimiento, ha sido considerada de la misma época que las anteriores (Lamboglia 1958, p. 276), aunque Hayes propone una cronología de la primera mitad del s. II (1972, p. 44-45).

La forma Hayes 23B, muy abundante tanto en este yacimiento como en el resto de villas y asentamientos altoimperiales de la región, empezó a llegar a partir de la primera mitad avanzada del s. II y continúa apareciendo en estratos de todo el s. III y, como habíamos comentado antes, posiblemente perduró hasta el s. IV (Fig. 133: 11 y 12; fig. 137: 13 y 14). Los ejemplares del estrato 2190 parecen tardíos; son de grandes dimensiones, con la moldura interior

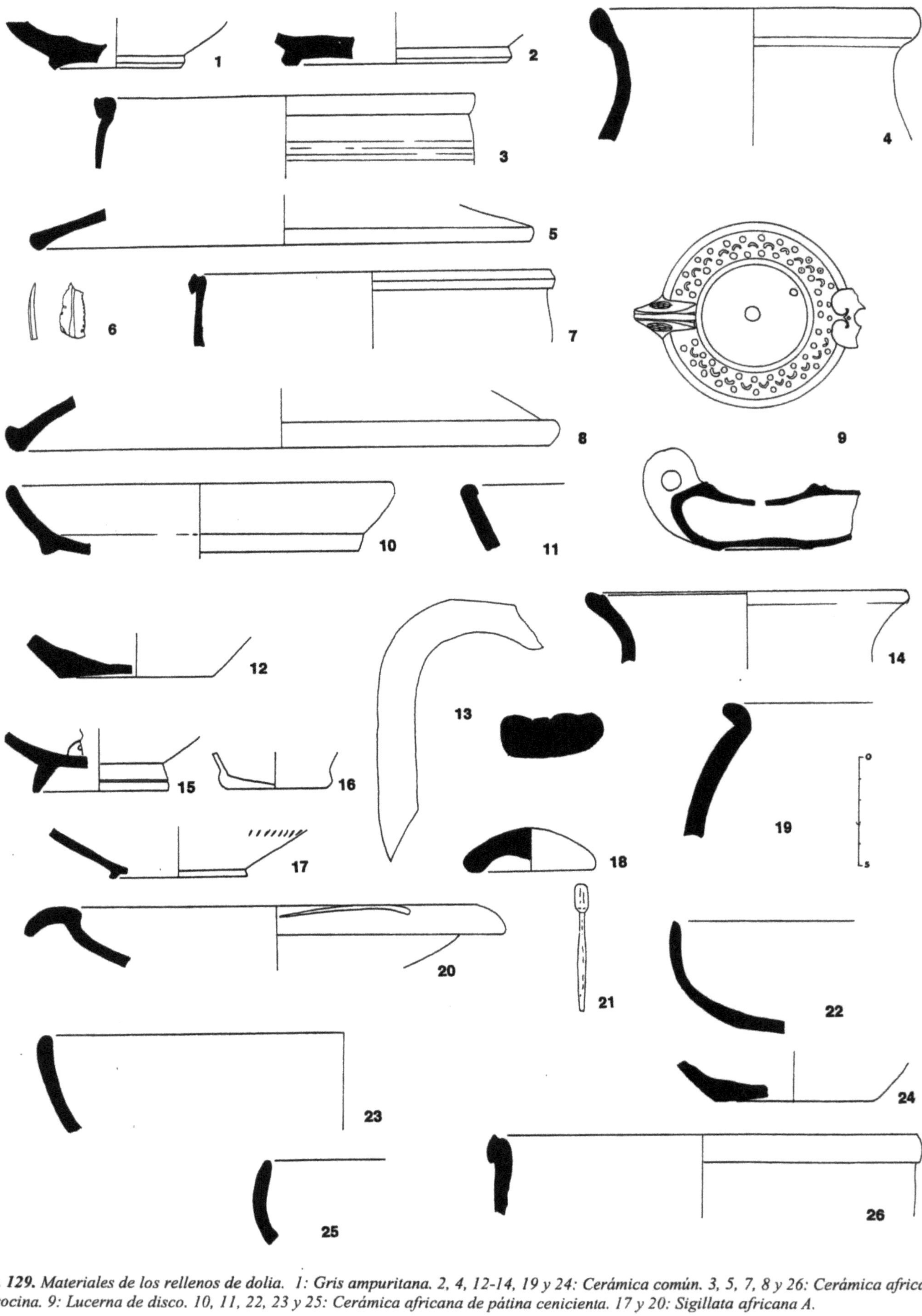

Fig. 129. Materiales de los rellenos de dolia. 1: Gris ampuritana. 2, 4, 12-14, 19 y 24: Cerámica común. 3, 5, 7, 8 y 26: Cerámica africana de cocina. 9: Lucerna de disco. 10, 11, 22, 23 y 25: Cerámica africana de pátina cenicienta. 17 y 20: Sigillata africana A.

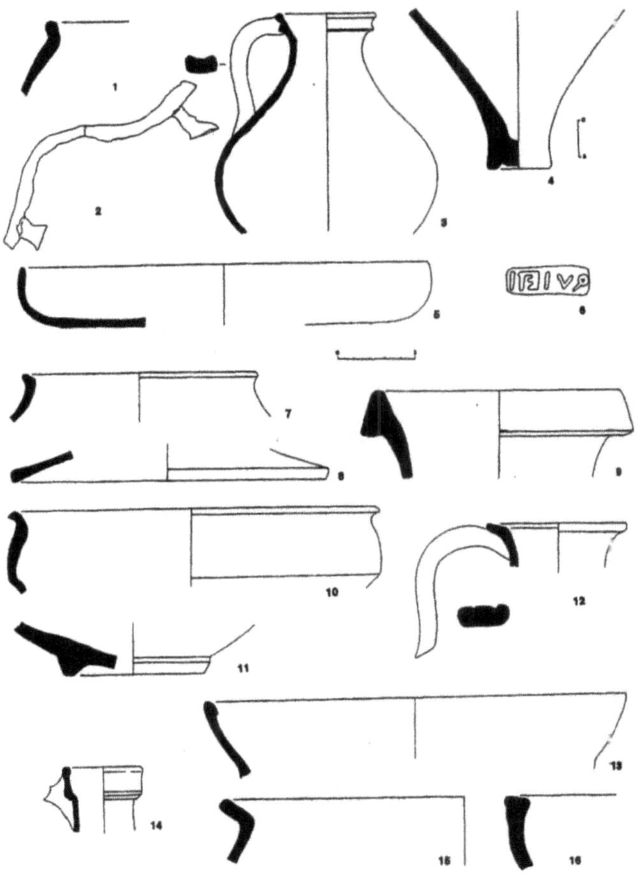

Fig. 130. Cerámica común, africana y ánfora de los negativos de dolia.

del labio alta y poco gruesa en comparación con la de los ejemplares del pozo. En general, el barniz es poco brillante y de baja calidad.

Con un momento de aparición posterior, que debemos situar a finales del s. II, encontramos bastantes fragmentos de los grandes platos de la forma Hayes 181 (Fig. 133: 14), con dimensiones poco habituales y, en todo caso, superiores a las de los ejemplares del estrato 2080. Perduró durante toda la primera mitad del s. III y posiblemente algunos años más (Hayes 1972, p. 200-201). Ha sido documentada ampliamente en contextos de los siglos II-III y primera mitad del s. IV, incluso a inicios del s. I (Atlante 1981, p. 215).

En la producción de africana C solo hemos podido identificar dos formas, la Hayes 46 y 50 (Fig. 133: 6 a 9) y posiblemente un pie de la Hayes 56. La primera se fecha hacia el último cuarto del s. III y primero del s. IV (Hayes 1972, p. 65), La segunda, con la variante A con un acabado de excelente calidad, se sitúa entre el 230/240 y el 325 (Hayes 1972, p. 69-73; Atlante 1981, p. 65).

Finalmente, aparecen entre los dos estratos cinco fragmentos de sigillata africana D, uno de ellos posiblemente de la forma Hayes 59, que puede fecharse a partir de la primera mitad avanzada del s. IV, cronología que coincide con la del momento de reocupación del sector. Un segundo fragmento, del estrato 2193, corresponde a la forma Hayes 60 / Atlante XXXV-8 (Fig. 137: 5), que aparece en contextos del 320-380 y perdura hasta mediados del s. V (Atlante 1981, p. 85). El otro es parecido a las formas Hayes 91 y 92 o Atlante XLVIII 11 o 14, pero con algunas diferencias en cuanto a la calidad y acabado del borde (Fig. 133: 10; fig. 137: 6). Su origen se sitúa a mediados del s. IV, aunque Hayes la considera cien años más tardía, y aparece a lo largo de casi todo el s. V (Atlante 1981, p. 106).

En cuanto al resto de cerámica africana, el lote más importante es el de los recipientes de borde ahumado, básicamente de las formas Hayes 182, 193, 196 y 197 y la pequeña olla que puede asimilarse a la forma 200 sin barnizar (Fig. 137: 16). La forma 182, plato/tapadera de grandes dimensiones (Fig. 133: 17, 20 y 22), aparece en cuatro ocasiones y puede fecharse entre la segunda mitad del s. II hasta la primera mitad del siguiente siglo (Hayes 1972:, p. 201-203).

La forma Hayes 193 / Atlante CVIII 11, con un solo fragmento, es un recipiente alto y más bien cerrado (Fig. 133: 13). Según Hayes, suele aparecer en contextos del s. I, pero debemos recordar que en Ampurias lo encontramos en un contexto de la segunda mitad o último tercio del s. III, barnizada y acompañada de materiales prácticamente idénticos a los del estrato 2190 de Tolegassos (Aquilué et alii 1984, p. 468-469). En un estudio dedicado a esta forma, documentada en el relleno de la gran cisterna de Ampurias, se constata su asociación con materiales típicos del tercer cuarto del s. III, especialmente t.s. africana C y ánforas de la forma Dressel 23 y Dressel 20. Esta última forma desapareció hacia mediados del s. III (Nolla y Aquilué 1984, p. 51-57).

Pero como suele ser habitual, la forma más abundante es el plato/tapadera Hayes 196, con muchas variantes en lo que respecta a la forma y acabados del labio y pequeños matices que hacen de cada pieza un ejemplar diferente a los demás (Fig. 133: 15-16; fig. 137: 8-10). La forma tiene una cronología muy amplia y, por lo tanto, la información que nos proporciona es relativa. En todo caso, no se aparta del marco cronológico en el que se sitúa el resto de material mejor datado. La forma Hayes 197, con una cronología similar, presenta los mismos porcentajes que vienen siendo habituales en todos los estratos (Fig. 133: 18-19; fig. 137: 11-12).

Otro complemento que tampoco aporta demasiada información para la datación del estrato son los diversos fragmentos de ánfora, de los que solo seis corresponden al borde y pueden identificarse sin dificultad, aunque el número total de fragmentos sin forma es superior a los quinientos. El resto, pies y asas, presentan más dificultades para identificar y fechar la forma. Uno de los bordes pertenece a la Dressel 20 (Fig. 134: 1), con una cronología amplia entre los siglos I a III. Recordemos que este recipiente dejó de fabricarse hacia mediados del s. III coincidiendo, según parece, con la gran crisis del aceite de la Bética. Un segundo fragmento podría pertenecer a una G-IV o similar o, menos probable, a una Beltran 55 (Fig. 134: 2). Otros tres fragmentos de borde recuerdan la forma Dressel 2/4 (Fig. 134: 4, 5 y 7) y un último ejemplar podría corresponder a la Pélichet 46 (Fig. 134: 3).

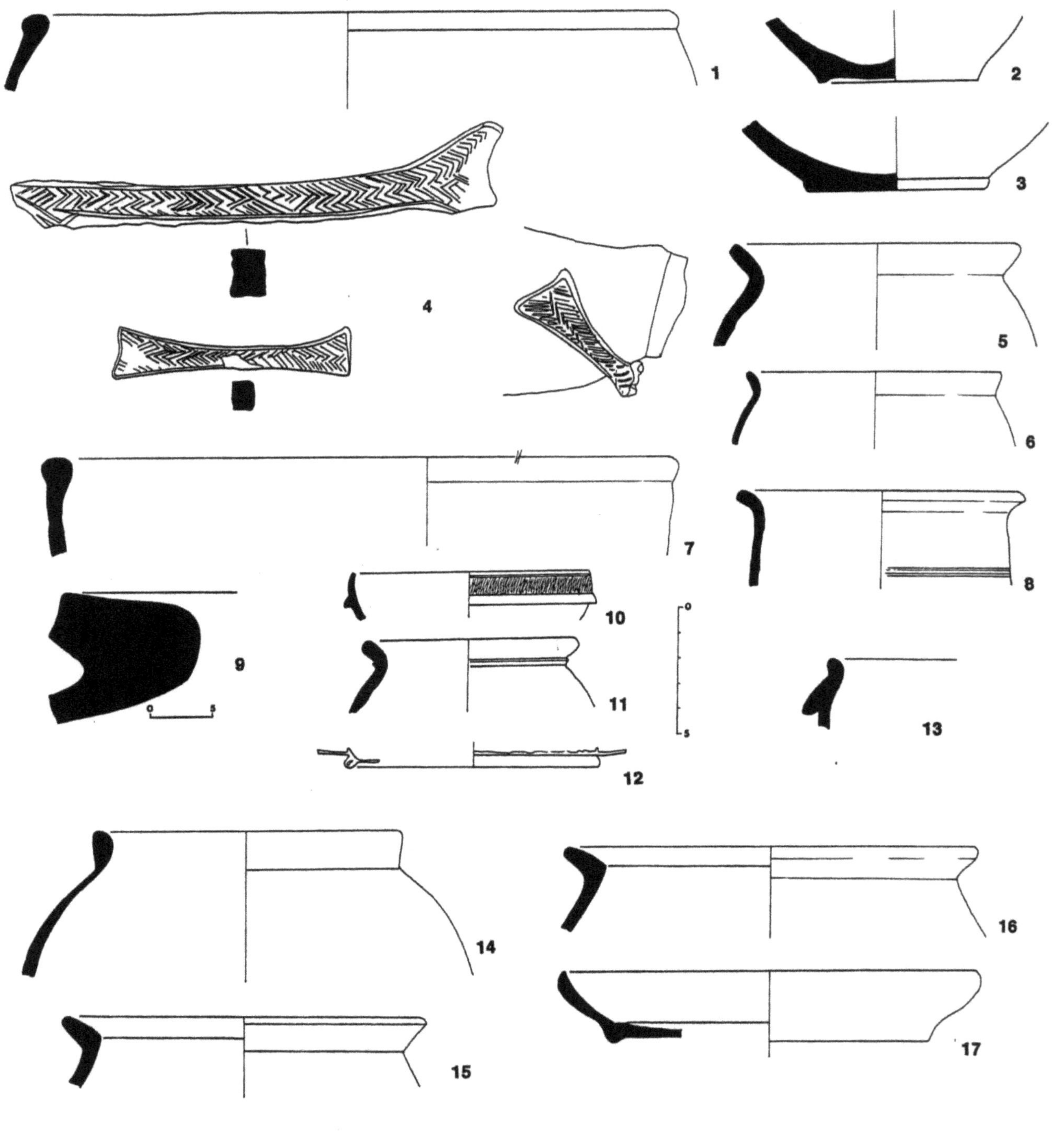

Fig. 131. Interior de los negativos de dolia*. 1-3, 5-8, 11, 13-16: Cerámica común local. 4: Grapas de plomo. 9: Borde de* dolium*. 10: Sigillata sudgálica. 12: pie de plato de vidrio. 17: Cerámica africana.*

De entre el numeroso conjunto de fragmentos de cerámica común sobresalen algunos tipos que ya habíamos identificado y fechado a partir de otros contextos de la misma villa o de yacimientos próximos. Entre ellos cabe destacar la presencia de algunos morteros de cerámica común africana de pasta amarilla y de dos lebrillos pertenecientes a la misma producción, ampliamente difundidos en esta zona a partir de la segunda mitad avanzada del s. II y durante todo el s. III (Fig. 135; 1 a 3). Los encontramos en Tolegassos, en Mas Gusó, las cisternas de Ampurias en un contexto de finales del s. III (Aquilué et alii 1984, p. 475; Nolla y Aquilué 1984, p. 53), y se difunden en todo el Mediterráneo occidental (Vegas 1973, p. 39-41).

Además de los lebrillos aparecen otros recipientes parecidos, los grandes cuencos o jofainas, muy abundantes en la zona nordeste de Cataluña (Fig. 134: 12 y 13). Hemos identificado esta forma en La Quintana (Cervià de Ter), en un contexto de mediados del s. III (con t.s. africana C), y formando parte de los materiales de antiguas excavaciones de la villa de Platja Artigues o Pla de Palol (Castell d'Aro), mezclados con materiales de los siglos II y III (Nolla y Casas 1984, p. 171; Casas et alii 1990).

En el grupo de cerámica común reducida, normalmente con acabados groseros y mal depurados, solo aparecen las ollas de grandes dimensiones, robustas, muy cerradas, con el borde corto y vuelto hacia en exterior, con el labio grueso. Son muy parecidas a las que aparecen en los negativos de los *dolia* más tardíos. Aunque presentan diferentes variaciones en sus acabados y tamaño, siempre se trata de la misma forma (Fig. 134: 14-16).

Para terminar, el último elemento que nos proporciona un indicio cronológico es una moneda de Filipo el Arabe, que fecharemos *grosso modo* hacia el 245-250 (nº 60), y que proporciona, por lo tanto, un *terminus post quem* para la formación del estrato. Las otras dos monedas del nivel (una del estrato 2190 y la segunda del relleno de la zanja 2193), son dos ases de Ampurias partidos por la mitad, muy usados, que como máximo deberemos situar en el primer tercio del s. I (nº 61 y 62).

A pesar de la advertencia inicial, no hemos comentado de forma expresa y separada los materiales del nivel que rellenaba el desagüe (U.E. 2193) que, como habíamos dicho, forma parte del mismo estrato de derrumbe de las estructuras. En realidad no puede hacerse un comentario demasiado extenso, ya que los tipos, formas y producciones se repiten en los mismos porcentajes, aunque con menor número de fragmentos.

En la producción de sigillata africana A, pátina cenicienta y borde ahumado volvemos a encontrar las formas Hayes 9, 23B, 181, 196 y 197 (Fig. 137: 8-10) y la variante sin barnizar de la forma 132; cinco fragmentos de africana C de la forma Hayes 50 y un borde de t.s. africana D de la forma Hayes 60, ya citada anteriormente. Deberemos preguntarnos si los 5 fragmentos de sigillata africana D de ambos estratos corresponden a la época de reocupación del yacimiento o si fueron introducidos al removerse el estrato por parte de los excavadores clandestinos modernos. En cualquier caso, su cronología se aparta de forma evidente del resto de la cerámica de ambos estratos.

Fig. 132. El almacén de dolia *desde el norte, con los negativos de los contenedores alineados en el patio.*

U.E. 2191.

En este nivel encontramos materiales parecidos, pero hay pocas diferencias entre los porcentajes de aquellos más antiguos respecto a los más modernos, seguramente debido a las causas que originaron la formación y evolución del estrato con el transcurso de los años. Así pues, vemos que en lo referente a las cerámicas finas de mesa aparecen 28 fragmentos que pueden fecharse *grosso modo* en el s. I, ante 47 que pertenecen a los siglos II y III. Tampoco faltan materiales residuales que pueden fecharse sin dificultad a finales del s. II a.C. o poco después (ánfora Dressel 1, cerámica campaniense B, etc.).

El conjunto más importante y numeroso está formado por fragmentos de gris ampuritana moderna o tardía (Fig. 136: 7-9) y sigillata sudgálica, casi todos de la forma Drag. 27 (Fig. 136: 11). Una única base de sigillata marmorata puede fecharse a mediados del s. I (Fig. 136: 12). También documentamos algunos fragmentos de cerámica gris de boca trilobulada, con una cronología bastante precisa a lo largo del s. I, y cerámica de paredes finas (con toda probabilidad de origen bético), y cerámica itálica con barniz rojo pompeyano.

Los testimonios de la actividad humana durante los siglos II y III son más abundantes, a pesar de que el número absoluto de fragmentos es reducido y las formas poco significativas. Se trata de los típicos utensilios de cerámica africana de las formas Hayes 23B, 181, 196 y 197, un borde de sigillata hispánica (Fig. 136: 13) y, como producciones más tardías, un borde de sigillata africana C atribuible a la forma Hayes 46.

El conjunto queda completado por un importante lote de fragmentos de ánfora y cerámica común oxidada y reducida; esta última siempre en menor proporción. En total son 326 fragmentos de ánfora, de los que solo 19 presentan forma, entre las que identificamos un labio de Dressel 20, dos Dressel 1 y dos indeterminadas, quizás de la forma tarraconense 1 (Fig. 136: 1 a 5). Una base tiene las características de los productos típicos del país de finales del s. I a.C. o inicios del siglo posterior, con una marca en forma de D o A invertida hecha a mano (Fig. 136: 10).

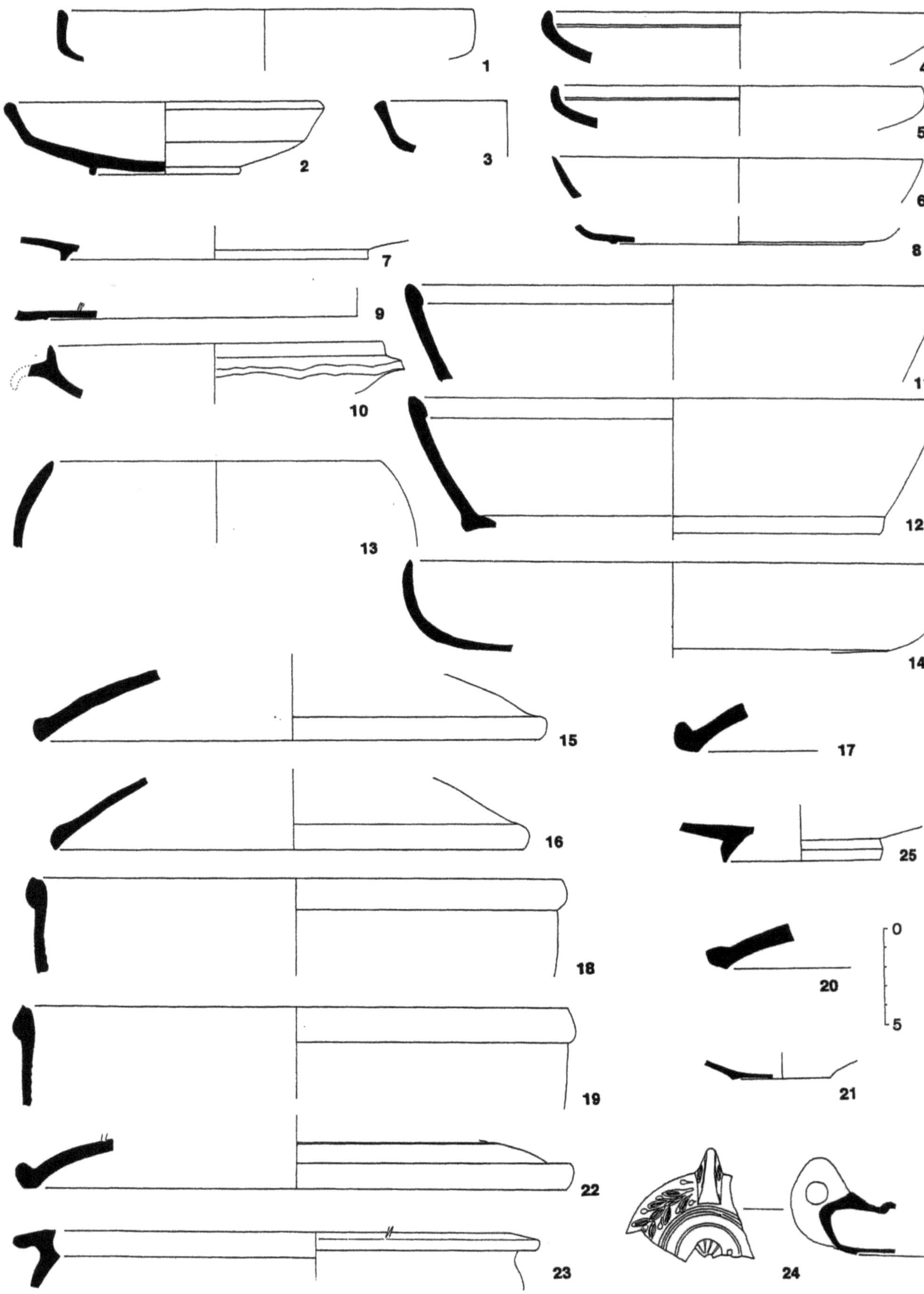

Fig. 133. Sigillatas africanas A, C y D, sudgálica y lucerna procedentes de las bases de dolia.

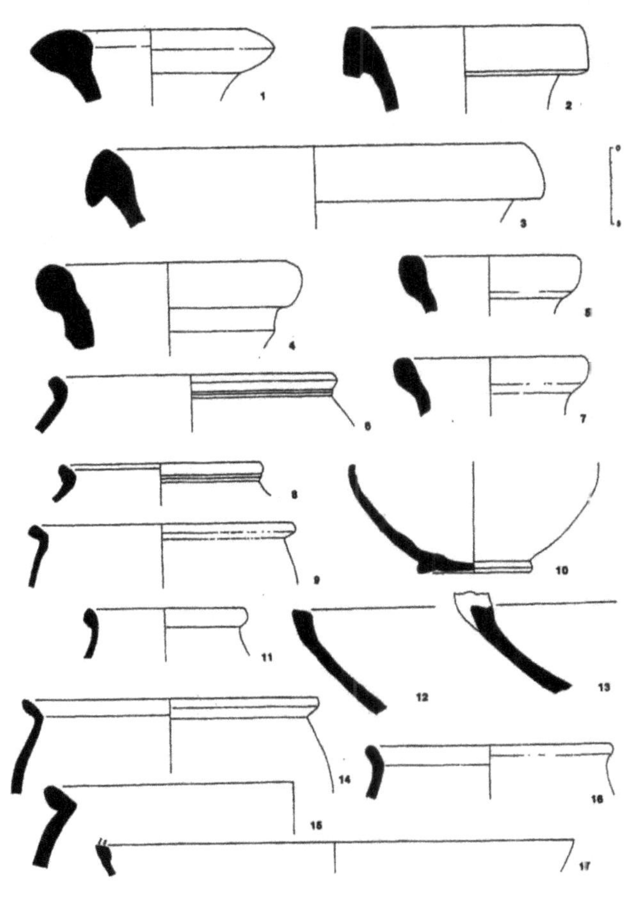

Fig. 134. Ánforas, cerámica común oxidada y reducida.

La cerámica común (321 fragmentos oxidados y 77 reducidos), presenta una gran diversidad tipológica y cronológica. Algunas ollas tienen los labios típicos de los productos augústeos, relativamente delgados, diferenciados y exvasados (Fig. 136: 14 y 16). Son formas que aparecen en rellenos y estratos augústeos con cronologías precisas (cf. U.E. 2062 a 2068, 2119 y 2124). Otras formas son demasiado corrientes y poco significativas, por lo que es difícil proponer una cronología aunque sea aproximada. Otras, finalmente, presentan las características y tipos tardíos, con paredes gruesas, boca más estrecha y cerrada, labio corto y robusto, poco diferenciado (Fig. 136: 15 y 17). Repiten las mismas formas que aparecen en los estratos 2190 y 2193.

U.E. 2192.

La misma mezcla de materiales se repite en el estrato de nivelación del patio en la zona oeste, en este caso agravada por las remociones posteriores del nivel. A pesar de ello, es seguro que la formación de este estrato es más tardía que la del anterior, ya que los materiales anteriores a los siglos II-III son prácticamente inexistentes y se reducen a 4 fragmentos de cerámica gris ampuritana tardía y dos labios de ánfora Dressel 2/4 que difícilmente llegarían a mediados del s. II (Fig. 137: 1).

El resto de material, escaso, es más significativo. Entre los fragmentos datables podemos identificar un borde de sigillata hispánica decorada (Fig. 137: 2), otro de sigillata africana A de la forma Hayes 9, cuatro fragmentos de la forma Hayes 23B y dos de la forma Hayes 181, además de algunos fragmentos de platos y grandes cuencos de las formas Hayes 196 y 197, siempre presentes a partir del s. II. El material más antiguo, absolutamente residual y fuera de contexto, es una base de cerámica ática.

El patio central.

Es la zona más estéril del yacimiento, rodeada por los diversos edificios e instalaciones que constituían la villa y casi libre de elementos que impidieran o dificultaran la circulación y el trabajo en la zona. A pesar de la extensión excavada, cuando ya ha sido puesto al descubierto casi la totalidad del espacio, ha proporcionado muy poca información. Una serie de circunstancias hacen que sea difícil su estudio, puesto que es un espacio abierto, sin estructuras y, por otro lado, no se ha conservado ninguna estratigrafía y poco material arqueológico. Además, éste se halla fuera de contexto.

En la zona del pozo situado en el extremo norte del patio, el análisis de fotografías aéreas anteriores al inicio de las excavaciones mostraba un sector situado alrededor del pozo, un poco al norte, ocupado por lo que parecían depósitos de forma cuadrada y rectangular.

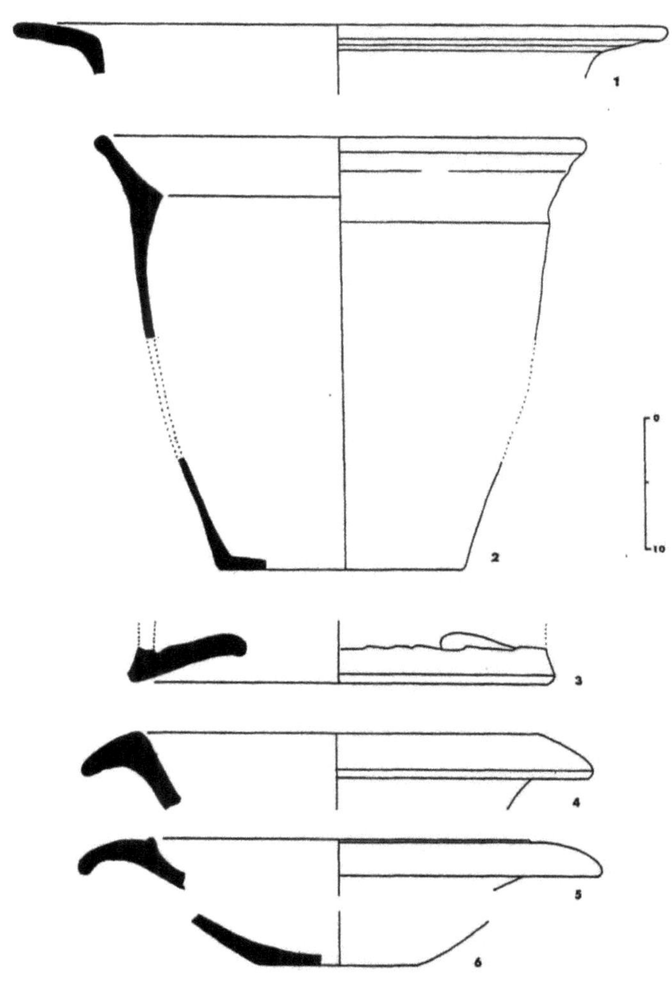

Fig. 135. Cerámica común africana y morteros del interior de los dolia.

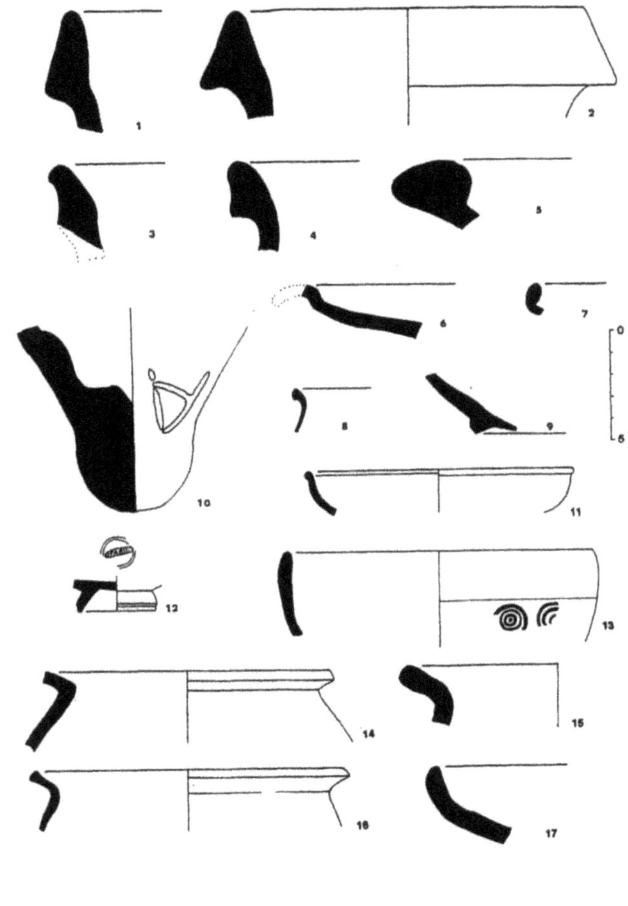

Fig. 136. Ánfora, cerámicas africanas, comunes y sudgálicas.

La excavación confirmó su existencia y pudo comprobarse que pertenecían a las estructuras bajo-republicanas o augústeas y al almacén de *dolia.*

De momento las pocas estructuras y restos de época romana halladas en el sector no pueden relacionarse con ninguna fase concreta de la villa, aunque existen indicios que parecen señalar su identificación con ámbitos e instalaciones complementarias de la fase 1 y otras posiblemente de la fase 3. La mayor parte de estas estructuras corresponden a negativos de *dolia* colocados sin orden aparente en diversos lugares, quizás como complemento de instalaciones desaparecidas. Otros elementos son agujeros de postes de madera, imposibles de fechar, que habrían formado parte de cobertizos, cercados o zonas delimitadas que tenían una función específica que no acabamos de adivinar, así como restos de muros muy deteriorados o desaparecidos, sin relación aparente con ningún edificio.

Dos de los agujeros de poste, de grandes dimensiones, están situados a un lado y otro de la línea de columnas del pórtico de la fase 1 y probablemente serian los cimientos o el encaje de sendas columnas de madera para sustentar una viga de través para reforzar aquella parte del pórtico en una época en que estaría bastante deteriorado. Otras dos columnas estarían situadas al sur del patio, en el espacio delimitado por la pared perimetral de la fase 1 y las habitaciones A-6 y A-9. Habrían servido para sostener un cobertizo habilitado en aquel extremo en un momento que no parece corresponder a la fase 1, sino bastante posterior, posiblemente a la fase 3.

El último elemento que vemos en el patio central, a pocos metros al norte de la habitación A-9, es una inhumación muy sencilla, formada por una zanja alargada excavada en la roca natural, que contenía los restos de un individuo orientados de sur a norte. El único material aparecido en la inhumación (quizás introducido con posterioridad), eran algunos fragmentos de cerámica común reducida y sin forma, imposibles de fechar. De todas formas, su situación en aquel lugar de la villa parece indicar que pertenece a un momento en el que ya se había abandonado el edificio, quizás a la fase de reocupación del s. IV.

El estudio antropológico de los restos tampoco aportó demasiada información, debido a la mala conservación de los restos (Agustí 1989, p. 179). Parece ser que podía haberse tratado de un individuo adulto de entre 30 y 50 años, con rasgos femeninos difíciles de confirmar de manera categórica.

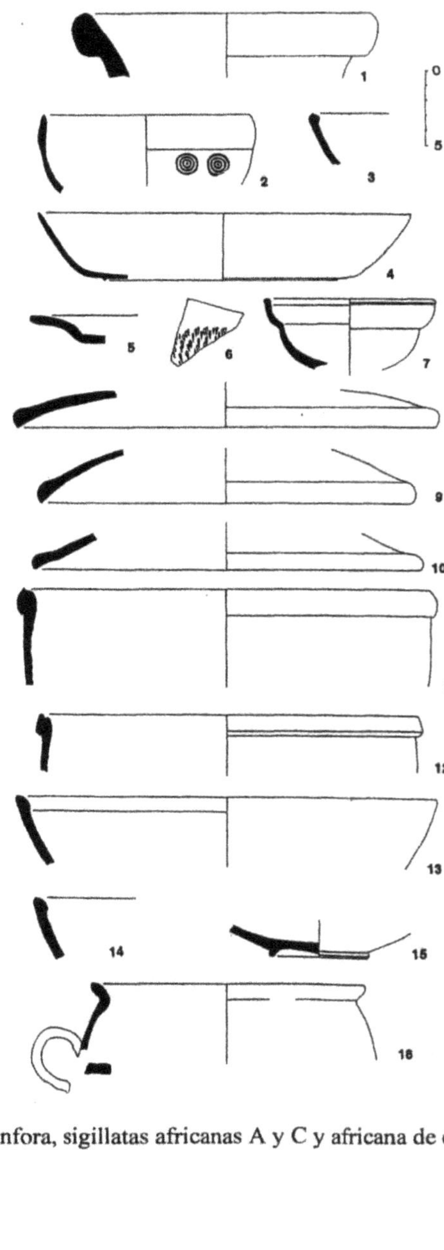

Fig. 137.Ánfora, sigillatas africanas A y C y africana de cocina.

Capítulo 12. El período de actividad de la fase 3 y el fin de la villa altoimperial.

Disponemos de elementos limitados para establecer cual fue el período de actividad de la villa durante la tercera fase constructiva que se inició hacia finales del s. II y que finalizó con el abandono casi definitivo del asentamiento rural, abriendo un lapso de tiempo antes de la reocupación del s. IV, durante el cual el yacimiento quedó totalmente desierto.

Por un lado, podríamos analizar los materiales del estrato superficial, que nos darían una visión de conjunto para fechar el nivel que recubre la villa. No obstante, estos materiales no son fiables. Han sido removidos y se ha producido una mezcla de aquellos correspondientes al período de abandono de la villa altoimperial con los que se depositaron a mediados del s. IV. Por lo tanto, una vez más debemos analizar sectores muy concretos que sin duda corresponden al período de ocupación y actividad iniciado con las reformas de la fase 3 hasta que finalizó con el abandono del conjunto de la explotación agrícola. Son hallazgos y sectores aislados, el más importante de los cuales vuelve a ser, una vez más, el vertedero de residuos del sector 2, especialmente los estratos 2004 y 2002, dejando a parte el estrato superficial 2001. Pero tampoco podemos olvidar el relleno de los negativos de *dolia* del almacén principal y el relleno de un depósito situado en la parte alta del yacimiento y que interpretamos como el depósito inferior del *impluvium* de la villa augústea, posiblemente readaptado como depósito o quizás como cava en época imperial.

En cuanto al vertedero, hemos de repetir una vez más que fue excavado en diferentes campañas, lo que motivó, por un lado, que los materiales de los respectivos estratos hayan sido parcialmente publicados en otras ocasiones y, por otro, que no haya podido obtenerse una visión de conjunto hasta el último año de excavación, una vez unificados todos los materiales y estratigrafías que se habían obtenido en las diferentes campañas. No repetiremos los materiales y estratigrafías ya publicadas en una primera monografía sobre Tolegassos (Merino & Rocas 1989), o en estudios más detallados sobre el vertedero (Casas & Nolla 1993). Como máximo, a parte de dar a conocer los nuevos hallazgos, introduciremos aquellos matices y consideraciones complementarias que pueden modificar o precisar mejor las cronologías.

Finalmente, también hemos de señalar que insistimos una vez más en tomar el vertedero como el ámbito del que mayor información puede extraerse sobre los períodos clave de la villa, precisamente a causa del hecho de que al tratarse de un sector al que iban vertiéndose todos los utensilios que quedaban fuera de uso, es un reflejo perfecto de la vida del yacimiento. Si encontramos representadas de manera extensa y abundante todas las producciones cerámicas de la época (con miles de fragmentos), no vale demasiado la pena analizar cuatro fragmentos que aparecen de manera dispersa en los niveles de abandono de cada una de las habitaciones - siempre removidos por el arado- y que no presentan ninguna variación ni nota discordante en relación con los de los estratos más ricos. Son materiales, los de las habitaciones, que fueron estudiados detalladamente en una anterior ocasión.

Volviendo a lo que nos interesa, consideramos que el estrato 2004 del vertedero es el que mejor señala el período de actividad de la villa durante la fase 3/3-b, junto con los estratos superiores relacionados directamente con las remodelaciones de la fase 3-b. Este estrato se fue depositando de forma artificial, lo que hace que en según que lugares del sector presente ligeras diferencias en la textura y composición de las tierras, manchas de otras tonalidades y finas capas de cenizas que permitirían descomponerlo en docenas de subestratos. Pero la relativa homogeneidad del material, el hecho de que en muchísimos casos los diferentes fragmentos de un mismo recipiente aparezcan dispersos en un área muy reducida pero en subestratos diferentes (o con diferente coloración de tierras), nos señala una única formación, aunque con tierras y escombros procedentes de diferentes habitaciones o áreas de trabajo de la casa.

En cambio, el estrato superior, el 2002, debe ser considerado sin duda como un nivel de abandono formado a partir de la desocupación de la villa, con tierras que se acumularon por causas naturales; unas procedentes de la parte superior del estrato 2004, otras llevadas por el viento y la lluvia. Quizás por este motivo aparecen algunas intrusiones que no son propias de la época, sino que tienen que pertenecer a la reocupación tardía. Concretamente, algún fragmento de sigillata clara C y dos monedas constantinianas. Lo veremos con mayor detalle a continuación.

U.E. 2004.

Es un estrato de potencia desigual que abarca casi toda la superficie del vertedero. En parte fue excavado durante los años ochenta. No obstante, en la última actuación en el sector este estrato apareció mejor delimitado respecto a sus vecinos inferiores y superiores y no tan removido como en el sector excavado durante las primeras campañas en el yacimiento. Su cronología, por lo tanto, podrá precisarse mejor. Ha proporcionado una cantidad ingente de fragmentos cerámicos, de los que solo reproducimos un resumen de los tipos y variantes más significativas; gran cantidad de restos óseos y malacológicos, estucos y revestimientos de mortero con pinturas, algunas teselas de mármol y escorias de hierro y cerámica. Pero el lote principal lo constituye la cerámica, que analizaremos por grupos y producciones.

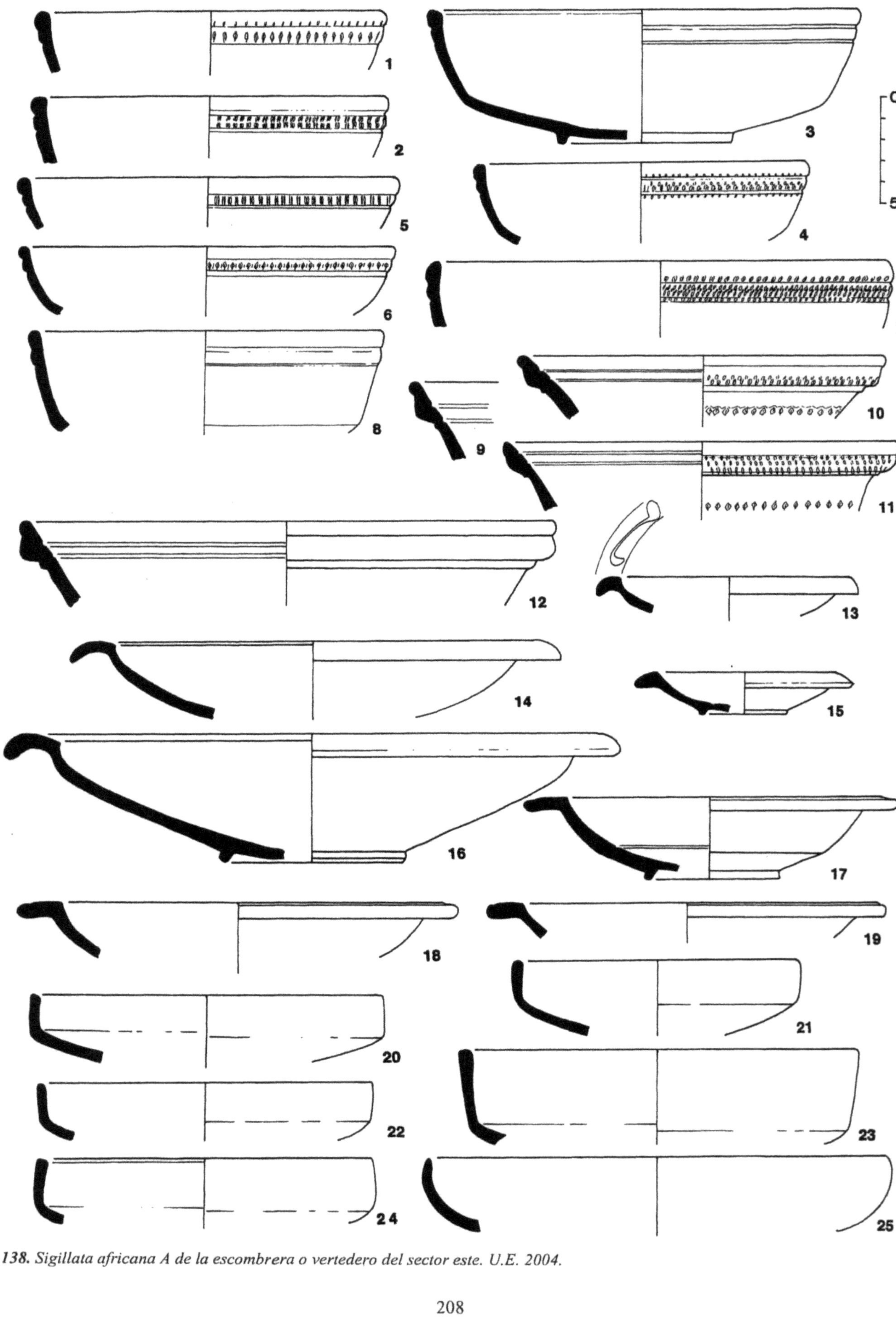

Fig. 138. Sigillata africana A de la escombrera o vertedero del sector este. U.E. 2004.

Sigillata africana A.
Un conjunto importantísimo, de primer orden, con diversas formas representadas. Aparecen las producciones A1 y A2, con un notable predominio de las producciones más modernas, como podremos ver.

En lo que se refiere a las producciones más antiguas (A1), señalamos un cuenco de la forma Hayes 3B de pequeño tamaño y con decoración de hojas de agua aplicada en barbotina en el labio, y una segunda pieza aún más pequeña, variante de la forma original (Fig. 138: 13 y 15), con cronologías dentro del siglo II (Hayes 1972; Atlante 1981; Aquilué 1991, p. 821-822). El recipiente de la forma Hayes 8A con el labio abultado y decoración a ruedecilla con motivos ovales, romboidales, elípticas, triangulares (Fig. 138: 7, 10 y 11), con dataciones entre el 100-150/175 (Aquilué 1991, p. 824-825). La forma Hayes 9A, más numerosa, con surcos paralelos definiendo el labio y que muestra una fina decoración a ruedecilla (Fig. 138; 1, 2, 4-7), que también debe situarse entre el 100 y el 150/175, aunque los ejemplares sin decorar posiblemente pertenecen al último cuarto del s. II y llegan, quizás, hasta el s. III. Señalemos, así mismo, un cuenco alto barnizado solo exteriormente de la forma Hayes 34 (Casas & Nolla 1993, nº 510), que suele fecharse en los tres primeros cuartos del s. II (Aquilué 1991, p. 829).

Entre las formas más tardías (A2), hemos identificado un plato de la forma Hayes 3C (Fig. 138: 14 y 16), sin decoración de ningún tipo y fechado a finales del s. II y primeros años del s. III; la forma Hayes 8C (Fig. 138: 9 y 12), y la Hayes 9B (Fig. 138: 3 y 8), con cronologías de los últimos años del s. II y primeros del s. III. Además debemos citar algunos fragmentos del plato Hayes 6C (Fig. 138: 17 a 19), y una colección de cuencos más o menos altos y carenados asimilables a la forma Lamboglia 3 / Hayes 14 en algunas de sus variantes más características. Finalmente, señalamos la variante Lamboglia 3A, 3B2 (Fig. 138: 20 a 24) y Hayes 14B (Fig. 138: 23; fig. 139: 5).

Aparece un extenso repertorio de la forma Hayes 27, ya sea con los típicos surcos o incisiones en la parte interior del labio o sin ellos (Fig. 138: 25; fig. 139: 3, 4, 11 y 12), del último cuarto del s. II y primero del s. III. En último lugar, vemos algunos fragmentos del cuenco o plato de la forma Hayes 14/17 (Fig. 139: 1 y 2).

Para terminar habría que hacer referencia a unos cuantos fragmentos de pequeñas jarras de paredes muy delgadas y barnizadas solo por el exterior, decoradas a menudo a ruedecilla muy fina y con asas de cinta, con crestas en la cara externa, pies cilíndricos cortos y diferenciados. La forma puede asimilarse a la Pallarés 26A, 26A bis o 28, Hayes 126, 139 y 140 y Lamboglia 11 y 13bis (Fig. 139: 6-10; fig. 140: 2-5), que debe fecharse, sin demasiada precisión, alrededor del 200 (Atlante 1981).

Sigillata africana A/D
Aparecen cuatro fragmentos de características similares (barniz brillante de color anaranjado muy claro, superficies poco pulidas), y con formas que pueden asimilarse a los productos A/D, una producción identificada por Carandini que aparece hacia finales del s. II y que es más propia del s. III (Atlante 1981). Destacamos dos platos o tapaderas de labio abultado externamente en forma de anillo, muy planos (Fig. 140: 24), barnizados por ambos lados, que recuerdan la forma Ostia I fig. 28 (Atlante 1981, p. 57), teniendo en cuenta que en la pieza indicada el barniz no se halla presente en el interior. Son ejemplares rarísimos y se fechan en el s. III.

Señalemos, también, la presencia de un fragmento de plato de paredes abiertas y labio triangulas, corto y colgante , de gran diámetro, que podríamos relacionar con la forma Hayes 29, así como otro plato ligeramente carenado, con el labio abultado, que recuerda, por un lado, la forma Hayes 3C y por otro, la Hayes 6C, es como una mezcla de ambas (Casas & Nolla 1993, nº 504).

Cerámica africana de cocina.
Un conjunto importante de fragmentos que representa más de una cuarta parte del total de la cerámica del estrato (26'75%). El repertorio es amplísimo, con platos/tapadera de borde ahumado, pequeñas jarras, urnas, ollas, cuencos y jarras trilobuladas.

La pieza de cocina norteafricana más abundante en este estrato es el plato/tapadera (más abundantes los platos que las tapaderas, ya que tienen una base ondulada y no presentan las típicas estrías y ondulaciones en el interior). La mayor parte deben asimilarse a la forma Ostia I-261, con alguna pequeña variante del mismo plato, o la forma Ostia I-264 y quizás a la Ostia I-20. Genéricamente corresponden a la forma Hayes 196 (Fig. 140: 17-22). La variante que podemos considerar sin ninguna duda como tapadera -y así la hemos representado- suele ser más ahumada y en el interior tiene la superficie ondulada, con estrías. En ocasiones se deduce que nunca tuvo el pie característico de la Hayes 196 (Fig. 141: 7-9). Anteriormente ya habíamos publicado un repertorio más amplio, con toda la gama de variantes, que no vale la pena repetir (Casas & Nolla 1993, p. 83-86).

Entre las piezas interiormente barnizadas, todas de gran difusión y perfectamente representadas en contextos de los siglos II y III de este territorio, señalamos las formas Hayes 181 y 23A (teóricamente más antigua), con una docena de fragmentos seguros (Fig. 139: 25-28), y la forma Hayes 23B, más moderna y abundante (Fig. 139: 14-19).

En cuanto a los recipientes de pátina externa gris y borde almendrado, el conjunto de fragmentos es muy notable y la variedad de formas enorme: Ostia II-312 o similar, escasamente representada; Tolegassos 2004 (Casas & Nolla 1993, nº 600, 566 y 601), con toda la superficie exterior recubierta por una espesa capa de color gris oscuro que recuerda extraordinariamente la forma Vila-roma 5.60, de la que seguramente fue un precedente, puesto que aparece en contextos separados por casi dosci entos cincuenta años (Aguarod 1991); la forma Tolegassos 99-7, documentada por primera vez en este yacimiento (Casas & Nolla 1993, nº 588); forma Raqqada 1973 tav. LIII, D1 (Fig. 141: 5), identificada por Aguarod (1991); Ostia I-270, bien representada; Hayes 199 y variantes (Fig. 141: 2-4); Ostia III-324 o similar; Hayes 197/Ostia III-267, la más repetida, a mucha distancia de las demás y con todo tipo de variantes y

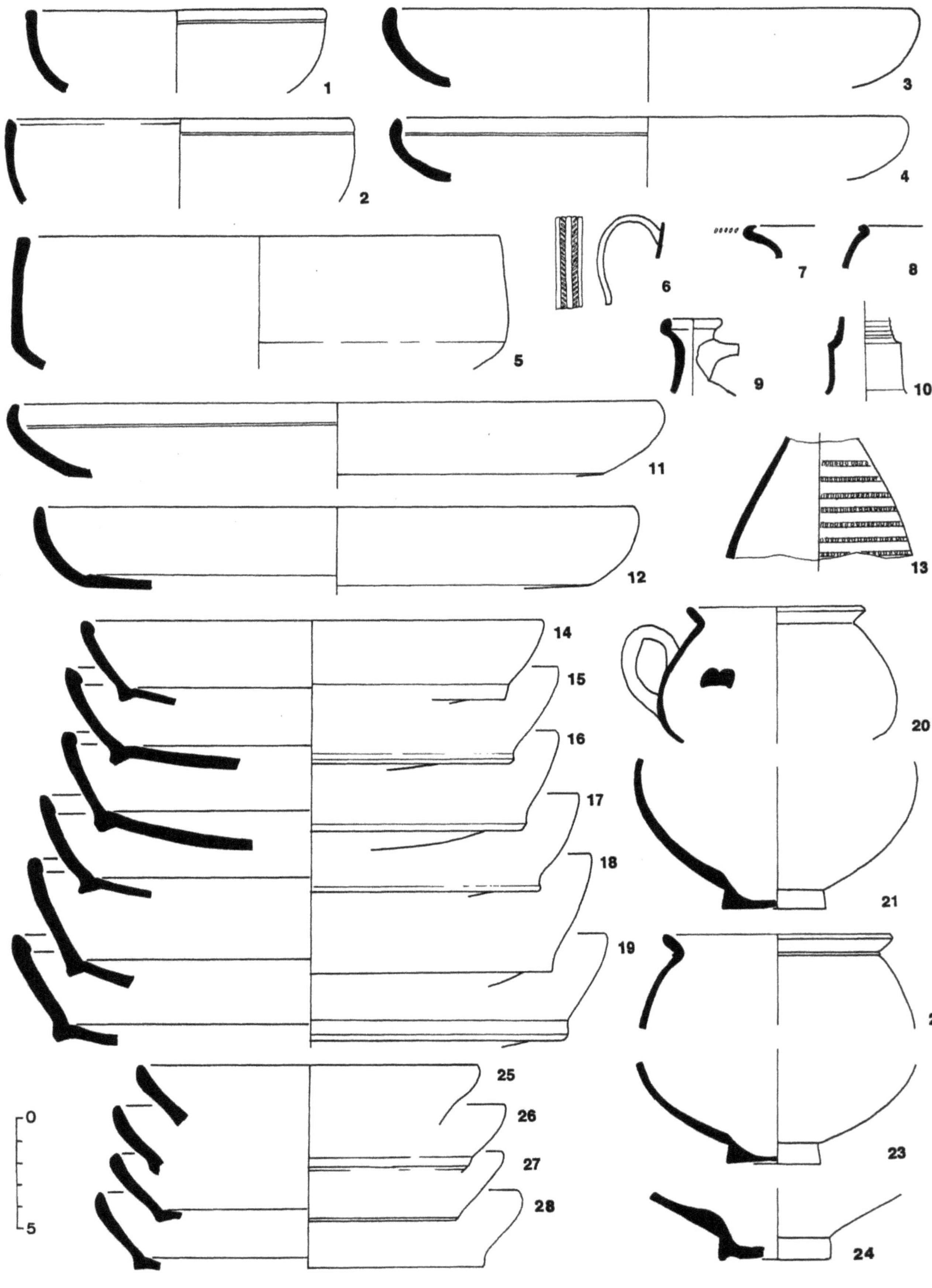

Fig. 139. U.E. 2004. 1 a 13: Sigillata africana A. 14 a 24: Cerámica africana de cocina, borde ahumado y pátina cenicienta.

tamaños (Fig. 140: 8-14).

Entre los recipientes de labios más redondeados interiormente y ligeramente abiertos, distinguimos la forma Atlante CVIII-1 o similar (Fig. 141: 7) y otras formas de paredes muy robustas y que recuerdan, por el perfil, la forma Tolegassos 2004. Otro cuenco, no demasiado frecuente en la villa, pertenece a la forma Ostia I-273, de la primera mitad del s. III (Fig. 140: 23).

Los cuencos con asa constituyen un grupo representado de manera abundante. Labio abierto o exvasado, sin cuello, cuerpo globular o esférico, pie corto y cilíndrico con la base plana o ligeramente levantada, y una sola asa adherida directamente en la mitad superior del cuerpo. Existen tamaños muy variados, aunque difícilmente sobrepasan los 15 cm. de altura. Generalmente las piezas tienen la pared exterior estriada y casi nunca con pátina ni ningún otro tipo de recubrimiento. A veces el labio muestra una especie de aguada de color gris muy adherida. Es posible que algunos ejemplares nunca fueran provistos de asa, sobretodo aquellos de mayor tamaño. Deben asimilarse a las formas Hayes 131 o Hayes 200 (Fig. 139: 20-24).

También hemos identificado la forma Caesaraugusta G/S 200 (Aguarod 1991), con pocos fragmentos que también aparecen de forma abundante en el relleno del pozo en un contexto claro de finales del s. II (Fig. 140: 25). Y finalmente, otra forma nueva, inédita hasta ahora en la cerámica africana de pátina cenicienta. Se trata de un vaso con una sola asa, con el cuerpo estriado u ondulado en el exterior, que recuerda de lejos los anforiscos tan típicos del s. II (Fig. 140: 15).

Relacionadas directamente con los mismos talleres, aparecen algunos fragmentos que quizás podríamos atribuir a las cerámicas comunes africanas de pasta naranja. No obstante, su identificación es poco clara, ya que se trata de fragmentos sin forma que pertenecen a jarras, ollas y quizás a una tapadera (Fig. 141: 17; fig. 143: 17).

Producciones minoritarias.
En este breve apartado nos referimos a las sigillatas itálicas, sudgálica, Clara B, Clara C, hispánica y a la cerámica vidriada de época romana. Solo unos cuantos fragmentos de cada tipo que en conjunto representan un minúsculo 1'04% sobre el total cerámico. Destacamos unos cuantos fragmentos y dos mitades de vaso de sigillata sudgálica Drag. 27 (Fig. 140: 6 y 7), y bordes y bases con sigilla ilegibles impresos en el fondo interno. Entre las piezas decoradas hemos identificado algún fragmento de la forma Drag. 37. El conjunto no parece ser posterior a la primera década del s. II.

En sigillata Clara B, siempre presente en la villa aunque en cantidades insignificantes, hemos hallado dispersos en diferentes puntos del estrato los fragmentos de un cuenco de la forma Lamboglia 2 (Fig. 140: 1), con la mitad inferior de la pared decorada con pequeños triángulos a ruedecilla. Es un producto que se fecha de forma imprecisa entre mediados del s. II hasta mediados del s. III.

Aparecen algunos fragmentos de sigillata africana C, más adecuados al marco cronológico general en el que se inscribe la formación del estrato. La mayor parte de ellos no tienen demasiada transcendencia -ni forma-, a parte de dos labios. El primero corresponde a la forma Hayes 48 o similar, y se fecha entre el segundo y tercer tercio del s. III (Fig. 140: 5). El otro, excepcional por su decoración aplicada en la parte interior, en forma de columna y capitel corintio (Fig. 140: 16), parece pertenecer a la forma Hayes 53B, con la misma cronología. La decoración se halla presente en la cerámica C1, forma Salomson I, de El Aouja, aunque en nuestro caso se trate del interior de un cuenco abierto.

La cerámica vidriada es un producto siempre abundante en Tolegassos, por cuyo motivo se le dedicaron dos estudios monográficos que, en síntesis, nos han permitido identificar las producciones presentes en el yacimiento, fechar los diferentes ejemplares a partir de los hallazgos en contextos claros e intuir una fabricación local, si nos basamos en los resultados de los análisis de las arcillas (Casas, Merino, Soler 1993), aunque existen posibilidades de que una parte de los recipientes recuperados en la excavación tengan un origen norteafricano. Posiblemente este es el caso de la base que reproducimos (Fig. 143: 10), que parece pertenecer a un vaso de forma bicónica, del tipo que solía estar decorado con pedúnculos imitando las paredes finas a la barbotina.

Cerámica común oxidada.
Este gran cajón de sastre al que van a parar producciones dispares y difíciles de individualizar, representa casi la mitad de la cerámica aparecida en el estrato. Hemos recuperado algunos fragmentos de anforisco, de arcilla amarilla muy peculiar, bien documentados en yacimientos costeros de este territorio durante el siglo II; o un grupo de cuencos carenados con protuberancia o anillo muy marcado en el punto de inflexión de la panza (Fig. 143: 1 y 2). Algunos de ellos deben relacionarse con el bol tipo "Llafranc", característico de la región durante los siglos II y III. Otros parecen imitar el plato de sigillata africana Hayes 3 (Fig. 143: 5 y 6), y otros son parecidos a la forma Tolegassos 99-7 en cerámica africana de cocina (Aguarod 1991), imitaciones locales de los productos transmarinos.

El conjunto se completa con un sinnúmero de pequeños cuencos, ollas, jarras con una o dos asas, de forma cilíndrica, sin cuello y labio corto y exvasado, algunos de ellos con decoración aplicada en la pared exterior (Fig. 143: 3 y 8); ollas o urnas de perfil en "S" y otras formas de jarras y recipientes menos característicos (Fig. 143: 13-15). Interesa referirnos especialmente a un fragmento informe de jarra aparecido en 1991, con un grafitti inciso en el exterior en el que puede leerse MANSMIS o MANVSMIS, según interpretemos la tercera letra como un nexo NV o no. No queda claro que estas letras formaran parte de una inscripción más extensa (Casas & Nolla 1993, nº 89).

Un grupo aparte lo forman los morteros, recipientes especializados, entre los que destacamos algunos perfiles atípicos en producciones locales, muy alejados de los grandes morteros de la Italia tirrénica, y un último ejemplar con arcillas y acabados típicamente africanos, de pasta naranja y engobe amarillento (Fig. 143: 9).

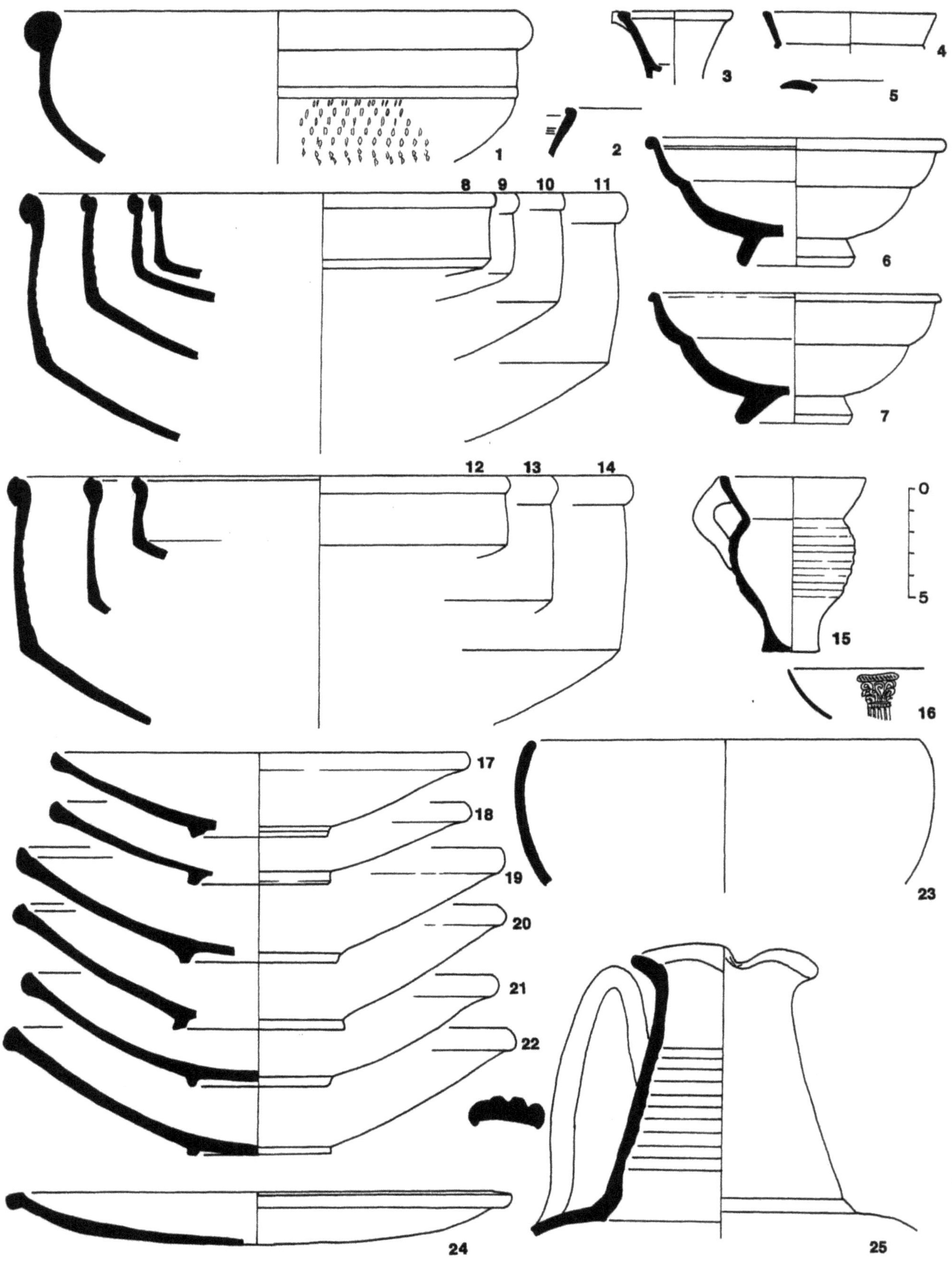

Fig. 140. U.E. 2004. 1: Sigillata Clara B. 2 a 5 y 16: Sigillata africana A y C. 6 y 7: Sigillata sudgálica. 8 a 15, 17 a 25: Cerámica africana de cocina y pátina cenicienta.

Finalmente, en otro apartado, señalamos la presencia de cerámicas de menor calidad en sus acabados, de superficie tosca y rugosa, a veces oxidada y en la mayor parte de las ocasiones reducida. Representa casi el 7% del conjunto total, con recipientes característicos: ollas, urnas, tapadoras y cazuelas. Destacamos un gran recipiente troncocónico, con carena alta y diferenciada y labio recto, quizás con asas, y con un cordón decorado con impresiones digitales en el punto de inflexión. En esta ocasión la pasta presenta desgrasante de tamaño considerable y la superficie oxidada. Las urnas y ollas no presentan ninguna característica especial, a parte de un ejemplar cocido de forma incompleta, de tamaño considerable y dos asas robustas (Fig. 143: 16).

Ánforas.
Representan un 12'50%. Un porcentaje alto en este yacimiento en el que el número de ánforas nunca es demasiado elevado. Destacamos fragmentos de contenedores de vino de la forma Dressel 2/4 de origen itálico y local, Pascual 1, ánforas sud-hispánicas de salazones, con las formas Dressel 7/11, Pélichet 46 y probablemente Beltran III (Fig. 144: 6 y 5), y algunos fragmentos de ánfora de base plana asimilable a la forma G-IV, pero con toda seguridad autóctonas (Fig. 144: 1-4).

Lucernas.
Con 37 fragmentos, este es el segundo estrato en importancia en cuanto al número absoluto de lucernas hallados en el vertedero. Un fragmento pertenece a una lámpara de volutas, cinco a *firmalampen* y veintiuno al tipo que genéricamente se ha llamado "de disco" (Deneauve VII y variantes). A pesar de ello, la información que nos proporcionan es mínima.

Uno de los ejemplares más completos corresponde, sin duda, a la forma Dressel 20/Den. VIIA o B (Fig. 144: 12), típica de la primera mitad del s. II y que en Tolegassos ha aparecido de forma abundante en un contexto cerrado del último cuarto del s. II (Casas & Rocas 1989; Casas & Nolla 1986-89). En el centro del disco conserva un círculo decorado con un motivo parecido a hojas de laurel. Otro de los ejemplares, posiblemente de la misma forma, contiene el mismo tipo decorativo, que se completa en el margen con las típicas ovas o herraduras. En un tercer fragmento se observa parte de cuatro ramas de palma dispuestas en cruz. Es una decoración habitual en la forma Dressel 20/Den. VIIA, que suele aparecer en las piezas de los talleres de AVFIFRON y CIVNDRAC, y volvemos a hallarlo en contextos de la segunda mitad y último cuarto del s. II, incluso en la misma villa (Bonnet 1988, fig. 23: 4-5; Casas & Rocas 1989, nº 16).

En un pequeño fragmento de la forma Den. IX/Dressel 5C/Loeschcke X aparecen los restos muy deteriorados de una marca en la base, en la que mal puede leerse ...ASSI sobre una pequeña marca circular ilegible (o quizás una corona) (Fig. 144: 10). El taller de CASSIVS, con muy pocas variantes, fabricó básicamente lucernas de canal, probablemente en la zona danubiana y en el norte de Italia, aunque también han sido documentados otros productos originarios del norte de Africa, sobretodo en lucernas Dressel 18 y 28. Pero posiblemente se trata de un homónimo, tal como señaló Balil hace años (Balil 1968, p. 166; 1982, p. 7-8). En todo caso, parece que la ubicación del taller principal, que fabricó lámparas de canal durante la primera mitad del s. II, debe situarse sin demasiadas dudas en Panónia o zonas próximas (Museteanu et alii 1980, p. 283-286)

Las primeras lucernas que aparecieron en el estrato, en la excavación de 1985, presentan una gran homogeneidad y sorprende, hasta cierto punto, ver que de las siete marcas recuperadas cuatro pertenecen a MNOVIVSTI (M. Novius Iustus), alfar que trabajó aproximadamente entre los años 120-180 (Casas 1989, p. 146; Casas & Rocas 1989, p. 81). Otra marca, (luc)CEI, pertenece al período Antonino-severiano, y una tercera, NERI, aparece en la base de una *firmalampen* seguramente noritálica, de un taller conocido y documentado ampliamente (Bailey 1988, p. 99; Casas 1989, p. 146).

Pero los ejemplares mejor conservados pertenecen todos a la forma Den. VIIB, que deben situarse hacia la segunda mitad del s. II, a pesar de las dificultades de datación a causa del elevado número de variantes de la forma. Uno de los ejemplares puede ser considerado como el verdadero prototipo o modelo que ilustra la forma (Fig. 144: 7), ya que contiene todos los elementos formales, decorativos y *sigillum* propios del período. El margen, decorado con incisiones radiales y paralelas; el disco, con una escena mitológica y, el fondo externo, con la marca muy borrosa, aunque podemos leer con dudas y dificultad EMOS (?), que no aparece en los repertorios a nuestro alcance.

A pesar del número de fragmentos relativamente alto, no existe la suficiente diversidad para determinar la cronología del conjunto. Lo podemos situar dentro del marco general de la segunda mitad del s. II y primer cuarto del s. III. La lucerna con la corona de laurel en el borde (Fig. 144: 8), es típica de este momento más reciente y sus paralelos en Tolegassos en niveles de abandono de la villa empiezan a ser numerosos. Tanto las lucernas de canal, típicas sobretodo de la primera mitad del siglo II, como las de disco, básicamente del tipo Dressel 19 o 20 y variantes de la Deneauve VII, corresponden a este período. Y las del último tipo llegan perfectamente hasta las primeras décadas del s. III sin demasiadas variaciones en comparación con los ejemplares del siglo anterior.

Por otro lado, a parte de un fragmento de volutas, no encontramos lámparas típicas de finales del s. I, la forma Deneauve VD, abundante en el pecio de Culip IV, con una fecha de hundimiento precisa dentro del último cuarto del s. I. Tampoco hallamos las variantes más tardías de las lucernas de disco (formas Den. VIII C y D), fechadas *grosso modo* a mediados y segunda mitad del s. III. Pero con un lote tan reducido tampoco nos extraña.

El conjunto, por lo tanto, aunque contiene materiales de la primera mitad del s. II, quizás residuales, se inscribe en la segunda mitad del siglo, con un repertorio de continuidad que llegaría hasta el primer cuarto del s. III, sin que unas lucernas sean incompatibles con las otras. Debe tenerse en cuenta, no obstante, que el número de fragmentos clasificados quizás no es lo suficientemente representativo ni contiene todos los tipos de lámparas que serían corrientes en la época de formación del estrato y que sí aparecen en otros niveles de la

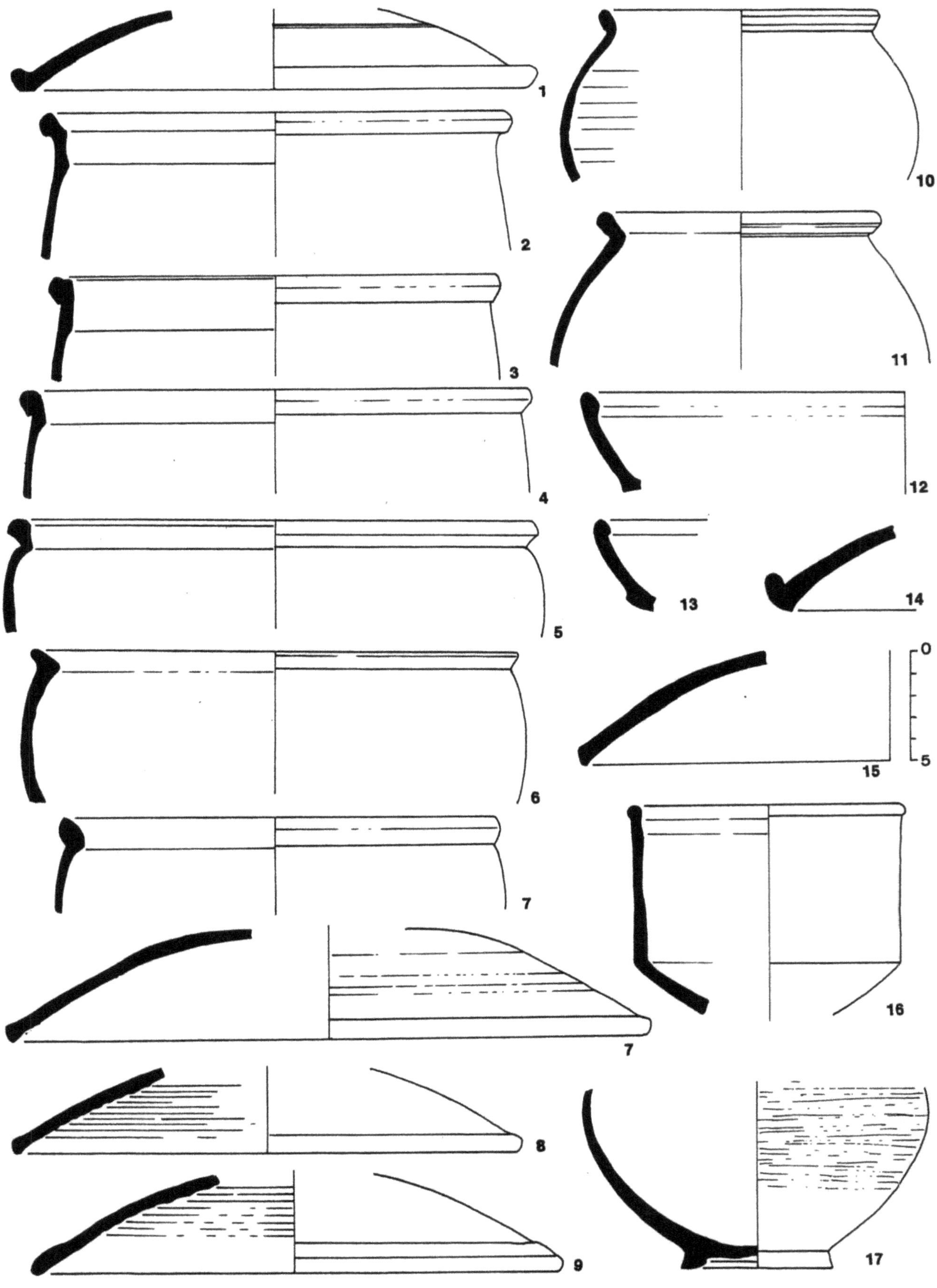

Fig. 141. U.E. 2004. 1 a 15: Cerámica africana de cocina y común de pasta rosada-naranja. 16: Cerámica común local. 17: Jarra de cerámica oxidada, probablemente africana.

villa con mayor volumen de material o mejor conservado, como en el caso del estrato 2080 del pozo estudiado anteriormente.

Monedas.
Un primer hallazgo, un As de bronce de UNTIKESKEN, anterior al principado de Augusto, no aporta ninguna información complementaria para la datación del conjunto, puesto que se trata de un material residual de épocas anteriores (nº 71). Una segunda moneda, que leemos con dificultad, parece pertenecer a finales del s. II (nº 104). Leemos DOMINVS P.../...COS III - SC, con el busto del emperador y una Victoria alada, en el anverso y reverso, respectivamente. En la tercera leemos en el anverso ANTONINVS PIVS V...M(?), y en el reverso, muy desgastado, ...AN (nº 105), que en caso de pertenecer a Caracalla, como parece, fecharíamos entorno el 217.

Todas las monedas están muy desgastadas, lo que nos hace suponer un largo período de circulación. Por lo tanto, las cronologías que nos proporcionan deben tomarse con precaución, ya que independientemente de la época de acuñación, podían haber llegado al vertedero bastantes años más tarde.

Cronología del estrato.
A diferencia del estrato 2408, que se halla bajo el que analizamos, ahora no se trata de un nivel cerrado, homogéneo y formado súbitamente. Más bien nos muestra las actividades y vida del yacimiento (por lo menos en este sector), a partir del momento en que se llevó a cabo la ampliación de la tercera fase. En conjunto de material, aparentemente bastante uniforme, aunque presenta un abanico cronológico bastante amplio, nos conduce hacia una fecha de los alrededores del año 200 y, por lo tanto, muy próxima a la que proponíamos para el relleno del pozo de la villa. Pero vemos que puede prolongarse algunos años más; como mínimo, hasta la primera mitad del s. III.

Encontramos el mismo material, quizás con la diferencia de que aquí hay algunos fragmentos que hemos asimilado a la variante A/D de la cerámica africana y que empiezan a detectarse justo en los últimos años del s. II, así como la presencia, relativamente abundante, de t.s. africana C en el último sector excavado y de algunos fragmentos decorados que pueden relacionarse con los productos de El Aouja, además de cerámica corintia con relieves (Casas & Nolla 1993). Cabe deducir, pues, que aunque el grueso de material del estrato señala una datación entre los últimos años del s. II e inicios del s. III, existen suficientes evidencias para prolongar esta cronología hasta el segundo cuarto del s. III o poco después, a menos que los fragmentos más modernos no sean intrusiones procedentes del estrato 2002, cosa que nos sorprendería mucho, teniendo en cuenta la profundidad en la que aparece el estrato 2004 y su perfecta delimitación y separación respecto al más reciente.

U.E. 2002.

Está situado inmediatamente bajo el estrato superficial y recubre totalmente el estrato 2004, excepto en los lugares en los que descansa directamente sobre la roca natural. No tiene demasiada potencia y a veces resulta difícil separarlo del estrato superficial, cuya composición y textura es casi la misma, aunque afectado por el cultivo del campo. Ha proporcionado un importante conjunto de material cerámico, restos óseos y tres monedas, pequeños bronces bajo-imperiales de la casa de Constantino, que por su mal estado de conservación son imposibles de clasificar con seguridad. El conjunto es, pues, notable y permite una aproximación cronológica bastante precisa.

Fig. 142. U.E. 2004. Aguja y mango de cuchillo plegable, en hueso.

Sigillata africana A.
Aparece en gran número que representa el 3'6% de la cerámica del estrato, con predominancia de los tipos A2 sobre los A1. Entre las formas hemos identificado los platos de la forma Hayes 8B sin decoración (Fig. 145: 10) y los cuencos o plato Hayes 9A con decoración de ruedecilla en la parte exterior del labio y los Hayes 9B lisas, formas características de aquella producción. Otro recipiente de pie corto y robusto pertenece a la forma Hayes 31 o a alguna variante tardía de las formas Hayes 14 y 15. En todo caso, es una forma tardía en la producción. Mucho más rara es la presencia de una pequeña jarra de la forma Pallarés 26A bis, de labio exvasado y asa de cinta con crestas que sale directamente del borde. Estas piezas, de paredes muy delgadas y duras, pueden estar decoradas a ruedecilla (Fig. 146: 3). La cronología, no del todo clara, se sitúa hacia el final del s. II o inicios del s. III (Atlante 1981, p. 40).

Aún más rara o escasa es una variante de la forma Hayes 3, inédita en los grandes repertorios sobre esta producción, que aquí hallamos representada por dos platos con el labio engrosado y caído, y probablemente una base de la misma forma (Fig. 145: 7-9). Aunque no desconocida en la villa, también es poco habitual la jarrita de la forma Hayes 134/138

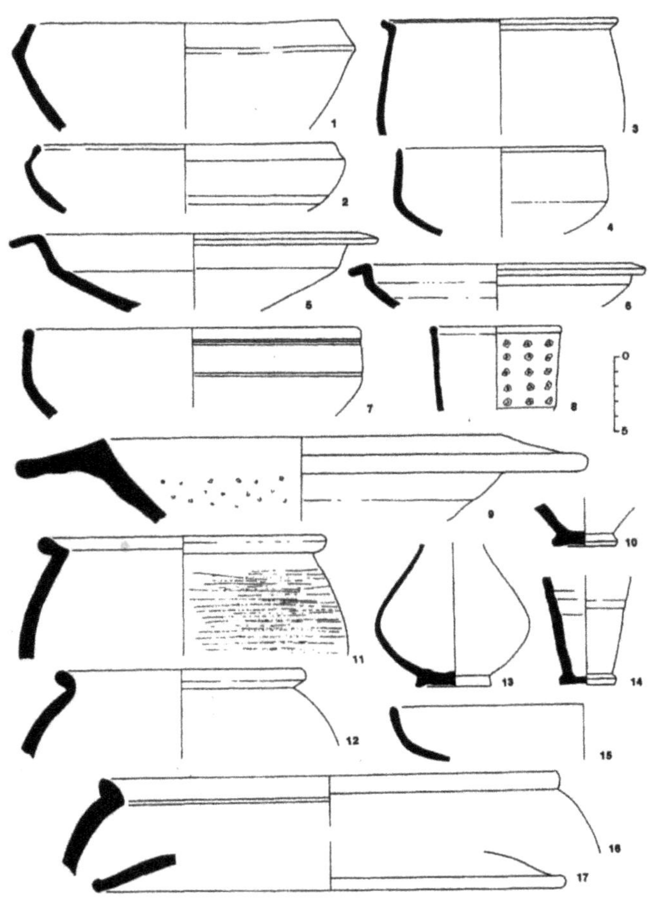

Fig. 143. U.E. 2004. Cerámica común de producción local.

o variante, de la que aparece una base que puede fecharse en la segunda mitad del s. II y que difícilmente llega hasta el s. III (Fig. 145: 11).

Otra forma característica, el plato del tipo Hayes 27/Lamboglia 9A, corresponde a los últimos años del s. II y primera mitad del s. III (Fig. 145: 13), igual que la variante más común Hayes 27, con la incisión interna alrededor del labio (Fig. 145: 14). Otro fragmento del plato Hayes 14, variante de pequeñas dimensiones, no se aparta del marco cronológico que hemos ido señalando hasta ahora (Fig. 145: 12). Pero la forma Hayes 31/Ostia I-86 es ligeramente más tardía, conocida en contextos de la primera mitad del s. III (Fig. 145: 15). Finalmente, también de la primera mitad del s. III, algunos fragmentos del plato Hayes 32, con un peso específico insignificante, pero interesante a la hora de fechar el conjunto.

Cerámica africana de cocina.
Este es un grupo heterogéneo de cerámicas comunes norteafricanas, a menudo decoradas con patinas cenicientas grises o negras muy adheridas a la superficie, con aguadas muy sutiles o con barnices francamente espesos y oscuros, rojos, que recubre la parte interior de los recipientes (especialmente de las formas Hayes 23A y B). En ocasiones el barniz dibuja bandas paralelas decorando exteriormente alguno de los ejemplares.

Las formas son bastante numerosas, algunas muy habituales y otras bastante más raras de hallar, y mostrarían todo el abanico de recipientes necesarios para el trabajo cotidiano en la cocina (platos, ollas, cazuelas, tapadoras, jarras...). En total hemos recuperado cerca de un millar de fragmentos de cerámica africana de cocina; una cifra alta pero que se mueve dentro de los parámetros característicos del yacimiento, que en algunos momentos concretos y en según que unidades estratigráficas el ingente volumen de cerámica africana de todo tipo es superior al de las producciones locales. Es algo sobre lo que deberemos reflexionar. Por el momento solo expondremos las diversas formas siguiendo un orden.

El plato/tapadera es una forma omnipresente y ambigua, con un repertorio de variantes que a veces parece infinito, y decorada en muchas ocasiones con la típica pátina negruzca o gris recubriendo el labio. Existe una gran variedad de perfiles que a veces proporcionan indicaciones cronológicas. Aquí hemos identificado la forma Ostia I-261, con tamaños muy diversos, desde las más pequeñas a las más grandes (Fig. 145: 23, 25 y 26), y que es la más corriente de todas ellas (Atlante 1981, p. 212). Pero también aparecen fragmentos de plato sin pie, variante Ostia III-332 (Fig. 145: 24), con un importante número de fragmentos. Poco podemos añadir a los comentarios hechos en otros capítulos en lo referente a su cronología. En todo caso, constatar una vez más que es una forma muy abundante en la villa desde la primera mitad del s. II hasta que fue abandonado el yacimiento.

En cambio, la forma Hayes 23 A y B constituye un grupo mayoritario; siempre barnizado interiormente y con pátina gris oscura en el exterior. Un segundo grupo, muy escaso, está barnizado por ambos lados, por lo que podría ser considerado como sigillata africana A. Son recipientes bien representados en los yacimientos altoimperiales de la zona y su evolución aún no está del todo clara. Si bien, en teoría, la forma Hayes 23A sin el labio almendrado tendría que ser más antigua, basándonos en los hallazgos de Tolegassos ambas variantes aparecen siempre o casi siempre juntas, con algunos matices que señalamos aprovechando ahora esta ocasión. En contextos de mediados del s. II o en el tercer cuarto de la centuria coexisten las dos variantes, mientras que en el último cuarto del siglo la Hayes 23A desaparece. No obstante, reaparece la forma a partir del primer cuarto del s. III, siendo casi tan numerosa como la variante B. ¿Se trata del renacimiento en un momento relativamente tardío de una forma abandonada, o esta situación obedece a un hecho circunstancial que se da en la zona y que ahora no acabamos de entender?. En todo caso, deberá tenerse en cuenta (Fig. 145: 1-6; fig. 146: 1 y 2).

Destacamos a continuación el plato/fuente de bordes curvados y fondo plano, muy ancha y poco alta asimilable a la forma Hayes 181 (Fig. 146: 4), que detectamos por primera vez en contextos de finales del s. II o inicios del s. III (Atlante 1981, p. 215-216). Se trata de un único fragmento, aunque en el estrato inferior, el 2004, es muy abundante, con gran variedad de tamaños y acabados.

En cuanto a los recipientes de pátina cenicienta y labio almendrado (cazuelas u ollas, puesto que su función puede ser una u otra indistintamente, según su altura), relativamente numerosas en contextos altoimperiales, detectamos las variantes Ostia III-108/267 (Atlante 1981, p. 218), quizás la más abundante, de labio almendrado, alto y redondeado (Fig. 147: 6 y 7); la variante Ostia II-312 o similar, de labio más desarrollado; la variante Atlante CVIII-2 o similar, con perfil del borde muy peculiar, y la variante Atlante CVII o similar, más parecida a una olla (Atlante 1981, p. 218-219).

A continuación debemos citar un conjunto de ollas de tamaño mediano o pequeño, de perfil en "S" y con pequeñas variantes en el labio, que pertenecen a la forma Hayes 200 (una variante sin barnizar de la Hayes 140), pero de diversas dimensiones y perfiles a menudo más cuidados, documentada en abundancia en los niveles superiores de la excavación de la *taberna* occidental del fórum ampuritano en contextos del siglo III (Aquilué et alii 1984, p. 216-217), y en Tolegassos a partir de la segunda mitad de. s. II.

Finalmente, aparecen con cierta frecuencia las jarras de fondo cóncavo y boca trilobulada, con una sola asa y en muchas ocasiones con pátina cenicienta que recubre toda la superficie exterior. Suelen aparecer en contextos de la segunda mitad avanzada del s. II, como prueba el extraordinario conjunto del pozo estudiado con anterioridad (cf. Fig. 87).

T.S. Clara B.
Cerámica definida por N. Lamboglia dentro del conjunto de las cerámicas finas de distribución mediterránea en época altoimperial (Lamboglia 1958) y producida en la Narbonense (Atlante 1981). Llegan en poca cantidad a nuestras costas, pero siempre aparece algún pequeño fragmento. A nivel de porcentaje estas producciones no pueden ser tenidas en consideración. Señalemos, no obstante, un interesante fragmento que interpretamos como una probable tapadora (Fig. 146: 5), diferente a la definida por Lamboglia, con arcilla beige de calidad, puntitos brillantes y engobe irregular, marrón, decorada a ruedecilla formando una franja de grandes triángulos. A parte de otros fragmentos sin forma, completa el conjunto un gran cuenco sin decorar de la forma Lamboglia 8 (Fig. 145: 19). La cronología de estas cerámicas se sitúa entre el 150 y el 250, sin poderse precisar.

Lucernas.
Podemos observar como a medida que nos acercamos a los estratos de más reciente formación disminuye el número absoluto de lucernas. Así pues, vemos que en el caso del nivel que ahora analizamos, solo aparecieron 19 ejemplares (17 de disco, 1 de volutas y 1 paleocristiano). Entre ellos solo siete permiten su correcta clasificación y estudio. Los siete ejemplares pertenecen a tres variantes de la forma genérica (Fig. 146: 6-12).

Una de las piezas, quizás la mejor conservada, corresponde a la forma Dressel 20/Deneauve VIIB (Fig. 146: 8). La decoración contiene las típicas fajas de ovas o herraduras en el margen y la cabeza de un personaje mitológico, muy borrado o desgastado, en el disco. Un segundo ejemplar de la misma forma tiene también el disco decorado con una rama de palma y otros motivos vegetales o rosetas (Fig. 146: 9), y fue fabricado a partir de un molde bastante usado y deteriorado, pero que puede identificarse como un producto norteafricano conocido, asimilable a la especie Bailey Q1207 (Bailey 1988, p. 92). Otro ejemplar de la misma forma no conserva ningún tipo de decoración (Fig. 146: 7).

La cuarta lucerna, de la que solo nos ha llegado el disco y el pico, también es una variante de la forma genérica, diferenciada por los dos puntos situados en la unión del pico con el disco (Fig. 146: 10). En todo caso, el disco está decorado con una corona circular de estrías incisas, motivo extremadamente sencillo y muy habitual en esta forma.

Una base que atribuimos a la forma genérica de las lucernas de disco (Fig. 146: 12), solo tiene el interés de haber conservado la marca de alfarero, en este caso realizada con un punzón sobre la arcilla aún fresca. La marca MARC/CI no la localizamos en los repertorios generales más extensos, pero puede estar próxima a un Q MARC de Ampurias (Balil 1968, p. 175), leída erróneamente por Palol (1948-49, nº 79), procedente de un taller africano que produjo lámparas de aceite de las formas Dressel 20 y Loeschke VIII. Para acabar citaremos un último ejemplar de la forma Dressel 19/Deneauve VIIA o B, poco diferente a los anteriores, sin decoración, y del que solo se conserva la mitad del disco (Fig. 146: 6).

Si exceptuamos el fragmento de lucerna de volutas y teniendo en cuenta que los fragmentos sin forma han podido ser clasificados de forma muy precaria -aunque responden al tipo genérico de disco-, los otros ejemplares que reproducimos gráficamente tienen sus paralelos idénticos en el estrato 2080 de la villa, al que inevitablemente tenemos que referirnos siempre que citamos materiales de finales del s. II, puesto que constituye el conjunto cerrado mejor fechado no solo de la villa sino de la zona. La cronología que nos proporciona, tanto para la cerámica fina como para la común o las lucernas, hace casi innecesario buscar otros paralelos en yacimientos, ya sean próximos o lejanos, si no es para confirmar o contrastar estas dataciones.

En definitiva, pues, las lucernas del estrato 2002 se hallan presentes en el relleno 2080 del pozo, fechado entre el último cuarto del s. II y la primera década del s. III. Por otro lado, pertenecen a tipos genéricos y respectivas variantes que aparecen a mediados del mismo siglo y que tuvieron un largo período de producción y distribución que perduró casi hasta mediados del s. III. La marca MARC/CI se grafió con un tipo de letra más propia del s. III, que se repite en los casos de otros talleres, como PVLLAENI o ROMANESIS.

Cerámica corintia.
Es un producto siempre escaso, que llega a nuestra zona con mucha dificultad, pero que ofrece unos datos cronológicos ciertamente interesantes. En el estrato 2002 de Tolegassos (y también en el 2004), han aparecido diversos fragmentos a lo largo de 15 años de excavación. Algunos ya fueron publicados en su momento (Merino & Rocas 1989, p. 145). Otros son más recientes y aún inéditos (Fig. 147: 3). Los vasos (siempre cuencos de paredes verticales), tienen una arcilla de color beige claro o naranja pálido, fina y bien depurada, con una fina capa de barniz muy delgado y ligeramente más oscuro que la propia arcilla. Suelen estar casi siempre decorados con escenas complejas, jinetes, luchas, etc. La producción se inició hacia mediados del s. II y terminó súbitamente en el 267, cuando los Hérulos ocuparon la ciudad de Corinto.

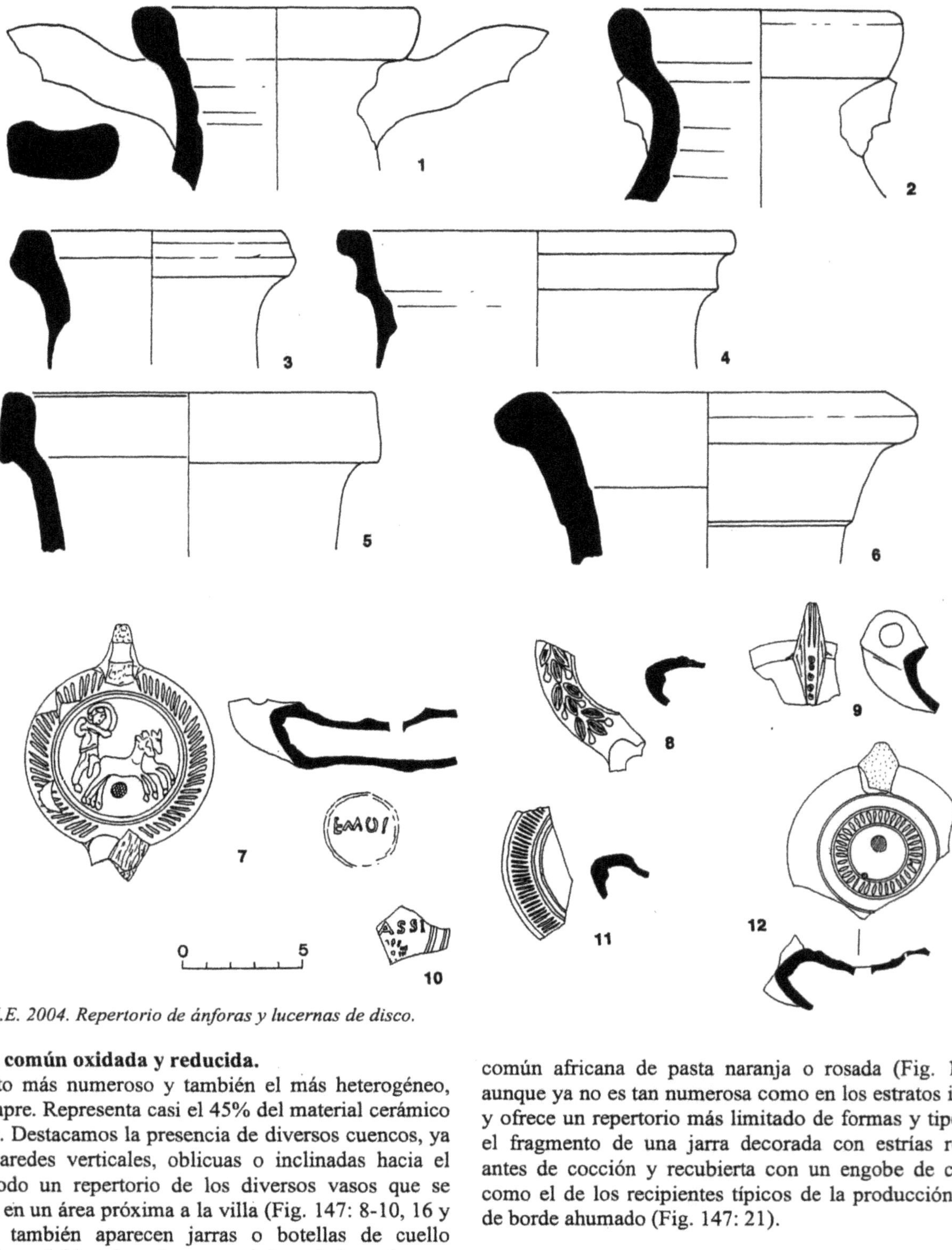

Fig. 144. U.E. 2004. Repertorio de ánforas y lucernas de disco.

Cerámica común oxidada y reducida.
El conjunto más numeroso y también el más heterogéneo, como siempre. Representa casi el 45% del material cerámico del estrato. Destacamos la presencia de diversos cuencos, ya sean de paredes verticales, oblicuas o inclinadas hacia el interior; todo un repertorio de los diversos vasos que se fabricaron en un área próxima a la villa (Fig. 147: 8-10, 16 y 19). Pero también aparecen jarras o botellas de cuello troncocónico y labio triangular, muy típicas de los primeros años del s. III (Fig. 147: 11), y otros recipientes de cuello más ancho y labio moldurado (Fig. 147: 12). Entre las piezas más interesantes, una gran jarra de labio abultado y sin cuello, con formas parecidas en contextos de la segunda mitad del s. II (Casas et alii 1990, p. 266 y 270); también aparece, finalmente, un pequeño fragmento informe con un falo aplicado en la pared externa, como el que hemos visto en el estrato 2408.

Tampoco es extraño encontrar algún fragmento de cerámica común africana de pasta naranja o rosada (Fig. 147: 16), aunque ya no es tan numerosa como en los estratos inferiores y ofrece un repertorio más limitado de formas y tipos, como el fragmento de una jarra decorada con estrías realizadas antes de cocción y recubierta con un engobe de color gris como el de los recipientes típicos de la producción africana de borde ahumado (Fig. 147: 21).

Numéricamente, las cerámicas reducidas son minoritarias en relación con las oxidadas. Destacamos una olla con perfil en "S" y un cuenco de paredes abiertas y labio corto, con la peculiaridad de tener dos asas casi horizontales (Fig. 147: 17 y 18), formas muy características y prácticamente inmutables a lo largo de los años, aunque casi nunca con este tipo de asa.

Ánforas.
Poco más de 300 fragmentos recuperados, es decir, un 13% del total cerámico. Entre las pocas formas identificadas

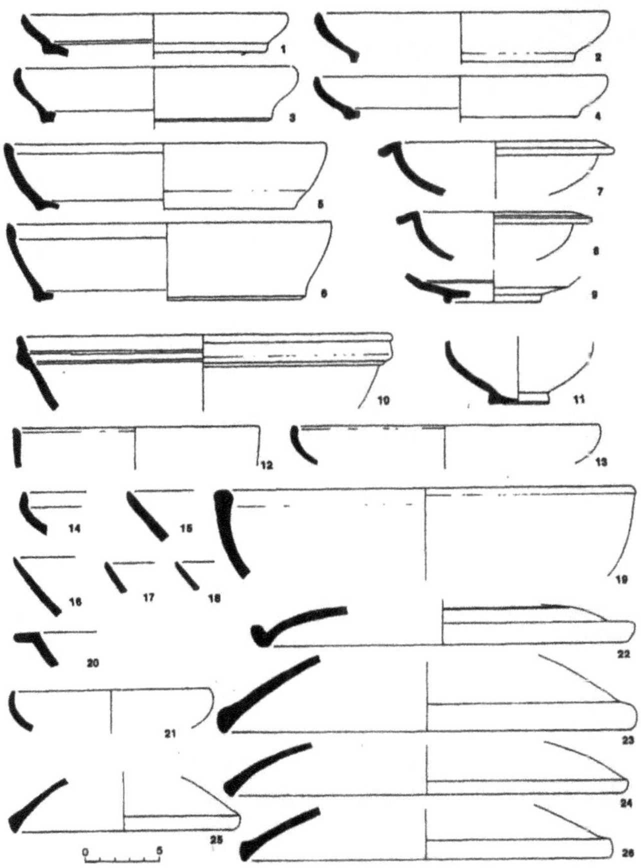

Fig. 145. U.E. 2002. Sigillatas y cerámicas africanas de cocina.

destacamos un cuello de G-IV procedente de una primera campaña de excavaciones; el ánfora de base plana característica de la Narbonense y producida también en talleres costeros de la Citerior, desde Llafranc a la Almadrava (Denia), en contextos claramente altoimperiales y sobretodo en los siglos II-III (Nolla et alii 1982; Aranegui y Gispert 1992). Otro borde similar, más moldurado, recuerda el perfil de boca de las G-3, que ya habíamos visto en el estrato 2004 y en algunas ánforas del taller de Llafranc junto con las G-IV (Casas & Nolla 1993, nº 654-655). Un tercer fragmento, más robusto y de labio casi triangular, presenta las características de arcilla típicas de las ánforas africanas (Fig. 147: 20).

Material minoritario y residual.
Citaremos algunos fragmentos de anforisco, un objeto de uso discutido que suele aparecer en contextos de la primera mitad del s. II en esta región. También se han recuperado algunos fragmentos de sigillata sudgálica (13 en total), itálica, vidrio, estuco y revestimiento de muros con pintura, y un *pondus*, materiales que o bien son claramente residuales o no aportan datos precisos para fechar el estrato.

La sigillata hispánica, casi inexistente, está representada únicamente por dos fragmentos asimilables a la forma Drag. 37, aunque sin forma precisa ni decoración. La cerámica itálica de pasta micácea, producción campaniense que suele hallarse en contextos de la primera mitad del s. I, aquí aparece como residual, puesto que desaparece en época flavia. Hay dos fragmentos, sin valor cronológico, uno de los cuales pertenece a una fuente de base plana y paredes curvas del tipo 4 de Bastit, con una cronología amplia, desde mediados del s. I a.C. hasta el siglo siguiente (Bastit 1986, p. 68-69).

Monedas.
Un pequeño bronce difícil de clasificar con seguridad, pero que debe ser atribuido a la familia de Constantino y, por lo tanto, acuñado en la primera mitad del s. IV (nº 79). Una segunda moneda pertenece a Claudio II (DIVO CLAVDIO / ...IO), que posiblemente pertenece a la serie **consecratio**, aunque en lugar del ara en el reverso aparece un águila (nº 103). En todo caso, no es anterior al 270. Una tercera pieza también pertenece a la casa de Constantino; por lo tanto, es de la primera mitad del s. IV. Con dificultad puede leerse DN CONSTANTIVS.../FEL TEMP REPARATIO (nº 106).

Consideraciones cronológicas.
Este tipo de unidades estratigráficas suelen tener una formación desigual al irse formando a lo largo de un período que a veces no puede delimitarse con precisión. Al tratarse de espacios abiertos, de vertederos y de niveles no endurecidos ni consolidados, las intrusiones, el peligro de contaminaciones y la ambigüedad cronológica es un hecho característico de estas formaciones que deberemos tener en cuenta. Aún así, el material cronológicamente más fiable, bastante homogéneo, deberá proporcionarnos la fecha final de formación del estrato. En este caso, las cerámicas africanas de tipo A nos insinúan una cronología de finales del s. II o de inicios del s. III, que se vería confirmada por el plato de la forma Hayes 9A. Pero la evidente presencia de sigillata africana C, así como de producciones de Africana A más tardías y claramente fechadas en la primera mitad del s. III, así como la aparición de cerámica corintia decorada, recomiendan situar esta cronología final como mínimo a mediados del s. III.

El repertorio tipológico de las cerámicas africanas, que aparentemente parece muy homogéneo, plantea dudas en cuanto a la aceptación de las cronologías establecidas para cada una de las formas. Cronologías que diversos investigadores obtuvieron de hallazgos concretos y parciales, demasiado a menudo fuera de contexto. A medida que se producen nuevos hallazgos puede pulirse la cronología de algunos recipientes que se fabricaron durante más de cien años. La perduración de algunos de ellos debió ser más larga de lo que se había supuesto; el caso de las formas Hayes 9B, 23 A y B, 196 y 197 puede ser un ejemplo de esta situación.

Las monedas, en cambio, presentan un problema a parte. Por un lado, no podemos negar las intrusiones que podían haberse producido desde el estrato superficial durante la reocupación del s. IV y, por lo tanto, tendríamos una explicación lógica para la presencia de dos bronces constantinianos. Pero la moneda de Claudio II concuerda mejor con la fecha que consideramos más próxima al abandono de la villa altoimperial. En realidad, en casi todos los estratos más tardíos de los edificios de la villa aparecen antoninianos y otras monedas que deben fecharse en el último tercio del s. III o poco antes, quizás en el tercer cuarto del siglo. Ya hemos visto las monedas del estrato inferior, que nos señalan

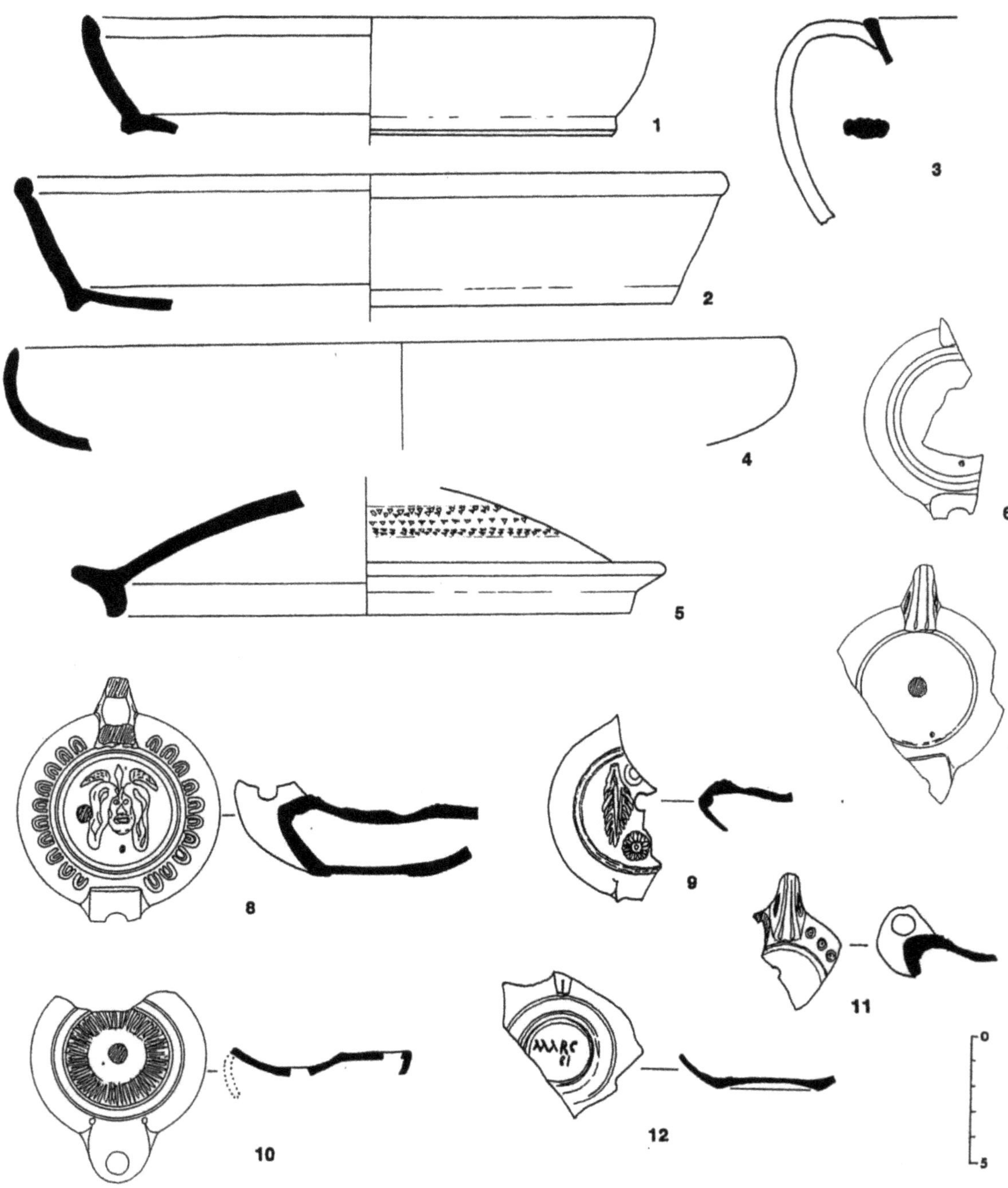

Fig. 146. U.E. 2002. 1 a 4: Sigillata y cerámica africana. 5: T.S. Clara B. 6 a 12: Lucernas de disco.

una cronología muy próxima. Una de ellas fue acuñada en el primer cuarto del s. III, hacia el 220.

U.E. 2001.

Este es el estrato superficial afectado por el cultivo del campo, poco fiable y con una potencia máxima de 25-30 cm. El material recuperado es escaso y de poca entidad y solo se han conservado algunos fragmentos cerámicos representativos como muestra. Señalemos la presencia de T.S. africana A mayoritariamente tardía ("A"), pudiéndose identificar la forma Lamboglia 3B-1, una de las más modernas de la producción; la forma Hayes 9A, decorada a ruedecilla en el borde externo, y la Hayes 9B. Mucho más abundantes son las cerámicas de cocina africanas, sobresaliendo por su número los recipientes de la forma Hayes 23A y B, los platos o tapadoras de borde ahumado (Hayes 196) y alguna pequeña olla con perfil en "S", seguramente Hayes 200 o Atlante CVII fig.12.

Debemos referirnos, finamente, a un bronce de Constantino (IMP CONSTANTINVS PF AVG en el anverso y SOLI INVICTO COMITI en el reverso), de inicios del s. IV, y que deberemos relacionar con aquella ocupación puntual y parcial del yacimiento durante unos pocos años de mediados del s. IV, como documentan evidencias dispersas y un conjunto escaso pero claro de cerámicas y monedas tardías. No creemos que sea conveniente fechar este estrato, si bien el material que poseemos, poco representativo, nos señala los últimos años del s. III o su segunda mitad, dejando a parte la moneda de Constantino.

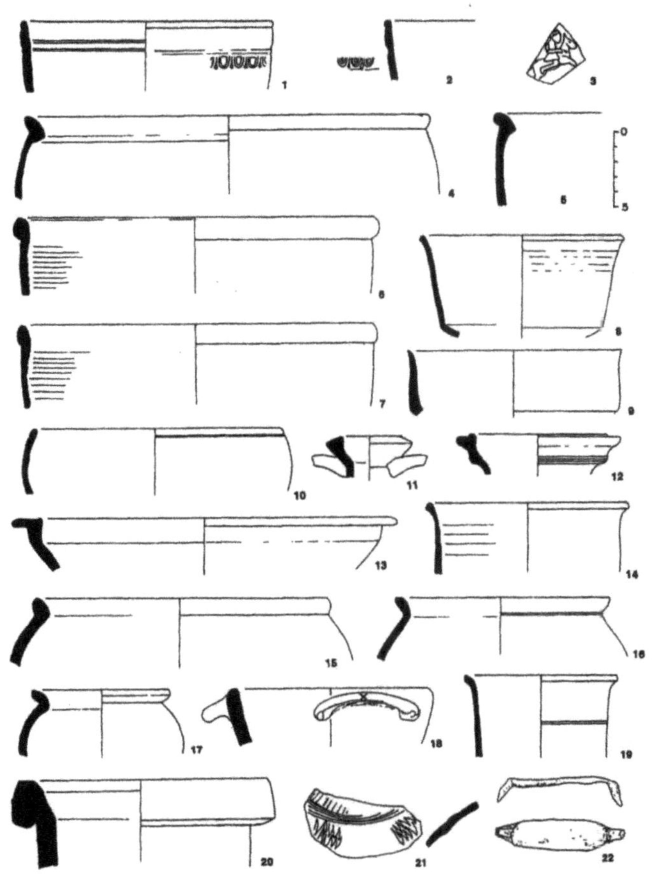

Fig. 147. U.E. 2002. 1 y 2: Sigillata sudgálica. 3: Cerámica corintia. 4 a 7: Cerámica africana de cocina. 8 a 19: Cerámica común local. 20: Ánfora. 21: Cerámica africana decorada con incisiones. 22: Grapa de hierro.

El depósito del patio central.

Se trata de una estructura hasta cierto punto peculiar. Tiene la apariencia de un depósito excavado en la roca natural, con las paredes de piedra y argamasa, pero ni su fondo ni las paredes conservan restos de recubrimiento de mortero típico de los depósitos para líquidos que encontramos, por ejemplo, en los otros dos depósitos de la villa, obliterados en época augústea.

Su estructura y situación, en el punto central de la mitad posterior del edificio augústeo, nos hace plantear, solo a modo de hipótesis, la posibilidad de que en realidad se trate de la parte subterránea del *impluvium* de la villa augústea. Casi no vale la pena citar los numerosos ejemplos de depósitos de *impluvia* que reunen características similares, por no decir idénticas, pero podemos recordar algunos de las casas augústeas de Glanum (Saint Rémy-de-Provence), con idénticas características. Tampoco es extraño que solo se haya conservado la parte subterránea, protegida por la dureza de la formación geológica en la que fue excavada, mientras que la parte superior, que habría estado recubierta por losas y con un murete que delimitaba el depósito, fue suprimido, arrancado, ya sea por el arado moderno o, más probablemente, a causa de una reforma y cambio de uso de la estructura aún en época romana.

Tal como se nos presentaba al inicio de la excavación, parecía una cava, una despensa subterránea situada dentro de los límites del edificio, bastante habitual en villas romanas, cuyo acceso presentaría algunas dificultades que no habrían impedido su utilización como tal. Lo que sí es cierto es que al menos durante el último período de actividad de la villa ya no conservaba ningún tipo de recubrimiento con materiales duros. En todo caso, una sencilla cubierta de madera colocada a ras del suelo de circulación, como demuestra el hecho de que fue rellenado con todo tipo de recipientes y basuras -incluso la base de un gran molino fijo al estilo de los de Pompeya- que no podían haberse depositado sin levantar o suprimir previamente la cubierta.

Pero conocer su exacta función tampoco es imprescindible para lo que en este momento nos interesa, que no es otra cosa que el estudio de su contenido, con un más que notable lote de materiales altoimperiales que constituyen el conjunto más tardío de esta fase y que nos señala, por lo tanto, el momento de abandono de la villa, complementando las dataciones que nos habían proporcionado los estratos del vertedero del sector 2 y los hallazgos dispersos del estrato superficial.

En su interior identificamos cuatro estratos, excavados por separado por respeto a la metodología arqueológica, aunque los materiales de unos y otros resultaron ser idénticos, pudiéndose reconstruir recipientes con los fragmentos aparecidos en cualquier nivel. Solo la composición o coloración de las tierras era diferente. Una rápida ojeada a estos materiales lo deja claro (Fig. 151 a 155). De todas formas, comentaremos los estratos por separado.

U.E. 2419.

Es el estrato superior del relleno, situado inmediatamente debajo del nivel superficial del sector y a ras de los muros que formaban la construcción. En su interior había un poco

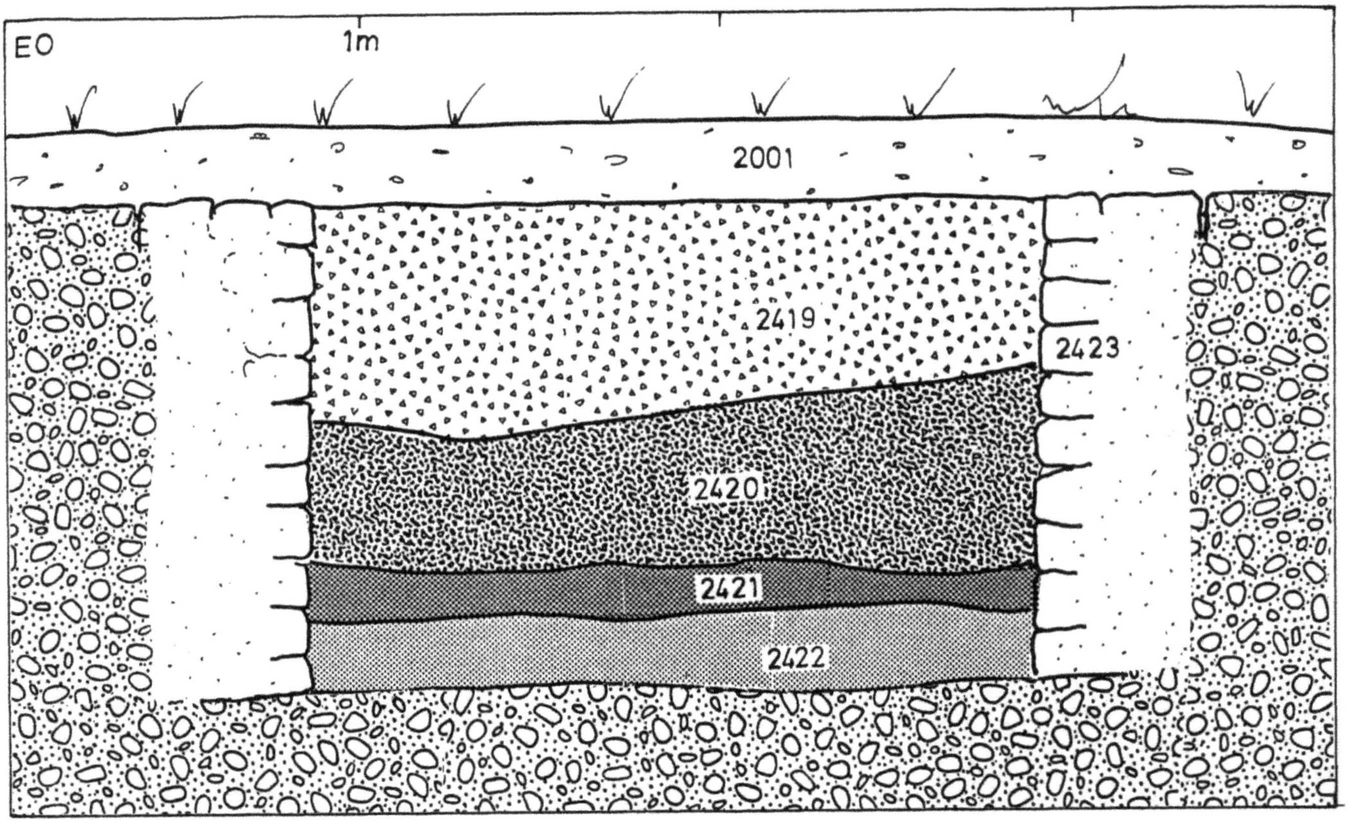

Fig. 148. Sección estratigráfica del depósito.

de todo. Fragmentos de sigillatas itálicas y sudgálicas, cerámica de paredes finas y un importante conjunto de cerámica común, ánfora y cerámica africana, restos óseos, clavos y herramientas de hierro y revestimiento de muros de color blanco. Finalmente, la parte inferior de un molino rotatorio de gran tamaño con cuñas de plomo en el agujero del encaje central y restos de mortero en su parte inferior, señal inequívoca de su fijación a una base circular fija, quizás una pequeña columna de ladrillo, y que la parte superior rotatoria giraba con tracción animal, como los conocidos molinos de la casa del panadero de Pompeya.

Los primeros materiales citados, representados en conjunto por media docena de fragmentos, deben ser considerados residuales. La cerámica común, las ánforas y la cerámica africana nos proporcionan la datación del estrato.

Aparentemente los recipientes de cerámica africana no presentan demasiadas diferencias en relación con los que hemos estado comentando en otros apartados de este mismo capítulo. En sigillata africana A encontramos parte de un plato de la forma Hayes 14 o 15, de regular calidad, sin barniz interior y de mala calidad en el exterior (Fig. 151: 4). Más numerosos, los ejemplares de cerámica de pátina cenicienta se resumen en una sola forma, la Hayes 23B (Fig. 151: 1 y 2), de calidad excepcional en este tipo de producciones. Se ha fechado de manera imprecisa entre la segunda mitad del s. II y la primera mitad del s. III.

Una pieza que debemos considerar rara, poco común e incluso excepcional, es un fragmento de molde de arcilla de color naranja oscuro, muy dura y depurada a pesar de la presencia de pequeños granos de cal, con la superficie externa recubierta de un engobe amarillento, mientras que por en interior ha adoptado un tono verdoso. En el interior aparece, en negativo, la mitad inferior de un buey impreso a partir de un punzón o un original de gran calidad. Sin duda es un molde para fabricar algún tipo de recipiente cerámico de sección cilíndrica y gran diámetro (Fig. 151: 5; fig. 152). No se trata, en ningún caso, de un molde para la fabricación de sigillata.

En el mismo estrato encontramos algunos fragmentos de cerámica común oxidada, sobretodo pequeñas ollas o urnas (Fig. 151: 6), y los grandes platos o fuentes de cerámica reducida, de acabados toscos, desgrasante de gran tamaño y destinadas habitualmente a las tareas de la cocina (Fig. 151: 7). Es una forma que hemos ido viendo desde época augústea, con variantes. Señalamos, no obstante, que en los ejemplares más antiguos las paredes suelen tener un grosor uniforme y el labio suele ser plano o ligeramente engrosado por su parte externa.

También vemos en el mismo conjunto o producción las

típicas ollas y urnas de mayor tamaño, normalmente con el labio corto y a veces sin diferenciar, aunque a veces aparece una pequeña incisión en el exterior señalando la separación del borde y en resto del cuerpo (Fig. 154: 6, 7, 9 y 10).

A diferencia de otros lugares de Tolegassos, los pocos fragmentos de ánfora del relleno del depósito tienen una importancia mayor, ya que aparecen formas y tipos hasta ahora inéditos. Uno de los ejemplares presenta algunas características que lo convierten en excepcional o, como mínimo, de enorme interés. No se trata únicamente del hecho de haber encontrado por primera vez la mitad superior de una ánfora cilíndrica Africana IID o Keay VII de la Bizacena, con la típica pasta rosada/rojiza recubierta del engobe blanquecino habitual en las producciones del norte de Africa, que aparece en Ostia entre el 230/250 e incluso a inicios del s. IV, sino por el hecho de que su interior estaba lleno de escamas y espinas de pescado muy finas adheridas a la pared del recipiente (Fig. 154: 12). De esta manera, no podemos tener dudas en cuanto a la utilización del ánfora para el transporte de salazones de pescado.

Fig. 149-150. Diversos aspectos del depósito durante la excavación y una vez finalizada esta.

U.E. 2420.

Poco diferencia existe respecto al estrato anterior, si no es por un mayor número de fragmentos cerámicos (pero con el mismo repertorio), y un conjunto considerable de restos de fauna (1082 huesos). Aún aparecen algunos fragmentos de cerámica residual; concretamente, un fragmento de gris ampuritana y uno de sigillata sudgálica. Pero el número más elevado de fragmentos corresponde a las producciones norteafricanas.

Hay 29 fragmentos de sigillata africana C, todos de la forma Hayes 50, con seis bordes identificados y algún fragmento de base decorado a ruedecilla (Fig. 153: 5 a 8), que hemos de fechar a partir de mediados del s. III. En cambio, la sigillata africana A es poco abundante. Solo algunos fragmentos sin forma.

La producción más numerosa es la cerámica africana de cocina de pátina cenicienta. Los platos/cazuela de la forma Hayes 23B, con unos acabados y detalles en el labio que nos permiten observar la diferencia respecto a los que habíamos visto en apartados anteriores cuando estudiábamos conjuntos que se fechaban como máximo en el primer cuarto -primera mitad- del s. III (Fig. 153: 1 y 3), y un borde que atribuimos al gran plato Hayes 181, aunque con el labio más abierto y posiblemente más próximo a la Hayes 31 de la producción barnizada por ambos lados (Fig. 153: 2).

La cerámica de borde ahumado (que a pesar de su denominación no siempre tiene este borde ahumado), es la que presenta mayor variedad de formas. Algunos fragmentos de la Hayes 187 y sobretodo los platos/tapadora Hayes 182 en las variantes Ostia I-262 y Ostia I-17 (Fig. 153: 10 a 12), que se fechan con bastante imprecisión a partir de la primera mitad del s. III, perdurando más de cien años. El plato Hayes 196/Ostia I-161, o quizás Ostia IV-60 (Fig. 153: 13), que ya encontramos desde mediados del s. II, también tuvo una larga perduración. La primera de las variantes podría corresponder perfectamente al s. IV (Atlante 1981, p. 212).

Un último ejemplar quedará sin clasificar, ya que se aparta de los tipos conocidos (Fig. 153: 4). Por un lado, imita la forma Hayes 14 de la sigillata africana A, pero no conserva ningún resto de barniz ni parece que nunca lo hubiera tenido, ya que su aspecto y acabados son los mismos que vemos en la forma Hayes 193, a la que también parece querer imitar, a pesar de la carena marcada en la mitad inferior del cuerpo.

Dos lucernas de disco, a pesar de haber aparecido casi enteras, no aportan ninguna información importante. Otras dos lámparas de aceite son de origen norteafricano de la forma Deneauve VIIA sin marca ni decoración. Todo intento de aproximación a su cronología es imposible, a pesar de constatar que son habituales en estratos de los siglos II y III (Fig. 153: 9 y 14).

Un pie de ánfora, con arcilla de color naranja, fina, depurada y de buena calidad, con la superficie externa de color beige claro, parece que puede clasificarse como una G-IV de base plana, aunque con algunas dudas (Fig. 154: 13).

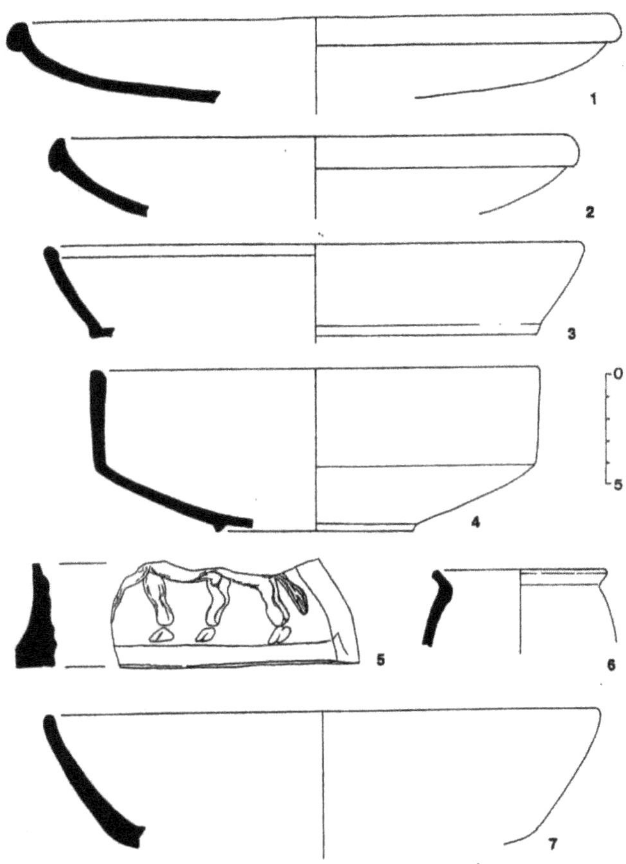

Fig. 151. U.E. 2419. 1 a 4: Cerámica africana. 5: Molde con la parte inferior de un buey. 6 y 7: Cerámica común.

En este nivel, el repertorio más interesante es el de las cerámicas comunes, ya sean oxidadas o reducidas. Más que nada, porqué aparecen nuevos tipos que no habíamos visto en estratos más antiguos. Es especialmente interesante un conjunto de tres jarras enteras, casi idénticas, con la base umbilicada y asas planas que van desde el labio hasta la carena que señala la unión del cuello con el cuerpo (Fig. 154: 14, 17 y 18). Las diferencias entre ellas son mínimas; la misma arcilla, los mismos acabados, dureza, etc. Únicamente una de ellas es un poco más estrecha de arriba que en la parte inferior, a diferencia de las otras dos.

A parte de estos tres recipientes, las diferencias entre los recipientes oxidados y los reducidos son mínimas y se limitan a esta peculiaridad en la cocción. En cuanto a las formas y tipos, unos y otros casi podrían confundirse. Ninguna diferencia entre ollas y urnas de una u otra producción. Los labios suelen ser muy cortos y exvasados y los pies poco marcados (Fig. 154: 1-11). Uno de los ejemplares de cerámica oxidada tiene un grafito sencillo en el asa, realizado después de la cocción (Fig. 154: 2). Un plato de cerámica reducida de tosco acabado se rompió y fue restaurado de antiguo con dos grapas de plomo (Fig. 154: 4), lo que parece señalar una precariedad económica que habría sido impensable en la villa tan solo veinticinco o cincuenta años antes, cuando se echaban al vertedero o al pozo recipientes prácticamente enteros de cerámica africana o sigillata solo por el hecho de haber perdido el asa o tener el labio un poco maltrecho.

Como material no cerámico, a parte de la gran cantidad de restos de fauna (1082 huesos, 5 espinas de pescado y 3 malacológicos), podemos citar una treintena de clavos de hierro, fragmentos de revestimientos pintados de paredes, algunos vidrios, plomo y siete agujas de hueso, alguna de ellas aún no acabada de pulir (Fig. 153: 15).

U.E. 2422.

No apreciamos diferencia alguna en relación con el estrato depositado sobre él. Antes ya hemos comentado el motivo. Aparece exactamente el mismo repertorio de material arqueológico, tanto cerámico como no cerámico (huesos, hierros, agujas de hueso, etc.). Incluso los materiales residuales son los mismos. En lo que se refiere a la cerámica, se distribuye prácticamente en la misma proporción (alrededor de un 30% para cada uno de ellos), en tres grupos: Cerámicas africanas, ánforas (también africanas) y cerámica común.

En cerámica africana vuelven a aparecer bastantes fragmentos de sigillata Clara C, en total 32 fragmentos de la forma Hayes 50 (Fig. 155: 1, 2, 4-7). Un fragmento de africana A recuerda la forma Hayes 3 y presenta señales de haber estado decorada con hojas de agua en el borde, aunque estas hayan desaparecido (Fig. 155: 6). El resto de fragmentos pertenecen a las producciones de cocina, de pátina cenicienta o borde ahumado, de las formas Hayes 23B, 181, 182, 196 y 197, con las mismas variantes y matices que ya hemos visto en el estrato 2420 (Fig. 155: 8, 10, 12-15). Algunos de estos recipientes casan con otros aparecidos en el estrato superior. También tenemos que citar un pequeño fragmento de sigillata Clara B, o más bien *lucente*, sin forma ni decoración, que nos acerca al s. IV.

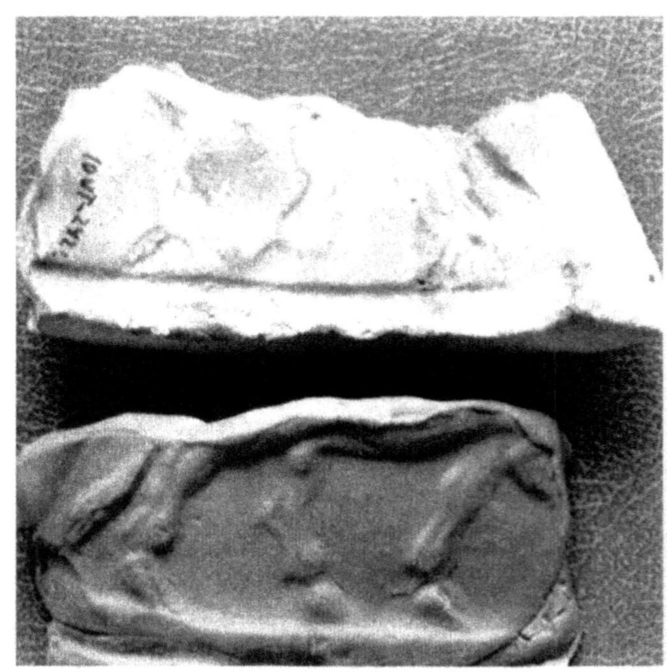

Fig. 152. Molde para la fabricación de cerámica decorada, mostrando la mitad inferior de un buey.

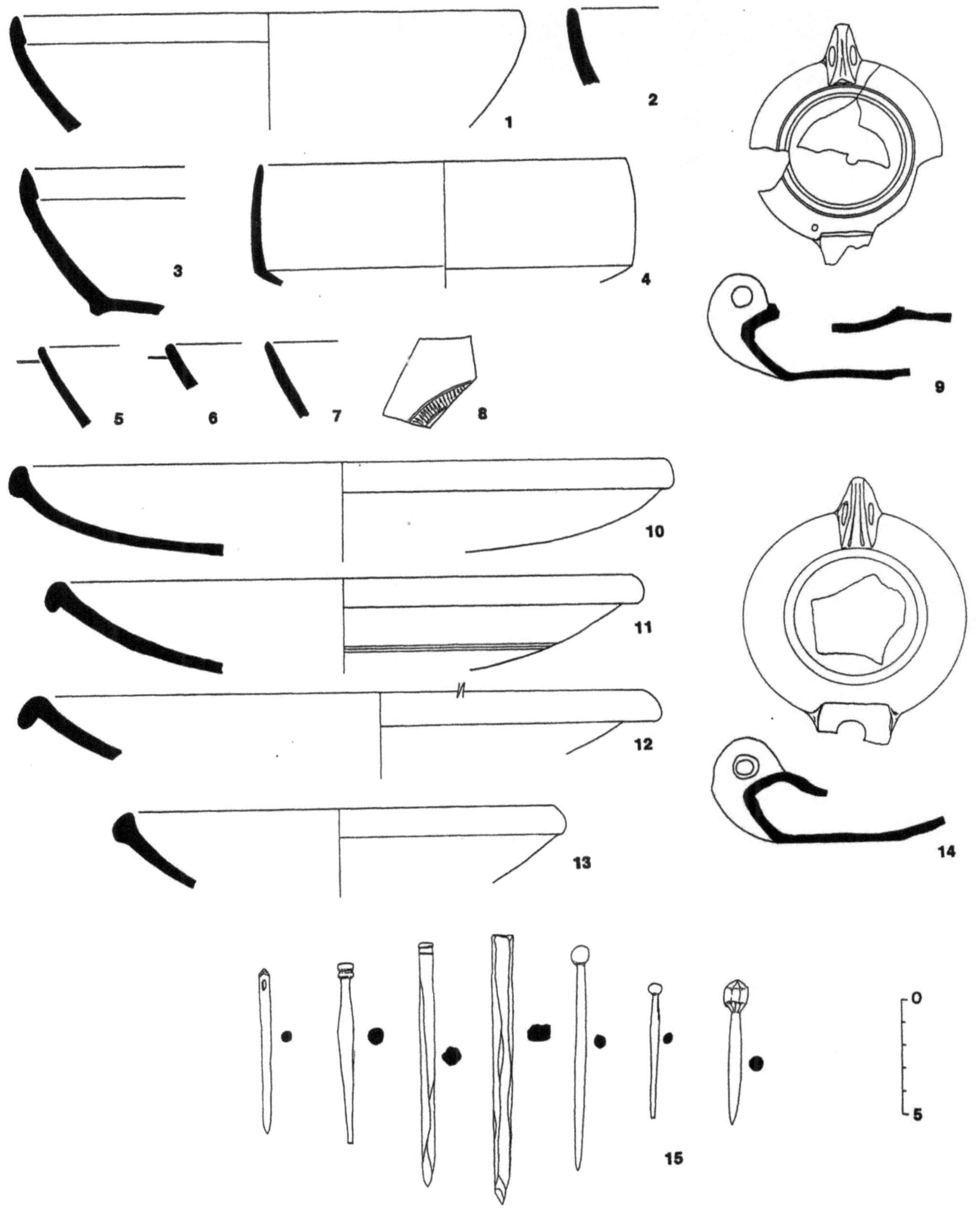

Fig. 153. U.E. 2420. 1 a 4: Cerámica africana de cocina de pátina cenicienta. 5 a 8: Sigillata africana C. 9 y 14: Lucernas de disco. 10 a 13: Cerámica africana de borde ahumado. 15: Agujas de hueso.

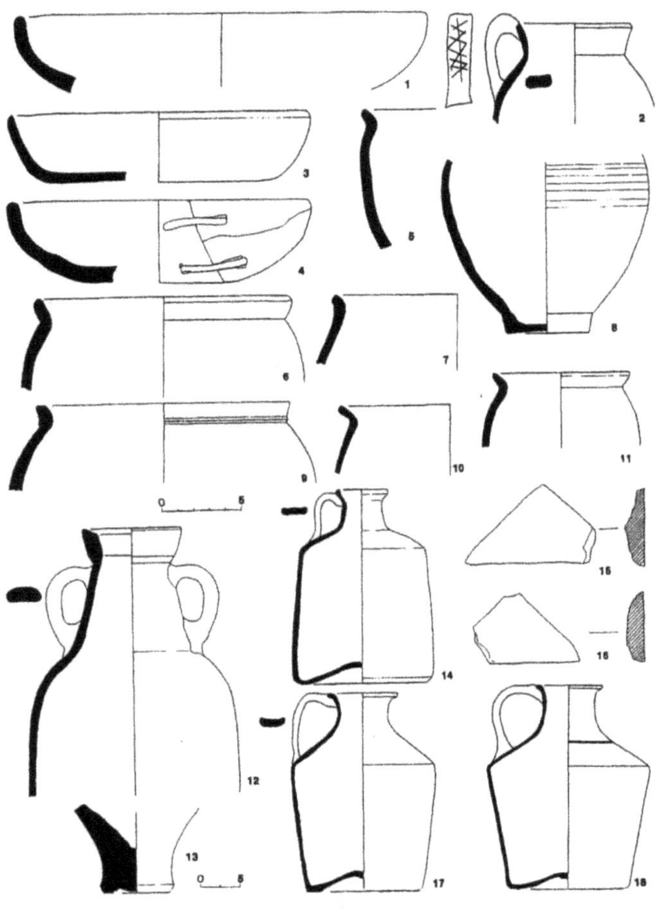

Fig. 154. U.E. 2119 y 2420. Cerámica común de producción local, ánfora y placastriangulares de pavimento.

De los 130 fragmentos de ánfora, todos con las características típicas de las producciones del norte de Africa, solo 7 corresponden a formas, entre los que únicamente 2 bordes pueden identificarse como del tipo Africana IIA 'senza gradino' y Tripolitana I (Fig. 155: 9 y 11), que debemos situar hacia el último tercio del s. III.

La cerámica común es casi tan numerosa como la africana. En total, 103 fragmentos oxidados y 54 reducidos. El repertorio es el clásico: ollas y urnas, jarras, cuencos, platos, etc. (Fig. 155: 16-19), y no nos aporta ninguna información cronológica.

Consideraciones cronológicas.
Con estos elementos y a pesar de que el volumen de material que puede servirnos para establecer una cronología es menor de lo que habríamos deseado, consideramos que la formación del relleno del ámbito, que incluye los tres estratos que acabamos de comentar, debe situarse hacia el último tercio del s. III. La ausencia de los productos africanos que habíamos visto en los estratos más recientes del vertedero, que fechábamos hacia mediados del siglo tercero o poco más, la ausencia de otros tipos cerámicos que ya entrarían en el s. IV, como puede ser la t.s. Clara D o la sigillata *lucente* (esta última con un fragmento dudoso), nos conducen hacia la datación propuesta, que se ve reafirmada por la gran cantidad de ánfora procedente de las regiones norteafricanas.

Disponemos de un paralelo bastante claro y próximo para el conjunto formado por los estratos 2419, 2420 y 2422 del interior del depósito. Se trata del relleno de la gran cisterna del exterior del ángulo nordeste del fórum de Ampurias, con un repertorio prácticamente idéntico (pero con una presencia más notable de ánfora Africana I y Tripolitana I/III), con los mismos tipos de cerámica africana de mesa, ya sea barnizada o de cocina.

Desde un punto de vista más amplio, en un intento de obtener una visión global de lo que significó la fase III de la villa, y especialmente su momento final, los materiales que hemos hallado en los estratos y ámbitos que se relacionan con la época también nos conducen a un momento -quizás poco preciso- del último tercio del s. III. Evidentemente los materiales del último relleno analizado son ligeramente más tardíos que los del vertedero, en el que no aparecen las ánforas africanas que encontramos aquí.

Pero el vertedero de escombros y detritus tiene, como decíamos, una lectura diferente. Uno de los estratos, el 2408, señala básicamente la fecha de construcción de los muros de la fase 3. Sobre él, el estrato 2002 nos muestra el período de actividad de esta fase y de la subfase 3-b, de una forma continua desde finales del s. III hasta por lo menos mediados del s. III. El estrato superior, el 2002, por desgracia demasiado removido y mezclado, y formado de manera diferente a los otros, parece haberse originado de forma natural a partir del momento de abandonarse la villa, por cuyo motivo no existe tanta homogeneidad en el material arqueológico, con un repertorio que permitiría ofrecer un abanico cronológico más amplio. No obstante, los materiales más tardíos, especialmente la sigillata Clara C, nos conduce hacia una fecha próxima al tercer cuarto del s. III, si no más tardía (recordemos la moneda de Claudio II), coincidente con la del depósito que acabamos de analizar y confirmada por el resto de hallazgos de los estratos más recientes o del nivel superficial de todo el yacimiento en general (especialmente por el conjunto numismático), o de los mismos rellenos de los negativos de *dolia* más tardíos.

Esta cronología tampoco es extraña. Coincide, de hecho, con el abandono de la ciudad romana de Ampurias, de la que la villa debió depender de forma muy directa. La reocupación del s. IV, que veremos en un capítulo posterior, tiene una lectura absolutamente diferente.

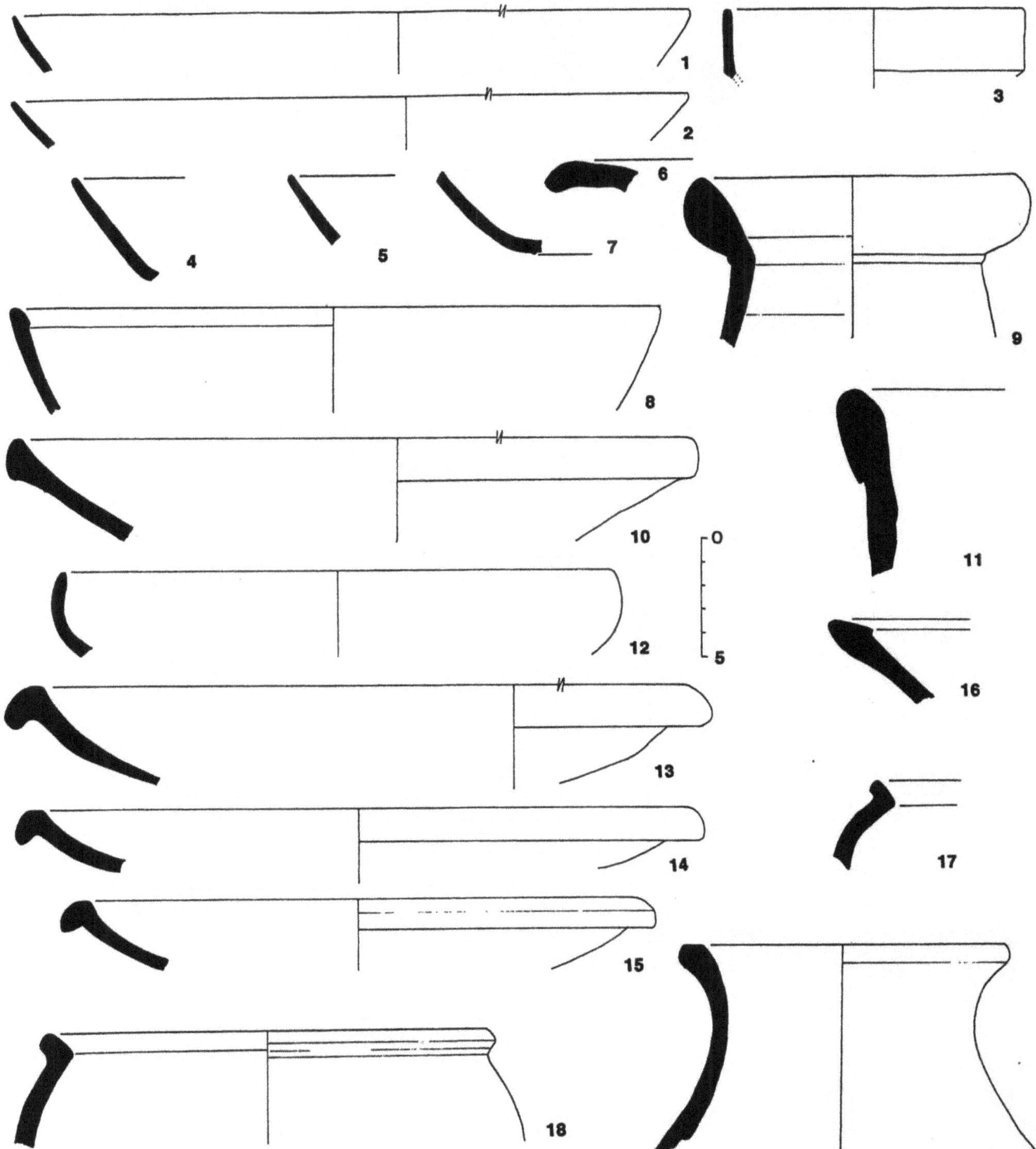

Fig. 155. U.E. 2422. 1, 2, 4, 5 y 7: Sigillata africana C. 3 y 6: Cerámica africana. 8, 10, 12 a 15: Cerámica africana de cocina y pátina cenicienta. 9 y 11: Ánfora. 16 a 19: Cerámica común oxidada y reducida, local.

Capítulo 13. Reocupación y actividades en el s. IV.

Después de abandonarse la villa, dentro de la segunda mitad avanzada del s. III o inicios del último tercio del siglo, no se llevó a cabo ninguna actividad en el yacimiento por lo menos durante unos 50 o 60 años. Durante este período las estructuras y edificios fueron deteriorándose, se hundieron los tejados y se deshizo el tapial de las paredes, derruyéndose hasta el nivel de los cimientos. Muy pronto el yacimiento quedó cubierto por una capa de tierras de aportación natural que ocultaba los estratos de destrucción.

Pero hacia mediados del s. IV, y más probablemente en el curso del segundo tercio de siglo, se reocupó parcialmente el lugar. Fue una ocupación limitada en el tiempo y en el espacio, que solo afectó la parte más alta de la finca, aquella que más o menos coincide con la primera ocupación de época tardo-republicana. La corta duración de esta ocupación y las características del nuevo asentamiento no permitieron que se formara un estrato demasiado importante que diera amplio testimonio de ello y permitiera ver su extensión. No obstante, nos han llegado algunos restos y materiales dispersos, así como algunas estructuras que parecen pertenecer a dicho período.

En lo referente a los estratos del s. IV, hay que señalar que se limitan a los rellenos superiores de un silo (U.E. 2088) y del pozo obliterado a finales del s. II, cuya parte superior fue nuevamente rellenada con escombros durante esta reocupación (U.E. 2077 y 2078). Además, en una zona situada alrededor del antiguo pozo y especialmente en su lado norte, aparece de manera intermitente un estrato muy delgado, testigo de la última ocupación. El estrato parece tener una continuidad sobre el almacén de *dolia* del sector 1 (U.E. 2094).

Todo parece indicar que está relacionado muy directamente con un muro muy peculiar, dispuesto de este a oeste, que delimitaría el asentamiento bajo-imperial (E. 2032), y posiblemente con otros dos muros muy superficiales descubiertos en el ángulo sudeste de la villa, construidos sobre los cimientos pertenecientes a la fase 3 (E. 2016 y 2029). Pero la estructura principal está formada por el citado muro 2132, construido con piedra seca, muy deteriorado y poco consistente, con reaprovechamiento de antiguos elementos de construcción, que se prolonga hacia el este mediante una zanja que cruza y afecta el antiguo depósito augústeo 2118 y recubre y corta el relleno superior del almacén de *dolia*. En realidad, esta zanja no es otra cosa que la cimentación del muro tallada en el suelo geológico del sector, que en otros puntos se apoya sobre el estrato formado después de abandonarse la villa altoimperial.

Otras estructuras, difíciles de interpretar, también forman parte del conjunto. Dos de ellas parecen corresponder a las bases cuadradas de dos columnas o contrafuertes adosados al muro (E. 2125 y 2133), delimitando, quizás, la entrada al recinto. El resto de estructuras y elementos consisten en agujeros de poste situados entre las dos bases cuadradas y el muro, así como nuevos agujeros de forma rectangular, de pequeñas dimensiones, difíciles de interpretar. Por el momento no disponemos de suficientes elementos para conocer la función del recinto. Pero podría tratarse perfectamente de un cobertizo agrícola o, mejor aún, de un corral para el ganado.

También ignoramos el alcance y extensión del establecimiento más tardío. Aunque la zona en la que aparecen las cerámicas bajoimperiales esté bastante bien delimitada, las monedas del s. IV aparecen por todo el yacimiento, aunque casi siempre en el estrato superficial. En este sentido, es muy esclarecedor el diagrama de aparición de monedas en el yacimiento, en el que puede constatarse un vacio casi total entre los años 275 y el 317/320 y la aparición de un nuevo conjunto que corresponde *grosso modo* al período 317-364.

En cuanto al material cerámico aparecido en los diferentes estratos que conforman este período, debemos señalar que es muy escaso y siempre mezclado con materiales más antiguos. Pero es suficiente para fechar la fase de reocupación.

U.E. 2077 y 2078 del pozo central.

Estos dos estratos se depositaron en un mismo momento, aunque los dividimos en dos partes solo por cuestiones de metodología, puesto que sus tierras presentaban un color y consistencia diferentes. Corresponden a la parte superior del relleno del pozo situado al norte de patio, y su formación debió estar motivada por el hecho de que el antiguo relleno del pozo había ido cediendo por la acción del agua y humedad de su interior y compactado de las tierras durante los anteriores cien o ciento veinticinco años. El material cerámico de su interior se estudiará de forma conjunta.

Ya es habitual observar que el mayor número de fragmentos corresponde a las cerámicas de cocina y ánforas; estas, normalmente, con pocas formas conservadas. Tampoco es extraño encontrar un número importante de materiales residuales que pueden remontarse hasta época augústea. Este también es el caso de estos estratos, pero la cerámica lujosa y de importación también es muy numerosa, especialmente la sigillata africana A, C y D (Fig. 156: 7 y 16), la cerámica *lucente* (Fig. 156: 3-5, 14 y 15), así como un plato con las características de la sigillata gris bajoimperial (Fig. 156: 1).

El repertorio de la sigillata africana A es bastante extenso y repite las formas más corrientes de las halladas en los estratos 2079 y 2080 del mismo pozo. Documentamos las formas Hayes 3, 8, 9, 11, 14 y 160 (Fig. 156: 6 y 10; fig. 157: 5), y

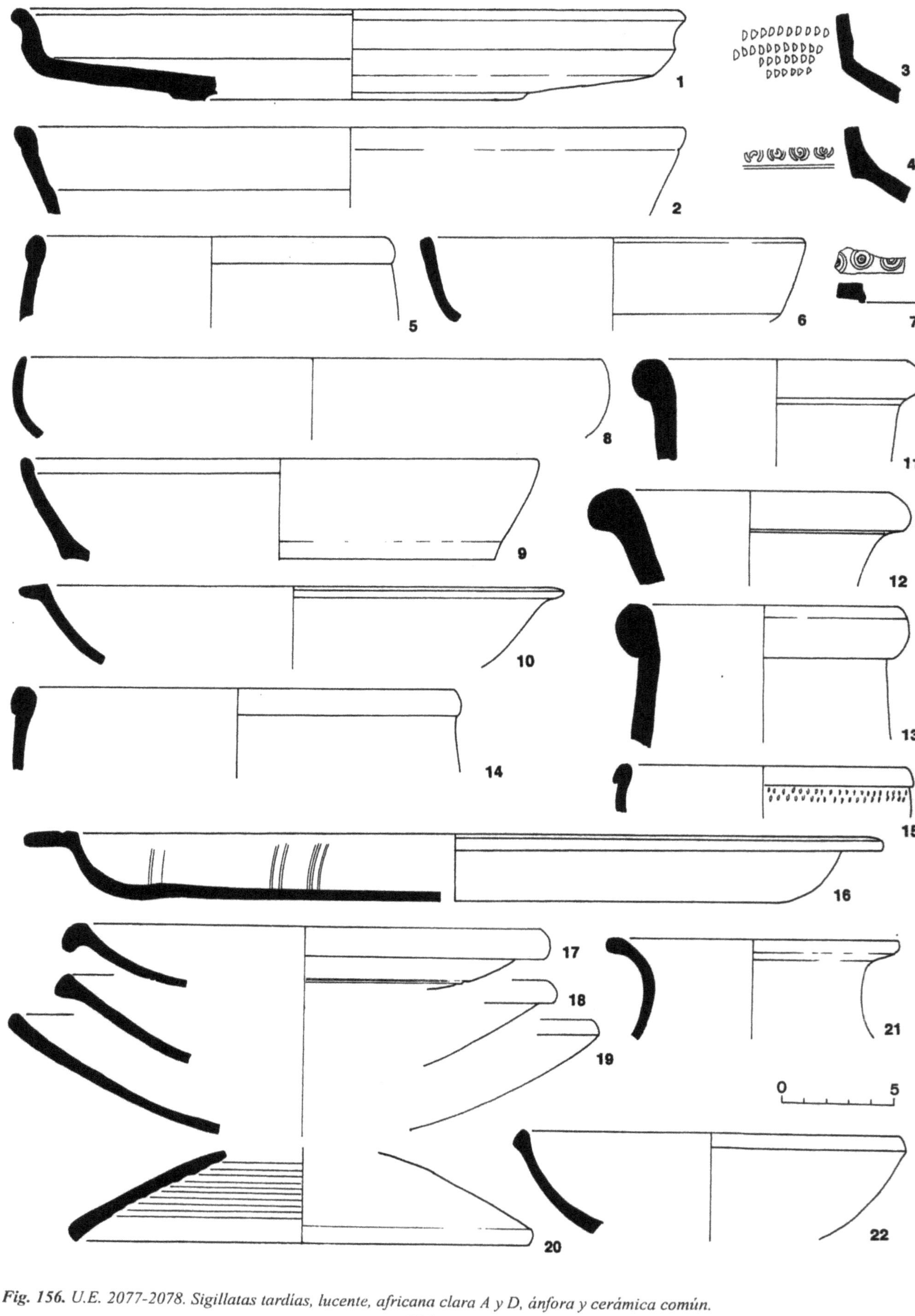

Fig. 156. U.E. 2077-2078. Sigillatas tardías, lucente, africana clara A y D, ánfora y cerámica común.

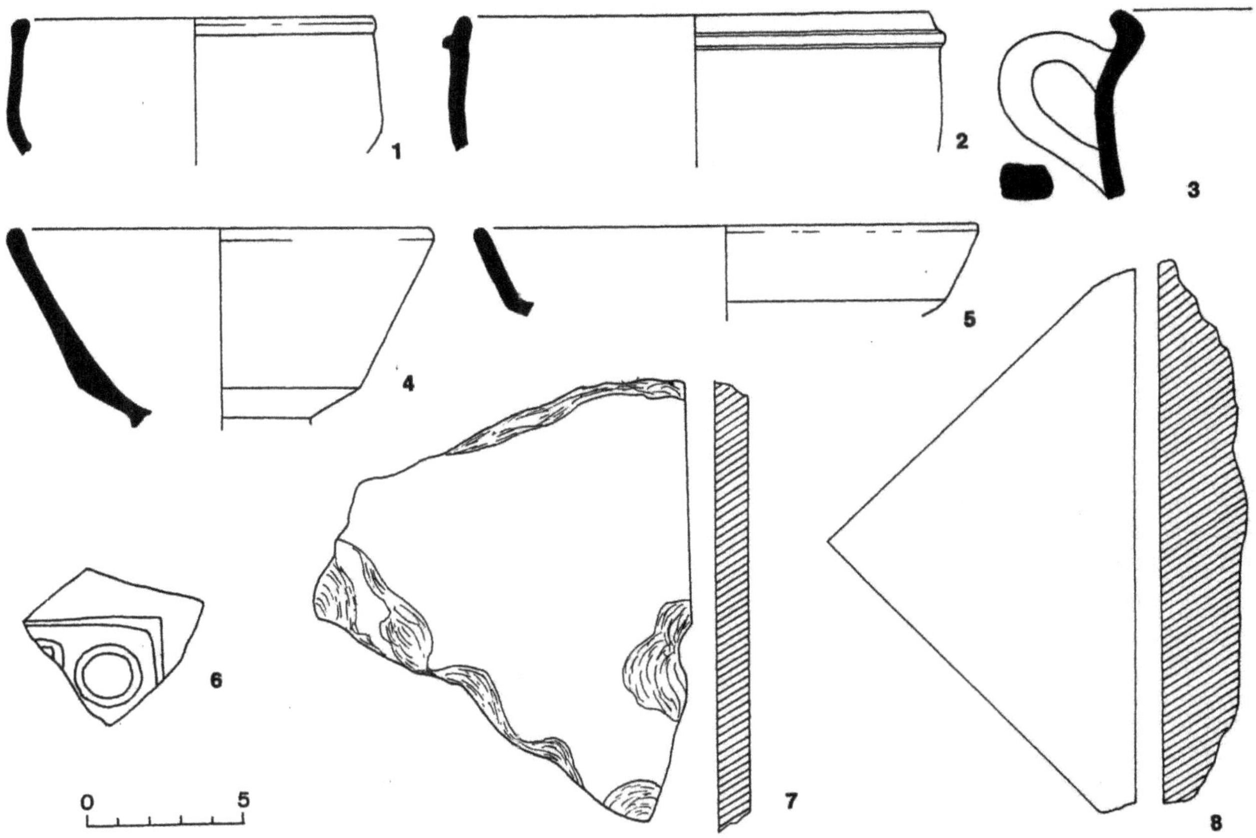

Fig. 157. U.E. 2077-2078. Cerámica común, marca sobre tegula *y placas de pavimento.*

los productos con barniz interior de las formas Hayes 23B y 181 (Fig. 156: 8 y 9). Completa el conjunto más antiguo un pequeño grupo de cerámica africana de cocina de borde ahumado de las formas Hayes 196 y 197, con diferentes variantes (Fig. 156: 14, 17-20). Ligeramente más tardíos, de mediados o segunda mitad del s. III, aparecen algunos fragmentos de sigillata africana C de la forma Hayes 50.

Pero el material que proporciona la cronología para la formación del estrato y da testimonio de la reocupación tardía es la sigillata africana D y la *lucente* y *pre-lucente*. En cerámica *lucente* aparecen básicamente dos formas: la Lamboglia 1/3B - Atlante fig. VI.8 y la Lamboglia 1/3C - Atlante fig. VI.10 (Fig. 156: 3-5). Ambas se fechan desde finales del s. III y pueden llegar a inicios del s. V (TED'A 2 1989, p. 176-177). Además, durante la campaña de 1988 se hallaron algunos fragmentos de esta producción decorados con pintura blanca.

El segundo grupo tardío importante, con bastantes fragmentos pero con pocas formas, es la t.s. africana D. En realidad, entre todos ellos solo hemos podido identificar una forma con toda seguridad. Se trata de un gran plato Hayes 59-B que se fecha entre el 320 y el 420, y que ha aparecido en otros contextos de mediados del s. IV, finales de aquel siglo e inicios del siguiente (Hayes 1972, p. 99-100; Atlante 1981, p. 83). Un pequeño fragmento de base presenta una decoración estampada con círculos concéntricos (Fig. 156: 7), motivos que resultan habituales a partir de la segunda década del s. IV y perduran durante muchos años, hasta el s. VI (Atlante 1981, p. 123).

Finalmente citaremos un plato casi entero de cerámica gris bajo-imperial (Fig. 156: 1), recubierto por una fina película de barniz negro o gris oscuro mal conservado, que recuerda la forma Rigoir 14 / Atlante fig. VII.14, con una datación muy parecida a las piezas anteriores, posiblemente ligeramente más tardía.

Entre el numeroso conjunto de fragmentos de ánfora, solo aparecieron tres ejemplares que pueden identificarse por su forma. Se trata de tres labios (Fig. 156: 11-13), uno de los cuales parece pertenecer a la forma Africana IIA, documentada a finales del. s II en Ostia y de manera especial a partir del s. III. Keay considera que su incidencia en nuestro territorio sería escasa y que no llegaría a la Península hasta finales del s. III (Keay 1984, p. 110-114). El segundo fragmento, difícil de identificar, parece pertenecer a la forma Keay XXV/Beltran 64, cuya cronología abarca desde inicios del s. IV hasta mediados del s. V (TED'A 1 1987, p. 116-117). El tercer fragmento de labio pertenece a una Dressel 2/4, residual y más propia de estratos inferiores, sobretodo del s. I (Fig. 156: 11).

En el estado actual de las investigaciones en este territorio, la información que puede proporcionarnos el conjunto de

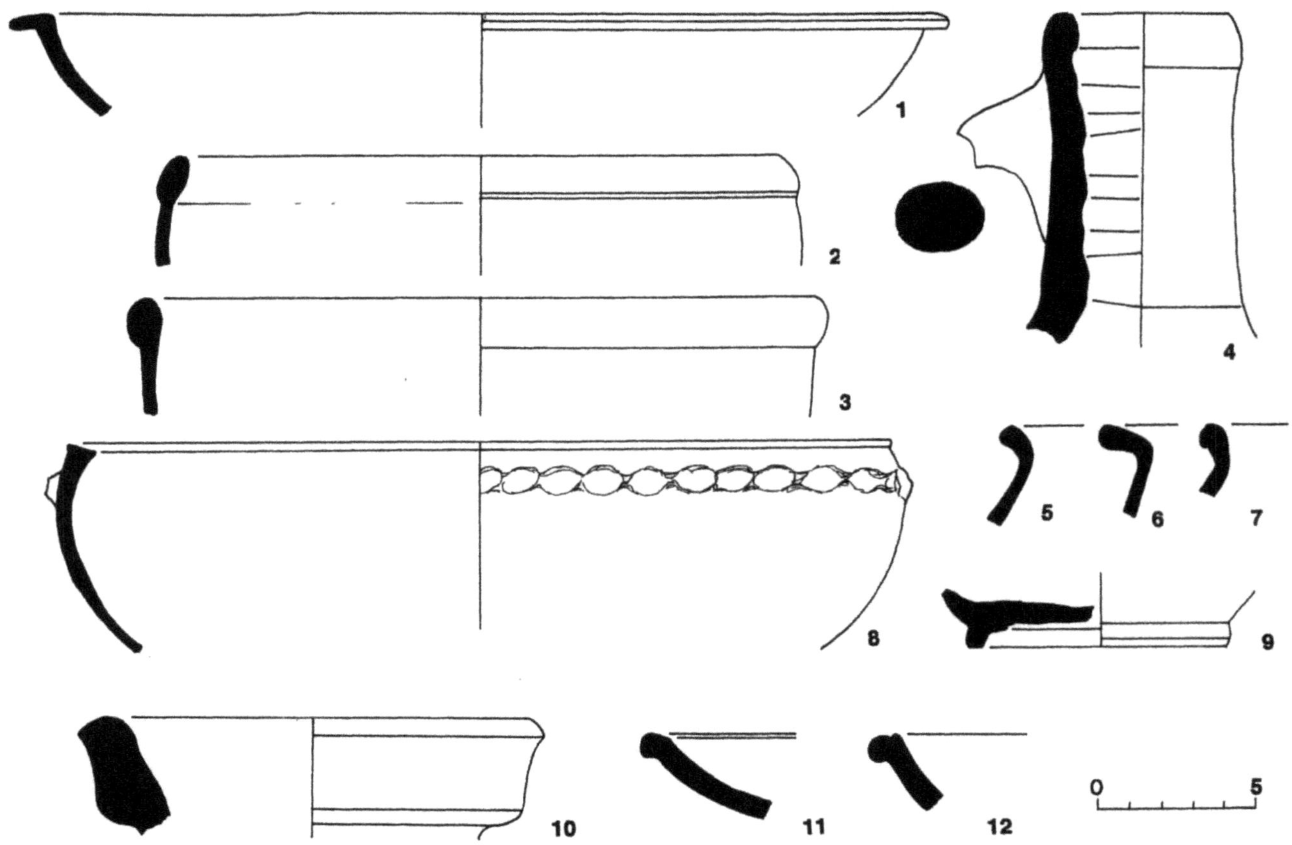

Fig. 158. U.E. 2094. Sigillata africana D, lucente, *común y ánfora.*

cerámicas comunes aún es escasa. Por el momento no disponemos de suficientes paralelos ni de un buen repertorio de formas de las producciones en cerámica común -oxidada o reducida- de época bajoimperial. A partir del conjunto cerrado formado por los estratos 2079 y 2080 del pozo podemos identificar las producciones y formas típicas de la segunda mitad del s. II y, a partir de otros contextos aislados y sellados del mismo yacimiento o de otros de la zona, aquellas más habituales durante los siglos primero o tercero. Pero no disponemos de ningún contexto bien analizado que pueda proporcionarnos información sobre las producciones locales durante el s. IV o posteriores. Tratándose de un estrato formado de manera relativamente rápida pero con un alto porcentaje de materiales residuales, lo único que estamos en condiciones de hacer, en estos momentos, es aislar las cerámicas comunes que sin duda pertenecen a la segunda mitad del s. II y primer cuarto del s. III, que seguramente proceden de la parte superior de los estratos más antiguos del relleno del pozo y que son mayoritarias en el nivel más tardío. El resto de fragmentos, pocos, parecen corresponder al período de reocupación.

En la producción oxidada aparecen dos formas claramente anteriores a la época de formación del estrato. Se trata de dos cuencos con arcillas de color beige claro, de paredes rectas y, uno de ellos, con un anillo que sobresale alrededor del borde, siempre detectados en contextos de la segunda mitad del s. II (Fig. 157: 2). La última pieza, documentada abundantemente en los estratos 2079 y 2080, es una evolución del cuenco tipo "Llafranc", correspondiente a la segunda mitad del s. II. Ambos son de producción local. Un último fragmento es la base de una jarra con pie anular y una superficie de reposo sin entidad, que en general suele aparecer en contextos del s. II en general.

Como piezas no documentadas hasta ahora en estratos altoimperiales, debemos citar únicamente un borde de cuenco abierto y de paredes verticales, también de producción local, cuyas características se asemejan, a pesar de todo, a las de los productos más antiguos. Un segundo recipiente, del que solo se conserva el borde, pertenece a la producción de cerámica común de origen norteafricano, pero sus características lo alejan de los recipientes más antiguos. Posiblemente habría que considerarlo del s. III (Fig. 157: 4).

Sin duda, teniendo en cuenta otros hallazgos realizados en estratos del s. IV no tan contaminados del mismo yacimiento, el único recipiente que pertenece a este período es un fragmento de olla de cerámica reducida tosca, con el borde roto y el labio corto, con las mismas características que vemos en otras piezas encontradas en el estrato 2094 (Fig. 157: 3). Como es evidente, el escaso número de fragmentos con forma en comparación con el lote de cerámica común sin forma no puede ser demasiado representativo del conjunto. Por otro lado, los datos cronológicos que nos proporciona también son muy limitados.

Situados dentro del conjunto de material no cerámico, relativamente numeroso, cabe destacar algunos objetos de hueso (una aguja no terminada, el gozne de un mueble), que aparecen de forma habitual en contextos más antiguos, así como dos placas de piedra (una caliza y una pizarra), también anteriores a la fecha de formación del estrato y muy abundantes en niveles de escombros, abandono o relleno de diversos ámbitos de los siglos II y III (Fig. 157: 7 y 8). Para terminar, solo tenemos que citar algunos objetos de hierro, vidrio y metal diverso (plomo y bronce), poco significativos, así como una cantidad importante de restos óseos y malacológicos muy deteriorados.

U.E. 2094.

Este es uno de los estratos tardíos más intactos (menos contaminado) y el que contiene un conjunto más homogéneo de materiales, dejando a parte los siempre presentes fragmentos de cerámicas residuales. También es el suelo de ocupación de un importante sector del yacimiento durante el s. IV, y se relaciona muy directamente con el muro transversal 2132 y con estructuras y agujeros de postes de la misma época.

A pesar del poco material arqueológico que durante la campaña de excavaciones llevada a cabo durante la primavera y verano de 1989 pudo ser recuperado, la mayoría de los fragmentos cerámicos corresponden al s. IV y constituyen un buen elemento para fechar el asentamiento tardío. Cuantitativamente el material más numeroso corresponde a la t.s. *lucente*, con un total de 24 fragmentos, casi todos de cuencos y recipientes de la forma Lamboglia 1/3 (Fig. 158: 2 y 3), datables entre el final del s. III y el s. IV. El segundo grupo lo constituye la t.s. africana D (3 fragmentos), en el que destaca parte de un plato de la forma Hayes 32/58 o 58b (Fig. 158: 1), que ha sido fechado entre

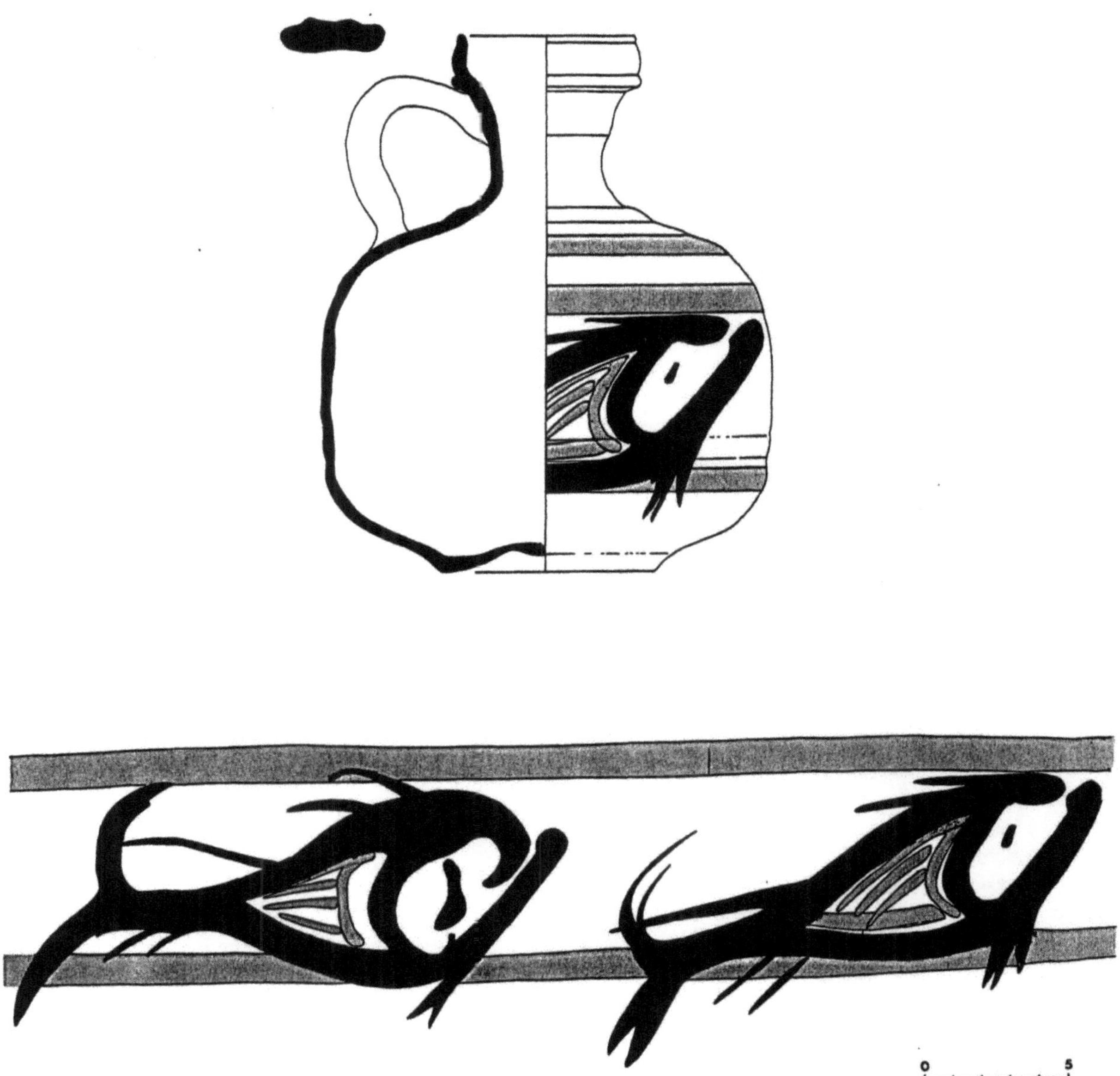

Fig. 159. U.E. 2002-2003. Jarra decorada con pintura roja y negra.

finales del s. III e inicios del s. IV por algunos autores y entre el 290/300-375 por otros (Hayes 1972, p. 95-96; Atlante 1981, p. 82).

Algunos fragmentos de la sigillata africana A son claramente más antiguos, mientras que otros en cerámica africana de cocina de borde ahumado (formas Hayes 196 y 197), tienen una cronología más amplia y pueden llegar perfectamente hasta finales del s. III e incluso el siglo IV. Lamentablemente, no podemos ofrecer más precisiones sobre unos materiales extremadamente fragmentados y de los que casi no se conserva ninguna forma de cierta entidad.

En cuanto a las ánforas, de un total de 219 fragmentos, solo ocho pertenecen a formas; entre ellas, solo uno corresponde al labio (Fig. 158: 10). Aunque es difícil de identificar, parece que podría atribuirse a la forma Keay XXIV variante A, caracterizada por tener un labio exvasado, con un engrosamiento alrededor, moldurado, y pasta de color naranja con el interior de la sección gris y la superficie exterior recubierta con un engobe blancuzco que tiende al amarillo. Es un ánfora norteafricana que ha sido fechada entre inicios del s. IV hasta mediados del s. V a partir de las excavaciones en la necrópolis paleocristiana de Tarragona y el vertedero del Fórum de la ciudad (TED'A 2 1989, p. 268).

Fig. 160. *Jarra tardía decorada con pintura roja y negra.*

El repertorio de fragmentos de cerámica común se amplía relativamente en este estrato. Aparecen nuevas formas que no habíamos visto con anterioridad y que, sobretodo en la producción reducida, parecen propias de este período. De entre los numerosos fragmentos con forma sobresale la mitad superior de una cazuela de cuerpo ancho, baja y con el borde bastante cerrado, el labio corto, poco diferenciado y biselado (Fig. 158: 8). Por debajo del labio conserva una franja con decoración aplicada a base de impresiones digitales. Otros fragmentos corresponden a bordes de ollas con o sin asa, casi siempre con el labio abierto, exvasadas (Fig. 158: 5-7). Únicamente un fragmento pertenece a un plato o un cuenco de poca altura y paredes casi verticales.

En la producción oxidada solo hemos de citar el cuello de una gran jarra con una sola asa, moldeada a mano, con la pasta mal depurada, poco dura y desgrasante de nódulos de cuarzo y mica de buen tamaño (Fig. 158: 4). Es una pieza para la que no hemos encontrado paralelos en contextos similares ni en épocas anteriores. En último lugar solo tenemos que citar un fragmento de base oxidada, con pie diferenciado, que presenta una forma poco habitual en este territorio (Fig. 158: 9).

De gran interés para fechar el estrato es una moneda que, a pesar de haber aparecido en la parte superior del estrato y en contacto con el nivel superficial, proporciona una fecha bastante fiable para su formación o, como mínimo, para el período en el que se inscribe la reocupación del sector. Concuerda, asimismo, con un lote de monedas de la primera mitad y mediados del s. IV aparecidas en diversos puntos del yacimiento, casi siempre en el estrato superficial del sector más elevado de la finca. Es una moneda de Constantino acuñada en Lyon hacia el año 313 (nº 50).

U.E. 2088 (silo 2).
El nivel superior del relleno del segundo silo descubierto en Tolegassos también contenía materiales de este período, tal como ya habíamos anunciado cuando estudiábamos su contenido principal correspondiente a la fase de "precedentes". Como suele ocurrir en otros lugares, estos materiales cerámicos siempre aparecen mezclados con otros más antiguos, normalmente del período de abandono e incluso de épocas anteriores. En este caso, además, se mezclan con materiales tardo-republicanos procedentes de los estratos inferiores del silo, mayoritarios.

De la época del primer relleno aparecen bastantes fragmentos de cerámica gris ampuritana clásica y tardía, otros de cerámica con engobe blanco, ánfora itálica y cerámica común. De época augústea encontramos pequeños fragmentos de cerámica itálica de pasta micácea, rojo coral y cerámica de paredes finas. Algunos fragmentos de sigillata sudgálica y marmorata, dos labios de ánfora Dressel 2/4 o variante y un pequeño conjunto de cerámicas africanas muestran la ocupación sin interrupción de la villa y la mezcla de materiales que se produjo por aportación natural a partir del momento en que se abandonó el yacimiento, así como la procedencia de las tierras utilizadas para rellenar por segunda vez el silo durante el s. IV, todas ellas del entorno inmediato.

El material que fecha esta obliteración y que, por otro lado, liga perfectamente con el de los estratos tardíos, son las sigillatas *lucentes* (5 fragmentos de la forma Lamboglia 1/3) y la sigillata africana D (2 fragmentos de forma indeterminada). Escasos, pero suficientes.

El pozo nº 3.

Desde los primeros años de actuaciones en el yacimiento, e incluso antes, las fotografías aéreas verticales de la finca señalaban la presencia de una gran fosa circular en el ángulo suroeste de la villa, a unos 10 m. del muro perimetral, en el exterior. La excavación del sector durante las últimas campañas puso al descubierto un gran pozo de 4'5 m. de diámetro, que se excavó hasta la profundidad de 5 m. nivel en el que apareció el nivel freático.

El estrato que rellenaba su interior se dividió en tres niveles con idénticas características (U.E. 3001/3002/3003), formado por las tierras que son normales en rellenos con escombros, con una mezcla de arcillas y limos, cenizas vegetales, restos desprendidos de las paredes del pozo, muchos fragmentos de *tegulae* y un interesante conjunto de cerámicas de todo tipo, especialmente ánfora, cerámica africana variada y cerámica común, así como algunos fragmentos de molinos rotatorios y restos de fauna.

El primer nivel contenía un material cerámico muy fragmentado, aunque también aparecieron algunas piezas más enteras, especialmente ánforas y algunos recipientes de cerámica común. Además, contenía una cantidad importante de cerámica residual, sobretodo de los siglos II y III. Entre estos materiales más antiguos destacamos las sigillatas africanas, con las formas Hayes 8, 14, 27, 31 y 140-b; africanas de borde ahumado de las formas Hayes 196 y 197, con diferentes variantes, y algún fragmento de la Hayes 191 o de las pequeñas ollas asimilables a la forma 200 de Hayes, tan numerosa en Tolegassos, especialmente entre el último cuarto del s. II y la primera mitad del s. III. No obstante, en este nivel aparece un conjunto importante de sigillata africana C (sobretodo Hayes 50), y sigillata *lucente*, normalmente decorada y con diferentes grados de calidad, que deberemos situar hacia mediados del s. IV (Fig. 161: 8, 15-20 y 23).

El segundo nivel añade a este repertorio un lote importante de ánforas africanas. Aumenta el volumen de t.s. africana C y aparecen tres fragmentos de t.s. africana D (Hayes 67), que pueden fecharse entre mediados del s. IV hasta mediados del s. V. Dos fragmentos de lucerna africana pertenecen a la misma época (Fig. 161: 24 y 25).

El tercero contiene el mismo material. En todo caso podemos ampliar el repertorio de la cerámica residual con algunos fragmentos de ánfora Dressel 1A (Fig. 162: 8), la mayor parte sin forma. Pero el conjunto repite el que ya habíamos visto en los niveles superiores. Sigillata *lucente* de buena calidad, africana A, cerámica africana de cocina, etc.

En todo el relleno del pozo siempre se halla presente la cerámica común. No existe un predominio claro entre los recipientes oxidados y los reducidos, estos últimos con unos acabados poco cuidados, toscos, un repertorio de formas y tipos muy limitado y formado casi exclusivamente por ollas con o sin asa. En cambio, los fragmentos oxidados presentan un amplio abanico de formas; desde urnas y ollas, platos, cuencos, jarras, cazuelas, tapadoras y botellas, entre las que tenemos que destacar un ejemplar intacto, excepcional, decorado con dos peces de color casi negro en una franja delimitada por dos fajas de color rojo, todo ello pintado sobre el engobe blanquecino que recubre la superficie externa del recipiente (Fig. 159 y 160). Es una pieza de procedencia incierta, quizás africana, aunque conocemos un paralelo idéntico en cuanto a la forma y decoración (pero sin los peces), procedente de Els Munts (Altafulla, Tarragona), fechado en el s. IV, y diversos fragmentos de la misma producción en el vertedero del fórum de Tarragona, ya del s. V (Gurt y Martin, coord. 1982, p. 145). Los autores del último estudio citado consideran que se trata de una producción local y de poca difusión (TED'A 2 1989, p. 226-227).

El resto de cerámica común no presenta rasgos especialmente significativos. Botellas, jarras, lebrillos y grandes cuencos, con perfiles típicos de períodos tardíos, documentados en otros yacimientos de esta zona que tuvieron un proceso de ocupación parecido (Puig Rodó, Vilauba, etc.). Estos recipientes aparecen en el estrato con formas y tipos prácticamente idénticos, tanto en cerámica oxidada como en reducida (Fig. 161: 26 y 27; fig. 162: 16-24).

Las ánforas, que hemos comentado solo por encima, constituyen un buen elemento para completar la cronología del estrato, ya que a pesar del alto porcentaje que representa el material residual, a veces difícil de separar, estos contenedores ligan mejor con el resto de productos del conjunto más tardío y confirman la fecha aproximada en que quedó fuera de uso el pozo.

Prácticamente todos los fragmentos proceden del norte de Africa, con unas formas típicas. Encontramos el ánfora Africana I, que debe situarse entre la segunda mitad del s. II hasta el s. V (Fig. 162: 1, 2 y 4), la Africana IIA, que fechamos de manera general entre finales del s. III e inicios del s. V (Fig. 162: 9 y 11), Almagro 50 o Keay XXXVI, de finales del s. III y primera mitad del s. IV (Fig. 162: 5 y 7), y otros fragmentos de difícil clasificación, pero sin duda fabricados en la Tripolitana o Mauritania entre la segunda mitad del s. III y el s. IV, que no aparecen en otros estratos de la villa (Fig. 162: 3 y 12).

A parte de la cerámica, aparecen herramientas de hierro y hueso. Un mango de cuchillo tallado en asta de ciervo (Fig. 162: 13), agujas de hueso, algunas decoradas con sencillas incisiones, y un instrumento de hierro parecido a un *strigillum* de pequeño tamaño (Fig. 162: 14 y 15).

Cronología del conjunto.

Después del análisis y estudio del material y de lo que repetidamente se ha ido exponiendo hasta ahora, no es necesario profundizar demasiado para establecer la cronología de la fase que de forma convencional hemos llamado "reocupación". Efectivamente, hemos visto y comentado que el material arqueológico que habitualmente aparece en los diferentes ámbitos afectados o formados como resultado del establecimiento de un pequeño asentamiento agrícola o ganadero en un momento bastante posterior al abandono generalizado de la villa pertenece al s. IV.

A pesar de que a partir de los escasos fragmentos de cerámica y la repetición constante de formas (especialmente en lo que refiere a la t.s. *lucente*), señala una fecha imprecisa dentro del s. IV, el estudio del conjunto numismático del yacimiento, tanto el de las monedas aparecidas en el área afectada por la reocupación como el de las procedentes de otros puntos más alejados del sector, aporta valiosos datos para fijar la cronología del período que nos interesa en este momento. Observando el diagrama de aparición de monedas podemos constatar que a partir del período 10 (259-275) se produce un corte en la circulación y solo aparecen dos monedas del

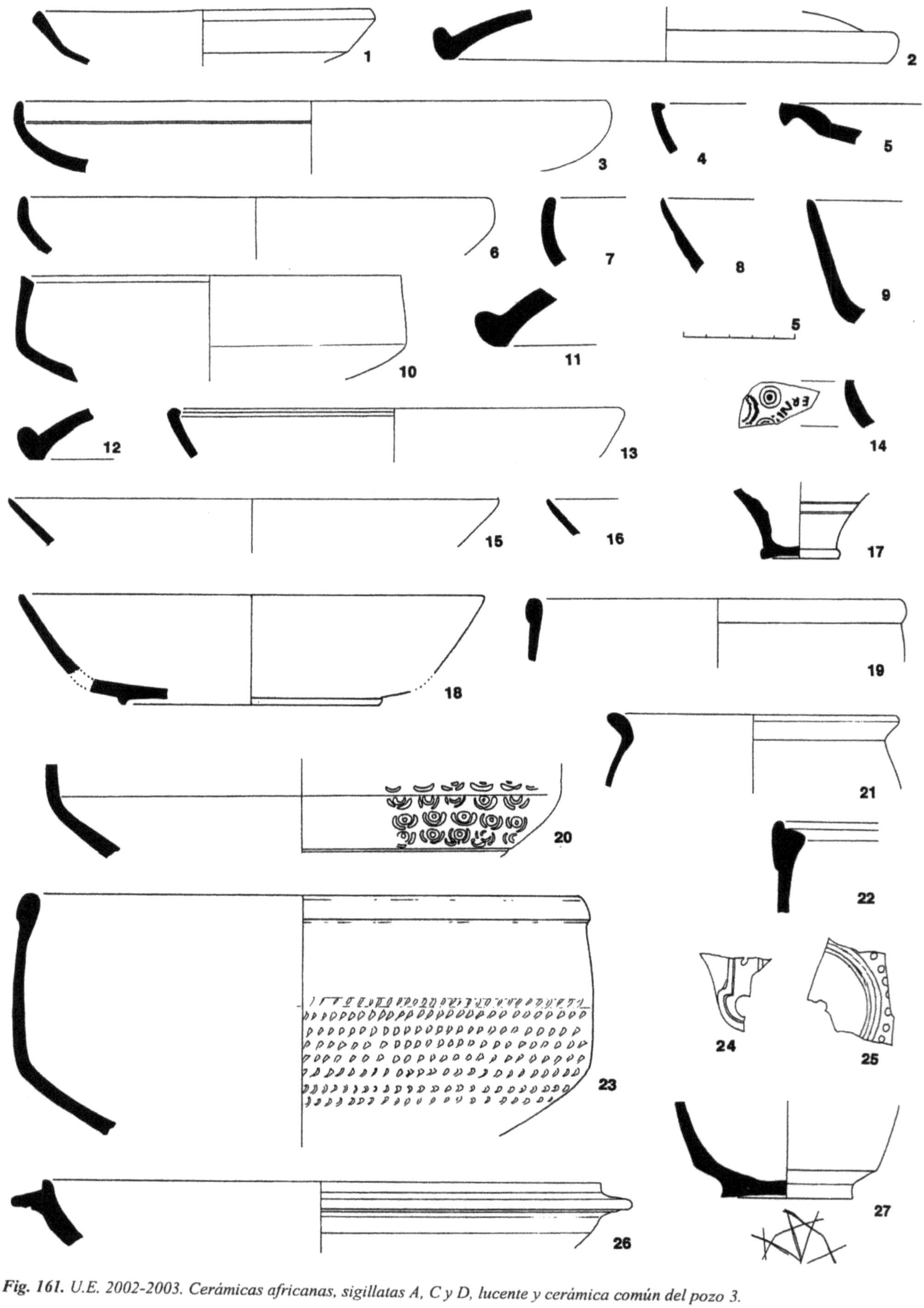

Fig. 161. U.E. 2002-2003. Cerámicas africanas, sigillatas A, C y D, lucente y cerámica común del pozo 3.

período de desocupación del yacimiento (275-317 aprox.), mientras que el porcentaje aumenta considerablemente a partir del primer tercio del s. IV hasta mediados e inicios de la segunda mitad del siglo. Algunos fragmentos de ánfora y sigillata africana D aparecidos en los estratos tardíos y en los del abandono definitivo, removidos en época moderna (U.E. 2190 y 2193), tienen una cronología más tardía, pero aún se circunscriben en el contexto del s. IV. El dilatado período de circulación de las monedas convierte hasta cierto punto en poco fiables las cronologías que puedan proporcionarnos, pero es importante constatar que la más tardía no fue acuñada con posterioridad al 350 (nº 49 y 55).

Por desgracia el relleno del pozo 3 no tiene las características que hemos visto en los otros dos pozos de la villa. Es decir, no se trata de un nivel sellado, intacto y homogéneo, sino que presenta una mezcla considerable de materiales. Una vez separados los que consideramos residuales, básicamente de los siglos II y III, aparece un importante conjunto que situaremos en el s. IV. En primera instancia, es difícil dejar anclado este lote en un período concreto dentro de aquél siglo. Solo su relación con lo que hemos visto en otros puntos del yacimiento y la constatación de la interrupción en la circulación monetaria en la villa hasta mediados del s. IV hace que situemos la reocupación en aquella época.

Concretando, a partir de estos datos consideramos que debe situarse el período de reocupación del yacimiento, limitada en el tiempo y en el espacio, reducida a muy pocos años, hacia el tercer cuarto del s. IV. Teniendo en cuenta el mayor número de monedas del segundo cuarto del siglo y que ninguna de ellas es posterior al año 350, quizás aún podríamos rebajar algunos años esta fecha, acercándola a los años 50 o 60 del siglo.

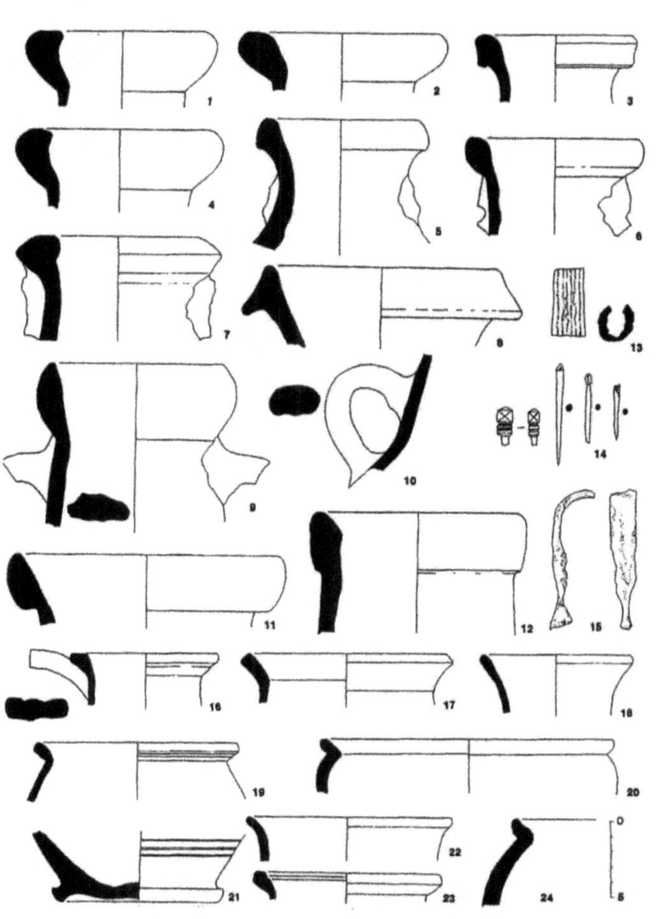

Fig. 162. U.E. 2002-2003. Ánforas, cerámica común e instrumentos de hierro y hueso.

Capítulo 14. Restitución de los edificios e interpretación.

Edificio de época augústea.

Técnica y materiales de construcción.
Los pocos elementos que han llegado hasta nosotros del edificio tardoaugústeo, uno de los que más ha sufrido la degradación causada por las sucesivas reconstrucciones y remodelaciones de la villa, hacen difícil restituir el aspecto del conjunto y conocer con detalle las técnicas constructivas.

En principio, se constata que los cimientos de los muros se construyeron con grandes bloques irregulares de piedra caliza local, trabados con trozos y cascotes de menor tamaño y colocados en seco. Los rellenos de tierra de ambos lados de los cimientos daba consistencia a la estructura que, en esta fase, no se hallaba dentro de una zanja de cimentación, sino colocada directamente sobre la sólida roca natural (Fig. 163).

El aspecto general de la villa antigua ya es más difícil de descubrir. Parece que respondía a un clásico esquema itálico, con el depósito del *impluvium* en la parte central trasera, del que solo pervivió la parte inferior, modificada, reaprovechada para otros usos hasta que se abandonó definitivamente la villa y muy deteriorada. El relleno de su interior (U.E. 2019 y 2020), se fecha en la segunda mitad del s. III. La planta del edificio, rectangular y con diversos cuerpos salientes, nos hace suponer una estructura con cubierta sencilla, con diferentes pendientes que vertían las aguas pluviales hacia el exterior, excepto en la parte de la pequeña abertura del patio interior o *impluvium*, que estaban canalizadas hacia el centro y eran recogidas en la parte inferior del depósito.

Fig. 163. *Fachada este de la villa tardo-augústea, con las columnas adosadas en época de Claudio.*

Ignoramos el grado de lujo introducido en el edificio, ya que los elementos arquitectónicos que se encontraron durante la excavación o en los silos y depósitos rellenados hacia el cambio de Era pertenecen a otro edificio aún más antiguo (Fig. 164). Los centenares de teselas de un mosaico cuatricolor, las placas de mármol y los estucos pintados utilizados para nivelar el fondo interno de la casa tienen que ser forzosamente más antiguos. Pero algunas placas triangulares de caliza pulida y algunos fragmentos de revestimiento pintado aparecidos en el segundo pozo, frente a las estructuras tardoaugústeas, parecen proceder de este edificio. No tenemos la confirmación absoluta y nada impediría atribuirlas a la villa más antigua. Los revestimientos de columna, realizados con argamasa y pintados de color blanco y negro, esparcidos en los niveles de circulación de la zona exterior de la casa, parecen corresponder a los pilares del pórtico que fue adosado hacia mediados del s. I.

Tampoco conocemos nada sobre el aspecto exterior de la casa. Por lo tanto, es imposible proponer una restitución volumétrica fiable.

Fig. 164. *Pequeña columna de caliza local, aparecida en el silo 2060, de época augústea.*

Fase 1.

Técnica y materiales de construcción.

Uno de los rasgos principales de las diferentes habitaciones del edificio del sector 1 es la ausencia de pavimentos sólidos, ya que solo quedaban los restos de un pavimento de tierra apisonada muy degradado de difícil delimitación. Solo dos habitaciones conservaban pavimentos de *opus signinum*. Otro aspecto interesante se refiere a la forma de construir los muros. Sin duda se empezó señalando las alineaciones de las paredes a partir de un plano preestablecido, cortando en ángulo recto las esquinas y sin que pueda observarse la más mínima desviación respecto el eje del edificio. A continuación se abrieron las zanjas de cimentación en el suelo natural, bastante compacto, de mayor profundidad en los puntos en los que este suelo geológico estaba formado por arcillas más blandas. En otros puntos en los que la roca es más dura y aflora a la superficie, los constructores se ahorraron el trabajo de abrir zanjas, considerando que el suelo natural era lo suficientemente duro. Lamentablemente para nosotros, ello motivó que algunas de las paredes no hayan llegado hasta nuestros días en buen estado, mientras que otras han desaparecido casi por completo.

Fig. 165. Estructura y cimientos de la fase 1. En primer término, la zanja correspondiente a un muro arrancado en época medieval.

En algunos lugares, especialmente en el extremo oeste, en época incierta se desmantelaron los muros para reutilizar la piedra (Fig. 165). Ello nos ha permitido vaciar las zanjas de los cimientos, restituir la planta del edificio y conocer las características de dicha cimentación. Estas zanjas tienen una anchura de entre 60 y 70 cm. (el ancho de los muros es de 60-65 cm.), y una profundidad que oscila entre 60 y 80 cm. De esta forma, la misma pared de la zanja sirvió de encofrado en el que se vertió la piedra y la argamasa que constituirían los cimientos de los muros. Los bloques son de piedra caliza irregular y algunos proceden de canteras situadas en la sierra cercana a la villa. Otros son más redondeados y, a pesar de tener un mismo origen, fueron recogidos en superficie en la parte alta de la misma sierra.

Para la construcción de las bases de los muros también se reutilizaron materiales más antiguos, seguramente procedentes de los edificios e instalaciones de la fase de "precedentes". Se trata de algunas *tegulae*, elementos y molduras de mármol y piedra caliza o fragmentos de cerámica difíciles de identificar, así como alguna piedra con la superficie vitrificada procedente de algún horno cercano. Todo ello estaba unido con argamasa de arena y cal extraordinariamente duro.

Para las bases de las columnas, sobretodo las del pórtico principal, pero también las del edificio del sector 2, se empleó una técnica parecida. A parte de la columna del extremo sur del pórtico, que queda encajada en el interior del muro y se confunde con él, las otras cinco están aisladas a lo largo del patio central, junto al edificio. Algunas se levantaron al centro de un agujero rectangular tallado en la roca natural, a un nivel ligeramente más bajo que el suelo de circulación. Casi todas están formadas por una base plana de *tegulae* unidas con mortero, adoptando una forma redondeada con un diámetro ligeramente mayor que el del fuste de la columna, del que se conserva la impresión centrada sobre esta base. Seguramente este fuste era de madera o de ladrillos con forma de segmento de círculo, iguales a los encontrados en el interior de un depósito (Fig. 166). En una ocasión encontramos la base de la columna tallada en un disco de piedra arenisca y con un agujero cilíndrico en el centro en el que se encajaba un fuste de madera (Fig. 167). Es posible que los fustes de otras columnas de la villa -quizás las tres que quedaban aisladas en el sector 2- fueran de piedra arenisca. Hipótesis que solo podemos sostener a partir del hallazgo de un fragmento de tambor en el estrato 2080 del pozo.

Fig. 166. Ladrillos en forma de segmento de círculo, para la construcción de columnas, aparecidas en un depósito augústeo.

Dejando a parte los sectores utilizados como cantera en época medieval o moderna y los casos en que una serie de agujeros de un campo militar medieval deterioraron los muros, estos suelen aparecer intactos, de modo que su parte superior está alisada, nivelada y lista para alzar los muros de tapial o adobe que conformaban la parte visible del edificio y sostenían el tejado o, en el caso del segundo edificio, el piso superior. Sin duda, por las características de sus cimientos el primer edificio podía sostener un piso sobre la planta baja, pero no disponemos de los elementos suficientes para confirmarlo en su totalidad. Por otro lado, la existencia de un gran espacio central que habría planteado serios problemas para sostener una cubierta y una segunda planta (13 x 11 m. sin columnas ni restos de ellas), identificado como un patio interior, no nos permite plantear esta hipótesis. Únicamente una de las habitaciones, en un momento posterior (quizás en la fase 3), habría tenido una segunda planta a la que se accedía por una escalera situada al exterior.

Fig. 167. Base de piedra para sostener una columna de madera con un pivote encajado en el agujero central.

En diversos puntos y estratos del yacimiento han ido apareciendo diferentes elementos arquitectónicos y decorativos que no pueden ser relacionados con ninguna fase en concreto, aunque algunos indicios nos hacen suponer que pertenecen a la fase 1 y sobretodo a la tardo-republicana. Algunos ya han sido citados en anteriores apartados. Se trata básicamente de revestimientos de muros pintados y placas de pavimento de mármol y otras piedras nobles. La mayor parte de los restos de pinturas murales aparecieron formando parte del relleno para la nivelación del foso situado al sur del yacimiento, recubrían un estrato de mediados del s. I (U.E. 2019 y 2045) y sobre ellos se apoyaba uno de los muros de la segunda fase. Otros son los que aparecieron en el subsuelo del edificio augústeo, nivelando su interior. La mayoría podían formar parte de un edificio anterior remodelado o derruido en época augústea, en el momento de rellenarse algunos silos y depósitos. De hecho, también aparecieron en el interior del silo 2060, con restos de pinturas murales prácticamente idénticas a las que comentamos. Un tercer conjunto bastante importante se encontró en el estrato 2408 del vertedero del sector 2 y tienen un aspecto y una decoración diferente a las de los estratos más antiguos (Fig. 168). En todo caso, privados de otros datos que ayuden a precisar su cronología y procedencia, nos vemos obligados a atribuirlas, en principio y mientras no dispongamos de nuevas evidencias, a la fase 1.

Otro lugar en el que se hallaron restos de revestimiento pintado caído de las paredes o arrojado expresamente fue en el hogar o restos de hoguera situada en el centro de la habitación B-3, en el extremo sur de la villa. Estos son los más sencillos, pero también los más sólidos. Tienen un grosor entre 5 y 8 cm. y la decoración se compone de grandes paneles de color amarillo y rojo oscuro sin otros restos de elementos decorativos. Estilísticamente son casi idénticos a los del vertedero.

Con los numerosos fragmentos aparecidos en el sector 2, bajo los muros de la segunda fase, se puede reconstruir la decoración de algunas paredes, a pesar de que no podamos conocer la disposición exacta de los campos de color en cada muro (Casas 1989, p. 162-163). Podemos constatar que la parte superior de las habitaciones estaba decorada con una falsa moldura formada por una combinación de verde, rojo, negro y azul egipcio que enmarcaba diferentes paneles rojos y negros, negros y amarillos o rojos y ocres. Estos mismos paneles estaban delimitados en su parte inferior por líneas alternas con los colores azul, banco, amarillo, rojo y una franja de unos 50 cm. de color blanco salpicada con otros colores intentando imitar el mármol o algún otro tipo de piedra natural.

En los campos rojos y sobretodo en los amarillos se ven restos de decoración vegetal de color verde y rojo representando hojas y frutos de cerezos. En los campos de color negro la decoración está compuesta por líneas blancas o rojas cuyo sentido exacto no ha podido ser determinado, aunque también podría tratarse de motivos vegetales. Finalmente, en algunos casos vemos columnas en forma de candelabros o motivos vegetales de color blanquecino idénticos a los que suelen ser habituales en algunos vasos decorados de la sigillata sudgálica, dispuestos verticalmente sobre campos de color negro.

Como en el caso de las pinturas, una parte importante de otros elementos decorativos también están relacionados con una vivienda relativamente lujosa. Entre el conjunto de placas de pavimento, que muestra una gran variedad de restos, cabe destacar especialmente los fragmentos de forma triangular tallados en caliza local pulida, probablemente procedente de Ampurias o sus inmediaciones. Otro producto local, aunque de procedencia más lejana, son las placas de pizarra que se utilizaron en la pavimentación de algunas habitaciones. Pero el conjunto más numeroso es el formado por las placas de mármol de diversos grosores, calidad y procedencia. Algunas fueron utilizadas sin duda para el revestimiento de muros, ya que su espesor las convierte en poco sólidas sobre un pavimento (entre 0'5 y 0'8 cm.). Otras, con grosores que pueden llegar a los 3 cm. o más, parecen

Fig. 168. Revestimineto de muro con decoración pictórica, procedente del estrato 2048 del vertedero (2ª mitad s. II.)

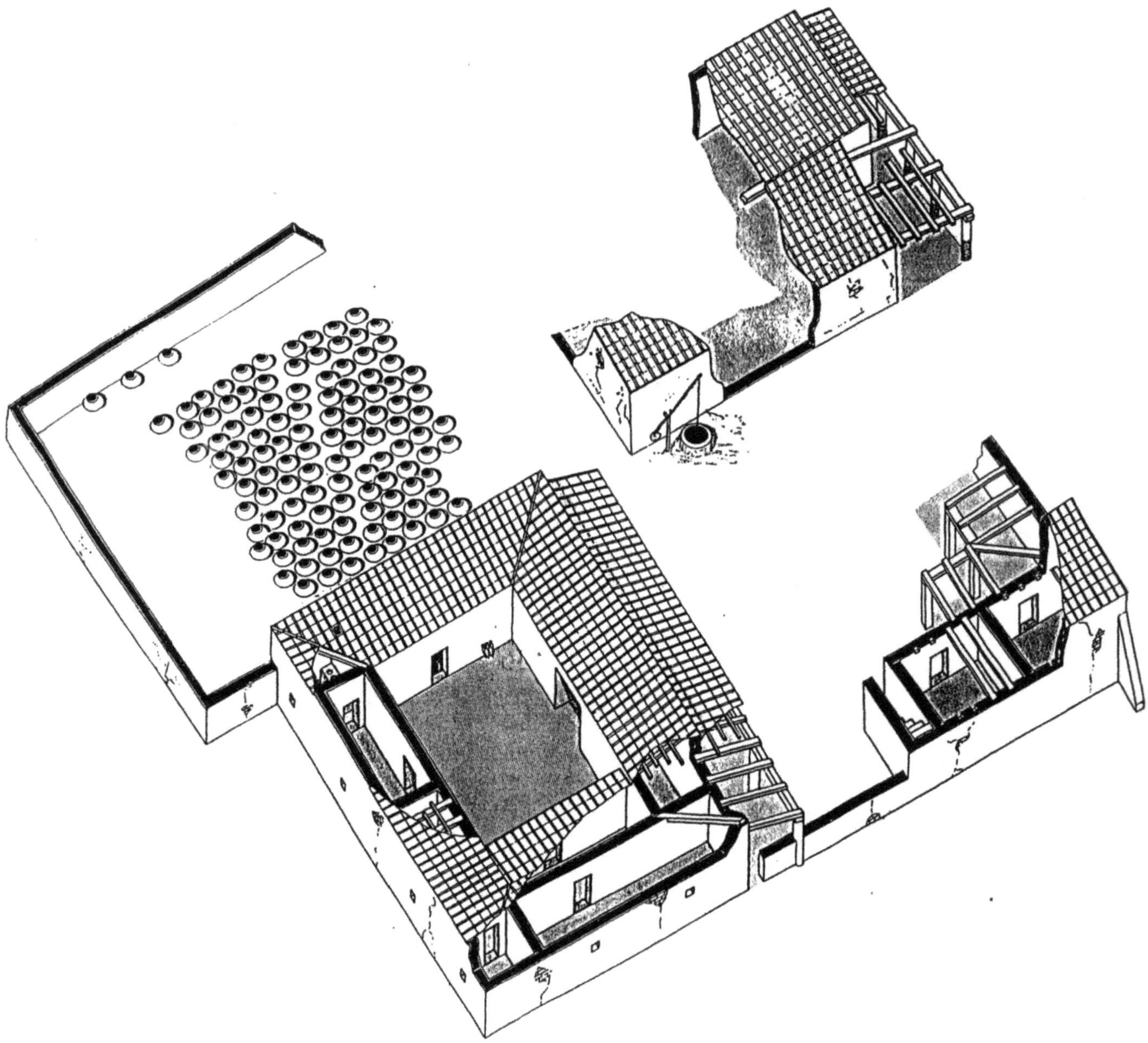

Fig. 169. Propuesta de restitución de la villa durante la fase 1.

pertenecer a pavimentos, apreciándose un desgaste debido al uso que no vemos en las demás. Finalmente, un tercer grupo presenta alguna moldura muy sencilla y también parecen más apropiadas para el revestimiento de paredes. Entre los productos de importación hemos identificados mármoles itálicos y africanos de Chemtou.

Sabiendo que los estratos más antiguos en los que aparecieron parte de estas placas de mármol se formaron en época augústea, deberemos preguntarnos hasta qué punto las que se encontraron en estratos altoimperiales pertenecen a los edificios de la fase 1 o si fueron reaprovechadas de construcciones más antiguas.

Interpretación y ensayo de restitución.
Durante la fase 1 de la villa altoimperial, además de construirse *ex novo* casi todo el conjunto, se reaprovechó la villa tardoaugústea edificada casi treinta años antes en el sector noreste del yacimiento. Es totalmente imposible conocer las modificaciones que sufrió aquel edificio con motivo de los trabajos de construcción de la fase 1. Arqueológicamente solo detectamos la construcción de un pórtico ante la fachada de levante, de idéntica estructura pero de menores dimensiones al que de manera paralela se levantó frente la fachada este del edificio 1. Además se rehizo el pavimento situado bajo el espacio porticado vertiendo una nueva capa de *opus signinum* de mala calidad. Parece lógico suponer que la estructura general de la casa no registró ninguna otra modificación, a parte de la anulación del pozo que se había perforado años antes frente a ella.

En lo que se refiere al edificio 1, construido *ex nihilo* en esta época (alrededor del 40/50 d.C.), sus características y estructura están motivadas por la función a la que estaba destinado. En principio, podría pensarse que se trata de un almacén o cualquier otra instalación agrícola o ganadera. Pero las características y función de las habitaciones A-7 y A-12, al sur y al norte, nos hacen ver que no podía tratarse de eso. Por un lado, la habitación A-7 estaba casi toda pavimentada excepto la parte sur, junto al muro, donde precisamente se encuentra la base del hogar y una canalización del tiro de la cocina que cruza el muro. A cada lado de la canalización, en el exterior del edificio, los agujeros de poste señalan la presencia de un cobertizo que se apoyaba en el muro principal.

La habitación A-12 presentaba unas características parecidas, con los restos del pavimento de *opus signinum*, así como la base y restos de un hogar de forma semicircular adosado a la pared. Habíamos comentado, cuando analizábamos los materiales y estratigrafía de cada habitación, que en otras villas han aparecido construcciones similares que han sido identificadas como hogares pertenecientes a una cocina o sencillos sistemas de calefacción. Sin duda esta era la función de las dos habitaciones. No serían otra cosa que las *culinae* del edificio.

Si esta es la interpretación correcta, tampoco puede presentar demasiadas dudas el uso al que se destinaba el edificio, que no podía ser otro que el de vivienda. Pero no una vivienda excesivamente lujosa ni la casa del *villicus* (que quizás no existía en la villa), ya que no reune ninguna de las características que solían tener este tipo de edificios si hacemos caso de las interpretaciones que se ha dado a los resultados de excavaciones en numerosas villas del área mediterránea, sino a las dependencias de los obreros agrícolas; una especie de *cela familiaris* no demasiado grande. Aún así, podían alojar perfectamente a una veintena de personas.

En la fachada este, a lo largo de todo el edificio y frente al patio central del complejo, se adosó el pórtico que ya habíamos citados anteriormente. De este pórtico solo han perdurado las bases de las columnas -seis en total- colocadas cada 5 m. Una de ellas desapareció posteriormente, al remodelarse la villa, posiblemente durante la fase 3.

En el sector este los restos de las construcciones puestas al descubierto son muy diferentes a los del sector 1. Es difícil restituir el aspecto que debió tener el segundo edificio. Por un lado, solo se conservan intactas tres habitaciones. Por otro, los pocos restos que hemos hallado en la zona este del yacimiento y que podían pertenecer al segundo edificio se encuentran muy deteriorados y no tienen ninguna relación aparente con las demás estructuras. Sin duda el edificio era más complejo de lo que dejan entrever los restos estudiados. Pero no es probable que nunca sepamos cual era la función de las dos bases de columna circular (quizás tres), aparecidas al norte del edificio, junto al empedrado que rodea el pozo (E. 2089 y 2090). A pesar de todo, consideramos que la hipótesis de reconstrucción que habíamos propuesto en una ocasión anterior es absolutamente válida (Fig. 169) así como su uso como almacén o dependencias agrícolas (Casas 1989, p. 72-73).

Durante este primera fase las instalaciones agrícolas de la villa se completaban, al norte, con un patio o almacén de *dolia*; en el centro y este con lo que llamamos patio central de la villa, con un pozo situado en su extremo norte. En aquel sector, al este del pozo, existió un edificio actualmente irrecuperable, del que solo han perdurado las bases de columnas que acabamos de citar. Por su situación y teniendo en cuenta la planta general de la villa y la distribución de los demás edificios, la estructura desaparecida debería situarse al este de la línea de columnas.

El patio de *dolia* mantiene una estructura típica de estos almacenes y una gran regularidad y funcionalidad. Lo encontramos repartido, de este a oeste, en siete hileras paralelas de *dolia* y, de norte a sur, con una docena de hileras o más, lo que da al almacén una estructura rectangular con una capacidad para más de ochenta contenedores en esta primera fase. Una nueva alineación de *dolia* está situada a lo largo del muro perimetral oeste y parece que también pertenece a la fase 1. (Fig. 169).

El patio central, seguramente más pequeño de lo que ahora nos pueda parecer, ya que en un extremo estaría situado en edificio desaparecido, era un espacio libre para el trabajo y la circulación. Finalmente, aparece una canalización abierta en la roca natural, de norte a sur, que permitía la evacuación de las aguas que se vertían del pozo y, en general, evacuaba las aguas residuales y pluviales de la parte alta de la villa.

Fase 2.

Técnica de construcción y materiales.

De una u otra forma, cuando hemos analizado las características, estratigrafía y material arqueológico de cada una de las habitaciones que forman parte de la segunda fase hemos comentado someramente la técnica constructiva utilizada. De hecho, es de una sencillez extrema, ya que se trata siempre de muros de piedra seca unida con barro, nunca obtenida de cantera, sino recogida en superficie en la sierra vecina al yacimiento. Son piedras de tamaño pequeño o mediano, gastadas, redondeadas y parecidas a cantos rodados procedentes de la antigua terraza fluvial del Ter. Mayoritariamente son calizas, pero también vemos algunos bloques de cuarzo y granito. Casi nunca aparecen elementos de construcción artificiales reaprovechados y mezclados con las piedras (*tegulae* o *imbrices*). Únicamente el bloque que señala el ángulo suroeste de la ampliación de la fase 2 es de piedra arenisca tallada (Hab. B-3), ajena a la zona. Es una característica que se repite en el mismo ángulo de la villa durante la primera fase.

Los cimientos y su soporte se adaptan a las características del terreno y del suelo geológico, diferente en los distintos puntos del yacimiento. El muro más largo que delimita la habitación B-3 por el sur (E. 1051), se colocó dentro de una zanja poco profunda tallada en el suelo natural formado por arcillas y piedras duras y compactas. Las dos paredes que delimitan la habitación B-2 por el oeste y este descansan directamente sobre el suelo geológico, este vez compuesto de limos compactos de color amarillento (E. 2049 y 2034). Finalmente, los muros que cierran la habitación B-1 por el este y sur reposan directamente sobre el relleno de la fosa preexistente en aquél sector del yacimiento, siguiendo la misma pendiente e inclinación (E. 2015 y 2017). Mientras que de los primeros solo se conservan dos hileras de piedras,

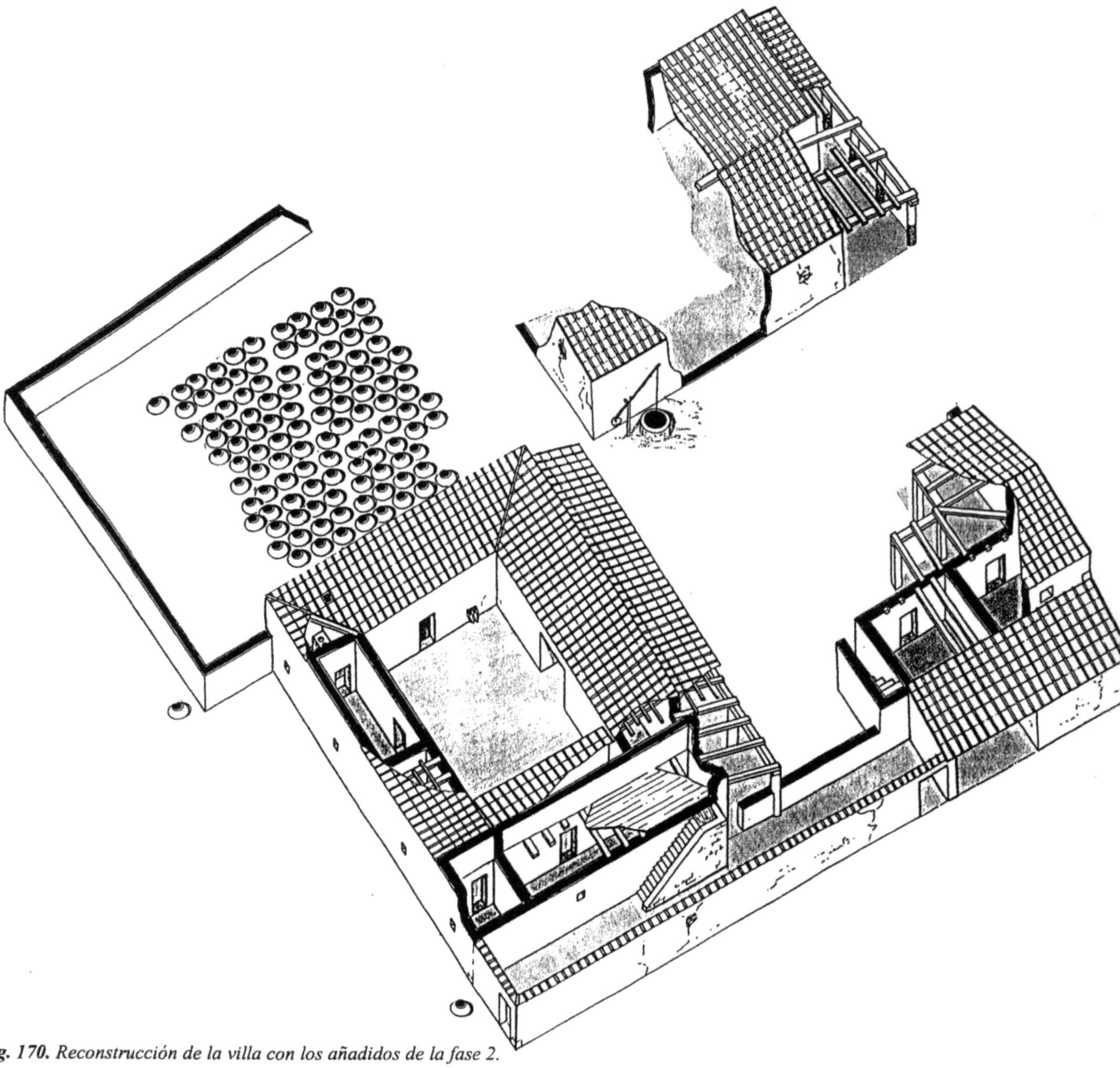

***Fig. 170.** Reconstrucción de la villa con los añadidos de la fase 2.*

en comparación, estos últimos tienen una altura considerable, entre 60 y 80 cm. De todas formas, su parte superior se halla al mismo nivel en ambos casos. Por los restos de adobe y tapial encontrados sobre los muros, parece que la parte superior se levantó con estos materiales blandos.

Interpretación y ensayo de restitución.
A lo largo de anteriores comentarios hemos expuesto muchas de las consideraciones que habríamos podido incluir en este apartado, lo que nos libra de una nueva exposición. Otras solo las comentaremos brevemente.

Estudiando aisladamente las tres habitaciones de la segunda fase no aparece ningún elemento que de forma clara y precisa nos indique el uso al que se destinó el conjunto. Pero no debemos olvidar que la fase 2 no supuso una reestructuración de la villa o un cambio, sino sencillamente una ampliación de los edificios principales y una expansión hacia el sur. Las dos habitaciones principales, B-1 y B-2, se construyeron simétricamente a las A-10 y A-11. Por lo tanto, más que modificar el edificio original, lo que se llevó a cabo fue su ampliación. Si el conjunto inicial era agrícola, granero, almacén, etc., durante la segunda fase debió tener la misma función.

Durante este período, la villa continuó en actividad exactamente como en la primera fase, más extensa, con más dependencias, pero sin que haya sido detectado ningún cambio substancial en su estructura general (Fig. 170). Únicamente la construcción de una caja de escalera adosada al lado sur del primer edificio parece que tenía que comportar forzosamente la adición de una nueva planta a la casa de la fase 1, suponiendo que no existiera ya en origen, cosa que nunca podremos confirmar. El patio de *dolia* situado al norte del primer edificio continúa en actividad, ya que no es hasta finales del s. II o inicios del s. III que se abandona y se retiran los contenedores, reocupándose años más tarde. El patio central mantiene su aspecto y el pozo continúa abierto y suministrando agua a los habitantes del lugar, ya que su obliteración se sitúa en los últimos años del s. II.

En cuanto a las habitaciones de la segunda fase, ya hemos manifestado en otra ocasión nuestra opinión de que la mayor, la B-3, debió ser un patio descubierto o quizás una especie de *hortus*, por lo menos en una fase tardía o en el momento de su abandono. No queda ningún elemento que pueda indicarnos si estuvo totalmente cubierto o solo de forma parcial en un momento concreto. A lo largo de los más de ciento cincuenta años transcurridos desde su construcción hasta su abandono podían haberse introducido modificaciones no detectables a partir del estudio de los cimientos que han llegado hasta nosotros.

En cuanto a las otras dos habitaciones, adosadas a un edificio de más de una planta, ignoramos si mantenían las mismas características y estructura que la casa más antigua. Este punto permite sugerir todo tipo de hipótesis, ninguna de las cuales podrá ser nunca confirmada. Por otro lado, su solución tiene una importancia relativa y modificaría poco las conclusiones generales a las que podamos llegar sobre el yacimiento.

Fase 3.

Técnica de construcción y materiales.
Aunque la técnica y los elementos empleados en las construcción de los muros y habitaciones de la tercera fase recuerdan los de la fase anterior y tienen muchos puntos en común, la observación directa de estas estructuras permite constatar unas diferencias evidentes que hacen que sea imposible confundir unas y otras.

Durante la tercera fase se continúa utilizando la técnica de piedra seca, pero en esta ocasión se trata de bloques de mayor tamaño y siempre extraídos de cantera, ya que no presentan el desgaste típico de las piedras recogidas en superficie y, en cambio, muestran unos cortes vivos y agudos. Además se introducen elementos que casi no fueron utilizados en los muros de la fase 2. Aparecen bastantes fragmentos de *tegulae* nivelando las hileras de piedra o como cuñas en las fisuras y juntas entre los bloques. En conjunto da a las paredes de la fase 3 un aspecto compacto y sólido que se ve incrementado por el hecho de tratarse de muros conservados en mayor altura que los de épocas anteriores, esta vez motivado por el hecho de que la superficie de reposo de los cimientos se halla a un nivel más bajo que la del resto de paredes. Debemos recordar que nos encontramos en un sector del yacimiento en el que existía una fosa que tuvo que ser nivelada antes de la construcción de cualquiera de las estructuras que se encuentra en su interior o sobre ella. Por lo tanto, la base no era tan dura o compacta como en los sectores en los que la roca natural aparece de inmediato.

En algunos puntos de los cimientos del muro principal (E. 2003), su parte superior fue alisada o nivelada con una capa de argamasa muy dura, lo que parece indicar que la parte alta se habría levantado con tapial o adobe dentro de un encofrado. Los ángulos de los muros, y sobretodo el umbral de la única puerta conocida, se reforzaron con bloques de mayores dimensiones y tallados en la misma piedra caliza local.

Los pavimentos de la tercera fase son casi tan sencillos como los de períodos anteriores. Los dos únicos que hemos documentado corresponden al interior de la habitación C-2 y al espacio C-4, al exterior de la misma dependencia, y están compuestos por una capa más o menos gruesa de tierra apisonada bastante compacta, con restos de cenizas y tierras rojizas que tienen su origen en la actividad que se llevaba a cabo en el sector. El pequeño taller de forja.

El resto de estructuras que pueden ser asimiladas a la fase 3, a veces de manera dudosa, no son fácilmente detectables. Sobretodo se trata de agujeros de poste situados en el patio central o al lado de las paredes, y otros de forma rectangular. Uno de estos últimos fue utilizado para verter escoria y deshechos de hierro inutilizados y procedentes del pequeño taller casero situado en el ángulo sudeste de la villa, al que nos referíamos en el párrafo anterior. Los agujeros de poste suelen ser de diferentes tamaños y, en general, son bastante profundos y con las paredes rectas. En conjunto, la villa debió tener un aspecto parecido al que de forma hipotética se restituye en la Fig. 171 o al de la maqueta que se conserva en el Museo de Historía de la Ciudad, en Gerona, inspirada en la villa de Tolegassos (Fig. 172).

Interpretación y restitución.
Da la impresión de que la fase 3 supuso un cambio importante en la villa; una reestructuración que afectó no solo a los edificios principales, sino también a la misma base económica de la explotación. Por un lado, se observa una degradación evidente de los edificios más antiguos, quizás por falta de interés en su conservación o quizás por causas involuntarias y falta de medios. En definitiva, parece un empobrecimiento de la villa y pone de manifiesto la imposibilidad de mantener un conjunto que había perdido el equilibrio entre su extensión y los recursos de que disponía. En cualquier caso, no debemos dejarnos engañar por la ampliación de la zona este, que debe reflejar más la adaptación a una nueva actividad que al crecimiento de la villa. En este sentido, en el sector 2, en el ángulo sureste de la villa, se observa una estructura o habitación que parece que deberá ser interpretada como un pequeño taller de forja para la reparación de herramientas del campo. Para habilitar este espacio y facilitar tanto la circulación por el lugar como la solidez de las estructuras, ganando un desnivel natural del terreno, se optó por la construcción de un sencillo sistema de muros de contención que formaban dos terrazas en el ángulo de la casa, frente a la puerta que daba acceso al taller.

Son varios los indicios que documentan el empobrecimiento y degradación del yacimiento. Durante el s. III se hunde un ala del edificio 1, la que corresponde al pórtico. De hecho, este pórtico ya estaba herido de muerte desde hacia algunos años, cuando los propietarios de la villa se vieron obligados a apuntalarlo con dos columnas de madera situadas a ambos lados de la hilera de columnas que sostenían la estructura original (E. 1068). Con el tiempo no pudo evitarse su derrumbe y, quizás de forma voluntaria, se suprimió el

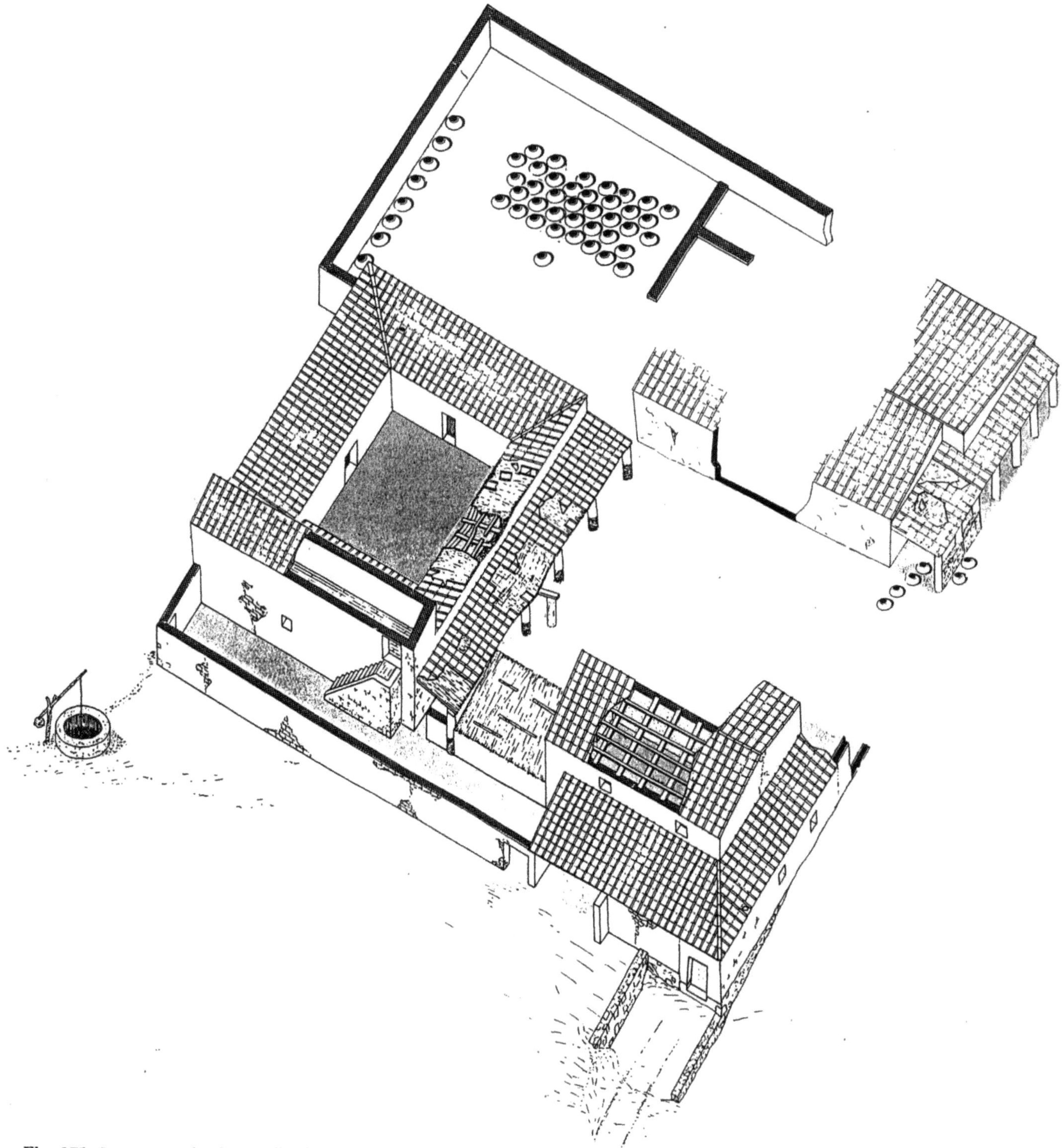

Fig. 171. Interpretación de la villa durante la fase 3, a mediados del s. III.

pórtico y las habitaciones en las que se apoyaba y se aprovechó el espacio como almacén de *dolia*, colocándose 25 contenedores de pequeñas dimensiones en la zona ocupada anteriormente por una de las habitaciones, una vez suprimidas las paredes que cerraban el edificio de norte a sur (E. 1067).

El edificio augústeo, situado en el ángulo noreste del conjunto, parece ser que subsistió hasta que se abandonó la villa. No obstante, se aprecian cambios y modificaciones en la parte este (de hecho, la parte oeste no se ha conservado), consistentes en la construcción de un pequeño muro que unía las primeras columnas de su pórtico y el aprovechamiento de una parte del espacio para colocar más *dolia*. El hallazgo de negativos de *dolia* dispersos en diversos puntos de la villa, bajo este pórtico y debajo del otro pórtico del edificio 1, así como en otros lugares de la villa, pone de manifiesto una situación hasta cierto punto anárquica y una improvisación

Fig. 172. Maqueta de la villa de Tolegassos expuesta en el Museo de História de la Ciudad de Gerona.

constante en la forma de organizar los diferentes espacios durante el último período de actividad de la explotación agrícola. Se pierde la unidad del sistema de almacenaje en un espacio único y se aprovecha cualquier rincón, dentro y fuera del recinto, para colocar *dolia* para usos diversos y desconocidos.

Otro hecho importantísimo que tuvo lugar hacia los últimos años del s. II o a inicios del s. III fue el abandono y relleno rápido e intencionado del pozo. Sin duda, cegar un pozo es un hecho transcendental en la historia de una villa y denota unos cambios profundos que de momento aún no podemos entender ni sabemos a que fueron debidos. ¿Una disminución drástica en el número de habitantes? ¿Un cambio radical en la principal actividad de la explotación y en la base de su economía? Algunos datos parecen sugerir el abandono de la ganadería, para la cual se necesita agua en abundancia, y una mayor especialización en la agricultura. En el relleno del pozo, realizado con tierras de un vertedero formado entre los años 175-200, aparece una enorme cantidad de fauna (más de 9.000 huesos). Casi todos los restos pertenecen a animales domésticos (sobretodo a ovicápridos, bóvidos y suidos). también encontramos cencerros de ovejas y bóvidos. En estratos posteriores no volveremos a ver tantos restos de fauna ni instrumentos que puedan relacionarse con la ganadería.

En cambio, la instalación de un pequeño almacén de *dolia* en una parte desafectada del edificio 1 y la apertura de nuevos agujeros para estos contenedores sobre otros más antiguos en el principal almacén de la primera fase, indica una vuelta o una mayor dedicación a la actividad agrícola, aunque la producción habría disminuido si tenemos en cuenta el escaso volumen de grano que podía almacenarse en unos patios tan pequeños en comparación con los de épocas anteriores. Quizás se había vuelto a una economía familiar con una producción casi de subsistencia. En cualquier caso, el empobrecimiento generalizado de la villa que se fue agravando a lo largo del s. III, del que encontramos evidencias por doquier, provocó el abandono total y absoluto del lugar a partir de la segunda mitad del siglo. No fue hasta más tarde, a mediados del s. IV, cuando los edificios ya se habían derruido casi por completo, que se preocupó el lugar de manera parcial y durante un período de tiempo muy corto.

PARTE IV

La villa en su contexto económico

Capítulo 15. Aspectos económicos y de la vida cotidiana.

La relación y dependencia entre el campo y la ciudad es especialmente intensa en el mundo romano. De hecho, podemos afirmar que la base de la economía se halla en la agricultura y la ganadería, ya que ofrecían las materias primas y los alimentos básicos de la población. No podría entenderse la sociedad romana sin comprender el significado y la importancia del binomio *urbs-ager* como componentes de la *civitas*. No olvidemos que una ciudad no es solo un núcleo urbano encerrado en una muralla viviendo de espaldas al campo, sino que además está formada por un territorio que la rodea y le proporciona sus alimentos y los productos que habrán de servir de base a sus intercambios comerciales.

Pero, ¿que es una villa?, ¿que entendemos como tal y cuales son las características que la diferencian de otros yacimientos y asentamientos en el medio rural? Evidentemente, no podemos considerar *villae* todos los yacimientos localizados fuera de los recintos urbanos o en el campo. Algunos corresponden a centros industriales o talleres artesanales para la producción cerámica (Fenals en Lloret de Mar), otros a almacenes (Olivet d'en Pujol en Viladamat), otros a residencias, *vici* y establecimientos más bien relacionados con la red viária,. como puede ser el conjunto de Cervià de Ter (Gerona), probablemente una *mansio* de la Via Augusta. Pero consideramos que tampoco hay que ser tan estricto como algunos autores para definir lo que se considera una villa, buscando y esperando encontrar todas las dependencias y características que, según los manuales, debería reunir un establecimiento en medio rural para ser considerado como tal.

En nuestra opinión, y asumiendo plenamente la definición de Coulon (1990, p. 105), una villa es una vivienda, lujosa o no, edificada en el centro de un *fundus*, de un dominio rural. Se caracteriza por una construcción, un tipo de explotación y un tipo de vida marcados profundamente por Roma y se presenta como un edificio o conjunto de edificios que asocia una vivienda a diversos patios, espacios cerrados y otras dependencias agrícolas, ganaderas, quizás artesanales, pero que tienen todas ellas como principal función y objetivo la explotación y trabajo del campo a la manera romana. Cumplidas estas condiciones, el tipo, forma o dimensiones de los edificios o del conjunto no tiene demasiada importancia en cuanto a su denominación. Una villa puede ser muy pequeña o muy grande, de planta cuadrada o rectangular, con un edificio lujoso para el propietario o con una vivienda modesta y sin lujos. La forma y dimensiones no afectan el concepto de *Villa*, sino que reflejan la riqueza de la explotación y la superficie de la propiedad, no su función.

Otro aspecto sobre el que se ha escrito en muchas ocasiones se refiere a la autarquía de la villa, entendiendo ésta como explotación agrícola y como unidad económica básica, autosuficiente. Incluso en época reciente se ha señalado de nuevo esta posibilidad, considerando que una villa no solo podía producir lo que proporciona la agricultura y ganadería, que es la fuente principal de sus recursos, sino que llevaría a cabo unas actividades secundarias de tipo artesanal o productos manufacturados que habrían ayudado a su autosuficiéncia. Pero finalmente se acaba por reconocer que estas actividades no podían hacer posible, en conjunto, la autarquía de la villa (Ferdière 1988 I, p. 87; 1988 II, p. 189-206). Consideramos que ésta sería una visión falsa de una realidad más compleja; una interpretación errónea sobre la cual ya nos advirtió Percival en una obra siempre vigente (Percival 1976, p. 145-146).

Hay un hecho que no podemos olvidar y del que ya hemos hablado hace un instante: la interdependencia de la villa y la ciudad. Por un lado, la ciudad depende de su territorio, necesita los excedentes producidos en las diferentes explotaciones agrícolas para mantenerse, alimentarse, comerciar y, en definitiva, conservar viva su economía y, por consiguiente, la misma ciudad. Por otro, a la villa le es indispensable producir estos excedentes y venderlos en los mercados próximos, ya que de esta forma obtiene unos ingresos que le permiten sacar los beneficios inherentes a una inversión (no olvidemos que un propietario rural básicamente es un ciudadano que ha invertido en el campo) (Percival 1976, p. 145), además de pagar sus impuestos, adquirir o renovar el material, las herramientas y los instrumentos indispensables para la explotación y cultivo del campo y para la vida cotidiana de sus habitantes. A nadie se le escapa que una parte importantísima de los restos arqueológicos que aparecen en las excavaciones proceden de lejos. Durante el siglo primero una parte importante del *instrumentum domesticum* encontrada en este territorio, especialmente la cerámica, procede de Italia, de la Galia o de la Bética. A partir del siglo segundo una parte importante de la cerámica de mesa o de cocina, lucernas, etc. han llegado desde el norte de Africa a través de los puertos y mercados locales. En general, todos los productos semilujosos, incluso los instrumentos de bronce, se fabrican en talleres especializados situados en distintos puntos, siempre fuera de la villa.

Por lo tanto, no podemos hablar de la autarquía de la villa en sentido estricto, si bien hay que reconocer que una explotación agrícola de este tipo producía una parte importante de los productos que consumía, de cualquier tipo y naturaleza. Pero siempre quedaba una parte considerable que había que comprar en la ciudad. Una parte tan importante como por ejemplo el instrumental agrícola, cuya falta o escasez podía paralizar o poner en serias dificultades la economía de la villa.

Es cierto que en períodos de crisis una villa podía resistir con mayor facilidad y subsistir por ella misma. también es posible, aunque no ha sido documentado durante el Alto Imperio, la existencia de pequeñas explotaciones con una producción cerrada, dedicadas sobretodo a satisfacer las necesidades de sus habitantes en una economía de subsistencia y que no llegarían a reunir las mínimas condiciones para ser consideradas como villas. Ya no responderían a la concepción que tenemos de las *villae* y mucho menos al modelo romano de explotación racional del campo. Parece ser que este tipo de asentamientos serían más corrientes en el Bajo Imperio, momento en el que se documentan una serie de frecuentaciones y reocupaciones parciales y temporales de antiguas villas y viejas estaciones, incluso cuevas, abrigos y *oppida* ibéricos, en una actividad que parece estar más relacionada con la ganadería que con la agricultura. Recordemos, por ejemplo, los materiales hallados en La Fonollera, Puig Mascarós, en la Cova 120, en las cuevas de Serinyá y en tantos otros yacimientos de esta región abandonados centenares de años antes (Pons 1977, p. 234; Nolla & Casas 1984, p. 147-151; Agusti et alii 1987, p. 137-139). Quizás también es éste el caso de la reocupación del s. IV en Tolegassos, puntual y muy corta.

El trabajo en el campo.

Siguiendo los textos de los clásicos, especialmente de los agrónomos, conocemos el tipo de cultivo predominante en distintos puntos concretos del Imperio, la forma en que se cultivaba la tierra y el modelo de organización de un dominio agrícola. Pero en definitiva, demasiadas veces las obras de Columela, Varrón, Paladio y de tantos otros autores que de una u otra forma abordaron los problemas y la vida en el campo son escritos teóricos que, más que mostrarnos una realidad presente, nos hablan de modelos ideales de *villae* y de sistemas de cultivo y explotación del campo que podrían proporcionar, según ellos, un rendimiento óptimo.

Es cierto que en algunos casos los mismos autores eran grandes propietarios agrícolas y conocían el tema de un modo bastante directo. El mismo Columela, que escribió su tratado en el siglo primero, había invertido en propiedades agrícolas en Hispania e Italia. Varrón (s. I a.C.), además de agrónomo, también era propietario agrícola. Otros eruditos, como el naturalista Plinio, proporcionan mucha información sobre el trabajo del campo, la naturaleza, plantas, ganadería, etc. Finalmente, encontramos autores que trataron el tema de una manera más distante e incluso poética, como Virgilio en las Geórgicas. Las noticias que proporcionan suelen ser a menudo teóricas y distantes.

Pero esta información no es inútil, sino todo lo contrario. Nos muestra cual era para la sociedad romana el modelo teórico e ideal de una explotación agrícola. Proporcionan informaciones que a menudo no suele facilitarnos la arqueología y dibujan mayoritariamente una sociedad rural que quizás no se halla tan alejada de la realidad. Finalmente, en algunas ocasiones la arqueología completa algunos vacíos y confirma o rechaza lo consignado en los textos de los clásicos. Faltos de excavaciones sistemáticas en muchos yacimientos, la información que nos proporciona esta ciencia es aún incompleta y debemos recurrir indiscutiblemente a los antiguos agrónomos. En definitiva, unos y otros se complementan.

Afortunadamente, las actuales técnicas utilizadas en la excavación arqueológica y la aparición de nuevas especialidades que estudian materiales que hasta hace pocos años no eran tenidos en cuenta, permiten obtener datos de primera mano, a veces incompletos, que nos ayudan a documentar las producciones de una villa, los cultivos, la ganadería, las actividades secundarias y, en definitiva, la base económica de una explotación. El estudio de la fauna, semillas, restos malacológicos, polen y maderas carbonizadas abre un nuevo abanico de posibilidades de análisis, interpretación y reconstrucción de yacimientos hasta hace poco impensable. De alguna forma nos acercamos a la vida cotidiana de sus antiguos moradores.

Herramientas e instrumental agrícola.

Gracias a los clásicos conocemos todo el conjunto de herramientas agrícolas que eran utilizadas habitualmente en una explotación. Conocemos, por lo menos, sus denominaciones y su función. Pero a veces es difícil identificar una herramienta concreta con aquellas que citan o describen los antiguos agrónomos. Sabemos que se utilizaba el arado tirado normalmente una una yunta de bueyes; que en algunas zonas de la Galia ere frecuente el uso del *vallus*, una segadora de origen galo consistente en una caja sobre ruedas con una especie de peine en su parte frontal que cortaba y recogía las espigas; que eran corrientes diferentes tipos de hoz (*falx faenaria)*, podones y otros instrumentos cortantes para el cultivo de la vid, frutales y otras plantas (*falx vinitoria, rostrata, falx arboraria,* etc.). En definitiva, conocemos los nombres que aquellos útiles, pero a menudo no podemos identificar en ellos los objetos metálicos que encontramos en las excavaciones. Afortunadamente, en algunos casos las herramientas del campo han cambiado poco a lo largo de los últimos mil quinientos o dos mil años y gracias a ello y a su comparación con instrumental que aún se utilizaba en la región antes de la mecanización del campo, podemos conocer el uso al que se destinaban aquellas herramientas antiguas.

A lo largo de quince campañas de excavación se han recuperado varios objetos metálicos, sobretodo de hierro, pertenecientes a instrumentos y herramientas utilizadas normalmente en las tareas agrícolas y domésticas. Pocos de ellos pueden ser identificados con toda seguridad. Los unos han llegado hasta nuestros días muy deteriorados; otros solo son clavos de muebles o de la techumbre de los edificios, más bien relacionados con las técnicas de construcción que con el trabajo agrícola. Un tercer grupo es de más difícil clasificación, como el caso de un peso de balanza tallado en piedra caliza de forma esférica y con los polos planos, del que solo hemos visto algunos paralelos expuesto en el Musée de Arles Antique (Fig. 173). Finalmente, un pequeño número puede ser identificado sin duda como herramientas agrícolas e instrumentos de uso cotidiano utilizados en la cocina y otras actividades domésticas e incluso para el vestido y adorno personal (agujas, cuchillos, hebillas, fíbulas, etc.).

Su número es aún demasiado bajo en cada período y a veces puede inducir a error en cuanto a su correcta interpretación o para la reconstrucción exacta de la economía de la villa. En todo caso nos acercan bastante a las tareas cotidianas de sus habitantes, siempre y cuando los resultados que puedan

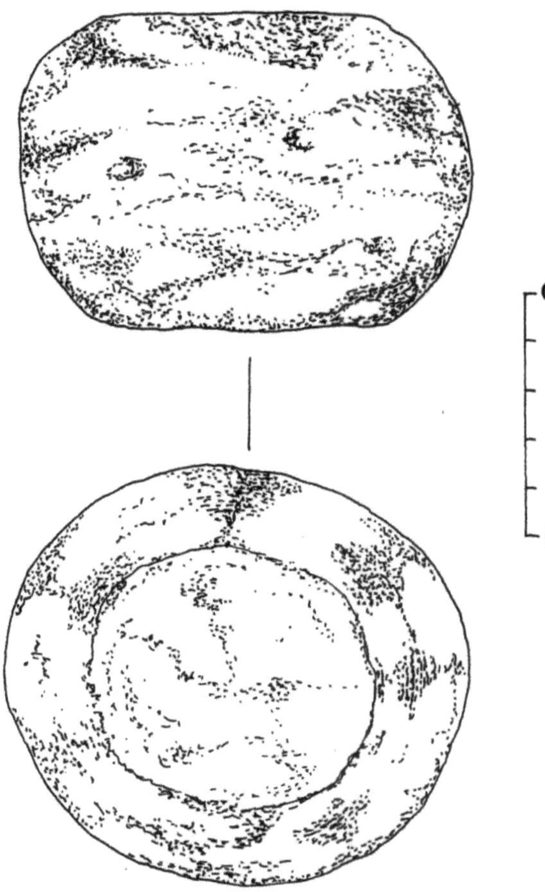

Fig. 173. Peso de balanza tallado en piedra granítica.

obtenerse a partir de su estudio sean leídos e interpretados con las elementales precauciones que imponen sus características y teniendo en cuenta los pocos fragmentos o ejemplares encontrados.

Durante la fase que denominamos "precedentes" y que finaliza en época augústea, las herramientas agrícolas proceden de los rellenos de silos y depósitos y, en muy pocas ocasiones, de estratigrafías y niveles de habitación. Por lo tanto, son objetos amortizados que fueron tirados a los escombros cuando ya no eran útiles o se habían roto. Posiblemente, el hallazgo más importante procede del depósito 2112 y sin duda está relacionado con otro del silo 2113. Se trata de diversas piezas metálicas de un carro: parte de las anillas del eje de las ruedas, el círculo que las rodeaba y reforzaba la parte de rodadura y las piezas en forma de pequeñas herraduras que sostenían la caja del vehículo (Fig. 22: 13-17). Del mismo ámbito procede la mitad de una guadaña o quizás una hoz muy robusta (*falx faenaria*), utilizada para segar hierba y forraje y, de un contexto similar, una pequeña hoz o podadera.

En el silo 2060, con niveles del cambio de Era, encontramos los restos de anillas y ganchos de hierro, así como piezas de sustentación de las vigas del techo. Relacionadas con el trabajo del campo y los frutales, aparecen una pequeña hacha muy deteriorada y las partes metálicas de un *rallum*, asta de madera con una especie de espátula en un extremo y una contera en el otro, utilizada para limpiar la tierra que se adhería al arado y de uso común en la región hasta la mecanización del campo. En este período también son relativamente corrientes los fragmentos de hojas de cuchillos de pequeñas dimensiones para el trabajo doméstico.

En contextos del s. I y primera mitad del s. II es difícil encontrar herramientas metálicas, ya que suele tratarse de estratos con poco material arqueológico, exceptuando el relleno del pozo. Aún así, documentamos diversos objetos en los estratos 2005, 2006 y 2411 del vertedero y en otros puntos cercanos. Sobretodo se trata de anillas y eslabones de cadena, un *rallum*, una azada y una pequeña hoz (*falx arboraria*), estas últimas relacionadas con el cultivo de frutales y quizás de la vid (Fig. 174: 1-4). Como siempre, continúan apareciendo los clavos de hierro de diversos tamaños y otros objetos no identificables.

En las tierras que sirvieron para rellenar el segundo pozo a mediados del s. I solo apareció una punta de lanza de hierro y algunos instrumentos de hueso (Fig. 69: 5-9; fig. 72: 22). En un contexto augústeo, un tubo de hierro de función desconocida y una pequeña hoz para podar la vid (Fig. 38: 7 y 8). En uno de los estratos más antiguos del vertedero del sector 2 del yacimiento, también del primer tercio del s. I, aparecen diversos instrumentos de hierro, difícilmente clasificables, y los restos de un collar (quizás de cuero), con una serie de pequeños clavos de bronce (Fig. 174: 15), (Casas & Nolla 1993, p. 12). En conjunto, poca cosa.

El período más rico en este tipo de material corresponde a la segunda mitad avanzada del s. II y primera mitad del s. III. Ahora el material es más numeroso y variado, refleja mejor las actividades de la villa y, de alguna forma, complementa los datos que hemos obtenido a partir del estudio de otros materiales que veremos en apartados posteriores (fauna y cultivos). La mayor parte de estos objetos, el grupo más numeroso, continúan siendo los cuchillos, de tamaño regular y con los mangos de hueso o asta de ciervo (Fig. 102). Son instrumentos de uso cotidiano, nada elaborados ni lujosos, con una acabados sencillos y que responden más a la necesidad de disponer de instrumentos robustos y útiles para el trabajo diario que a objetos de mesa o de complemento. Este tipo de cuchillo es muy numeroso en el vertedero del sector 2 (U.E. 2004), conservándose el mango de hueso en la mayor parte de los ejemplares. En el mismo estrato, fechado a partir de inicios del s. III, también aparece parte de una espuela de jinete y un cencerro de hierro y, en el nivel superior, un "zapato" de caballo (Fig. 174: 9 y 14). Solo un pequeño puñal o daga de doble corte, con mango de hueso o quizás de marfil, parece pertenecer a lo que podríamos llamar complemento del vestido o personal de alguien que no era un obrero agrícola (Fig. 174: 16), igual que un anillo de hierro con una cornalina de excelente calidad (propio de un liberto), aparecido en el estrato 2080 del pozo (fig. 101: 13).

Para el trabajo del campo y frutales continuaban utilizándose herramientas que ya habíamos detectado en períodos anteriores, así como en otras villas de la zona y, en general, en todo el Mediterráneo (Manrique 1980, p. 151). Aparecen fragmentos de podón, podaderas y hoces para recoger uva (*falx arboraria* y *falx vinitoria*), sencillas pero muy duras y robustas (Fig. 174: 1-4).

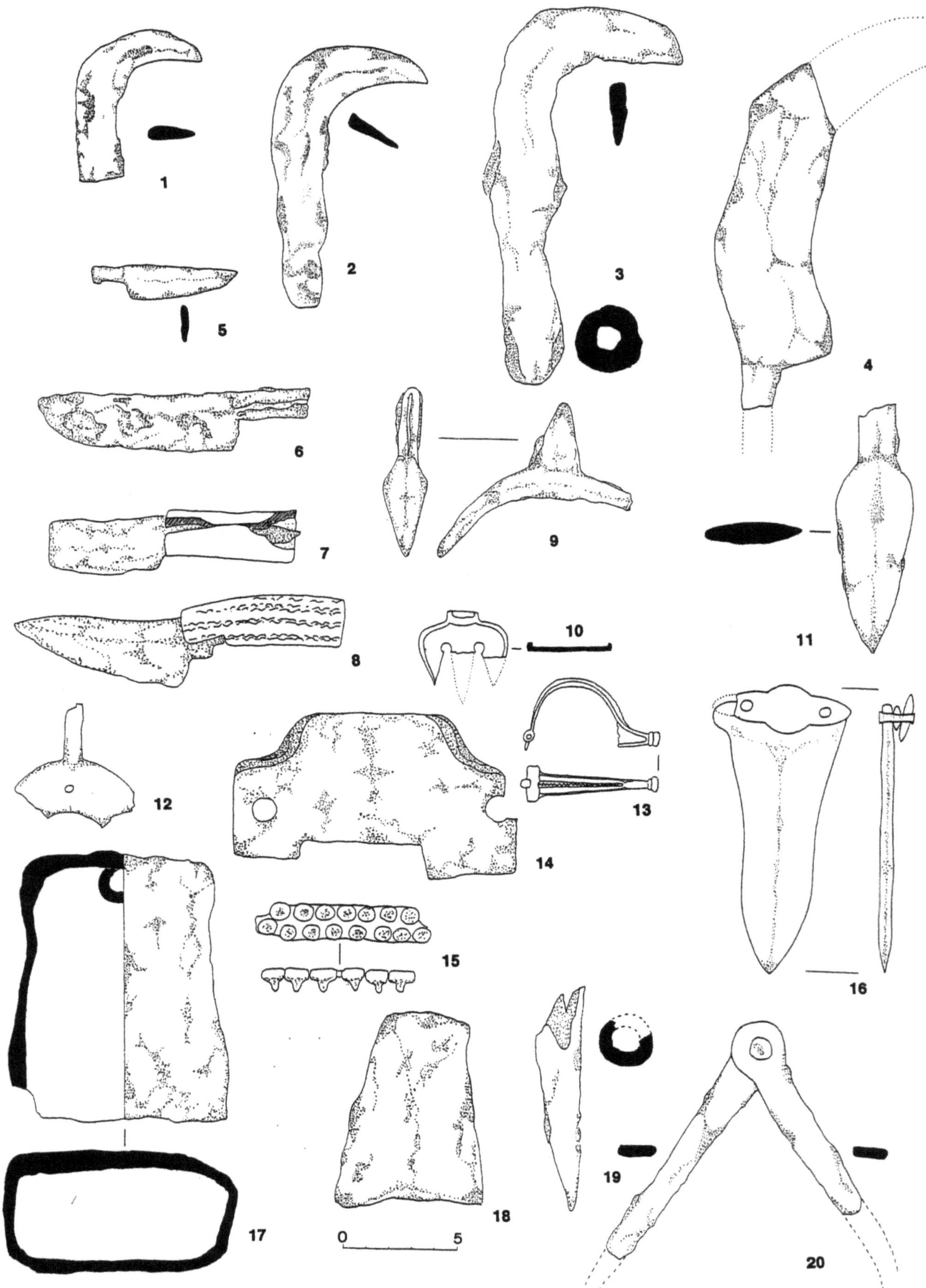

Fig. 174.Instrumentos metálicos del s. II. 1 a 8: Podaderas y cuchillos. 9 y 14: Espuela e hiposandalia. 12 a 20: Objetos diversos.

En esta misma época se percibe un aumento de la ganadería, no solo documentada por los restos óseos de algunos vertederos y del relleno del pozo 2080, sino por el hallazgo de algunos cencerros metálicos fabricados con una aleación de hierro y cobre, una especie de latón, como la que citábamos anteriormente (Fig. 174: 17). Son unos objetos que también aparecen en la villa de Puig Rodon en Corçá, en contextos parecidos, o en la de Mas Gusó, y que han sido documentados de forma abundante y extensa en otros puntos del Imperio en la misma época (Ferdière 1988, p. 158).

Los cultivos.

Lógicamente, la base principal de la economía del dominio agrícola de Tolegassos era el campo, los cultivos, pastos, frutales y todo aquello que producía la tierra. El estudio de las herramientas agrícolas puede proporcionarnos una visión aproximada de la actividad de la villa; nos ofrece algunas pistas en lo que se refiere al tipo de cultivo predominante (hoz y guadaña para los cereales, podadera para vid y frutales, etc.). El hallazgo del almacén de *dolia* también nos acerca a la actividad agrícola, al igual que la identificación de silos y depósitos. Los agrónomos clásicos nos hablan de manera amplia y general del trabajo del campo y sus productos. Pero estas informaciones a menudo son parciales y, de alguna forma, de segunda mano.

Por fortuna, las cuidadosas técnicas de excavación permiten recuperar materiales que hasta hace pocos años habían pasado desapercibidos a los investigadores y proporcionan, esta vez sí, datos de primera mano para el estudio y restitución de los antiguos cultivos. A partir de la recuperación de semillas y granos carbonizados obtenemos la evidencia física de los productos cultivados en la villa y terrenos bajo su dominio, confirmando o rechazando las suposiciones que podíamos hacer a partir del parcial estudio de las herramientas o de los textos de los viejos agrónomos.

A pesar de todo, quizás debamos preguntarnos hasta qué punto los pocos centenares de semillas encontradas en los niveles de relleno de diversos ámbitos (silos, depósitos, pozo, etc.), son representativos de los antiguos cultivos y hasta qué punto su situación en estratos determinados no es algo circunstancial y debido al azar, producto del momento en que se vertieron los restos carpológicos (época del año), o reflejo de los cultivos de un momento dado, de una temporada agrícola que no puede generalizarse ni hacerse extensible a los años anteriores o posteriores a los que pertenecen las muestras. Si bien los datos estadísticos nos aportan información y permiten extraer bastantes conclusiones, mostrándonos, quizás, la evolución de la base agrícola de la villa a lo largo de siglos, deberemos leer estos resultados con las elementales precauciones que imponen las circunstancias de su hallazgo y, sobretodo, su depósito en un momento muy concreto. Hecha esta advertencia, podemos iniciar el análisis previo de los restos carpológicos aparecidos hasta la fecha en Tolegassos.

Todas las muestras recogidas proceden de estratos cerrados y sellados, especialmente silos, pero también del estrato 2080 que rellenaba el pozo de la villa. Además, los estratos han sido fechados arqueológicamente en diferentes períodos, por lo que disponemos de información sobre los productos cultivados en la villa desde la segunda mitad del s. II a.C. hasta finales del s. II o inicios del s. III d.C. Los estratos más antiguos que contenían semillas carbonizadas corresponden al relleno de un depósito fechado en la segunda mitad avanzada o último cuarto del s. II a.C. (U.E. 2106. Fig. 175), y se relaciona con una primera estación indígena, previa a la fundación de una pequeña villa a la manera romana (fase de "precedentes"). Un segundo período bien documentado se fecha en época augústea, momento en el que se obliteraron algunos silos y depósitos. A este momento pertenecen las muestras aparecidas en el estrato 2117 del segundo silo excavado en Tolegassos y en los estratos 2062, 2063 y 2068 del primer silo, que ya fueron objeto de un estudio anterior (Buxó & Català 1989, p. 177-178). Una única muestra de la primera mitad avanzada del s. II pertenece al estrato superior del mismo silo (U.E. 2061) y también fue incluida en el estudio que acabamos de citar. Finalmente, el conjunto principal y con mayor diversidad de productos pertenece al estrato 2080 del pozo, formado con tierras de vertedero hacia finales del s. II o inicios del s. III.

El análisis y clasificación provisional de las semillas y su distribución en diferentes períodos, a partir del siguiente gráfico, permite extraer algunas conclusiones en lo referente a la evolución de los cultivos dominantes en cada época y a la actividad agrícola de la villa, que deberían ser completadas y contrastadas con los resultados de nuevos hallazgos en yacimientos vecinos.

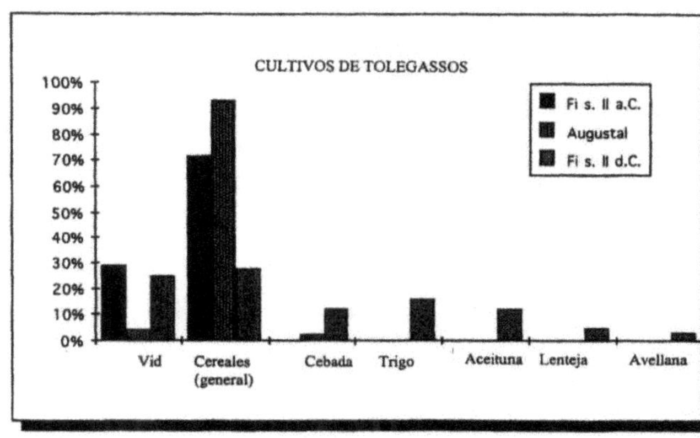

Gráfico de porcentajes de cultivos de Tolegassos a lo largo de diversos períodos.

Para empezar, podemos ver que, cuantitativamente, la mayor parte de las muestras se hallaron en el relleno 2106 de un depósito rellenado hacia la segunda mitad avanzada del s. II a.C. (Fig. 175), con un total de 241 semillas de uva y 597 granos de cereal muy deteriorados y que pertenecen, sobretodo, a cebada (*Hordeum vulgare*) y algunas a trigo (*Triticum aestivum-durum*). En realidad, el cereal constituye la base de la agricultura en la Antigüedad e incluso el alimento básico para personas y animales domésticos. Sin exagerar, podemos afirmar que era el principal pilar de la economía, especialmente el trigo y la cebada.

El elevado número de semillas de uva en una época tan antigua y en la que se documenta una notable importación de vinos itálicos a partir del estudio de las ánforas, quizás no es indicativo de un cultivo intensivo de la vid para finalidades vinícolas, sino única y estrictamente por su fruto.

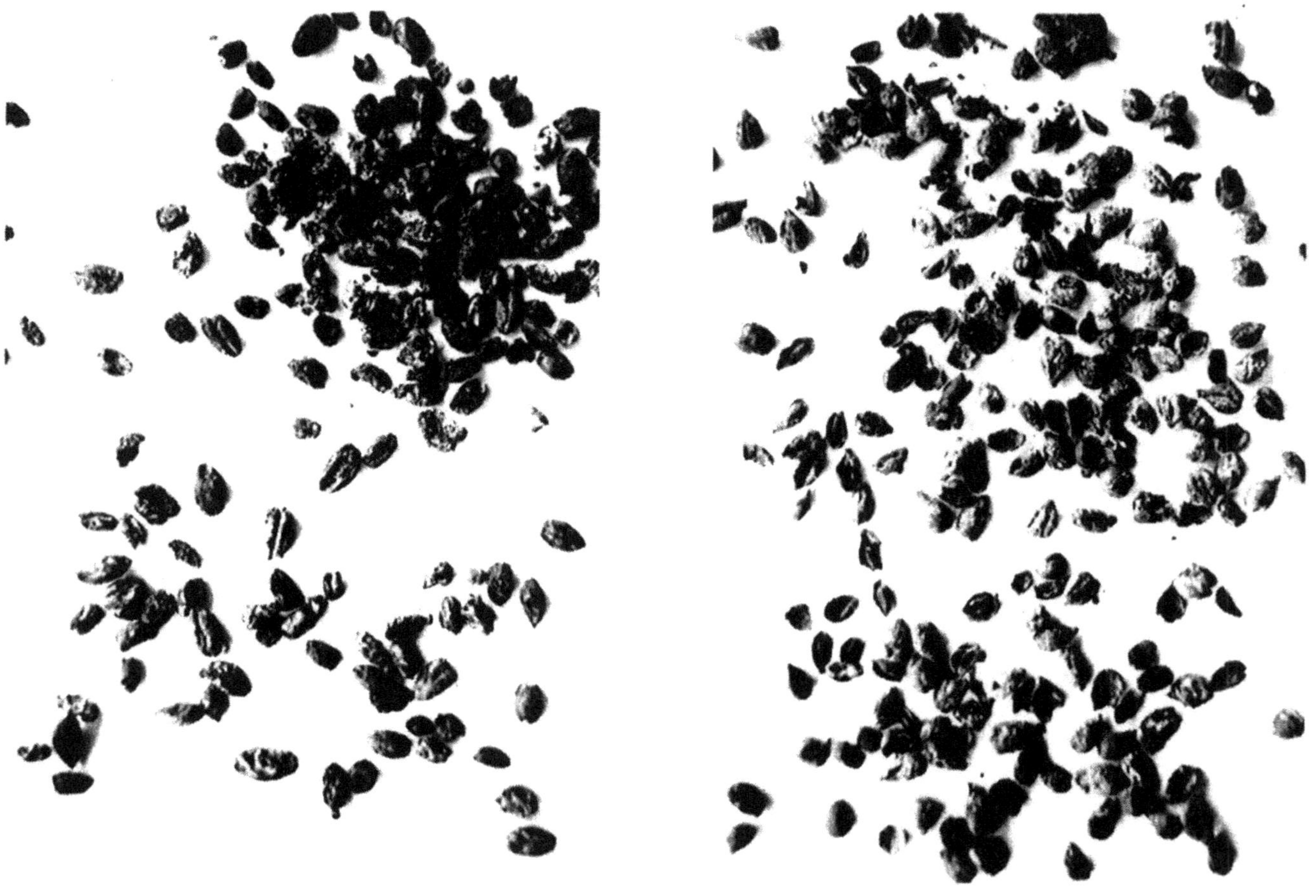

Fig. 175. Restos carpológicos de la U.E. 2106 (s. II a.C.). A: Cereal *B: Vid.*

Recordemos que A. Ferdière señala que la uva y las pasas eran consumidos y exportados con cierta intensidad (Ferdière 1988 II, p. 89-92).

En estratos augústeos y sobretodo en el estrato 2117 del silo, los productos predominantes también son los cereales (186 muestras), especialmente la cebada y, posiblemente, algunos granos de trigo. La uva pasa a ser minoritaria y solo aparece en los estratos 2062, 2063 y 2068 de un silo y aunque su porcentaje en el conjunto de semillas del silo sea significativo, en total solo se hallaron 9 semillas, junto con 5 de cebada y 6 de trigo. Estadísticamente, en el conjunto de los estratos augústeos se detecta un claro predominio de los cereales, pero si analizamos las muestras aparecidas en los dos silos por separado, veremos que en uno de ellos (U.E. 2117), su predominio es absoluto, mientras que en el otro representa casi el 60% de las semillas identificadas.

Esta clara diferencia en estratos de la misma época quizás responde a las circunstancias en las que se formaron los estratos de los distintos ámbitos y, más concretamente, al año o época del año en la que se rellenaron. En una perspectiva de dos mil años, es imposible conocer todos los detalles que rodearon el relleno de los silos y, mucho menos, saber si ambos fueron obliterados en el mismo momento o con pocos meses o años de diferencia. Nos hallamos, otra vez, ante una muestra evidente de lo circunstancial que pueden ser en ocasiones las pruebas materiales relativas a los antiguos cultivos y de lo poco representativas y fiables que son cuando se quieren generalizar y hacer extensivas a un período más amplio.

En los estratos de época augústea también abundan las plantas adventicias, especialmente el raygras (*Lolium*), *Carex,* etc, así como otras plantas herbáceas. El *Medicado sp.*, también presente, podría haber sido cultivado y aprovechado pos sus cualidades nutritivas (Buxó & Català 1989, p. 178). Además, aparecen restos de otras plantas herbáceas que también podían haber sido aprovechadas para el consumo, como es el caso de la menta (*Mentha sp.*). Una sola muestra de la primera mitad avanzada del siglo segundo, procedente del estrato 2061 del silo, corresponde a una semilla de *Bromus*, planta adventicia también presente en estratos augústeos, que se mezcla con los cereales y es muy difícil de eliminar.

Finalmente, el abanico más amplio de cultivos detectados a partir de semillas carbonizadas o fosilizadas corresponde a la transición entre los siglos II y III, momento en el que se detecta un aumento de todo tipo de cultivos y, quizás, la pérdida de la especialización y rotura del binomio vid/cereal, con la introducción de frutales y plantas propias de regiones mediterráneas, como el olivo, el avellano y las leguminosas (lentejas, etc.).

A pesar de todo, la vid y los cereales continúan siendo la producción básica, con un elevado porcentaje de muestras, mientras que el resto (olivo, avellano, lentejas, etc.), son productos minoritarios que habrían servido solo como complemento a la dieta de los habitantes de la villa. Debe señalarse la aparición en esta época de los primeros restos de aceituna, coincidiendo con el inicio de la decadencia de la vid y el posible aumento del cultivo de cereales y olivos en épocas posteriores durante el Bajo Imperio, tal como ha sugerido M. Prevosti (1984, p. 176).

Aunque buena parte de estos productos habrían sido destinados a la exportación y comercialización en los mercados vecinos, no hay duda que una parte importante era consumida, como es lógico, en la misma villa. Los numerosos restos de molinos de mano (más de un centenar de fragmentos), aparecidos en cualquier estrato del yacimiento y en contextos cronológicos diferentes, ponen en evidencia un tratamiento y manipulación de los productos agrícolas, básicamente cereales, para el propio consumo. La elaboración de alimentos a partir de los productos del campo queda documentada por el hallazgo de una base entera de un gran molino fijo en el suelo, sobre una columna, con un eje metálico en su parte superior, así como numerosos morteros en cualquier época y, en ocasiones, con su correspondiente mano de mortero (Fig. 100: 6 y 7). Pero, por otro lado, era imprescindible guardar parte de la cosecha para simiente para la temporada siguiente (según Carandini & Settis, 1979 p. 39, por lo menos 32'5 kg. por *iugera*), que en este caso se habría almacenado en alguno de los *dolia* del almacén principal.

En lo que respecta a la viticultura, ya sea para elaborar vino o simplemente como fruto, la mayor parte debió dedicarse a la exportación una vez deducida la parte correspondiente al pago de impuestos y tasas y la que se reservaba para consumo interno. De esta forma quedaba completado el ciclo económico de la villa y se atendían sus más diversas necesidades y obligaciones.

En cuanto al volumen de producción del dominio agrícola de Tolegassos, su rendimiento y la misma extensión del terreno, son prácticamente imposibles de calcular. Aunque los autores clásicos nos indiquen que el rendimiento de cada grano de trigo era de 100 por 1 (Plinio), o de 10 por 1 (Cicerón), sin conocer la extensión del terreno cultivado difícilmente podremos hacernos una idea clara del volumen de producción de la villa. Un factor que puede acercarnos a la solución es la superficie ocupada por los edificios de la villa, de tipo medio, y la capacidad del almacén de *dolia* del sector 1, que habría sido suficiente para guardar la cosecha de un año y reservar la simiente para la siembra de la campaña siguiente.

El almacén de *dolia,* situado en el patio al descubierto, debió destinarse sobretodo a guardar cereales, más resistentes a cambios meteorológicos que el aceite o el vino. Teniendo en cuenta que el centenar de jarras del patio podían contener cerca de los 40.000 kg. de grano, según su capacidad, con el rendimiento actual medio de los cereales (alrededor de 2000 kg. por hectárea), la superficie aproximada dedicada a este cultivo sería de unas 20 o 25 Ha. (o 80-100 *iugera*). Probablemente, reduciendo el rendimiento a fin de acercarlo al del campo en época romana, que se ha calculado entre los 750 y 1.000 kg/Ha. según diversos autores (Burch 1996, p. 11), la superficie cultivada no sería inferior a las 50 Ha. o aproximadamente unas 200 *iugera*. Una superficie parecida o no demasiado inferior, debió dedicarse a otros cultivos, como la vid, aunque quizás vid y cereales no fueron nunca contemporáneos en Tolegassos. Una última parte importante, teniendo en cuenta la gran cantidad de macrofauna recuperada, correspondería a pastos y bosques.

La suma conjunta de los terrenos dedicados a los diferentes tipos de producciones agrícolas (en el caso de que todas ellas hubieran sido contemporáneas), quizás sobrepasaba las 300 *iugera*. Esta superficie es muy extensa para una villa de tamaño medio, pero quizás no es exagerada, si tenemos en cuenta la distribución de las villas conocidas en el llano de Ampurias. La distancia media entre ellas es de 3 km., lo cual deja mucha tierra de cultivo para cada una de ellas, aún admitiendo la posibilidad de que algunos pequeños agricultores hubieran residido en la misma ciudad de Ampurias y cultivaran algunas parcelas de terreno sin disponer de instalaciones fijas en el campo, como ha sucedido desde siempre en las sociedades agrícolas. Quizás este hecho explicaría la existencia de tantas pequeñas estaciones inclasificables en el *hinterland* ampuritano, que se identifican por el hallazgo de fragmentos cerámicos que no están asociados con ningún tipo de estructura ni construcción. Solo en el municipio de Viladamat se localizan 14 o 15 yacimientos, de los que solo uno, Tolegassos, es claramente una villa; Mas Notari, quizás también lo es; el Olivet d'en Pujol, abandonado en los primeros años del s. I, era un almacén. El resto de estaciones no son casi nada, inclasificables.

En cualquier caso, si los cálculos para Tolegassos son correctos, la superficie que le atribuimos se aleja bastante de la preconizada por los autores clásicos para una explotación agrícola de tipo medio y especialmente de la que M. Prevosti ha deducido para las villas del Maresme, que podría redondearse en 100 *iugera* o media centuria. Tal como señala la investigadora, esta superficie, quizás calculada de forma un poco aleatoria, también coincide con lo que dictaban las *Leges Appuleiae* del año 100 a.C. (Prevosti 1984, p. 174-176).

La ganadería.

Sin duda, la ganadería era una de las principales actividades de la villa y un complemento importante, tanto en la base económica de la explotación como, de manera muy especial, en la dieta de sus habitantes, solo superada por la agricultura. En casi todos los estratos del yacimiento aparecen restos de fauna, normalmente muy deteriorados y que no aportan ningún dato de interés, puesto que se encuentran en muy mal estado y suelen ser difíciles de clasificar. Solo en algunos estratos de relleno de silos, depósitos y vertederos aparece un número elevado de restos que pueden ser clasificados con mayor facilidad y que permiten, por otro lado, obtener unos porcentajes aproximados de los diferentes tipos y especies de ganado que predominaban en la villa a lo largo de diversas épocas.

En un estudio relativamente reciente (Güell 1989, p. 174-175), se hacía un primer análisis provisional de los restos de fauna recuperados en estratos augústeos y altoimperiales del silo 2060. En el se ponía de manifiesto el alto porcentaje de bovinos en los estratos del cambio de Era (85% en el estrato 2068 y 44% en el estrato 2062, contemporáneos). En aquella época los seguían en importancia los restos de ovicápridos (44% y 3% en los dos estratos citados) y, de muy lejos, los suidos, équidos, lagomorfos y cérvidos.

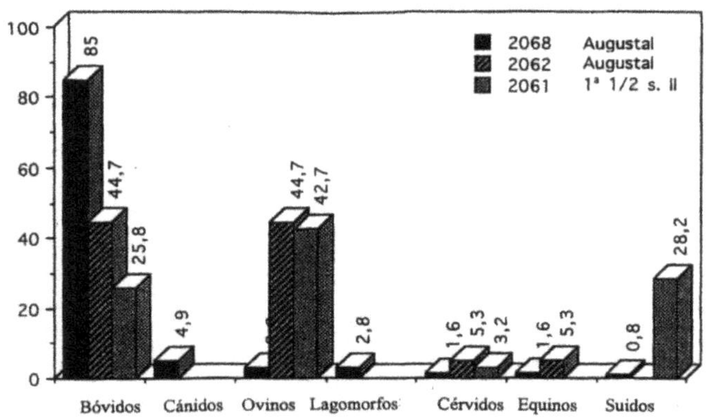

Distribución y porcentajes de restos faunísticos

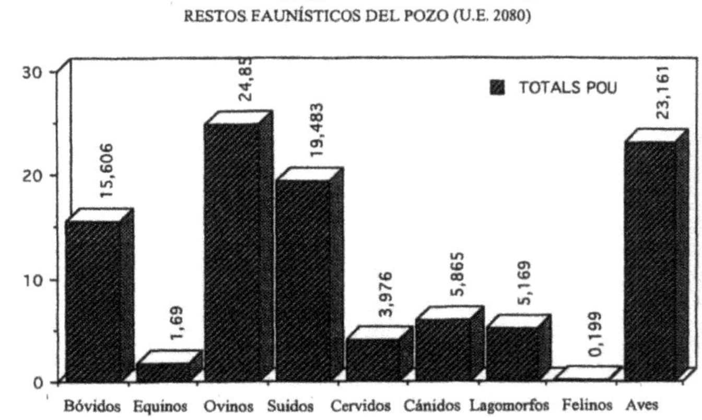

Restos faunísticos del pozo, hacia el 175-200.

En contextos de la primera mitad del s. II (U.E. 2061 del silo), el porcentaje de ovicápridos se mantiene (42%), mientras que el de bovinos disminuye considerablemente en relación con el del período augústeo (25%), y es superado por el de suidos que parecen pertenecer, mayoritariamente, al cerdo doméstico (28%). En este período continúa completándose la dieta con animales procedentes de la caza (cérvidos), con un 3'2%.

El estrato más rico en restos de fauna es el del pozo principal, fechado en el último cuarto del s. II y primera década del s. III (U.E. 2079 y 2080). A partir de una primera clasificación, aún provisional, se observa por un lado que aumenta el número absoluto de restos de fauna, con más de 9.000 huesos; por el otro, también aumenta el número de especies detectadas. En general, los restos recuperados estaban muy fragmentados a causa de los cortes de despiece de los animales y por el hecho de proceder de tierras de escombros y vertedero. No obstante, puede identificarse un elevado número de especies. La mayor parte de los restos identificados corresponde a los ovicápridos, entre los que es difícil distinguir entre ovejas y cabras (24'8%), seguido de los suidos, con un 19'4% y los bóvidos, que representan el 15'6% de los restos clasificados.

Esta proporción entre las tres especies se acerca mucho a la que observamos en los estratos de la primera mitad del s. II. Los équidos, minoritarios, solo representan un 1'6%. Un papel importante es el que debieron jugar las aves de corral (23'16%), formando un conjunto en el que identificamos especialmente gallinas, pero también aves más pequeñas (palomas, perdices, etc.) (Fig. 176).

El conjunto queda completado con animales que tanto podían haber sido cazados como domesticados, especialmente los lagomorfos (conejos y liebres), con un 5'16%, y los cérvidos, con casi un 4%, de los que sabemos que a veces se domesticaban y eran utilizados como reclamo para la caza (Rouche 1987, p. 474-480), y de los que constatamos, además, un aprovechamiento específico para la obtención de instrumentos a partir de la talla de los cuernos (Fig. 101: 1 y 2), tal como sucede con los huesos largos de los bóvidos para la fabricación de agujas. Los otros animales no tenían ningún papel específico en la dieta de los habitantes de la villa ni en su actividad ganadera. Los felinos, con restos de dos individuos (0'10% y los cánidos (5'86%), habrían sido solo animales de compañía o poco más.

Una parte importante de los huesos presentan marcas debidas al proceso de descarnación y despiece, producidas por instrumentos cortantes y contundentes. Tanto los restos identificados como aquellos que no han podido ser clasificados presentan cortes de cuchillos o de otros instrumentos cortantes. En los bóvidos, especialmente, y en los ovicápridos con menor asiduidad, las costillas, casi siempre muy fragmentadas, presentan profundos cortes paralelos, evidencia de una repetición de los golpes para separarlas y seccionarlas (Fig. 177a). En los primeros se observan los cortes de separación de los cuernos del cráneo y en ambos la espátula solía seccionarse por la parte más estrecha, a la altura del cuello. Los huesos largos (húmero, tibia, radio-cúbito), se seccionaban por la parte media o cerca de la articulación en algunos casos, mientras que otros presentan señales de cortes que no profundizaron y no llegaron a seccionarlos (Fig. 177b). Finalmente, en algunos casos detectamos señales de cortes no demasiado profundos en las mandíbulas de los ovicápridos, siempre en el mismo punto, que debieron servir para descarnar la pieza.

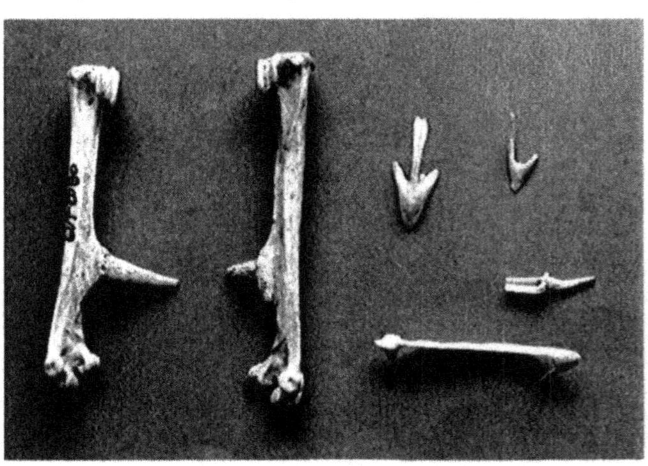

Fig. 176. *Restos de aves de corral y gallináceas.*

Fig. 177-A. Costillas y espátula de bóvidos y suidos con señales de cortes y despiece.

Fig. 177-B. Huesos largos de bóvidos y ovicápridos con señales de corte.

Actividades complementarias. Caza y pesca.

En la villa de Tolegassos las actividades de caza y pesca se documentan sobretodo en estratos de abandono y, sobretodo, en las tierras del principal relleno del pozo 1 (U.E. 2080), fechado entre finales del s. II e inicios del s. III y en algunos silos más antiguos. Pero, de hecho, a lo largo de toda la vida del yacimiento se consumen productos del mar, especialmente malacológicos, con más o menos intensidad, y animales cazados en el bosque.

Todos los estratos del silo 2060, tanto los tres inferiores formados en época augústea, como el más moderno, perteneciente a la primera mitad del s. II, contenían restos malacológicos. En este ámbito la mayor parte de individuos corresponden a época augústea, con un total de 329 moluscos, siendo la especie más numerosa el *Glycymeris violacescens*, un tipo de almeja que es una especie mediterránea propia de fondos arenosos y de poca profundidad. Pero también vemos un alto porcentaje de *Murex brandaris* y *Helix aspersa*, especies más apreciadas para el consumo que la anterior (Güell 1989, p. 176).

Tanto en el silo como en casi todos los estratos de la villa, antiguos o modernos, el número de especies representadas es muy elevado, algunas con un reducido número de individuos; otros, con mayor abundancia. Hasta la fecha se han encontrado restos de *Cardium tuberculatum, Callista chione, Cardium echinatum, Pectem jacobaeus, Ostrea edule,* etc. Sobretodo en estratos más tardíos, desde finales del s. II y primera mitad del s. III, aumenta el número de ostras, almejas y mejillones que habrían constituido un complemento importante a la dieta de los habitantes de Tolegassos.

El estudio de los numerosos restos hallados en distintos estratos, pertenecientes a épocas diversas, pone de manifiesto la continuidad en el aprovechamiento de los gasterópodos y bivalvos desde el s. II-I a.C. hasta el s. II-IV, pero también puede observarse un cambio en las preferencias de las especies recolectadas (casi todas ellas de roca o de playas y fondos poco profundos y arenosos). Así vemos que mientras que en época augústea el mayor número de individuos pertenece básicamente a tres especies (*Glycymeris violacescens, Murex brandaris* y *Cardium tuberculatum*), con unos porcentajes que en algunos estratos sobrepasan el 50% de total de individuos, en estratos de la primera mitad del s. II (U.E. 2061), la especie marina más frecuente es la *Ostrea edule* (17'64%), muy por debajo del caracol terrestre (*Helix aspersa*), con un 47'05%. En realidad, el caracol terrestre se halla presente en cualquier estrato con porcentajes importantes (ver anexo al presente apartado).

En contextos de la segunda mitad y finales del s. II el repertorio cambia radicalmente, tal como podemos observar en los inventarios de los estratos 2079 y 2080. En el apartado de especies continentales tenemos representados tres tipos (*Helix aspersa, Rumina decollata* y *Cepaea nemoralis*), de los cuales solo el primero es comestible, mientras que los otros dos (con un 2'21% sobre el total), se habrían mezclado con las tierras del estrato de manera fortuita o accidental, puesto que se trata de tierras de escombrera.

En este mismo contexto y dentro de las especies marinas, el *Glycymeris violacescens,* especie poco apreciada para el consumo humano, ve reducido su número absoluto (y su porcentaje), de forma radical. Solo la *Callista chione* mantiene una presencia relativamente importante, mientras que el mejillón común (*Mytilus edule*), hace su aparición por vez primera, con un número de ejemplares espectacular (951 fragmentos que corresponden a un número mínimo de 155 individuos y al 80'3% sobre las 13 especies presentes en el estrato).

Diversos tipos de moluscos marinos en estratos de inicios del s. I.

Los otros restos hallados en el estrato 2080 del pozo confirman un aprovechamiento importante de los recursos marinos. Además de las escamas de pescado encontradas a centenares en capas de ceniza en medio del estrato o adheridas en el fondo interno de platos de sigillata africana A, identificamos centenares de espinas, dientes, mandíbulas y vertebras de pescado. El estudio preliminar de los restos indica que buena parte de ellos pertenecen a atunes, mientras que otros, minoritarios, a especies que no pueden ser identificadas con facilidad. También han sido recuperados algunos fragmentos de esqueleto de sepia.

Aunque en diversas habitaciones aparecieron anzuelos de bronce (Fig. 178: 6), creemos que no podemos pensar en una actividad de pesca de los ocupantes de la villa, aunque el mar se halle a unos 4 o 5 km. Quizás se aprovechaban los recursos naturales de algún riachuelo o laguna interior situados a levante de la villa, en medio de las antiguas marismas (uno de los malacológicos es sin duda de agua dulce), o posiblemente en determinadas épocas del año se recogían directamente algunas especies malacológicas propias de aguas poco profundas o de roca, pero la pesca del atún o de la sepia implica una especialización y unos medios de los que carecía una villa relativamente alejada del mar. Más bien parece indicar un comercio, un intercambio o su adquisición en un mercado vecino. En este caso, sin duda, Ampurias y sus aledaños.

Es difícil, a veces, conocer con exactitud cuales de los restos óseos pertenecen a animales cazados en el bosque de la vecina sierra y cuales son de animales domésticos. Si por un lado, los restos de bóvidos, ovicápridos, équidos e incluso cerdo son sin duda de animales domésticos, los de otras especies presentan más dudas en cuanto a su origen. Algunos son, sin duda alguna, productos de la caza. Es el caso de los ciervos, gamos y otras especies afines. Otros, como el conejo, la liebre o lagomorfos en general, abundantemente documentados en el s. II, podrían pertenecer a animales domésticos o salvajes, indistintamente. Algunos restos de aves pertenecen a gallinas o especies de corral, pero otros de menor tamaño son de aves cazadas por los alrededores.

En conjunto se constata un aprovechamiento intenso e importante de los recursos naturales de la zona, tanto de los que podían obtenerse de manera directa con la caza en el bosque y la pesca en los riachuelos de los alrededores, como de los productos marinos adquiridos en el mercado vecino.

ANNEXO. RESTOS MALACOLOGICOS DE ESTRATOS Y ÀMBITOS CERRADOS.(*)

ESTRATOS AUGUSTEOS.		
U.E. 2062.		
Glycimeris violacescens	3	6,25 %
Murex brandaris	15	31,25 %
Callista Chione	2	4,16 %
Cardium echinatum	1	2,08 %
Solecurtus strigilatus	1	2,08 %
Rumina decollata	2	4,16 %
Cardium tuberculatum	8	16,66 %
Helix aspersa	16	33,30 %
U.E. 2063.		
Glycimeris violacescens	191	55,20 %
Glycymeris glycymeris	3	1,21 %
Cardium Tuberculatum	31	12,60 %
Pectem jacobaeus	1	0,40 %
Callista chione	1	0,40 %
Rumina decollata	9	3,65 %
Helix aspersa	10	4,06 %
U.E. 2068		
Glycimeris violacescens	15	42,80 %
Cardium tuberculatum	5	14,40 %
Cerastoderma edule	1	2,80 %
Pectem jacobaeus	1	2,80 %
Helix aspersa	13	37,10 %
U.E. 2114.		
(Continentales)		
Unio pictorum	1	7,69 %
Rumina decollata	2	15,38 %
Helix aspersa	1	7,69 %
Cepaea nemoralis	1	7,69 %
(Marinos)		
Murex brandaris	2	15,38 %
Pectem jacobaeus	1	7,69 %
Callista chione	1	7,69 %
Cerastoderma tuberculatum	3	23,07 %
Glycimeris violacescens	1	7,69 %

U.E. 2116.

Glycimeris violacescens	2	40,00 %
Cardium tuberculatum	1	20,00 %
Cerastoderma edule	1	20,00 %
Pectem jacobaeus	1	20,00 %

U.E. 2117.

(Continentales)		
Cepaea nemoralis	1	33,33 %
(Marinos)		
Ostraea edulis	1	33,33 %
Cardium tuberculatum	1	33,33 %

ESTRATOS DE LA 1ª MITAD DEL S. II

U.E. 2061

Cardium tuberculatum	2	11,76 %
Murex brandaris	2	11,76 %
Callista chione	2	11,76 %
Ostraea edule	3	17,64 %
Helix aspersa	8	47,05 %

ESTRATOS DE LA 2ª MITAD DEL S. II

U.E. 2079

(Continentales)		
Helix aspersa	10	58,82 %
Cepaea nemoralis	1	5,88 %
(Marinos)		
Murex brandaris	1	5,88 %
Mytilus edulis	1	5,88 %
Glycimeris violacescens	1	5,88 %
Callista chione	1	5,88 %
Cardium tuberculatum	1	5,88 %
Ostraea edulis	1	5,88 %

U.E. 2080

(Continentales)		
Helix aspersa	486	70,64 %
Rumina decollata	4	0,58 %
Cepaea nemoralis	7	1,01 %
(Marinos)		
Mytilus edulis	155	22,52 %
Charonia nodipera	1	0,14 %
Spondylus gaederopus	4	0,58 %
Cerastoderma edule	5	0,72 %
Cardium tuberculatum	1	0,14 %
Glycimeris violacescens	4	0,58 %
Callista chione 4	0,58 %	
Pectem jacobaeus	2	0,29 %
Murex brandaris 1	0,14 %	
Murex trunculus 10	1,40 %	
Patella ferruginea	1	0,14 %
Ostraea edulis 1	0,14 %	
Monodonta turbinata	2	0,29 %

ESTRATOS DEL S. IV

U.E. 2077

(Continentales)		
Cepaea nemoralis	4	14,28 %
Helix aspersa	8	28,57 %
(Marinos)		
Murex trunculus	1	3,57 %
Spondylus gaederopus	1	3,57 %
Mytilus edulis	2	7,14 %
Ostraea edulis	3	10,71 %
Glycimeris violacescens	1	3,57 %
Glycymeris glycymeris	1	3,57 %
Pectem jacobaeus	1	3,57 %
Cerastoderma edule	1	3,57 %
Cardium tuberculatum	1	3,57 %
Callista chione	3	10,71 %
Esponja de mar	1	3,57 %

(*) Agradecemos la colaboración de Assumpció Güell en la clasificación de las espécies.

Actividades artesanales y de manufactura. Cerámica, hueso y tejido.

Sin querer llegar al grado de autarquía que preconizaban algunos autores, la villa producía una parte importante del instrumental y objetos que consumía o que eran utilizados en las tareas cotidianas e incluso en la construcción. En este sentido, no hay duda que ladrillos, *imbrices* y *tegulae* se fabricaban en el mismo lugar. Prueba de ello es el horno excavado en el año 1981 con los restos de *imbrices* crudos caídos en su interior. Lo mismo debió suceder con las *tegulae*, en las que encontramos una marca propia (CANP), que aparece como material de deshecho y de escombrera en estratos de mediados del s. I, no documentada en ningún otro yacimiento. Esta situación podría hacerse extensible a la mayor parte de los recipientes de cerámica común reducida (ollas y urnas), cuya fabricación en la misma villa que las consumía ya fue detectada, por ejemplo, en Puig Rodon (Casas 1986, p. 26-30).

¿Es posible que en la misma villa o en alguna de sus dependencias se fabricara cerámica de cierto lujo?. En principio, con el material de que disponemos es una hipótesis a tener en cuenta. Por un lado, la aparición de dos moldes para la fabricación de cerámica decorada (uno que adopta el tipo y decoración de la sigillata hispánica y el segundo con el negativo de un buey), parece señalar esta posibilidad. Por otro lado, el análisis de arcillas de algunas cerámicas vidriadas (producción muy abundante en la villa), con un repertorio de formas nuevo que es desconocido en otros lugares y una cantidad de recipientes que en un solo estrato es superior al de toda la cerámica vidriada hallada en la provincia de Gerona, incluyendo Ampurias, señala una procedencia local para la arcilla utilizada en su fabricación.

Como en Tolegassos no ha sido identificado de forma clara ningún taller cerámico, a parte del horno en el que como mínimo se cocían tejas, no podemos asegurar de forma concluyente que este producto semilujoso se elaborara en la misma villa. Pero en todo caso no puede proceder de una zona alejada. Por otro lado, parece que deberemos rechazar su procedencia ampuritana, ya que ni uno solo de los fragmentos encontrados en Ampurias coincide en forma, decoración o arcilla con los de Tolegassos. Existe una tercera posibilidad, que es la que señalaría un origen norteafricano. Pero esta última entraría en contradicción con los resultados de los análisis de pastas realizados.

Pero incluso en productos más sencillos y relativamente abundantes se observan las evidencias de una fabricación local. Este sería el caso de muchas de las agujas de hueso que suelen aparecer en estratos altoimperiales, especialmente a partir del s. II, y de muchas fichas de hueso y pequeños adornos circulares tallados en el mismo material (Fig. 178, 179 y 180), muy habituales en el mundo romano a lo largo de los cinco primeros siglos de la Era (Tommaso & Famà 1985, p. 58; TED'A 2 1989, p. 212). Alguna de las agujas se abandonó en la fase de talla y presenta la superficie facetada, sin pulir y con toda evidencia sin terminar (Fig. 101 y 178). Mangos de cuchillo tallados en hueso y asta de ciervo, aún sin pulir o con acabados toscos, también parecen tener un origen local (Fig. 101: 2). Otros objetos parecen proceder de talleres más especializados, como por ejemplo algunos mangos de cuchillo de hueso con incrustaciones de bronce (Fig. 181), de los que también encontramos paralelos en la villa de Settefinestre, aunque por su mal estado hayan sido interpretados como apliques ornamentales de muebles (Tommaso & Famà 1985, p. 54). Uno de los mangos pertenece a una navaja o a un cuchillo plegable, ejemplar único de excelente calidad (Fig. 178: 10).

Además, las actividades artesanales debieron abarcar un campo más amplio del que ahora podemos imaginar y del que nos muestran los materiales arqueológicos. Algunos autores nos informan sobre el aprovechamiento de los recursos y fibras naturales para el tejido y la cestería (Ferdière 1988 II, p. 204-205). Sin duda se aprovechaban estos recursos y diversas plantas (juncos, lino, mimbre) en un territorio situado junto a las marismas del antiguo *Campo Iuncario* citado por Estrabón. Como en casi todos los yacimientos de época romana, a menudo encontramos las pruebas fehacientes de la fabricación de tejidos, con un elevado número de pesos de telar, *pondera* y fusayolas, alguna de ellas fabricada íntegramente en hueso, de una calidad poco común (Fig. 182), destinadas exclusivamente a este uso y que podríamos relacionar sin demasiadas dificultades con el tejido de fibras vegetales y sobretodo de la lana, teniendo en cuenta el elevado porcentaje que en algunos períodos representan los restos óseos de ovicápridos, de los que sin duda se aprovechó esta fibra natural.

La existencia de un taller casero para el trabajo del hierro y metales ha sido documentada en una pequeña estructura de la fase 3, pero lo más probable es que solo fuera utilizada para la reparación de herramientas y fabricación de pequeños instrumentos, puesto que el trabajo de forja y fabricación de herramientas supone una infraestructura y una especialización que no apreciamos en la villa. Un pequeño foso, no demasiado alejado, apareció lleno de escorias de hierro y deshechos de pequeñas herramientas deformadas y deterioradas, no identificables.

Objetos de mobiliario y de uso personal.

En realidad, hemos comentado alguno de estos objetos, a veces difíciles de clasificar en un grupo concreto, al exponer las actividades artesanales y de manufactura. Pero a nadie se le escapa que no todos los pequeños objetos de hueso, bronce o hierro, unas veces formando parte de muebles y otras constituyendo los instrumentos de uso cotidiano en la villa, fueron fabricados en sus dependencias. Algunos conjuntos de instrumentos de los que se ha establecido su origen local (agujas, fichas de juego, etc.), deben contener mezclas procedentes de otros lugares. Por otro lado, parece indudable que los objetos de bronce proceden de talleres especializados más o menos cercanos y que fueron adquiridos fuera de la villa. Analizaremos este conjunto que tiene un significativo interés, dividiéndolo por grupos.

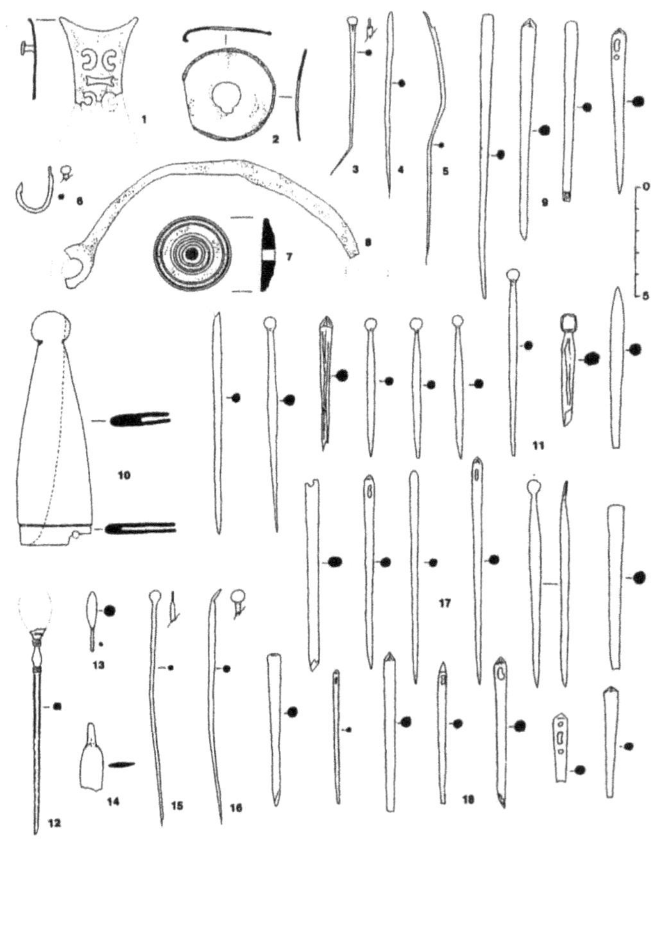

***Fig. 178.** Materiales del s. II. 1 a 6: Bronce. 9, 11, 17 y 18: Agujas de hueso. 10: Mango de cuchillo plegable. 12 a 14: Instrumentos de cirugía. 15 y 16:* Stilla *de bronce.*

Objetos de hueso.
La mayor parte del lote está formado por las agujas, ninguna de las cuales muestra unas características especiales ni una decoración demasiado elaborada. En todo caso, debemos señalar alguna aguja de hueso inacabada y diferentes variantes en tamaño y función. Aunque proceden mayoritariamente de estratos de desescombro, a los que se tiraron una vez rotas, también es habitual hallarlas en niveles de habitación y de abandono.

Fig. 179. Fichas de juego talladas en hueso.

Las agujas de hueso son de diferentes tipos, aunque la forma siempre es la misma. De sección circular, están talladas en huesos grandes, de paredes gruesas y robustas y siempre son macizas. Podemos catalogarlas en tres grupos en función de la terminación de la cabeza y por su uso. El primero incluye las agujas para el pelo, a veces decoradas con pequeñas incisiones o torneadas y en otras ocasiones sin decorar. Nunca tienen agujero en el extremo superior. Este parte puede terminar con una pequeña esfera o puede ser roma. En el segundo grupo incluimos las agujas de coser, de forma idéntica a las anteriores, pero con un agujero alargado en el extremo superior o con un doble orificio circular. Un tercer grupo, minoritario, lo forman las agujas de coser con tres agujeros consecutivos en la cabeza, que debieron estar destinadas a una función concreta que no alcanzamos a conocer. En ocasiones también encontramos el mismo tipo en bronce.

Por regla general, las agujas de hueso son objetos muy habituales en villas romanas y es casi imposible, y con toda seguridad inútil, ofrecer el repertorio de paralelos que aparecen en innumerables publicaciones. En todo caso, podemos citar la obra de Ferdière por la atención que dedica a estas piezas (Ferdière 1988 II, p. 137-137). En este territorio es especialmente importante el conjunto procedente de Ampurias y los hallazgos dispersos de Mas Gusó, Puig Rodon o Vilauba. Solo hemos de echar una ojeada a cualquiera de las figuras del presente estudio, especialmente las correspondientes a niveles de vertederos y escombreras, para ver la gran cantidad de agujas recuperadas (Fig. 180).

Como pequeños objetos de hueso relativamente abundantes, hemos de citar un botón (Fig. 184: 24) y aquél conjunto de discos de forma plana por un lado y con círculos concéntricos tallados a torno por el otro, citados hace un momento, que se identifican a menudo como apliques decorativos de muebles, aunque más bien deben considerarse fichas de juego. Estas pequeñas fichas también son objetos corrientes, quizás no tan habituales como las agujas, pero sobre las que hallamos numerosos paralelos en diferentes épocas. Son idénticos a nuestros ejemplares los aparecidos en la villa de Settefinestre (Tommaso & Famà 1985, fig. 212), un ejemplar del fórum de Tarragona aparecido en un contexto muy tardío (TED'A 1989, fig. 212) y una parte importante del repertorio galo publicado por A. Ferdière (1988 II, p. 136). Por citar yacimientos más próximos, debemos referirnos a algunos ejemplares de Mas Gusó, en Bellcaire d'Empordà).

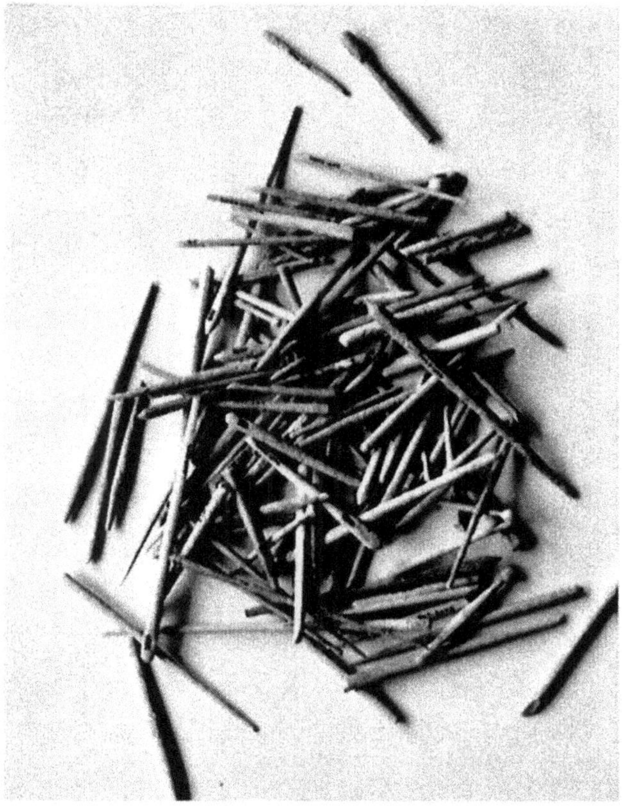

Fig. 180. Agujas de hueso del vertedero del sector 2. Hacia el 175-200.

Como objetos de juego aparecen, en cambio, un par de dados tallados en hueso o marfil. Uno de ellos procede de un relleno augústeo. El otro, en el estrato 1015 de la escombrera del sector 1, irregular y menos elaborado (Fig. 183: 1).

Probablemente, uno de los objetos de hueso que más abunda son los tubos más o menos largos, pulidos y a veces decorados con incisiones y siempre con agujeros circulares que no los atraviesan del todo. Los encontramos en cualquier estrato y en cualquier época. Aunque ha sido aceptada su identificación como goznes de las puertas de muebles, su uso ha dado origen a diversas hipótesis, en parte recogidas por G. de Tommaso y M. Famà (1985, p. 50-58, con repertorio bibliográfico). Se ha supuesto que podrían ser desde elementos de flauta, mangos de cuchillo, placas de revestimiento y finamente los goznes de puertas de diferentes muebles, identificación que debe ser considerada la única correcta (Fig. 184: 20-23).

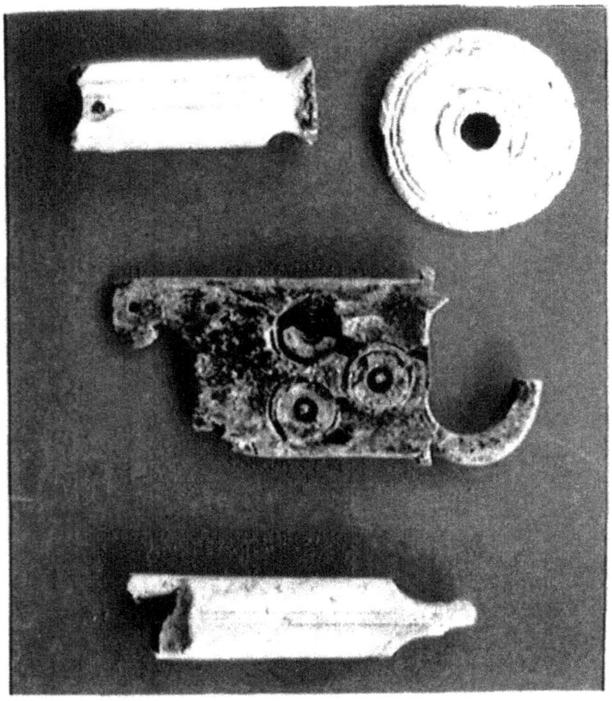

Fig. 181. *Fusayola y mangos de espejo tallados en hueso y con incrustaciones de bronce.*

Los mangos de cuchillo, muy diferentes a los tubos de hueso, aparecen en la villa en estratos de abandono y escombrera y pueden agruparse en dos conjuntos: los que fueron fabricados en el mismo yacimiento, algunos de ellos inacabados (y que ya hemos comentado antes), y los procedentes del exterior, posiblemente de Ampurias, de los que se conservan paralelos idénticos en el Museo monográfico de la ciudad. Mientras que los primeros pertenecen a cuchillos de grandes dimensiones, fuertes y resistentes para las tareas más duras de corte o despiece de animales, los otros, más delicados y finamente elaborados, con una incipiente decoración, parecen cuchillos de mesa o para usos menos prosaicos. Otro mango con incrustaciones de bronce parece pertenecer a un espejo o a cualquier otro objeto parecido (Fig. 181), con un paralelo casi idéntico, probablemente del s. I, en Nimes (Béal 1984, p. 105).

Para finalizar este pequeño repertorio de objetos de mesa solo queremos citar una cuchara y un mango de cuchillo en hueso, ambos excepcionales por su calidad y acabados, aparecidos en el vertedero del sector 2 (Fig. 178: 10). El mango de cuchillo es muy delgado y hueco en su interior, con los restos de un agujero en el extremo más ancho, del que salía la hoja. Pertenece a uno de esos raros cuchillos con la hoja plegable como las navajas, de los que solo vemos paralelos con unas decoraciones mucho más complejas y lujosas, que en nada se asemejan a nuestro ejemplar (Béal 1984, p. 101).

La cuchara es más sencilla y en nada se diferencia de las cucharas de madera utilizadas en estas comarcas hasta hace pocos años (Fig. 184: 26). Otras cucharillas, muy diferentes, habrían servido como objetos de tocador o quizás para manipular perfumes o ungüentos (Fig. 183: 14 y 15).

Objetos de vidrio.

En este caso el repertorio es limitado y repetitivo, puesto que solo incluye algunas perlas o piezas de collar con incrustaciones (Fig. 184: 25) y piezas discoidales o convexas, alguna con un agujero central, que en general deben ser consideradas fichas de juego. En alguna ocasión aparecen fragmentos de mangos rectos, torcidos en espiral o trenzados, que pertenecen a varitas para mezclar líquidos o perfumes. Todas suelen ser de buena calidad, pero la oxidación de la superficie las ha vuelto opacas. También es frecuente encontrar fragmentos de los cristales de ventanas, planos, con un grosor de unos 3 o 4 mm. y casi siempre decorados con un motivo inciso que intenta representar hojas o pequeños tallos de hierba.

En lo que se refiere al repertorio de vasos y copas de vidrio, nos remitimos a lo que ya hemos ido comentando con motivo del estudio y análisis de las diferentes habitaciones y estratigrafías en las que aparecieron.

Fig. 182. *Diversas partes de un huso, aguja y fusayola en plomo y hueso.*

Bronces.

El conjunto de pequeños bronces aumenta considerablemente el relación con los grupos anteriores y cada pieza constituye un objeto diferente y no repetido, con una función concreta y no siempre conocida. Dejando a parte los instrumentos de cirugía que serán estudiados posteriormente, podemos clasificar los bronces en cuatro grupos diferenciados: los de mobiliario de la casa y adorno, los de uso personal y complementos al vestuario, los instrumentos de trabajo y los que formaban parte de los arneses de animales.

El primer grupo es quizás el más numeroso y en el podemos incluir un tirador de la puerta de un mueble o armario, bien conservado y de gran calidad (Fig. 184: 12), clavos y elementos de la cerradura de diversas puertas, un fragmento

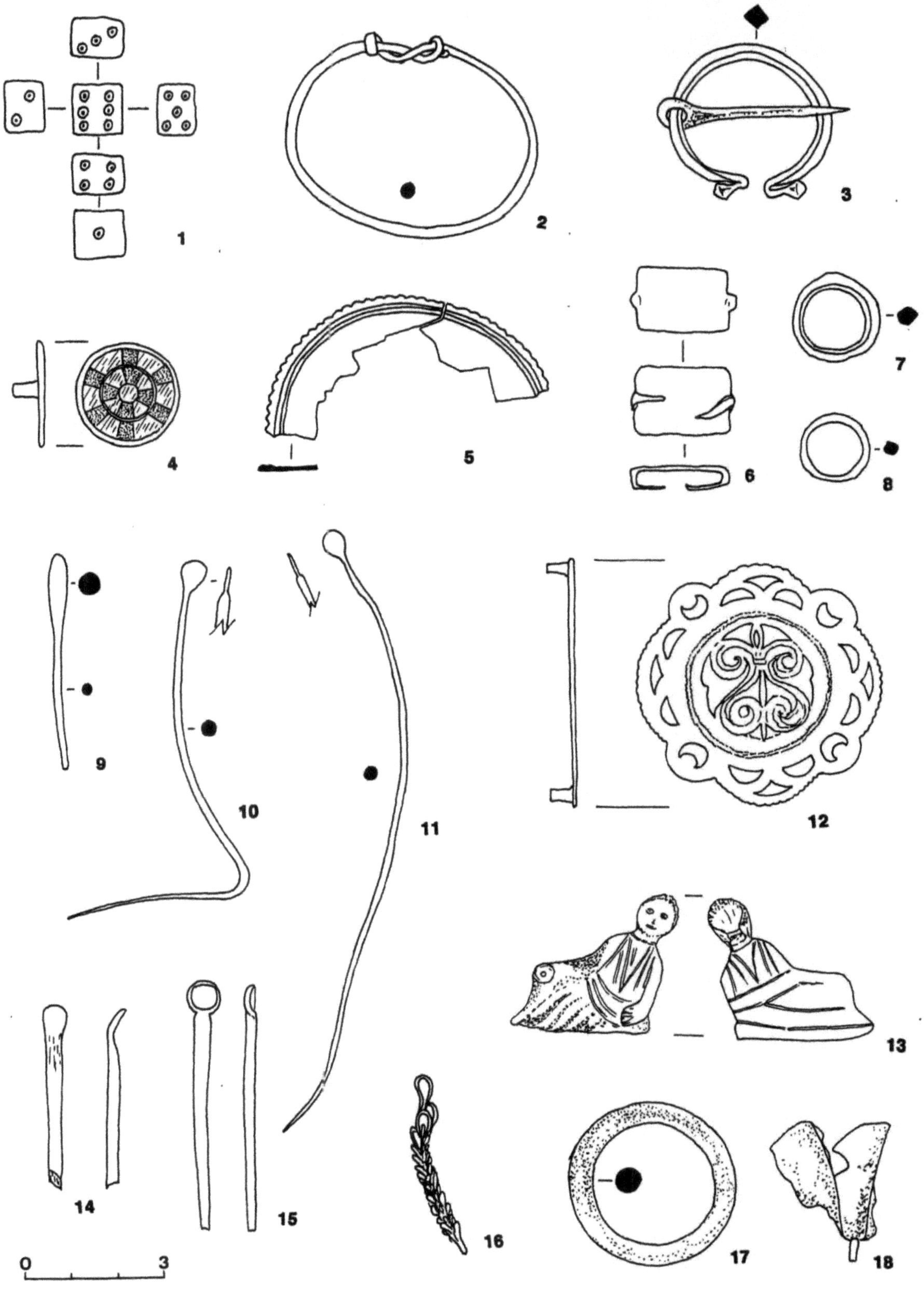

Fig. 183. Materiales de hueso y bronce del estrato 1015/1058, en un contexto del s. II.

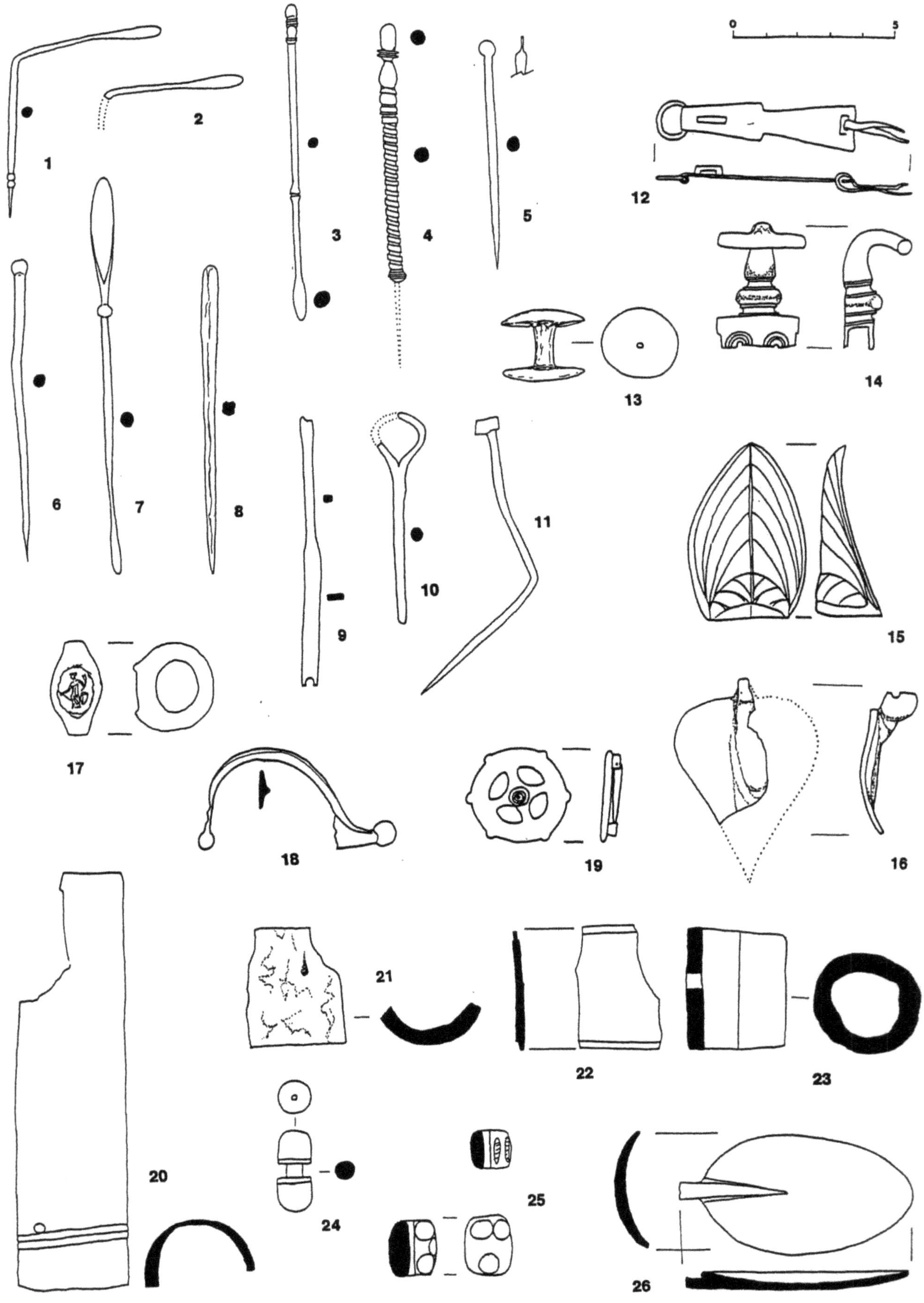

Fig. 184. Instrumentos de cirugía, fíbulas y otros instrumentos de bronce y hueso, procedentes de estratos del último cuarto del s. II.

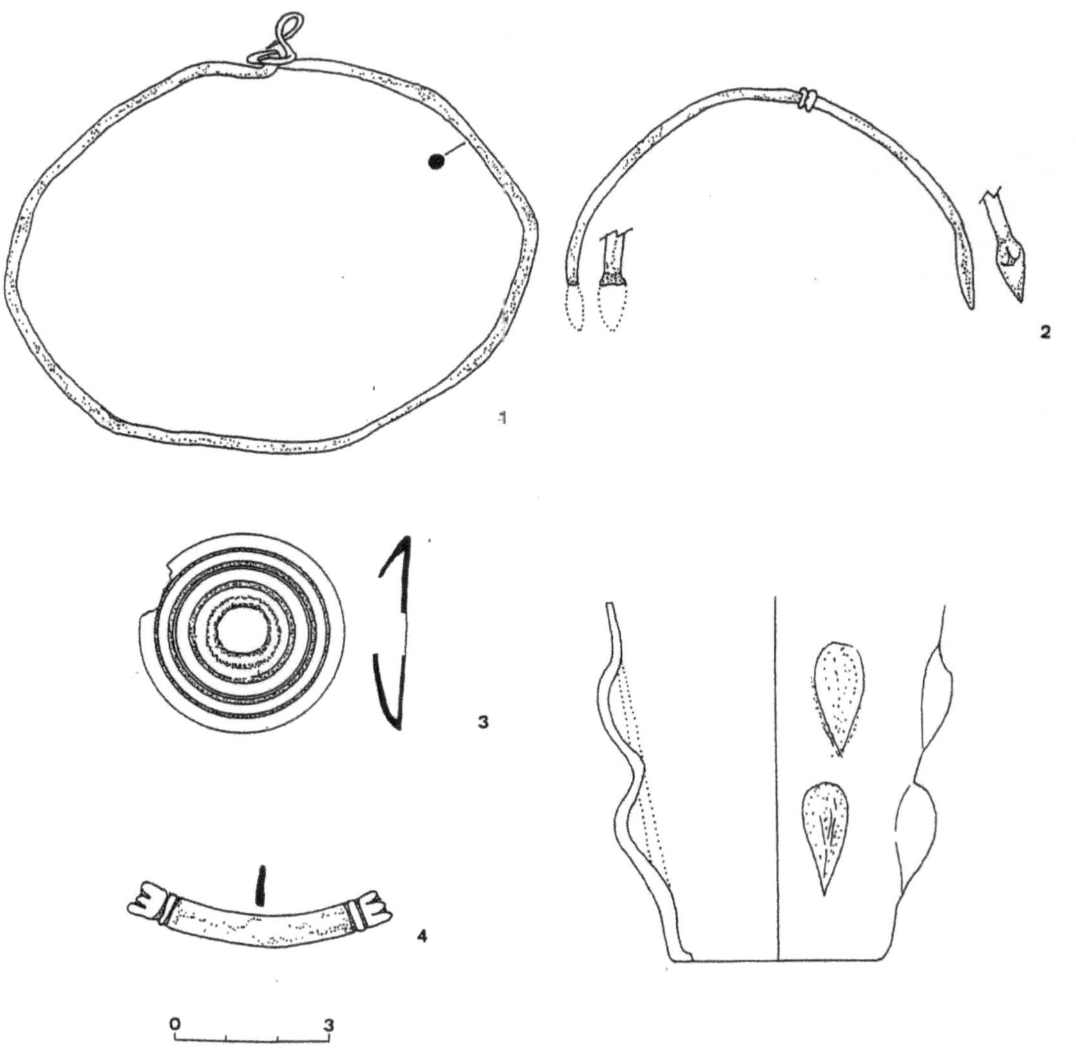

Fig. 185. Objetos de bronce y vaso de cristal.

de un colgador o quizás el pestillo de una pequeña puerta o ventana, pies y asas de ollas y sítulas (Fig. 184: 15 y 16) y placas, clavos y elementos de adorno de todo tipo, la mayor parte muy deteriorados.

Algunas piezas con casi únicas e identifican objetos de gran calidad, de los que solo se han conservado algunos elementos aislados. En este caso, hemos de citar una figura femenina recostada en un *triclinium*, vestida con una larga túnica hasta los pies, peinada con un moño y con un objeto circular -quizás una pátera- en la mano derecha (Fig. 183: 13; fig. 186). La base y la curvatura de la pieza parecen señalar que iba unida al borde de un recipiente, una especie de olla o sítula. Cronológicamente debe situarse entre el primer cuarto del s. II y final del mismo siglo, ya que apareció en la escombrera del sector 1 (U.E. 1015), al lado de las jarras con ofrendas de huevos y aves, fechadas en este período con no demasiada precisión a causa de la mezcla de materiales. Únicamente hemos hallado un paralelo casi idéntico a esta pieza (quizás más elaborada), que representa un *sacerdos* con la cabeza cubierta con la túnica, también recostado en la postura de adoptaban los sacerdotes (*epulones*) en los ágapes religiosos. Se fecha, con algunas dudas, en el s. I (Boucher 1973, p. 138).

El segundo grupo incluye una serie de objetos para el vestido y uso personal, como es el caso de las fíbulas y colgantes (Fig. 183: 3; fig. 184: 18 y 19; fig. 188), anillos de bronce de baja calidad, un colgante en forma de hoja y un anillo de hierro (distintivo de un liberto), con una cornalina en la que aparece tallada una Fortuna con cornucopia. Las cuatro o cinco fíbulas, las únicas aparecidas en la villa, presentan un gran interés, tanto por su tipología como por su cronología. Las dos primeras pertenecen al tipo 22b de Feugère, con la sección del tipo 1550. Este autor ha fechado la forma en época augústea y parece llegar hasta inicios de Tiberio (Feugère 1985, p. 323), cronología que quizás deberá prolongarse, como máximo, hasta época de Claudio (Erice 1995, tipo 20, p. 127); la cronología coincide plenamente con la nuestra, puesto que se encontraron en estratos profundos de la escombrera del sector 2 y en el edificio augústeo, fechados en el primer tercio del s. I.

En el estrato 2500, de época augústea, apareció un ejemplar completo, desplegado, con la aguja extendida, de un tipo más antiguo, en un contexto de finales del s. II a.C. (Fig. 15: 18).

La cuarta fíbula pertenece a una forma poco corriente (Fig. 184: 19) y se identifica con el tipo 24c de la clasificación de

Feugère. Como decíamos, es una forma poco frecuente y los pocos ejemplares conocidos se localizan en el centro y este de la Galia, a excepción de dos aparecidos en el sudeste de Francia. Estas fíbulas son relativamente corrientes en aquél país a partir de mediados del s. I (Claudio-Nerón) y también en niveles flavios. Pero sobretodo debe ser fechada entre los años 30/40 y 60/70 (Feugère 1985, p. 340-344). Es muy rara su presencia en la Península Ibérica, aunque no es del todo desconocida en contextos de la primera mitad del s. I o entre Augusto y Claudio (Erice 1995, tipo 28.1, p. 175). Se ha localizado un número muy restringido de centros de producción, documentados sobretodo en la Galia, entre el Macizo Central y la frontera del Rin (Feugère 1985, p. 337). Un quinto ejemplar, excelente, también tiene origen céltico, aunque el modelo se esparció por diversos lugares del Imperio (Fig. 183: 3). La fíbula en forma de *torques* o herradura tiene los extremos piramidales y doblados y la sección romboidal. La aguja, entera, también es de sección cuadrada. Este tipo de fíbula, bastante conocido, aparece a inicios del s. I a.C. entre el Sena y el Mosa, especialmente en

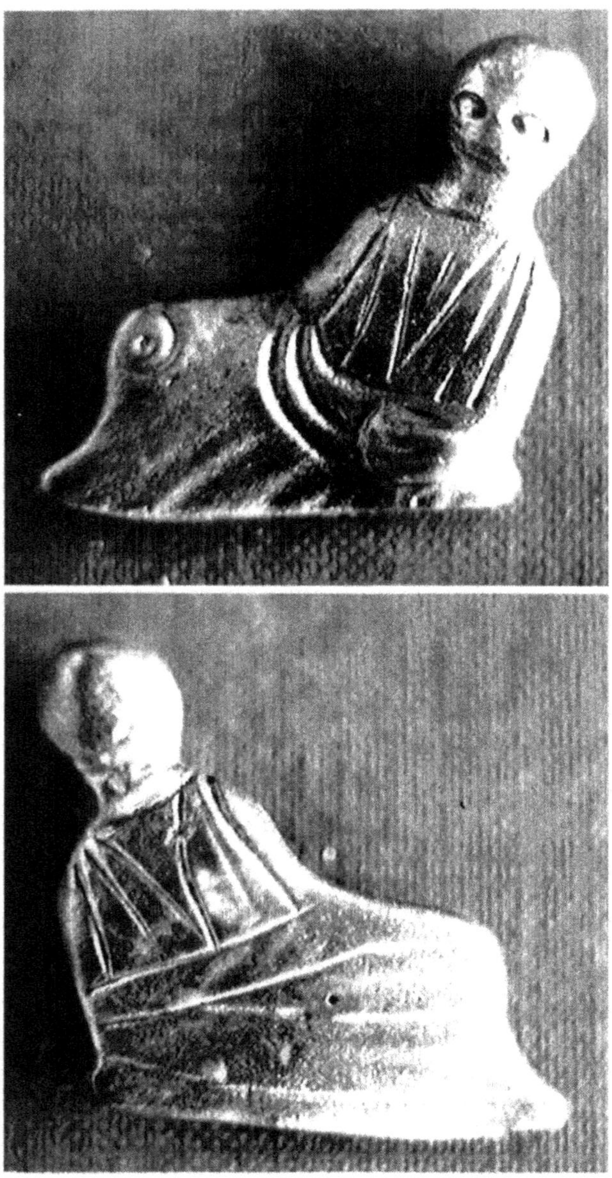

Fig. 186. *Figura de bronce, quizás una pieza decorativa del borde de una sítula.*

Argona, donde según parece existió un primer centro productor y sufrió una importante evolución hasta época romana, perdurando por lo menos hasta el s III. Nuestro ejemplar, que pertenece al tipo 30C1 de Feugère, puede fecharse alrededor del 60-80 según aquel autor (Feugère 1985, p. 418-420), cronología que coincide con la que le atribuye Erice en un reciente y completísimo estudio, ya citado, en el que se analizan con detalle las fíbulas del noreste de la Península (Erice 1995, tipo 35.1.b, p. 224-225).

En ocasiones es difícil distinguir entre los objetos del vestido y adorno personal de los apliques de muebles, ya que algunas piezas plantean dudas para su correcta identificación y la ausencia de paralelos claros ayuda a aumentar la confusión. Es muy clara la función de una serie de pequeños anillos de bronce (Fig. 183: 7 y 8), o del anillo de hierro con una cornalina de primera calidad. Tampoco existe duda alguna en lo que se refiere a brazaletes de bronce, a veces con los extremos doblados para permitir su apertura y fijarlos en la muñeca (Fig. 183: 2) y en otras ocasiones, abiertos, con los extremos terminados con una sencilla decoración (Fig. 185: 2). Algunos objetos, no obstante, no tienen una función tan clara.

Una pieza discoidal, magnífica, hecha con una placa de bronce troquelada, decorada con incisiones y un motivo vegetal-geométrico con nielado de plata, parece que iba engastada en un cinturón de cuero (Fig. 183: 12 y fig. 187). La forma, el troquelado con motivos en creciente lunar, el acabado exterior dentado y la forma de la decoración lo aproximan a algunos espejos y discos mucho más lujosos descubiertos en Pompeya. El ejemplar de Tolegassos, aparecido en el estrato 1015 de la escombrera occidental, no parece anterior al primer cuarto del s. II.

Otra pieza que tiene unas características similares (Fig. 183: 4), también es de forma circular, de bronce, con una decoración de recuadros en los que se alternan incrustaciones de vidrio azul y marfil. El pequeño clavo o púa que aparece en la parte trasera tanto puede indicar que iba clavado a un mueble como en un grueso cinturón de cuero. No obstante, es posible que forme parte de un arnés de caballo decorado con cierto lujo. Se conocen fíbulas con una forma parecida y decoración casi idéntica; pero aquellas conservan la aguja de la parte posterior y su identificación no presenta dudas (Erice 1995, nº 278).

En una ocasión aparece una pequeña pieza en forma de grapa, cuadrada y con dos púas dobladas por abajo (Fig. 183: 6). En este caso también debió formar parte de un cinturón o de una tira de cuero más estrecha.

Un último objeto de bronce, de forma circular y hueco por el interior, decorado con círculos concéntricos, tiene una función desconocida. Posiblemente se trata de la *bulla* de un niño, aunque no podemos afirmarlo categóricamente (Fig. 185: 3).

Finalmente, citaremos un fragmento de espejo circular de bronce, con la circunferencia dentada, bastante sencillo, pero con un acabado que recuerda la pieza discoidal citada antes (Fig. 183: 5). Los últimos ejemplares se encontraron todos en el estrato 1015, con una cronología bastante precisa a partir del primer cuarto del s. II hasta casi el final del siglo.

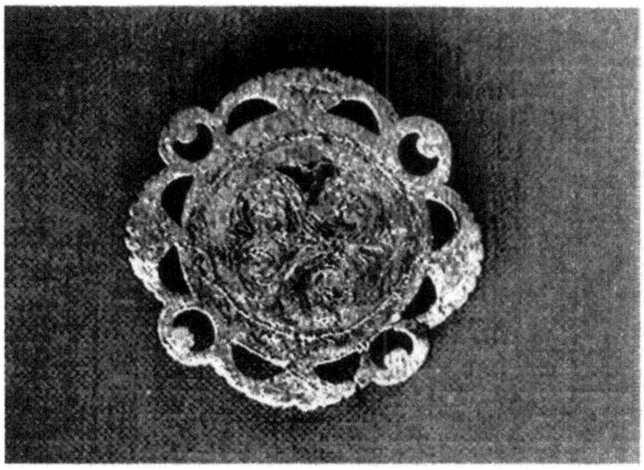

Fig. 187. Aplique de bronce con nielado de plata.

Es frecuente hallar *stila* de hueso y de bronce en diversos puntos de la villa, a menudo en muy buen estado de conservación. Tanto los de hueso como los de bronce tienen características parecidas, aunque los primeros suelen ser más gruesos, con la punta más corta y robusta y la parte superior casi plana, pero con la espátula poco diferenciada. Los de bronce, en cambio, son delgados, con la punta muy fina y la espátula del extremo superior casi circular y muy delgada (Fig. 178: 3, 15 y 16; fig. 183: 10 y 11; fig. 184: 5 y 6). No debe extrañarnos encontrar este tipo de instrumental en la villa y de forma relativamente abundante. Tan solo observando el gran número de *grafitti* que aparecen en la cerámica (evidentemente realizados con otros instrumentos), nos muestra una población con un dominio relativo de la escritura, que no se limitaba únicamente a grafiar una pobre marca de propiedad en una jarra, sino que podía escribir frases más largas utilizando construcciones gramaticales correctas. Como ejemplo, podemos tomar un fragmento de vaso de gris ampuritana tardía, de inicios del s. I, en el que leemos ...ESI SVM (soy de ...esus), o en una cazuela de cerámica africana común de finales del s. II (...IVN ADITTA ... PINA).

En el grupo de instrumentos y herramientas de trabajo se incluyen algunas agujas de coser, una espátula, anzuelos de bronce de diversos tamaños y dos asas, una de las cuales debió utilizarse para colgar un cuchillo por el mango (Fig. 102: 11). Finalmente, podemos citar por lo menos dos piezas de los arneses de caballos: un cierre de hebilla aparecido en un contexto augústeo (Fig. 184: 14) y un botón con un uso parecido (Fig. 184: 13), hallado en un estrato de abandono del yacimiento, con una forma que se repite en la villa de Puig Rodon en contextos parecidos y que aparece con cierta frecuencia en otros lugares (Boube-Piccot 1975, p. 262, nº 435 y 462). A parte de los casos citados últimamente, la mayor parte de los objetos de hueso, bronce y pasta de vidrio han aparecido en contextos relativamente tardíos, en niveles de abandono, vertederos o derrumbes que se fechan desde la segunda mitad avanzada del s. II hasta la segunda mitad del s. III. Otro conjunto importante procede del estrato superficial, formado cuando ya se habían derrumbado las paredes de la villa y removido hasta fechas recientes a causa de las tareas agrícolas modernas.

Sin duda uno de los hallazgos más imprevistos en una villa agrícola como ésta es el de los instrumentos de cirugía. Aunque es corriente encontrarlos en diferentes yacimientos urbanos (en Ampurias existe una amplia colección), no lo es tanto cuando se trata de *villae* cuya actividad principal es la explotación del campo y en las que una tarea especializada como es la cirugía parece estar fuera de lugar.

Lógicamente, no se necesitaba una extrema especialización para utilizar la mayor parte de los instrumentos aparecidos en Tolegassos, todos de bronce y procedentes de estratos del s. II o inicios del s. III. Incluso es lógico suponer que se disponía de algún tipo de botiquín para las curas más urgentes y sencillas o atender las lesiones que podían producirse con las tareas cotidianas. Por lo tanto, tiene una explicación la presencia de sondas de cuchara y sondas de oreja o de algunas agujas. Pero al lado de este conjunto de instrumentos más o menos sencillos, aparece una pieza excepcional y muy rara, de la que se conocen pocos paralelos. Se trata de una aguja de oculista utilizada para operar cataratas (Fig. 184: 4). Su uso requiere una especialización que no estaba al alcance de cualquiera y, por el carácter de la operación, solo un oftalmólogo experimentado podía utilizarla.

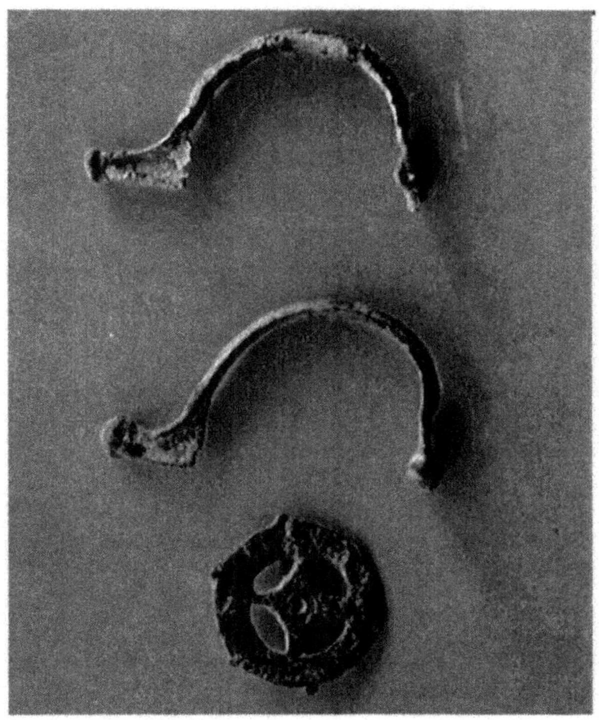

Fig. 188. Fibulas de bronce.

Se conocen pocas agujas para cataratas en Europa. Por lo menos dos proceden de la Península Ibérica (Borobia 1988, p. 291, fig. 111:5; Molina 1981, p. 255-262). El resto han aparecido en Italia, Germania, Galia y Oriente (Feugère et al. 1988; Jackson 1987, p. 413-428, fig. 3). Uno de los hallazgos más significativos y mejor estudiados y que, por otro lado, mayor paralelismo presenta con el ejemplar de Tolegassos, es el de Montbelet. Consiste en un estuche con cinco agujas, dos de ellas huecas y las otras tres macizas, que han sido fechadas *grosso modo* entre los años 50 y 150 (Feugère et alii 1988).

La aguja de Tolegassos es de tipo hueco y consiste en una fina aguja soldada directamente al mango y recubierta por una vaina corredera que con un hábil movimiento hacía el efecto de succión para extraer la catarata. Lamentablemente la parte más delgada de la aguja se perdió, pero en el lugar correspondiente aún se ve el orificio interior por el que se desplazaba. La diferencia entre agujas macizas y huecas es importante. Mientras que las primeras solo servían para mover o desplazar el cristalino enturbiado por la catarata, las otras se utilizaban para extraer esta catarata, lo que demuestra un buen conocimiento de la enfermedad y un gran dominio de esta delicada operación.

Tipológicamente, nuestro ejemplar corresponde al tipo 1 de Montbellet (Feugère 1988, fig. 3), del que se diferencia por su estructura interna y por la peculiaridad que acabamos de citar. De todas formas, su cronología debe ser otra, puesto que apareció en el estrato 2080 del pozo (último cuarto del s. II), aunque es posible que las cronologías de ambos objetos estén más próximas de lo que inicialmente podríamos suponer, puesto que, faltos de cualquier contexto arqueológico, los autores del estudio de los instrumentos de Montbellet se vieron obligados a fechar el hallazgo en función del estilo, atribuyéndole una cronología aproximada entre mediados del s. I y el s. II. Quizás debería alargarse esta cronología hasta la segunda mitad del s. II.

Al lado de la aguja de oftalmólogo, en aquél pozo aparecieron otras dos sondas y una espátula, también de bronce, bien conservadas y de buena calidad (Fig. 184: 1-3). La primera es una *ligula*, sonda auricular con el extremo inferior del mango abultado o en forma de oliva, que según algunos autores podría servir para aplicar medicamentos en la herida o parte infectada (Jackson 1987, p. 422, fig. 4-28), y la otra es una sonda de oreja muy sencilla, con un extremo terminado en punta y el otro redondeado, del que se conocen numerosos paralelos, apareciendo con cierta frecuencia en Ampurias (Oliva 1945, p. 54-57; Alarçâo et al. 1979, nº 256-260 y 269; Borobia 1988, fig. 61 y 102; Feugère 1988, fig. 16: 2-3). Este mismo tipo de aguja aparece en otros estratos de Tolegassos en contextos de la segunda y tercera fase y sobretodo en los niveles de abandono o en el estrato superficial.

Dos ejemplares de sonda de cucharilla proceden de los estratos 2009 y 2408, en un contexto de la segunda mitad del s. I y del s. II, respectivamente (Fig. 178: 12; fig. 184: 7). Son sondas de buena calidad, relativamente abundantes en otros yacimientos y con una forma ya conocida. El extremo del mango es más grueso y adopta la forma de oliva poco desarrollada. El extremo contrario tiene una cucharilla alargada. Pertenece a la serie de instrumentos sencillos, *Cyathiscomele*. Según algunos investigadores, serviría para aplicar medicamentos líquidos y para examinar y limpiar heridas (Borobia 1988, p. 32). El de mejor calidad, con la cuchara y el extremo inferior rotos, tiene el mango de sección octogonal.

El resto de instrumentos de cirugía del yacimiento comprende las agujas de uso indeterminado, generalmente sondas de oreja y agujas/sonda, a menudo en mal estado de conservación, que tendrían un uso parecido a las anteriores, pero más limitado (Fig. 178: 3; fig. 183: 9), y un fragmento de hoja de escalpelo (*scalpellum*) roto y con el filo bastante desgastado, también del estrato 2408 de la escombrera, de la segunda mitad del s. II (Fig. 178: 14).

Capítulo 16. Las monedas.

Sin duda el conjunto numismático de Tolegassos es uno de los más importantes hallados en una villa romana de estas características, puesto que, si bien es normal la aparición de monedas en yacimientos urbanos (y Ampurias es un buen ejemplo), no lo es tanto el hallazgo de un número tan elevado en un asentamiento rural, a menos que se trate de un pequeño tesoro o un lote escondido expresamente. En la villa de Viladamat todas las monedas han aparecido en excavación, en diversos estratos y como resultado de su pérdida en época antigua. Por lo tanto, reflejan perfectamente una circulación monetaria muy intensa a lo largo del período de vida del yacimiento y, al mismo tiempo, proporcionan datos importantísimos para el estudio y comprensión de esta villa rural.

Del total de 112 monedas aparecidas en el yacimiento, 107 lo han sido durante la excavación; el resto las encontró un buscador de tesoros el año anterior al inicio de la primera campaña de actuaciones en la villa, aunque afortunadamente pudimos recuperarlas. Una característica interesante es que casi todas las procedentes de excavación aparecieron dentro de habitaciones y ámbitos cerrados o bien delimitados y casi nunca en los patios y lugares al descubierto, exceptuando algunas más tardías halladas en el estrato de derrumbe situado sobre el almacén de *dolia* del sector 1. Otras, por circunstancias comprensibles, fueron encontradas en el estrato de relleno del pozo y en otros niveles formados con tierras de desescombro. Estas últimas, que hemos comentado sucintamente al estudiar aquellos ámbitos, confirman la cronología de los rellenos deducida a partir del material cerámico.

Un sector interesante por la concentración de monedas es el extremo este de la villa, dentro de las habitaciones de la fase 3, junto a los muros y mezcladas con las tierras de nivelación de las dependencias, depositadas después de su construcción. A esta zona corresponden trece monedas halladas junto al muro 2003 en dos habitaciones contiguas. El resto de monedas, que se reparten en las diversas habitaciones del sector 1 y sobretodo en el estrato superficial, no aportan demasiada información en lo que se refiere a la datación de las estructuras y fases, pero son un buen indicio de la evolución del yacimiento y, de manera especial, señalan de forma muy clara el abandono de la villa y la reocupación del yacimiento a mediados del s. IV. Además ponen en evidencia la intensa actividad en el yacimiento en época tardo-republicana, al menos desde mediados del s. II a.C. hasta los primeros años del principado de Augusto. A partir de inicios del s. I de nuestra Era, la presencia de monedas es continua, con unas oscilaciones que tienen su explicación en los inicios o finales de cada fase constructiva.

El análisis del gráfico mostrando los porcentajes en cada período es especialmente esclarecedor. En realidad, los puntos más altos del gráfico coinciden con los períodos de reformas o construcción.

Como podemos ver, el gráfico refleja fielmente la vida del yacimiento y confirma de manera fehaciente los datos y conclusiones a las que hemos llegado a partir del estudio del resto de material, especialmente del material cerámico que es, en definitiva, el que nos proporciona la cronología y el que nos permite diferenciar las distintas fases de ocupación de la villa, empezando por los precedentes más remotos y terminando por la reocupación tardía y el abandono definitivo del lugar que se convirtió, muy pronto y hasta nuestros días, en campos de cultivo.

Una vez incorporados los hallazgos de las últimas campañas, el gráfico de distribución por períodos no difiere demasiado del primero que publicamos hace años (Casas 1989, p. 164-165). En todo caso, lo completa y confirma. Como diferencia más significativa, podemos ver que se llena el vacio que existía en el período 2 (41-68 d.C.), más que nada debido al hallazgo de un conjunto de monedas de Claudio I. También parece coparse, pero solo aparentemente, otro vacio muy significativo, que corresponde a los años 257-317. Es la época inmediatamente posterior al abandono del yacimiento y previa a la reocupación tardía. Pero debe tenerse en cuenta, por un lado, que de este período solo hallamos dos monedas y, por el otro, la larga perduración y utilización de las monedas bajoimperiales. En lo que se refiere a los resultados de los períodos restantes, casi no se diferencian de los obtenidos en el primer estudio parcial de 42 monedas, anteriormente citado.

Entrando con más detalle en el análisis del conjunto, podemos observar la importancia que tienen las piezas de época tardo-republicana, que representan casi un 20% del total, sin duda reflejo de una ocupación intensa y posiblemente ininterrumpida del yacimiento a partir de una estación indígena y una primera villa al modo romano durante la segunda mitad del s. II y a lo largo de todo el s. I a.C., de la que encontramos testigos materiales y suficientes evidencias arqueológicas. Pero el gran momento, el período de máxima concentración de hallazgos numismáticos y, por otro lado, uno de los momentos mejor documentados en Tolegassos, es el cambio de Era y el principado de Augusto en general. Es una época de reformas, seguramente de abandono de una vieja villa coincidiendo con el abandono del almacén del Olivet d'en Pujol y de tantas otras pequeñas estaciones de esta región (Serra de Daró, Camallera, etc.) y la de construcción de un segundo edificio en Tolegassos, la villa augústea, que posteriormente fue aprovechada en el momento de edificarse de nueva planta la villa altoimperial. Pero también es la época de las grandes reformas de Ampurias, de la remodelación del fórum y pavimentación de algunas calles de la ciudad, así como de ejecución de importantes obras

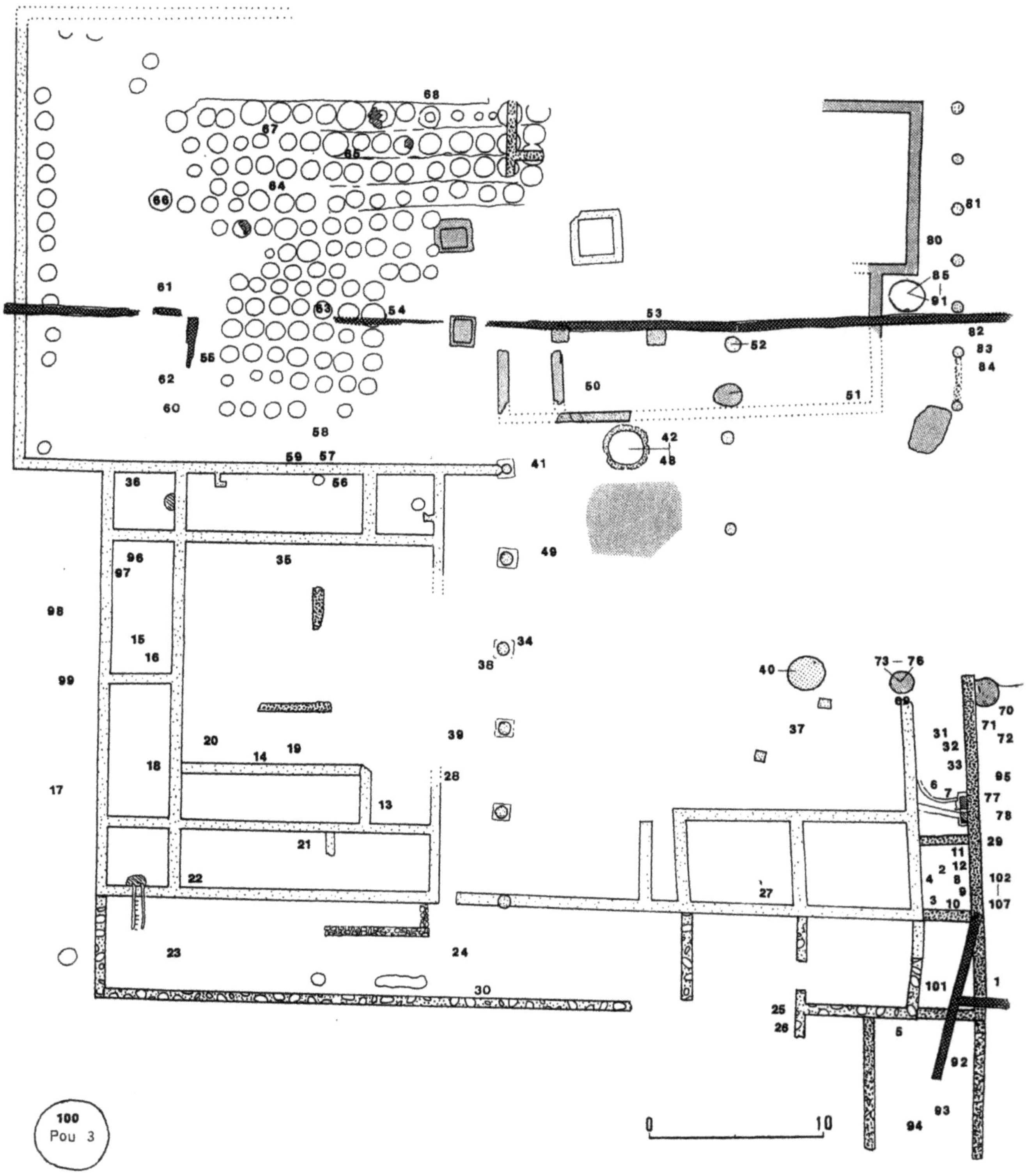

Fig. 189. Planta general de la villa con la localización de las monedas. Los números corresponden al inventario del capítulo.

públicas en el vecino núcleo.

Durante la primera mitad del siglo I, la circulación monetaria en Tolegassos no parece demasiada intensa. En todo caso, la frecuencia reproduce a escala más pequeña la de aparición de monedas en el fórum de Ampurias (Keay 1984, p. 483), aunque existe un ligero desajuste en algunos períodos concretos, especialmente durante la segunda mitad del s. I. En realidad, a partir de este momento y hasta llegar al período 10 (259-275), las columnas de Tolegassos y Ampurias corren casi paralelas y solo se diferencian por el corte súbito de la ciudad romana al final del período, debido a su abandono definitivo, mientras que en la villa de Tolegassos continúan apareciendo monedas acuñadas hasta el 350, excepto en el lapso de tiempo existente entre el último cuarto del s. III y el primer cuarto del s. IV, con las advertencias señaladas anteriormente.

De todas formas, queremos insistir una vez más sobre la poca fiabilidad de las monedas para establecer la cronología de conjuntos y estratos. Proporcionan una información valiosa, es cierto, pero no las podremos tomar nunca como base para la datación absoluta de ningún estrato. Reflejan los períodos de máxima difusión o mínima llegada de monedas en el yacimiento; pero no nos dicen el tiempo durante el que estuvieron en circulación, excepto en algunos casos en que hallamos monedas casi nuevas y poco circuladas y que, por otro lado, coinciden con los momentos de abandono o de grandes cambios en la villa (época post-augústea y tercer cuarto del s. III). En cualquier caso, tal como apuntábamos al inicio, ayudan a confirmar las cronologías que hemos obtenido a partir del estudio del resto de material del conjunto. Por otro lado, y ya para terminar, la comparación de los porcentajes de Tolegassos y del fórum de la ciudad romana de Ampurias que se incluye en el segundo gráfico, muestra sobretodo que ambos yacimientos tuvieron una vida paralela, aunque a diferente escala.

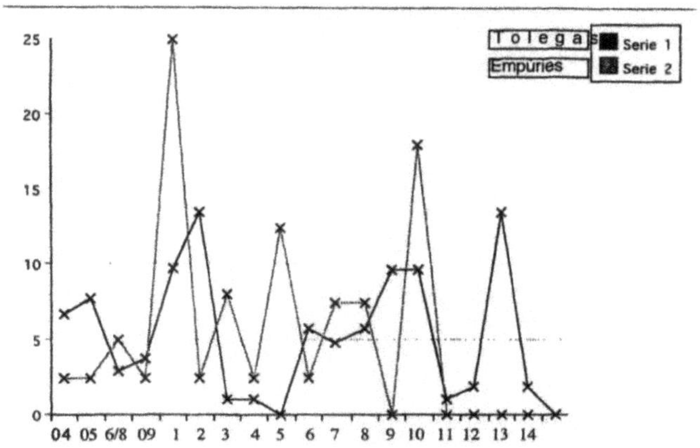

Gráfico comparativo de las monedas de Ampurias y Tolegassos.

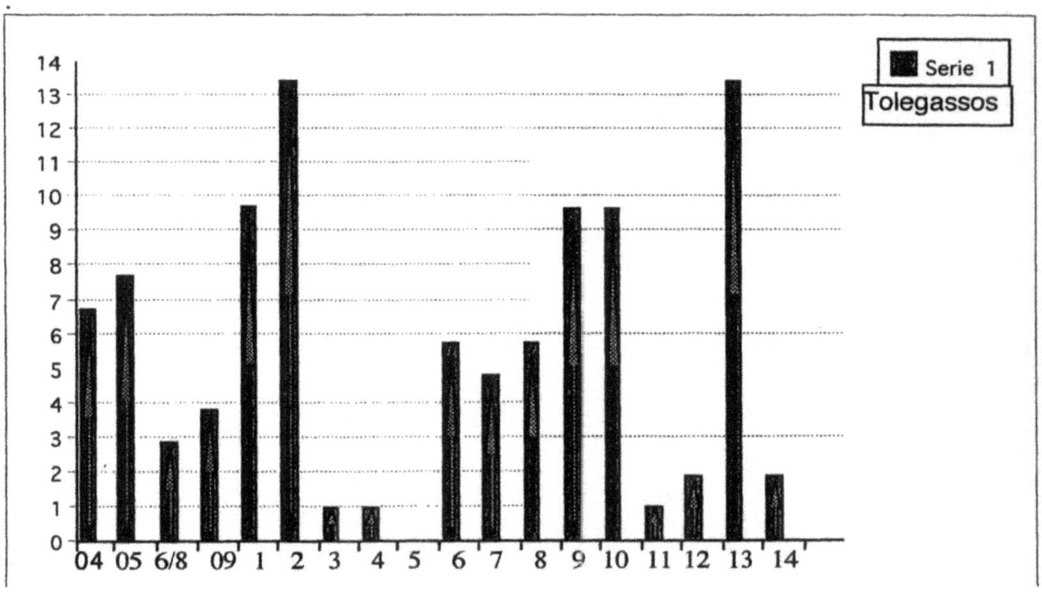

Distribución de las monedas de la villa desde el s. II a.C. hasta el s. IV d.C.

Períodos numismáticos.
04: 1ª mitad del s. II a.C.
05: 2ª mitad del s. II a.C.
06/08: 100-44 a.C.
09: 44-27 a.C.
1: 27 a.C. a 41 d.C.
2: 41 - 48.
3: 49 - 96.
4: 96 - 117.
5: 117 - 138.
6: 138 - 161.
7: 161 - 192.
8: 192 - 222.
9: 222 - 259.
10: 259 - 275.
11: 275 - 294.
12: 294 - 317.
13: 317 - 348.
14:348-364.

Inventario

1. Estrato: 1002.
Peso: 28,20 gr. Diámetro: 32 mm.
Anverso: Busto de perfil derecho, con corona de laurel.
IMP CAES M AVREL ANTONINVS AVG P F
Reverso: Salud ante un ara y una serpiente.
(Saluti augustor tr p XVI cos III) S C
Cronología: 161-162

2. Estrato: 2001.
Peso: 3,30 gr. Diámetro: 19,5 mm.
Anverso: Busto de perfil con corona radiada
IMP C TETRICVS P F AVG
Reverso: Soldado con una lanza.
VIRTVS AVG
Cronología: 270-274.

3. Estrato: 2001
Peso: 2,92 gr, Diámetro: 17 mm.
Denario de plata.
Anverso: Busto de perfil derecho
IMP CAES VESPASIANVS AVG
Reverso: Fortuna con cornucopia
(cos inter) FORD RED
Cronología: 69-70.

4. Estrato: 2001.
Peso: 19,18 gr. Diámetro: 29 mm.
Anverso: Busto de perfil derecho, con corona de laurel
SEPTIM SEVER
Reverso: Baco con lanza y una pantera
...SC
Cronología: 193-194

5. Estrato: 2001
Peso: 0,62 gr. Diámetro: 12 mm.
Anverso: Busto de perfil, con casco de cimera y cetro.
CONSTANTINVS AVG
Reverso: Victoria alada, con escudo y lanza
Cronología: 337 aprox.

6. Estrato: 2007
Peso: 18,52 gr. Diámetro: 31 mm.
Anverso: Palas Atenea
Reverso: Pegaso con el símbolo de una proa y Nike
UNTIKESKEN (en carácteres íberos)
Cronología: Serie 12 de Villaronga, entorno el 143 a.C.

7. Estrato: 2007.
Peso: 6,44 gr. Diámetro: 25 mm.
Anverso: Ilegible
Reverso: Ilegible
Cronología: Probable Claudio I.

8. Estrato: 2008
Peso: 3,42 gr. Diámetro: 17 mm.
Anverso: Busto femenimo, perfil derecho
DIVA FAVSTINA
Reverso: La Piedad ante un ara y una serpiente
AVGVSTA
Cronología: 141

9. Estrato: 2008
Peso: 8,4 gr. Diámetro: 23 mm.
Anverso: Ilegible
Reverso: Ilegible
Cronología: Probable Antonino (140-144)

10. Estrato: 2008
Peso: 19,59 gr. Diámetro: 28 mm.
Anverso: Busto de perfil derecho con corona de laurel
M COMMODVS ANTONINVS AVG
Reverso: Jupiter sentado ante un ara y una serpiente.
(Iuppiter conservator) S C
Cronología:181-182

11. Estrato: 2009
Peso: 9,69 gr. Diámetro: 24 mm.
Anverso: Busto de perfil con corona de laurel
(Antoninus aug pi)VS P P TR P COS III
Reverso: Janus con casco, escudo y lanza.
...S C
Cronología: 140-144

12. Estrato: 2009
Peso: 9,95 gr. Diámetro: 24/25 mm.
Anverso: Busto de perfil con corona de laurel
(Antoninus aug pi)VS P P TR P COS III
Reverso: Fortuna con cornucopia
...S C
Cronología: 140-144

13. Estrato: 1006
Peso: 2,30 gr. Diámetro: 20 mm.
Anverso: Busto de perfil derecho con corona radiada
GALIENVS AVG
Reverso: Pax Augusta con una palma
PAX AVG
Cronología: 253-268

14. Estrato: 1010
Peso: 1,88 gr. Diámetro: 16 mm.
Anverso: Probable CONSTANTINVS P F AVG
Reverso: FEL TEMP REPARATIO
Cronología: Entorno el 337

15. Estrato: 1019
Peso: 8,94 gr. Diámetro: 22 mm.
Anverso: Busto de perfil, con dos delfines
Reverso: Jinete con lanza.
SEKAISA, en carácteres ibéricos.
Cronología: 1ª mitad s. II a.C.

16. Estrato: 1019
Peso: 8,12 gr. Diámetro: 26 mm.
Anverso: Palas Atenea
Reverso: Pegaso con una laurea encima
EMPORIT
Cronología: 2ª nitad s. I a.C.

17. Estrato: 1015
Peso: 7,34 gr. Diámetro: 27 mm.
Anverso: Busto de perfil derecho. Ilegible
Reverso: Ilegible
Cronología: Probable Claudio I.

18. Estrato: 1014
Peso: 12,02 gr. Diámetro: 27,5 mm.
Anverso: Palas con la Q (Questor) debajo
Q C.N.C. G.R. L.C.F.A.
Reverso: Pegaso con laurea. EMPOR.
Cronología:Serie 24. Entre 27 a.C. y fin de siglo.

19. Estrato: 1010
Peso: 4,62 gr. Diámetro: 20 mm.
Anverso: Busto de Hércules con piel de leon
Reverso: Proa de nave. Q.M.E. ROMA

Cronología: 1ª mitad del s. II a.C.

20. Estrato: 1010
Peso: 3,14 gr. Diámetro: 21 mm.
Anverso: Busto de perfil, con corona radiada
DIVO CLAVDIO
Reverso: Ara. CONSECRATIO
Cronología:270. Probablemente de la ceca de Roma.

21. Estrato: 1022
Peso: 10,12 gr. Diámetro: 27 mm.
Anverso:Palas Atenea
Reverso: Pegaso. EMPORIT
Cronología: Mediados del s. I a.C.

22. Estrato: 1022
Peso: 15,40 Diámetro: 27 mm.
Anverso: Busto perfil derecho con corona de laurel
IMP CAE C VIB VOLVSIANO AVG
Reverso: Pax Augusta con rama y cetro
PAX AVG S C
Cronologia: 253

23. Estrato: 1028
Peso: 5,29 gr. Diámetro: 22 mm.
Anverso: Ilegible
Reverso: S C
Cronologia: Probable Marco Aurelio (161-162)

24. Estrato: 1037
Peso: 2,78 gr. Diámetro: 17,5 mm
Anverso: Busto con corona radiada
Reverso: *Aequitas* con balanza y cornucópia
AEQVITAS AVG
Cronologia: Probable Gordiano III (238-240)

25. Estrato: 2037
Peso: 3,05 gr. Diámetro: 14 x 17 mm.
Anverso: Aguila.
Reverso: CATVLLVS S C
Cronologia: S. I a.C. (?)

26. Estrato: 2037
Peso: 2,1 gr. Diámetro: 14 mm.
Anverso: Palas Atenea
Reverso: Pegaso con laurea. EM
Cronologia: 44-27 a.C.

27. Estrato: 2033
Peso: 21,36 gr. Diámetro: 33 mm.
Anverso: Busto con perfil derecho.
...AVG GERMA...
Reverso: Soldados rindiendo homenaje
Cronologia: Trajano. 104-115

28. Estrato: 2001
Peso: 0,7 gr. Diámetro: 15 mm.
Anverso: Escudo romboidal
Reverso: Ilegible.
Cronologia: Moneda catalana de fines del s. XV

29. Estrato: 2001
Peso: 3,26 gr. Diámetro: 28/30 mm.
Anverso: Busto de perfil con corona radiada
DIVO CLAVDIVS
Reverso: Pax Augusta, casi ilegible.
PAX AVG
Cronologia: 268-270

30. Estrato: 1048
Peso: 11,50 gr. Diámetro: 25 mm.
Anverso: Palas Atenea
UNTIKESKEN, en carácteres ibéricos
Reverso: Toro. ETERTER, en íbero
Cronologia: 1ª mitad s. II a.C.

31. Estrato: 2054
Peso: 8,38 gr. Diámetro: 23 mm.
Anverso: Busto de perfil derecho.
(Antoninus) AVG TR P XXIII
Reverso: Victoria alada.
(Vict) AVG COS III
Cronologia: 168-169

32. Estrato: 2054
Peso: 23,26 gr. Diámetro: 30 mm.
Anverso: Janus bifronte
Reverso: Proa de nave, signos casi borrados
Cronologia: Probable As pompeyano de la 2ª mitad s. I a.C.

33. Estrato: 2055
Peso: 1 gr. Diámetro: 19 mm.
Anverso: Busto de perfil. ...AVG
Reverso: Fortuna (ilegible)
Cronologia: Probable Constantino

34. Estrato: 1001
Peso: 8,7 gr. Diámetro: 22 mm.
Bronce ibérico ilegible.

35. Estrato: 1001
Peso: 2,2 gr. Diámetro: 17 mm.
Anverso: Busto con corona radiada
DIVO CLAVDIO
Reverso: Aguila. CONSECRATIO
Cronologia: 268-270

36. Estrato: 1001
Peso: 11,50 gr. Diámetro: 21 mm.
Anverso: Busto femenino de perfil derecho.
Reverso: Fortuna con cornucopia
Cronologia: Probable Crispina (180-183)

37. Estrato: 2001
Peso: 1,1 gr. Diámetro: 15 mm.
Anverso: Busto perfil derecho. ...TIVS...
Reverso: (iovis co)NSERVATORI
Cronologia: Constantino I, (por Constante) 330-333.

38. Estrato: 1001
Peso: 2 gr. Diámetro: 17 mm.
Anverso: Busto con corona radiada
IMP C TETRICVS
Reverso: PES
Cronologia: 270-274

39. Estrato: 1001
Peso: 3,15 gr. Diámetro: 20 mm.
Anverso: GALIENVS AVG
Reverso: VIRTVS AVG
Cronologia: 253-268

40. Estrato: 2068
Peso: 10,20 gr. Diámetro: 28 mm.
Anverso: Palas
Reverso: Pegaso. UNTIKESKEN en íbero
Cronologia: 2ª mitad s. II a.C.

41. Estrato: 2001-b
Peso: 10,35 gr. Diámetro: 25 mm.
Moneda ilegible y deteriorada.

42. Estrato: 2080
Peso: 3,95 gr. Diámetro: 26 mm.
Anverso: Palas
Reverso: Pegaso
Cronologia: As partido, de inicios del s. I

A) Estrato: Superficial
Peso: 5,79 gr. Diámetro: 28 mm
Anverso: Palas
Reverso: Pegaso. EMPORIT
Cronologia: As partido, de inicios s. I

B) Estrato: Superficial
Peso: 4,63 gr. Diámetro: 27 mm.
Anverso: Palas y contramarca con delfin
Reverso: Pegaso. EMPOR
Cronologia: As partido, inicios s. I

C) Estrato: Superficial
Peso: 1,67 gr. Diámetro: 17 x 9 mm.
Anverso: ...NVS AVG
Reverso: Ilegible
Cronologia: Galieno. 253-268

D) Estrato: Superficial
Peso: 7,4 gr. Diámetro: 22 mm.
Anverso: Busto masculino, desgastado
Reverso: Toro o caballo (desgastado)
Cronologia: Moneda ibérica del s. II a.C.

E) Estrato: Superficial
Peso: 5,4 gr. Diámetro: 21 mm.
Anverso: Ilegible. Probable DN MAGNENTIVS PF AVG
Reverso: Victorias sosteniendo un escudo. DD NN AVG ET CAE (VOT V MULT X) SV. Marca de la ceca de Londres (MSL). Resto ilegible.
Cronologia: 350-353

F) Estrato: Superficial
Peso: 10,10 gr. Diámetro: 28 mm.
Anverso: Palas
Reverso: Pegaso (Ilegible)
Cronologia: S. I a.C.

43. Estrato: 2080
Peso: 5,10 gr. Diámetro: 21 mm.
Anverso: Palas Atenea
Reverso: Pegaso (e)MPOR
Cronologia: 2° cuarto del s. I

44. Estrato: 2080
Peso: 17,67 gr. Diámetro: 29 mm.
Anverso: Busto femenino de perfil
IVLIA DOMNA AVG
Reverso: Personaje sentado. Concorcia o Salud
Cronologia: 193-196

45. Estrato: 2080
Peso: 5,00 gr. Diámetro: 19 mm.
Anverso: Busto femenino (Artemis ?)
Reverso: Pegaso
Cronologia: Moneda de plomo a imitación de las dracmas ampuritanas.

46. Estrato: 2080
Peso: 8,50 gr. Diámetro: 24 mm.
Anverso: Palas. Ilegible
Reverso: Ilegible
Cronologia: 1r tércio o 2° cuarto del s. I

47. Estrato: 2080
Peso: 6,00 gr. Diámetro: 23 mm.
Ilegible y muy deteriorada

48. Estrato: 2080
Peso: 9,80 gr. Diámetro: 27 mm.
Anverso: Ilegible
Reverso: Ilegible
Cronologia: Posible Antoninus Pius (143-144)

49. Estrato: 2001
Peso: 2,50 gr. Diámetro: 16 mm.
Anverso: CONSTANS PF AVG (?)
Reverso: Soldado con estandarte y prisionero
GLORIA ROMANORVM/TESΩ
Cronologia: 337-350. Ceca de Tesalónica

50. Estrato: 2001
Peso: 3,38 gr. Diámetro: 20 mm.
Anverso: Busto de perfil IMP CONSTANTINVS AVG
Reverso: El Sol con corona radiada. SOLI INVICTO COMITI/TF/PLG
Cronologia: 313. Ceca de Lyon

51. Estrato: 2001
Peso: 22,10 gr. Diámetro: 32 mm.
Anverso: Busto de perfil, ilegible
Reverso: Gastado e ilegible
Cronologia: Mediados s. II

52. Estrato: 2116
Peso: 5,16 gr. Diámetro: 20 x 13 mm.
Anverso: Palas
Reverso: Pegaso (unti)KESKEN en íbero
Cronologia: S. II-I a.C. Serie no identificable

53. Estrato: 2132
Peso: 3,80 gr. Diámetro: 21 mm.
Anverso: Busto de perfil derecho y corona radiada
M AVR NVMERIANVS C
Reverso: PRINCIP IVVENTVT KAΔ
Cronologia: 283-284

54. Estrato: 2001
Peso: 1,90 gr. Diámetro: 15 mm
Anverso: Borrado. ...CLAVDIVS...
Reverso: Ilegible
Cronologia: Claudio II. 268-270

55. Estrato: 2001
Peso: 1,15 gr. Diámetro: 15 mm.
Anverso: Busto perfil derecho. ..AV...
Reverso: Jinete. T CON (Ceca de Constantinopla)
Cronologia: Probable Constante. 346-350

56. Estrato: 2001
Peso: 1,68 gr. Diámetro: 15 mm.
Anverso: Busto de Roma con casco y capa imperial
VRBS ROMA
Reverso: Loba con Rómulo y Remo. ***/T CONS
Cronologia: Constantino I. 330-335. Ceca de Constantinopla

57. Estrato: 2001
Peso: 15,05 gr. Diámetro: 27 mm.
Anverso: IMP MAXIMINVS PIVS AVG
Reverso: Victoria con palma. VICTORIA AVG
Cronologia: 236-237

58. Estrato: 2001
Peso: 9,72 gr. Diámetro: 25 mm.
Anverso: Busto de perfil. Ilegible
Reverso: Ilegible

59. Estrato: 2001
Peso: 21,60 gr. Diámetro: 30 mm.
Anverso: Busto femenino. DIVA FAVSTINA
Reverso: Piedad (?). Ilegible
Cronologia: 141

60. Estrato: 2190
Peso: 18,07 gr. Diámetro: 29 mm.
Anverso: Busto. IM IVL PHILIPPVS AVG
Reverso: Fortuna. ANNONA AVG/SC
Cronologia: 244-249

61. Estrato: 2190
Peso: 5,296 gr. Diámetro: 26 mm.
Anverso: Mitad inferior del busto de Palas
C... (marca de magistrados)
Reverso: Mitad posterior de Pegaso. EMPOR
Cronologia: Augústea o inicios s. I

62. Estrato: 2192
Peso: 9,89 gr. Diámetro: 32 mm.
Anverso: Ilegible
Reverso: Ilegible
Cronologia: As de Ampurias o de *Untikesken*

63. Estrato: 2186
Peso: 10,35 gr. Diámetro: 22 mm.
Anverso: Busto de Palas y contramarca
Reverso: Pegaso. EMP(or)
Cronologia: 1r tercio del s. I

64. Estrato: 2001
Peso: 1,537 gr. Diámetro: 16 mm.
Anverso: Busto perfil derecho. IVLI GALERIO ..AVG
Reverso: IVLI GA...
Cronologia: Galerio. 298-303 aprox.

65. Estrato: 2001
Peso: 1,227 gr. Diámetro: 15 mm.
Anverso: Busto perfil derecho. ...CONS...
Reverso: Soldados. FEL TEMP (reparatio). SPLG
Cronologia: 353-358 (?)

66. Estrato: 2269
Peso: 4,962 gr. Diámetro: 27 mm.
Anverso: Busto de perfil. Ilegible
Reverso: Ilegible
Cronologia: Moneda de plomo

67. Estrato: 2001
Peso: 2,498 gr. Diámetro: 18 mm.
Anverso: Busto perfil derecho, corona radiada.
...VS AVG
Reverso: Tritón. Ilegible
Cronologia: Galieno. 253-268

68. Estrato: 2001
Peso: 1,168 gr. Diámetro: 14 mm.
Anverso: Busto perfil derecho. Ilegible
Reverso: Sol (Soli invicto?). Ilegible
Cronologia: Casa de Constantino. 1° mitad s. IV

69. Estrato: 2001
Peso: 3,044 gr. Diámetro: 20 mm.
Anverso: IMP CONSTANTINVS PF AVG
Reverso: SOLI INVICTO COMITI / PF
Ceca ilegible (AD ?)
Cronologia: Constantino I.

70. Estrato: 2408
Peso: 4,162 gr. Diámetro: 19 mm.
Moneda de plomo ilegible

71. Estrato: 2002
Peso: 12,42 gr. Diámetro: 26 mm.
Anverso: Palas Atenea
Reverso: Pegaso. UNTIKESKEN en íbero
Cronologia: Mediados s. II a.C.

72. Estrato: 2407
Peso: 9,35 gr. Diámetro: 28 mm.
Anverso: Palas y contramarca de delfín
Reverso: Pegaso. UNTIKESKEN en íbero
Cronologia: Mediados s. II a.C.

73. Estrato: 2405
Peso: 17,32 gr. Diámetro: 27 mm.
Anverso: Palas Atenea
Reverso: Pegaso. Leyenda ilegible
Cronologia: As de *Untikesken*. s. II-I a.C.

74. Estrato: 2405
Peso: 5,08 gr. Diámetro: 21 mm.
Anverso: Dios Bes
Reverso: ABSM y el valor 50 (10+20+20) en fenicio.
Cronologia: Ebusum. 2° mitad s. II a.C.

75. Estrato: 2405
Peso: 9,35 gr. Diámetro: 24 mm.
Anverso: Palas (?)
Reverso: Pegaso y letra N
Cronologia: Mediados s. I a.C.

76. Estrato: 2405
Peso: 16,61 gr. Diámetro: 28 mm.
Ilegible. Parece un As de *Untikesken*

77. Estrato: 2409
Peso: 4,746 gr. Diámetro: 28 mm.
Anverso: Busto de Palas, quizás con contramarca
de delfín muy borrada.
Reverso: Pegaso. EMPOR
Cronologia: 30-40 d.C.

78. Estrato: 2411
Peso: 4,647 gr. Diámetro: 28 mm.
Anverso: Palas. Contramarca DD
Reverso: Pegaso. EMPOR y contramarca DD
Cronologia: As partido, 30-40 d.C.

79. Estrato: 2002
Peso: 1,59 gr. Diámetro: 16 x 13 mm.
Anverso: Busto femenino. ...VSTA
Reverso: (mater au)GVSTA
Cronologia: Julia Domna. Entorno el 202

80. Estrato: 2419
Peso: 2,68 gr. Diámetro: 19 mm.
Anverso: Busto del emperador. GALIENVS AVG

Reverso: Fortuna con cornucopia. FORTVNA ...DVX
Cronologia: Hacia el 255

81. Estrato: 2001.
Moneda medieval catalana.
IACOBVS REX / BA(R)QUINONA
Cronologia: Jaime II.

82. Estrato: 2001
Peso: 3,72 gr. Diámetro: 21 x 19 mm.
Anverso: Busto emperador. IMP CONSTANTINVS PF AVG
Reverso: El Sol. SOLI INVICTO COMITI / SM...
Cronologia: 315-320

83. Estrato: 2001
Peso: 1,387 gr. Diámetro: 13 mm.
Anverso: Busto del emperador
Reverso: Fortuna con cornucopia
Cronologia: Casa de Constantino. 2° tercio s. IV

84. Estrato: 2438
Peso: 14,956 gr. Diámetro: 28 mm.
Anverso: TI CLAVDIVS CAESAR AVG PM TRP IMP
Reverso: S C
Cronologia: Hacia el 44 d.C.

85. Estrato: 2443
Peso: 12,682 gr. Diámetro: 28 mm.
Anverso: TI CLAVDIVS CAESAR AVG PM TRP IMP
Reverso: S C
Cronologia: Hacia el 45 d.C.

86. Estrato: 2443
Peso: 13,54 gr. Diámetro: 27 x 30 mm.
Anverso: TI CLAVDIVS CAESAR AVG PM TRP IMP
Reverso: S C
Cronologia: Hacia el 45 d.C.

87. Estrato: 2443
Peso: 9,142 gr. Diámetro: 27 mm.
Anverso: Palas y contramarca DD y delfín.
Reverso: Pegaso. EMPOR, muy desgastado
Cronologia: Calígula-Claudio. 37-54

88. Estrato: 2443
Peso: 13,053 gr. Diámetro: 27 mm.
Anverso: Palas, contramarca DD y delfín
Reverso: Pegaso. EMPOR
Cronologia: Caligula-Claudio. 37-54

89. Estrato: 2443
Peso: 12,652 gr. Diámetro: 28 mm.
Anverso: Palas, contramarca DD y delfín
Reverso: Pegaso. EMPOR
Cronologia: Caligula-Claudio. 37-54

90. Estrato: 2443
Peso: 9,119 gr. Diámetro: 27 mm.
Anverso: Palas, contramarca DD y delfín
Reverso: Pegaso. EMPOR
Cronologia: Caligula-Claudio. 37-54

91. Estrato: 2443
Peso: 13,895 gr. Diámetro: 27 mm.
Anverso: Palas, contramarca DD y delfín
Reverso: Pegaso. EMPOR
Cronologia: Caligula-Claudio. 37-54

92. Estrato: 2088
Peso: 2,036 gr. Diámetro: 15 mm.
Anverso: Busto emperador ...NSTANTIVS...
Reverso: Soldados en combate. FEL TEMP REPARATIO
Cronologia: Entorno el 340

93. Estrato: 2082
Peso: 3.055 gr. Diámetro: 16 mm.
Anverso: Palas Atenea con contramarca ilegible
Reverso: Caballo con laurea encima. Posible *untikesken* muy borrado.
Cronologia: 1° mitad s. II a.C.

94. Estrato: 2082
Peso: 22,748 gr. Diámetro: 32 mm.
Anverso: Palas con símbolo a la derecha
Reverso: Pegaso. UNTIKESKEN en íbero
Cronologia: Serie 8 de Villaronga. 169-158 a.C.

95. Estrato: 2004/2408
Peso: 10,695 gr. Diámetro: 25 mm.
Anverso: Busto de perfil con ánfora a la izquierda
Reverso: Jinete con palma. KESE en íbero
Cronologia: Primera mitad s. II a.C.

96. Estrato: 1019
Peso: 20,909 gr. Diámetro: 28 mm.
Anverso: MAXIMINVS PIVS AVG CAES...
Reverso: Figura y dos estandartes. FIDES MILITVM/SC
Cronologia: Maximino. Entorno el 237

97. Estrato: 1019
Peso: 1,711 gr. Diámetro: 18 mm.
Anverso: Busto del emperador. Ilegible
Reverso: ... COS II PF
Cronologia: Desconocida

98. Estrato: 1015
Peso: 3,289 gr. Diámetro: 20 mm.
Anverso: Busto perfil izquierdo con diadema
DN CONSTANS PF AVG
Reverso: Soldado, águila. FEL TEMP REPARATIO / SABL
Cronologia: Entorno el 348

99. Estrato: 1015
Peso: 10,35 gr. Diámetro: 25 mm.
Anverso: Busto perfil derecho.
Reverso: Nave o galera ...COS III / SC
Cronologia: Desconocida

100. Estrato: 3003
Peso: 3,116 gr. Diámetro: 20 mm.
Anverso: Busto emperador. GALLIENVS AVG
Reverso: PAX AVG
Cronologia: Aprox. 254-256

101. Estrato: 2027
Peso: 9,846 gr. Diámetro: 24 mm.
Anverso: Busto emperador ...PON MAX IMP CAES...
Reverso: Busto emperador ...CVT (ti) CAESAR
Cronologia: Acuñada en Tarragona. ti caesar se refiere a Tiberio, adoptado por Augusto el año 4.

102. Estrato: 2413
Peso: 2,917 gr. Diámetro: 16 mm.
Anverso: Busto de Palas
Reverso: Gallo y la letra E
Cronologia: Primera mitad s. II a.C.

103. Estrato: 2002
Peso: 2,189 gr. Diámetro: 17 mm.
Anverso: Busto emperador. DIVO CLAVDIO
Reverso: Aguila. (consecrat)IO
Cronologia: 270

104. Estrato: 2004
Peso: 7,509 gr. Diámetro: 22 mm.
Anverso: Busto con corona de laurel ...TONINVS P:VS AVG...
Reverso: Victoria con escudo ...TRP VII COS III / SC
Cronologia: Probable Caracalla

105. Estrato: 2004
Peso: 9,881 gr. Diámetro: 24 mm.
Anverso: Busto con corona de laurel. ANTONINVS PIVS AVG ...M(?)
Reverso: SECVRITATE PERPETVAE (?)
Cronologia: 213-217

106. Estrato: 2002/2004
Peso: 2,806 gr. Diámetro: 17 mm.
Anverso: Busto con diadema. DN CONSTANTIVS PF AVG
Reverso: Soldados en lucha. FEL TEMP REPARATIO.
Cronologia: Entorno el 340

107. Estrato: 2412
Peso: 12,35 gr. Diámetro: 26 mm.
Anverso: Busto de Palas y contramarca (DD ?)
Reverso: Pegaso EMPOR
Cronologia: Segundo cuarto s. I d.C.

1
2
3
4
5
6
7
8
9
10
11
12

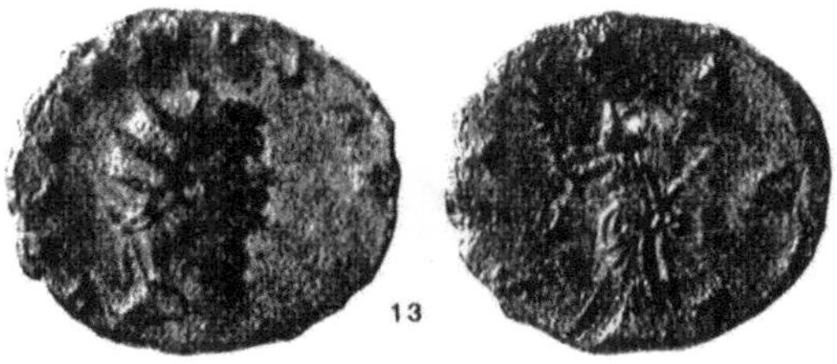
13

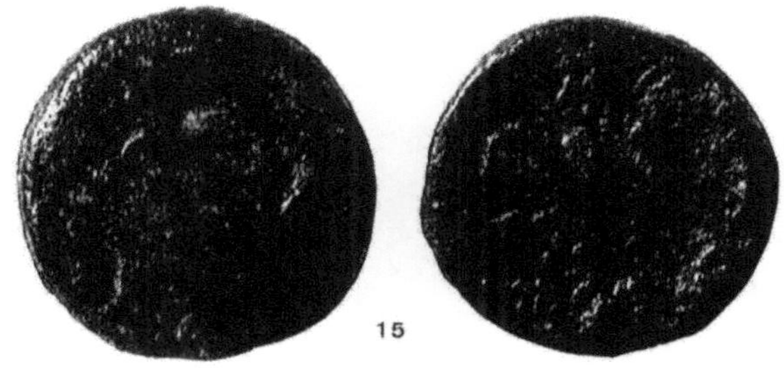
15

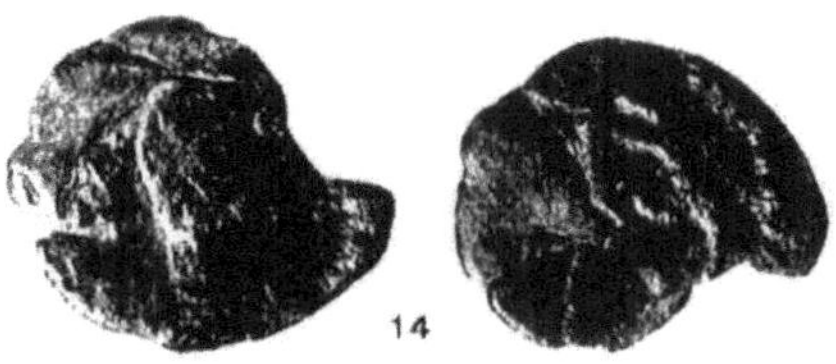
14

16

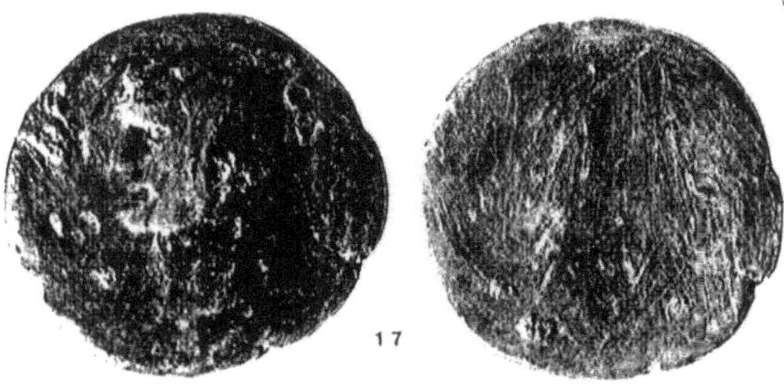
17

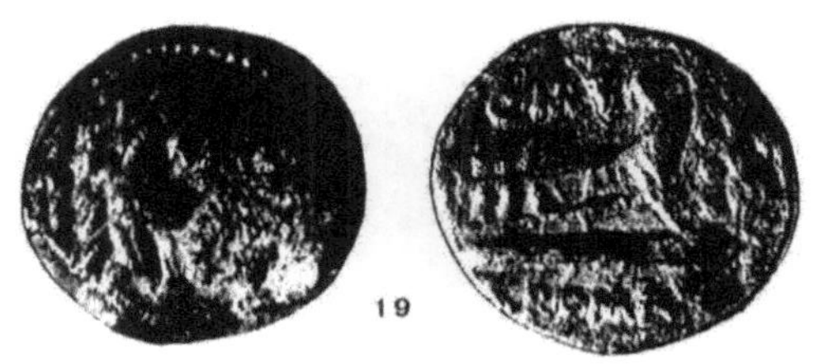
19

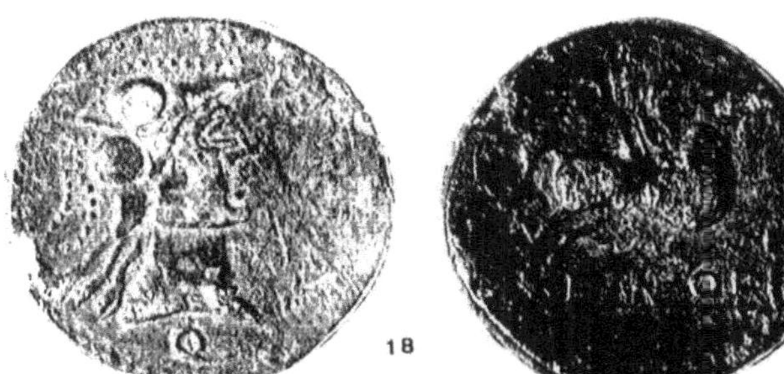
18

20

21

22

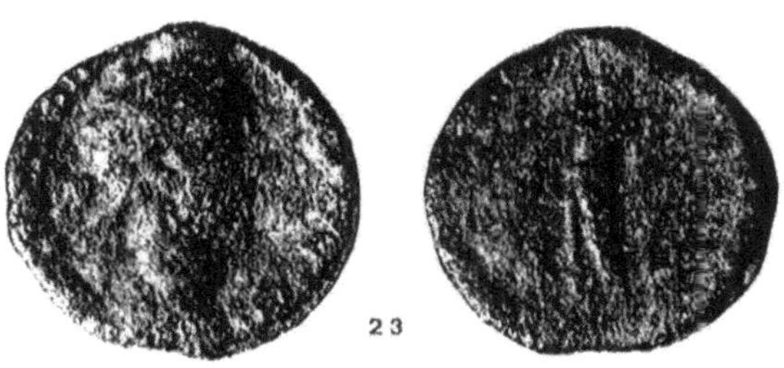
23

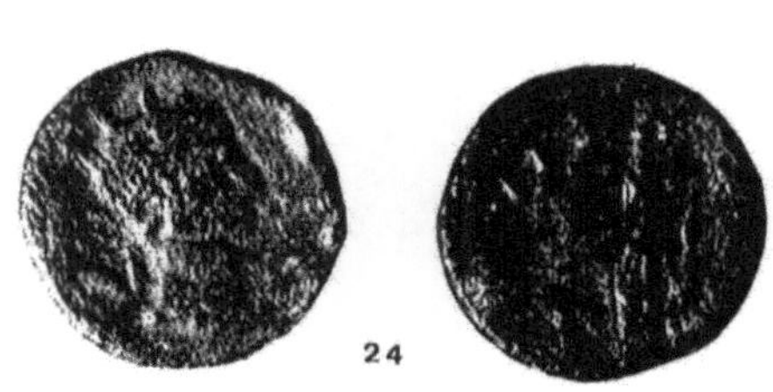
24

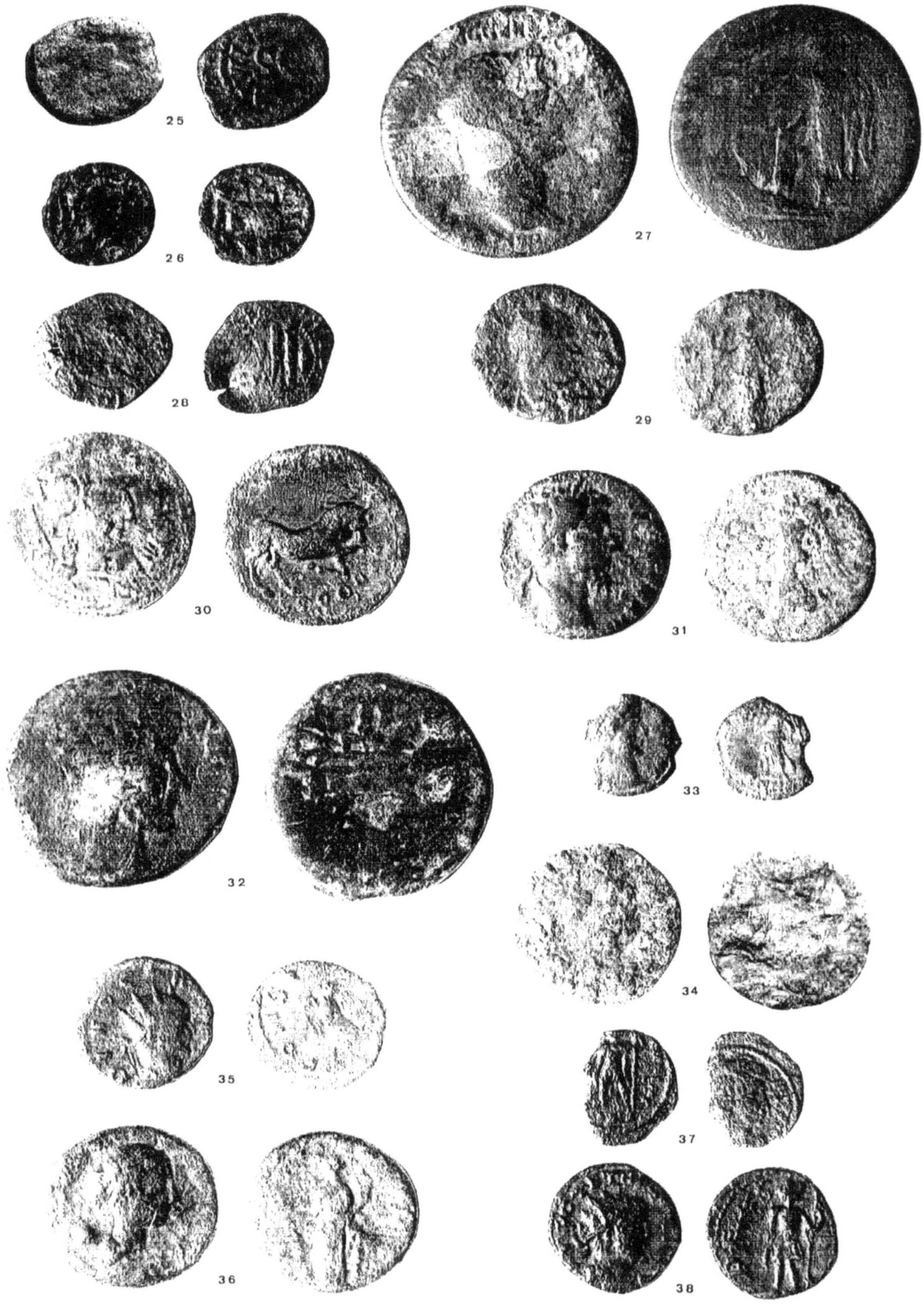
25
26
27
28
29
30
31
32
33
34
35
36
37
38

39 40 41 42

A C D

B E F

43
44
45
46
47
48
49
50
51
52
53
54
55
56
57
58
59
60
61
62
63
64
65

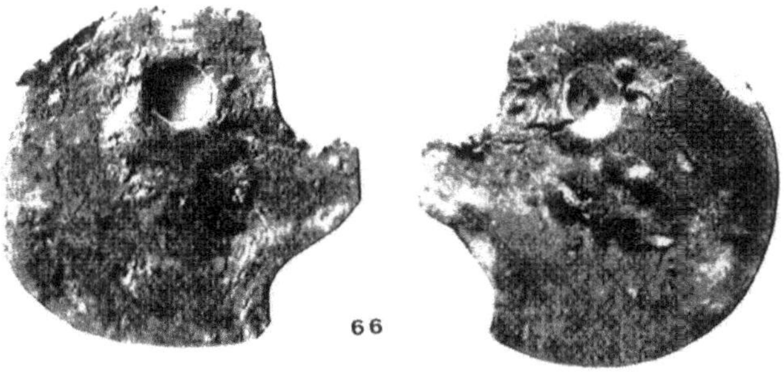
66

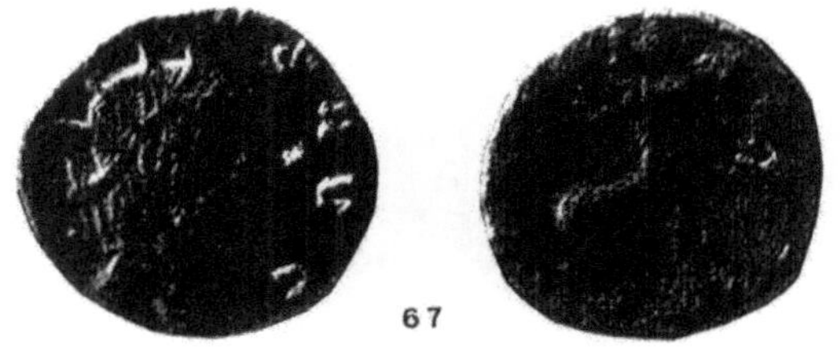
67

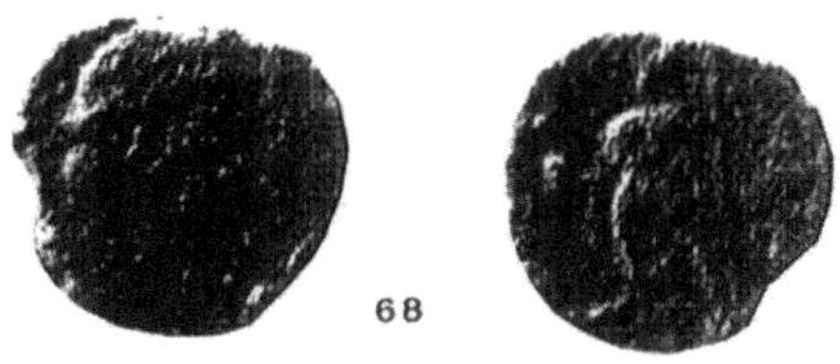
68

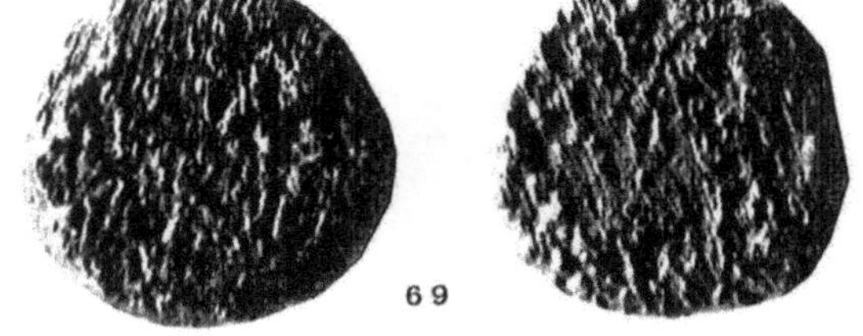
69

70

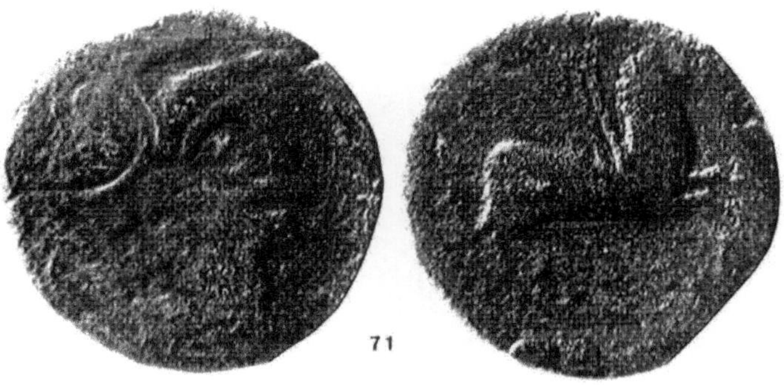
71

72

73

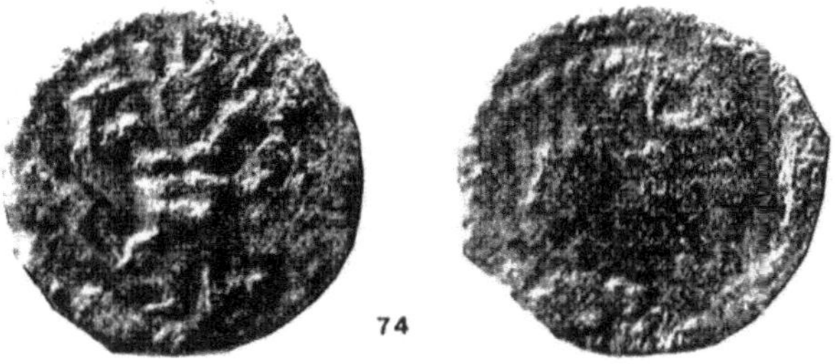
74

75

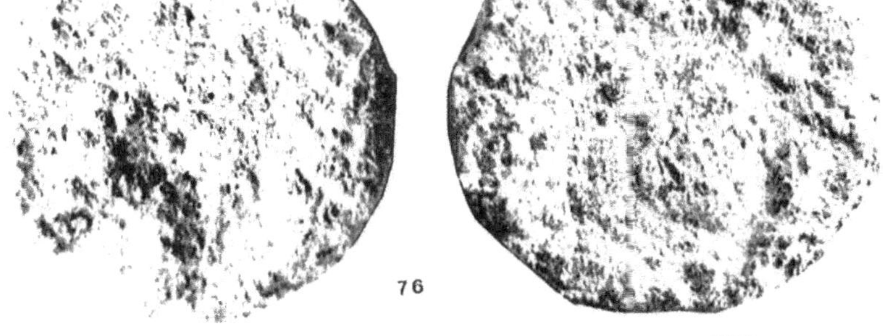
76

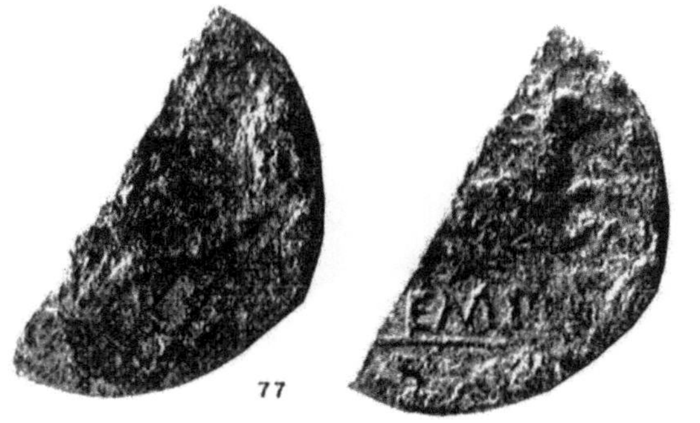
77

78
79
80
81
82
83
84
85
86
87
88
89
90
91
92
93
94
95

96

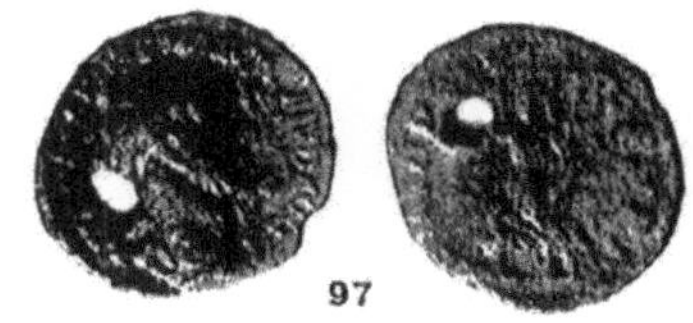
97

98

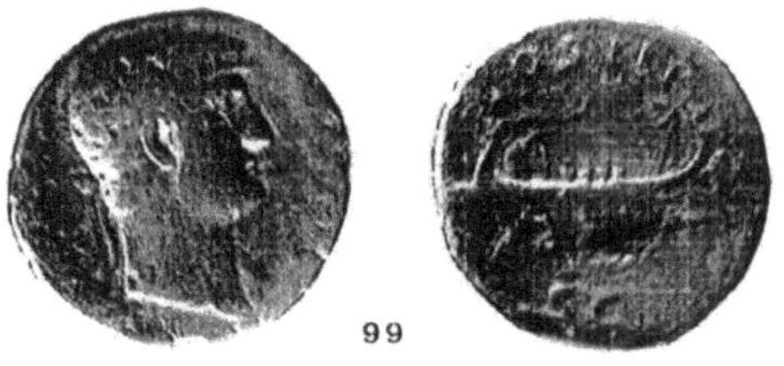
99

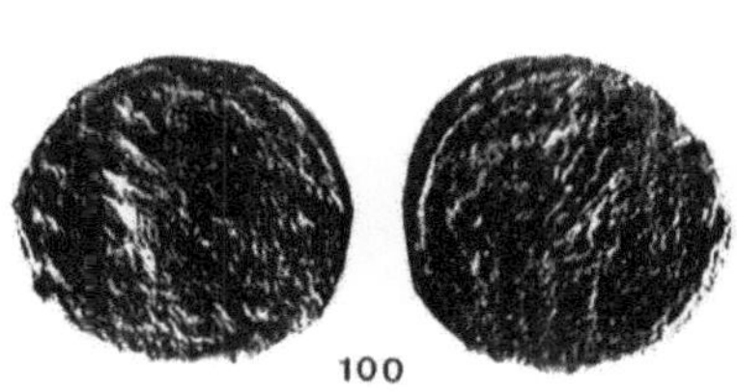
100

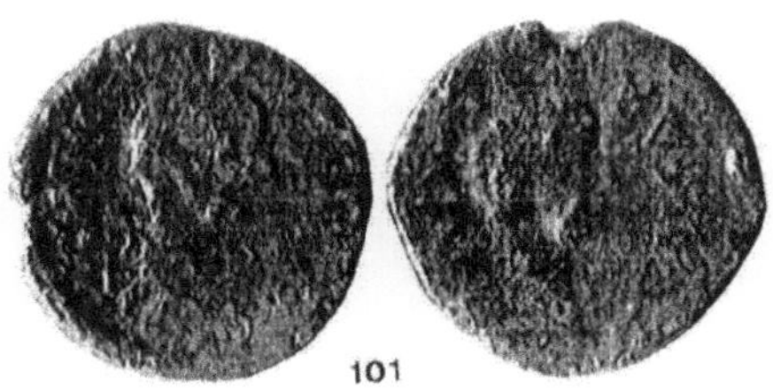
101

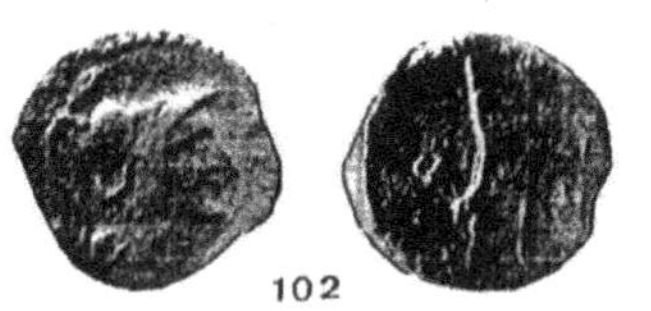
102

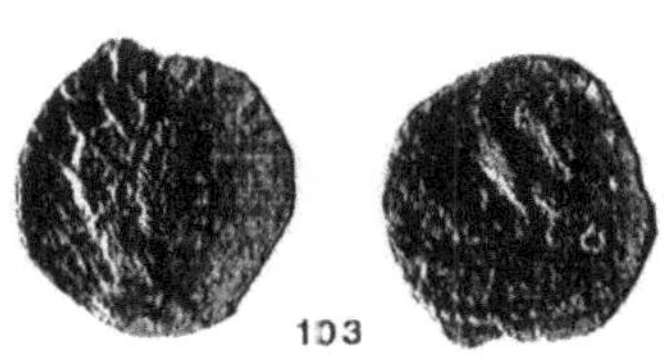
103

104

105

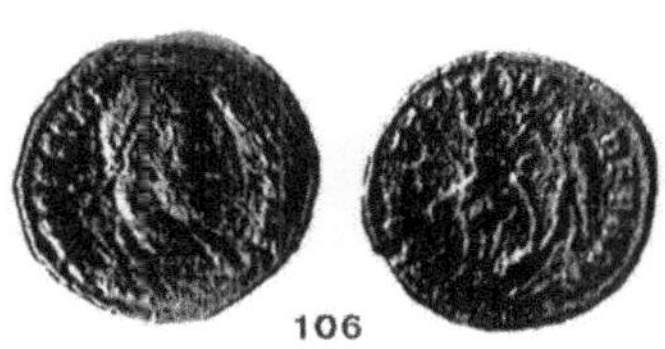
106

107

Consideraciones finales. Rasgos principales de la romanización en el nordeste de Cataluña.

A partir de la relación de yacimientos, de la carta arqueológica comentada brevemente al inicio de esta publicación, puede observarse a grandes rasgos y de forma a veces demasiado fragmentada, cual fue el alcance de la ocupación y población del territorio, especialmente en época romana y, gracias a las excavaciones que han sido llevadas a cabo en Ampurias, Tolegassos y en tantos otros yacimientos de la zona, podemos hacernos una idea clara de las líneas generales del proceso de romanización en este territorio, así como de aquellas características específicas relativas a la actual provincia de Gerona.

En el caso concreto de la villa de Tolegassos, debemos considerarla excepcional mientras no existan excavaciones en otros yacimientos mejores. Los estudios que se han llevado a cabo sobre la población rural en el Mediterráneo en época romana han tenido que tomarla como ejemplo para ilustrar esta época en el territorio del nordeste peninsular (Leveau, Sillières & Vallat, 1993, p. 43, 203, 218-219).

Se trata de un yacimiento único, básicamente por dos motivos. Por un lado, permite reconstruir una villa rural de tipo medio que, hasta cierto punto, podemos considerar como un modelo estándar de las villas del territorio. Por otro lado, nos muestra la evolución de la ocupación del territorio y explotación del campo en la región desde la transición del mundo indígena al romano, con los diferentes cambios más significativos que se han ido observando y confirmando a partir de excavaciones en otros yacimientos, hasta su final dentro de la segunda mitad avanzada o último cuarto del s. III, en un momento muy significativo y de importantes cambios. Finalmente, apunta algunas soluciones en lo que se refiere a la evolución de la ocupación del territorio y explotación del campo durante el Bajo Imperio.

La romanización en la región sigue unas pautas concretas, determinadas a partir de los resultados de excavaciones realizadas en el nordeste de Cataluña durante los últimos 15 o 20 años, las cuales se contradicen con "verdades" absolutas establecidas mucho tiempo atrás y que deberemos erradicar (Nolla & Casas 1987, p. 101-106). Efectivamente, se había considerado segura la romanización de la región a partir de la segunda mitad del s. I a.C. y especialmente a partir del principado de Augusto, consolidándose a mediados del s. I d.C. y considerando, de alguna manera, que todo lo que fuera anterior era poco fiable, puntual y distante y que Roma se habría contentado con una presencia alejada que tendría como único objetivo la exacción de tributos y la conversión del mundo indígena en un mercado de los productos itálicos. No sería hasta después de las guerras civiles con César y especialmente en época de Augusto que el interés de Roma hacia la Península habría cambiado, iniciándose la explotación del campo al modo itálico. A pesar de todo, algunos autores ya iniciaron una ruptura con estas viejas ideas, insistiendo en fijar el inicio de este proceso a finales del s. II a.C., aunque sin profundizar ni insistir demasiado (Tarradell, 1978, p. 216-238; J.A. & J.G. 1982, p. 111-113). El mismo Nino Lamboglia ya había manifestado mucho antes que la fundación de la ciudad romana de Ampurias no había que situarla hacia el 45 a.C., sino a finales del s. II a.C. (Lamboglia 1955, p. 193-206).

Ahora, después de las numerosas excavaciones llevadas a cabo en Cataluña durante las últimas décadas, sabemos que la cuestión cambia sensiblemente y que la romanización responde a unas pautas y a unos momentos clave que se repiten en todo el territorio y que, a pesar de las informaciones de las que aún carecemos, se confirman día a día a medida que se ponen al descubierto nuevos yacimientos. El proceso de romanización parece ser que incluye tres fases concretas y diferentes, aunque la primera, la conquista militar a partir de la guerra contra los cartagineses y sus aliados, es corta y puntual y no ha dejado casi ningún testimonio material, a excepción, seguramente, del *praesidium* de Ampurias. A esta primera fase también deberán añadirse los años posteriores, con la represión de Catón sobre la revuelta indígena que, de hecho, dará lugar a la conquista y apropiación del territorio por parte de Roma.

A partir de aquí se abre una segunda fase que finalizará con el gran cambio a fines del s. II a.C. Es un período caracterizado por una explotación indirecta de los recursos del país, limitada probablemente a la expoliación y a la exacción de tributos, pero no exenta de un tráfico comercial descompensado, en el sentido de que favorecía de manera clara y casi exclusiva el mercado itálico. En este período el mundo indígena, ibérico, empieza a sufrir cambios significativos, ya que si por un lado algunos de los *oppida* quedan despoblados, otros experimentan un crecimiento súbito previo a su total caída y abandono a partir de fines del s. II a.C., que se acelera a lo largo de todo el s. I a.C. De alguna manera, la sociedad indígena parece aprovecharse de la presencia de Roma, más militar y administrativa que de explotación directa de los recursos, aún admitiendo que algunos colonos itálicos se hubieran establecido en la zona de manera precaria desde mediados del s. II a.C. Da la impresión de que los indígenas del territorio situado bajo la influencia de Ampurias, escarmentados o atemorizados después de la represión de Catón, casi ni se mueven, continuando trabajando unas tierras propiedad de Roma por derecho de conquista durante un período de 70 o 80 años de relativa tranquilidad.

El gran cambio se produce en la tercera fase de la romanización, a finales del s. II a.C. La actitud de Roma hacia la Península ha cambiado radicalmente y se pasa de una especie de expoliación que había caracterizado los años precedentes a una explotación directa del territorio, con el trabajo en el campo recuperando las tierras que se encontraban bajo la custodia de los locales, redistribuyéndola entre los nuevos colonos itálicos y seguramente entre algunos de los indígenas (iberos, griegos, ...) a partir de un nuevo catastro que surgiría como consecuencia de la fundación de la ciudad romana de Ampurias sobre la colina situada a poniente de la Neápolis griega. Este fenómeno parece no ser exclusivo de Ampurias, aunque la fecha de su origen es ligeramente anterior al de la fundación de *Baetulo* (Guitart 1976; Aquilué & Subias 1984, p. 353-359; Puerta 1989, p. 15), seguramente a la de *Iluro* y a la de *Gerunda* (Nolla, 1987), que debe situarse a inicios del s. I a.C.

Además en este momento se detecta el abandono de numerosos estaciones indígenas de la comarca, una de las cuales se sitúa precisamente bajo las estructuras de época romana de Tolegassos y que parece que pudo dar lugar a un primer asentamiento rural de tipo itálico. Al mismo tiempo se fundan otras explotaciones rurales similares, como es el caso geográficamente próximo del Olivet d'en Pujol o, más espectacular aún, la villa de Mas Gusó, con una fundación claramente republicana sobre un establecimiento indígena con un origen fechado, como mínimo, al final de la Edad del Bronce.

Otro factor que también debió jugar un papel importante fue la fundación de *Narbo Martius* hacia el 118 a.C. y la reconstrucción o acondicionamiento del antiguo Camino de Heracles, convertido en la Via Domitia. La dominación completa de la Galia Narbonense y la reconstrucción del camino permitió la afluencia de colonos itálicos, construyéndose las primeras explotaciones agrícolas al modo romano y abandonándose en general -pero no del todo- los antiguos métodos indígenas. Es en este contexto donde debe situarse la fundación de las primeras explotaciones rurales de tipo itálico en este territorio.

A partir de las excavaciones de Tolegassos puede reseguirse el proceso que acabamos de exponer, de forma clara desde finales del s. II a. C. y con indicios de una actividad anterior. A partir de este momento la evolución del yacimiento sigue paralela a la de Ampurias, fiel reflejo de lo que ocurrió en la vecina ciudad hasta las últimas décadas del s. III de nuestra Era. Pero además también se ve reflejado en otros yacimientos no demasiado alejados, más modestos, en los que se detectan los mismos cambios.

A los largo del s. I a.C., una vez superadas las tres fases del inicio de la romanización, el sistema itálico se fue consolidando y los indígenas perderían su identidad y su lengua de manera relativamente rápida, integrándose totalmente en el mundo romano. Detectamos, en esta época, restos de modificaciones puntuales en el asentamiento de Tolegassos, con evidencias arqueológicas de difícil lectura e interpretación, suponemos que como consecuencia de modificaciones internas de las que nos han llegado restos dispersos que de ninguna manera nos permiten llegar a conocer con profundidad la evolución del yacimiento durante aquel período concreto.

El segundo gran cambio se produce en época de Augusto, más concretamente a inicios del s. I o durante el primer tercio del siglo. En la región que hemos estudiado, limitada a las comarcas de Gerona, aparece un número relativamente elevado de yacimientos abandonados o modificados en esta época. En general se trata de pequeños asentamientos que se abandonan del todo, como en el caso de la fase de "precedentes" de Tolegassos, las estaciones de Serra de Daró y del Camp del Bosquet, el almacén del Olivet d'en Pujol o la amortización de los silos de la villa romana de Montfullà (Bescanó).

Pero al mismo tiempo tienen lugar importantes obras en el corazón de la ciudad romana de Ampurias, con la remodelación del fórum y edificios anexos, pavimentación de calles, etc., quizás como consecuencia de la creación del *Municipium Emporiae*, que algunos autores sitúan en época de Cesar, otros en la del segundo triunvirato y otros en época de Augusto (Marcet & Sanmarti 1989, p. 30-31). También es la época de la obtención del estatuto jurídico de *Gerunda* y de la reforma y acondicionamiento de la Via Augusta. En Tolegassos se construye una primera pequeña villa de modelo itálico, que pronto será modificada e incorporada a la villa altoimperial fundada a mediados del s. I.

En uno de los primeros capítulos hemos comentado el alcance y repercusión de este fenómeno y su importancia en todas las comarcas del N.E. de Cataluña, intentando ofrecer una explicación global y satisfactoria, relacionándolo con las reformas fiscales y administrativas que se introdujeron, en general, durante el principado de Augusto y que afectaron todo el territorio dominado por Roma.

En definitiva, si hacemos caso de la cultura material y de la evidencia arqueológica, parece ser que las reformas introducidas en esta época responden a proyectos ambiciosos. Por un lado, la remodelación y embellecimiento del centro cívico de Ampurias. Por otro, la desaparición de pequeñas explotaciones rurales, quizás de tipo familiar, para dar paso al nacimiento de las relativamente grandes villas de tipo itálico que permitían una explotación más intensa del campo y la obtención de mayores beneficios para el propietario y que, por otro lado, se traducían en una mayor participación en los impuestos del Estado. La pequeña propiedad debió desaparecer en beneficio de los propietarios rurales que habrían invertido su dinero en el campo.

En cualquier caso, durante la primera mitad del s. I tiene lugar la fundación de estas villas de tamaño mediano, dentro de dominios agrícolas de unas 125-150 *iugera*, construidas a partir de patrones que habían dado excelentes resultados en la Península Itálica por lo menos desde el s. III a. C. y que responden a las necesidades y ambiciones de los propietarios rurales. Estas villas perdurarán, en general y con más o menos reformas, hasta inicios del s. VI o aún más; algunas verán prolongada su vida transformadas parcialmente en edificios de culto de la Alta Edad Media. Pero en el caso de Tolegassos, aún siguiendo las pautas que observamos en otras villas de la zona, su desaparición será temprana, en el s. III, consecuencia de su estrecha relación con Ampurias. Aún así conocerá una reocupación hacia mediados del s. IV, que también se detecta en otros yacimientos de la región.

La villa principal, construida *ex novo* hacia mediados del s. I, pronto se verá reformada y ampliada al cabo de unos 60 o 75 años con la construcción de anexos y cobertizos y, casi sin ninguna otra modificación, perdurará hasta finales del s. II, época en la que sufre un cambio estructural importante, con modificaciones, alteraciones en el uso de algunos espacios y el empobrecimiento generalizado. En esta época de cambios, mientras en otras villas se detecta una ampliación de los edificios y embellecimiento de sus estancias con pavimentos de mosaico de gran calidad, Tolegassos se ve impelida a unas reformas que traducen una situación de degradación y empobrecimiento que hacen insostenible su mantenimiento tal como había sido diseñada inicialmente. Un empobrecimiento que puede ser debido a un cambio en la base económica de la villa o en su actividad principal, pero que debe ser enmarcada en un contexto más amplio al que no es ajena la degradación y despoblación continua de la ciudad de Ampurias, convertida casi en una ciudad fantasma a finales del s. III.

Hasta hace pocos años se habían relacionado muy directamente con la gran crisis del s. III las invasiones de la segunda mitad de aquél siglo, con la destrucción violenta de la mayor parte de los yacimientos urbanos y rurales que habrían encontrado a su paso. Incluso en obras recientes (Bolós 1990, p. 18), se dice textualmente que "*con el inicio de la edad media empezó una época de disminución de la población. Entre los años 257 y 275 ya fueron destruidas muchas villas a causa de una de las primeras invasiones de los pueblos germánicos. A estas primeras destrucciones siguieron otras, y a la guerra y al saqueo se añadieron el hambre y las epidemias*". Nada más lejos de la realidad. En este aspecto, la crisis del s. III y sus efectos inmediatos deben ser matizados (Palahi 1997). Arqueológicamente no se detecta ninguna ruptura violenta en las villas o ciudades de nuestra región en esta época, tal como ya se demostró hace años (Nolla & Nieto 1978, p. 235-244; Nolla & Casas 1984, p. 26-28). Únicamente se constata una destrucción por incendio en la villa de Vilauba (Camós), en un momento ligeramente posterior al de las invasiones de los franco-alamanes y, casi con toda seguridad, por causas fortuitas. En cuanto al resto de yacimientos, o bien sufren un abandono hacia inicios del último cuarto del s. III, como en Tolegassos, o a menudo continúan existiendo con modificaciones, ampliaciones o reformas hasta el s. V-VI o aún más allá, tal como señalábamos recientemente.

La reocupación tardía de la villa de Tolegassos, hacia mediados del s. IV, muy limitada, puntual y corta, tiene una lectura diferente. En estos momentos aún no sabemos con seguridad que ocurrió en el territorio a partir del s. III. El abandono de una parte importantísima de Ampurias, de la villa de Tolegassos o de la del Mas Gusó, a 3.500 m. hacia el sur, no tienen porqué suponer un abandono total del hábitat rural o un desplazamiento de la población, y menos aún si tenemos en cuenta que otros yacimientos mal conocidos y poco excavados perduran hasta la Antigüedad Tardía (El Palau, Camp de la Gruta, Puig Rodon, Font del Vilar, Ciudadela de Roses, etc.). La gran necrópolis tardo-romana y alto-medieval de Saldet (Ventalló), casi desconocida, señala una población intensa de la zona por lo menos desde el Bajo Imperio. En la misma ciudad de Ampurias la población no desaparece, sino que se adapta a la nueva situación y se concentra en Sant Martí d'Empúries, en un tipo de núcleo diferente al de épocas anteriores.

Posiblemente nos encontramos ante una transformación importante en el tipo de ocupación del territorio y explotación de los recursos del campo. Da la impresión de que algunas villas pequeñas o medianas habrían desaparecido en beneficio de otras mayores, ciudades, *vici* o centros parecidos, que podrían concentrar un mayor número de habitantes (quizás Roses, el mismo Sant Martí d'Empúries y aledaños). Sea como sea, la categoría de algunos núcleos costeros parece disminuir, mientras que *Gerunda* cobra mayor importancia.

El campo, no obstante, no queda despoblado, ni los terrenos de cultivo abandonados. La reocupación de yacimientos abandonados años antes, algunos de época ibérica, cuevas y la misma villa de Tolegassos indican una actividad continuada, no tan intensa como antes y con una base económica bastante diferente en estos casos concretos. Es un fenómeno muy extendido, por un lado relacionado con el empobrecimiento de unas villas y en el enriquecimientos de otras y, por otro lado, en una actividad ganadera generalizada pero de poca importancia, casi de subsistencia. En este sentido, los restos y estructuras tardías de Tolegassos, con un largo muro que cierra el recinto y una o dos cabañas adosadas, parecen corresponder precisamente a un corral para el ganado.

Tolegassos como ejemplo de explotación rural de tipo medio en el N.E. de Cataluña.

Sin duda, la excavación en cualquier yacimiento, pero sobretodo en los de época romana, proporciona principalmente un importante lote de material arqueológico compuesto en más de un noventa por ciento de cerámica, lo que nos permite fechar unas estructuras, realizar estudios ceramológicos, precisar cronologías de producciones poco o mal conocidas y ampliar el abanico de tipos y categorías cerámicas presentes en una zona lo suficientemente extensa del territorio, a parte de completar datos importantes sobre el comercio en la Antigüedad.

Pero el estudio de la cerámica de un yacimiento de estas características solo puede ofrecernos una visión muy parcial e incompleta de una realidad más compleja y rica. Cuando el material cerámico, instrumento de datación, se relaciona con estructuras, restos arquitectónicos, fauna o vegetación y el conjunto se sitúa en un contexto geográfico e histórico, podemos reconstruir el núcleo de un dominio agrícola que, en base a las investigaciones llevadas a cabo en las comarcas de Gerona y faltos de excavaciones en extensión en otros yacimientos próximos, puede ser el modelo de una villa agrícola de tipo medio en la zona y, hasta cierto punto, del tipo de ocupación y explotación del campo en el *ager* ampuritano desde el s. II a. C. hasta el s. III d. C., con pervivencias en el s. IV.

Todas estas circunstancias se dan en la villa de Tolegassos. A una planta completa del yacimiento se añaden datos sobre los cultivos, las herramientas utilizadas para el trabajo en el campo y en las tareas domésticas o artesanales, sobre la fauna, la ganadería, los aprovechamientos de los recursos naturales que se hallaban al alcance de la villa, el comercio y su relación con los mercados vecinos y la importación de productos lejanos. El conjunto nos permite restituir el antiguo asentamiento y nos permite conocer, en definitiva, las peculiaridades más íntimas de la explotación y casi la vida cotidiana de sus habitantes.

La evolución estructural y cronológica que sufre el yacimiento desde su primera ocupación hasta el momento de abandonarse definitivamente sigue las pautas generales que hemos expuesto en el apartado anterior y que hemos comentado con mayor o menor insistencia en los correspondientes capítulos del trabajo. Por otro lado, para cada fase hemos documentado, como mínimo en un ámbito sellado de cada una de ellas, restos carbonizados de los antiguos cultivos y fragmentos de herramientas agrícolas. Así mismo, estos materiales se completan con restos de fauna que permiten seguir la evolución de las producciones básicas y secundarias de la villa a lo largo de más de cuatro siglos. En definitiva, éste es el aspecto que más debe interesarnos de un establecimiento cuya finalidad principal mientras se halló en actividad fue el trabajo en el campo, la agricultura y la ganadería.

ANEXO

Planta general del yacimiento

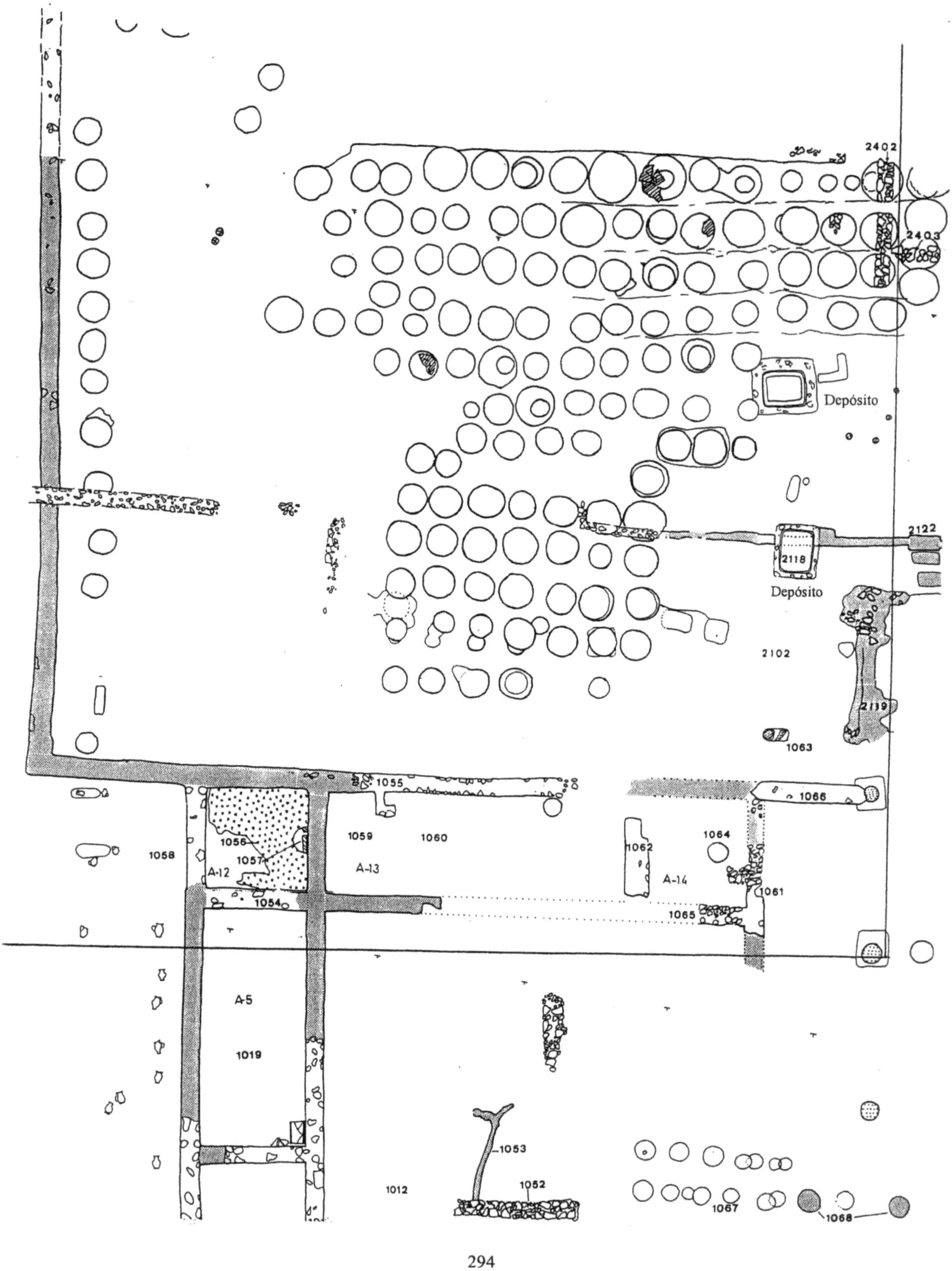
2402
2403
Depósito
2122
2118
Depósito
2102
2119
1063
1055
1066
1059
1060
1064
1056
1057
1058
A-12
A-13
1062
A-14
1061
1054
1065
A-5
1019
1053
1052
1012
1067
1068

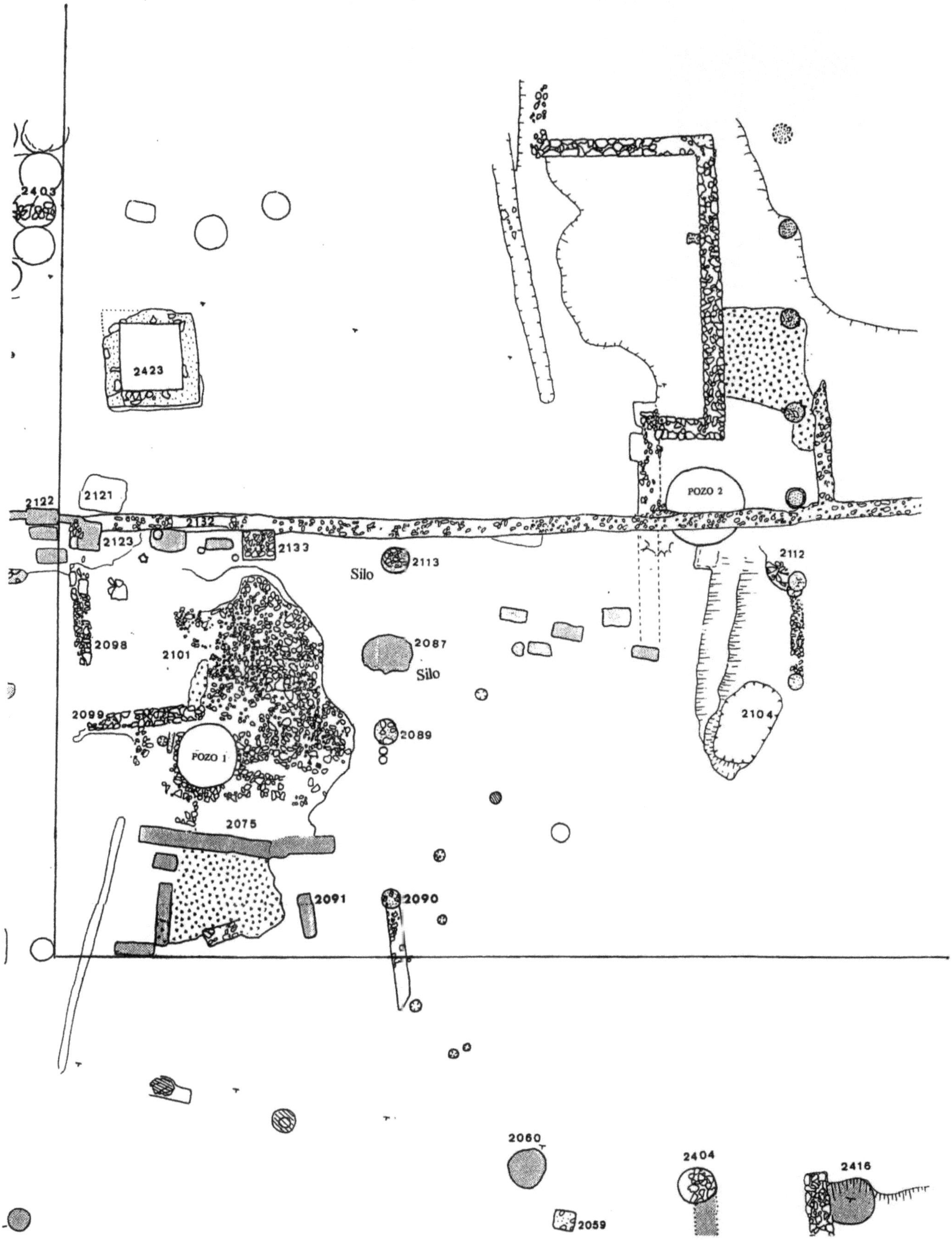
2403
2423
2122
2121
2132
2123
2133
2113
Silo
2112
POZO 2
2098
2101
2087
Silo
2099
2089
2104
POZO 1
2075
2091
2090
2060
2404
2416
2059

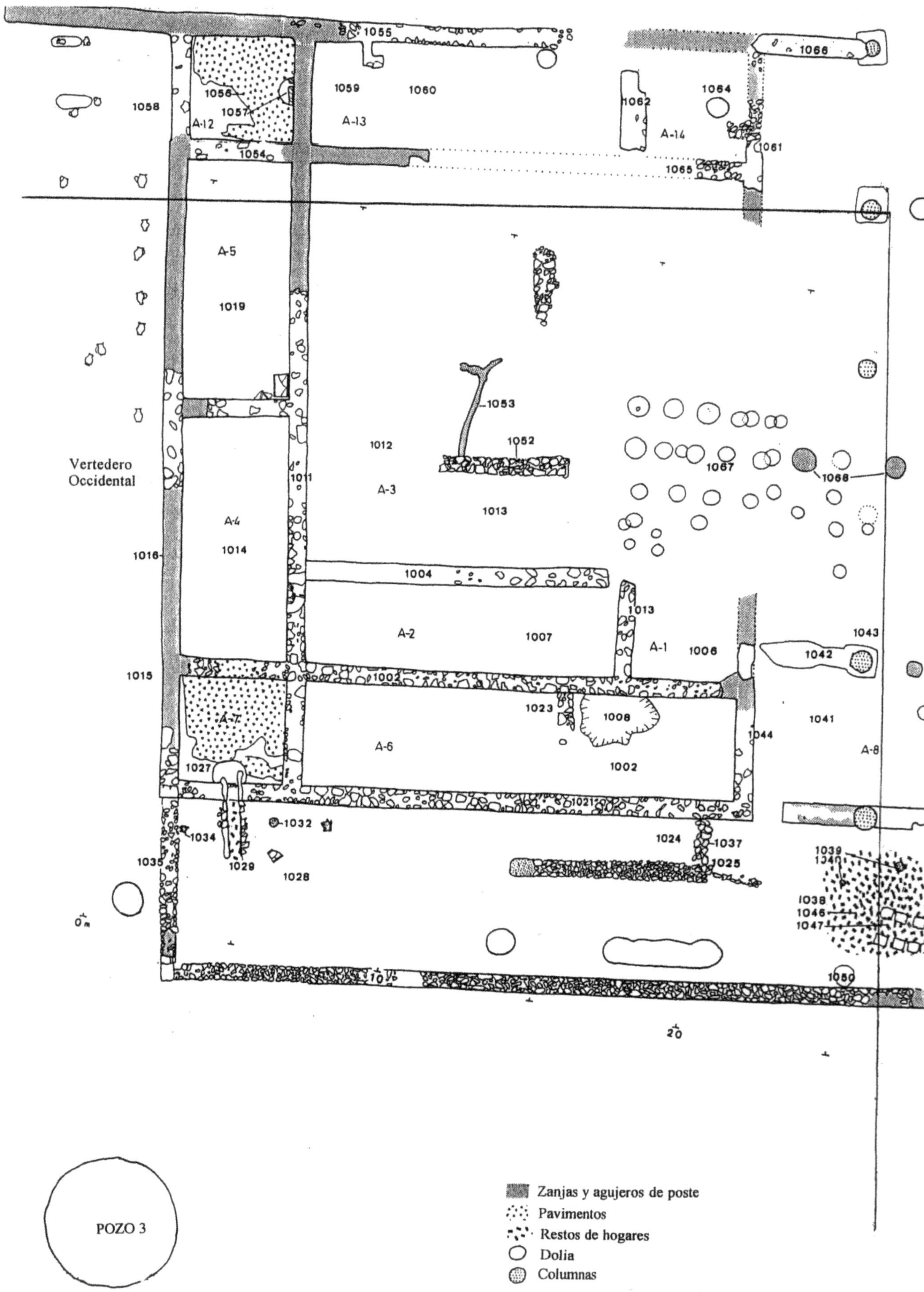
1055
1066
1056
1057
1058
1059
1060
1062
1064
A-12
A-13
A-14
1054
1061
1065
A-5
1019
1053
1052
1012
1067
1068
Vertedero
Occidental
1011
A-3
1013
A-4
1014
1016
1004
1013
A-2
1007
A-1
1006
1043
1042
1015
1002
1023
1008
1041
A-7
1044
A-6
A-8
1027
1002
1021
1032
1034
1024
1037
1035
1029
1025
1028
1039
1038
1046
1047
0
1050
20
POZO 3
Zanjas y agujeros de poste
Pavimentos
Restos de hogares
Dolia
Columnas

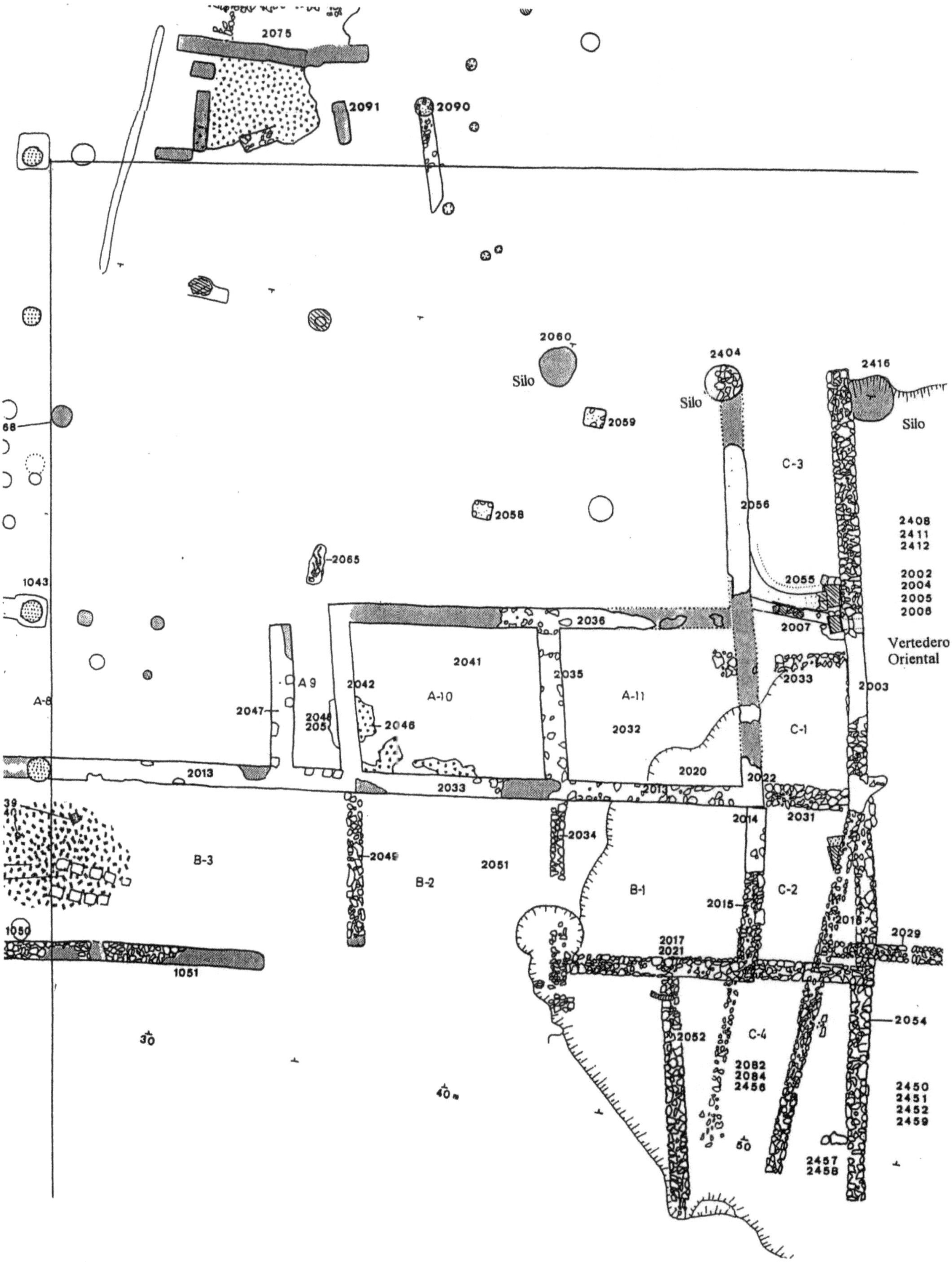
2075
2091
2090
2060
Silo
2404
Silo
2416
Silo
2059
C-3
2056
2058
2408
2411
2412
2065
2055
2002
2004
2005
2006
1043
2036
2007
Vertedero
Oriental
2041
2035
A 9
2042
A-10
A-11
2033
2003
A-8
2047
2046
2032
C-1
2020
2013
2022
2033
2013
2031
2014
2034
B-3
2049
B-2
2051
B-1
C-2
2015
2016
2029
2017
2021
1051
2054
2052
C-4
30
2082
2084
2456
40
2450
2451
2452
2459
50
2457
2458

Bibliografía

AGUAROD C. (1991) *Cerámica romana importada de cocina en la Tarraconense*, Zaragoza.

AGUSTI FARGAS V. (1989) Informe i inventari antropologic d'un enterrament. *L'Olivet d'en Pujol i els Tolegassos. Dos establiments agrícoles d'època romana a Viladamat* (J. Casas Ed.). Girona. p. 179.

AGUSTI FARGAS B. et al. (1987) *Dinàmica de la utilització de la Cova 120 per l'home en els darrers 6.000 anys*. Centre Investigacions Arqueològiques. Serie Monografica, 7. Girona.

ALAMINOS A. CASAS J. & ROCAS X. (1989-b) Llànties. *Excavacions arqueològiques subaquàtiques a Cala Culip. I.* Centre Investigacions Arqueològiques. Serie Monografica, 9. Girona. pp. 113-123.

ALARÇAO J. DELGADO M. MOUTINHO A. PONTE S. (1976) *Fouilles de Conimbriga VI: Ceràmiques diverses et verres*. Paris

ALLAG C. & LE BOT A. (1979) La peinture murale gallo-romaine. *Archeologia* 132, pp. 28-36. F.-Lès-Dijon. Julio 1979.

ALMAGRO M. (1952) *Las inscripciones ampuritanas griegas, ibéricas y latinas*. Monografias Ampuritanas II. Barcelona.

ALMAGRO M. (1955) *Las necrópolis de Ampurias* II. Barcelona.

AMARE TAFALLA M.T. (1988) *Lucernas romanas en Aragón*. Zaragoza.

AMICH I RAURICH N. (1997) *El Nordest de Catalunya a les fonts escrites d'època tardoantiga*. Trabajo de Investigación de 3r. Ciclo. Universidad de Girona.

AQUILUÉ X. (1991) *Relaciones económicas, sociales e ideológicas entre el Norte de Africa y la Tarraconense en época romana. Las cerámicas de producción africana procedentes de la Colonia Urbs Triumphalis Tarraco*, Tesis de Doctorado. Universidad de Barcelona.

AQUILUÉ J, MAR R, NOLLA J.M., RUIZ DE ARBULO J, SANMARTI E. (1984) *El fòrum romà d'Empúries. (Excavacions de l'any 1982)*. Barcelona.

AQUILUÉ X. & SUBIAS E. (1986) Sobre la fundació de la ciutat romana de *Baetulo* (Badalona). *Protohistoria Catalana*. 6è Col.loqui Internacional d'Arqueologia de Puigcerdà. pp. 353-359.

ARANEGUI C. (1981) La producción de ánforas romanas en el País Valenciano; Estado de la cuestión. *Archivo de Prehistoria Levantina* XVI, pp.529-538.

ARANEGUI C. (1987) Las jarritas bicónicas grises de tipo ampuritano. *Ceràmiques gregues i romanes a la Península Ibèrica*. Ampurias 18-20 marzo de 1983. Barcelona.

ARANEGUI C. & GISPERT J.A. (1992). Les amphores à fond plat de la Péninsule Iberique. *Les amphores en Gaule*. p. 101-110. Paris.

ARCE J. DOMERGUE C. et al. (1990) *Los bronces romanos en España*. Cat. Exp. Palacio de Velazquez. mayo-julio 1990. Madrid.

ARXÉ I GALVEZ J. (1982) *Les llànties tardo-republicanes d'Empúries*. Barcelona.

ATLANTE I (1981) *Atlante delle forme ceramiche, I. Ceramica fine romana nel bacino Mediterraneo (Medio e Tardo Impero)*. Roma.

ATLANTE II (1985) *Atlante delle forme ceramiche, II. Ceramica fine romana nel baccino Mediterraneo. (Tardo Ellenistico e Primo Impero)*. Roma

BADIA I HOMS J. (1978) *L'Arquitectura medieval de l'Empordà. II-A. L'Alt Empordà*. Girona.

BADIA I HOMS J. (1981) *L'Arquitectura medieval de l'Empordà II-B. Alt Empordà*. Girona

BAILEY D.M. (1978) Common Italian Lamps. A Brief Guide, *British Archaeological Reports*, Supplementary Series 41.1. Papers in Italian Archaelogy I. pp. 243-301. Oxford.

BAILEY D.M. (1980) *A catalogue of the lamps in the British Museum, II. Roman lamps made in Italy*, Londres.

BAILEY D. M. (1988) *A catalogue of the lamps in the British Museum, III. Roman Provincial Lamps*, B.M.P. Londres.

BAILLY R. (1962) Essai de classification des marques de potiers sur lampes en argile dans la Narbonnaise. *Cahiers Ligures de Préhistorie et Archéologia* 11.I, pp.79-127. Bordighera.

BALIL A, OLIVA M, RIPOLL E, (1955) Actividades arqueológicas en Cataluña durante los años 1952 y 1953. *Archivo Español de Arqueología* XXVIII, pp. 166-174. Madrid.

BALIL A. (1968) Marcas de ceramista en lucernas romanas halladas en España. *Archivo Español de Arqueología 41*, pp. 158-178. Madrid.

BALIL A. (1982) Estudios sobre lucernas romanas III. *Studia Archaeologica* 70. Valladolid.

BARBERA FARRAS J. (1968) La necrópolis ibérica de Cabrera de Mar. *Ampurias* XXX, pp. 97-150 . Barcelona.

BARBERA FARRAS J. (1970) La necrópolis ibérica de Cabrera de Mar (Excavación 1968-1969). *Ampurias* 31-32. 1969-70, pp. 169-189. Barcelona.

BARBERA J, MORRAL E, SANMARTI E. (1979) La Penya del Moro de Sant Just Desvern (Barcelona), *Quaderns de Treball*. Barcelona.

BARBET A. (1978) Les peintures de la maison romaine. *Archeologia*, nº. 215, pp. 24-31. F. Lès Dijon. Julio 1978.

BASTIT C. (1986). *La ceràmica comuna d'importació itàlica a Empúries*. Memória de Licenciatura. Universidad de Barcelona.

BÉAL J.C. (1984) *Les objets de tabletterie antique du musée archéologique de Nimes*. Cahiers des Musées et Monuments de Nimes. 2. Nimes, 1984.

BELTRAN LLORIS M. (1970) *Las ámforas romanas en España*. Zaragoza.

BELTRAN LLORIS M. (1976) *Arqueología e Historia de las ciudades antiguas del Cabezo de Alcalá de Azaila (Teruel)*. Zaragoza.

BELTRAN LLORIS M. (1978) *Cerámica romana. Tipología y clasificación*. Zaragoza.

BEMONT C. (1976) *Recherches sur la céramique sigillée. Les vases estampillés de Glanum*. École Française de Rome.

BENDALA GALÁN M. (1981) Las religiones mistéricas en la España romana. *La religión romana en Hispania*. Pp. 285-299. Madrid.

BOLOS I MESCLANS J. (1990) El marc històric. *Catalunya Romànica* IV. *La Garrotxa*. Barcelona. pp. 17-94.

BONNET J. (1988) *Lampes céramiques signées. Définition critique des ateliers du Haut Empire*. D.A.F. 13. Paris.

BOROBIA MELENDO L. (1988) *Instrumental médico-quirúrgico en la Hispania Romana*. Madrid.

BOSC E. (1881) *Dictionaire Général de l'Archéologie et des antiquités chez les divers peuples*. Paris, 1881, 2a ed. 1984

BOST J.P. et alii (1987) *Bello IV. Les monnaies*. Publications de la Casa de Velázquez. Madrid.

BOUBE-.PICCOT Ch. (1975). *Les bronzes antiques du Marroc II. Le mobilier*. Études et travaux d'archéologie Marrocaine V. Musée des Antiquités. Rabat.

BOUCHER S. (1973) *Bronzes romains figurés du Musée des Beaux-Arts de Lyon*. Lyon.

BUCHI E. (1975) *Lucerne del Museo di Aquileia, I: Lucerne romana con marchio di fabrica*. Aquileia.

BURCH RIUS J. (1996) *L'emmmagatzematge de cereals en sitges d'època ibèrica al nord-est de Catalunya*. Tesis de Doctorado. Universidad de Girona. 1996.

BUDINA D. (1986) Antigonea, puissante cité Epirote. *Dossiers Histoire & Archeologie* 111, pp. 68-71. F.-lès-Dijon.

BUXO R. (1989) Estudio paleocarpologico. Las estructuras griegas de los siglos V y IV a. de J.C. halladas en el sector sur de la Neápolis de Ampurias (Campaña de excavaciones del año 1986). *Cuadernos Prehist. y Arqu. Castellonenses*. Castellón de la Plana.

BUXO R. & CATALA M. (1989) L'anàlisi carpològica del jaciment romà de Viladamat. *L'Olivet d'en Pujol i els Tolegassos. Dos establiments agrícoles d'època romana a Viladamat* (J. Casas Ed.). Girona, pp. 177-178.

BUXO R. (1988) *Recherches sur les données carpologiques du site de Lattes*. DEA Université de Montpellier. Inèdit, 71 pp.

CABROL F. & LECLERQ H. (1936) *Dictionaire d'Archéologie Chrétienne et de Liturgie*. Vol. 12 i 14. Paris.

CALLENDER M.H. (1965) *Roman Amphorae*. Oxford.

CAMAIORA R. (1985) Ceramica a pareti sottile, *Settefinetre III. La villa e i sui reperti*. A. Ricci ed. Modena.

CARANDINI A. & SETTIS S. (1979). *Schiavi e padroni nell' Etruria romana. La villa di Settefinestre dallo scavo alla mostra*. Bari.

CASAS I GENOVER J. (1979-b) Aproximació a l'estudi de la Via Augusta a les Comarques de Girona (II). *Revista de Girona,* 88. Girona, pp. 193-199.

CASAS I GENOVER J. (1980-a) L'estació romana del Camp del Bosquet (Camallera, Alt Empordà). I) L'aljub. *Revista de Girona*, 91. Girona. pp. 77-82.

CASAS I GENOVER J. (1980-b) L'Estació romana del Camp del Bosquet (Camallera, Alt Empordà). II) Les àmfores. *Revista de Girona,* 93, Girona. pp. 275-284.

CASAS I GENOVER J. (1981) L'Estació romana del Camp del Bosquet (Camallera, Alt Empordà). III) El fossat. *Revista de Girona*, 94. Girona, pp. 37-44.

CASAS I GENOVER J. (1982) La tomba de la Clota Grossa (L'Escala, Alt Empordà). *Cypsela* IV. Girona, pp. 157-163.

CASAS I GENOVER J. (1982) L'Estació romana de Serra de Daró (Baix Empordà). *Revista de Girona,* 101. Girona. pp. 329-336.

CASAS I GENOVER J. (1984) Les vies de comunicació romanes al Pirineu Català Oriental. *Hannibal Pyrenaeum transgreditur*. 5è Col.loqui d'Arqueologia de Puigcerdà. Puigcerdà.

CASAS I GENOVER J. (1985) Descoberta de dues sitges ibèriques a Saus (Alt Empordà). *Cypsela* V. Girona. pp. 89-106.

CASAS I GENOVER J. (1986) Excavacions a la vil.la romana de Puig Rodón. (Corça, Baix Empordà). Sector 1. 1981-1983. *Annals de l'Institut d'Estudis Gironins* XXVIII, pp. 73-89. Girona.

CASAS I GENOVER J. (1986-b) Excavacions a la vil.la romana de Puig Rodón, (Corçà). *Publicacions de l'Institut d'Estudis del Baix Empordà* V. pp.15-77, Sant Feliu de Guíxols.

CASAS I GENOVER J. (1988) Exploracions i sondejos a la vil.la romana del mas Gusó (Albons-Bellcaire) Baix Empordà. *Annals de l'Institut d'Estudis Gironins*. Girona. pp. 9-39.

CASAS I GENOVER J. (1989) *L'Olivet d'en Pujol i els Tolegassos. Dos establiments agrícoles d'època romana a Viladamat*. Girona.

CASAS I GENOVER J. (1991) *La vil.la romana dels Tolegassos i el poblament rural d'època romana en el rerapaís emporità*. Tesis de Doctorado. U.A.B. Bellaterra.

CASAS I GENOVER J. (1995) El recinte medieval de La Pabordia (Viladamat, Alt Empordà), *Annals de l'Institut d'Estudis Empordanesos*, 28, pp. 21-39. Figueres.

CASAS I GENOVER J. (1998). Llànties de la vil.la romana de Tolegassos (Viladamat). II. *Annals de l'Institut d'Estudis Empordanesos, 31*. pp. 23-93. Figueres.

CASAS I GENOVER J. (1999) La sigil.lada sud-gàl.lica de la vil.la romana deTolegassos (Viladamat, Alt Empordà). Annals I.E.E. 32, p. 21-79.

CASAS J. CASTANYER P. NOLLA J.M. TREMOLEDA J. (1990) *Ceràmiques comunes i de producció local a les comarques orientals de Girona. I. Materials augustals i alto-imperials.* Centre Investigacions

Arqueològiques de Girona. Serie Monografica. Girona.

CASAS J. CASTANYER P. NOLLA J.M. TREMOLEDA J. (1995) *El món rural d'època romana a Catalunya. L'exemple del Nord-est.* Centre d'Investigacions Arqueològiques. Serie Monografica, 15. Girona.

CASAS J. & LLORENS J.M. (1994). Un camp militar medieval a Viladamat. A.I.E.G. XXXIII, p. 517-526. Girona.

CASAS J. & MERINO J. (1990) Troballes de Ceràmica vidriada d'època romana a les comarques costaneres de Girona. *Cypsela* VIII. Girona.

CASAS J. & NOLLA J.M. (1986-89) Un conjunt tancat amb ceràmica africana a la vil.la romana del Tolegassos (Viladamat, Alt Empordà). *Empúries*. pp. 202-213, 1986-89. Barcelona.

CASAS J & NOLLA J.M. (1993) *L'abocador oriental de la vil.la de Tolegassos*. Estudis Arqueològics, 1. Univertitat de Girona.

CASAS J. & ROCAS X. (1989) Les llànties de la vil.la romana dels Tolegassos. Algunes precisions entorn la seva datació. *Cypsela* VII. Girona. pp. 71-86.

CASAS J. MERINO J. SOLER V. (1991) El poblat ibèric de Planells i les sitges dels Bordegassos (Sant Mori - Vilopriu). *Cypsela* IX, pp. 121-140. Girona

CASAS J. MERINO J. SOLER V. (1993). Noves observacions sobre la ceràmica vidriada d'època romana de la vil.la dels Tolegassos (Viladamat, Alt Empordà). *Cypsela* X, pp. 129-144. Girona.

CASAS J, SOLER V. TURON J. (1996) Les sitges de Tolegassos. Aspectes de la fase republicana del jaciment. *Cypsela* XI, pp. 67-98. Girona.

CASTANYER P. & TREMOLEDA J. (1999). *La vil.la romana de Vilauba. Un exemple de l'ocupació romana del territori a la comarca del Ple de l'Estany*. Girona.

CAUSSA J. (1964) Vilademat a *Revista de Gerona* 27, pp.37-45. Girona

CELUZZA M.G. (1985) Ceramica invetriata. *Settefinestre III. La villa e il suo reperti*. (A. Ricci ed.). Módena. pp. 163-166.

COLUMELA (Edició a càrreg d'A. Holgado Redondo). (1988) *De los trabajos del campo*. Madrid.

CONSPECTUS (E. Ettlinger, B. Hedinger, et al.) (1990). *Conspectus formarum terrae gigillatae italico modo confectae*. Römisch-Germanische Kommission des Deutschen Archäologischen Instituts zu Frankfurt A.M. Bonn.

COULON, Gérard (1990) *Les Gallo-romains*. 2 vol. París.

DAREMBERG Ch. & SAGLIO E. (1896) *Dictionaire des Antiquités Grecques et Romaines, d'après les textes et les monuments*. Paris.

DEBET B. SALLES J. (1981) Aux origines d'Alès: recherches sur l'oppidum de l'Ermitage, Gard. *Rev. Ecole Antique de Nimes* 16, pp.5-67.

DENEAUVE J. (1969) *Lampes de Cartage*. CNRS Paris.

DESBAT A. (1986a) Céramiques romaines à glaçure plombifère de Lyon et de Vienne. *Les céramiques fines non sigillées*. Actes du congrès de Toulouse. p. 33-39. Toulouse.

DESBAT A. (1986b) Ceràmiques romaines à glaçure plombifère des fouilles de Lyon. (Hauts-de-Saint-Just, Rue des Fargues, La Solitude). *Figlina* 7, pp.105-120. Lyon.

DUPRE RAVENTOS X. (1985) Nanses de fogó amb decoració de caps de Silè. *Fonaments*, 5. Barcelona. pp. 137-142.

ERICE LACABE R. (1995) *Las fibulas del nordeste de la Península Ibérica: Siglos I a.E. al IV d.E.* Zaragoza.

FAMA M.L. (1985) Oggetti per scrittura, culto, toilette, ornamento, farmacia e giocco. *Settefinestre, una villa schiavistica nell'Etruria romana. La villa e i sui reperti.* III, pp.233-239. A. Ricci ed. Modena.

FAVORY F. & FICHES J.L. (1994) *Les campagnes de la France méditerranéenne dans l'Antiquité et le haut Moyen Age*. París.

FERDIÈRE A. (1988) *Les campagnes en Gaule Romaine.* Vol. 1. *Les hommes et l'environement en Gaule Romaine.* Vol 2. *Les techniques et les productions rurales en Gaule*. Paris.

FEUGÈRE M. (1985) *Les fibules en Gaule Méridionale. De la conquête à la fin du Ve. siècle après J.C.* Revue Archéologique de Narbonnaise. Supl. 12.

FEUGÈRE M. KÜNZL E. WEISSER U. (1988) *Les aiguilles à cataracte de Montbellet (Saône-et-Loire) Contribution a l'étude de l'ophtalmologie antique et islamique*. Tournus.

FEUGÈRE M. KÜNZL E. WEISSER U. (1988-b) L'operation de la cataracte dans le monde romain et l'instrumentarium de Montbellet. *Dossiers Histoire et Archéologie*, 123. Fontaine-les-Dijon. pp. 67-71.

FLOS TRAVIESO N. (1987) *Baetulo. Els vidres*. Monografies Badalonines, 10.

GUITART J. (1976) *Baetulo. Topografia arqueológica, urbanismo e historia.* Barcelona.

GOETHERT-POLASCHEK K. (1985) *Katalog der romischer lampen des Rheinischen Landesmuseums Trier*. Mainz am Rhein.

GOUDINEAU Ch. (1968) *La céramique Aretine lise*. École Française de Rome. Paris.

GRANADOS J.O. (1979) Cerámica corintio-romana en el Levante de la Península Ibérica. *Saguntum*, núm.14, pp.203-226. Valencia.

GRANADOS J.O., MANERA E. (1980) Lucernas romanas de la Colonia Barcino.I: Lucernas procedentes de la plaza del Rey y Casa Pallarés (Excavaciones 1931-1935). *Quaderns d'Arqueologia i Història de la Ciutat* XVIII, pp. 51-68. Barcelona.

GREEN F. (1988) Estudi de les macro-restes vegetals. Roure A, Catanyer P., Nolla J.M., Keay S., i Tarrús J. *La Vil.la Romana de Vilauba (Camós)*. Centre d'Investigacions Arqueológiques. Serie Monografica 8. Girona. Pp. 93-94

GÜELL FIGUERAS A. (1989) Anàlisi de la macrofauna i de les restes malacològiques. *L'Olivet d'en Pujol i els Tolegassos. Dos establiments agrícoles d'època romana a Viladamat* (J. Casas Ed.). Girona, pp. 174-176.

GURT & MARTIN (Coord). (1982) *L'Arqueologia a Catalunya, avui*. Catàleg d'exposició. Departament de Cultura de la Generalitat de Catalunya. Barcelona.

HARRIS W.H. (1980) Roman Terracotta Lamps: The organization of an industry. *Journal of the Roman Studies* LXX, pp. 126-145.

HAWKES C.F.; HULL M.R. (1947) *Camulodunum. First report on the excavacions at Colchester.* 1930-1939. Oxford.

HAYES J.W. (1972) *Late roman pottery.* Londres.

HAYES J.W. (1980) *Ancient lamps in the Royal Ontario Museum, I: Greek and roman clay lamps. A Catalogue.* Toronto.

HERMET F. (1935) *La Grauufesenque (Condatomago). I. Vases sigillés- II. Graffites.* Paris 1934. Reimpr. Marsella.

HOFMANN B. (1986) Banasac, a *La terre sigillée gallo-romaine. Lieux de production du Haut Empire: implantations, produits, relacions.* DAF, Paris.

J.A. & J.G. (1982) Món romà: República. *L'Arqueologia a Catalunya, avui.* Barcelona. pp. 111-113.

JACKSON R. (1987) A set of surgical instruments from Roman Italy. *Archéologie et medicine.* pp. 413-428. Juan-Lès-Pins.

KEAY S.J. (1984) Les monedes de l'excavació de 1982 a Empúries. *El fòrum romà d'Empúries.* Aquilué et al. Barcelona. pp. 479-492.

KEAY S.J. (1984) *Late Roman Amphorae in the Western Mediterranean. A Typology and Economic Study: The Catalan Evidence.* BAR International Series 136. Londres.

KENRICK P.M. (1990) Rim-forms of some relief-decorated vessels in Italian terra sigillata, *Conspectus* I, pp. 165-185. Bonn.

KRUG, Antje. (1987) Nero's augenglas realia zu einer anekdote. *Archéologie et medicine,* pp. 459-475 Juan-Lès-Pins.

LAMBOGLIA N. (1950)*Gli scavi di Albintimilium e la cronologia della ceramica romana.* Bordighera.

LAMBOGLIA N. (1955) Scavi italo-spagnoli ad Ampurias. *Rivista di Studi Liguri.* XXI. Bordighera. pp. 193-206.

LAMBOGLIA N. (1958) Nuove osservacione sulla "Terra Sigillata Chiara" I. (Tipo A e B), *Rivista di Studi Liguri* XXIV, pp. 258-330. Bordighera.

LASFARGUES A, VERNHET H, (1976) Les estampilles sur sigillée lisse de l'atelier augusteen de la Muette à Lyon. *Figlina* 1. Lyon.

LAUBENHEIMER F. (1985) *La production des amphores en Gaule Narbonnaise.* Paris.

LAUBENHEIMER F. (1987) Production et fonction des amphores en Gaule sous l'Empire: Acquis et perpectives. *Céramiques Hellenistiques et romaines.* (Lévêque & Morel, ed.). Paris. pp. 191-202.

LAUBENHEIMER F. (1990) *Sallèles d'Aude. Un complexe de potiers gallo-romain: Le quartier artisanal.* París.

LAVOCAT R. (1966) *Faunes et flores préhistoriques de l'Europe Occidentale.* Atles de Préhistorie vol.III. Paris.

LEVEAU Ph., SILLIERES P., VALLAT J-P. (1993) *Campagnes de la Méditerranée Romaine. Occident.* Hachette. Paris.

LOZET J.B., DEJEAN-ARRECGROS J. (1977) *Le découvre des coquillages. Cotes europénnes et méditerranéennes.* Paris.

LÓPEZ GETA J.A., RAMOS GONZÁLEZ G. (1987) *Estudio hidrogeológico de los acuíferos de l'Empordà (Girona). Subsistemas 71,1 "Baix Fluvià-Muga" y 71,2 "Baix Ter".* Instituto Geológico y Minero de España. Madrid.

LÓPEZ MULLOR A. (1978) Cerámica vidriada romana. *Información Arqueológia* 27-28, pp. 68-74. Barcelona.

LÓPEZ MULLOR A. (1981) Notas para una clasificación de los tipos más frecuentes de la cerámica vidriada romana en Catalunya. *Ampurias* 43, pp. 201-215. Barcelona

LÓPEZ RODRÍGUEZ J.R. (1981) La colección de la Casa de la Condesa de Lebrija, II; Lucernas. *Studia Archaelogica* 67. Valladolid.

MACABRUNI C (1987) Ceramica romana con invetriatura al piombo. *Céramiques hellénistiques et romaines* II. (Lévêque et Morel Ed.). Paris. pp. 167-190.

MAÑA J.M. (1974) Sobre tipología de las ánforas púnicas. *Información Arqueológica* 14. Barcelona.

MANACORDA D. (1977) Anfore. *Ostia IV. Studi e Miscellanei.* Roma.

MANRIQUE MAYOR M.A. (1980) *Instrumentos de hierro de Numáncia conservados en el Museo Numantino* (Soria)

MARABINI M.F. (1973) *The roman thin walled pottery fron Cosa.* (1948-1954), MAAR XXXII. Roma.

MARCET R. & SANMARTI E. (1989) *Empúries.* Barcelona.

MARICHAL R. MAYET F. (1980) Céramiques à parois fines et gobelets d'aco à Ruscino. *Ruscino. Études archéologiques I.* pp. 245-270. Paris.

MATTINGLY H. (1977) *Roman coins. From the earliest times to the fall of the Western Empire.* Londres.

MATTINGLY H. SYDENHAM E. et al. (1972) *The roman imperial coinage.* Londres 1926, 3ª ed. 1972.

MAYET F. (1975) *Les céramiques à parois fines dans la Péninsule Ibérique.* CNRS. Paris.

MERINO J. & ROCAS X. (1989) Estudi de tres àmbits significatius. *L'Olivet d'en Pujol i els Tolegassos. Dos establiments agrícoles d'època romana a Viladamat* (J. Casas Ed.). Girona, pp. 105-160.

MOLINA M. (1981) Instrumental médico de época romana en el Museo Arqueológico Nacional de Madrid. *Archivo Español de Arqueologia,* 54. p. 255-262. Madrid.

MOREL J.P. (1981) *Céramique campanienne. Les formes.* École Française de Rome. Paris.

MUÑIZ COELLO, J. (1980) *El sistema fiscal en la España Romana (República y Alto Imperio).* Huelva.

MUSETEANU C. CULICA V. & ELEFTERESCU D. (1980) Lampes à estampille de Durostorum, *Dacia* XXIV, pp. 283-305. Bucarest.

NIETO PRIETO F.J. (1982) El pecio del Cap del Vol. Nuevas aportaciones, *Cypsela,* IV, 1982, Girona, pp. 165-168.

NIETO PRIETO F.J. (1983) Acerca del progresivo despoblamiento de Ampurias. *Rivista di Studi Liguri,* XLVII. Bordighera, pp. 34-51.

NIETO PRIETO F.J. (1993) *El edificio "A" de la Ciudadela de Roses (La Terra Sigillata Africana).* Centre d'Investigacions Arqueològiques. Serie Monografica, 14. Girona

NIETO PRIETO F.J. & NOLLA BRUFAU J.M. (1985) El yacimiento arqueológico submarino de Riells-La Clota y su relación con Ampúrias. *Cypsela* V. Girona.

pp. 145-162.

NIETO PRIETO F.J. et al. (1989) *Excavacions arqueològiques subaquàtiques a Cala Culip*. I. Centre Investigacions Arqueològiques. Serie Monografica, 9. Girona

NOLLA I BRUFAU J.M. (1974) Las amforas romanas de Ampurias. *Ampurias*, 36. Barcelona. pp. 147-197.

NOLLA I BRUFAU J.M. (1978) Una producció característica. Les àmfores "DB". *Cypsela* II. Girona. pp. 201-230.

NOLLA I BRUFAU J.M. (1981) La ceràmica d'engalba blanca. Una nova aportació a l'estudi del període baix-republicà (segles II-I a.C) al nord-est del Principat. *Estudi General*, I. Girona. pp. 51-62.

NOLLA I BRUFAU J.M. (1982-83) Algunes consideracions entorn la vil.la romana del Pla de l'Horta a Sarrià de Dalt (Girona). *Annals de l'Institut d'Estudis Gironins* XXVI. Girona. pp. 111-130

NOLLA I BRUFAU J.M. (1984) Excavaciones recientes en la Ciudadela de Roses. *Papers in Iberian Archeology*. B.A.R. 193 (Blagg, Jones & Keay ed.). Oxford. pp. 430-459.

NOLLA I BRUFAU J.M. (1987) *Girona Romana. De la fundació a la fi del món antic*. Girona.

NOLLA I BRUFAU J.M. (1987) Una nova àmfora catalana: La Tarraconense 1. *El vi a l'Antiguitat. I Col.loqui d'Arqueologia romana*. Badalona. pp. 217-224.

NOLLA I BRUFAU J.M. (1988) Gerunda: Dels origens a la fi del Món Antic. *Fonaments* 7. Barcelona, pp. 69-110.

NOLLA J. M. & AQUILUÉ J. (1984) Notes sobre una cassola de cuina de ceràmica africana procedent d'Empúries. *Informació Arqueològica*, 42. Barcelona. pp. 51-57.

NOLLA J.M. & CASAS J. (1984) *Carta Arqueològica de les Comarques de Girona. El poblament d'època romana al N.E. de Catalunya*. Girona.

NOLLA J.M. & CASAS J. (1987) Els inicis de la romanització al rerapaís emporità. Algunes dades. *Jornades d'Història de l'Empordà en homenatge a J Pella Forgas*. p. 99-119. Girona.

NOLLA J.M. & NIETO F.J. (1978) Alguns aspectes de la romanització al nord-est de Catalunya. *Els pobles pre-romans del Pirineu. 2n. Col.loqui Internacional d'Arqueologia de puigcerdà*. Puigcerdà. pp. 235-244.

NOLLA J.M. & NIETO F.J. (1979) Acerca de la cronologia de la muralla romana tardía de Gerunda. *Faventia*, 12. UAB Bellatera. pp. 263-283.

NOLLA J.M. & PUERTAS C. (1987) Ceràmiques africanes i material d'importació baix-imperial del jaciment del Camp de la Gruta (Torroella de Montgri, Baix Empordà). *Estudis sobre temes del Baix Empordà*, 7. Sant Feliu de Guixols. pp. 29-77.

NOLLA J.M. & SOLIAS J.M. (1984-85) L'àmfora Tarraconense 1. Caracteristiques, procedència, àrees de producció, cronologia. *B.A. Reial Societat Arqueològica Tarraconense*, 6 i 7. Tarragona. pp. 107-144.

NOLLA J.M. CANES J.M. ROCAS X. (1982) Un forn romà de terrissa a Llafranc (Palafrugell, Baix Empordà). Excavacions 1980-1981. *Empúries*, 44. Barcelona, pp. 147-183.

NOLLA J.M. TARRUS J. CHICHILLA J. (1985) La vil.la romana de Vilauba. *Quaderns del Centre d'Estudis Comarcals de Banyoles* 1980-1984. Banyoles, pp. 49-98.

OLIVA I PRAT M. (1945) Los instrumentos de cirugia de bronce procedentes de Ampurias. *Memorias de los Museos Arqueológicos Provinciales*, VI. Madrid. pp. 54-57.

OLIVA I PRAT M. (1959-a) Tesela Arqueológica. *Revista de Gerona*, 7. Girona, pp. 90-93.

OLIVA I PRAT M. (1959-b) Actividades de la Delegación de Excavaciones y del Servicio Provincial de Excavaciones Arqueológicas. Conservación y catalogación de Monumentos de la Excma. Diputación de Gerona en 1959. *Anales I.E.G.* XIII. pp. 305-389. Girona.

OLIVA M. & PERICOT Ll. (1952) Actividades de la Comisaria Provincial de Excavaciones Arqueológicas de Gerona en 1951. *Anales del I.E.G.* VII. Girona, pp. 355-364.

OSTIA II (A. Carandini & C. Panella ed.), (1970) *Le terme del Nuotatore. Scavo dell'ambienti I.* Studi Miscellanei 16. Seminario di Archeologia e storia dell' Arte greca é romana dell'Università di Roma.

OXE A. & COMFORT A. (1968) *Corpus vasorum arretinorum. A catalogue of signatures, shapes and cronology of italian sigillata*, Bonn.

PALADIO. *Tratado de Agricultura. Medicina y Veterinaria. Poema de los injertos.* Traducción de Ana Moure Casas. Ed. Gredos. Madrid, 1990.

PALAHI GRIMAL Ll. (1997) *El Nord-est Català a principis del s. III d.C.* Trabajo de investigación de 3r. Ciclo. Universidad de Girona. 1997.

PALES L. & GARCIA M.A. (1981) *Atlas ostéologique por servir à l'identification des mammifères du Quaternaire. II. Herbivores*. Paris.

PALLI BUXO L. (1972) *Estratigrafia del Paleógeno del Ampurdán y sus zonas limítrofes*. U.A. Barcelona. Bellaterra.

PALOL P. (1948-49) La colección de lucernas romanas de cerámica procedentes de Ampurias en el Museo Arqueológico de Gerona. *Memórias de los Museos Arqueológicos Provinciales*, IX-X, p. 233-265. Madrid.

PASSELACH M. & SABRIÉ R. (1986) Centre de production de Narbonne, *La terre sigillée gallo-romaine, Lieux de production du Haut Empire*, DAF núm. 6, pp. 52-55. París.

PAVOLINI C. (1987) La lucerna romane fra il III secolo a.C. e il III secolo d.C. *Céramiques hellénistiques et romaines II.* (Lévêque et Morel ed.) Paris. pp. 139-165.

PERCIVAL J. (1976) *The roman villa. An historical introduction.* Londres.

PLANA MALLART R. (1990) *Morfologia històrica del territori del nordest català durant les èpoques pre-romana i romana*. Tesis de Doctorado no publicada. U.A.B. Bellaterra.

PONS I BRUN E. (1977) *La Fonollera (Torroella de Montgri). Un poblado al aire libre del Bronce Final.* Centre Investigacions Arqueològiques de Girona. Serie Monografica, 1. Girona.

PONSICH M. (1961) *Les lampes romaines en terre cuite de*

la Maurètanie Tingitane. Publications du Service des Antiquités du Marroc. Rabat.

PONSICH M. (1974) *Implantation rurale antique sur le Bas Guadalquivir. Seville, Alcalá del Rio, Lora del Rio Carmona*. Publ. Casa de Velazquez II. Paris.

PREVOSTI I MONCLUS, M. (1984) L'estudi del món rural romà. Un programa metodològic. *Fonaments*, 4. pp. 161-218. Barcelona.

PUCCI (1985) Ver *Atlante 2*.

PUERTA I LOPEZ C. (1989) *Baetulo. Ceràmica de parets fines*. Monografies Badalonines 11. Badalona.

PUIG L. & LAZARO P. (1986) Les excavacions a l'antic Portal de Magdalena. Noves dades sobre l'urbanisme antic de la ciutat de Lleida. *Tribuna d'Arqueologia* 1986-86. Barcelona, pp. 83-88

RIBAS (1965) Cerámica vidriada romana en Mataró. *Pyrenae* 1, p. 155-173. Barcelona.

RICCI (1985) Ver *Atlante 2*.

ROUCHE M. (1987) Alta Edad Media Occidental. *Historia de la vida privada*. P. Aries y G. Duby, directores. Madrid. pp. 403-534.

ROURE A. CASTANYER P. NOLLA J.M KEAY S. TARRUS J. (1988) *La vil.la romana de Vilauba (Camós). Estudi d'un assentament rural*. Centre Investigacions Arqueològiques. Serie Monografica, 8. Girona

SANMARTI I GRECO E. (1974-75) Nota acerca de una imitación de la sigilata aretina detectada en Emporion. *Ampurias*, 36-37. Barcelona. pp. 251-261.

SANMARTI I GRECO E. (1978) *La cerámica campaniense de Emporion y Rhode*. Barcelona.

SANTROT M.H. & SANTROT J. (1979) *Céramiques communes gallo-romaines d'Aquitaine*. Ed. CNRS. Paris.

STENICO A. (1960) *La ceramica arretina. I. Rasinius I.* Museo Archeologico di Arezzo. Collana di testi e documenti per lo studio dell'Antiquità, n. 4. Milano.

SUTHERLAND C.H.V. (1974) *Monnaies romaines*. Friburg.

TARRADELL M. (1978) La romanització. *Historia de Catalunya*, vol. I. Barcelona. pp. 216-238.

TED'A 1. (1987) *El enterraments del Parc de la ciutat i la problemàtica funerària de Tàrraco*. Taller Escola d'Arqueologia, 1. (X. Dupré et al.). Tarragona.

TED'A 2 (1989) *Un abocador del s. V d.C. en el fòrum provincial de Tàrraco*. Taller Escola d'Arqueologia, 2. (X. Dupré et al.). Tarragona.

TOMMASO G & FAMA M.L. (1985) Elementi e rifiniture di infissi e di mobili. metallo. *Settefinestre. Una villa schiavistica nell'Etruria romana III. La villa e i suo reperti*. (A. Ricci ed.). Módena. pp. 50-58.

TREMOLEDA I TRILLA J (1996) *Ceràmiques romanes de producció local al N.E. de Catalunya*. Tesis de Doctorado. Universitat de Girona.

TREMOLEDA J. & CASAS J. (1997-98) El culte a Sabazi a Empúries i els seu territori. *Butlletí Arqueològic*, 19-20, p.. 41-81. Tarragona.

VEGAS M. (1973) *Cerámica común romana del Mediterráneo Occidental*. Barcelona.

VERNHET A. (1975) *Notes sur la terre sigillée de la Graufesenque*. Millau

VERNHET A. (1991) *La Graufesenque. Céramiques gallo-romaines*. Millau.

VERT J. & PUIG X. (1976) *Exposició arqueològica de les troballes en el Motgrí*. Torroella de Montgrí.

VILLARONGA L. (1977) *The aes coinage of Emporion*. B.A.R. Supll. Series, 23. Oxford.

VILLARONGA L. (1979) *Numismática antigua de Hispania*. Barcelona.

WHITE K.D. (1967) *Agricultural implements of the roman world*, Cambridge.

www.ingramcontent.com/pod-product-compliance
Lightning Source LLC
LaVergne TN
LVHW072250300926
849160LV00018B/1627
* 9 7 8 1 8 4 1 7 1 3 2 1 2 *